2nd Edition

빅 데이터 분석을 위한

R 프로그래밍

김진성 지음

| 자료분석과 전처리·통계분석·기계학습 |

programming

KM
- 좋은 책·알찬 내용 -
가메출판사

빅 데이터 분석을 위한
R 프로그래밍

지은이 김진성
펴낸이 이병렬
펴낸곳 도서출판 가메 https://www.kame.co.kr
주소 서울시 마포구 양화로 56, 504호(서교동, 동양트레벨)
전화 02-322-8317
팩스 02-323-8311
이메일 km@kame.co.kr

등록 제313-2009-264호
발행 2023년 1월 13일 개정판 4쇄

정가 28,000원

ISBN 978-89-8078-307-6

디자인 김신애

초판이 출판된 지도 벌써 2년이란 세월이 지났습니다. R의 버전에 맞추어 개정판을 조금 더 빨리 출판 했어야 하는 데 늦은 감이 있어서 개인적으로 조금은 아쉬운 생각이 듭니다. 구독해주신 분들께 감사드립니다.

개정판에서는 다음과 같은 내용에 역점을 두었습니다.

먼저 R 버전을 4.0 버전으로 업그레이드하였으며, 실행과정에서 오류가 발생하는 스크립트를 수정하였습니다. 그리고 실습을 수행하는 과정에서 나타나는 분석 결과를 좀 더 명확하고, 자세한 설명으로 독학하는 독자분들께 도움을 드리고자 노력했습니다.

또한, Part-III에서는 탐색적 데이터 분석과 처리에서 EDA 개념과 전처리 부분을 보강했으며, 실시간 뉴스 기사를 수집하여 자연어를 분석하는 방법을 추가했습니다. Part-IV에서는 분류분석의 시각화 자료에 대한 가독성을 높이고, 앙상블 알고리즘의 유형과 높은 분류 정확도를 제공하는 xgboost 모델을 소개하였습니다.

마지막으로 각 장의 연습문제와 부록 내용을 최신 버전으로 수정했습니다.

개정판 구성은 다음과 같습니다.

일반적으로 데이터를 분석하는 과정은 다음과 같이 수집된 데이터를 대상으로 불필요한 데이터를 제거하거나 구조를 변경하는 전처리 과정을 거쳐 빈도수나 요약통계량을 계산하는 기술통계분석을 통해서 전반적인 데이터의 특성을 파악합니다. 이러한 과정에서 특정 변수가 다른 변수에 영향을 미치는 관계를 통해서 분석모형을 선정하고, 이러한 분석모형은 다양한 함수(알고리즘)를 통해서 실제 모형이 생성되고, 이러한 모형을 평가하여 일정한 수준의 평가결과가 나타나면 우리 실생활에서 의사결정 및 미래 예측에 활용합니다.

이 책에서는 위와 같은 절차를 토대로 Part를 구성하고 세부내용은 Chapter로 구성하였습니다. 'Part-I. R 작업환경과 기초 문법'에서는 R 프로그래밍언어에서 제공하는 환경과 자료구조의 특징 그리고 로직을 작성하는 제어문과 함수 등으로 구성하였습니다. 'Part-II. 탐색적 데이터 분석과 전처리'는 데이터의 전반적인 특성을 파악하여 잘못된 데이터나 이상치를 제거하는 데이터 전처리의 내용으로 구성하였습니다. 'Part-III. 추론통계분석'은 수집된 자료를 정리 및 요약하는 기술통계학과 모집단에서 추출한 표본의 정보를 이용하여 모집단의 특성을 추론하는 영역으로 구성하였습니다. 'Part-IV. 기계학습'은 예측 모델을 통해서 미래를 예측하는 분야에서 인간의 개입에 의한 지도학습과 컴퓨터에 의한 비지도학습 영역으로 구성하였습니다.

끝으로 출판을 위해서 아낌없이 배려해주신 가메출판사 관계자 여러분께 진심으로 감사드립니다.

2020년 6월

저자 *김진성* 拜上

가메출판사 웹사이트(https://www.kame.co.kr)의 [게시판]-[소스 자료실]에서 실습 파일을 다운로드하여 "C:\"에 압축을 풀면 다음 그림에서와 같은 하위 폴더가 생성된다. 각 폴더에 대한 설명은 그림과 같다.

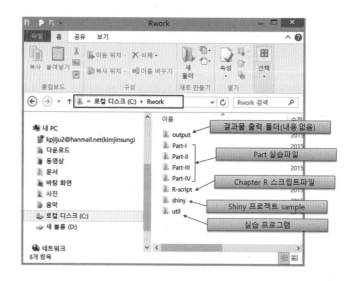

실습 예제 스크립트 설명

함수나 명령어 관련 실습은 실습 순서에 맞게 단계별로 진행된다. 각 단계에서 RStudio에서 작성한 스크립트를 ⊙실습 으로 나타내고, R 콘솔 창 또는 RStudio에서 Plots 창의 결과를 확인할 수 있도록 제시하였다. 또한, 실행 결과를 토대로 실습 내용에 대한 전반적인 설명은 해설 을 통해 제공한다.

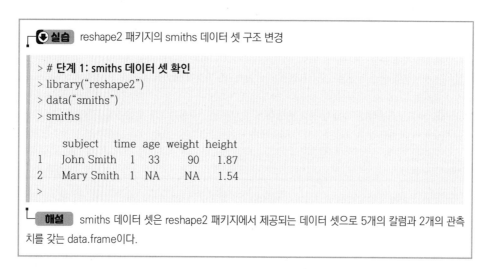

```
> # 단계 1: smiths 데이터 셋 확인
> library("reshape2")
> data("smiths")
> smiths

    subject   time age weight height
1   John Smith  1   33     90   1.87
2   Mary Smith  1   NA     NA   1.54
>
```

해설 smiths 데이터 셋은 reshape2 패키지에서 제공되는 데이터 셋으로 5개의 칼럼과 2개의 관측치를 갖는 data.frame이다.

```
> par(mfrow = c(1, 2))
> plot(Ngender)
> plot(Ogender)
```

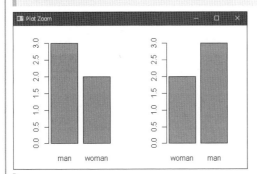

해설 par( ) 함수를 이용하여 두 개의 그래프를 Plots 영역에 나타낼 수 있다. 왼쪽 그래프는 순서에 의미가 없는 Factor Nominal 객체에 의해서 그래프가 그려진 결과이고, 오른쪽 그래프는 순서에 의미가 있는 Factor Ordinal 객체에 의해서 그려진 결과이다. 즉 알파벳 순서가 아닌 사용자가 직접 지정한 순서에 따라 문자열의 수가 카운트된 수치 자료에 의해서 "woman", "man"의 순서로 막대 차트가 그려진다.

차례

Part I. R 작업환경과 기초 문법   15

Chapter01 R 설치와 개요   16

1. R 프로그래밍 언어 소개   17

2. 작업환경 구축하기   17
2.1 R 프로그램 설치   18
2.2 R 프로그램 실행   24
2.3 RStudio 설치와 환경설정   25
2.4 RStudio 환경설정   30

3. 패키지와 Session 보기   33
3.1 R 패키지 개수 보기   33
3.2 R Session 보기   34
3.3 패키지 사용   35

4. 변수와 자료형   39
4.1 변수   39
4.2 자료형   41

5. 기본 함수와 작업공간   51
5.1 기본 함수 사용   51
5.2 작업공간   53
5.3 스크립트 파일 저장하기   54
5.4 스크립트 파일 불러오기   55

Chapter02 데이터의 유형과 구조   57

1. Vector 자료구조   58
1.1 벡터 객체   58
1.2 벡터 자료 처리   59
1.3 벡터 객체 데이터 셋   62

2. Matrix 자료구조   63
2.1 벡터 행렬 객체 생성   63
2.2 행렬 묶음으로 행렬 객체 생성   65
2.3 matrix() 함수 이용 행렬 객체 생성   66
2.4 행렬 객체 자료 처리 함수   67

3. Array 자료구조   69

4. DataFrame 자료구조   71
4.1 data.frame 객체 생성   71
4.2 data.frame 객체 자료 처리 함수   74
4.3 data.frame 객체 데이터 셋   77

5. List 자료구조   78
    5.1 Key 생략   79
    5.2 key와 value 형식   80
    5.3 리스트 객체의 자료 처리 함수   82
    5.4 다차원 리스트 객체 생성   82

6. 문자열 처리   84
    6.1 stringr 패키지 제공 함수   84
    6.2 정규표현식   85
    6.3 문자열 연산   87

Chapter03 데이터 입출력   92

1. 데이터 불러오기   93
    1.1 키보드 입력   93
    1.2 로컬 파일 가져오기   95
    1.3 인터넷에서 파일 가져오기   98

2. 데이터 저장하기   101
    2.1 화면(콘솔) 출력   101
    2.2 파일 저장   102

Chapter04 제어문과 함수   107

1. 연산자   108
    1.1 산술연산자   108
    1.2 관계연산자   109
    1.3 논리연산자   109

2. 조건문   110
    2.1 if() 함수   110
    2.2 ifelse() 함수   111
    2.3 switch() 함수   113
    2.4 which() 함수   114

3. 반복문   115
    3.1 for() 함수   115
    3.2 while() 함수   117

4. 함수 정의   118
    4.1 사용자 정의 함수   118
    4.2 기술통계량을 계산하는 함수 정의   118
    4.3 피타고라스와 구구단 함수 정의   121
    4.4 결측치 자료 평균 계산 함수 정의   122
    4.5 몬테카를로 시뮬레이션 함수 정의   123

5. 주요 내장 함수   124
   5.1 기술통계량 처리 관련 내장함수   124
   5.2 수학 관련 내장함수   129
   5.3 행렬연산 관련 내장함수   130
   5.4 집합연산 관련 내장함수   132

PartⅡ. 탐색적 데이터 분석과 처리   137

Chapter05 데이터 시각화   138

1. 시각화 도구 분류   139

2. 이산변수 시각화   139
   2.1 막대 차트 시각화   139
   2.2 점 차트 시각화   145
   2.3 원형 차트 시각화   147

3. 연속변수 시각화   148
   3.1 상자 그래프 시각화   148
   3.2 히스토그램 시각화   150
   3.3 산점도 시각화   154
   3.4 중첩 자료 시각화   159
   3.5 변수 간의 비교 시각화   162

Chapter06 데이터 조작   168

1. dplyr 패키지 활용   169
   1.1 파이프 연산자(%)%)를 이용한 함수 적용   169
   1.2 콘솔 창의 크기에 맞게 데이터 추출   170
   1.3 조건에 맞는 데이터 필터링   172
   1.4 칼럼으로 데이터 정렬   174
   1.5 칼럼으로 데이터 검색   174
   1.6 데이터 셋에 칼럼 추가   176
   1.7 요약통계 구하기   177
   1.8 집단변수 대상 그룹화   178
   1.9 데이터프레임 병합   179
   1.10 데이터프레임 합치기   182
   1.11 칼럼명 수정하기   183

2. reshape2 패키지 활용   184
   2.1 긴 형식을 넓은 형식으로 변경   184
   2.2 넓은 형식을 긴 형식으로 변경   186
   2.3 3차원 배열 형식으로 변경   187

Chapter07 EDA와 Data 정제   192

1. EDA란?   193
1.1 EDA 필요성   193
1.2 EDA 과정   193

2. 수집 자료 이해   194
2.1 데이터 셋 보기   194
2.2 데이터 셋 구조 보기   196
2.3 데이터 셋 조회   197

3. 결측치 처리   200
3.1 결측치 확인   201
3.2 결측치 제거   201
3.3 결측치 대체   201

4. 극단치 처리   202
4.1 범주형 변수 극단치 처리   203
4.2 연속형 변수의 극단치 처리   204
4.3 극단치를 찾기 어려운 경우   206

5. 코딩 변경   207
5.1 가독성을 위한 코딩 변경   207
5.2 척도 변경을 위한 코딩 변경   208
5.3 역 코딩을 위한 코딩 변경   209

6. 변수 간의 관계 분석   210
6.1 범주형 vs 범주형   210
6.2 연속형 vs 범주형   212
6.3 연속형 vs 범주형 vs 범주형   213
6.4 연속형(2개) vs 범주형(1개)   214

7. 파생변수   215
7.1 파생변수 생성을 위한 테이블 구조   216
7.2 더미 형식으로 파생변수 생성   217
7.3 1:1 관계로 파생변수 생성   218

Chapter08 고급 시각화 분석   231

1. R 고급 시각화 도구   232

2. 격자형 기법 시각화   233
2.1 히스토그램   236
2.2 밀도 그래프   238
2.3 막대 그래프   239
2.4 점 그래프   241

2.5 산점도 그래프   243
2.6 데이터 범주화   249
2.7 조건 그래프   254
2.8 3차원 산점도 그래프   257

3. 기하학적 기법 시각화   258
3.1 qplot() 함수   259
3.2 ggplot() 함수   270
3.3 ggsave() 함수   277

4. 지도 공간 기법 시각화   277
4.1 Stamen Maps API 이용   279
4.2 위도와 경도 중심으로 지도 시각화   280
4.3 지도 이미지에 레이어 적용   281

Chapter09 정형과 비정형 데이터 처리   286

1. 정형 데이터 처리   287
1.1 Oracle 정형 데이터 처리   287
1.2 MariaDB 정형 데이터 처리   292

2. 비정형 데이터 처리   301
2.1 토픽 분석   301
2.2 연관어 분석   312

3. 실시간 뉴스 수집과 분석   322
3.1 관련 용어   322
3.2 실시간 뉴스 수집과 분석   323

PartⅢ. 추론통계분석   335

Chapter10 분석 절차와 통계 지식   336

1. 분석 절차   337
1.1 가설 설정 이전의 연구조사   337
1.2 가설 설정   338
1.3 유의수준 결정   339
1.4 측정 도구 설계   340
1.5 데이터 수집   343
1.6 데이터 코딩   344
1.7 통계분석 수행   344
1.8 분석 결과 제시   345

2. 통계 관련 용어   345
    2.1 통계학 분류   345
    2.2 전수조사와 표본조사   346
    2.3 모집단과 표본   346
    2.4 통계적 추정   347
    2.5 기각역과 채택역   348
    2.6 양측 검정과 단측 검정   348
    2.7 가설 검정 오류   350
    2.8 검정 통계량   351
    2.9 정규분포   351
    2.10 모수와 비모수 검정   352

3. 표준정규분포   353
    3.1 표준정규분포   353
    3.2 표준화 변수 Z 354
    3.3 표준정규분포표   356
    3.4 Z값과 확률구간   357
    3.5 신뢰수준   358
    3.6 신뢰구간   358
    3.7 표본오차   359
    3.8 왜도와 첨도   360

Chapter11 기술통계분석   366

1. 기술통계량 개요   367
    1.1 빈도분석   367
    1.2 기술통계분석   367

2. 척도별 기술통계량 구하기   368
    2.1 명목척도 기술통계량   369
    2.2 서열척도 기술통계량   371
    2.3 등간척도 기술통계량   372
    2.4 비율척도 기술통계량   373
    2.5 비대칭도 구하기   380

3. 기술통계량 보고서 작성   383
    3.1 기술통계량 구하기   384
    3.2 기술통계량 보고서 작성   386

Chapter12 교차분석과 카이제곱 검정   389

1. 교차분석   390
    1.1 데이터프레임 생성   390
    1.2 교차분석   391

2. 카이제곱 검정 394

    2.1 카이제곱 검정 절차와 기본가정 396

    2.2 카이제곱 검정 유형 396

    2.3 일원 카이제곱 검정 397

    2.4 이원 카이제곱 검정 400

3. 교차분석과 검정보고서 작성 404

Chapter13 집단 간 차이 분석 407

1. 추정과 검정 408

    1.1 점 추정과 구간 추정 408

    1.2 모평균의 구간 추정 409

    1.3 모비율의 구간 추정 411

2. 단일 집단 검정 412

    2.1 단일 집단 비율 검정 412

    2.2 단일 집단 평균 검정(단일 표본 T-검정) 417

3. 두 집단 검정 422

    3.1 두 집단 비율 검정 422

    3.2 두 집단 평균 검정(독립 표본 T-검정) 426

    3.3 대응 두 집단 평균 검정(대응 표본 T-검정) 431

4. 세 집단 검정 436

    4.1 세 집단 비율 검정 436

    4.2 분산분석(F-검정) 439

Chapter14 요인 분석과 상관관계 분석 448

1. 요인 분석 449

    1.1 공통 요인으로 변수 정제 450

    1.2 잘못 분류된 요인 제거로 변수 정제 461

    1.3 요인 분석 결과 제시 465

2. 상관관계 분석 466

    2.1 상관계수 r과 상관관계 정도 466

    2.2 상관관계 분석 수행 467

    2.3 상관관계 분석 결과 제시 471

PartⅣ. 기계학습   473

Chapter15 지도학습   474

1. 기계학습   475
     1.1 기계학습 분류   475
     1.2 혼돈 매트릭스   475
     1.3 지도학습 절차   476

2. 회귀분석   477
     2.1 회귀방정식의 이해   477
     2.2 단순 회귀분석   478
     2.3 다중 회귀분석   483
     2.4 다중 공선성 문제 해결과 모델 성능평가   486
     2.5 기본 가정 충족으로 회귀분석 수행   490

3. 로지스틱 회귀분석   493

4. 분류분석   498
     4.1 의사결정 트리   499
     4.2 랜덤 포레스트   516
     4.3 xgboost   521
     4.4 인공 신경망   525

Chapter16 비지도학습   542

1. 군집 분석   543
     1.1 유클리디안 거리   544
     1.2 계층적 군집 분석   545
     1.3 군집수 자르기   550
     1.4 비계층적 군집 분석   552

2. 연관분석   557
     2.1 연관규칙 평가척도   558
     2.2 트랜잭션 객체 생성   562
     2.3 연관규칙 시각화   565

Chapter17 시계열분석   579

1. 시계열분석   580
     1.1 시계열분석의 특징   580
     1.2 시계열분석의 적용 범위   580

2. 시계열 자료분석　　　　　　　　　　581
2.1 시계열 자료 구분　　　　　　　　581
2.2 시계열 자료 확인　　　　　　　　581

3. 시계열 자료 시각화　　　　　　　　583
3.1 시계열 추세선 시각화　　　　　　583
3.2 시계열요소분해 시각화　　　　　587
3.3 자기 상관 함수/부분 자기 상관 함수 시각화　　591
3.4 추세 패턴 찾기 시각화　　　　　593

4. 시계열분석 기법　　　　　　　　　595
4.1 시계열 요소분해법　　　　　　　595
4.2 평활법(Smoothing Method)　　　596
4.3 회귀 분석법　　　　　　　　　597
4.4 ARIMA 모형법　　　　　　　　598

5. ARIMA 모형 시계열 예측　　　　　599
5.1 ARIMA 모형 분석 절차　　　　　599
5.2 정상성 시계열의 비계절형　　　599
5.3 정상 시계열의 계절형　　　　　605

Part I
R 작업환경과 기초 문법

Chapter01 **R 설치와 개요**
Chapter 02 **데이터 유형과 구조**
Chapter 03 **데이터 입출력**
Chapter 04 **제어문과 함수**

Part I의 학습내용

R 프로그래밍 언어에서 제공하는 환경과 기본적인 문법 및 특징들에 대해서 살펴본다. **Chapter 01**에서는 R 프로그램을 이용하여 데이터를 처리할 수 있는 작업환경을 구축하고, 이를 토대로 R에서 제공하는 기본 문법과 함수 그리고 패키지 사용법 등을 소개한다. **Chapter 02**에서는 R에서 제공되는 자료형과 자료구조의 특징에 대해서 알아본다. **Chapter 03**에서는 내 컴퓨터와 인터넷상의 파일을 가져오는 방법과 파일로 출력하는 방법에 대해서 알아본다. **Chapter 04**에서는 R 프로그래밍에서 로직을 작성할 수 있는 조건문과 반복문 그리고 주요 내장함수에 대해서 알아본다.

R 설치와 개요

학습 내용

R 프로그래밍 언어를 이용하여 데이터를 처리할 수 있는 작업환경을 구축하고, 이를 토대로 R에서 제공하는 변수와 자료형의 특징 그리고 기본 함수와 패키지 사용법 등을 소개한다. 특히 R은 패키지의 활용 능력이 곧 분석 능력을 결정할 만큼 매우 중 요하기 때문에 패키지와 관련된 부분에 대해서는 정확히 이해할 필요가 있다.

학습 목표

• 시스템 환경에 맞추어 R 프로그램을 설치할 수 있다.
• 변수와 자료형의 개념을 정확히 이해하고 사용할 수 있다.
• R에서 제공되는 패키지를 설치하고 메모리로 불러올 수 있다.
• R에서 제공되는 기본 함수의 도움말과 예제(Example)를 볼 수 있다.

Chapter 01의 구성

1. R 프로그래밍 언어 소개
2. 작업환경 구축하기
3. 패키지와 Session 보기
4. 변수와 자료형
5. 기본 함수와 작업공간

1. R 프로그래밍 언어 소개

R 프로그래밍 언어는 1993년 뉴질랜드 오클랜드 대학의 통계학과 교수 2명(Ross Ihaka, Robert Gentleman)에 의해서 개발되었다. R은 AT&A에서 개발한 통계 언어인 S 언어의 계보를 잇고 있다. S 언어에 그래픽 사용자인터페이스를 추가한 S+는 R과는 달리 상업용 소프트웨어로 발전하고 있지만, R은 S+의 무료 버전으로 1993년 배포되어 현재는 GNU 프로젝트(https://www.r-project.org)로 개발 및 배포되고 있다. R 프로그래밍 언어의 탄생 배경은 [그림 1.1]과 같다.

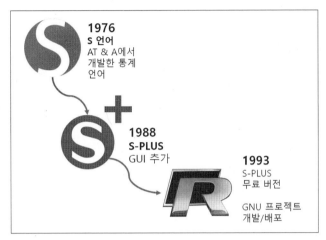

[그림 1.1] R 프로그래밍 언어 탄생 배경

R은 통계분석(Statistical Analysis)과 자료의 시각화(Data Visualization)를 위한 공개용 소프트웨어로서 다음과 같은 특징을 가지고 있다.

- **객체지향 언어**: 일반 데이터, 함수, 차트 등 모든 데이터가 객체 형태로 관리되어 효율적인 조작과 저장 방법을 제공한다.
- **고속 메모리 처리**: 모든 객체는 메모리로 로딩되어 고속으로 처리되고 재사용이 가능하다.
- **다양한 자료구조**: 벡터, 배열, 행렬, 데이터프레임 그리고 리스트 등 다양한 자료구조와 연산 기능을 제공한다.
- **최신 패키지 제공**: 데이터 분석에 필요한 최신의 알고리즘과 방법론을 제공한다.
- **시각화**: 데이터 분석과 표현을 위한 다양한 그래픽 도구를 제공한다.

2. 작업환경 구축하기

R 프로그래밍 언어를 이용하여 통계분석 패키지를 다운로드하고, 패키지에서 제공되는 다양한 함수를 이용하여 분석을 수행하기 위해서는 기본적으로 R 프로그램을 먼저 설치해야 한다. 또한, 작업의 편의성이나 효과적인 스크립트 작성을 위해서는 RStudio와 같은 통합개발 도구를 이용하는 것이 좋다.

2.1 R 프로그램 설치

현재 R 프로그램은 R 공식 사이트(http://www.r-project.org/)에서 무료로 다운로드할 수 있도록 제공하고 있다. 다음과 같은 단계를 통해서 R 프로그램을 다운로드하여 설치할 수 있다.

(1) R 프로그램 공식 사이트 찾아가기

웹브라우저를 이용하여 http://www.r-project.org 사이트의 홈페이지를 열어, 왼쪽 메뉴 링크 중 [CRAN] 링크를 클릭한다.

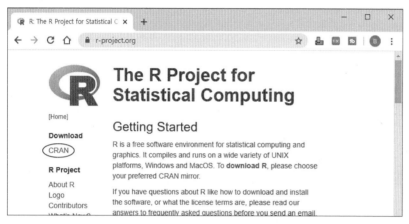

[그림 1.2] R 프로그램 공식 사이트

(2) R 프로그램 다운로드를 위한 미러링 사이트 찾아가기

R 프로그램을 원활하게 다운로드할 수 있도록 국가별로 미러링 사이트의 목록을 나타낸다. 아래로 스크롤 하여 "Korea" 항목을 찾아 표시된 사이트 목록 중 하나를 클릭한다. 이 책에서는 "http://healthstat.snu.ac.kr/CRAN/"을 클릭한다.

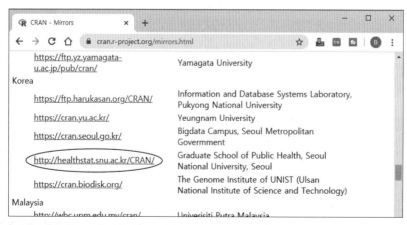

[그림 1.3] R 프로그램 다운로드 – 미러링 사이트 선택

(3) 설치할 시스템의 운영체제 선택

R 프로그램을 설치할 시스템의 운영체제를 선택한다. 이 책에서는 Windows 운영체제를 사용할 것이 므로, [Download R for Windows] 링크를 클릭한다.

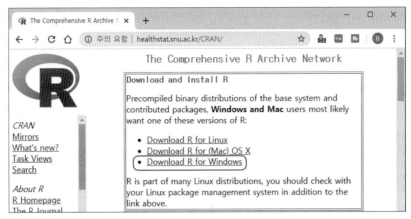

[그림 1.4] R 프로그램 다운로드 – 운영체제 선택

(4) 카테고리 선택

R for Windows 창에서 다운로드할 R 프로그램의 형식으로 [base] 링크를 선택한다. "Subdirectories:" 의 4가지 구분은 용도별로 다운로드할 R 프로그램을 구분해 놓은 것이다.

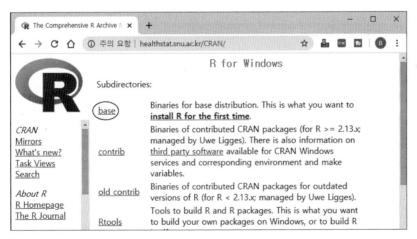

[그림 1.5] R 프로그램 다운로드 – 카테고리 선택

(5) 다운로드 파일 선택

[그림 1.6]의 창에서 [Download R 4.0.0 for Windows] 링크를 클릭하여 R 프로그램 파일을 다운로 드한 뒤에 다운로드한 R 프로그램 파일 "R-4.0.0-win.exe"를 찾아 실행한다.

표시되는 R 프로그램의 버전은 주기적으로 업데이트되기 때문에 이 책의 내용과 달라질 수도 있다. 항상 최신의 R 프로그램을 사용하려면 주기적으로 R 프로그램의 공식 사이트를 방문하여 최신 버전 정보를 확인해야 한다.

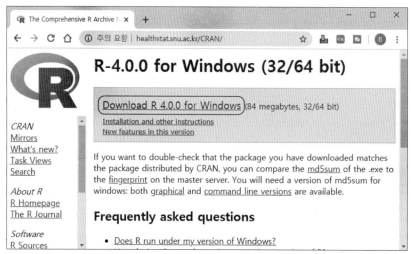

[그림 1.6] R 프로그램 다운로드 – 버전 선택

(6) R 프로그램 설치 – 언어 선택

다음과 같은 절차에 따라서 R 프로그램을 설치한다. 첫 번째 과정으로 "설치 언어 선택"이다. 설치 언어 선택에서 [한국어]를 선택한다. 이는 대한민국에서 표준으로 설정한 언어, 숫자, 통화단위, 날짜와 시간 형식을 사용하겠다는 의미이다. [확인] 버튼을 클릭하여 다음 단계로 진행한다.

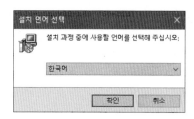

[그림 1.7] R 프로그램 설치 – 언어 선택

(7) R 프로그램 설치 - 라이선스 정보 확인

R 프로그램 사용에 대한 라이선스 정보를 확인하고 [다음] 버튼을 클릭하여 설치를 진행한다.

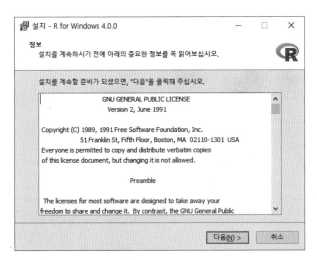

[그림 1.8] R 프로그램 설치 – 라이선스 정보 확인

(8) R 프로그램 설치 – 설치할 위치 선택

R 프로그램을 설치할 경로를 선택한다. 기본으로 표시되는 경로인 "C:\Program Files\R\R-4.0.0" 경로를 그대로 사용한다. 자신이 원하는 위치로 변경하려면 [찾아보기] 버튼을 클릭하여 설치를 원하는 폴더를 선택할 수 있다. 설치 위치가 결정되었으면 [다음] 버튼을 클릭하여 설치를 계속한다.

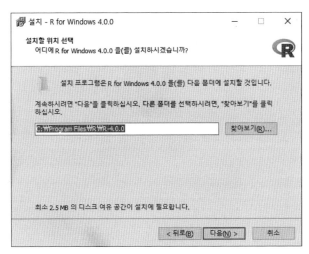

[그림 1.9] R 프로그램 설치 – 설치 위치 선택

(9) R 프로그램 설치 - 구성요소 설치

R 프로그램 개발을 위해 필요한 구성요소를 선택한다. 표시되는 모든 항목을 선택하고 [다음] 버튼을 클릭한다.

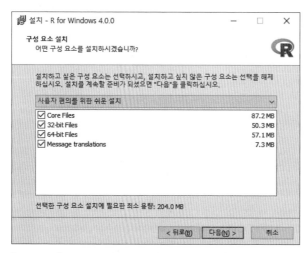

[그림 1.10] R 프로그램 설치 – 구성요소 설치

(10) R 프로그램 설치 - 스타트업 옵션

R 프로그램 개발 도구를 시작할 때 개발 도구에서 사용될 옵션 설정이다. "No(기본값 사용)" 항목을 선택하고 [다음] 버튼을 클릭한다.

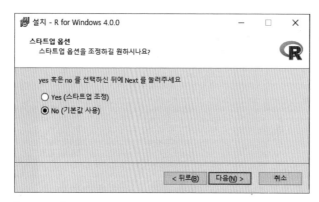

[그림 1.11] R 프로그램 설치 – 스타트업 옵션

(11) R 프로그램 설치 - 시작 메뉴 폴더 선택

R 프로그램 개발 도구를 윈도우의 시작 메뉴 폴더에 바로가기를 만들 것인지를 선택한다. 표시된 기본값을 사용하여 바로가기를 만들어 사용하는 것이 편리하다. [다음] 버튼을 클릭하여 설치를 계속한다.

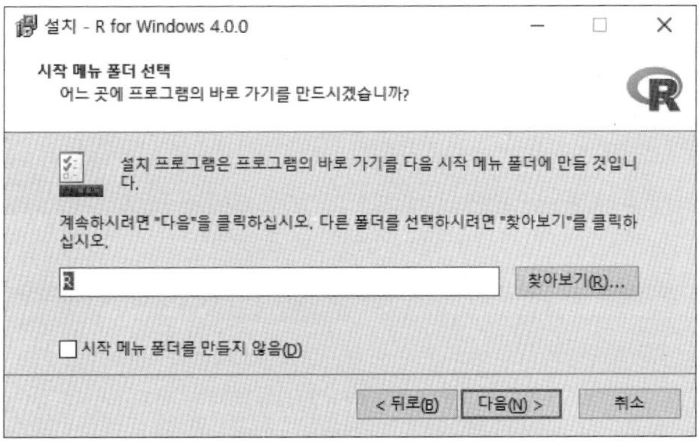

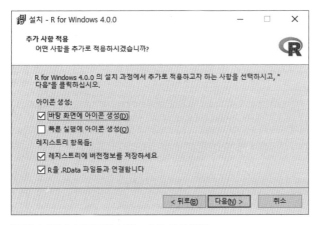

[그림 1.12] R 프로그램 설치 – 시작 메뉴 폴더 선택

(12) R 프로그램 설치 – 추가 사항 적용

R 프로그램 설치에 따른 추가 항목을 설정한다. 표시된 기본값을 사용하고, [다음] 버튼을 클릭한다.

[그림 1.13] R 프로그램 설치 – 추가 사항 적용

(13) R 프로그램 설치 – 설치 중/완료

R 설치 프로그램이 파일 압축을 풀어 R 프로그램의 설치를 진행한다. R 프로그램의 설치 완료가 표시되면 [완료] 버튼을 클릭하여 설치를 마친다.

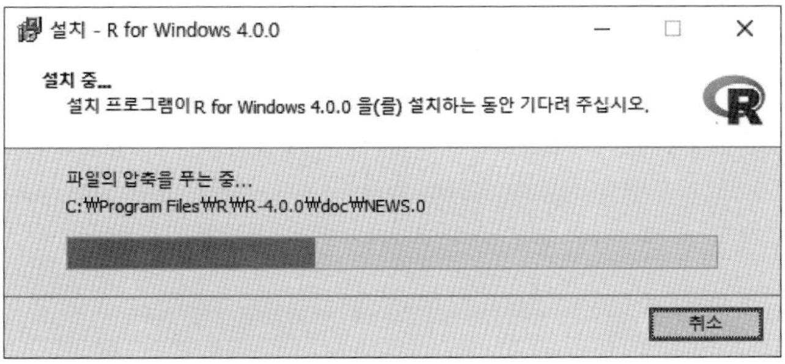

[그림 1.14] R 프로그램 설치 – 설치 중

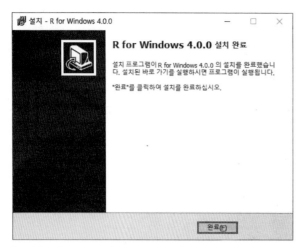

[그림 1.15] R 프로그램 설치 – 설치 중/설치 완료

2.2 R 프로그램 실행

R 프로그램의 설치가 완료되면 바탕화면에 "R" 단축 아이콘이 만들어진다. "R i386 4.0.0"는 32비트용 단축 아이콘이고, "Rx64 4.0.0"은 64비트용 단축 아이콘이다. 자신의 운영체제에 맞는 단축 아이콘을 더블클릭하여 R 프로그램을 실행한다.

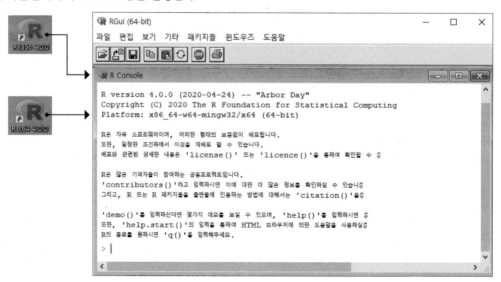

[그림 1.16] R 프로그램 실행

R 프로그램을 실행하면 [그림 1.17]과 같은 R Console(콘솔) 창이 표시된다. R 콘솔 창의 프롬프트 ("〉")에서 R 코드를 입력하고 Ctrl+Enter 또는 Enter 키를 누르면 R 콘솔에 입력된 코드가 실행되어 결과를 출력한다.

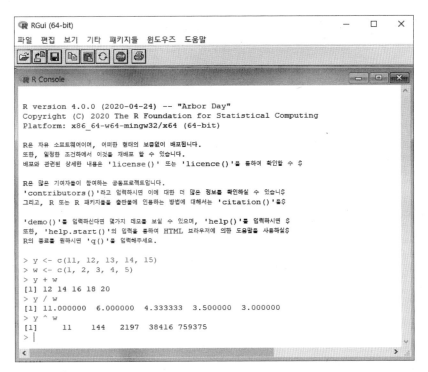

[그림 1.17] R 콘솔에서 코드 실행

2.3 RStudio 설치와 구성 알아보기

R의 통합개발 도구인 RStudio 프로그램을 다운로드하고 설치하는 방법에 대해서 알아본다. 또한, RStudio의 주요 화면구성과 사용에 필요한 환경설정에 대해서 살펴본다.

RStudio는 R 프로그램을 작성하는 데 있어서 사용자에게 편리성을 제공하는 도구(tool)이다. 다음과 같은 단계를 통해서 RStudio를 다운로드하여 설치한다.

(1) RStudio 다운로드하기

웹브라우저를 이용하여 RStudio의 공식 사이트 http://www.rstudio.com/products/rstudio/download/ 페이지를 찾아간다. [그림 1.18]과 같은 페이지에서 [RStudio Desktop-Free] 항목의 [DOWNLOAD] 버튼을 클릭한다.

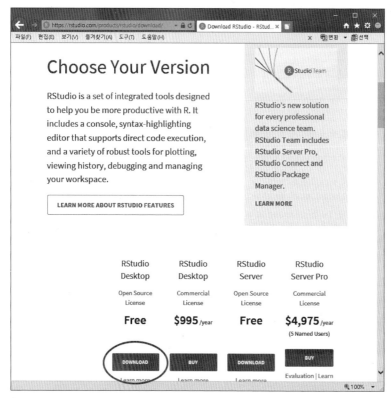

[그림 1.18] RStudio 버전 선택

이어지는 [그림 1.19]와 같은 페이지에서 [DOWNLOAD RSTUDIO FOR WINDOWS] 버튼을 클릭하여 RStudio 설치 프로그램을 다운로드한다.

[그림 1.19] RStudio 다운로드

다른 운영체제에서 사용할 버전이 필요한 경우 페이지를 아래로 스크롤하면 [그림 1.20]과 같이 운영
체제별 목록을 볼 수 있다. 자신의 운영체제에 맞는 RStudio 설치 프로그램을 선택하여 다운로드하면
된다.

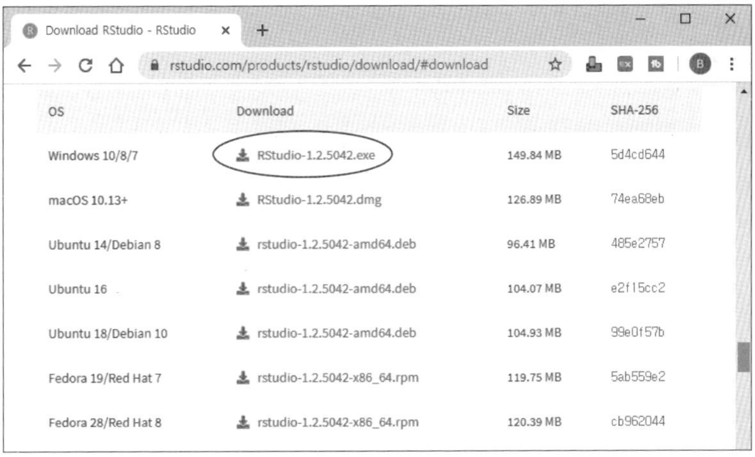

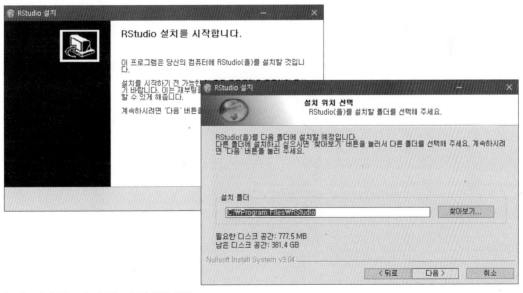

[그림 1.20] RStudio 운영체제별 다운로드 목록

(2) RStudio 설치 – 설치 시작과 설치 위치 선택

RStudio 설치를 시작하는 안내 메시지를 확인하고 [다음] 버튼을 클릭한다. 이어지는 설치 위치 선택
창에서 RStudio를 설치할 디렉터리 위치를 선택한다. 기본값을 그대로 사용하기로 하고 [다음] 버튼
을 클릭하여 설치를 진행한다.

[그림 1.21] RStudio 설치 – 설치 위치 선택

(3) RStudio 설치 - 시작 메뉴 폴더 선택

윈도우의 시작 메뉴 폴더를 만들고, 바로가기 아이콘을 등록하는 과정이다. 기본값을 사용하고 [설치] 버튼을 클릭하여 RStudio의 설치를 진행한다

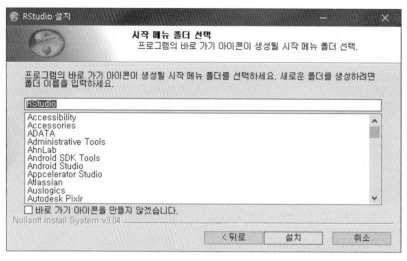

[그림 1.22] RStudio 설치 – 시작 메뉴 폴더 선택

(4) RStudio 설치 - 설치 진행과 설치 완료

RStudio 설치가 진행된다. 설치가 완료되면 설치 완료를 안내하는 메시지를 확인할 수 있다. [마침] 버튼을 클릭하여 RStudio의 설치를 마무리한다.

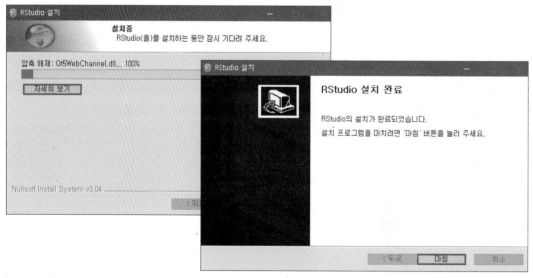

[그림 1.23] RStudio 설치 – 설치 중/설치 완료

(5) RStudio 실행과 RStudio의 구성

윈도우의 시작 메뉴 폴더에 등록된 [RStudio] 항목을 찾아 클릭하거나, RStudio가 설치된 위치에서 "C:\Program Files\RStudio\bin\rstudio.exe" 파일을 더블클릭하여 실행한다. 편리한 실행을 위해 바탕화면에 바로가기 아이콘을 생성하여 사용하기를 권장한다.

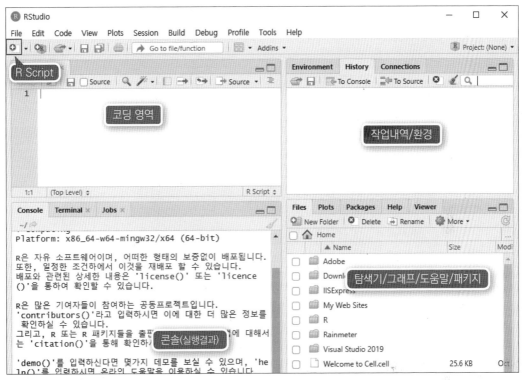

[그림 1.24] RStudio의 화면구성

RStudio는 크게 4가지 패널 창으로 구성된다. 스크립트(R 코드)를 작성할 수 있는 코딩 영역, 스크립트 실행결과를 나타내는 콘솔 영역, 현재 메모리 객체를 보여주는 작업 내역 및 환경 영역 그리고 스크립트에 의해서 실행되는 차트 등을 보여주는 탐색기/그래프/도움말/패키지 영역으로 구성되어 있다.

RStudio를 처음 실행하면 R 코드를 작성하는 코딩 영역이 보이지 않을 수도 있다. R 코드를 작성하는 코딩 영역은 스크립트 추가 아이콘 을 클릭하고 [R Script] 메뉴를 선택하면 나타낸다.

2.4 RStudio 환경설정

RStudio를 사용하는 데 있어서 작업 폴더, 텍스트 인코딩(Encoding) 방식 그리고 글꼴, 화면 크기 등의 RStudio의 환경설정에 대해서 알아본다.

RStudio의 메뉴 [Tools]→[Global Options...]를 선택하면 [그림 1.25]과 같은 Options 창이 열린다. 많은 메뉴 중 기본적이며 중요한 몇 갖지 메뉴를 살펴본다.

[그림 1.25] RSstudio 옵션 설정 – General

(1) General 메뉴

[R versions] 항목은 RStudio가 사용하는 R 프로그램의 버전을 확인하거나 변경할 수 있다. [Default working directory] 항목은 기본 작업 디렉터리를 지정한다.

(2) Code 메뉴

Code 메뉴 페이지에는 [Editing], [Display], [Saving], [Completion], [Diagnostics]의 5가지 탭이 있다. [Saving] 탭을 선택하고, [Default text encoding] 항목에 표시된 값이 'UTF-8'이 아니라면 [Change] 버튼을 클릭하여 'UTF-8' 인코딩 방식으로 변경한다.

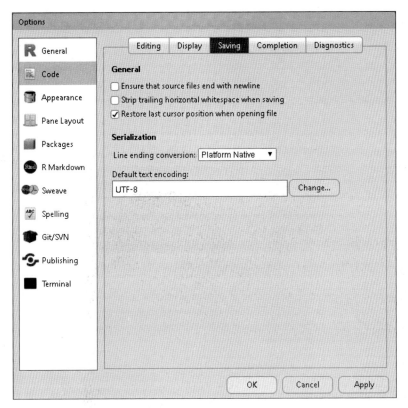

[그림 1.26] RSstudio 옵션 설정 – 기본 엔코딩 설정

(3) Appearance 메뉴

Arrpearance 메뉴는 RStudio 스크립트 편집기의 모습을 결정하는 테마와 글꼴의 종류 및 글꼴 크기 등을 설정한다.

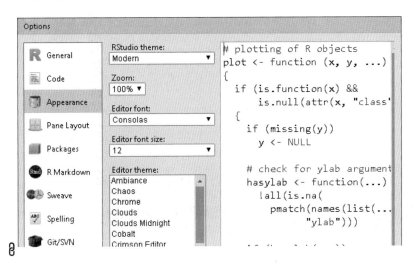

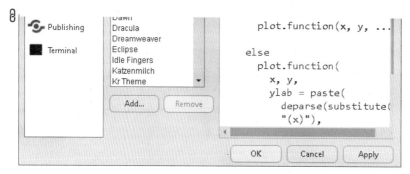

[그림 1.27] RStudio – Appearance 설정

(4) Panel Layout 메뉴

Panel Layout 메뉴에서는 RStudio의 패널 창을 디자인하는 기능으로 작업영역의 구성을 선택한다. 기본으로 4개의 영역으로 구분되고, 각 영역에 나타낼 항목을 선택한다.

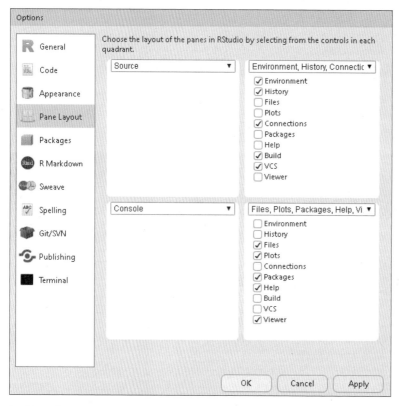

[그림 1.28] RStudio – Panel Layout 설정

필요한 설정을 마치면 [Options] 창 아래의 [Apply] 버튼을 클릭하여 변경된 설정 내용을 저장하면 RStudio가 재시작 된다.

3. 패키지와 Session 보기

R 패키지는 통계학 관련 교수와 학자 그리고 분석 관련 개발자에 의해서 꾸준히 개발되어 CRAN Site에 업로드되고 있다. 더욱이 이러한 패키지들을 제약 없이 무료로 사용할 수 있는 점은 R 언어가 교육계나 산업현장 그리고 데이터 분석가와 일반 사용자까지 지속해서 관심을 받을 수 있도록 하는 장점이다.

3.1 R 패키지 개수 보기

CRAN Site에 업로드된 패키지 수를 확인하기 위해서 다음과 같이 R 소스 코드를 RStudio의 스크립트 창에 한 행씩 입력한 후 Ctrl+Enter 키를 누르면 콘솔 창에 해당 행의 실행결과가 나타난다. R 소스 코드를 모두 입력했다면 실행을 원하는 행에 커서를 두고 단축키를 누르면 된다.

⊙실습 R 패키지 보기

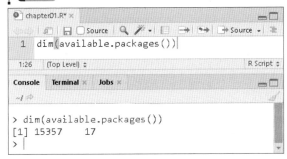

⊙실습 R 패키지 목록 보기

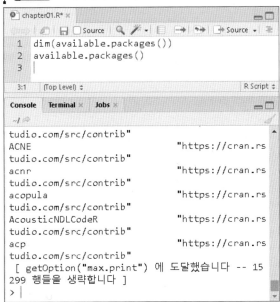

> **해설** 패키지 상세보기 함수를 이용하면 알파벳 순서로 패키지 명과 배포되는 사이트 주소(Repository)에서 확인할 수 있다. 위의 실습에서와같이 R 소스 코드를 줄 단위로 실행하는 방식을 상호작용(Interaction) 방식이라고 하며, R 스크립트에서 '#'은 주석문을 의미한다. 주석문은 해당 명령문에 대한 설명으로 프로그램 실행과는 관계없다. 결과에서 볼 수 있는 CRAN 사이트의 패키지 개수(예 : 15357)는 패키지가 계속 추가되고 있어서 결과가 달라질 수도 있다.

> **➕ 더 알아보기** **Batch 방식으로 R 소스 코드 실행하기**
>
> Batch 방식이란 두 줄 이상의 R 소스 코드를 블록(block)으로 지정하여 일괄 실행하는 방식을 의미한다. 실행할 명령문 영역을 마우스로 드래그하여 블록을 지정한 후 Ctrl+Enter 키를 누르면 지정된 블록 내의 R 소스 코드가 한 번에 실행된다.

3.2 R Session 보기

R session이란 사용자가 R 프로그램을 기동한 이후 R 콘솔 시작과 종료 전까지의 기간에 수행된 정보를 의미한다. R session 정보는 sessionInfo() 함수를 이용하여 확인할 수 있다.

⊙ 실습 R Session 보기

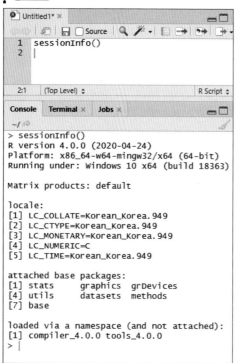

> **해설** session 보기 함수인 sessionInfo() 함수로 실행하면 현재 설치된 R 프로그램의 버전과 운영체제 정보, 다국어 지원 현황 그리고 기본으로 설치된 R 패키지 정보를 제공한다.

3.3 패키지 사용

R에서 제공하는 패키지(Package)는 처리할 자료(data)와 기능(function) 그리고 알고리즘(Algorithm) 등이 하나의 꾸러미 형태로 제공된다. 패키지는 CRAN Site에서 다운로드하여 사용자의 컴퓨터에 설치할 수 있다. R 프로그래밍의 실력은 얼마나 많은 패키지를 효과적으로 데이터 분석에 적용할 수 있는가 하는 능력에 따라 좌우된다고 할 수 있다.

(1) R 스크립트 명령으로 패키지 설치

패키지 설치는 다음과 같은 형식으로 R 코드를 이용하여 설치할 수 있다.

> **형식** install.packages("패키지명")

> **⊙실습** stringr 패키지 설치

```
> install.packages("stringr")    # stringr 패키지 설치
Installing package into 'C:/Users/master/Documents/R/win-library/4.0'
(as 'lib' is unspecified)
URL 'https://cran.rstudio.com/bin/windows/contrib/4.0/stringr_1.4.0.zip'을 시도합니다
Content type 'application/zip' length 216465 bytes (211 KB)
downloaded 211 KB

Package 'stringr' successfully unpacked and MD5 sums checked

The downloaded binary packages are in
        C:\Users\master\AppData\Local\Temp\Rtmp8q729z\downloaded_packages
>
```

> **해설** 사용자의 컴퓨터에 "stringr" 패키지가 다운로드되어 성공적으로 설치되었음을 나타낸다. 실제 해당 패키지는 'C:/Users/⟨사용자명⟩/Documents/R/win-library/R버전' 위치에 설치된다. 특정 패키지를 설치하면 관련 있는 패키지(dependencies)도 함께 설치될 수 있고, 관련 있는 패키지가 설치되어 있지 않으면, 관련 패키지를 먼저 설치한 후 해당 패키지를 설치해야 한다. 이 모든 내용은 R의 콘솔 창에서 확인할 수 있어 메시지를 보고 능동적으로 대처하면 된다.

만약 패키지 설치 과정에서 오류(Error)가 발생하면 RStudio의 바로가기 아이콘에서 마우스 오른쪽 버튼을 클릭한 후 표시되는 단축메뉴에서 [관리자 권한으로 실행]을 선택하여 재실행한 후 다시 설치를 시도한다.

한편 R을 설치하면 기본으로 설치되는 패키지(base, stats, graphics 등)는 별도의 설치 과정 없이 사용할 수 있다.

(2) RStudio 패널을 이용하여 패키지 설치

RStudio의 오른쪽 아래에 있는 패널 창에서 [Packages] 탭을 클릭한 후 [Install] 아이콘을 클릭하여 패키지를 설치할 수 있다. Install Packages 창에서 Install from 항목을 "Repository(CRAN)"으로 선택한 뒤에 Packages 항목의 입력란에 설치할 패키지 명을 입력하고 [Install] 버튼을 클릭하면 된다.

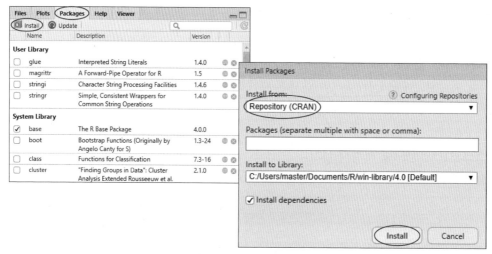

[그림 1.29] RStudio의 패널을 이용하여 패키지 설치

(3) 패키지 설치 확인

현재 시스템에 설치된 전체 패키지는 RStudio의 콘솔 창과 오른쪽 아래 패널에서 [Packages] 탭을
선택하거나 R 스크립트 명령어 "installed.packages()"를 스크립트 창 또는 콘솔 창에서 입력하고 실
행하여 설치된 패키지 목록을 확인할 수 있다.

⊕ 실습 설치된 패키지 확인

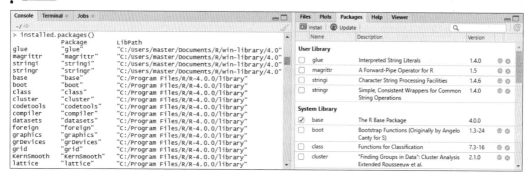

(4) 패키지 사용

R 프로그래밍에서 패키지를 사용하려면 해당 패키지를 메모리에 로드(load)해야 사용할 수 있다. 패키
지를 메모리에 로드(load)하기 위해서는 library() 함수 또는 require() 함수를 사용한다. 함수의 형식
은 다음과 같다.

형식 library(패키지명)
require(패키지명)

┌─ **⊙실습** 패키지 로드

```
> library(stringr)  # 패키지 로드; require(stringr) 명령으로 대체 가능
> search( )         # 현재 로드된 패키지 확인
 [1] ".GlobalEnv"        "package:stringr"
 [3] "tools:rstudio"     "package:stats"
 [5] "package:graphics"  "package:grDevices"
 [7] "package:utils"     "package:datasets"
 [9] "package:methods"   "Autoloads"
[11] "package:base"
>
```

└─ **해설** 설치된 패키지는 library() 함수나 require() 함수를 이용하여 메모리에 로드되면 search() 함수를 통해서 메모리에 로드된 패키지를 검색할 수 있다. 패키지는 메모리에 로드된 뒤에 해당 패키지에서 제공되는 함수를 사용할 수 있게 된다.

⊕ 더 알아보기 | **library() 함수와 require() 함수의 차이점**

library() 함수와 require() 함수의 차이점은 설치되지 않은 패키지를 가져오는 경우 library() 함수는 오류를 발생시키지만, require() 함수는 경고 메시지를 나타낸다. 다음은 설치되지 않은 blm 패키지를 로드 하는 과정의 실습 예이다.

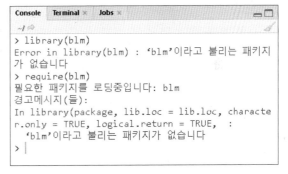

```
Console  Terminal ×  Jobs ×                    ─ □ □
~/ 
> library(blm)
Error in library(blm) : 'blm'이라고 불리는 패키지
가 없습니다
> require(blm)
필요한 패키지를 로딩중입니다: blm
경고메시지(들):
In library(package, lib.loc = lib.loc, characte
r.only = TRUE, logical.return = TRUE,  :
  'blm'이라고 불리는 패키지가 없습니다
> |
```

(5) 패키지 제거

파일 탐색기를 이용하여 패키지가 설치된 폴더를 직접 제거하거나. remove.packages() 함수를 이용하여 제거할 수 있다.

형식 remove.packages("패키지명")

┌─ **⊙실습** 패키지 제거

```
> remove.packages("stringr")   # stringr 패키지 제거
Removing packages from 'C:/User/master/Documents/R/win-library/4.0'
(as 'lib' is unspecified)
>
```

└─ **해설** 패키지가 제거된 결과는 파일 탐색기를 이용하여 해당 패키지 이름의 폴더가 삭제된 것을 직접 확인해 본다. 패키지의 설치 경로는 "C:/Users/〈사용자명〉/Documents/R/win-library/R버전"이다.

(6) 데이터 셋 보기

R을 설치하면 기본적으로 실습용 데이터 셋을 제공한다. RStudio의 스크립트 창 또는 콘솔에서 data() 함수를 실행하면 기본으로 제공되는 데이터 셋(data set)과 목록을 볼 수 있다.

실습 기본 데이터 셋(data set) 보기

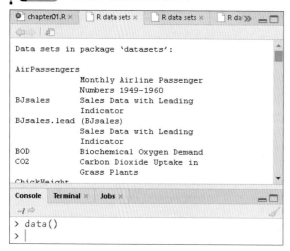

(7) 기본 데이터 셋 활용하기

R에서 기본으로 제공되는 Nile 데이터 셋의 내용을 확인하고 히스토그램을 그려본다.

실습 기본 데이터 셋으로 히스토그램 그리기

```
> # 단계 1: 빈도수(frequency)를 기준으로 히스토그램 그리기
> hist(Nile)
> # 단계 2: 밀도(density)를 기준으로 히스토그램 그리기
> hist(Nile, freq = F)  # frequency 속성을 FALSE로 지정
> # 단계 3: 단계 2의 결과에 분포 곡선(line)을 추가
> lines(density(Nile))
```

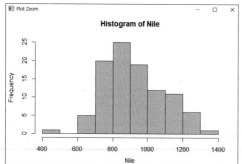

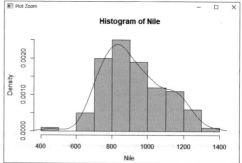

해설 왼쪽 그래프는 Nile 데이터 셋을 대상으로 빈도수를 이용하여 히스토그램이 그려진 결과이고, 오른쪽 그래프는 y축에 밀도를 적용하여 히스토그램이 그려진 결과에 lines() 함수를 이용하여 밀도를 기준으로 분포곡선이 추가된 결과이다. 여기서 밀도는 주어진 계급(막대의 폭)이 포함될 확률을 의미한다.

⊙실습 히스토그램을 파일로 저장하기

```
> par(mfrow = c(1, 1))          # Plots 영역에 1개 그래프 표시
> pdf("C:/Rwork/batch.pdf")     # 지정된 경로의 파일에 결과를 출력
> hist(rnorm(20))               # 난수에 대한 히스토그램 그리기
> dev.off()                     # 출력 파일 닫기
RStudioGD
        2
>
```

─해설 줄 단위로 Ctrl + Enter 키를 눌러서 실행하는 경우 Plots 패널의 크기를 준비하는 첫 번째 행과 파일 생성을 위해서 파일을 여는 두 번째 줄 그리고 히스토그램을 그리는 세 번째 줄에서는 상호작용(interaction)이 없어 아무런 결과가 없지만, 마지막 네 번째 줄에서는 열린 파일 장치가 닫히면서 히스토그램을 파일에 저장되는 작업이 일괄처리(Batch)되어 반응이 나타난다. 파일 탐색기를 이용하여 실습에서 지정한 경로("C:\Rwork")의 폴더를 열면 히스토그램이 저장된 "batch.pdf" 파일을 확인할 수 있다.

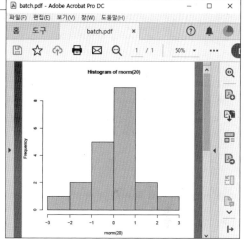

4. 변수와 자료형

R 프로그래밍에서 사용되는 대부분 자료는 변수와 자료형이라는 용어와 관련이 있다. 변수는 자료를 일시적으로 보관하는 역할을 하며, 자료형은 숫자 또는 문자와 같은 자료의 유형을 의미한다.

4.1 변수

변수는 분석에 필요한 자료를 일시적으로 저장하거나 처리결과를 담을 수 있는 기억장소를 지정해주는 역할을 한다. 즉 변수의 이름은 값을 저장하는 메모리(Memory) 영역의 이름으로 할당된다. 또한, R은 모든 변수가 객체(Object) 형태로 생성되기 때문에 하나의 변수에 자료와 함수 그리고 차트와 같은 이미지까지 모든 형식을 저장할 수 있다.

(1) 변수 이름 작성 규칙

R 프로그래밍에서 변수 이름을 작성할 때는 다음과 같은 규칙을 따라야 한다.

- 첫 자는 영문자로 시작한다.
- 두 번째 단어는 숫자와 밑줄 문자(_) 그리고 점(.)을 사용할 수 있다.
- 대문자와 소문자는 서로 다른 변수로 인식한다. 즉, 대소문자를 구분한다.
- 변수 이름은 의미를 파악할 수 있는 이름으로 지정하는 것이 좋다.
- 두 단어를 포함하여 변수 이름을 지정할 경우 두 번째 단어의 첫 자는 대문자로 표기한다.(예 : studentName, memberId)
- 한 번 정의된 변수는 재사용이 가능하고, 가장 최근에 할당된 값으로 수정된다.

┌─ **⊕실습** **변수 사용 예**

```
> var1 <- 0   # 변수 var1에 값 0으로 초기화(var1 = 0 사용 가능)
> var1        # 변수 var1의 값을 확인
[1] 0
> var1 <- 1   # 변수 var1에 값을 1로 변경(변수 재사용)
> var1
[1] 1
> var2 <- 2   # 변수 var2를 생성하고 값 2로 초기화
> var2        # 변수 var2의 값을 확인
[1] 2
> var3 <- 3   # 변수 var3을 생성하고 값 3으로 초기화
> var3        # 변수 var3의 갑을 확인
[1] 3
>
```

└─ **해설** 변수 사용 예에서 var1, var2, var3 변수명으로 지정된 메모리에 저장된 값을 살펴보면 [그림 1.30]과 같다.

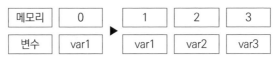

메모리	0		1	2	3
변수	var1	▶	var1	var2	var3

[그림 1.30] 변수의 메모리 할당

먼저 var1 메모리에는 처음 0이 할당(초기화)된 이후 새로운 값 1의 할당으로 1이 저장되고, var2는 2, var3는 3이 저장된다.

┌─ **⊕실습** **'변수.멤버' 형식의 변수 선언 예**

```
> goods.code <- 'a001'              # 상품 코드
> goods.name <- '냉장고'             # 상품명
> goods.price <- 850000             # 가격
> goods.des <- '최고사양, 동급 최고 품질'  # 상품 설명
>
```

└─ **해설** 상품에 관련된 정보를 하나의 변수로 묶어서 표현할 경우 '변수.멤버' 형태로 변수명을 지정하면 효과적으로 데이터를 관리할 수 있다.

(2) 스칼라(scalar) 변수

스칼라 변수는 한 개의 값만 갖는 변수를 의미한다. 참고로 두 개 이상의 값을 갖는 변수를 벡터 변수라고 한다. 벡터(Vector)는 여러 개의 자료를 저장할 수 있는 1차원의 선형 자료구조이다. 벡터 생성과 사용에 관한 부분은 '2장 데이터의 유형과 구조'에서 자세히 살펴본다.

⊙실습 스칼라 변수 사용 예

```
> age <- 35
> name <- "홍길동"
> age        # 정수 35를 갖는 스칼라 변수의 값 확인
[1] 35
> name       # 문자열 "홍길동"을 갖는 스칼라 변수의 값 확인
[1] "홍길동"
>
```

해설 age, name 변수에 각각 한 개의 데이터만 저장된 스칼라 변수에 관한 예이다.

⊙실습 벡터 변수 사용 예

```
> age <- 35
> names <- c("홍길동", "이순신", "유관순")
> age
[1] 35
> names
[1] "홍길동" "이순신" "유관순"
>
```

4.2 자료형

R은 변수를 선언할 때 별도의 자료형(type)을 선언하지 않는다. 즉 변수에 저장하는 자료의 유형에 의해서 변수의 타입이 결정된다. [표 1.1]은 R의 기본 자료형이다.

[표 1.1] R에서 제공하는 기본 자료형

유형 (Type)	값 (Value)	예
숫자형(Numeric)	정수, 실수	125, 125.123
문자형(Character)	문자, 문자열	"한", "홍길동"
논리형(Logical)	참, 거짓	TRUE 또는 T, FALSE 또는 F
결측 데이터	결측치, 비 숫자	NA(Not Available), NaN(Not a Number)

┌─ ◉ **실습** 스칼라 변수 사용 예

```
> int <- 20                        # 숫자형 값 초기화
> int
[1] 20
> string <- "홍길동"               # 문자형 값 초기화
> string
[1] "홍길동"
> boolean <- TRUE                  # 논리형 값 초기화
> boolean
[1] TRUE
> sum(10, 20, 20)                  # 3개의 숫자형 값의 합계 연산
[1] 50
> sum(10, 20, 20, NA)              # NA - 결측치 자료형
[1] NA
> sum(10, 20, 20, NA, na.rm = TRUE) # NA 결측치 제거후 합계 여산
[1] 50
> ls( )                            # 현재 사용 중인 변수(객체) 보기
[1] "age"        "ages"        "boolean"      "goods.code"
[5] "goods.des"  "goods.name"  "goods.price"  "int"
[9] "name"       "names"       "string"       "var1"
[13] "var2"      "var3"
>
```

┌─ **해설** 기본 함수 sum()은 주어진 인수를 이용하여 합계를 구하는 함수이다. 만약 인수 중에서 NA가 포함된 경우에는 합계결과 대신에 NA가 출력된다. 'na.rm = T' 속성을 이용하여 NA를 제거해야 합계결과를 확인할 수 있다. 또한, ls() 함수는 현재 메모리에 할당된 변수(객체)를 확인할 수 있는 기본 함수이다.

(1) 자료형 확인

변수에 저장된 자료형을 확인하는 함수를 이용하여 반환되는 TRUE 또는 FALSE의 결과를 통해서 해당 변수의 자료형을 확인할 수 있다. R에서 제공되는 자료형 확인 함수는 [표 1.2]와 같다.

[표 1.2] R에서 제공하는 자료형 확인 함수

함 수	기 능	함 수	기 능
is.numeric(x)	수치형 여부	is.integer(x)	정수형 여부
is.logical(x)	논리형 여부	is.double(x)	실수형 여부
is.character(x)	문자형 여부	is.complex(x)	복소수형 여부
is.data.frame(x)	데이터프레임 여부	is.factor(x)	범주형 여부
is.na(x)	NA 여부	is.nan(x)	NaN 여부

> **실습** 자료형 확인

```
> is.character(string)    # string 변수의 문자형 여부 확인
[1] TRUE
>
> x <- is.numeric(int)    # int 변수의 숫자형 여부의 결과를 x에 저장
> x
[1] TRUE
>
> is.logical(boolean)     # boolean 변수의 논리형 여부 확인
[1] TRUE
> is.logical(x)           # x 변수의 논리형 여부 확인
[1] TRUE
> is.na(x)                # x 변수의 NA 여부 확인
[1] FALSE
>
```

> **해설** 문자형, 숫자형, 논리형 그리고 NA 자료형의 여부를 확인하는 함수 사용에 관한 실습 예이다.

(2) 자료형 변환

변수에 저장된 자료형을 다른 자료형으로 변환하는 R의 기본 함수는 [표 1.3]과 같다.

[표 1.3] R에서 제공하는 자료형 변환 함수

함수	기능	함수	기능
as.numeric(x)	수치형 변환	as.integer(x)	정수형 변환
as.logical(x)	논리형 변환	as.double(x)	실수형 변환
as.character(x)	문자형 변환	as.complex(x)	복소수형 변환
as.data.frame(x)	데이터프레임 변환	as.factor(x)	요인형 변환
as.list(x)	리스트형 변환	as.vector(x)	벡터형 변환
as.array(x)	다차원배열 변환	as.Data(x)	날짜형 변환

> **실습** 문자 원소를 숫자 원소로 형 변환하기

```
> x <- c(1, 2, "3")                    # 3개의 원소를갖는 벡터 생성
> x
[1] "1" "2" "3"
>
> result <- x * 3
Error in x * 3 : 이항연산자에 수치가 아닌 인수입니다
> result <- as.numeric(x) * 3          # 벡터 x를 숫자형으로 변환
> # result2 <- as.integer(x) * 3       # as.integer( ) 함수도 같은 결과
> result
[1] 3 6 9
>
```

└ **해설** c() 함수를 이용하여 벡터를 생성할 경우 원소 중 한 개라도 문자이면 모든 원소를 문자로 하여 객체가 생성된다. 따라서 x를 대상으로 곱셈 연산(result <- x * 3)을 수행하면 x의 원소가 숫자가 아니므로 오류가 발생한다. 곱셈 연산을 위해서 as.numeric() 함수를 이용하여 x 벡터의 원소를 모두 숫자형으로 변하고 곱셈 연산을 수행하면 결과를 확인할 수 있다. as.integer() 함수를 이용해도 정수형 숫자로 변환되기 때문에 x 벡터를 이용하여 연산할 수 있다.

┌ **⊙실습** 복소수 자료 생성과 형 변환

복소수는 실수 부분과 허수 부분으로 구분된다. 기초 삼각함수, 로그, 지수, 제곱근과 쌍곡선 함수 등을 표현할 때 사용된다.

```
> z <- 5.3 - 3i      # 복소수 자료 생성
> Re(z)              # 실수(real number): 현실의 수
[1] 5.3
> Im(z)              # 허수(imaginary number): 상상의 수
[1] -3
> is.complex(x)     # 복소수 여부 확인
[1] FALSE
> as.complex(5.3)   # 복소수로 형 변환
[1] 5.3+0i
>
```

└ **해설** 복소수 자료를 생성하고, 실수와 허수를 출력하는 함수와 복소수형 확인 및 형 변환 관련 함수를 사용하는 예이다.

(3) 자료형과 자료구조 보기

자료형은 변수에 저장된 자료의 성격(숫자형, 문자형, 논리형)을 의미하고, 자료구조는 변수에 저장된 자료의 메모리 구조(배열, 리스트, 테이블 등)를 의미한다. 메모리 구조는 객체가 생성될 때 만들어지기 때문에 자료구조를 객체형(Object Type)이라고도 한다. R에서는 mode() 함수를 이용하여 자료형을 확인할 수 있고, class() 함수를 이용하여 자료구조 즉, 메모리 구조를 확인할 수 있다.

┌ **⊙실습** 스칼라 변수의 자료형과 자료구조 확인

```
> # mode(변수): 자료의 성격(type)을 알려준다.
> mode(int)          # numeric
[1] "numeric"
> mode(string)       # character
[1] "character"
> mode(boolean)      # logical
[1] "logical"
>
> # class(변수): 자료구조의 성격(type)을 알려준다.
> class(int)         # numeric
[1] "numeric"
> class(string)      # character
[1] "character"
> class(boolean)     # logical
[1] "logical"
>
```

└ **해설** 　스칼라 변수일 때 자료의 성격을 알려주는 mode() 함수와 자료구조의 성격을 알려주는 class() 함수의 결과는 같은 유형으로 나타난다.

(4) 요인(Factor)형 변환

요인(Factor)은 같은 성격인 값의 목록을 범주(category)로 갖는 벡터 자료를 의미한다. 범주는 변수가 가질 수 있는 값의 범위로, 예를 들면 성별 변수의 범주는 남자와 여자가 된다. 요인형은 순서에 의미가 없는 Nominal 유형과 순서에 의미가 있는 Ordinal 유형으로 구분된다.

- **Nominal**: 범주의 순서는 알파벳 순서로 정렬
- **Ordinal**: 범주의 순서는 사용자가 지정한 순서대로 정렬

┌ **⊕실습** 　**문자 벡터와 그래프 생성**

```
> # 5개의 문자열 원소를 갖는 벡터 객체 생성
> gender <- c("man", "woman", "woman", "man", "man")
> plot(gender)    # error 발생: 차트는 수치 데이터만 가능
Error in plot.window(...) : 유한한 값들만이 'ylim'에 사용될 수 있습니다
추가정보: 경고메시지(들):
1: In xy.coords(x, y, xlabel, ylabel, log) :
   강제형변환에 의해 생성된 NA 입니다
2: In min(x) : min에 전달되는 인자들 중 누락이 있어 Inf를 반환합니다
3: In max(x) : max에 전달되는 인자들 중 누락이 있어 -Inf를 반환합니다
>
```

└ **해설** 　c() 함수를 이용하여 5개의 문자열을 갖는 벡터 데이터를 생성하고, gender 변수에 저장한 후 plot() 함수를 이용하여 그래프를 그리는 예이다. 이 예는 오류가 발생한다. plot() 함수는 숫자 자료만을 대상으로 그래프를 생성할 수 있기 때문이다.

Factor Nominal

벡터 원소를 요인형으로 변환한 경우 범주의 순서가 알파벳 순서로 정렬되는 요인형의 기본 유형 (default type)이다.

┌ **⊕실습** 　**as.factor() 함수를 이용하여 요인형 변환**

```
> Ngender <- as.factor(gender)    # Factor 형 변환
> table(Ngender)                  # 빈도수 구하기
Ngender
 man woman
   3     2
>
```

└ **해설** 　gender 원소 중에서 같은 값의 수량을 수치화한 빈도수를 확인할 수 있다. 즉 "man" 원소는 3개, "woman" 원소는 2개이므로 이 값이 빈도수로 나타난다. 여기서 "man"과 "woman"은 범주가 된다. 범주가 된다는 의미는 gender 변수가 값을 가질 수 있는 범위를 의미한다. 또한, 빈도수는 해당 범주의 발생 수를 의미한다.

┌ **⊕ 실습** **Factor 형 변수로 차트 그리기**

```
> plot(Ngender)
> # 자료형과 자료구조 보기
> mode(Ngender)
[1] "numeric"
> class(Ngender)
[1] "factor"
> is.factor(Ngender)
[1] TRUE
>
```

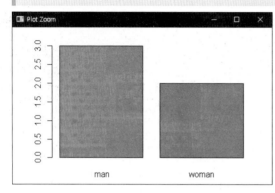

해설 Factor형으로 변환된 변수를 대상으로 plot() 함수를 이용하면 막대 차트가 그려진다. mode()와 class() 함수를 이용하여 자료형과 자료구조를 확인하면 numeric과 factor로 출력된다. 또한, is.factor() 함수를 이용하여 해당 변수의 요인형 여부 확인할 수 있다.

⊕ 더 알아보기 | **그래프 작성할 때 오류 메시지**

그래프를 작성하는 과정에서 'Error in plot.now() : figure margins too large'라는 오류 메시지가 나타나면, 차트가 그려지는 Viewer 영역의 크기가 작기 때문이다. RStudio 오른쪽 아래 Viewer 영역을 확대하면 오류를 해결할 수 있다. 만약, 다른 형태의 오류 메시지가 발생하는 경우는 사용자의 컴퓨터 이름이 한글로 되어 있는 경우이다. 컴퓨터의 이름을 영문으로 변경하면 해결된다.

┌ **⊕ 실습** **Factor Nominal 변수 내용 보기**

```
> Ngender
[1] man   woman woman man   man
Levels: man woman
>
```

└ **해설** Factor형으로 변환된 변수값을 확인하면 Levels 속성에서 범주를 확인할 수 있다. 여기서 범주의 수준(levels)은 값의 목록을 알파벳 순서로 정렬된다.

Factor Ordinal

범주의 순서를 사용자가 지정한 순서대로 정렬하는 기능으로 factor() 함수의 형식은 다음과 같다.

형식 factor(x, levels, ordered)

┌ ⏬**실습** factor() 함수를 이용하여 Factor 형 변환

```
> args(factor)    # factor( ) 함수의 매개변수 보기
function (x = character( ), levels, labels = levels, exclude = NA,
    ordered = is.ordered(x), nmax = NA)
NULL
> Ogender <- factor(gender, levels = c("woman", "man"), ordered = T)
> Ogender
[1] man   woman woman man   man
Levels: woman < man
>
```

└ **해설** factor() 함수에서 사용할 수 있는 매개변수를 확인하고, 해당 변수를 이용하여 순서 있는 요인형으로 변환한 후 Levels: 에서 범주의 순서를 확인할 수 있다.

┌ ⏬**실습** 순서가 없는 요인과 순서가 있는 요인형 변수로 차트 그리기

```
> par(mfrow = c(1, 2))
> plot(Ngender)
> plot(Ogender)
>
```

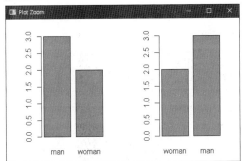

해설 par() 함수를 이용하여 두 개의 그래프를 Plots 영역에 나타낼 수 있다. 왼쪽 그래프는 순서에 의미가 없는 Factor Nominal 객체에 의해서 그래프가 그려진 결과이고, 오른쪽 그래프는 순서에 의미가 있는 Factor Ordinal 객체에 의해서 그려진 결과이다. 즉 알파벳 순서가 아닌 사용자가 직접 지정한 순서에 의해서 같은 문자열의 빈도수가 카운트된 수치 자료에 의해서 "woman"과 "man"의 순서로 막대 차트가 그려진다.

➕ 더 알아보기 "stringsAsFactors = FALSE" 속성

자료 파일을 불러올 때 "stringsAsFactors = FALSE" 속성을 사용할 때가 있다. 이러한 표현은 Factor 형으로 변경하지 말고, 문자열 자체를 그대로 불러오도록 지시하는 속성이다. "3장 데이터 입출력"에서 살펴본다.

---

(5) 날짜형 변환

인터넷 또는 로컬 파일로부터 가져온 자료 중에서 날짜형 칼럼은 요인형 또는 문자형으로 인식되기 때문에 정확한 날짜형으로 변환할 필요가 있다.

┌ ⏬**실습** as.Date() 함수를 이용한 날짜형 변환

```
> as.Date("20/02/28", "%y/%m/%d")
[1] "2020-02-28"
> class(as.Date("20/02/28", "%y/%m/%d"))
```

```
[1] "Date"
> dates <- c("02/28/20", "02/30/20", "03/01/20")
> as.Date(dates, "%m/%d/%y")   # 해당 날짜가 없는 경우 NA 출력
[1] NA NA NA
>
```

> **해설**   날짜형 변환 함수 as.Date()를 이용하여 문자열 상수를 날짜형으로 변환할 수 있다. as.Date() 함수의 첫 번째 인수는 문자열 상수를 지정하고, 두 번째 인수는 날짜형으로 변환하는 양식(format)을 지정한다. 양식에 사용되는 제어문자는 [표 1.4]와 같다.

[표 1.4] 날짜와 시간 표현을 위한 제어문자

날짜	제어문자	시간	제어문자
년도 4자리	%Y	24 시간	%H
년도 2자리	%y	12 시간	%I
월	%m	분	%M
일	%d	초	%S

🔽실습 시스템 로케일(locale) 정보 확인

```
> Sys.getlocale(category = "LC_ALL")       # 현재 로케일 정보 전체 보기
[1] "LC_COLLATE=Korean_Korea.949:LC_CTYPE=Korean_Korea.949:LC_MONETARY=Korean_
Korea.949:LC_NUMERIC=C:LC_TIME=Korean_Korea.949"
> Sys.getlocale(category = "LC_COLLATE") # 지역 정보 출처만 보기
[1] "Korean_Korea.949"
>
```

> **해설**   현재 시스템에서 설정된 로케일(locale) 정보를 확인하여 국가정보(LC_COLLATE=Korean_Korea.949), 언어 유형(LC_CTYPE=Korean_Korea.949), 통화단위(LC_MONETARY=Korea_Korea.949), 숫자(LC_NUMERIC=C), 날짜/시간 정보(LC_TIME=Korean_Korea.949)를 확인한다. 현재는 대한민국 국가정보가 설정된 상태로 나타난다. 로케일 정보는 sessionInfo() 함수에 의해서도 확인할 수 있다.

🔽실습 현재 날짜와 시간 확인

```
> Sys.time()     # 로케일 정보에 의한 현재 날짜와 시간
[1] "2020-04-20 14:48:05 KST"
>
```

> **해설**   현재 시스템의 날짜와 시간 정보를 제공한다. KST는 대한민국 표준시간대를 의미한다.

🔽실습 strptime() 함수를 이용한 날짜형 변환

strptime( ) 함수의 형식은 다음과 같다.

형식   strptime(x, format)

```
> sdate <- "2019-11-11 12:47:5"    # 문자형 날짜 자료 준비
> class(sdate)
[1] "character"
>
> today <- strptime(sdate, format = "%Y-%m-%d %H:%M:%S")
> class(today)                     # R에서 제공하는 날짜형은 POSIXt
[1] "POSIXlt" "POSIXt"
>
```

╚ 해설 문자형 날짜를 대상으로 strptime() 함수를 이용하여 날짜형으로 변환한다. 이때 문자형의 날짜 표기 순서대로 날짜형으로 변환할 양식에 '%' 기호를 제어문자로 지정한다. strptime() 함수에서 날짜형과 시간형은 POSIXlt 방식을 이용한다. 앞에서 살펴본 as.Date() 함수와 strptime() 함수는 모두 문자 상수를 날짜형으로 변환할 경우 사용되는데, 그중 as.Date() 함수는 날짜 자료만 형 변환이 가능하다.

⊙실습 4자리 연도와 2자리 연도 표기의 예

```
> strptime("30-11-2019", format = ("%d-%m-%Y"))
[1] "2019-11-30 KST"
> strptime("30-11-19", format = ("%d-%m-%y"))
[1] "2019-11-30 KST"
>
```

╚ 해설 4자리 연도는 "%Y" 제어문자를 지정하고, 2자리 연도는 "%y" 제어문자를 지정한다.

⊙실습 국가별 로케일(locale) 설정

현재 국가의 언어, 숫자, 통화단위, 날짜/시간 등의 정보를 확인할 수 있고, 설정을 통해서 변경할 수 있다. 로케일은 지역으로 해석되지만 여기서는 다국어 처리를 위해서 사용된다. 로케일 설정에 관한 setlocale() 함수의 형식은 다음과 같다.

형식 Sys.setlocale(category = "LC_ALL", locale = "언어_국가")

```
> # 로케일 설정: 시스템의 기본 정보로 로케일 설정
> # 현재 로케일 정보전체 설정
> Sys.setlocale(category = "LC_ALL", locale = "")
[1] "LC_COLLATE=Korean_Korea.949;LC_CTYPE=Korean_Korea.949;LC_MONETARY=Korean_
Korea.949;LC_NUMERIC=C;LC_TIME=Korean_Korea.949"
>
> # 대한민국을 명시한 로케일 설정
> Sys.setlocale(category = "LC_ALL", locale = "Korean_Korea")        # 대한민국
[1] "LC_COLLATE=Korean_Korea.949;LC_CTYPE=Korean_Korea.949;LC_MONETARY=Korean_
Korea.949;LC_NUMERIC=C;LC_TIME=Korean_Korea.949"
>
> # 미국 영어권으로 설정
> Sys.setlocale(category = "LC_ALL", locale = "English_US")          # 미국
[1] "LC_COLLATE=English_United States.1252;LC_CTYPE=English_United States.1252;LC_
MONETARY=English_United States.1252;LC_NUMERIC=C;LC_TIME=English_United States.1252"
>
```

```
> # 일본 일어권으로 설정
> Sys.setlocale(category = "LC_ALL", locale = "Japanese_Japan")          # 일본
[1] "LC_COLLATE=Japanese_Japan.932;LC_CTYPE=Japanese_Japan.932;LC_
MONETARY=Japanese_Japan.932;LC_NUMERIC=C;LC_TIME=Japanese_Japan.932"
>
> Sys.getlocale()
[1] "LC_COLLATE=Japanese_Japan.932;LC_CTYPE=Japanese_Japan.932;LC_
MONETARY=Japanese_Japan.932;LC_NUMERIC=C;LC_TIME=Japanese_Japan.932"
>
```

해설 Sys.setlocale() 함수에서 locale 속성을 이용하여 해당 국가별로 로케일을 설정할 수 있다. 이렇게 설정된 로케일을 통해서 해당 국가의 문자, 숫자, 날짜/시간 등의 형식을 사용할 수 있다.

⊙ 실습 미국식 날짜 표현을 한국식 날짜 표현으로 변환

```
> # 날짜 형식을 인식하지 못해서 NA 출력
> strptime("01-nov-19", format = "%d-%b-%y")                          # NA 출력 – 로케일 정보 변경
[1] NA
>
> # 로케일 정보 수정(locale 속성: 언어코드와 국가코드)
> Sys.setlocale(category = "LC_ALL", locale = "English_US")
[1] "LC_COLLATE=English_United States.1252;LC_CTYPE=English_United States.1252;LC_
MONETARY=English_United States.1252;LC_NUMERIC=C;LC_TIME=English_United States.1252"
>
> # 미국 날짜 표현 적용 – 전체 월: %B, 약자 월: %b
> strptime("01-nov-19", format = "%d-%b-%y")                          # 약자 월 이름
[1] "2019-11-01 KST"
> # 전체 요일: %A, 약자 요일: %a
> day <- strptime("tuesday, 19 nov 2019", format = "%A, %d %b %Y")    # 전체 요일
> day <- strptime("Tue, 19 Nov 2019", format = "%a, %d %b %Y")        # 약자 요일
> weekdays(day)  # 요일 보기
[1] "Tuesday"
> # 약자 월과 2자리 연도
> strptime("19 Nov 19", format = "%d %b %y")                          # 2자리 연도
[1] "2019-11-19 KST"
> day <- c("1may99", "2jun01", "28jul15")                             # 5월 ~ 7월 약자 월 이름
> strptime(day, format = "%d%b%y")
[1] "1999-05-01 KST" "2001-06-02 KST" "2015-07-28 KST"
> Sys.setlocale(category = "LC_ALL", locale = "Korean_Korea")
[1] "LC_COLLATE=Korean_Korea.949;LC_CTYPE=Korean_Korea.949;LC_MONETARY=Korean_
Korea.949;LC_NUMERIC=C;LC_TIME=Korean_Korea.949"
>
```

해설 미국식 날짜 형식으로 대한민국 로케일 정보로 수정할 수 없으므로 언어정보와 국가정보를 이용하여 로케일 정보를 미국으로 변경한 후 다양한 형식으로 날짜와 시간 정보를 날짜형으로 변환할 수 있다. 특히 월 이름을 영문자로 표기할 경우 전체는 %B, 약자는 %b를 이용한다. 미국으로 로케일 정보를 변환해도 여전히 KST가 나오는 이유는 현재 시스템이 한국어 형식으로 설치되었기 때문이다.

5. 기본 함수와 작업공간

R 프로그램을 설치하면 기본적으로 7개의 패키지가 설치된다. 이러한 패키지에 속한 함수는 별도의 설치 과정 없이 바로 사용할 수 있다. 이 절에서는 기본 함수의 사용방법과 파일 입출력에 필요한 작업공간을 설정하는 방법에 대해서 알아본다.

5.1 기본 함수 사용

R 패키지에서 제공되는 수많은 함수 사용법을 머릿속에 기억하기는 불가능한 일이다. 따라서 해당 함수의 사용법을 제공하는 도움말 기능을 이용할 수 있어야 한다.

(1) 함수 도움말 보기

R에서 제공되는 기본 함수의 도움말은 'help(함수명)' 또는 '?함수명' 형식으로 볼 수 있으며, 도움말은 RStudio를 사용하는 경우 RStudio 오른쪽 아래 도움말 영역에 나타난다. R 콘솔을 사용하는 경우 도움말의 결과는 시스템의 기본 웹 브라우저를 통해 나타난다.

참고로 Google 사이트에서는 '함수명() in r' 형식으로 검색한 뒤 검색 결과 목록에서 선택하여 도움말을 확인할 수 있다.

⊙ 실습 RStudio에서 함수 도움말 보기

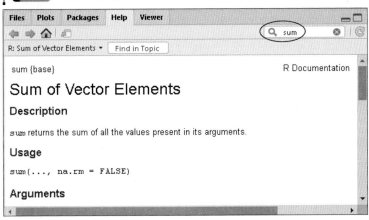

해설 RStudio의 오른쪽 아래 영역에서 [Help] 탭을 선택한 뒤에 검색어로 함수명(예: sum)을 입력하여 도움말을 확인할 수 있다.

(2) 함수 파라미터 보기

args() 함수는 특정 함수를 대상으로 사용 가능한 함수 파라미터를 보여준다.

형식 args(함수명)

┌ **⊙실습** 함수 파라미터 확인하기

```
> args(max)              # max() 함수의 파라미터 확인
function (..., na.rm = FALSE)
NULL
> max(10, 20, NA, 30)    # NA 출력
[1] NA
>
```

└ **해설** max() 함수의 파라미터에서 'na.rm = FALSE'는 max() 함수를 사용할 때 na.rm 파라미터를 생략하면 기본값
으로 FALSE를 적용하고, 전달하는 파라미터에서 NA를 제거하지 않음을 의미한다. 따라서 두 번째 행의 R 코드를 실행하면
파라미터 목록에 NA가 포함되어 있어 max() 함수의 결과로 NA가 출력된다.

(3) 함수 사용 예제 보기

example() 함수는 R에서 제공되는 기본 함수들을 사용하는 예제를 제공해준다.

형식 example(함수명)

┌ **⊙실습** 함수 사용 예를 보여주는 example() 함수

```
> example(seq)          # seq() 함수 사용 예제 보기

seq>  seq(0, 1, length.out = 11)
[1] 0.0 0.1 0.2 0.3 0.4 0.5 0.6 0.7 0.8 0.9 1.0

seq>  seq(stats::rnorm(20)) # effectively 'along'
[1]  1  2  3  4  5  6  7  8  9 10 11 12 13 14 15 16 17 18 19 20

seq>  seq(1, 9, by = 2)    # matches 'end'
[1] 1 3 5 7 9

seq>  seq(1, 9, by = pi)   # stays below 'end'
[1] 1.000000 4.141593 7.283185

seq>  seq(1, 6, by = 3)
[1] 1 4

seq>  seq(1.575, 5.125, by = 0.05)
 [1] 1.575 1.625 1.675 1.725 1.775 1.825 1.875 1.925 1.975 2.025
[11] 2.075 2.125 2.175 2.225 2.275 2.325 2.375 2.425 2.475 2.525
[21] 2.575 2.625 2.675 2.725 2.775 2.825 2.875 2.925 2.975 3.025
[31] 3.075 3.125 3.175 3.225 3.275 3.325 3.375 3.425 3.475 3.525
[41] 3.575 3.625 3.675 3.725 3.775 3.825 3.875 3.925 3.975 4.025
[51] 4.075 4.125 4.175 4.225 4.275 4.325 4.375 4.425 4.475 4.525
[61] 4.575 4.625 4.675 4.725 4.775 4.825 4.875 4.925 4.975 5.025
[71] 5.075 5.125

seq>  seq(17)                # same as 1:17, or even better seq_len(17)
[1]  1  2  3  4  5  6  7  8  9 10 11 12 13 14 15 16 17
>
```

┗ **해설** seq() 함수를 사용하는 예로 다양한 방법으로 벡터 원소를 생성하는 과정을 보여준다.

┌ **⊙ 실습** 평균을 구해주는 mean() 함수 사용 예

```
> # mean() 함수 예제 보기
> example(mean)

mean> x <- c(0:10, 50)

mean> xm <- mean(x)

mean> c(xm, mean(x, trim = 0.10))
[1] 8.75 5.50
>
> # NA가 포함되지 않는 경우
> mean(10:20)        # 10 ~ 20 범위의 평균 구하기
[1] 15
>
> x <- c(0:10, 50)    # c() 함수를 이용하여 벡터 객체 생성
> mean(x)
[1] 8.75
>
```

┗ **해설** mean() 함수의 예제를 확인한 후 제공되는 예제와 비슷한 형식으로 mean() 함수를 사용하여 평균을 계산하는 실습 내용이다. 먼저 mean() 함수의 파라미터 목록에서 NA를 포함하지 않으면 정상적으로 평균을 계산할 수 있지만, NA가 포함되는 경우에는 주어진 파라미터의 평균값 대신에 NA가 출력된다. help() 함수를 이용하여 mean() 함수의 형식을 확인한 결과 기본속성(na.rm = FALSE)이 NA를 제거하지 않는 것으로 나타났다. 따라서 데이터에 NA를 포함하는 경우 mean() 함수를 사용할 때 "na.rm = TRUE" 속성을 적용하여 평균을 계산하면 NA가 제거되어 정상적인 결과를 확인할 수 있다.

5.2 작업공간

R 프로그램에서 작성한 데이터를 파일에 저장하거나 데이터 파일을 가져오는 경우 현재 지정된 작업 공간을 확인할 수 있고, 작업공간의 경로를 변경하는 방법에 대해서 알아본다.

(1) 작업공간 보기

R의 기본 작업공간은 getwd() 함수를 이용하여 볼 수 있다. 메뉴 [Tools]-[Global Options]에서 [General] 항목의 "Default working directory"에서 지정된 폴더가 기본 작업 디렉터리로 나타난다.

┌ **⊙ 실습** 현재 작업공간 보기(기본 함수)

```
> getwd()
[1] "C:/Users/master/Documents"
>
```

┗ **해설** 결과에서 현재 R의 기본 디렉터리를 확인할 수 있다. 예제에서의 결과는 R 프로그램을 설치하고 작업 디렉터리를 설정하지 않았을 때의 기본 경로이다.

(2) 작업공간 변경

기본으로 지정된 작업 디렉터리를 변경하기 위해서는 setwd() 함수를 이용한다.

┌─ **⊙실습** 작업공간 변경

```
> setwd("C:/Rwork/Part-I")        # 경로 구분자는 / 또는 \
> data <- read.csv("test.csv", header = T) # 지정된 경로에서 파일 가져오기
> data                            # 파일 내용 확인하기
    A B C D E
1   2 4 2 2
2   1 2 2 2
3   2 3 4 3 3
4   3 5 5 3 3
5   3 2 4 4
··· 중간 생략 ···
199 4 2 4 2 4
200 3 4 4 2 5
[ reached 'max' / getOption("max.print") -- omitted 202 rows ]
>
```

└─ **해설** C:\Rwork\Part-I 폴더를 작업 디렉터리로 지정하고, 제목이 있는 "test.csv" 파일을 불러와서 파일의 내용을 변수 data에 저장한다. 참고로 R 프로그래밍에서 경로를 지정할 때 디렉터리와 디렉터리를 구분할 때는 사선 문자('/')를 사용하거나 역사선 문자('\') 두 개를 사용해야 한다.

5.3 스크립트 파일 저장하기

R 코드를 작업한 스크립트를 파일로 저장하기 위해서는 한글 깨짐 현상을 고려하여 다음과 같이 문자셋 인코딩(Encoding) 방식을 UTF-8로 지정해야 한다.

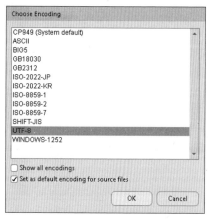

RStudio에서 [Tools]-[Global Options] 메뉴를 선택하여 Options 창을 열고, [Code] 영역의 "Default text encoding" 항목에서 "UTF-8"을 지정한다. 스크립트 파일을 저장할 때는 RStudio에서 [File]-[Save with Encoding] 메뉴를 선택하여 Choose Encoding 창에서 "UTF-8"을 선택하고, "Set as default encodeing for source files" 항목에 체크표시 한 뒤에 [OK] 버튼을 클릭하면 파일 저장을 위한 창이 열린다. 파일 이름을 입력하고 [저장] 버튼을 클릭하여 작성 중인 스크립트가 파일로 저장한다.

[그림 1.31] 파일 저장을 위한 Encoding 설정

Encoding 문자 셋은 한 번만 선택하면 이후에는 선택된 내용으로 저장되기 때문에 두 번째 스크립트를 저장할 때부터는 RStudio의 메뉴 [File] - [Save] 또는 파일 저장을 위한 단축 아이콘(🖫 🖫)을 이용하면 된다.

5.4 스크립트 파일 불러오기

R 코드를 작성한 스크립트 파일을 RStudio로 가져오기 위해서는 불러오기(⊜·) 단축 아이콘을 이용하거나 RStudio에서 [File]-[Open File...] 메뉴를 선택하여 가져올 수 있다.

만약 불러온 스크립트 파일에 포함된 한글이 깨진 경우에는 저장 과정에서 Encoding 문자 셋을 "UTF-8"로 지정하지 않았거나, [Global Options] 메뉴에서 Encoding 방식을 "UTF-8"로 지정하지 않은 경우이다. [그림 1.32]는 Encoding 문자 셋이 다르게 설정되어서 한글이 깨진 스크립트 파일의 예이다.

[그림 1.32] Encoding이 잘못된 스크립트 파일

1. 현재 작업공간을 확인하고, "C:/Rwork/Part-I"으로 변경하시오.

2. 다음 조건에 맞게 name, age, address 변수를 생성하고 처리하시오.

> 조건 1| 각 변수의 특성에 맞게 값을 초기화하고 결과를 확인한다.
>
> 조건 2| 다음 함수를 이용하여 각 변수의 자료형(data type)을 확인한다.
> mode(), is.character(), is.numeric()

3. R에서 제공하는 women 데이터 셋을 다음과 같이 처리하시오.

> 조건 1| women 데이터 셋은 어떤 데이터의 모음인가?
>
> 조건 2| women 데이터 셋의 자료형과 자료구조는?
>
> 조건 3| plot() 함수를 이용하여 기본 차트 그리기

4. R에서 제공하는 c() 함수를 이용하여 벡터를 생성하고 데이터를 처리하시오.

> 조건 1| 1~100까지 벡터를 생성한다.
>
> 조건 2| 생성된 벡터를 대상으로 평균을 구한다.

5. R 프로그래밍 언어의 특징을 2가지만 기술하시오.

데이터 유형과 구조

학습 내용

R에서 제공하는 자료구조(Data structure)는 변수에 의해서 메모리가 배정되고, 배정된 기억공간에 자료가 어떻게 저장되어 있는가에 따라서 몇 가지 형태로 분류된다.

이장에서는 자료구조를 유형별로 살펴보고, 해당 자료구조를 만들어주는 함수와 자료를 처리하는 함수를 통해서 자료구조의 특성을 알아본다.

R에서 제공되는 다양한 패키지는 대부분 지정된 데이터만을 대상으로 처리하도록 만들어져있다. 따라서 특정 데이터의 구조 변경이 요구되는 경우 적절히 대응하기 위해서는 데이터의 유형과 구조를 정확히 인지할 필요가 있다.

R에서 제공하는 주요 자료구조는 다음과 같이 크게 5가지로 분류된다.

① Vector(1차원 배열)

② Matrix(2차원 배열)

③ Array(다차원 배열)

④ Data Frame(2차원 테이블 구조)

⑤ List(자료구조 중첩)

학습 목표

• Vector 객체를 생성하고, 분석자가 원하는 데이터만 추출할 수 있다.

• Matrix 객체를 생성하고, apply() 함수를 적용할 수 있다.

• Vector 데이터를 이용하여 DataFrame 객체를 생성할 수 있다.

• List 객체를 생성하고, lapply()와 sapply() 함수를 적용하여 연산할 수 있다.

• 정규표현식을 이용하여 문자열의 패턴을 검사할 수 있다.

Chapter 02의 구성

1. Vector 자료구조

2. Matrix 자료구조

3. Array 자료구조

4. DataFrame 자료구조

5. List 자료구조

6. 문자열 처리

1. Vector 자료구조

벡터(Vector)는 R에서 가장 기본이 되는 자료구조이다. 벡터 자료구조는 연속된 선형구조의 형태로 만들어지고, 첨자에 의해서 접근할 수 있다. 벡터 자료구조의 특징은 다음과 같다.

[그림 2.1] Vector 자료구조

- 1차원의 선형 자료구조 형태로 만들어진다.
- 자료는 '변수[첨자]' 형태로 접근한다. 첨자(index)는 1부터 시작한다.
- 같은 자료형의 데이터만 저장할 수 있다.
- 벡터 생성 함수: c(), seq(), rep()
- 벡터 자료 처리 함수: union(), setdiff(), intersect()

1.1 벡터 객체

벡터 데이터를 생성하기 위해서는 c(), seq(), rep() 함수를 이용할 수 있다. 특히 c() 함수는 여러 개의 값을 하나로 결합(combine value)해 준다는 의미에서 c로 표현되며, 함수의 인수는 콜론(:)이나 콤마(,)를 이용하여 표현한다. 콜론(:)은 범위를 지정하고, 콤마(,)는 개별 데이터를 지정해준다.

┌─[⊕ 실습] c() 함수를 이용한 벡터 객체 생성

```
> c(1:20)        # combine value  함수
[1]  1  2  3  4  5  6  7  8  9 10 11 12 13 14 15 16 17 18 19 20
> 1:20            # c() 함수와 동일
[1]  1  2  3  4  5  6  7  8  9 10 11 12 13 14 15 16 17 18 19 20
> c(1, 2, 3, 4, 5) # c(1:5)와 동일
[1] 1 2 3 4 5
>
```

└─[해설] c() 함수의 인수로 콜론을 이용하여 1에서 20까지의 벡터 자료를 생성하고, 콤마(,)를 이용하여 1에서 5까지 벡터 자료를 생성한다.

┌─[⊕ 실습] seq() 함수를 이용한 벡터 객체 생성

```
> seq(1, 10, 2)    # sequcnce value 함수 -> 1부터 10까지 2씩 증가
[1] 1 3 5 7 9
>
```

└─[해설] seq() 함수는 세 번째 인자인 증감 값에 의해서 순차적으로 값(sequence value)을 증감시켜서 벡터 자료를 만들어준다.

⊙실습 rep() 함수를 이용한 벡터 생성

```
> rep(1:3, 3)          # replicate value 함수
[1] 1 2 3 1 2 3 1 2 3
> rep(1:3, each = 3)   # each는 각 자료가 반복할 횟수를 지정
[1] 1 1 1 2 2 2 3 3 3
>
```

해설 rep() 함수는 두 번째 파라미터에서 지정하는 반복 횟수만큼 같은 값을 복제(replicate)하여 벡터 자료를 생성한다. each 파라미터는 각각 반복될 횟수를 지정한다.

1.2 벡터 자료 처리

벡터 생성 함수에 의해서 만들어진 벡터 자료를 대상으로 setdiff() 함수와 intersect() 함수를 이용하여 벡터 자료를 처리할 수 있다.

⊙실습 union(), setdiff() 그리고 intersect() 함수를 이용한 벡터 자료 처리

```
> x <- c(1, 3, 5, 7)
> y <- c(3, 5)
> union(x, y)          # x와 y의 합집합
[1] 1 3 5 7
> setdiff(x, y)        # x에는 있는데, y에 없는 값 (1, 7)
[1] 1 7
> intersect(x, y)      # x와 y에 공통으로 있는 값 (3, 5)
[1] 3 5
>
```

해설 union() 함수는 x와 y 벡터값을 합집합 형식으로 처리하며, setdiff() 함수는 x 벡터에서 y 벡터값을 뺀 차집합 형식으로 벡터 자료를 처리한다. 즉, y 벡터의 원소 (3, 5)에 의해서 x 벡터의 원소가 차감되어 1과 7이 출력된다. intersect() 함수는 교집합 형식으로 벡터 자료를 처리한다. 즉 x와 y 벡터에 공통으로 포함된 3과 5가 출력된다.

⊙실습 숫자형, 문자형, 논리형 벡터 생성

```
> v1 <- c(33, -5, 20:23, 12, -2:3)
> v2 <- c("홍길동", "이순신", "유관순")
> v3 <- c(T, TRUE, FALSE, T, TRUE, F, T)
> v1; v2; v3
[1] 33 -5 20 21 22 23 12 -2 -1  0  1  2  3
[1] "홍길동" "이순신" "유관순"
[1]  TRUE  TRUE FALSE  TRUE  TRUE FALSE  TRUE
>
```

해설 변수에 다양한 형식의 벡터 자료를 저장할 수 있다. 하지만 벡터 자료는 반드시 같은 유형의 자료만 하나의 변수에 저장할 수 있다. 실습 예제의 R 소스 코드에서 v1은 숫자형, v2는 문자형 그리고 v3는 논리형으로 같은 유형의 데이터만 저장한다. 만약 숫자형과 문자형 또는 논리형이 혼합되는 경우에는 데이터 유형이 변경될 수 있다.

⊙실습 자료형이 혼합된 경우

```
> v4 <- c(33, 05, 20:23, 12, "4")    # 자료형이 혼합된 경우
> v4                                 # 데이터가 문자형으로 변형된다.
[1] "33" "5" "20" "21" "22" "23" "12" "4"
>
```

해설 v4 변수에 포함된 문자형 자료인 "4"에 의해서 나머지 모든 숫자 자료가 문자형으로 데이터 유형이 변경된다.

⊙실습 한 줄에 여러 개의 스크립트 명령문 사용

```
> v1; mode(v1); class(v1)   # numeric
[1] 33 -5 20 21 22 23 12 -2 -1  0  1  2  3
[1] "numeric"
[1] "numeric"
> v2; mode(v2); class(v2)   # character
[1] "홍길동" "이순신" "유관순"
[1] "character"
[1] "character"
> v3; mode(v3); class(v3)   # logical
[1]  TRUE  TRUE FALSE  TRUE  TRUE FALSE  TRUE
[1] "logical"
[1] "logical"
>
```

해설 R에서는 세미콜론(;)을 구분자로 한 줄에 여러 개의 R 스크립트 명령문을 사용할 수 있다.

⊙실습 벡터 객체의 값에 칼럼명 지정

벡터 객체는 names() 함수를 이용하여 벡터 객체에 저장된 벡터 데이터에 칼럼명을 지정할 수 있다. 또한, 벡터 객체에 NULL 값을 대입하여 벡터 객체를 메모리에서 제거할 수 있다.

```
> age <- c(30, 35, 40)
> age
[1] 30 35 40
> names(age) <- c("홍길동", "이순신", "강감찬")  # 칼럼명 지정
> age
홍길동 이순신 강감찬
    30     35     40
> age <- NULL
>
```

해설 c() 함수를 이용하여 칼럼명을 만들고, names() 함수를 이용하여 벡터 객체의 각 데이터에 칼럼명을 지정한다.

┌─ **⊙실습** **벡터 자료 참조하기**

벡터 자료는 [첨자] 형태로 접근할 수 있다. 대괄호 안에 첨자(index)는 벡터 객체에 저장된 원소들의 위치를 의미한다.

```
> a <- c(1:50)          # 벡터 객체 생성
> a[10:45]              # 10에서 45사이의 벡터 원소 출력
[1] 10 11 12 13 14 15 16 17 18 19 20 21 22 23 24 25 26 27 28 29 30
[22] 31 32 33 34 35 36 37 38 39 40 41 42 43 44 45
> a[19: (length(a) - 5)]  # 10부터의 벡터 전체 길이에서 5를 뺀 길이(45) 만큼 출력
[1] 19 20 21 22 23 24 25 26 27 28 29 30 31 32 33 34 35 36 37 38 39
[22] 40 41 42 43 44 45
>
```

└─ **해설** 대부분의 프로그래밍 언어에서는 첨자가 0부터 시작되지만, R에서의 첨자는 1부터 시작된다. 첨자는 콜론으로 범위를 지정할 수 있다. 첨자를 이용해서 벡터 자료의 특정 요소만 출력하거나 제외할 수 있다.

┌─ **⊙실습** **잘못된 첨자를 사용하는 경우**

```
> a[1, 2]  # 잘못된 첨자를 사용하는 경우
Error in a[1, 2] : incorrect number of dimensions
>
```

└─ **해설** 콤마(,)를 이용하여 첨자를 지정하는 경우 오류(Error)가 발생한다. 콤마는 다차원 배열을 의미하기 때문이다. 벡터는 1차원 배열의 자료구조를 갖는다. 2차원 배열에서 행과 열의 첨자를 구분하는 콤마를 1차원 배열에서 사용하면 오류가 발생한다.

┌─ **⊙실습** **c() 함수에서 콤마 사용 예**

벡터 객체에서 첨자를 이용하여 원소를 조회할 경우 c() 함수의 인수에 콤마를 사용할 수 있다. 이때 콤마는 1차원 자료구조에서 하나의 원소를 지정하는 역할을 한다.

```
> v1 <- c(13, -5, 20:23, 12, -2:3)  # 벡터 객체 생성
> v1[1]                             # 벡터 객체의 1번째 원소 출력
[1] 13
> v1[c(2, 4)]                       # 벡터 객체의 2번째 원소와 4번째 원소 출력
[1] -5 21
> v1[c(3:5)]                        # 벡터 객체의 3~5번째 원소 출력
[1] 20 21 22
> v1[c(4, 5:8, 7)]                  # 콤마와 세미콜론으로 v1 벡터 객체의 원소 출력
[1] 21 22 23 12 -2 12
>
```

└─ **해설** 벡터 객체의 원소를 참조하기 위해서 c() 함수의 인수로 콤마(,)와 콜론(:)을 이용할 수 있다. 콤마는 개별 원소를 지정하고, 콜론은 원소의 범위를 지정하는 역할을 한다.

┌─**⊙실습** 음수 값으로 벡터 자료의 첨자를 사용하는 예

첨자를 음수 값으로 지정하는 경우에는 여집합의 개념으로 해당 첨자가 제외된다. 벡터 객체를 대상으로 다음 실습에서처럼 v[−1]을 지정할 경우 1번째만 제외하고 나머지 모든 벡터 자료가 출력된다.

```
> v1[-1]; v1[-c(2, 4)]; v1[-c(2:5)]; v1[-c(2, 5:10, 1)]
 [1] -5 20 21 22 23 12 -2 -1  0  1  2  3
 [1] 13 20 22 23 12 -2 -1  0  1  2  3
 [1] 13 23 12 -2 -1  0  1  2  3
 [1] 20 21  1  2  3
>
```

┌─**해설** 벡터의 첨자를 지정할 때 −(minus) 옵션을 지정하면 해당 위치의 원소는 제외된다. 만약 v1[−c(2:5)]이면, 2~5번째에 해당하는 원소를 제외한 나머지 원소만 출력된다.

1.3 벡터 객체 데이터 셋

R의 패키지에서는 알고리즘이 적용된 유용한 함수들을 제공하지만, 실험을 목적으로 다양한 형태의 데이터 셋을 제공하기도 한다. R의 패키지에서 벡터 객체로 제공되는 데이터 셋을 불러오는 방법과 구조 및 특징을 살펴본다.

┌─**⊙실습** RSADBE 패키지 설치와 메모리 로딩

```
> install.packages("RSADBE")    # 패키지 설치
Installing package into 'C:/Users/master/Documents/R/win-library/4.0'
(as 'lib' is unspecified)
trying URL 'https://cran.rstudio.com/bin/windows/contrib/4.0/RSADBE_1.0.zip'
Content type 'application/zip' length 116598 bytes (113 KB)
downloaded 113 KB

package 'RSADBE' successfully unpacked and MD5 sums checked

The downloaded binary packages are in
        C:\Users\master\AppData\Local\Temp\Rtmpsdru9e\downloaded_packages
> library(RSADBE)                # 패키지를 메모리에 로드
> data(Severity_Counts)          # RSADBE 패키지에서 제공되는 데이터셋 가져오기
> str(Severity_Counts)           # 데이터 셋 구조 보기
 Named num [1:10] 11605 374 10119 17 1135 ...
 - attr(*, "names")= chr [1:10] "Bugs.BR" "Bugs.AR" "NT.Bugs.BR" "NT.Bugs.AR" ...
>
```

┌─**해설** RSADBE 패키지에서 제공되는 Severity_Counts 데이터 셋은 10개의 숫자형 벡터 자료로 구성되며, 벡터의 칼럼명(name)은 "Bugs.BR", "Bugs.AR", "NT.Bugs.BR" 등으로 되어있다.

┌─ **● 실습** RSADBE 패키지에서 제공되는 데이터 셋 보기

```
> Severity_Counts                    # 데이터 셋 보기
      Bugs.BR       Bugs.AR     NT.Bugs.BR    NT.Bugs.AR
       11605           374          10119            17
     Major.BR      Major.AR    Critical.BR    Critical.AR
        1135            35            432            10
  H.Priority.BR  H.Priority.AR
         459             3
>
```

└─ **해설** Severity_Counts 데이터 셋의 10개 벡터 자료와 해당 칼럼명을 확인한다.

➕ 더 알아보기 Severity_Counts 데이터 셋

Severity_Counts는 RSADBE 패키지에서 제공하는 데이터 셋으로 다음과 같이 소프트웨어 발표 전과 후의 버그를 측정한 10개의 벡터 자료를 제공한다.

Bugs.BR/AR	NT.BR/AR	Major. BR/AR	Critical. BR/AR	H.BR/AR
단순한 버그	사소하지 않음	중대한 버그	결정적인 버그	시급한 버그

---

2. Matrix 자료구조

행렬(Matrix) 자료구조는 같은 자료형을 갖는 2차원의 배열구조를 갖는다. 행렬 자료구조의 특징은 다음과 같다.

- 행과 열의 2차원 배열구조의 객체를 생성한다.
- 동일한 타입의 데이터만 저장할 수 있다.
- 행렬 생성 함수 : matrix(), rbind(), cbind()
- 행렬 자료 처리 함수 : apply()

[그림 2.2] Matrix 자료구조

2.1 벡터 행렬 객체 생성

matrix() 함수에서 c() 함수를 인수로 지정하여 matrix 객체를 생성할 수 있다. c() 함수는 기본적으로 열을 기준으로 객체를 만들어 준다.

┌─**◉실습** 벡터를 이용한 행렬 객체 생성

```
> m <- matrix(c(1:5))
> m                          # 열을 기준으로 행렬 객체가 만들어진다.
     [,1]
[1,]    1
[2,]    2
[3,]    3
[4,]    4
[5,]    5
>
```

└─**해설** c() 함수에 의해서 생성된 벡터 객체를 대상으로 matrix() 함수를 적용하여 행렬 객체를 생성한다.

┌─**◉실습** 벡터의 열 우선으로 행렬 객체 생성하기

nrow 속성으로 지정된 행 수 만큼 행렬 객체를 생성해 준다. 다음 예는 열 우선으로 1에서 10까지의
자료가 2행 2열의 행렬 구조로 객체를 생성한다.

```
> m <- matrix(c(1:10), nrow = 2)  # 열 우선으로 2행 2열의 행렬 객체 생성
> m
     [,1] [,2] [,3] [,4] [,5]
[1,]    1    3    5    7    9
[2,]    2    4    6    8   10
>
```

└─**해설** 'nrow = 2' 속성에 의해서 2행을 갖는 행렬 객체가 생성된다.

┌─**◉실습** 행과 열의 수가 일치하지 않는 경우

matrix() 함수를 이용하여 2차원 배열을 생성할 때 행과 열의 수가 일치하지 않으면 오류가 발생하
며, 모자라는 데이터는 첫 번째 데이터부터 재사용하여 채운다.

```
> m <- matrix(c(1:11), nrow = 2)  # 열 우선으로 2행 2열의 행렬 객체 생성
경고메시지(들):
In matrix(c(1:11), nrow = 2) :
데이터의 길이[11]가 행의 개수[2]의 배수가 되지 않습니다
> m
     [,1] [,2] [,3] [,4] [,5] [,6]
[1,]    1    3    5    7    9   11
[2,]    2    4    6    8   10    1
>
```

└─**해설** 행렬 객체를 생성할 때 주어진 데이터의 길이는 행과 열의 행렬 수에 정확히 일치되어야 한다. 만약 데이터의 길
이가 일치하지 않으면 실습 예에서처럼 경고 메시지가 발생하면서, 마지막 2행 6열의 빈칸을 채우기 위해서 첫 번째 데이터(1)
가 채워진다.

┌─⊙실습 **벡터의 행 우선으로 행렬 객체 생성하기**

벡터 데이터를 대상으로 행렬 객체를 생성하면 기본적으로 열 우선으로 데이터가 생성된다. 만약, 행 우선으로 데이터를 생성하려면 maxtrix() 함수에서 'byrow = T' 속성을 추가한다.

```
> m <- matrix(c(1:10), nrow = 2, byrow = T)  # byrow = T: 행 우선
> m
     [,1] [,2] [,3] [,4] [,5]
[1,]   1    2    3    4    5
[2,]   6    7    8    9   10
>
```

└─ 해설 'byrow = T' 속성에 의해서 행 우선으로 행렬 객체가 생성된다. 열 우선과는 행렬에 입력된 데이터의 순서가 다름에 주의한다.

2.2 행 또는 열 묶음으로 행렬 객체 생성하기

벡터 자료를 대상으로 rbind() 함수는 행 묶음으로 행렬 객체를 만들어주고, cbind() 함수는 열 묶음으로 행렬 객체를 만들어준다.

┌─⊙실습 **행 묶음으로 행렬 객체 생성하기**

```
> x1 <- c(5, 40, 50:52)              # 5개
> x2 <- c(30, 5, 6:8)                # 5개
> mr <- rbind(x1, x2)                # 행 묶음으로 matrix 객체 생성
> mr                                 # 2행 5열 구조의 행렬 객체
     [,1] [,2] [,3] [,4] [,5]
x1     5   40   50   51   52
x2    30    5    6    7    8
>
```

└─ 해설 두 개의 벡터 객체를 대상으로 rbind() 함수에 의해서 행 묶음으로 행렬 객체가 만들어진다.

┌─⊙실습 **열 묶음으로 행렬 객체 생성하기**

```
> mc <- cbind(x1, x2)     # 열 묶음으로 matrix 객체 생성
> mc                      # 5행 2열 구조의 행렬 객체
     x1 x2
[1,]  5 30
[2,] 40  5
[3,] 50  6
[4,] 51  7
[5,] 52  8
>
```

└─ 해설 두 개의 벡터 객체를 대상으로 cbind() 함수에 의해서 열 묶음으로 행렬 객체가 만들어진다.

2.3 matrix() 함수 이용 행렬 객체 생성

matrix() 함수에 직접 인수를 적용하여 행렬 객체를 생성할 수 있다. matrix() 함수의 형식은 다음과
같다.

형식	matrix(data = NA, nrow = 1, ncol = 1, byrow = FALSE, dimnames = NULL)
인수	data: 행렬 객체의 대상 자료 nrow: 행렬 객체의 행수 지정 ncol: 행렬 객체의 열수 지정 byrow: 행 우선 순위 여부 지정(FALSE 또는 TRUE) dimnames: 차원 지정

┌ **◉실습** 2행으로 행렬 객체 생성하기

```
> m3 <- matrix(10:19, 2)   # 10개 데이터를 2행으로 하여 행렬 객체 생성
> m4 <- matrix(10:20, 2)   # error 발생: 데이터 개수가 홀수
경고메시지(들):
In matrix(10:20, 2) :
   데이터의 길이[11]가 행의 개수[2]의 배수가 되지 않습니다
> m3                       # 2행 5열의 matrix 객체 확인
     [,1] [,2] [,3] [,4] [,5]
[1,]   10   12   14   16   18
[2,]   11   13   15   17   19
> mode(m3); class(m3)      # 행렬 객체에 대한 자료형과 자료구조 보기

[1] "numeric"
[1] "matrix"  "array"
>
```

└ **해설** 10개의 자료를 2행으로 행렬 객체를 생성하면 행마다 5개씩 2개의 행으로 행렬 객체가 만들어진다. 예제 코드의
두 번째 행은 11개의 자료가 되어 5개와 6개로 2개의 행을 만들 수 없어 오류가 발생한다.

┌ **◉실습** 첨자를 사용하여 행렬 객체에 접근하기

```
> m3[1, ]              # 1행 전체 원소 출력
[1] 10 12 14 16 18
> m3[ , 5]             # 5열 전체의 원소 출력
[1] 18 19
> m3[2, 3]             # 2행 3열의 원소 1개를 출력
[1] 15
> m3[1, c(2:5)]        # 1행에서 2~5열의 원소 4개를 출력
[1] 12 14 16 18
>
```

└ **해설** 행렬 객체의 원소를 참조하기 위해서는 '변수명[첨자, 첨자]' 형식으로 첫 번째 첨자는 행을 지정하고, 두 번째 첨
자는 열을 지정하여 행렬 객체의 원소에 접근할 수 있다. 만약 특정 행이나 특정 열만을 접근하는 경우에는 '변수명[행첨자,]'
또는 '변수명[,열첨자]' 형식으로 첨자를 지정할 수 있다.

⊙실습 3행 3열의 행렬 객체 생성하기

```
> x <- matrix(c(1:9), nrow = 3, ncol = 3)        # 열 우선 3행 3열 지정
> x
     [,1] [,2] [,3]
[1,]    1    4    7
[2,]    2    5    8
[3,]    3    6    9
>
```

해설   matrix() 함수에 의해서 만들어진 행렬 객체는 기본적으로 열 우선 순서로 행렬 객체가 만들어지는데, 'byrow = T' 속성을 지정하면 행 우선 순서로 행렬 객체가 생성된다.

2.4 행렬 객체 자료 처리 함수

행렬 객체의 자료를 처리하는 함수들에 대해서 알아본다.

⊙실습 자료의 개수 보기

```
> length(x)      # 행렬 객체의 전체 원소 개수를 반환
[1] 9
> ncol(x)        # 열 수와 행 수를 반환
[1] 3
>
```

해설   행렬 객체를 대상으로 행수와 열수를 확인하는 함수로 length() 함수는 행렬 객체의 전체 원소의 개수를 반환하고, ncol() 함수는 열의 수를 그리고 nrow() 함수는 행의 수를 반환한다.

⊙실습 apply() 함수 적용하기

base 패키지에서 제공되는 apply() 함수는 행렬 구조의 자료를 처리하는데 유용한 함수이다. apply() 함수의 형식은 다음과 같다.

형식	apply(X, MARGIN, FUN, ...)
인수	X: 행렬 객체 MARGIN: 1 또는 2의 값을 갖는다. (1: 행 단위, 2: 열 단위) FUN: 행렬 자료에 적용할 함수

```
> apply(x, 1, max)      # 행 단위로 각 행의 최대값 구하기
[1] 7 8 9
> apply(x, 1, min)      # 행 단위로 각 행의 최소값 구하기
[1] 1 2 3
> apply(x, 2, mean)     # 열 단위로 각 열의 평균값 구하기
[1] 2 5 8
>
```

해설 첫 번째와 두 번째 코드는 행렬 객체 x 를 대상으로 각 행의 최대값과 최소값을 계산하고, 세 번째 코드는 각 열을 대상으로 평균값을 계산한다.

⊙ 실습 사용자 정의 함수 적용하기

사용자가 정의한 함수를 apply() 함수에 적용할 수 있다. 다음 예에서 정의하는 사용자 정의 함수(f)는 행렬 객체 x의 행 또는 열 단위의 원소를 인수 x로 전달하여 순서대로 1, 2, 3과 곱해진 결과를 반환한다.

```
> f <- function(x) {        # 사용자 정의 함수
+   x * c(1, 2, 3)
+ }
> result <- apply(x, 1, f)  # 행 우선순위로 f 함수 적용
> result                    # 벡터 데이터 연산할 때 열 단위로 결과 출력
     [,1] [,2] [,3]
[1,]    1    2    3
[2,]    8   10   12
[3,]   21   24   27
>
```

해설 행렬 객체 x를 대상으로 사용자 정의 함수 f를 행 단위로 적용한 결과로, x 행렬의 자료와 c() 함수의 벡터 자료를 곱해서 열 단위로 결과를 출력한다. 벡터 자료와 연산하면 기본적으로 열 우선 순서로 출력된다. 따라서 x의 행과 열의 구조가 서로 바뀌어서 출력되는데, 이러한 행렬 구조를 전치행렬이라고 한다.

⊙ 실습 열 우선 순서로 사용자 정의 함수 적용하기

```
> result <- apply(x, 2, f)  # 열 우선 순서로 사용자 정의 함수 f를 적용
> result                    # 벡터 데이터를 연산할 때 열 단위로 결과 출력
     [,1] [,2] [,3]
[1,]    1    4    7
[2,]    4   10   16
[3,]    9   18   27
>
```

해설 행렬 객체 x를 대상으로 사용자 정의 함수 f를 열 단위로 적용한 결과로, x 행렬의 자료와 c() 함수의 벡터 자료와 열 단위로 곱해 열 단위로 결과를 출력한다.

⊙ 실습 행렬 객체에 칼럼명 지정하기

```
> colnames(x) <- c("one", "two", "three")
> x
     one two three
[1,]   1   4     7
[2,]   2   5     8
[3,]   3   6     9
>
```

해설 행렬 객체 x에 열(칼럼) 단위로 이름을 지정하기 위해서는 먼저 칼럼명을 c() 함수에 의해서 벡터로 생성하고, colnames() 함수를 이용하여 칼럼명을 지정한다.

3. Array 자료구조

배열(Array) 자료구조는 같은 자료형을 갖는 다차원 배열구조를 갖는다. 배열 자료구조의 특징은 다음과 같다.

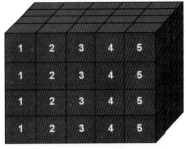

- 행, 열, 면의 3차원 배열 형태의 객체를 생성한다.
- 행렬 구조와 동일하게 첨자(index)로 접근한다.
- 다른 자료구조에 비해서 상대적으로 활용도가 낮다.
- 배열 생성 함수: array()

[그림 2.3] Array 자료구조

◉실습 배열 객체 생성하기

```
> vec <- c(1:12)
> arr <- array(vec, c(3, 2, 2))
> arr
, , 1

     [,1] [,2]
[1,]    1    4
[2,]    2    5
[3,]    3    6

, , 2

     [,1] [,2]
[1,]    7   10
[2,]    8   11
[3,]    9   12

>
```

해설 배열 객체는 행, 열, 면을 의미하는 3개 인수를 이용하여 객체를 생성할 수 있다. 실습 예의 두 번째 행에서처럼 array() 함수의 두 번째 인수를 c(3, 2, 2) 형태로 지정한 경우 3행, 2열 구조의 행렬 2개가 만들어진다. 배열 객체를 출력하면 각 면은 ", , 1", ", , 2" 형태로 출력된다.

◉실습 비열 객체의 자료 조회하기

3차원 배열은 3개의 첨자를 이용하여 자료를 조회할 수 있다.

```
> arr[ , , 1]          # 1면 조회 -> 1~6
     [,1] [,2]
[1,]    1    4
[2,]    2    5
[3,]    3    6
```

```
> arr[ , , 2]              # 2면 조회 -> 7~12
      [,1] [,2]
[1,]   7   10
[2,]   8   11
[3,]   9   12
> mode(arr); class(arr)    # 배열의 자료형과 자료구조 보기
[1] "numeric"
[1] "array"
>
```

> **해설** 생성된 배열 객체를 면 단위로 조회하고, 자료형과 자료구조를 확인하는 함수를 사용하는 실습 예이다.

●실습 데이터 셋 가져오기

R의 패키지에서 제공되는 데이터 셋 중에서 배열 객체로 제공되는 데이터 셋을 불러오는 방법과 구조 및 특징을 살펴본다.

```
> library(RSADBE)
> data("Bug_Metrics_Software")
>
```

> **해설** 패키지를 메모리에 로드하고 패키지가 제공하는 데이터 셋을 불러오는 것으로 콘솔의 결과는 없다.

●실습 데이터 셋 구조 보기

```
> str(Bug_Metrics_Software)
 'xtabs' num [1:5, 1:5, 1:2] 11605 5803 325 1714 14577 ...
 - attr(*, "dimnames")=List of 3
 ..$ Software: chr [1:5] "JDT" "PDE" "Equinox" "Lucene" ...
 ..$ Bugs    : chr [1:5] "Bugs" "NT.Bugs" "Major" "Critical" ...
 ..$ BA_Ind  : chr [1:2] "Before" "After"
 - attr(*, "call")= language xtabs(formula = T.freq ~ Software + Bugs + BA_Ind, data = T.Table)
>
```

> **해설** str() 함수의 실행 결과(xtabs [1:5, 1:5, 1:2])에서 나타난 것처럼 5행, 5열, 2면의 3차원 구조를 갖는 배열 객체임을 확인할 수 있다. 또한, 행, 열, 면의 각각 이름은 Software(행), Bugs(열), BA-Ind(면)으로 지정되어 있음을 확인할 수 있다.

●실습 데이터 셋 자료 보기

```
> Bug_Metrics_Software
, , BA_Ind = Before
          Bugs
Software    Bugs NT.Bugs Major Critical H.Priority
   JDT     11605   10119  1135     432        459
   PDE      5803    4191   362     100         96
   Equinox   325    1393   156      71         14
   Lucene   1714    1714     0       0          0
```

Software	Mylyn	14577	6806	592	235	8804

, , BA_Ind = After

	Bugs				
Software	Bugs	NT.Bugs	Major	Critical	H.Priority
JDT	374	17	35	10	3
PDE	341	14	57	6	0
Equinox	244	3	4	1	0
Lucene	97	0	0	0	0
Mylyn	340	187	18	3	36

>

➕ 더 알아보기　**Bug_Metrics_Software 데이터 셋**

Bug_Metrics_Software는 RSADBE 패키지에서 제공되는 데이터 셋으로 5개의 소프트웨어별로 발표 전과 후의 버그 측정 결과를 3차원 배열구조로 데이터를 제공한다. 1면에는 소프트웨어 발표 전(Before)의 버그 측정 결과를 나타내고, 2면에는 소프트웨어 발표 후(After)의 버그 측정 결과를 제공한다.

---

4. DataFrame 자료구조

데이터프레임(DataFrame)은 R에서 가장 많이 사용되는 자료구조 중의 하나이다. 특히 리스트 자료구조보다 자료 처리가 효과적이기 때문에 데이터프레임이 더 많이 사용된다. 데이터프레임 자료구조의 특징은 다음과 같다.

- 데이터베이스의 테이블 구조와 유사하다.
- R에서 가장 많이 사용하는 자료구조이다.
- 칼럼 단위로 서로 다른 데이터의 저장이 가능하다.
- 리스트와 벡터의 혼합형으로 칼럼은 리스트, 칼럼 내의 데이터는 벡터 자료구조를 갖는다.
- 데이터프레임 생성 함수: data.frame(), read.table(), read.csv()
- 데이터프레임 자료 처리 함수: str(), ncol(), nrow(), apply(), summary(), subset() 등

[그림 2.4] DataFrame 자료구조

4.1 data.frame 객체 생성

데이터프레임은 열 단위로 서로 다른 자료형을 포함할 수 있어서 벡터와 행렬을 이용하여 데이터프레임 객체를 생성할 수 있다. 또한, 기존의 데이터 파일을 불러와서 데이터프레임 객체를 생성할 수도 있다. data.frame() 함수의 형식은 다음과 같다.

형식　data.frame(칼럼1 = 자료, 칼럼2 = 자료, …, 칼럼n = 자료)

┌─ **⊙실습** 벡터를 이용한 데이터프레임 객체 생성하기

```
> no <- c(1, 2, 3)
> name <- c("hong", "lee", "kim")
> pay <- c(150, 250, 300)
> vemp <- data.frame(No = no, Name = name, Pay = pay)  # 칼럼명 지정
> vemp
  No Name Pay
1  1 hong 150
2  2  lee 250
3  3  kim 300
>
```

└─ **해설** 여러 개의 벡터 객체를 이용하여 데이터프레임을 생성할 수 있다. 이때 각 벡터 객체의 칼럼 길이가 같아야 한다. 칼럼의 길이가 서로 다르면 오류가 발생한다.

┌─ **⊙실습** matrix를 이용한 데이터프레임 객체 생성하기

```
> m <- matrix(
+  c(1, "hong", 150,
+    2, "lee", 250,
+    3, "kim", 300), 3, by = T)   # 행 우선, 3개의 리스트 생성
> memp <- data.frame(m)
> memp
  X1   X2  X3
1  1 hong 150
2  2  lee 250
3  3  kim 300
>
```

└─ **해설** matrix() 함수를 이용하여 벡터의 열 우선 또는 행 우선으로 행렬 객체를 생성한 뒤에 데이터프레임으로 생성할 수 있다.

┌─ **⊙실습** 텍스트 파일을 이용한 데이터프레임 객체 생성하기

```
> getwd()
[1] "C:/Rwork/Part-I"
> txtemp <- read.table('emp.txt', header = 1, sep = "")     # 제목 있음, 칼럼 공백 구분
> txtemp
  사번 이름 급여
1 101 hong  150
2 201  lee  250
3 301  kim  300
>
```

└─ **해설** read.table() 함수는 지정된 작업 디렉터리의 파일("C:\Rwork\Part-I\emp.txt")을 읽어 테이블 구조로 작성된 텍스트 파일을 데이터프레임으로 생성한다. 텍스트 파일의 각 칼럼은 공백으로 구분하고, 제목 행을 포함한다. 파일 입출력에 관련된 함수 설명은 "3장 데이터 입출력"에서 자세히 알아본다.

┌ **⊙실습** csv 파일을 이용한 데이터프레임 객체 생성하기

```
> csvtemp <- read.csv('emp.csv', header = T)   # 제목 있음, 칼럼 콤마 구분
> csvtemp
  no  name pay
1 101 홍길동 150
2 102 이순신 450
3 103 강감찬 500
4 104 유관순 350
5 105 김유신 400
> help(read.csv)                              # read.csv() 함수의 파라미터 보기
> name <- c("사번", "이름", "급여")
> read.csv('emp2.csv', header = F, col.names = name)
   사번   이름 급여
1 101 홍길동  150
2 102 이순신  450
3 103 강감찬  500
4 104 유관순  350
5 105 김유신  400
>
```

└ **해설** read.csv() 함수는 콤마 단위로 칼럼이 구분된 테이블 구조의 파일을 읽어서 데이터프레임을 생성한다. 만약 칼럼명이 없는 데이터 파일을 불러오는 경우는 'col.names' 속성을 이용하여 칼럼명을 임의로 지정할 수 있다.

┌ **⊙실습** 데이터프레임 만들기

```
> df <- data.frame(x = c(1:5), y = seq(2, 10, 2), z = c('a', 'b', 'c', 'd', 'e'))
> df
  x  y z
1 1  2 a
2 2  4 b
3 3  6 c
4 4  8 d
5 5 10 e
>
```

└ **해설** 3개의 벡터 객체를 이용하여 데이터프레임을 생성하는 예로 각 벡터의 칼럼을 x, y, z로 지정한다.

┌ **⊙실습** 데이터프레임의 칼럼명 참조하기

형식 변수명$칼럼명

```
> df$x
[1] 1 2 3 4 5
>
```

└ **해설** df 데이터프레임에 포함된 x 칼럼을 참조하는 예이다. 리스트에서 $는 '키'를 의미하지만, 데이터프레임에서 $는 '칼럼'을 의미한다.

4.2 data.frame 객체 자료 처리 함수

R에서 제공되는 함수 중에서 데이터프레임 데이터를 처리하는데 str( ), summary( ), apply( ), subset( ) 등의 기본 함수를 사용한다.

┌ **⊙실습** 데이터프레임의 자료구조, 열 수, 행 수, 칼럼명 보기

str( ) 함수는 데이터프레임의 구조를 보여주는 함수이다. str( ) 함수의 결과에서 "'data.frame': 5 obs. of 3 variables:"의 의미는 df가 데이터프레임의 자료구조이며, 5개의 관측치(obs: observation) 와 3개의 변수(variables)로 구성되어있음을 의미한다.

```
> str(df)          # 데이터프레임 객체의 자료구조 보기
'data.frame':   5 obs. of  3 variables:
 $ x: int   1 2 3 4 5
 $ y: num  2 4 6 8 10
 $ z: chr  "a" "b" "c" "d" ...
> ncol(df)          # 데이터프레임 객체의 행 수: 3
[1] 3
> nrow(df)          # 데이터프레임 객체의 열 수: 5
[1] 5
> names(df)          # 데이터프레임 객체의 칼럼명 출력
[1] "x" "y" "z"
> df[c(2:3), 1]      # 데이터프레임 객체의 특정 행 출력
[1] 2 3
>
```

└ **해설** 데이터프레임을 대상으로 자료의 구조, 열과 행 그리고 칼럼명을 출력하는 예이다.

┌ **⊙실습** 요약통계량 보기

summary( ) 함수는 데이터프레임 객체의 데이터를 대상으로 최소값(Min), 최대값(Max), 중위수 (Median), 평균(Mean) 사분위수(1st, 3rd) 값을 요약하여 보여주는 함수이다.

```
> summary(df)        # 요약 함수
       x            y             z
 Min.   :1    Min.   : 2    Length: 5
 1st Qu.:2    1st Qu.: 4    Class :character
 Median :3    Median : 6    Mode :character
 Mean   :3    Mean   : 6
 3rd Qu.:4    3rd Qu.: 8
 Max.   :5    Max.   :10
>
```

└ **해설** 데이터프레임에 포함된 3개의 칼럼을 대상으로 요약통계량을 나타내는 예이다. 요약통계량은 숫자로 구성된 칼럼에 대해서만 의미가 있다.

┌─ **⊙실습** **데이터프레임 자료에 함수 적용하기**

```
> apply(df[ , c(1, 2)], 2, sum)    # 칼럼(열) 단위의 합계
  x   y
 15  30
>
```

└─ **해설** apply(데이터프레임, 행/열, 함수) 형식으로 apply() 함수의 첫 번째 인수인 df[, c(1, 2)]에서 데이터프레임 객체 df의 x와 y 칼럼을 세 번째 인자인 sum() 함수의 적용 대상으로 하고, 두 번째 인자인 2는 열 단위로 sum() 함수를 적용할 것을 지정한다. 따라서 x 칼럼의 합은 15이고, y 칼럼의 합은 30으로 연산된다.

┌─ **⊙실습** **데이터프레임의 부분 객체 만들기**

데이터프레임 객체의 데이터를 대상으로 조건에 만족하는 행을 추출하여 독립된 객체(subset)를 생성할 수 있다. subset() 함수를 이용하여 부분 객체를 만드는 형식은 다음과 같다.

형식 변수 <- subset(데이터프레임, 조건)

```
> x1 <- subset(df, x >= 3)     # x가 3 이상인 행을 대상으로 서브셋 생성
> x1
  x y z
3 3 6 c
4 4 8 d
5 5 10 e
>
```

└─ **해설** 데이터프레임 객체 df의 자료를 대상으로 x 원소의 값이 3 이상인 모든 행(row)을 부분 객체로 만들어서 변수 x1에 저장한다. 이렇게 만들어진 변수 x1 역시 데이터프레임의 자료구조를 갖는다.

┌─ **⊙실습** **두 개의 조건으로 부분 객체 만들기**

```
> y1 <- subset(df, y <= 8)              # y가 8 이하인 행을 대상으로 서브 셋 생성
> xyand <- subset(df, x >= 2 & y <= 6)  # AND 연산으로 2개의 조건 지정
> xyor <- subset(df, x >= 2 | y <= 6)   # OR 연산으로 2개의 조건 지정
> y1
  x y z
1 1 2 a
2 2 4 b
3 3 6 c
4 4 8 d
> xyand
  x y z
2 2 4 b
3 3 6 c
```

```
> xyor
  x  y  z
1 1  2  a
2 2  4  b
3 3  6  c
4 4  8  d
5 5 10  e
>
```

> **해설**　첫 번째 행의 코드는 하나의 조건으로 부분 객체를 생성하지만, 두 번째 행의 코드는 &(AND) 연산을 중심으로 두 개의 조건으로 x 원소가 2 이상이고 y 원소가 6 이상인 행을 부분 객체로 생성한다. 세 번째 행의 코드는 |(OR) 연산을 중심으로 두 개의 조건 중 한 개의 조건이 참일 때, 즉 x 원소가 2 이상 이거나 y 원소가 6 이상인 행을 부분 객체로 생성한다.

⊕실습 student 데이터프레임 만들기

```
> # 벡터 객체 생성
> sid = c("A", "B", "C", "D")
> score = c(90, 80, 70, 60)
> subject = c("컴퓨터", "국어국문", "소프트웨어", "유아교육")
>
> # 데이터프레임 생성
> student <- data.frame(sid, score, subject)
> student
  sid score     subject
1  A    90      컴퓨터
2  B    80    국어국문
3  C    70  소프트웨어
4  D    60    유아교육
>
```

> **해설**　세 개의 벡터 객체 sid, score, subject를 생성하고, 이 벡터를 이용하여 데이터프레임을 생성하였다. 즉 하나의 벡터가 데이터프레임의 칼럼으로 만들어진다. 따라서 데이터프레임의 각 칼럼은 서로 다른 자료형을 갖지만, 칼럼 내의 자료형은 같은 특성을 갖는다.

⊕실습 자료형과 자료구조 보기

```
> mode(student); class(student)    # student의 자료형은 list, 자료구조는 data.frame
[1] "list"
[1] "data.frame"
> str(sid); str(score); str(subject) # 벡터 자료구조
 chr  [1:4] "A" "B" "C" "D"
 num [1:4] 90 80 70 60
 chr  [1:4] "컴퓨터" "국어국문" "소프트웨어" "유아교육"
> str(student)                  # 데이터프레임 자료구조
'data.frame': 4 obs. of  3 variables:
 $ sid    : chr  "A" "B" "C" "D"
 $ score  : num  90 80 70 60
```

```
$ subject: chr  "컴퓨터 "국어국문 "소프트웨어" "유아교육"
>
```

> **[해설]** 이전 실습 예에서 생성한 데이터프레임 객체 student의 자료형과 자료구조를 확인하는 예이다.

⊕실습 두 개 이상의 데이터프레임 병합하기

두 개 이상의 데이터프레임 객체를 대상으로 특정 칼럼을 기준으로 하나로 합쳐서 데이터프레임을 만들 수 있다. 실습에서는 합칠 대상으로 height와 weight 데이터프레임을 생성하여 각 데이터프레임에 포함된 id 칼럼으로 두 개의 데이터프레임을 합친다.

```
> # 단계 1: 병합할 데이터프레임 생성
> height <- data.frame(id = c(1, 2), h = c(180, 175))    # 키를 저장한 데이터프레임
> weight <- data.frame(id = c(1, 2), w = c(80, 75))       # 몸무게를 저장한 데이터프레임
>
> # 단계 2: 데이터프레임 병합하기
> user <- merge(height, weight, by.x = "id", by.y = "id")
> user
  id  h   w
1  1 180  80
2  2 175  75
>
```

> **[해설]** 데이터프레임 객체 height의 id와 데이터프레임 객체 weight의 id를 대상으로 merge() 함수를 적용하여 두 개의 데이터프레임을 병합하고, 결과를 user 변수에 저장하면 id에 의해서 두 개의 데이터프레임이 하나로 병합된다.

4.3 data.frame 객체 데이터 셋

R의 패키지에서 제공되는 데이터 셋 중에서 데이터프레임 객체로 제공되는 데이터 셋을 불러와서 구조와 특징을 살펴본다.

⊕실습 galton 데이터 셋 가져오기

```
> install.packages("UsingR")   # 패키지 설치
      … 생략 …
> library(UsingR)              # 패키지 로드
      … 생략 …
> data(galton)                 # galton 데이터 셋 가져오기
>
```

> **[해설]** 데이터프레임의 자료구조를 갖는 galton 데이터 셋을 가져오기 위해서 "UsingR" 패키지를 설치하고 설치된 패키지와 패키지에서 제공하는 데이터 셋을 메모리에 로드하는 예이다.

⊕실습 galton 데이터 셋 구조 보기

```
> str(galton)         # 데이터구조 보기
'data.frame': 928 obs. of 2 variables:
 $ child : num  61.7 61.7 61.7 61.7 61.7 62.2 62.2 62.2 62.2 62.2 ...
 $ parent: num  70.5 68.5 65.5 64.5 64 67.5 67.5 67.5 66.5 66.5 ...
```

```
> dim(galton)            # 차원 보기
[1] 928    2
> head(galton, 15)       # 앞부분 15개 관측치 출력
   child parent
1   61.7   70.5
2   61.7   68.5
3   61.7   65.5
4   61.7   64.5
5   61.7   64.0
6   62.2   67.5
7   62.2   67.5
8   62.2   67.5
9   62.2   66.5
10  62.2   66.5
11  62.2   66.5
12  62.2   64.5
13  63.2   70.5
14  63.2   69.5
15  63.2   68.5
>
```

해설 928개의 관측치(obs; observation)와 2개의 변수(variable)를 갖는 데이터프레임 객체를 확인하고, galton 데이터 셋의 자료를 보기 위해서 head() 함수를 이용하여 앞부분 15개의 관측치를 출력하였다.

⊕ 더 알아보기 galton 데이터 셋

galton은 UsingR 패키지에서 제공되는 데이터 셋으로 갈턴(Francis Galton)에 의해서 연구된 부모와 자식의 키 사이의 관계를 기록한 데이터를 제공한다. 전체 관측치는 928개이며, 2개의 변수(child와 parent)를 제공한다. 프랜시스 갈턴(Francis Galton)은 영국 유전학자로 우생학 창시자이며 '종의 기원'을 저술한 찰스 다윈(Darwin)의 사촌이다. 우생학이란 유전학, 의학, 통계학을 기초로 우수 유전자 증대를 목적으로 하는 학문이다.

---

5. List 자료구조

리스트(List)는 성격이 다른 자료형(문자열, 숫자형, 논리형 등)과 자료구조(벡터, 행렬, 리스트, 데이터프레임 등)를 객체로 생성할 수 있다.

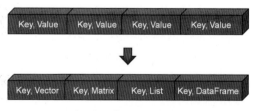

[그림 2.5] List 자료구조

리스트 자료구조의 특징은 다음과 같다.

- 하나의 메모리 영역에는 키(key)와 값(value)이 한 쌍으로 저장된다.
- C언어의 구조체, Python의 dict 자료구조와 유사하다.
- key를 통해서 value를 불러올 수 있는데, value에 해당되는 자료는 Vector, Matrix, Array, List, DataFrame 등 대부분의 R 자료구조의 객체가 저장될 수 있다.
- 함수 내에서 여러 값을 하나의 키로 묶어서 반환하는 경우 유용하다.
- 리스트 생성 함수: list()
- 리스트 자료 처리 함수: unlist(), lapply(), sapply()

5.1 key 생략

리스트는 키와 값을 한 쌍으로 하여 원소가 저장되는 자료구조이다. 만약 키를 생략하면 자동으로 기본 키가 만들어진다. 기본키는 대괄호가 2개 중첩된 모양의 [[n]] 형식으로 출력된다. 여기서 n은 원소의 위치를 나타내는 색인이다. 또한, 키에 해당하는 값은 벡터의 색인과 같은 [n] 형식으로 출력된다. 여기서 n은 값의 위치를 나타내는 색인이다.

실습 key를 생략한 list 생성하기

```
> list <- list("lee", "이순신", 95)   # 리스트 객체 생성
> list                              # 리스트 객체 list의 자료 출력
[[1]]
[1] "lee"

[[2]]
[1] "이순신"

[[3]]
[1] 95

>
```

해설 리스트 객체인 list의 출력 결과에서 [[1]]은 "lee"에 해당하는 키, [[2]]는 "이순신"에 해당하는 키, [[3]]은 95에 해당하는 키가 된다. 리스트 객체는 키를 통해서 값이 저장되기 때문에 서로 다른 자료형을 저장할 수 있다. 실습 예에서는 첫 번째와 두 번째 키에 대응하는 데이터로 문자열 상수가 저장되고, 세 번째 키에 대응하는 데이터로 숫자 상수가 저장된다.

실습 리스트를 벡터 구조로 변경하기

```
> unlist <- unlist(list)     # unlist() 함수를 이용하여 리스트를 벡터 구조로 변경
> unlist                     # Vector 형식으로 출력
[1] "lee"   "이순신"   "95"
>
```

해설 리스트 자료구조에 다량의 데이터가 저장되는 경우 리스트 형태([[n]])로 출력하면 여러 줄로 콘솔에 출력되기 때문에 벡터 형식으로 자료구조를 변경하면 자료 처리가 쉬워진다. 리스트 형태의 자료구조를 벡터 형식의 자료구조로 변경하기 위해서 unlist() 함수를 이용할 수 있다. 이때 벡터 자료 구조의 특징 때문에 리스트 자료구조에 포함된 숫자형 상수 데이터 95는 문자열로 처리된다.

┌─ (⊙실습) **1개 이상의 값을 갖는 리스트 객체 생성하기**

하나의 key에 1개 이상의 value를 갖는 리스트 객체를 생성할 수 있다. value에 저장될 자료는 c() 함수를 이용한다.

```
> num <- list(c(1:5), c(6, 10))
> num
[[1]]          ◀────  리스트의 첫 번째 원소에 대한 key
[1] 1 2 3 4 5

[[2]]          ◀────  리스트의 두 번째 원소에 대한 key
[1] 6 10
>
```

└─ (해설) 리스트를 구성하는 각 원소에는 key와 value로 구성되어 있다. 실습의 예에서는 하나의 key에 1개 이상의 Vector 자료가 저장되었다. 리스트 객체의 value에 저장될 수 있는 자료구조는 Vector뿐만 아니라, list(matrix(1:9, 3), array(1:12, c(3, 2, 2)))처럼 Matrix, Array 등의 자료구조 또한 저장될 수 있다.

5.2 key와 value 형식

key와 value 형식으로 리스트 객체를 생성하기 위한 list() 함수의 형식은 다음과 같다.

(형식) list(key1 = value$_1$, key$_2$ = value$_2$, ... key$_n$ = value$_n$)

┌─ (⊙실습) **key와 value 형식으로 리스트 객체 생성하기**

```
> member <- list(name = c("홍길동", "유관순"), age = c(35, 25),
+                address = c("한양", "충남"), gender = c("남자", "여자"),
+                htype = c("아파트", "오피스텔"))
> member
$name
[1] "홍길동" "유관순"

$age
[1] 35 25

$address
[1] "한양" "충남"

$gender
[1] "남자" "여자"

$htype
[1] "아파트"  "오피스텔"

> member$name          # 특정 key
[1] "홍길동" "유관순"
> member$name[1]        # 특정 key의 value
[1] "홍길동"
> member$name[2]        # 특정 key의 value
[1] "유관순"
>
```

해설 리스트 객체에서 key는 '$' 기호를 붙여서 표시한다. 이렇게 생성된 key를 이용하여 value에 접근할 수 있다. R의 리스트 객체는 key와 value 형식으로 객체를 생성하는 Python 언어의 Dict 자료구조와 유사하다.

⊕ 실습 **key를 이용하여 value에 접근하기**

리스트 원소의 key를 호출하기 위해서는 '변수명$키' 형식으로 작성한다. 예를 들면 member 객체의 멤버 중 'age' key를 사용하여 value에 접근하려면 'member$age' 형식으로 사용한다. 해당 key의 value가 여러 개의 값일 때 특정 value로 접근하기 위해서는 'member$age[색인]' 형식으로 사용한다.

```
> member$age[1] <- 45      # age key의 첫 번째 원소 수정
> member$id <- "hong"      # id key 추가
> member$pwd <- "1234"     # pwd key 추가
> member                   # age 수정, id와 pwd 키 추가 확인
$name
[1] "홍길동" "유관순"

$age
[1] 45 25

$address
[1] "한양" "충남"

$gender
[1] "남자" "여자"

$htype
[1] "아파트" "오피스텔"

$id
[1] "hong"

$pwd
[1] "1234"

> member$age <- NULL       # age 원소 제거
> member                   # age 제거 확인
$name
[1] "홍길동" "유관순"

$address
[1] "한양" "충남"

$gender
[1] "남자" "여자"

$htype
[1] "아파트" "오피스텔"

$id
[1] "hong"

$pwd
[1] "1234"
```

```
> length(member)                    # 6: 리스트 객체 member의 key 개수 확인
[1] 6
> mode(member); class(member)       # 리스트 객체 member의 자료구조 확인
[1] "list"
[1] "list"
>
```

> **해설** 리스트 원소에 포함된 키를 이용하여 값을 수정하거나 추가 또는 삭제할 수 있다. 만약 하나의 키에 여러 개의 값이 저장된 경우에는 '변수$키[색인]' 형식으로 접근하여 개별 원소의 값을 조작할 수 있다.

5.3 리스트 객체의 자료 처리 함수

리스트 객체의 자료를 대상으로 R에서 제공되는 다양한 함수 및 사용자 정의 함수를 적용하여 리스트 객체의 자료를 처리할 수 있다.

> **⊙실습** 리스트 객체에 함수 적용하기

```
> a <- list(c(1:5))        # 리스트 객체 생성
> b <- list(6:10)          # 리스트 객체 생성
> lapply(c(a, b), max)     # 리스트 객체에 max 함수 적용

[[1]]
[1] 5

[[2]]
[1] 10

>
```

> **해설** lapply() 함수는 두 개의 리스트 객체 a와 b를 대상으로 max() 함수를 적용하여 각 리스트 객체의 자료 중에서 가장 큰 값을 리스트 형태로 반환한다.

> **⊙실습** 리스트 형식을 벡터 형식으로 반환하기

```
> sapply(c(a, b), max)     # 벡터 형식으로 결과값 반환
[1] 5 10
>
```

> **해설** lapply() 함수는 연산 결과를 리스트 형태로 반환하지만, sapply() 함수는 벡터 형식으로 결과를 반환하기 때문에 많은 원소를 포함하고 있는 리스트 객체를 효과적으로 처리할 수 있다.

5.4 다차원 리스트 객체 생성

리스트 자료구조에 또 다른 리스트가 중첩된 자료구조를 다차원(중첩) 리스트라고 한다. 즉, 1차원 리스트를 구성하는 각 원소의 value가 리스트로 구성된 경우이다. 이러한 다차원 리스트는 구조적인 특징을 고려하여 다차원 리스트의 자료를 처리하는 별도의 함수도 제공한다.

┌─ ⊕ 실습 다차원 리스트 객체 생성하기

```
> multi_list <- list(c1 = list(1, 2, 3),
+                    c2 = list(10, 20, 30),
+                    c3 = list(100, 200, 300))
> # 다차원 리스트 보기
> multi_list$c1; multi_list$c2; multi_list$c3
[[1]]
[1] 1

[[2]]
[1] 2

[[3]]
[1] 3

[[1]]
[1] 10

[[2]]
[1] 20

[[3]]
[1] 30

[[1]]
[1] 100

[[2]]
[1] 200

[[3]]
[1] 300

>
```

┌─ ⊕ 실습 다차원 리스트를 열 단위로 바인딩하기

```
> do.call(cbind, multi_list)
   c1 c2  c3
[1,]  1 10 100
[2,]  2 20 200
[3,]  3 30 300
> class(do.call(cbind, multi_list))
[1] "matrix" "array"
>
```

└─ 해설 다차원 리스트(multi_list)를 대상으로 do.call() 함수를 적용하면, 3개의 value를 구성하는 리스트 자료가 열 (column) 단위로 묶여서 matrix 객체가 생성된다. 특히 do.call() 함수는 다차원 리스트를 구성하는 리스트를 각각 분해한 후 지정된 함수(cbind)를 호출(적용)하여 리스트 자료를 처리하는 데 효과적이다.

6. 문자열 처리

텍스트 자료나 SNS(Social Networking Service)에서 가공 처리된 빅데이터를 처리하기 위해서는 필요한 문자열을 적절하게 자르고, 교체하고, 추출하는 작업이 빈번하게 발생한다.

이 절에서는 문자열을 효과적으로 처리하는 stringr 패키지에 대해서 알아본다.

6.1 stringr 패키지 제공 함수

stringr 패키지는 문자열 연산에 필요한 다양한 함수를 제공한다. [표 2.1]은 stringr 패키지에서 제공하는 주요 함수이다.

[표 2.1] stringr 패키지에서 제공하는 기본 함수

함수	의미
str_length()	문자열 길이 반환
str_c()	문자열 연결(결합), str_join()함수 개선
str_sub()	범위에 해당하는 부분 문자열(sub string) 생성
str_split()	구분자를 기준으로 문자열을 분리하여 부분 문자열 생성
str_replace()	기존 문자열을 특정 문자열로 교체
str_extract()	문자열에서 특정 문자열 패턴의 첫 번째 문자열 추출
str_extract_all()	문자열에서 특정 문자열 패턴의 모든 문자열 추출
str_locate()	문자열에서 특정 문자열 패턴의 첫 번째 위치 찾기
str_locate_all()	문자열에서 특정 문자열 패턴의 전체 위치 찾기

⊙실습 **문자열 추출하기**

stringr 패키지에서 제공되는 str_extract() 함수와 정규표현식을 적용하여 특정 문자열을 추출한다. 여기서 정규표현식은 추출하려는 문자열의 패턴을 지정한다.

```
> install.packages("stringr")          # 패키지 설치
    … 생략 …
> library(stringr)                      # 패키지를 메모리로 로드
> str_extract("홍길동35이순신45유관순25", "[1-9]{2}")
[1] "35"
> str_extract_all("홍길동35이순신45유관순25", "[1-9]{2}")
[[1]]
[1] "35" "45" "25"

>
```

해설 str_extract() 함수는 지정된 문자열("홍길동35이순신45유관순25")을 대상으로 정규표현식("[1-9]{2}")의 패턴(숫자 2개가 연속된 경우)과 일치하는 가장 처음에 발견된 문자열을 추출해준다. 만약 전체 문자열을 대상으로 정규표현식의 패턴과 일치하는 모든 문자열을 추출하는 경우는 str_extract_all() 함수를 이용한다.

6.2 정규표현식

문자열 처리 관련 함수는 대부분 정규표현식을 이용하여 문자열의 패턴을 검사하고, 해당 문자열을 대상으로 문자열을 교체하거나 추출하게 된다. 정규표현식은 약속된 기호(메타문자)들에 의해서 표현된다.

(1) 반복 관련 정규표현식

정규표현식에서 [] 기호는 대괄호 안의 문자가 한 번만 반복되고, {n}은 n만큼 반복된다. 예를 들면 [a-z]의 정규표현식은 영문 소문자 'a'에서 'z'까지 범위 중에서 한 개의 영문 소문자를 의미하고, [a-z]{3}은 영문 소문자가 연속으로 3개 발생한다는 의미이다.

⟶┌ **◉실습** 반복 수를 지정하여 영문자 추출하기

```
> string <- "hongkd105leess1002you25강감찬2005"
> str_extract_all(string, "[a-z]{3}")      # 영문 소문자가 3자 연속하는 경우 추출
[[1]]
[1] "hon" "gkd" "lee" "you"

> str_extract_all(string, "[a-z]{3,}")     # 영문 소문자가 3자 이상 연속하는 경우 추출
[[1]]
[1] "hongkd" "leess" "you"

> str_extract_all(string, "[a-z]{3,5}")    # 영문 소문자가 3~5자 연속하는 경우 추출
[[1]]
[1] "hongkd" "leess" "you"

>
```

(2) 문자와 숫자 관련 정규표현식

문자열 객체를 대상으로 순수한 한글이나 영문자 또는 숫자만을 선별하여 처리할 수 있는 정규표현식에 대해서 알아본다.

⟶┌ **◉실습** 문자열에서 한글, 영문자, 숫자 추출하기

```
> str_extract_all(string, "hong")         # 해당 문자열 추출
[[1]]
[1] "hong"

> str_extract_all(string, "25")           # 해당 숫자 추출
[[1]]
[1] "25"

> str_extract_all(string, "[가-힣]{3}")    # 연속된 3개의 한글 문자열 추출
[[1]]
[1] "강감찬"

> str_extract_all(string, "[a-z]{3}")     # 연속된 3개의 영문 소문자 추출
```

```
[[1]]
[1] "hon" "gkd" "lee" "you"

> str_extract_all(string, "[0-9]{4}")      # 연속된 4개의 숫자 추출
[[1]]
[1] "1002" "2005"
```

> **해설** string 객체를 대상으로 한글 문자열을 추출할 경우 "[가-힣]" 형식으로 정규표현식을 지정하고, 영문자의 대문자를 추출하는 경우에는 "[A-Z]" 형식으로 정규표현식을 지정한다.

(3) 특정 문자열을 제외하는 정규표현식

문자열 객체를 대상으로 특정 문자열을 제외하고 나머지 문자열을 추출하는 정규표현식에 대해서 알아본다.

> **⊙실습** 문자열에서 한글, 영문자, 숫자를 제외한 나머지 추출하기

```
> str_extract_all(string, "[^a-z]")        # 영문자를 제외한 나머지 추출
[[1]]
 [1] "1" "0" "5" "1" "0" "0" "2" "2" "5" "강" "감" "찬"
[13] "2" "0" "0" "5"

> str_extract_all(string, "[^a-z]{4}")      # 영문자를 제외한 연속된 4글자 추출
[[1]]
[1] "1002" "25강감" "찬200"

> str_extract_all(string, "[^가-힣]{5}")     # 한글을 제외한 나머지 연속된 5글자 추출
[[1]]
[1] "hongk" "d105l" "eess1" "002yo"

> str_extract_all(string, "[^0-9]{3}")      # 숫자를 제외한 나머지 연속된 3글자 추출
[[1]]
[1] "hon" "gkd" "lee" "you" "강감찬"
>
```

> **해설** string 객체를 대상으로 한글과 영문자, 숫자 등을 제외한 나머지 문자열을 추출하는 경우 "[^제외문자열]" 형식으로 정규표현식을 지정한다.

(4) 한 개의 숫자와 단어 관련 정규표현식

주민등록번호를 검사하거나 이메일 형식을 검사하는 경우 숫자와 단어를 패턴으로 지정할 수 있는 정규표현식에 대해서 알아본다.

> **⊙실습** 주민등록번호 검사하기

```
> jumin <- "123456-1234567"
> str_extract(jumin, "[0-9]{6}-[1234][0-9]{6}")
[1] "123456-1234567"
```

```
> str_extract_all(jumin, "\\d{6}-[1234]\\d{6}")    # d{6}: 숫자 6개
[[1] ]
[1] "123456-1234567"
>
```

┗ **해설** "\\d{6}"은 숫자가 6개 연속된 패턴을 지정하는 정규표현식으로 "[0-9]{6}"과 같은 결과를 나타낸다.

┏ **⊙실습** **지정된 길이의 단어 추출하기**

```
> name <- "홍길동1234,이순신5678,강감찬1012"
> str_extract_all(name, "\\w{7,}")    # 7글자 이상의 단어(숫자 포함)만 추출
[[1] ]
[1] "홍길동1234" "이순신5678" "강감찬1012"

>
```

┗ **해설** "\\w{7,}"은 단어의 길이가 7 이상인 패턴을 지정하는 정규표현식이다. 단어는 한글, 영문자, 숫자가 포함되지만, 특수문자는 포함되지 않는다.

6.3 문자열 연산

stringr 패키지에서 제공되는 함수와 정규표현식을 적용하여 다양한 형태로 문자열을 연산하는 방법에 대해서 알아본다.

(1) 문자열 길이와 위치

문자열의 전체 길이를 구하거나 문자열에 포함된 특정 문자열의 위치를 구하는 함수에 대해서 알아본다.

┏ **⊙실습** **문자열의 길이 구하기**

```
> string <- "hongkd105leess1002you25강감찬2005"
> len <- str_length(string)
> len
[1] 30
>
```

┗ **해설** 문자열의 길이를 구하는 str_length() 함수를 사용하는 예이다

┏ **⊙실습** **문자열 내에서 특정 문자열의 위치(index) 구하기**

```
> string <- "hongkd105leess1002you25강감찬2005"
> str_locate(string, "강감찬")
     start end
[1, ]    24  26
>
```

┗ **해설** 문자열 내에서 지정되는 부분 문자열 즉, 특정 단어의 위치를 구하는 str_locate() 함수를 사용하는 예이다.

(2) 부분 문자열 만들기

문자열 객체의 시작과 끝 위치를 지정하여 부분 문자열(substring)을 만들 수 있다.

🔽 실습 부분 문자열 만들기

```
> string_sub <- str_sub(string, 1, len - 7)   # 이전 예제의 len 변수 사용
> string_sub
[1] "hongkd105leess1002you25"
> string_sub <- str_sub(string, 1, 23)        # 문자열의 위치를 이용
> string_sub
[1] "hongkd105leess1002you25"
>
```

해설 string 객체를 대상으로 처음부터 "강감찬" 이전까지의 문자열을 대상으로 부분 문자열을 만들기 위해서는 첫 번째 행처럼 대상 문자열의 길이에서 "강"부터 끝까지의 길이(7)을 빼서 만들거나, 처음(1)부터 "강감찬"에서 "강"의 시작 위치 (앞의 예제에서 str_locate() 함수로 확인한 결과(24))보다 하나 앞인 23을 지정하여 부분 문자열을 만들 수 있다.

(3) 대·소문자 변경하기

문자열 객체의 영문자를 대상으로 대문자 또는 소문자로 변경할 수 있다.

🔽 실습 대문자, 소문자 변경하기

```
> ustr <- str_to_upper(string_sub); ustr    # 대문자로 변경하여 결과 확인
[1] "HONGKD105LEESS1002YOU25"
> str_to_lower(ustr)                         # 대문자로 변경된 내용을 다시 소문자로 변경하여 확인
[1] "hongkd105leess1002you25"
>
```

해설 str_to_upper() 함수는 주어진 문자열에서 소문자를 대문자로 변경하고, str_to_lower() 함수는 주어진 문자열 에서 대문자를 소문자로 변경한다.

(4) 문자열 교체·결합·분리

문자열 객체의 문자열을 대상으로 특정 문자열로 교체하거나 다른 문자열과 결합하거나 구분자를 이 용하여 주어진 문자열을 분리할 수 있다.

🔽 실습 문자열 교체하기

```
> string_sub      # 문자열 교체 전 변수의 값
[1] "hongkd105leess1002you25"
> string_rep <- str_replace(string_sub, "hongkd105", "홍길동35,")
> string_rep <- str_replace(string_rep, "leess1002", "이순신45,")
> string_rep <- str_replace(string_rep, "you25", "유관순25,")
> string_rep      # 문자열 교체 후 변수의 값
[1] "홍길동35,이순신45,유관순25,"
>
```

해설 str_replace() 함수는 첫 번째 인수로 주어진 문자열에서 두 번째 인수로 주어진 문자열을 찾아 세 번째 인자로 주 어진 문자열로 교체하여 결과를 반환한다.

┌─ (⊙실습) **문자열 결합하기**

```
> string_rep       # 문자열 결합 전 변수의 값
[1] "홍길동35,이순신45,유관순25,"
> string_c <- str_c(string_rep, "강감찬55")
> string_c        # 문자열 결합 후 변수의 값
[1] "홍길동35,이순신45,유관순25,강감찬55"
>
```

└─ (해설) str_c() 함수는 첫 번째 인수로 주어진 문자열에 두 번째 인수로 주어진 문자열을 결합하여 결과를 반환한다.

┌─ (⊙실습) **문자열 분리하기**

```
> string_c         # 문자열을 분리하기 전 변수의 값
[1] "홍길동35,이순신45,유관순25,강감찬55"
> string_sp <- str_split(string_c, ",")   # 콤마를 기준으로 문자열 분리
> string_sp        # 문자열 분리 결과
[[1]]
[1] "홍길동35" "이순신45" "유관순25" "강감찬55"
>
```

└─ (해설) str_split() 함수는 두 번째 인수로 주어진 구분자를 이용하여 첫 번째 인수로 주어진 문자열을 분리하여 결과를 반환한다.

(5) 문자열 합치기

base 패키지에서 제공하는 paste() 함수를 이용하여 여러 개의 문자열로 구성된 벡터 객체를 대상으로 구분자를 적용하여 하나의 문자열을 갖는 벡터 객체로 합칠 수 있다.

┌─ (⊙실습) **문자열 합치기**

```
> # 단계 1: 문자열 벡터 만들기
> string_vec <- c("홍길동35", "이순신45", "유관순25", "강감찬55")
> string_vec
[1] "홍길동35" "이순신45" "유관순25" "강감찬55"
>
> # 단계 2: 콤마를 기준으로 문자열 벡터 합치기
> string_join <- paste(string_vec, collapse = ",")
> string_join
[1] "홍길동35,이순신45,유관순25,강감찬55"
>
```

└─ (해설) paste() 함수는 여러 개의 문자열로 구성된 벡터 객체를 대상으로 각 문자열을 합쳐 하나의 문자열을 갖는 벡터 객체를 만들어주는 역할을 한다. 기존 벡터 객체와 paste() 함수로 만들어진 벡터의 결과를 비교하면 큰 차이가 없는 것처럼 보이지만, 문자열 자료가 많은 경우에는 매우 유용하게 사용된다. 예를 들면 문자열 100개가 1개씩 원소를 차지하는 벡터 객체를 대상으로 paste() 함수를 적용하여 1개의 원소로 축소가 가능하다. 따라서 방대한 자료를 분석하기 위해서 실습 예에서와 같은 방법으로 처리 단위를 축소한다면 빅데이터를 효율적으로 처리할 수 있다.

1. 다음과 같은 벡터 객체를 생성하시오.

> 조건 1| 벡터 변수 Vec1을 만들고, "R" 문자가 5회 반복되도록 하시오.
>
> 조건 2| 벡터 변수 Vec2에 1~10까지 3을 간격으로 연속된 정수를 만드시오.
>
> 조건 3| 벡터 변수 Vec3에 1~10까지 3을 간격으로 연속된 정수가 3회 반복되도록 만드시오.
>
> 조건 4| 벡터 변수 Vec4에는 Vec2~Vec3이 모두 포함되는 벡터를 만드시오.
>
> 조건 5| 25~15까지 5를 간격으로 seq() 함수를 이용하여 벡터를 생성하시오
>
> 조건 6| 벡터 변수 Vec4에서 홀수 번째 값들만 선택하여 벡터 변수 Vec5에 첨자를 이용하여 할당하시오.

2. 다음과 같은 벡터를 칼럼으로 갖는 데이터프레임을 생성하시오.

> ```
> name <- c("최민수", "유관순", "이순신", "김유신", "홍길동")
> age <- c(55, 45, 45, 53, 15)          # 연령
> gender <- c(1, 2, 1, 1, 1)            # 1: 남자, 2: 여자
> job <- c("연예인", "주부", "군인", "직장인", "학생")
> sat <- c(3, 4, 2, 5, 5)              # 만족도
> grade <- c("C", "C", "A", "D", "A")
> total <- c(44.4, 28.5, 43.5, NA, 27.1) # 총구매금액(NA: 결측치)
> ```
>
> 조건 1| 위 7개의 벡터를 칼럼으로 갖는 user 데이터프레임을 생성하시오.
>
> 조건 2| gender 변수를 이용하여 히스토그램을 그리시오.
>
> 조건 3| 데이터프레임 user에서 짝수 행만 선택해서 user2에 넣으시오.

3. Data를 대상으로 apply()를 적용하여 행/열 방향으로 조건에 맞게 통계량을 구하시오.

> ```
> kor <- c(90, 85, 90)
> eng <- c(70, 85, 75)
> mat <- c(86, 92, 88)
> ```

조건 1 | 3개의 과목점수를 이용하여 데이터프레임(Data)을 생성하시오.

조건 2 | 행/열 방향으로 max() 함수를 적용하여 최대값을 구하시오.

조건 3 | 행/열 방향으로 mean() 함수를 적용하여 평균을 구하여 소수점 2자리까지 표현하시오.
○ 힌트: round(data, 자릿수)

조건 4 | 행 단위의 분산과 표준편차를 구하시오.

4. 다음의 Data2 객체를 대상으로 정규표현식을 적용하여 문자열을 처리하시오.

```
Data2 <- c("2017-02-05 수입3000원",
           "2017-02-06 수입4500원",
           "2017-02-07 수입2500원")
library(stringr)
```

조건 1 | 일자별 수입을 다음과 같이 출력하시오.
○ 출력결과: "3000원" "4500원" "2500원"

조건 2 | gender 변수를 이용하여 히스토그램을 그리시오.
○ 출력결과: "-- 수입원" "-- 수입원" "-- 수입원"

조건 3 | 데이터프레임 user에서 짝수 행만 선택해서 user2에 넣으시오.
○ 출력결과: "2017/02/05 수입3000원" "2017/02/06 수입4500원" "2017/02/07 수입2500원"

조건 4 | 모든 원소를 쉼표(,)에 의해서 하나의 문자열로 합치시오.
○ 힌트: paste(데이터 셋, cpllapse = "구분자") 함수 이용
○ 출력결과: "2017-02-05 수입3000원,2017-02-06 수입4500원,2017-02-07 수입2500원"

데이터 입출력

학습 내용

R에서 제공하는 함수와 패키지를 이용하여 데이터를 처리하기 위해서는 필요한 데이터를 생성하거나 파일에 보관된 데이터를 불러와야 한다.

이 장에서는 간단한 데이터를 키보드로 입력하여 생성하는 방법과 다양한 양식으로 파일에 보관된 데이터를 불러오는 방법을 알아본다. 또한, R 스크립트로 처리된 결과를 콘솔에 출력하거나 파일에 저장하는 방법에 대해서도 알아본다.

학습 목표

• 키보드로 10개 이하의 데이터를 입력받아서 벡터 객체를 생성할 수 있다.

• 텍스트 파일과 엑셀 파일 계열의 파일을 R 스크립트로 불러올 수 있다.

• 파일에 저장된 데이터를 sep와 header 속성을 지정하여 불러올 수 있다.

• 변수에 저장된 데이터를 테이블 형식으로 파일에 저장할 수 있다.

Chapter 03의 구성

1. 데이터 불러오기

2. 데이터 저장하기

1. 데이터 불러오기

데이터 분석을 위해서는 가장 먼저 분석에 필요한 데이터들을 준비해야 한다. 간단한 데이터는 키보드로 입력해서 생성할 수 있지만, 방대한 데이터는 파일 또는 웹사이트로부터 가져올 수 있다. 또한, 실시간으로 분산된 데이터를 수집(data crawling)하기 위해서는 별도의 시스템이 준비되어 있어야 한다.

1.1 키보드 입력

키보드로 직접 데이터를 입력받는 방법에는 scan() 함수를 이용하는 방법과 edit() 함수를 이용하는 방법이 있다.

(1) scan() 함수 이용

⊕실습 키보드로 숫자 입력하기

```
> num <- scan()    # 키보드로부터 숫자 입력하기
1: 1
2: 2
3: 3
4: 4
5: 5
6:
Read 5 items
> num              # 입력된 벡터 원소 보기
[1] 1 2 3 4 5
> sum(num)         # 입력된 자료의 합계 구하기
[1] 15
>
```

해설 scan() 함수를 실행하면 콘솔 창에 입력 데이터의 순서를 나타내는 프롬프트(예: "1: ")가 표시된다. 프롬프트에서 임의의 숫자를 입력하고 (Enter) 키를 누른다. 더는 입력할 데이터가 없을 때는 그냥 (Enter) 키를 누르면 입력된 데이터의 개수를 표시한다. scan() 함수를 변수 num에 할당했기 때문에 입력된 데이터는 입력된 순서대로 벡터 변수 num에 저장된다.

⊕실습 키보드로 문자 입력하기

```
> name <- scan(what = character())
1: 홍길동
2: 이순신
3: 강감찬
4: 유관순
5:
Read 4 items
> name
[1] "홍길동" "이순신" "강감찬" "유관순"
>
```

해설 키보드로 문자를 입력하기 위해서는 scan() 함수에서 'what = character()' 인수를 사용하여 콘솔 창에서 임의의 문자를 입력할 수 있다. scan() 함수를 변수 name에 할당했기 때문에 순서대로 입력한 문자는 name 벡터에 저장된다.

(2) edit() 함수를 이용한 입력

edit() 함수를 이용하면 데이터 입력을 돕기 위해 표 형식의 데이터 편집기를 제공한다.

⊙실습 편집기를 이용한 데이터프레임 만들기

```
> df = data.frame()
> df = edit(df)
> df
  학번    이름  국어  영어  수학
1   1  홍길동    80    80    80
2   2  이순신    95    90    95
3   3  강감찬    95    95   100
4   4  유관순    85    85    85
5   5  김유신    95    90    95
>
```

해설 코드를 행 단위로 실행하여, 두 번째 행을 실행하면 다음 그림과 같은 데이터 편집기 창이 열린다.

데이터 편집기 창에서 데이터를 입력한다. 열 제목은 해당 열 제목을 클릭하면 다음 그림과 같은 변수 편집기 창이 열린다. 변수명을 입력하고 변수 편집기 창을 닫으면 입력된 변수명이 데이터 편집기 창에 반영된다.

데이터 편집기 창에서 다음 그림에서처럼 데이터를 입력한다. 데이터를 모두 입력했으면 데이터 편집기 창을 닫거나 데이터 편집기 창의 [파일]-[닫기] 메뉴를 선택하면 입력된 데이터가 데이터프레임에 전달된다.

1.2 로컬 파일 가져오기

파일에 저장된 데이터를 불러오기 위해서 R에서는 다양한 함수를 제공하고 있다. 사용자는 파일에 저장된 데이터의 형태에 따라서 해당 함수를 이용하여 파일의 자료를 가져올 수 있다.

(1) read.table() 함수 이용

테이블(칼럼이 모여서 레코드 구성) 형태로 작성되어 있으며, 칼럼이 공백, 탭, 콜론(:), 세미콜론(;), 콤마(,) 등으로 구분된 자료 파일을 불러올 수 있는 함수이다.

만약 구분자가 공백이거나 탭이면 sep 속성을 생략할 수 있다. 또한, 칼럼명이 있는 경우 header 속성을 'header = TRUE'로 지정한다.

> **형식** read.table(file = "경로명/파일명", sep = "칼럼구분자", header = "T|F")

⊙실습 칼럼명이 없는 파일 불러오기

```
> getwd()                                     # 현재 작업 디렉터리의 경로 확인
[1] "C:/Rwork/Part-I"
> setwd("C:/Rwork/Part-I/")                   # 작업 디렉터리 설정
> student <- read.table(file = "student.txt") # 테이블 형식의 파일 읽기
> student
    V1    V2  V3  V4
1  101  hong 175  65
2  201   lee 185  85
3  301   kim 173  60
4  401  park 180  70
> names(student) <- c("번호", "이름", "키", "몸무게")  # 칼럼명 변경
> student                                     # 변경된 칼럼명이 적용된 데이터 출력
  번호   이름   키 몸무게
1  101  hong 175      65
2  201   lee 185      85
3  301   kim 173      60
4  401  park 180      70
>
```

> **해설** 데이터 파일에 칼럼명이 없는 경우에는 'V1', 'V2', 'V3', 'V4' 형태로 기본 칼럼명이 지정된다. names() 함수를 이용하여 사용자가 원하는 칼럼명을 지정한다.

⊙실습 칼럼명이 있는 파일 불러오기

```
> student1 <- read.table(file = "student1.txt", header = T)
> student1
  번호   이름   키 몸무게
1  101  hong 175      65
2  201   lee 185      85
```

```
3 301    kim  173      60
4 401    park  180      70
>
```

해설 칼럼명 있는 파일 데이터를 불러오기 위해서는 'header = TRUE' 또는 'header = T' 속성을 이용한다.

실습 탐색기를 통해서 파일 선택하기

탐색기를 통해서 불러올 파일을 선택하기 위해서는 file 속성 대신에 file.choose() 함수를 사용한다.

```
> student1 <- read.table(file.choose(), header = TRUE)
>
```

해설 file.choose() 함수를 이용하면 파일을 선택할 수 있도록 다음 그림처럼 파일선택 대화상자가 열린다. 파일선택 대화상자에서 불러올 파일을 선택하여 선택된 파일의 데이터를 가져올 수 있다.

실습 구분자가 있는 경우

칼럼의 구분이 세미콜론으로 구성된 경우는 sep = ";" 형식으로 지정하고, 칼럼의 구분이 탭으로 구성된 경우는 sep = "\t" 형식으로 sep 속성의 값을 지정하여 파일을 불러온다.

```
> student2 <- read.table(file = "student2.txt", sep = ";"", header = TRUE)
```

```
> student2 <- read.table(file = "student2.txt", sep = "\t", header = TRUE)
```

해설 read.table() 함수 이용하여 파일을 불러오는 경우 칼럼의 구분자는 sep 속성으로 지정한다.

실습 결측치를 처리하여 파일 불러오기

파일에 특정 문자열을 NA로 처리하여 파일을 불러올 수 있다.

```
> student3 <- read.table(file = "student3.txt", header = TRUE, na.strings = "-")
> student3
  번호   이름   키 몸무게
1 101 hong 175      65
2 201   lee 185      85
3 301   kim 173      NA      ◀──  결측치를 NA로 처리
4 401  park  NA      70
>
```

┗ **해설** "student3.txt" 파일의 데이터 중 '–' 문자를 결측치로 처리하기 위해서 na.strings = "–" 속성을 사용하면 '–'
문자를 NA로 변경하여 파일의 데이터를 불러올 수 있다.

(2) read.csv() 함수 이용

엑셀(Excel)에서는 작업한 파일을 R에서 처리할 수 있도록 CSV 형식으로 변환하여 저장할 수 있다.
CSV(Comma Separated Value) 파일 형식은 콤마(,)를 기준으로 각 칼럼을 구분하여 저장한 데이터 형
식을 말한다.

read.csv() 함수는 구분자인 ","가 sep의 기본값이며, "header = TRUE"가 기본값이다. 따라서 칼럼
명이 있는 경우에 header 속성은 생략할 수 있다. 형식에서 [] 표시는 생략 가능한 속성을 의미한다.

형식 read.csv(file = "경로명/파일명" [, sep = ","] [, header = TRUE])

⊙실습 CSV 파일 형식 불러오기

```
> # NA 처리를 위해 na.strings 속성 사용
> student4 <- read.csv(file = "student4.txt", sep = ",", na.strings = "-")
> student4
  번호  이름   키 몸무게
1 101  hong 175    65
2 201   lee 185    85
3 301   kim 173    NA
4 401  park  NA    70
>
```

┗ **해설** CSV 파일 형식은 콤마(",")가 칼럼의 구분자이기 때문에 sep 속성은 생략할 수 있다. file.choose() 속성을 사용
하면 파일선택 대화상자를 통해 읽을 파일을 선택할 수도 있다.

(3) read.excel() 함수 이용

엑셀 파일(*.xlsx)을 직접 R에서 불러올 수 있는 함수이다. 이 함수는 기본 함수가 아니므로 먼저
'readxl' 패키지를 설치해야 한다. 엑셀 파일은 일반 파일과는 다르게 시트(sheet) 단위로 자료를 저장
한다. 따라서 엑셀 파일을 읽을 때는 시트명과 셀(cell)의 범위를 지정해서 읽는다.

⊙실습 readxl 패키지 설치와 로드

```
> install.packages("readxl")          # xlsx 패키지 설치
       … 생략 …
> library(readxl)
>
```

┗ **해설** 엑셀 파일을 읽기 위해서 "readxl" 패키지를 설치하고 메모리로 로드한다. 해당 패키지에서는 엑셀 파일을 읽어올
수 있는 read_excel() 함수를 제공한다.

┌ **⊙실습** **엑셀 파일 읽어오기**

read_excel() 함수를 이용하여 엑셀 파일의 자료를 읽어올 수 있다. read_excel() 함수의 형식은 다음과 같다.

> **형식** read_excel(path, sheet, col_names, range, na, skip, ...)

read_excel() 함수의 주요 속성은 다음과 같다.

- **path:** xls 또는 xlsx 파일의 경로와 파일명
- **sheet:** xlsx의 시트명
- **col_names:** 첫 줄에 칼럼명이 있는 경우 TRUE
- **range:** xlsx의 시트에서 읽어올 셀 범위
- **na:** 빈 셀을 누락된 데이터로 보고 결측치 처리
- **skip:** 읽기전에 건너뛸 최소 행의 수를 지정

```
> setwd("C:/Rwork/Part-I")                                           # 읽어올 엑셀 파일의 경로
> st_excel <- read_excel(path = "studentexcel.xlsx", sheet = "student")  # 엑셀 파일 읽기
> st_excel
# A tibble: 5 x 4
   학번    이름   성적   평가
  <dbl>  <chr>  <dbl>  <chr>
1  101   홍길동    80     B
2  102   이순신    95    A+
3  103   강감찬    78    C+
4  104   유관순    85    B+
5  105   김유신    65    D+
> str(st_excel)
Classes 'tbl_df', 'tbl' and 'data.frame':
5 obs. of  4 variables:
 $ 학번: num  101 102 103 104 105
 $ 이름: chr  "홍길동" "이순신" "강감찬" "유관순" ...
 $ 성적: num  80 95 78 85 65
 $ 평가: chr  "B" "A+" "C+" "B+" ...
>
```

└ **해설** read_excel() 함수의 첫 번째 속성인 'path = "studentexcel.xlsx"'는 읽어올 엑셀 파일을 지정하고, 두 번째 속성인 'sheet = "student"'는 읽어올 엑셀 파일에 포함된 시트 탭의 이름을 지정한다. 따라서 "C:/Rwork/Part-I/studentexcel.xlsx" 엑셀 파일 내의 "student" 시트의 자료를 읽어 온다.

1.3 인터넷에서 파일 가져오기

인터넷에서 제공하는 CSV 파일 형식의 데이터를 해당 사이트에서 직접 R 스크립트로 가져와서 데이터를 가공 처리한 후 분석에 활용할 수 있다.

깃허브 사이트(https://vincentarelbundock.github.io)에서 제공하는 CSV 파일 자료를 가져와 시각화하기까지의 과정을 실습으로 살펴본다.

실습 인터넷에서 파일을 가져와 시각화하기

> **단계 1: 깃허브에서 URL을 사용하여 타이타닉(titanic) 자료 가져오기**
```
> titanic <-
+    read.csv("https://vincentarelbundock.github.io/Rdatasets/csv/COUNT/titanic.csv")
> titanic
        X     class    age    sex  survived
1       1 1st class adults    man      yes
2       2 1st class adults    man      yes
3       3 1st class adults    man      yes
              … 중간 생략 …
199   199 1st class adults women       yes
200   200 1st class adults women       yes
[ reached 'max' / getOption("max.print") -- omitted 1116 rows ]
>
```

해설 read.csv() 함수의 인수로 깃허브 사이트에서 가져올 CSV 파일의 URL을 전달하여 함수를 실행한다. 타이타닉 (titanic) 자료가 저장된 변수를 실행하면 5개의 칼럼으로 구성된 csv 파일이 내용을 확인할 수 있다.

> **단계 2: 인터넷(깃허브)에서 가져온 자료의 차원 정보와 자료구조 보기 및 범주의 빈도수 확인**
```
> dim(titanic)       # 1316(행)   5(열)
[1] 1316   5
> str(titanic)
'data.frame': 1316 obs. of  5 variables:
 $ X       : int  1 2 3 4 5 6 7 8 9 10 ...
 $ class   : chr  "1st class" "1st class" "1st class" "1st class" ...
 $ age     : chr  "adults" "adults" "adults" "adults" ...
 $ sex     : chr  "man" "man" "man" "man" ...
 $ survived: chr  "yes" "yes" "yes" "yes" ....
>
> table(titanic$age)
adults  child
 1207    109
> table(titanic$sex)
 man women
  869    447
> table(titanic$survived)
 no yes
817 499
>
```

해설 타이타닉 자료는 1,316개의 관측치와 5개 변수의 칼럼으로 구성된다. 5개 변수의 칼럼을 살펴보면 X는 정수형 (int)이고, 나머지 4개는 문자형(chr)이다. 문자형은 일반적으로 일정한 범주(category)를 갖는다. 나이(age)는 성인(adults) 과 어린이(child)의 범주를 가지고, 성별(sex)은 남자(man)와 여자(women)의 범주를 가지며, 생존 여부(survived)는 사망 (no), 생존(yes)의 범주를 갖는다. 이러한 범주형 변수는 교차 분할표를 토대로 교차분석에 이용될 수 있다.

더 알아보기 데이터프레임에서 문자형 칼럼

R 3.x 버전에서 데이터프레임의 칼럼으로 사용되는 자료형이 문자형(chr)인 경우 요인형(Factor)으로 자동 변환되지만, R 4.0 버전에서는 문자형을 그대로 유지한다.

• R 3.x 버전에서 titanic 자료구조 예

```
> str(titanic)
'data.frame': 1316 obs. of  5 variables:
 $ X       : int  1 2 3 4 5 6 7 8 9 10 ...
 $ class   : Factor w/  3 levels "1st class", "2nd class",...: 1 1 1 1 1 1 1 1 1 1 ...
 $ age     : Factor w/  2 levels "adults", "child": 1 1 1 1 1 1 1 1 1 1 ...
 $ sex     : Factor w/  2 levels "man", "woman": 1 1 1 1 1 1 1 1 1 1 ...
 $ survived: Factor w/  2 levels "no", "yes": 2 2 2 2 2 2 2 2 2 2 ...
>
```

• R 4.0 버전에서 titanic 자료구조 예

```
> str(titanic)
'data.frame': 1316 obs. of  5 variables:
 $ X       : int  1 2 3 4 5 6 7 8 9 10 ...
 $ class   : chr  "1st class" "1st class" "1st class" "1st class" ...
 $ age     : chr  "adults" "adults" "adults" "adults" ...
 $ sex     : chr  "man" "man" "man" "man" ...
 $ survived: chr  "yes" "yes" "yes" "yes" ....
>
```

```
> 단계 3: 관측치 살펴보기
> head(titanic)
  X    class    age sex survived
1 1 1st class adults man      yes
2 2 1st class adults man      yes
3 3 1st class adults man      yes
4 4 1st class adults man      yes
5 5 1st class adults man      yes
6 6 1st class adults man      yes
> tail(titanic)
        X    class   age   sex survived
1311 1311 3rd class child women       no
1312 1312 3rd class child women       no
1313 1313 3rd class child women       no
1314 1314 3rd class child women       no
1315 1315 3rd class child women       no
1316 1316 3rd class child women       no
>
```

해설 1,000개 이상의 관측치를 갖는 자료를 한꺼번에 확인할 수 없어서 head() 함수를 이용하여 관측치의 앞부분 6개와 tail() 함수를 사용하여 관측치의 뒷부분 6개를 대략적으로 확인하여 자료의 특징을 살펴본다.

사이트에서 가져온 자료를 대상으로 두 개의 범주형 변수를 이용하여 교차 분할표를 작성하고, 이를 시각화하는 방법에 대해서 알아본다.

> **단계 4: 교차 분할표 작성하기**
```
> tab <- table(titanic$survived, titanic$sex)  # 성별에 따른 생존 여부
> tab

     man  women
 no  694     123
 yes 175     324
>
```

해설 성별에 따른 생존 여부를 분석하기 위해 고차 분할표를 작성한다. table() 함수에서 첫 번째 인수는 교차 분할표에서 행으로 나타나고, 두 번째 인수는 열로 나타난다. 남자(man)를 기준으로 생존은 175명, 사망은 694명이며, 여자(women)는 생존이 324명, 사망은 123명으로 집계된다. 따라서 교차 분할표를 통해서 분석된 결과는 남자의 생존율(20%)에 비해서 여자의 생존율(72%)이 현저하게 높게 나타난 것으로 분석된다.

- 남자의 생존율: 175 / (694 + 175) = 0.2013809
- 여자의 생존율: 324 / (324 + 123) = 0.7248322

> **단계 5: 범주의 시각화 - 막대 차트 그리기**
```
> barplot(tab, col = rainbow(2), main = "성별에 따른 생존 여부")  # 막대 차트
>
```

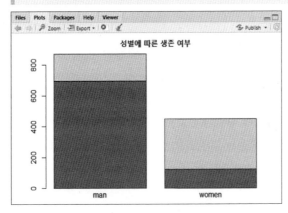

해설 교차 분할표를 통해서 분석된 결과이지만, 막대 차트를 통해서 성별에 따른 생존 여부를 시각화할 경우 변수의 특성을 분석하는데 훨씬 더 가독성이 높은 것으로 나타난다. 왼쪽의 남자(man)는 오른쪽의 여자(women)에 비해서 사망률이 현저하게 높게 나타난다. 차트에 관한 자세한 내용은 "5장 데이터 시각화"에서 알아본다.

2. 데이터 저장하기

데이터를 처리한 결과를 콘솔에 출력하거나 처리가 완료된 결과물을 특정 파일에 영구적으로 저장하는 방법에 대해서 알아본다.

2.1 화면(콘솔) 출력

처리결과가 저장된 변수를 화면(콘솔)에 출력하는 R 함수는 cat() 함수와 print() 함수가 있다.

┌─● **실습** cat() 함수 이용 변수 출력하기

cat() 함수는 출력할 문자열과 변수를 함께 결합하여 콘솔에 출력해 준다.

```
> x <- 10
> y <- 20
> z <- x * y
> cat("x * y의 결과는 ", z, "입니다.\n")   # "\n"은 줄 바꿈을 위한 제어문자
x * y의 결과는  200 입니다.
> cat("x * y = ", z)
x * y =  200
>
```

└─ **해설**   cat() 함수를 이용하여 문자열과 변수의 값을 출력하는 예제이다.

┌─● **실습** print() 함수 이용 변수 출력하기

print() 함수는 변수 또는 수식만을 대상으로 콘솔에 출력해 준다.

```
> print(z)       # 변수 또는 수식만 출력 가능
[1] 200
>
```

└─ **해설**   print() 함수는 문자열을 함께 사용할 수 없다. 변수의 값 또는 수식의 결과만을 출력할 수 있다.

2.2 파일 저장

R 스크립트를 이용하여 처리된 결과를 특정 파일로 저장하는 방법에 대해서 알아본다.

(1) sink() 함수 이용

결과를 저장할 경로와 파일명을 지정하여 sink() 함수를 실행하면 이후에 작업한 모든 내용이 지정된 파일에 저장된다. sink() 함수의 기능을 종료하기 위해서는 인수 없이 sink() 함수를 한 번 더 실행하면 된다.

┌─● **실습** sink() 함수를 사용한 파일 저장

```
> setwd("C:/Rwork/Part-I")     # 작업 디렉터리 설정
> library(RSADBE)              # 패키지를 메모리에 로드
> data(Severity_Counts)        # Severity_Counts 데이터 셋 가져오기
> sink("severity.txt")         # 저장할 파일 Open
> severity <- Severity_Counts  # 데이터 셋을 변수에 저장
> severity                     # 변수 출력: 콘솔에 출력되지 않고, 파일에 저장
> sink()                       # Open된 파일 Close
>
```

└─ **해설**   sink() 함수에 의해서 파일에 저장된 결과는 setwd() 함수에 의해 지정된 경로("C:/Rwork/Part-I")에 sink() 함수에 지정한 파일("severity.txt")에 저장된다. 메모장을 이용하여 텍스트 파일을 열면 Severity_Counts 데이터 셋의 내

용이 저장된 것을 확인할 수 있다. Severity_Counts 데이터 셋의 상세한 내용은 "2장 데이터의 유형과 구조"에서 Severity_Counts 데이터 셋에 관한 설명을 참고하자

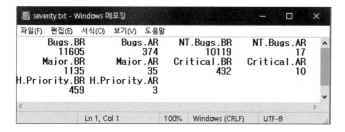

(2) write.table() 함수 이용

write.table() 함수는 처리된 결과(변수)를 테이블 형식으로 파일에 저장할 수 있는 함수이다. 행 번호를 제거하는 'row.names' 속성과 따옴표를 제거하는 'quote' 속성을 사용할 수 있다.

> **◉실습** write.table() 함수를 이용한 파일 저장하기

```
> # 단계 1: titanic 자료 확인
> titanic
            …titanic 데이터 생략…
> # 단계 2: 파일 저장 위치 지정
> setwd("C:/Rwork/output")        # 작업 디렉터리 지정
> # 단계 3: titanic.txt 파일에 저장
> write.table(titanic, "titanic.txt", row.names = FALSE)
>
```

> **해설** write.table() 함수를 이용하여 titanic 데이터프레임을 테이블 형식으로 파일에 저장한다. 'row. names = F'는 행의 이름을 제거한다. 파일 생성 결과는 파일 탐색기를 이용하여 생성된 파일을 확인하여 다음 실습 예의 결과와 같은지 확인한다.

> **◉실습** write.table() 함수로 저장한 파일 불러오기

write.table() 함수에 의해서 저장된 데이터는 다음과 같이 read.table() 함수를 이용하여 텍스트 파일을 불러올 수 있다.

```
> titanic_df <- read.table(file = "titanic.txt", sep = "", header = T)
> titanic_df
      X     class    age    sex   survived
1     1  1st class  adults  man      yes
2     2  1st class  adults  man      yes
3     3  1st class  adults  man      yes
4     4  1st class  adults  man      yes
5     5  1st class  adults  man      yes
              … 중간 생략 …
198  198  1st class  adults  women    yes
```

```
199  199  1st class adults  women        yes
200  200  1st class adults  women        yes
[ reached 'max' / getOption("max.print") -- omitted 1116 rows ]
>
```

해설 write.table() 함수에 의해서 파일에 저장된 데이터는 read.table() 함수를 이용하여 데이터프레임 형식으로 가져올 수 있다. 예제를 실행한 결과가 앞 예제에서 확인한 titanic 데이터프레임의 값과 같은지 확인해 보자.

(3) write.csv() 함수 이용

write.csv() 함수는 데이터프레임 형식의 데이터를 CSV 형식으로 파일에 저장한다.

실습 write.csv() 함수를 이용한 파일 저장하기

```
> setwd("C:/Rwork/Part-I")
> st.df <- st_excel          # 이전 예에서 생성된 데이터프레임
   학번   이름 성적 평가
1  101 홍길동   80    B
2  102 이순신   95   A+
3  103 강감찬   78   C+
4  104 유관순   85   B+
5  105 김유신   65   D+
> # 행 번호와 따옴표 제거하여 stdf.csv 파일로 저장
> write.csv(st.df, "stdf.csv", row.names = F, quote = F)
>
```

해설 R에서 처리한 데이터프레임을 write.csv() 함수를 이용하여 CSV 형식으로 파일에 저장한다.

➕ 더 알아보기 엑셀에서 텍스트 파일 대상 csv 파일 만들기

메모장과 같은 프로그램을 이용하여 작성된 텍스트(text) 파일을 엑셀의 CSV 파일로 만드는 절차는 다음과 같다.

[단계 1] 엑셀에서 "text.txt" 파일 열기
[단계 2] 텍스트 마법사 3단계 중 1단계: 구분 기호로 분리됨
[단계 3] 텍스트 마법사 3단계 중 2단계: 구분기호 -〉 탭
[단계 4] 텍스트 마법사 3단계 중 3단계: 일반 -〉 [마침]
[단계 5] 첫 행에 변수(칼럼)명 추가: A B C D E

(4) write_xlsx() 함수 이용

R 스크립트에서 처리된 결과(변수)를 엑셀 파일로 저장할 수 있다. 엑셀 파일 형식으로 저장하기 위해서는 "writexl" 패키지를 설치해야 한다.

⊕실습 writexl 패키지 설치와 로드

```
> install.packages("writexl")    # writexl 패키지 설치
        … 생략 …
> library(writexl)               # writexl 패키지 로드
>
```

해설 처리된 결과를 엑셀 파일로 저장하기 위해서 "writexl" 패키지를 설치하고 메모리로 로드한다. 해당 패키지에서는 엑셀 파일로 저장할 수 있는 write_xlsx() 함수를 제공한다.

⊕실습 write_xlsx() 함수 이용 엑셀 파일 저정하기

write_xlsx() 함수를 이용하여 엑셀 파일로 자료를 저장할 수 있다. write_xlsx() 함수의 형식은 다음과 같다.

> **형식** write_xlsx(x, path, col_names = TRUE, format_headers = TRUE …)

write_xlsx() 함수의 주요 속성은 다음과 같다.

- x: xlsx의 시트가 될 데이터프레임
- path: 파일 경로와 파일명
- col_names = TRUE: file 첫줄에 칼럼명 표시
- format_headers = TRUE: 굵은 글씨체와 가운데 정렬로 xlsx 파일에서 칼럼명 표시

```
> setwd("C:/Rwork/output")                                  # 엑셀 파일을 저장할 경로
> write_xlsx(x = st.df, path = "st_excel.xlsx", col_names = TRUE)    # 파일 저장
>
```

해설 R에서 처리된 결과가 있는 st.df 변수의 자료를 "st_excel.xlsx" 엑셀 파일로 저장한다. "col_names = TRUE" 속성에 의해서 엑셀 파일의 첫 줄에 칼럼명이 포함되어 저장된다. 생성된 파일은 "C:/Rwork/output" 폴더에서 확인할 수 있다.

1.본문에서 작성한 titanic 변수를 다음과 같은 단계를 통해서 "titanic.csv" 파일로 저장한 후 파일을 불러오시오.

> [단계 1] "C:/Rwork/output" 폴더에 "titanic.csv"로 저장한다.
> ● 힌트: write.csv() 함수 사용
>
> [단계 2] "tanic.csv" 파일을 titanicData 변수로 가져와서 결과를 확인하고, titanicData의 관측치와 칼럼수를 확인한다.
> ● 힌트: str() 함수 사용
>
> [단계 3] 1번, 3번 칼럼을 제외한 나머지 칼럼을 대상으로 상위 6개의 관측치를 확인한다.
> ● 힌트: write.csv() 함수 사용
>
> ```
>       class sex survived
> 1 1st class man      yes
> 2 1st class man      yes
> 3 1st class man      yes
> 4 1st class man      yes
> 5 1st class man      yes
> 6 1st class man      yes
> >
> ```

2. R에서 제공하는 CO2 데이터 셋을 대상으로 다음과 같은 단계로 파일에 저장하시오.

> [단계 1] Treatment 칼럼 값이 'nonchilled'인 경우 'CO2_df1.csv' 파일로 행 번호를 제외하고 저장한다.
>
> [단계 2] Treatment 칼럼 값이 'chilled'인 경우 'CO2_df2.csv' 파일로 행 번호를 제외하고 저장한다.

제어문과 함수

학습 내용

대부분의 프로그래밍 언어는 조건문과 반복문과 같은 제어문을 이용하여 프로그래밍 로직(logic)을 작성할 수 있다.

R은 Java나 Python 프로그래밍 언어처럼 객체지향언어이다. 연산자와 제어문을 이용하여 프로그래밍할 수 있다.

이장에서는 연산자의 유형과 제어문의 구조에 대해서 살펴보고, 조건문과 반복문을 이용하여 함수를 정의하는 방법과 R의 주요 내장함수에 대해서 영역별로 알아본다.

학습 목표

• if() 함수를 이용하여 논리적인 true와 false 값을 구분하여 출력할 수 있다.
• for() 함수를 이용하여 조건에 만족하는 동안 지정된 문장을 반복적으로 수행할 수 있도록 프로그램을 작성할 수 있다.
• 제어문을 이용하여 매개변수를 갖는 사용자 정의함수를 생성할 수 있다.
• 기초 통계량을 구하는 R의 내장함수를 이용하여 벡터 객체의 통계량을 구할 수 있다.

Chapter 04의 구성

1. 연산자
2. 조건문
3. 반복문
4. 함수 정의
5. 주요 내장함수

1. 연산자

R에서 제공되는 연산자(operator)는 산술연산자와 관계연산자 그리고 논리연산자를 제공된다. [표 4.1]은 각 연산자에 대한 연산 기호와 기능 설명이다.

[표 4.1] R의 연산자

구분	연산자	기능 설명
산술연산자	+, −, *, /, %%, ^, **	사칙연산, 나머지 계산, 제곱 계산
관계연산자	==, !=, 〉, 〉=, 〈, 〈=	동등비교, 크기 비교
논리연산자	&, |, !, xor()	논리곱, 논리합, 부정, 배타적 논리합

1.1 산술연산자

산술연산자는 덧셈과 뺄셈, 곱셈 나눗셈 기능의 사칙연산자(+, −, *, /)와 나머지를 계산하는 연산자 (%%) 그리고 거듭제곱(^ 또는 **)을 계산하는 연산자로 구성된다.

⊙실습 산술연산자 사용

```
> num1 <- 100          # 피연산자 1
> num2 <- 20           # 피연산자 2
> result <- num1 + num2 # 덧셈
> result               # 120
[1] 120
> result <- num1 - num2 # 뺄셈
> result               # 80
[1] 80
> result <- num1 * num2 # 곱셈
> result               # 2000
[1] 2000
> result <- num1 / num2 # 나눗셈
> result               # 5
[1] 5
>
> result <- num1 %% num2 # 나머지 계산
> result               # 0
[1] 0
>
> result <- num1 ^ 2   # 제곱 계산(num1 ** 2)
> result               # 10000
[1] 10000
> result <- num1 ^ num2 # 100의 20승(10020)
> result               # 1e+40 -> 1 * 10⁴⁰과 동일한 결과
[1] 1e+40
```

해설 마지막 행의 출력 결과인 "1e+40"은 "1 * 10^{40}"으로 "1 * 10 ^ 40"과 같은 결과를 나타낸다. 즉, 1 뒤에 40개의 0이 있다는 표현으로 아주 큰 값을 표기해야 하는 경우 이와 같은 지수 표현 형식으로 콘솔 창에 표시된다.

1.2 관계연산자

관계연산자를 이용한 관계식의 결과가 참이면 TRUE, 거짓이면 FALSE 값을 반환하는 연산자이다. 동등비교와 크기 비교로 분류할 수 있다.

⊙실습 관계연산자 사용

```
> # (1) 동등비교
> boolean <- num1 == num2   # 두 변수의 값이 같은지 비교
> boolean                   # FALSE
[1] FALSE
> boolean <- num1 != num2   # 두 변수의 값이 다른지 비교
> boolean                   # TRUE
[1] TRUE
>
> # (2) 크기 비교
> boolean <- num1 > num2    # num1 값이 큰지 비교
> boolean                   # TRUE
[1] TRUE
> boolean <- num1 >= num2   # num1 값이 크거나 같은지 비교
> boolean                   # TRUE
[1] TRUE
> boolean <- num1 < num2    # num2 이 큰지 비교
> boolean                   # FALSE
[1] FALSE
> boolean <- num1 <= num2   # num2 이 크거나 같은지 비교
> boolean                   # FALSE
[1] FALSE
>
```

해설 관계연산자의 결과는 조건이 참이면 TRUE, 거짓이면 FALSE의 상수값을 반환한다.

1.3 논리연산자

산술연산자와 관계연산자를 이용한 논리식이 참이면 TRUE, 거짓이면 FALSE 값을 반환한다.

⊙실습 논리연산자 사용

```
> logical <- num1 >= 50 & num2 <= 10    # 두 관계식이 같은지 판단
> logical                               # FALSE
[1] FALSE
> logical <- num1 >= 50 | num2 <=10     # 두 관계식 중 하나라도 같은지 판단
> logical                   # TRUE
[1] TRUE
>
> logical <- num1 >= 50                 # 관계식 판단
> logical                   # TRUE
[1] TRUE
```

```
> logical <- !(num1 >= 50)          # 괄호 안의 관계식 판단 결과에 대한 부정
> logical                            # FALSE
[1] FALSE
>
> x <- TRUE; y <- FALSE
> xor(x, y)                          # [1] TRUE
[1] TRUE
>
```

해설 배타적 논리합을 연산하는 xor() 함수는 두 논리적인 값이 상반되는 경우 TRUE를 반환하고, 같으면 FALSE를 반환한다.

2. 조건문

R은 Java나 Python과 같은 객체지향 프로그래밍 언어처럼 조건문이나 반복문을 이용하여 논리적인 문장의 흐름을 표현할 수 있다. 조건문은 특정 조건에 따라서 실행되는 문이 결정되는 것으로 R에서는 if(), ifelse(), switch(), which() 함수를 이용하여 조건문을 작성할 수 있다.

2.1 if() 함수

if() 함수는 비교판단문을 작성할 수 있다. if() 함수의 인수로 조건식을 작성하고, 조건이 참일 때와 거짓일 때 각각 블록 단위로 처리할 문장을 작성한다. if() 함수의 형식은 다음과 같다.

형식 if(조건식){ 참인 경우 처리문 } else { 거짓인 경우 처리문 }

⊙ 실습 if() 함수 사용하기

```
> x <- 50; y <- 4; z <- x * y
> if(x * y >= 40) {
+       cat("x * y의 결과는 40 이상입니다.\n")    # '\n'은 줄바꿈
+       cat("x * y =", z)
+ } else {
+       cat("x * y의 결과는 40 미만입니다. x * y = ", z, "\n")
+ }
x * y의 결과는 40 이상입니다.
x * y = 200
>
```

해설 "x * y"의 연산 결과가 40 이상인 경우와 그렇지 않은 경우를 if() 함수로 작성한 예제이다. {}를 사용하여 if와 else의 블록을 지정한다.

⊙ 실습 if() 함수 사용으로 입력된 점수의 학점 구하기

```
> score <- scan()                    # 점수 입력받기
1: 85
2:
```

```
Read 1 item
> score                              # 입력된 점수 확인
[1] 85
> result <- "노력"                   # 결과 초기값 지정
> if(score >= 80) {                  # 입력 점수가 80 이상이면
+    result <- "우수"                # 결과 변경
+ }
> cat("당신의 학점은", result, score) # 결과 확인
당신의 학점은  우수 85
>
```

└─ **해설** 점수가 80 이상이면 "우수", 아니면 초기값인 "노력"을 출력하는 if() 함수 사용 예이다.

┌─ ⊙**실습** if ~ else if 형식으로 학점 구하기

```
> score <- scan()
1: 90
2:
Read 1 item
> if(score >= 90) {
+   result = "A학점"
+ } else if(score >= 80) {
+   result = "B학점"
+ } else if(score >= 70) {
+   result = "C학점"
+ } else if(score >= 60) {
+   result = "D학점"
+ } else {
+   result = "F학점"
+ }
> cat("당신의 학점은", result)   # 문자열과 변수의 값을 함께 출력
당신의 학점은  A학점
> print(result)                  # print() 함수는 변수의 값 또는 수식의 결과만 출력
[1] "A학점"
>
```

└─ **해설** if() 함수의 첫 번째 조건이 참이면 90점 이상이고, else와 함께하는 if() 함수의 두 번째 조건이 참이면 80점 이상, 세 번째 조건이 참이면 70점 이상, 네 번째 조건이 참이면 60점 이상 그리고 모든 조건에 만족하지 않는다면 60점 미만을 의미 한다.

2.2 ifelse() 함수

ifelse() 함수는 3항 연산자와 유사하다. 조건식이 참인 경우와 거짓인 경우 처리할 문장을 각각 작성 한 후 조건식 결과에 따라서 처리문이 실행된다. ifelse() 함수의 형식은 다음과 같다.

형식 ifelse(조건식, 참인 경우 처리문, 거짓인 경우 처리문)

┌─◉실습 ifelse() 함수 사용하기

```
> score <- scan()
1: 90
2:
Read 1 item
> ifelse(score >= 80, "우수", "노력")    # "우수" 선택
[1] "우수"
> ifelse(score <= 80, "우수", "노력")    # "노력" 선택
[1] "노력"
>
```

└─해설 ifelse() 함수는 첫 번째 인수인 조건식이 참이면 두 번째 인수 값을 선택하고, 거짓이면 세 번째 인수 값을 선택한다. 예에서는 입력된 값이 90으로 첫 번째 ifelse() 함수는 "우수"를 출력하고, 두 번째 ifelse() 함수는 "노력"을 출력한다

┌─◉실습 ifelse() 함수 응용하기

```
> excel <- read.csv("C:/Rwork/Part-I/excel.csv", header = T)
> q1 <- excel$q1              # q1 변수값 추출
> q1                          # q1 변수값 확인
  [1] 2 1 2 3 3 4 3 4 4 4 4 3 3 3 1 3 3 3 2 3 3 4 2 2 3 4 4 4 3 3 1
 [32] 3 3 3 4 3 4 2 3 2 2 4 3 3 3 2 2 4 1 4 3 4 4 3 4 3 2 2 2 2 3 4 4
 [63] 2 3 3 3 3 4 1 2 3 3 3 4 2 2 1 3 3 2 2 2 3 2 3 3 4 3 2 2 2 2 2
 [94] 4 1 4 4 4 2 2 3 3 2 3 3 2 4 2 4 2 2 4 3 4 2 2 3 3 3 2 1 3 4 3
[125] 3 2 3 3 3 2 2 4 1 3 3 4 3 2 3 1 2 3 5 4 3 3 2 4 3 2 3 3 1 3 2
[156] 4 3 3 2 4 2 2 2 2 3 3 3 2 2 4 1 3 3 4 3 2 3 1 2 3 5 4 3 3 2 4
[187] 3 2 3 3 1 3 2 4 2 4 2 2 4 3 4 2 2 3 3 3 2 1 3 4 3 3 2 3 3 1 3
[218] 3 4 3 2 3 1 2 3 5 4 3 3 2 4 3 2 3 3 1 3 2 4 3 3 2 4 2 2 2 3
[249] 1 3 2 4 2 4 2 2 4 3 4 2 2 3 3 3 2 1 3 4 3 3 2 4 3 2 3 3 1 3 2
[280] 4 3 3 2 4 2 2 2 2 3 1 3 2 4 2 4 2 2 4 3 4 2 2 3 3 3 2 1 3 3 2
[311] 4 3 2 3 3 1 3 2 4 3 3 2 4 2 2 2 2 3 1 3 2 4 2 4 2 2 4 3 4 2 2
[342] 3 3 3 2 1 2 3 3 1 3 2 4 3 3 2 4 2 2 2 2 3 1 3 2 4 2 4 2 2 4 3
[373] 4 2 2 3 3 3 2 1 3 4 3 3 2 4 3 2 3 3 1 3 2 4 3 3 2 4 2 2 2 2
> ifelse(q1 >= 3, sqrt(q1), q1)   # q1 값이 3보다 큰 경우 sqrt() 함수 적용
  [1] 2.000000 1.000000 2.000000 1.732051 1.732051 2.000000 1.732051
  [8] 2.000000 2.000000 2.000000 2.000000 2.000000 1.732051 1.732051 1.732051
 [15] 1.000000 1.732051 1.732051 1.732051 2.000000 1.732051 1.732051
 [22] 2.000000 2.000000 2.000000 1.732051 2.000000 2.000000 2.000000
 [29] 1.732051 1.732051 1.000000 1.732051 1.732051 1.732051 2.000000
                      … 이하 생략 …
>
```

└─해설 read.csv() 함수를 이용하여 지정된 CSV 파일을 읽어, q1 칼럼의 값이 3 이상이면 칼럼값에 sqrt() 함수를 적용하여 출력하고, 그렇지 않으면 q1 칼럼값을 그대로 출력한다. 이처럼 ifelse() 함수는 벡터를 입력받아서 조건을 만족하는 값만 벡터로 출력할 수 있다.

🔽실습 ifelse() 함수에서 논리연산자 사용하기

```
> ifelse(q1 >= 2 & q1 <= 4, q1 ^ 2, q1)    # 1과 5만 출력, 나머지(2~4)는 제곱승 적용
   [1]   4  1  4  9  9 16  9 16 16 16 16  9  9  9  1  9  9  9  4  9  9
 [22] 16  4  4  9 16 16 16  9  9  1  9  9  9 16  9 16  4  9  4  4 16
 [43]  9  9  4  4 16  1 16  9 16 16  9 16  9  4  4  4  4  9 16 16  4
                      … 중간 생략 …
[358]  4  4  4  4  9  1  9  4 16  4 16  4  4 16  9 16  4  4  9  9  9
[379]  4  1  9 16  9  9  4 16  9  4  9  9  1  9  4 16  9  9  4 16  4
[400]  4  4  4
>
```

해설 q1 칼럼의 값이 2~4에 포함되면 q1 칼럼의 값에 제곱승을 적용하고, 그렇지 않으면 q1 칼럼의 값을 그대로 출력한다.

2.3 switch() 함수

switch() 함수는 비교 문장의 내용에 따라서 여러 개의 실행 문장 중 하나를 선택할 수 있도록 프로그램을 작성할 수 있다. if ~ else 문과는 다르게 값을 이용하여 실행 문장이 결정된다는 차이점이 있다. switch() 함수의 형식은 다음과 같다.

형식 switch(비교문, 실행문1[, 실행문2, 실행문3, …])

switch 문의 형식에서 "비교문" 위치에 있는 변수의 이름이 "실행문" 위치에 있는 변수의 이름과 일치할 때 일치하는 변수에 할당된 값을 출력한다.

다음의 간단한 예를 살펴보자.

switch 문의 형식에서 비교문 위치에 상수값으로 문자열 "name"이 있다. 주어진 4개의 실행문에서 같은 이름의 변수("name")를 찾아서 변수명이 일치하는 변수에 할당된 값인 "홍길동"을 반환한다.

```
> switch("name", id = "hong", pwd = "1234", age = 105, name = "홍길동")
[1] "홍길동"
>
```

🔽실습 switch() 함수를 사용하여 사원명으로 급여정보 보기

```
> empname <- scan(what = "")
1: hong
2:
Read 1 item
> empname
```

```
[1] "hong"
> switch(empname,
+     hong = 250,
+     lee = 350,
+     kim = 200,
+     kang = 400
+ )
[1] 250
>
```

> **해설** 키보드에서 문자열 "hong"을 입력하여 변수 empname에 저장한 뒤에 입력된 값을 확인하고, switch() 함수에서 변수 empname에 입력된 값과 switch 문에 기술된 4개의 문장에서 변수의 이름을 비교하여 같은 경우 해당 변수(hong)가 선택되어 그 값인 250이 출력된다.

2.4 which() 함수

which() 함수는 벡터 객체를 대상으로 특정 데이터를 검색하는데 사용되는 함수이다. which() 함수의 인수로 사용되는 조건식에 만족하는 경우, 즉 조건식의 결과가 참인 벡터 원소의 위치(인덱스)가 출력되며, 조건식의 결과가 거짓이면 0이 출력된다.

> **형식** which(조건)

> **실습** 벡터에서 which() 함수 사용: index 값을 반환

```
> name <- c("kim", "lee", "choi", "park")
> which(name == "choi" )
[1] 3
>
```

> **해설** which() 함수는 주어진 벡터 name을 대상으로 벡터 내에서 데이터 "choi"의 위치(인덱스)를 반환한다.

> **실습** 데이터프레임에서 which() 함수 사용

```
> # 단계 1: 벡터 생성과 데이터프레임 생성
> no <- c(1:5)
> name <- c("홍길동", "이순신", "강감찬", "유관순", "김유신")
> score <- c(85, 78, 89, 90, 74)
> exam <- data.frame(학번 = no, 이름 = name, 성적 = score)
> exam
  학번   이름 성적
1   1 홍길동   85
2   2 이순신   78
3   3 강감찬   89
4   4 유관순   90
5   5 김유신   74
>
```

> **해설** 벡터 no, name, score를 정의하고, 이를 이용하여 데이터프레임을 생성하여 생성된 데이터프레임을 확인한다.

```
> # 단계 2: 일치하는 이름의 위치(인덱스) 반환
> which(exam$이름 == "유관순")
[1] 4
> exam[4, ]        # 4번째 레코드 보기
   학번   이름   성적
4    4  유관순     90
>
```

해설 exam 데이터프레임을 대상으로 "유관순" 원소를 찾는 예이다. "유관순" 원소는 exam에서 4번째 해당하는 원소이므로 첨자 4가 출력된다. 만약 exam 데이터프레임에 해당 원소가 없으면 0이 출력된다. 끝으로 exam의 4번째 행을 출력하여 "유관순"의 세부정보를 확인한다. which() 함수는 크기가 큰 데이터프레임이나 테이블 구조의 자료를 대상으로 특정 정보를 검색하는 데 유용하게 사용된다.

3. 반복문

조건에 따라서 특정 실행문을 지정된 횟수만큼 반복적으로 수행할 수 있는 문을 의미한다. R에서는 for() 함수와 while() 함수를 이용하여 반복문을 작성할 수 있다.

3.1 for() 함수

for() 함수는 지정한 횟수만큼 실행문을 반복 수행하는 함수이며, for() 함수의 형식은 다음과 같다. 형식에서 in 뒤쪽에 있는 값을 in 앞쪽에 있는 변수에 순서대로 값을 넘기면서 반복을 수행한다.

형식 for(변수 in 변수) { 실행문 }

실습 for() 함수 사용 기본

```
> i <- c(1:10)
> for(n in i) {        # 10회 반복. 단일 문인 경우 { }는 생략 가능
+   print(n * 10)    # print( ) 함수는 변수의 값 또는
+   print(n)           # 계산식의 연산 결과를 출력
+ }
[1] 10
[1] 1
[1] 20
[1] 2
[1] 30
[1] 3
            … 중간 생략 …
[1] 90
[1] 9
[1] 100
[1] 10
>
```

해설 i 벡터의 원소 개수만큼 반복된다. 즉, i 벡터의 첫 번째 원소를 in 앞에 있는 변수 n에 순서대로 넘기면서 { } 블록의 내용을 10회 반복한다. 반복할 문장이 하나 뿐일 때는 { }를 생략할 수 있다.

┌ **⊕ 실습** 짝수 값만 출력하기

```
> i <- c(1:10)
> for(n in i)
+   if(n %% 2 == 0) print(n)    # 짝수만 출력
[1] 2
[1] 4
[1] 6
[1] 8
[1] 10
>
```

└ **해설** %% 연산자는 나눗셈 연산의 한 종류로 나머지를 계산한다. 따라서 if() 함수는 변수 n의 값을 2로 나눈 나머지를 계산하여 0과 같으면 짝수이므로 해당 숫자만 출력한다.

┌ **⊕ 실습** 짝수이면 넘기고, 홀수 값만 출력하기

```
> i <- c(1:10)
> for(n in i) {
+   if( n %% 2 == 0) {
+      next    # 다음 문장으로 skip, 반복문 계속(continue 키워드와 동일)
+   } else {
+     print(n) # 홀수일 때만 출력
+   }
+ }
[1] 1
[1] 3
[1] 5
[1] 7
[1] 9
>
```

└ **해설** %% 연산자를 이용하여 짝수 또는 홀수를 판단하여 반복문을 수행하는 과정에서 원소를 출력하는 예문이다. for() 함수의 반복 범위에서 문장을 실행하지 않고 계속 반복할 때는 next 문을 사용한다.

┌ **⊕ 실습** 변수의 칼럼명 출력하기

```
> name <- c(names(exam))  # 데이터프레임 exam에서 칼럼명 추출
> for(n in name) {              # 벡터 name에서 각 칼럼명 추출
+   print(n)                    # 칼럼명 출력
+ }
[1] "학번"
[1] "이름"
[1] "성적"
>
```

└ **해설** 데이터프레임 객체 exam에서 칼럼명을 추출하여, name 변수에 벡터 형태로 저장한 뒤에 for() 함수를 이용하여 exam 객체의 칼럼명을 출력하는 예이다.

┌ ⊙실습 벡터 데이터 사용하기

```
> score <- c(85, 95, 98)
> name <- c("홍길동", "이순신", "강감찬")
>
> i <- 1                        # 첨자로 사용하는 변수
> for(s in score) {
+   cat(name[i], " -> ", s, "\n")
+   i <- i + 1                  # 카운터 변수: 첨자 변경
+ }
홍길동  ->  85
이순신  ->  95
강감찬  ->  98
>
```

└ 해설 변수 i를 name 벡터의 첨자로 사용하기 위해서 1로 초기화한 뒤에, for() 함수의 반복 범위 내에서 1씩 증가하는 카운터 변수로 사용한다. 즉 변수 i의 값이 1씩 증가한다는 의미는 벡터 변수 name의 데이터를 첨자를 이용하여 출력한다.

3.2 while() 함수

while() 함수는 for() 함수와 동일한 방식으로 수행된다. 따라서 while() 함수를 이용하여 for() 함수로 구현된 문장을 구현할 수 있다. for() 함수와 차이점으로 for() 함수는 반복 회수를 결정하는 변수를 사용하는 대신에 while() 함수는 사용자가 블록 내에서 증감식을 이용하여 반복 회수를 지정해야 한다.

형식 while(조건) { 실행문 }

┌ ⊙실습 while() 함수 사용하기

```
> i = 0
> while(i < 10) {
+   i <- i + 1
+   print(i)
+ }
[1] 1
[1] 2
[1] 3
[1] 4
[1] 5
[1] 6
[1] 7
[1] 8
[1] 9
[1] 10
>
```

└ 해설 변수 i를 기준으로 변수 i의 값이 10 미만일 때까지 반복하면서 변수 i의 값을 출력하는 예이다.

4. 함수 정의

함수는 코드의 집합을 의미한다. 따라서 사용자가 직접 함수 내에 필요한 코드를 작성하여 필요한 경우 함수를 호출하여 사용할 수 있다. 이와 같은 형태로 작성된 함수를 사용자 정의 함수라고 한다. 사용자 정의 함수의 형식은 다음과 같다.

> **형식** 함수명 <- function(매개변수) { 실행문 }

4.1 사용자 정의 함수

사용자가 직접 함수를 정의하는 형식과 외부에서 값을 받아서 처리할 수 있도록 매개변수를 이용하여 함수를 정의하는 방법에 대해서 알아본다.

⊙ 실습 매개변수가 없는 사용자 함수 정의하기

```
> f1 <- function() {
+   cat("매개변수가 없는 함수")
+ }
>
> f1()          # 사용자 정의 함수 호출
매개변수가 없는 함수
>
```

해설 매개변수가 없는 함수는 "함수명()" 형태로 함수명에 빈 괄호를 붙여 호출한다. 정의된 함수를 호출하지 않으면 함수의 내용은 실행되지 않는다.

⊙ 실습 결과를 반환하는 사용자 함수 정의하기

```
> f3 <- function(x, y) {
+   add <- x + y
+   return(add)
+ }
>
> add <- f3(10, 20)
> add
[1] 30
>
```

해설 함수의 결과를 반환하는 사용자 정의 함수 f3를 정의하고, 두 개의 실인수를 이용하여 호출하면 두 수의 덧셈 결과를 변수 add로 반환받아서 출력한다. return() 함수는 사용자 정의 함수 내에 있는 값을 함수를 호출하는 곳으로 반환하는 역할을 제공한다.

4.2 기술통계량을 계산하는 함수 정의

추론통계의 기초 정보를 제공하는 요약통계량, 빈도수 등의 기술통계량을 계산하는 함수를 정의해 본다.

┌ ⊙ **실습** 기본 함수를 사용하여 요약통계량과 빈도수 구하기

```
> # 단계 1: 파일 불러오기
> setwd("C:/Rwork/Part-I")
> test <- read.csv("test.csv", header = TRUE)
> head(test)
 A B C D E
1 2 4 4 2 2
2 1 2 2 2 2
3 2 3 4 3 3
4 3 5 5 3 3
5 3 2 4 4 4
6 4 3 3 4 2
>
```

```
> # 단계 2: 요약통계량 구하기
> summary(test)        # 변수(A, B, C, D, E)별 요약통계량
     A               B               C               D              E
 Min.   :1.000   Min.   :1.000   Min.   :1.000   Min.   :1.00   Min.   :1.000
 1st Qu.:2.000   1st Qu.:2.000   1st Qu.:3.000   1st Qu.:2.00   1st Qu.:3.000
 Median :3.000   Median :3.000   Median :4.000   Median :2.00   Median :4.000
 Mean   :2.734   Mean   :2.908   Mean   :3.622   Mean   :2.51   Mean   :3.386
 3rd Qu.:3.000   3rd Qu.:4.000   3rd Qu.:4.000   3rd Qu.:3.00   3rd Qu.:4.000
 Max.   :5.000   Max.   :5.000   Max.   :5.000   Max.   :4.00   Max.   :5.000
>
```

```
> # 단계 3: 특정 변수의 빈도수 구하기
> table(test$A)        # 변수 A를 대상으로 빈도수 구하기: 5점 척도(만족도 조사)

  1    2    3    4    5
 30  133  156   80    3
>
```

┌ **해설** 요약통계량과 빈도수를 구하기 위해서 summary()와 table() 함수를 적용한 예제이다. 만약 사용자 정의 함수로 정의하면, 한 번의 함수 호출을 통해서 각 칼럼별로 요약통계량과 빈도수를 구할 수 있다.

```
> # 단계 4: 각 칼럼 단위의 빈도수와 최대값. 최소값 계산을 위한 사용자 함수 정의
> data_pro <- function(x) {
+   for(idx in 1:length(x)) {        # 칼럼 수 만큼 반복
+     cat(idx, "번째 칼럼의 빈도 분석 결과")
+     print(table(x[idx]))           # 칼럼별 빈도수 출력
+     cat("\n")
+   }
+
+   for(idx in 1:length(x)) {
+     f <- table(x[idx])
```

```
+       cat(idx, "번째 칼럼의 최대값/최소값\n")
+       cat("max = ", max(f), "min = ", min(f), "\n")
+   }
+ }
>
> data_pro(test)
1 번째 칼럼의 빈도분석 결과
   1   2   3   4   5
  30 133 156  80   3

        … 중간 생략 …

5 번째 칼럼의 빈도분석 결과
   1   2   3   4   5
   8  81 107 160  46

1 번째 칼럼의 최대값/최소값
max = 156 min = 3
2 번째 칼럼의 최대값/최소값
max = 150 min = 7
3 번째 칼럼의 최대값/최소값
max = 176 min = 3
4 번째 칼럼의 최대값/최소값
max = 178 min = 30
5 번째 칼럼의 최대값/최소값
max = 160 min = 8
>
```

해설 각 칼럼 단위로 빈도수와 최대값 그리고 최소값을 계산하는 사용자 정의 함수 data_pro를 작성하고, 한 번의 함수 호출로 다수의 칼럼에 대한 통계량을 계산할 수 있다.

●실습 분산과 표준편차를 구하는 사용자 함수 정의

표본분산은 x 변량을 대상으로 "변량의 차의 제곱의 합 / (변량의 개수 − 1)" 수식으로 나타내며, R 코드는 다음과 같다. 표준편차는 sqrt() 함수를 이용하여 표본분산에 루트를 적용하면 된다.

- **표본분산 식**: var <- sum((x − 산술평균) ^ 2) / (n − 1)
- **표본표준편차 식**: sqrt(var)

```
> x <- c(7, 5, 12, 9, 15, 6)                   # x 변량 생성
>
> var_sd <- function(x) {
+   var <- sum(x - mean(x) / 2) / (length(x) - 1)   # 표본분산
+   sd <- sqrt(var)                                  # 표본표준편차
+   cat("표본분산: ", var, "\n")
+   cat("표본표준편차: ", sd)
+ }
>
```

```
> var_sd(x)                            # 사용자 함수 호출
표본분산: 5.4
표본표준편차: 2.32379
>
```

> **해설**　var() 함수와 sd() 함수를 이용하여 표본분산과 표본표준편차를 구할 수 있는 사용자 함수를 정의하였다.

4.3 피타고라스와 구구단 함수 정의

프로그래밍 예제에서 자주 다루어지는 피타고라스식을 증명하는 함수와 구구단을 출력하는 함수를 정의해 본다.

피타고라스식은 다음과 같다.

• $a^2 + b^2 = c^2$

⊙실습 피타고라스식 정의 함수 만들기

```
> pytha <- function(s, t) {
+   a <- s ^ 2 - t ^ 2
+   b <- 2 * s * t
+   c <- s ^ 2 + t ^ 2
+   cat("피타고라스 정리: 3개의 변수: ", a, b, c)
+ }
>
> pytha(2, 1)        # s, t 인수는 양의 정수를 갖는다.
피타고라스 정리: 3개의 변수: 3 4 5
>
```

> **해설**　피타고라스식 [(빗변)의 제곱 = (밑변)의 제곱 + (높이)의 제곱]에 함수의 결과를 적용하면 32 + 42 = 52이 된다.

⊙실습 구구단 출력 함수 만들기

```
> gugu <- function(i , j) {
+   for(x in i) {
+     cat("**", x, "단 **\n")
+     for(y in j) {
+       cat(x, " * ", y, " = ", x * y, "\n")
+     }
+     cat("\n")
+   }
+ }
>
> i <- c(2:9)        # 단수 지정
> j <- c(1:9)        # 단수와 곱해지는 수 지정
```

```
> gugu(i, j)        # 구구단 출력 함수 호출로 구구단 보기
** 2 단 **
2 * 1 = 2
2 * 2 = 4
2 * 3 = 6
2 * 4 = 8
… 중간 생략 …
9 * 5 = 45
9 * 6 = 54
9 * 7 = 63
9 * 8 = 72
9 * 9 = 81
>
```

해설 바깥쪽에 있는 for() 함수의 i는 단수를 의미하고, 안쪽 for() 함수의 j는 단수와 곱해지는 수이다. i가 1회 수행될 때 j는 1에서 9까지 9회 수행된다. 즉 i = 2일때 j는 1에서 9까지 1씩 증가하여 9회 반복되기 때문에 2단이 출력된다.

4.4 결측치 포함 자료의 평균 계산 함수 정의

결측치 데이터(NA)를 포함하는 데이터를 대상으로 평균을 구하기 위해서는 먼저 결측치를 처리한 후 평균과 관련 함수를 이용하여 평균을 계산해야 한다.

⊙ 실습 결측치를 포함하는 자료를 대상으로 평균 구하기

```
> # 단계 1: 결측치(NA)를 포함하는 데이터 생성
> data <- c(10, 20,  5, 4, 40, 7, NA, 6, 3, NA, 2, NA)      # sum: 97
>
```

```
> # 단계 2: 결측치 데이터를 처리하는 함수 정의
> na <- function(x) {
+   # 1차: NA 제거
+   print(x)
+   print(mean(x, na.rm = T))
+
+   # 2차: NA를 0으로 대체
+   data = ifelse(!is.na(x), x, 0)
+   print(data)
+   print(mean(data))
+
+   # 3차: NA를 평균으로 대체
+   data2 = ifelse(!is.na(x), x, round(mean(x, na.rm = TRUE), 2))
+   print(data2)
+   print(mean(data2))
+ }
>
```

```
> # 단계 3: 결측치 처리를 위한 사용자 함수 호출
> na(data)    # 함수 호출
 [1] 10 20  5  4 40  7 NA  6  3 NA  2 NA
[1] 10.77778
 [1] 10 20  5  4 40  7  0  6  3  0  2  0
[1] 8.083333
 [1] 10.00 20.00  5.00  4.00 40.00  7.00 10.78  6.00  3.00 10.78  2.00 10.78
[1] 10.77833
>
```

해설 결측치가 포함된 데이터를 대상으로 mean() 함수를 이용하여 평균을 구하는 예제이다. 단계 2에서 "1차: NA 제거"는 무조건 결측치를 제거하여 평균을 구하는 예문이고, "2차: NA를 0으로 대체"는 결측치를 0으로 대체하여 평균을 구하는 예이며, "3차: NA를 평균으로 대체"는 결측치를 전체 변량의 평균으로 대체하여 평균을 구하는 예이다. 2차와 3차 예에서처럼 결측치를 무조건 제거하지 않고 0이나 평균으로 대체해야 데이터 손실을 예방할 수 있다.

4.5 몬테카를로 시뮬레이션 함수 정의

몬테카를로 시뮬레이션은 현실적으로 불가능한 문제의 해답을 얻기 위해서 난수의 확률 분포를 이용하는 모의시험으로 근사적 해를 구하는 기법을 의미한다.

⊙실습 동전 앞면과 뒷면에 대한 난수 확률분포의 기대확률 모의시험

동전을 던지는 경우 나올 수 있는 기대확률은 앞면과 뒷면 각각 0.5(1/2)에 해당한다. 일정한 시행 횟수 이하이면 기대확률이 나타나지 않지만, 시행 횟수를 무수히 반복하면 동전의 앞면과 뒷면의 기대확률은 0.5에 가까워진다.

```
> # 단계 1: 동전 앞면과 뒷면의 난수 확률분포 함수 정의
> coin <- function(n) {
+   r <- runif(n, min = 0, max = 1)
+   result <- numeric( )
+   for(i in 1:n) {
+     if(r[i] <= 0.5)
+       result[i] <- 0    # 앞면
+     else
+       result[i] <- 1    # 뒷면
+   }
+   return(result)
+ }
>
```

```
> # 단계 2: 동전 던지기 횟수가 10회인 경우 앞면(0)과 뒷면(1)이 나오는 vector 값
> coin(10)
 [1] "1" "0" "1" "1" "1" "0" "0" "1" "0" "1"
>
```

```
> # 단계 3: 몬테카를로 시뮬레이션 함수 정의
> montaCoin <- function(n) {
+   cnt <- 0
+   for(i in 1:n) {
+     cnt <- cnt + coin(1)    # n 시행 횟수만큼 동전 함수 호출
+   }
+                            # 동전 앞면과 뒷면의 누적 결과를 시행 횟수(n)로 나눈다.
+   result <- cnt / n
+   return(result)
+ }
>
```

```
> # 단계 4: 몬테카를로 시뮬레이션 함수 호출
> montaCoin(10)
[1] 0.6
> montaCoin(30)
[1] 0.5666667
> montaCoin(100)
[1] 0.4
> montaCoin(1000)
[1] 0.497
> montaCoin(10000)
[1] 0.5001
>
```

> **해설** 시행 횟수(표본 수)가 무한히 클수록 동전의 앞면과 뒷면이 나올 기대확률(0.5)에 근사적 해가 구해지는 것을 확인할 수 있다.

5. 주요 내장함수

R을 설치하면 기본적으로 사용할 수 있는 함수를 내장함수라고 한다. 예를 들면 평균을 구하는 mean() 함수, 합계를 구하는 sum() 함수, 요약통계량을 제공하는 summary() 함수 등이 내장함수이다. 이 절에서는 R에서 제공하는 다양한 내장함수를 영역별로 정리하여 제공한다.

5.1 기술통계량 처리 관련 내장함수

전체 자료를 대표하는 대표값, 중심에 얼마나 떨어졌는가를 나타내는 산포도 등을 나타내는 기술통계량 처리 관련 내장함수는 [표 4.2]와 같다.

[표 4.2] 기술통계량 처리 관련 내장함수

함수	의미
min(vec)	벡터 대상 최소값을 구하는 함수
max(vec)	벡터 대상 최대값을 구하는 함수
range(vec)	벡터 대상 범위값을 구하는 함수(최소값 ~ 최대값)
mean(vec)	벡터 대상 평균값을 구하는 함수
median(vec)	벡터 대상 중위수를 구하는 함수(중앙값)
sum(vec)	벡터 대상 합계를 구하는 함수
sort(x)	벡터 데이터 정렬 함수
order(x)	벡터의 정렬된 값의 색인(index)을 보여주는 함수
rank(x)	벡터의 각 원소의 순위를 제공하는 함수
sd(x)	표준편차를 구하는 함수
summary(x)	x에 대한 기초 통계량을 함수
table(x)	x에 대한 빈도수를 구하는 함수
sample(x, y)	x 범위에서 y 만큼 sample 데이터를 생성하는 함수

⊙실습 행/칼럼 단위의 합계와 평균 구하기

```
> # 단계 1: 데이터 셋 불러오기
> library(RSADBE)                  # 패키지를 메모리에 로드
> data("Bug_Metrics_Software")   # RSADBE 패키지에서 제공하는 데이터 셋 불러오기
> Bug_Metrics_Software[ , ,1]     # 전체 자료 보기
        Bugs
Software   Bugs  NT.Bugs  Major  Critical  H.Priority
   JDT    11605   10119    1135     432        459
   PDE     5803    4191     362     100         96
   Equinox  325    1393     156      71         14
   Lucene  1714    1714       0       0          0
   Mylyn  14577    6806     592     235       8804
>
```

```
> # 단계 2: 행 단위 합계와 평균 구하기
> rowSums(Bug_Metrics_Software[ , , 1])     # 소프트웨어 별 버그 수 합계
   JDT     PDE   Equinox   Lucene    Mylyn
 23750   10552     1959     3428    31014
> rowMeans(Bug_Metrics_Software[ , , 1])    # 소프트웨어 별 버그 수 평균
   JDT     PDE   Equinox   Lucene    Mylyn
4750.0  2110.4    391.8    685.6   6202.8
>
```

```
> # 단계 3: 열 단위 합계와 평균 구하기
> colSums(Bug_Metrics_Software[ , , 1])      # 버그 종류별 버그 수 합계
    Bugs    NT.Bugs    Major    Critical    H.Priority
   34024      24223     2245         838          9373
> colMeans(Bug_Metrics_Software[ , , 1])     # 버그 종류별 버그 수 평균
    Bugs    NT.Bugs    Major    Critical    H.Priority
  6804.8     4844.6    449.0       167.6        1874.6
>
```

> **해설** R의 기본 함수를 이용하여 행/열 단위 합계와 평균을 간편하게 계산할 수 있다.

> **실습** 기술통계량 관련 내장함수 사용하기

```
> seq(-2, 2, by = .2)       # -2 ~ 2 범위에서 0.2씩 증가
  [1] -2.0 -1.8 -1.6 -1.4 -1.2 -1.0 -0.8 -0.6 -0.4 -0.2  0.0  0.2  0.4  0.6  0.8  1.0
 [17]  1.2  1.4  1.6  1.8  2.0
> vec <- 1:10
> min(vec)                  # 최소값
[1] 1
> max(vec)                  # 최대값
[1] 10
> range(vec)               # 범위
[1] 1 10
> mean(vec)                 # 평균
[1] 5.5
> median(vec)              # 중위수
[1] 5.5
> sum(vec)                  # 합계
[1] 55
> sd(rnorm(10))            # 정규분포 자료 10개(무작위 추출)를 대상으로 표준편차 구하기
[1] 0.9939842
> table(vec)               # 벡터 자료 대상으로 빈도수 구하기
vec
 1 2 3 4 5 6 7 8 9 10
 1 1 1 1 1 1 1 1 1 1
>
```

> **해설** 기술통계량 관련 내장함수를 이용하여 여러 가지 통계량을 구하는 예이다.

난수(random)를 발생하는 함수와 확률 분포의 관계를 알아보자.

> **실습** 정규분포(연속형)의 난수 생성하기

정규분포(연속형)의 난수 생성은 rnorm() 함수를 이용한다. 함수의 형식은 다음과 같다.

> **형식** rnorm(n, mean, sd)   # 평균과 표준편차 이용

```
> n <- 1000
> rnorm(n, mean = 0, sd = 1)        # 표준정규분포를 갖는 난수 생성하기
   [1]   2.0992866337 −0.0577741624   0.3869033329   1.5786375651
   [5]  −0.3917067707   0.0896869155   1.3770505773   0.0148738842
   [9]  −0.7201502551   0.3894034118   0.9144231007   0.8314149473
  [13]  −0.0873186022   1.7835455925 −0.2081214007   1.2262260663
                          … 중간 생략 …
 [993]  −0.2816706710 −0.9784765451 −0.3252483589   1.3864058229
 [997]  −0.3388966929 −1.1026911852 −0.1126539547 −1.1457405634
> hist(rnorm(n, mean = 0, sd = 1))   # 표준정규분포 − 히스토그램
>
```

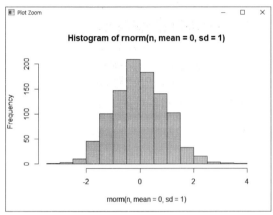

해설 평균 = 0, 표준편차 = 1로 고정한 표준정규분포로 히스토그램을 그리면 평균을 중심으로 좌우 균등한 종 모양의 이상적인 분포가 그려진다. rnorm() 함수는 정규분포를 따르는 난수를 생성해 준다.

실습 균등분포(연속형)의 난수 생성하기

균등분포(연속형)의 난수 생성은 runif() 함수를 이용한다. 함수의 형식은 다음과 같다.

형식 runif(n, min , max)   # 최소값, 최대값 이용

```
> n <- 1000
> runif(n, min = 0, max = 10)        # 정규분포를 갖는 난수 생성하기
   [1] 1.32381588 0.34807969 7.91260693 2.52325204 9.52873275 5.34417174
   [7] 5.41701012 3.85365522 8.51306140 2.82420243 1.15500967 3.35054572
  [13] 4.38053326 3.22312720 6.19401668 5.95217042 6.76686368 0.04038205
                          … 중간 생략 …
 [991] 0.68656039 6.71186347 3.27295398 4.17877703 6.20817850 3.53303677
 [997] 6.23805072 1.11995040 3.06846721 6.31266644
> hist(runif(n, min = 0, max = 10)) # 표준정규분포 − 히스토그램
>
```

◉실습 수학 관련 내장함수 사용하기

```
> vec <- 1:10
> prod(vec)          # 벡터의 곱(1 * 2 * 3 * ... * 10)
[1] 3628800
> factorial(5)       # 계승(1 * 2 * 3 * 4 * 5) = 120
[1] 120
> abs(−5)            # 절대값(5)
[1] 5
> sqrt(16)           # 제곱근(4)
[1] 4
> vec
[1]  1  2  3  4  5  6  7  8  9 10
> cumsum(vec)        # 벡터 갑에 대한 누적 합
[1]  1  3  6 10 15 21 28 36 45 55
> log(10)            # 10의 자연로그
[1] 2.302585
> log10(10)          # 10의 일반로그
[1] 1
>
```

해설 수학 관련 내장함수를 이용하여 통계량을 구하는 예이다. 특히 로그 관련 함수는 10에 대한 자연로그($log_e(10)$)와 일반로그($log_{10}(10)$)를 계산하는 함수이다. 자연로그는 밑수가 무리수 e(e = 2.718281828)이고, 일반로그는 밑수가 10이다.

5.3 행렬연산 관련 내장함수

행렬 계산을 효율적으로 하기 위해서 R에서는 행렬 분해(matrix decomposition)에 관련된 함수를 제공한다. 여기서 행렬 분해는 행렬을 특정한 구조를 가진 다른 행렬의 곱으로 나타내는 것을 의미하며, 관련 함수는 eigen(), svd(), qr(), chol() 등으로 [표 4.4]와 같다.

[표 4.4] 행렬연산 관련 내장함수

함수	의미
ncol(x)	x의 열(칼럼) 수를 구하는 함수
nrow(x)	x의 행 수를 구하는 함수
t(x)	x 대상의 전치행렬을 구하는 함수
cbind(⋯)	열을 추가할 때 이용되는 함수
rbind(⋯)	행을 추가할 때 이용되는 함수
diag(x)	x의 대각행렬을 구하는 함수
det(x)	x의 행렬식을 구하는 함수
apply(x, m, fun)	행 또는 열에 지정된 함수를 적용하는 함수
solve(x)	x의 역행렬을 구하는 함수

eigen(x)	정방행렬을 대상으로 고유값을 분해하는 함수
svd(x)	m x n 행렬을 대상으로 특이값을 분해하는 함수
x %*% y	두 행렬의 곱을 구하는 수식

⊙실습 **행렬연산 내장함수 사용하기**

```
> # 행렬연산을 위한 x,y 행렬 생성
> x <- matrix(1:9, nrow = 3, ncol = 3, byrow = T)  # 3 x 3 정방행렬
> y <- matrix(1:3, nrow = 3)                        # 3x1 행렬
> ncol(x)                                           # 열 수 반환
[1] 3
> nrow(x)
[1] 3                                               # 행 수 반환
> t(x)                                              # x의 전치행렬 반환
     [,1] [,2] [,3]
[1,]   1    4    7
[2,]   2    5    8
[3,]   3    6    9
> cbind(x, 1:3)                                     # x에 열 추가
     [,1] [,2] [,3] [,4]
[1,]   1    2    3    1
[2,]   4    5    6    2
[3,]   7    8    9    3
> rbind(x, 10:12)                                   # x에 행 추가
     [,1] [,2] [,3]
[1,]   1    2    3
[2,]   4    5    6
[3,]   7    8    9
[4,]  10   11   12
> diag(x)                                           # 정방행렬 x에서 대각선 값 반환
[1] 1 5 9
> det(x)                                            # 6.661338e-16
[1] 6.661338e-16
> apply(x, 1, sum)                                  # x의 행 단위 합계
[1] 6 15 24
> apply(x, 2, mean)                                 # x의 열 단위 평균
[1] 4 5 6
> svd(x)                                            # 정방행렬 x에서 d, u, v 행렬로 특이값 분해
$d
[1] 1.684810e+01 1.068370e+00 4.418425e-16

$u
            [,1]       [,2]       [,3]
[1,] -0.2148372  0.8872307  0.4082483
[2,] -0.5205874  0.2496440 -0.8164966
[3,] -0.8263375 -0.3879428  0.4082483
```

```
$v
              [,1]            [,2]           [,3]
[1,] -0.4796712 -0.77669099 -0.4082483
[2,] -0.5723678 -0.07568647  0.8164966
[3,] -0.6650644  0.62531805 -0.4082483
> eigen(x)          # 정방행렬 x에서 고유값 분해
eigen() decomposition
$values
[1]  1.611684e+01 -1.116844e+00 -1.303678e-15

$vectors
              [,1]            [,2]           [,3]
[1,] -0.2319707 -0.78583024  0.4082483
[2,] -0.5253221 -0.08675134 -0.8164966
[3,] -0.8186735  0.61232756  0.4082483
> x %*% y          # x, y의 행과 열을 곱하고 더하는 행렬 곱을 반환
      [,1]
[1,]   14
[2,]   32
[3,]   50
```

해설 행렬 관련 내장함수를 이용하여 행렬연산을 수행하는 예이다

5.4 집합연산 관련 내장함수

집합을 대상으로 합집합, 교집합, 차집합 등의 집합연산을 수행하는 R의 내장함수는 [표 4.5]와 같다.

[표 4.5] 집합연산 관련 내장함수

함수	의미
union (x, y)	집합 x와 y의 합집합
setequal (x, y)	x와 y의 동일성 검사
intersect (x, y)	집합 x와 y의 교집합
setdiff (x, y)	x의 모든 원소 중 y에는 없는 x와 y의 차집합
c %in% y	c가 집합 y의 원소인지 검사

실습 집합연산 관련 내장함수 사용하기

```
> # 집합연산을 위한 벡터 설정
> x <- c(1, 3, 5, 7, 9)
> y <- c(3, 7)
>
> union(x, y)        # x, y 벡터에 관한 합집합
[1] 1 3 5 7 9
```

```
> setequal(x, y)      # x, y 벡터에 관한 동일성 검사
[1] FALSE
> intersect(x, y)    # x, y 벡터에 관한 교집합
[1] 3 7
> setdiff(x, y)       # x, y 벡터에 관한 차집합
[1] 1 5 9
> setdiff(y, x)       # y, x 벡터에 관한 차집합
numeric(0)
> 5 %in% y            # 5가 y의 원소인지 검사
[1] FALSE
>
```

해설 집합 관련 내장함수를 이용하여 통계량을 구하는 예이다

1. 다음 조건에 맞게 client 데이터프레임을 생성하고, 데이터를 처리하시오.

```
> # Vector 데이터 준비
> name <- c("유관순", "홍길동", "이순신", "신사임당")
> gender <- c("F", "M", "M", "F")
> price <- c(50, 65, 45, 75)
```

조건 1| 3개의 벡터 객체를 이용하여 client 데이터프레임을 생성하시오.

조건 2| price 변수의 값이 65만 원 이상이며 문자열 "Best", 65만 원 미만이면 문자열 "Normal" 을 변수 result에 추가하시오.
    ❷ 힌트: ifelse() 함수 사용

조건 3| result 변수를 대상으로 빈도수를 구하시오.

2. 다음의 벡터 EMP는 '입사연도이름급여'순으로 사원의 정보가 기록된 데이터이다. 벡터 EMP 를 이용하여 다음과 같은 출력 결과가 나타나도록 함수를 정의하시오.

```
> # Vector 데이터 준비
> EMP <- c("2014홍길동220", "2002이순신300", "2010유관순260")
```

❷ 출력결과: 전체 급여 평균 : 260
        평균 이상 급여 수령자
        이순신 => 300
        유관순 => 260

❷ 힌트: 사용할 함수
    stringr 패키지 : str_extract(), str_replace() 함수,
    숫자변환 함수 : as.numeric() 함수
    한글 문자 인식 정규표현식 패턴 : [가-힣]

        사용자 함수 정의
        emp_pay <- function(x) {
        # 함수 내용 작성
        }

        함수 호출
        emp_pay(EMP)
```
```

3. 함수 y = f(x)에서 x의 값이 a에서 b까지 변할 때 △x = b - a를 x의 증분이라고 하며, △y = f(b) - f(a)를 y의 증분으로 표현합니다. 여기서, 평균변화율은 다음식과 같습니다

평균변화율 = △y / △x = (f(b) - f(a)) / (b – a)

조건| 함수 f(x) = x3 + 4에서 x의 값이 1에서 3까지 변할 때 평균변화율(mean ratio of change)을 구하는 함수를 작성하시오.

4. RSADBE 패키지에서 제공되는 Bug_Metrics_Software 데이터 셋을 대상으로 소프트웨어 발표 후의 행 단위 합계와 열 단위 평균을 구하고, 칼럼 단위로 요약통계량을 구하시오.

```
library('RSADBE')
data('Bug_Metrics_Software')
```

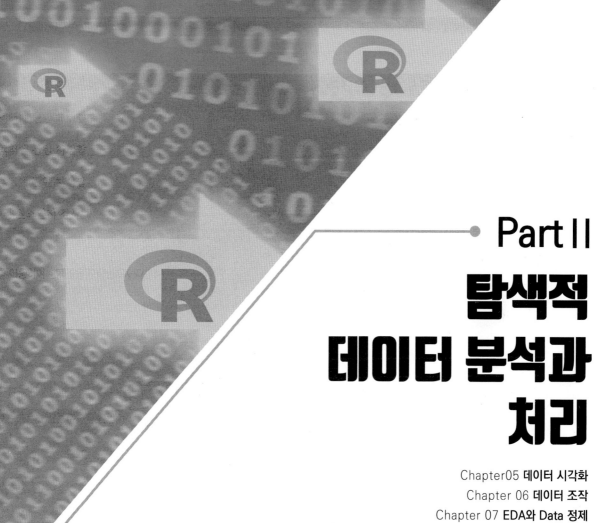

Part II

탐색적 데이터 분석과 처리

Chapter05 **데이터 시각화**
Chapter 06 **데이터 조작**
Chapter 07 **EDA와 Data 정제**
Chapter 08 **고급 시각화 분석**
Chapter 09 **정형과 비정형 데이터 처리**

Part II의 학습내용

데이터를 분석하기 위해서는 분석의 조건에 만족하는 데이터가 준비되어 있어야 한다. 이를 위해서는 먼저 데이터의 전반적인 특성을 파악하여 잘못된 데이터나 이상치를 제거하는 정제 과정과 R에서 제공하는 함수를 이용하기 위해서 자료구조 자체를 변경하는 작업에 대해서 살펴본다. **Chapter 05**에서는 전체적인 데이터의 구조를 분석하거나 분석 방향을 제시하기 위한 데이터의 시각화를 소개한다. **Chapter 06**에서는 자료구조를 변경하는 다양한 R 패키지들을 소개한다. **Chapter 07**에서는 결측치와 이상치를 발견하여 데이터를 정제하는 방법에 대해서 알아본다. **Chapter 08**에서는 고급 시각화를 제공하는 패키지를 통해 데이터의 분포를 분석하는 시각화 분석에 대해서 알아본다. 마지막 **Chapter 09**에서는 Oracle과 MariaDB의 데이터를 처리하는 정형 데이터의 처리방법과 텍스트 자료를 대상으로 빈도분석을 수행하여 시각화하는 비정형 데이터의 처리방법에 대해서 알아본다.

데이터 시각화

학습 내용

데이터 분석에서 데이터의 시각화는 다양한 형태로 이용된다. 데이터 분석의 도입부에서는 전체적인 데이터의 구조를 분석하거나 분석 방향을 제시하고, 중반부에서는 잘못된 처리결과를 확인하며, 후반부에서는 분석 결과를 도식화하여 의사결정에 반영하기 위해서 데이터를 시각화한다. 이처럼 데이터 시각화는 데이터 분석의 전 과정에서 유용하게 사용된다.

이 장에서 다루어지는 시각화 도구는 graphics 패키지에서 제공하는 시각화 관련 함수를 이용하며, 데이터 분석의 도입부에서 개괄적으로 데이터의 구조를 분석하는 방법에 대해서 알아본다.

학습 목표

- 이산변수로 구성된 데이터 셋을 이용하여 막대, 점, 원형 차트를 그릴 수 있다.
- 연속변수로 구성된 데이터프레임을 대상으로 히스토그램과 산점도를 그릴 수 있다.
- 두 변수 간의 비교 그래프를 작성하고, 두 변수 간의 관계를 설명할 수 있다.
- 중복된 데이터를 시각화하는 절차에 관해 설명할 수 있다.

Chapter 05의 구성

1. 시각화 도구 분류
2. 이산변수 시각화
3. 연속변수 시각화

1. 시각화 도구 분류

데이터 분석의 도입부에서 전체적인 데이터의 구조를 살펴보기 위해서 시각화 도구를 사용한다. 기본 시각화 도구는 이산변수와 연속변수에 따라서 이용될 수 있는 도구가 달라지는데, 이산변수는 막대, 점, 원형 차트를 주로 이용하고, 연속변수는 상자 박스, 히스토그램, 산점도 등을 이용한다.

한편 칼럼의 특성(숫자형의 칼럼 수와 문자형의 칼럼 수)을 기준으로 이용할 수 있는 시각화 도구를 분류하면 [표 5.1]과 같다.

[표 5.1] 칼럼 특성의 시각화 도구 분류

칼럼 특성			시각화 도구	설명
칼럼 수	숫자형	범주형		
1	1		hist, plot, barplot	숫자형 칼럼 1개
1		1	pie, barplot	범주형 칼럼 1개
2	2		plot, abline, boxplot	숫자형 칼럼 2개
3	3		scatterplot3d	숫자형 칼럼 3개
n	n	n	pairs	n개의 칼럼

참고: 시각화 도구명의 의미는 hist(히스토그램), plot(산점도), barplot(막대 차트), pie(원형 차트), abline(선 추가), boxplot(상자 박스), scatterplot3d(3차원 산점도), pairs(산점도 매트릭스) 이다.

2. 이산변수 시각화

이산변수(discrete quantitative data)는 정수 단위로 나누어 측정할 수 있는 변수를 의미한다. 이러한 변수들은 막대 차트, 점 차트, 원 차트 등을 이용하여 데이터를 시각화하면 효과적이다.

2.1 막대 차트 시각화

막대 차트는 가장 일반적인 차트 유형으로 barplot() 함수를 이용하여 세로 막대 차트와 가로 막대 차트를 그릴 수 있다.

(1) 세로 막대 차트

barplot() 함수는 기본적으로 세로 막대 차트를 제공한다. 막대 차트를 그리기 위해서 먼저 차트로 그려질 데이터 셋을 작성하고, ylim(y축 범위), col(막대 색상), main(제목) 속성 등을 적용하여 세로 막대 차트를 작성한다.

┌─ **⊙실습** 세로 막대 차트 그리기

세로 막대 차트를 그리기 위해서는 barplot() 함수를 사용한다. barplot() 함수의 주요 속성은 다음과 같다.

- **ylim**: y축 값의 범위
- **col**: 각 막대를 나타낼 색상 지정
- **main**: 차트의 제목

```
> # 단계 1: 차트 작성을 위한 자료 만들기
> chart_data <- c(305, 450, 320, 460, 330, 480, 380, 520)
> # 8개의 벡터에 칼럼명 지정
> names(chart_data) <- c("2018 1분기", "2019 1분기",
+                        "2018 2분기", "2019 2분기",
+                        "2018 3분기", "2019 3분기",
+                        "2018 4분기", "2019 4분기")
> str(chart_data)   # 자료구조 보기
 Named num [1:8] 305 450 320 460 330 480 380 520
 - attr(*, "names")= chr [1:8] "2018 1분기" "2019 1분기" "2018 2분기" "2019 2분기" ...
> chart_data        # 벡터 자료보기
2018 1분기  2019 1분기  2018 2분기  2019 2분기  2018 3분기  2019 3분기  2018 4분기  2019 4분기
       305        450        320        460        330        480        380        520
>
```

┗─ **해설** 2018년도와 2019년도 분기별 매출액을 c() 함수를 이용하여 벡터 객체로 생성하고, names() 함수를 이용하여 '2018 1분기', '2019 1분기' 형식으로 각 벡터의 칼럼에 이름을 지정하여 차트로 그려질 데이터 셋을 준비하는 과정이다.

```
> # 단계 2: 세로 막대 차트 그리기
> barplot(chart_data, ylim = c(0, 600),
+         col = rainbow(8),
+         main = "2018년도 vs 2019년도 매출현황 비교")
>
```

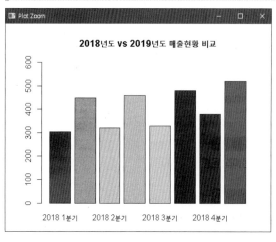

┗─ **해설** barplot() 함수의 첫 번째 인수는 차트의 높이(height)에 해당하는 데이터 셋을 지정한다. ylim 속성은 y축의 범위를 지정하고, col = rainbow(8) 속성은 8개의 막대에 8가지 서로 다른 무지개색을 적용하며, main은 차트의 제목을 지정하는 속성이다. help() 함수를 이용하여 barplot() 함수의 도움말을 확인하면 barplot() 함수의 형식과 제공되는 속성을 자세히 확인할 수 있다.

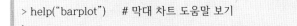 **barplot() 함수 도움말 보기**

```
> help("barplot")    # 막대 차트 도움말 보기
>
```

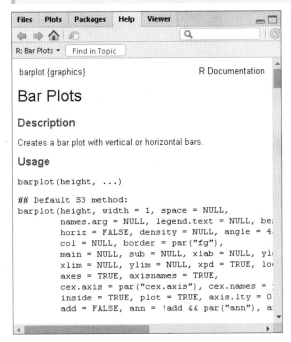

해설 barplot() 함수의 도움말에서 height, col, main, ylim 등의 속성을 확인할 수 있다.

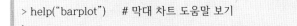 **막대 차트의 가로축과 세로축에 레이블 추가하기**

막대 차트에 축 이름을 추가하기 위해서 xlab과 ylab 속성을 적용한다.

```
> barplot(chart_data, ylim = c(0, 600),
+        ylab = "매출액(단위: 만원)",
+        xlab = "년도별 분기 현황",
+        col = rainbow(8),
+        main = "2018년도 vs 2019년도 매출현황 비교")
>
```

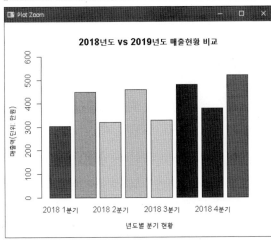

해설 barplot() 함수에서 ylab과 xlab 속성을 추가하여 그래프의 x축과 y축에 레이블을 추가한다.

(2) 가로 막대 차트

barplot() 함수에서 horiz 속성을 TRUE로 지정하면 가로 막대 차트를 그릴 수 있다.

⊕ 실습 가로 막대 차트 그리기

```
> barplot(chart_data, xlim = c(0, 600), horiz = T,
+         ylab = "매출액(단위: 만원)",
+         xlab = "년도별 분기 현황",
+         col = rainbow(8),
+         main = "2018년도 vs 2019년도 매출현황 비교")
>
```

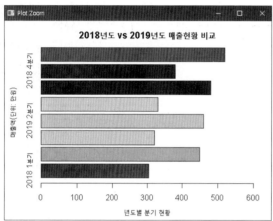

해설 barplot() 함수에서 "horiz = T" 속성을 지정하면 세로 막대 차트가 가로 막대 차트로 변형된다. 그리고 ylim 속성이 아닌 xlim 속성을 사용한다. 기타 나머지 모든 속성은 세로 막대 차트와 동일하다.

⊕ 실습 막대 차트에서 막대 사이의 간격 조정하기

막대와 막대의 사이 간격을 조정하고, 축 이름의 크기를 지정하여 가로 막대 차트를 그린다.

```
> barplot(chart_data, xlim = c(0, 600), horiz = T,
+         ylab = "매출액(단위: 만원)",
+         xlab = "년도별 분기 현황",
+         col = rainbow(8), space = 1, cex.names = 0.8,
+         main = "2018년도 vs 2019년도 매출현황 비교")
>
```

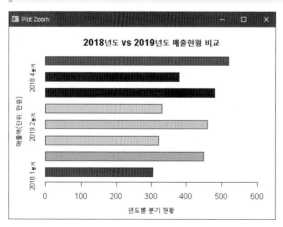

해설 barplot() 함수에서 space 속성을 지정하여 막대의 굵기와 간격을 지정할 수 있다. space 속성의 값이 클수록 막대의 굵기는 작아지고, 막대와 막대 사이의 간격은 넓어진다. 또한, cex.names 속성을 이용하여 축 이름의 크기를 지정할 수 있다.

┌ ⊕실습 **막대 차트에서 막대의 색상 지정하기**

빨간색과 파란색에 해당하는 숫자를 4회 반복하여 8개의 막대 색상을 지정한다.

```
> barplot(chart_data, xlim = c(0, 600), horiz = T,
+          ylab = "매출액(단위: 만원)",
+          xlab = "년도별 분기 현황",
+          space = 1, cex.names = 0.8,
+          main = "2018년도 vs 2019년도 매출현황 비교",
+          col = rep(c(2, 4), 4))
>
```

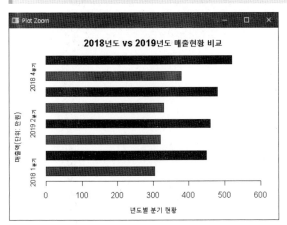

해설   c() 함수에서 사용되는 색상 관련 인수 값은 1에서 7까지로, 지정된 색은 검은색(1; black), 빨간색(2; red), 초록색(3; green), 파란색(4; blue), 하늘색(5; skyblue), 자주색(6; purple), 노란색(7; yellow)이다. "col = rep(c(2, 4), 4)"는 c(2, 4)에 의해 2번 색상과 4번 색상이 선택되고, 4번 반복하는 의미이다.

┌ ⊕실습 **막대 차트에서 색상 이름을 사용하여 막대의 색상 지정하기**

```
> barplot(chart_data, xlim = c(0, 600), horiz = T,
+          ylab = "매출액(단위: 만원)",
+          xlab = "년도별 분기 현황",
+          space = 1, cex.names = 0.8,
+          main = "2018년도 vs 2019년도 매출현황 비교",
+          col = rep(c("red", "green"), 4))
>
```

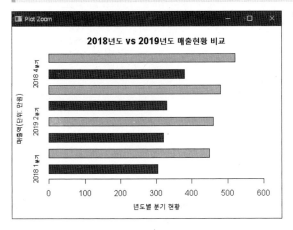

해설   색상 값이 아닌 색상의 이름을 사용하여 차트를 그린다.

(3) 누적 막대 차트

하나의 칼럼에 여러 개의 자료를 가지고 있는 경우 자료를 개별적인 막대로 표현하거나 누적형태로
표현할 수 있다.

┌─ ⊙ **실습** 누적 막대 차트 그리기

```
> # 단계 1: 메모리로 데이터 가져오기
> data(VADeaths)    # 메모리로 데이터 가져오기
> VADeaths
        Rural Male  Rural Female  Urban Male  Urban Female
50-54         11.7           8.7        15.4           8.4
55-59         18.1          11.7        24.3          13.6
60-64         26.9          20.3        37.0          19.3
65-69         41.0          30.9        54.6          35.1
70-74         66.0          54.3        71.1          50.0
>
```

```
> # 단계 2: VADeaths 데이터 셋 구조 보기
> str(VADeaths)
 num [1:5, 1:4] 11.7 18.1 26.9 41 66 8.7 11.7 20.3 30.9 54.3 ...
 - attr(*, "dimnames")=List of 2
  ..$ : chr [1:5] "50-54" "55-59" "60-64" "65-69" ...
  ..$ : chr [1:4] "Rural Male" "Rural Female" "Urban Male" "Urban Female"
> class(VADeaths)
[1] "matrix" "array"
> mode(VADeaths)
[1] "numeric"
>
```

└─ **해설** 누적 막대 차트를 그리기 위해서 VADeaths 데이터 셋를 가져와서 구조를 확인한다.

┌─ ⊕ **더 알아보기** VADeaths 데이터 셋

R에서 기본으로 제공되는 데이터 셋으로 1940년 미국 버지니아주(Virginia)의 하위계층 사망비율을 기록한 데이터
셋이다. 전체 5행 4열의 numeric 자료형의 matrix 자료구조로 되어 있다.

변수 구성 :
- Rural Male(시골 출신 남자)   • Urban Male(도시 출신 남자)
- Rural Female(시골 출신 여자)   • Urban Female(도시 출신 여자))

개별 차트와 누적 차트를 그리기위해 barplot() 함수에서 추가로 사용한 속성은 다음과 같다.

- **beside** = T/F: X축 값을 측면으로 배열, F이면 하나의 막대에 누적
- **font.main**: 제목 글꼴 지정
- **legend()**: 범례의 위치, 이름, 글자 크기, 색상 지정
- **title()**: 차트 제목, 차트 글꼴 지정

참고로 RStudio에서 차트를 그릴 때는 차트가 그려지는 Plots 영역을 최대한 확대한 후 스크립트를 실행해야 범례가 깨지지 않고 표시된다.

```
> # 단계 3: 개별 차트와 누적 차트 그리기
> par(mfrow = c(1, 2))   # 1행 2열 그래프 보기
> # 개별 차트 그리기
> barplot(VADeaths, beside = T, col = rainbow(5),
+          main = "미국 버지니아주 하위계층 사망비율")
> # 범례 표시: x 좌표 19, y 좌표 71 위치에 무지개색으로 5개의 범례를 표시한다.
> legend(19, 71, c("50-54", "55-59", "60-64", "65-69", "70-74"),
+        cex = 0.8, fill = rainbow(5))
>
> # 누적 차트 그리기
> barplot(VADeaths, beside = F, col = rainbow(5))
> # 제목 표시
> title(main = "미국 버지니아주 하위계층 사망비율", font.main = 4)
> legend(3.8, 200, c("50-54", "55-59", "60-64", "65-69", "70-74"),
+        cex = 0.8, fill = rainbow(5))
>
```

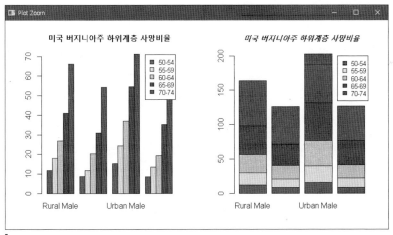

해설　par() 함수를 이용하면 RStudio의 차트가 나타나는 영역에서 두 개 이상의 차트를 동시에 볼 수 있다. par(mfrow = c(1, 2))는 1행에 2개의 차트를 나타낸다. 왼쪽 막대 차트는 'beside = T' 속성에 의해서 시골 출신 남/여, 도시 출신 남/여의 사망비율이 연령별로 개별 막대 차트가 그려진 결과이고, 오른쪽 그래프는 'beside = F' 속성에 의해서 하나의 막대에 연령이 누적되어 그려진 결과이다. 차트의 범례는 legend() 함수를 이용하여 표시할 수 있다. 기존 막대 차트가 가려지지 않도록 x축과 y축의 좌표값을 인수로 지정하여 범례를 표시할 수 있다. 또한, 차트의 제목은 main 속성을 이용하거나 title() 함수를 이용하여 추가할 수 있다. font.main 속성은 차트 제목의 글꼴 유형을 지정하는 역할을 한다.

2.2 점 차트 시각화

사용자가 점의 모양과 색상 등을 지정하여 점(dot) 차트를 그릴 수 있다. 점 차트에 관한 자세한 속성은 도움말을 통해서 확인할 수 있다.

┌─ 🕹️실습 점 차트(dotchart) 도움말 보기

```
> help(dotchart)       # 점 차트 도움말 보기
>
```

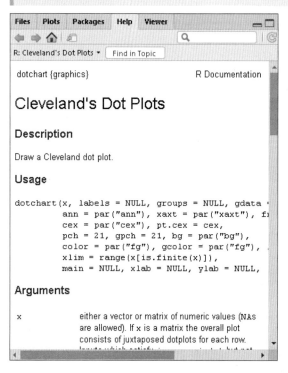

┌─ 해설 dotchart() 함수의 인수 x는 차트가 그려질 데이터, labels는 점에 대한 설명문, cex는 점의 확대, pch는 점 모양, color는 점의 색상, lcolor는 선 색, main은 차트 제목, xlab은 x축의 이름을 지정하는 속성이다.

┌─ 🕹️실습 점 차트 사용하기

dotchart() 함수에서 제공하는 속성을 이용하여 분기별 매출현황 차트를 시각화한다. 데이터는 앞서 막대 차트를 그리기 예에서 생성했던 "chart_data"를 이용한다. dotchart() 함수의 주요 속성은 다음과 같다.

- **col**: 레이블과 점 색상 지정
- **lcolor**: 구분선(line) 색상 지정
- **pch(plotting character)**: 점 모양
- **labels**: 점에 대한 레이블 표시
- **xlab**: x축 이름
- **cex(character expansion)**: 확대

```
> par(mfrow = c(1, 1))  # 1행 1열 그래프 보기
> dotchart(chart_data, color = c("blue", "red"),
+          lcolor = "black", pch = 1:2,
+          labels = names(chart_data),
+          xlab = "매출액",
+          main = "분기별 판매현황: 점차트 시각화",
+          cex = 1.2)
>
```

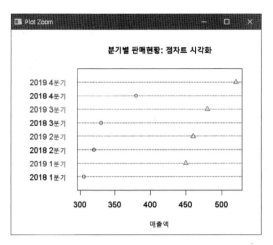

예설 　2018년도는 파란색, 2019년도는 빨간색으로 레이블과 점의 색상이 표시되고, 점의 모양은 원(1)과 삼각형(2)으로 나타난다. cex 속성은 레이블과 점의 크기를 확대하는 역할을 한다.

2.3 원형 차트 시각화

chart_data 데이터 셋을 대상으로 분기별 매출현황을 원형(파이) 차트로 시각화한다. 원형 차트에 관한 자세한 속성은 도움말을 통해서 확인할 수 있다.

실습 　원형 차트(pie) 도움말 보기

```
> help(pie)        # 원형 차트 도움말 보기
>
```

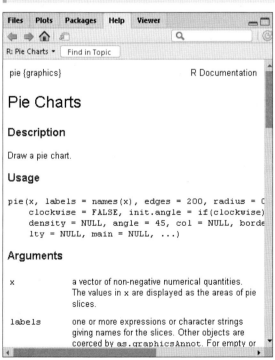

해설 　x는 차트를 그릴 데이터, labels는 원형 차트에서 각 조각에 대한 설명문, col은 색상, border는 테두리 색, lty는 선 타입, main은 차트 제목을 지정하는 속성이다.

┌─ **⊕실습** 분기별 매출현황을 파이 차트로 시각화하기

```
> par(mfrow = c(1, 1))                        # 1행 1열 그래프 보기
> pie(chart_data, labels = names(chart_data), col = rainbow(8), cex = 1.2)
> title("2018~2019년도 분기별 매출현황")   # 제목 추가
>
```

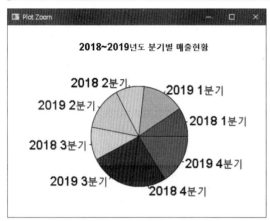

└─ **해설** 각 연도에 대한 분기별 매출 현황을 조각으로 표시하고, 해당 조각에 대한 레이블은 chart_data의 칼럼명을 이용하여 표시한다. "clockwise = TRUE" 속성을 지정하면 시계방향으로 데이터를 표시한다. clockwise 속성의 기본값은 FALSE이다.

3. 연속변수 시각화

연속변수(Continuous quantitative data)는 시간, 길이 등과 같이 연속성을 가진 변수를 의미한다. 이러한 변수들은 상자 그래프, 히스토그램, 산점도 등으로 시각화하면 효과적이다.

3.1 상자 그래프 시각화

상자 그래프는 요약정보를 시각화하는 데 효과적이다. 특히 데이터의 분포 정도와 이상치 발견을 목적으로 하는 경우 유용하게 사용된다.

┌─ **⊕실습** VADeaths 데이터 셋을 상자 그래프로 시각화하기

VADeaths의 데이터 셋을 대상으로 summary() 함수에 의해서 구해지는 요약통계량을 시각화하여 표현한다.

```
> # 단계 1: "notch = FALSE"일 때
> # range = 0 속성은 최소값과 최대값을 점섬으로 연결
> boxplot(VADeaths, range = 0)
>
```

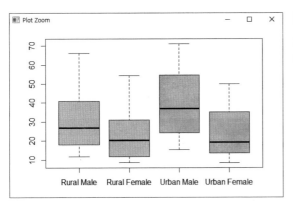

해설 'range = 0' 속성에 의해서 칼럼의 최소값과 최대값을 점선으로 연결하여 상자 그래프가 그려진 결과이다.

```
> # 단계 2: "notch = TRUE"일 때
> # notch = T 속성은 중위수 비교 시 사용(허리선)
> boxplot(VADeaths, range = 0, notch = T)
> abline(h = 37, lty = 3, col = "red")  # 기준선 추가(선 스타일과 선 색상)
>
```

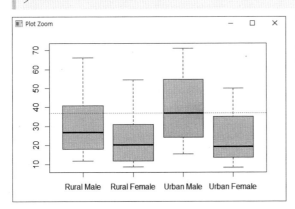

해설 'notch = T' 속성에 의해서 중위수를 기준으로 허리선이 추가되고, abline() 함수에 의해서 지정된 y 좌표(h 속성)에 빨간색(col 속성) 점선(lty 속성)이 추가된 결과이다.

실습 VADeath 데이터 셋의 요약통계량 보기

```
> summary(VADeaths)
  Rural Male      Rural Female     Urban Male      Urban Female
 Min.   :11.70   Min.   : 8.70   Min.   :15.40   Min.   : 8.40
 1st Qu.:18.10   1st Qu.:11.70   1st Qu.:24.30   1st Qu.:13.60
 Median :26.90   Median :20.30   Median :37.00   Median :19.30
 Mean   :32.74   Mean   :25.18   Mean   :40.48   Mean   :25.28
 3rd Qu.:41.00   3rd Qu.:30.90   3rd Qu.:54.60   3rd Qu.:35.10
 Max.   :66.00   Max.   :54.30   Max.   :71.10   Max.   :50.00
>
```

해설 VADeaths 데이터 셋을 대상으로 요약통계량을 구하면 4개의 칼럼을 대상으로 최소값(Min), 제1 사분위 수(1st Qu), 중위수(Median), 평균(Mean), 제3 사분위 수(3rd Qu), 최대값(Max)의 통계량이 나타난다. 이러한 요약통계량을 상자 그래프의 결과와 연관하여 설명하면 Min은 상자 그래프의 맨 하위 실선, Max는 맨 상위 실선, 1st Qu는 상자 하단, 3rd Qu는 상자 상단, Median은 중간의 굵은 실선으로 나타난다.

3.2 히스토그램 시각화

측정값의 범위(구간)를 그래프의 x축으로 놓고, 범위에 속하는 측정값의 출현 빈도수를 y축으로 나타
낸 그래프 형태를 히스토그램(histogram)이라고 한다. 여기서 도수의 값을 선으로 연결하면 곡선이 얻
어지는 데, 이것을 분포곡선이라 한다.

⊙실습 iris 데이터 셋 가져오기

```
> data(iris)        # iris 데이터 셋을 메모리로 가져오기
> names(iris)       # iris의 칼럼명 보기
[1] "Sepal.Length" "Sepal.Width" "Petal.Length" "Petal.Width" "Species"
> str(iris)          # iris의 데이터 구조 보기
'data.frame': 150 obs. of  5 variables:
 $ Sepal.Length: num  5.1 4.9 4.7 4.6 5 5.4 4.6 5 4.4 4.9 ...
 $ Sepal.Width : num  3.5 3 3.2 3.1 3.6 3.9 3.4 3.4 2.9 3.1 ...
 $ Petal.Length : num  1.4 1.4 1.3 1.5 1.4 1.7 1.4 1.5 1.4 1.5 ...
 $ Petal.Width  : num  0.2 0.2 0.2 0.2 0.2 0.4 0.3 0.2 0.2 0.1 ...
 $ Species     : Factor w/ 3 levels "setosa","versicolor",..: 1 1 1 1 1 1 1 1 1 1 ...
> head(iris)        # iris의 앞부분 6개 관측치 보기
  Sepal.Length Sepal.Width Petal.Length Petal.Width Species
1          5.1         3.5          1.4         0.2  setosa
2          4.9         3.0          1.4         0.2  setosa
3          4.7         3.2          1.3         0.2  setosa
4          4.6         3.1          1.5         0.2  setosa
5          5.0         3.6          1.4         0.2  setosa
6          5.4         3.9          1.7         0.4  setosa
>
```

해설 붓꽃의 종류를 3가지로 구분하여 데이터를 기록한 iris 데이터 셋의 구조를 확인하는 예이다.

➕ 더 알아보기 | iris 데이터 셋

iris 데이터 셋은 R에서 제공되는 기본 데이터 셋으로 3가지 꽃의 종별로 50개씩 전체 150개의 관측치로 구성된다.
iris는 붓꽃에 관한 데이터를 5개의 변수로 제공하며, 각 변수의 내용은 다음과 같다.

- Sepal.Length: 꽃받침 길이
- Sepal.Width: 꽃받침 너비
- Petal.Length: 꽃잎 길이
- Petal.Width: 꽃잎 너비
- Species: 꽃의 종

⊙실습 iris 데이터 셋의 꽃받침 길이(Sepal.Length) 칼럼으로 히스토그램 시각화하기

히스토그램 시각화는 hist() 함수를 사용한다. hist() 함수의 주요 속성은 다음과 같다.

- **xlab**: x축 이름
- **co**: 챠트 색상
- **main**: 챠트 제목
- **xlim**: x축 범위

```
> summary(iris$Sepal.Length)    # 요약통계량 구하기
  Min.   1st Qu.   Median   Mean   3rd Qu.   Max.
  4.300    5.100    5.800   5.843    6 .400   7.900
> hist(iris$Sepal.Length, xlab = "iris$Sepal.Length", col = "magenta",
+     main = "iris 꽃받침 길이 Histogram", xlim = c(4.3, 7.9))
>
```

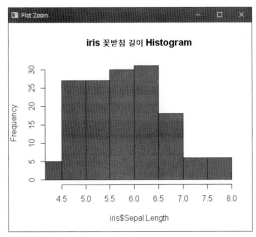

해설 iris 데이터 셋의 Sepal.Length 칼럼을 대상으로 히스토그램을 그린 결과이다. 히스토그램에서 x축의 값은 계급이라고 부르며, 예에서는 계급의 범위를 요약통계량의 최소값(Min)과 최대값(Max)으로 지정하였다. 해당 계급의 출현 빈도는 y축의 막대 높이로 나타난다.

⊙실습 iris 데이터 셋의 꽃받침 너비(Sepal.Width) 칼럼으로 히스토그램 시각화하기

```
> summary(iris$Sepal.Width)     # 요약통계량 구하기
  Min.   1st Qu.   Median   Mean   3rd Qu.   Max.
  2.000    2.800    3.000   3.057    3.300   4.400
> hist(iris$Sepal.Width, xlab = "iris$Sepal.Width", col = "mistyrose",
+     main = "iris 꽃받침 너비 Histogram", xlim = c(2.0, 4.5))
>
```

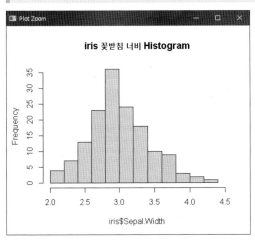

해설 iris 데이터 셋의 Sepal.Width 칼럼을 대상으로 히스토그램을 그린 결과이다.

⊙ 실습 히스토그램에서 빈도와 밀도 표현하기

```
> # 단계 1: 빈도수에 의해서 히스토그램 그리기
> par(mfrow = c(1, 2))    # plots 영역에 1행 2열의 차트 표현
> hist(iris$Sepal.Width, xlab = "iris$Sepal.Width",
+       col = "green",
+       main = "iris 꽃받침 너비 Histogram: 빈도수", xlim = c(2.0, 4.5))

> # 단계 2: 확률 밀도에 의해서 히스토그램 그리기
> hist(iris$Sepal.Width, xlab = "iris.$Sepal.Width",
+       col = "mistyrose", freq = F,
+       main = "iris 꽃받침 너비 Histogram: 확률 밀도", xlim = c(2.0, 4.5))
>
> # 단계 3: 밀도를 기준으로 line 추가하기
> lines(density(iris$Sepal.Width), col = "red")
>
```

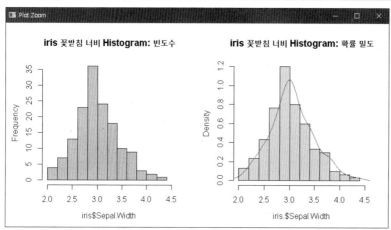

해설 왼쪽 그래프는 계급에 대한 측정값의 출현 빈도수를 y축으로 표현한 결과이고, 오른쪽 그래프는 'freq = F' 속성에 의해서 계급에 대한 밀도(Density)를 y축으로 표현한 결과이다. 또한, density()와 lines() 함수에 의해서 밀도 그래프에 분포곡선이 그려진다.

⊙ 실습 정규분포 추정 곡선 나타내기

정규분포는 도수분포 곡선이 평균값을 중앙으로 좌우대칭인 종 모양(Bell-shape)을 이루고 있다. 계급을 밀도로 나타낸 히스토그램을 대상으로 평균을 중심으로 좌우대칭인 정규분포 곡선을 추정한다.

```
> # 단계 1: 계급을 밀도로 표현한 히스토그램 시각화
> par(mfrow = c(1, 1))    # 하나의 차트만 표현
> hist(iris$Sepal.Width, xlab = "iris$Sepal.Width", col = "mistyrose",
+       freq = F, main = "iris 꽃받침 너비 Histogram", xlim = c(2.0, 4.5))
>
```

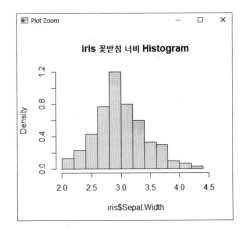

> # 단계 2: 히스토그램에 밀도를 기준으로 분포곡선 추가
> lines(density(iris$Sepal.Width), col = "red")
>

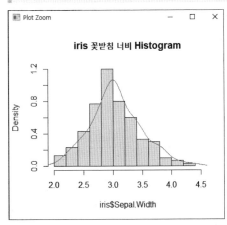

> # 단계 3: 히스토그램에 정규분포 추정 곡선 추가
> x <- seq(2.0, 4.5, 0.1)
> curve(dnorm(x, mean = mean(iris$Sepal.Width),
+   sd = sd(iris$Sepal.Width)),
+   col = "blue", add = T)
>

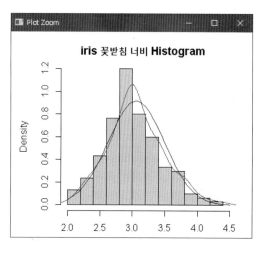

해설 　밀도가 적용된 히스토그램에 dnorm() 함수와 curve() 함수를 이용하여 추정된 정규분포의 곡선을 추가한 결과이다. 빨간 선은 밀도 분포곡선이고, 파란 선이 추정된 정규분포 곡선이다. 대체로 평균을 숭심으로 총 보양을 형성하고 있어서 Sepal.Width 칼럼의 데이터 분포는 정규분포라고 할 수 있다.

특히 dnorm() 함수는 평균과 표준편차 그리고 평균과 표준편차의 분포를 하는 변수 x를 이용하여 정규분포를 추정하고, curve() 함수에 의해서 추정된 정규분포를 곡선으로 그려준다.

각 함수에 대한 실행순서는 mean() → sd() → dnorm() → curve() 순서로 실행된다. 정규분포 추정 곡선은 정규성 검정의 한 방법으로 사용된다. 분석할 대상의 자료가 정규분포인지 또는 아닌지에 따라서 분석 방법이 달라질 수 있다.

3.3 산점도 시각화

산점도(scatter plot)는 두 개 이상의 변수들 사이의 분포를 점으로 표시한 차트를 의미한다. 예를 들면 학생들의 키와 몸무게를 대상으로 x축은 키의 값을, y축은 몸무게의 값을 지정하여 점으로 표시하면 산점도가 된다. 산점도는 두 변수의 관계를 시각적으로 분석할 때 유용하며, plot() 함수를 이용하여 그릴 수 있다.

실습 산점도 그래프에 대각선과 텍스트 추가하기

```
> # 단계 1: 기본 산점도 시각화
> price <- runif(10, min = 1, max = 100)      # 난수 발생
> plot(price, col = "red")                    # 산점도 그래프 그리기
```

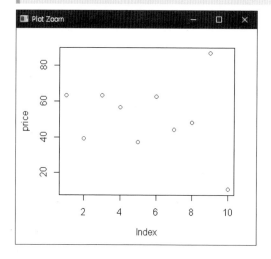

```
> # 단계 2: 대각선 추가
> par(new = T)                          # 차트 추가
> line_chart = 1:100
> # 대각선 추가: 'axes = F' 속성과 'ann = F' 속성 사용
> # x축과 y축의 눈금과 축 이름 제거
> plot(line_chart, type = "l", col = "red", axes = F, ann = F)
>
```

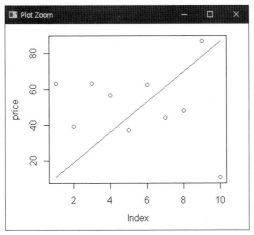

```
> # 단계 3: 텍스트 추가
> text(70, 80, "대각선 추가", col = "blue")
>
```

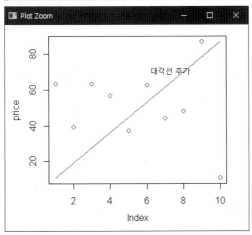

┌─ ⊙실습 type 속성으로 산점도 그리기

plot() 함수에서 제공되는 type 속성을 이용하면 좌표평면상의 점 등을 선으로 연결하여 다양한 유형으로 차트를 그릴 수 있다.

```
> par(mfrow = c(2, 2))       # 2행 2열 그래프
> plot(price, type = "l")    # 실선
> plot(price, type = "o")    # 원형과 실선(원형 통과)
> plot(price, type = "h")    # 직선
> plot(price, type = "s")    # 꺾은선
>
```

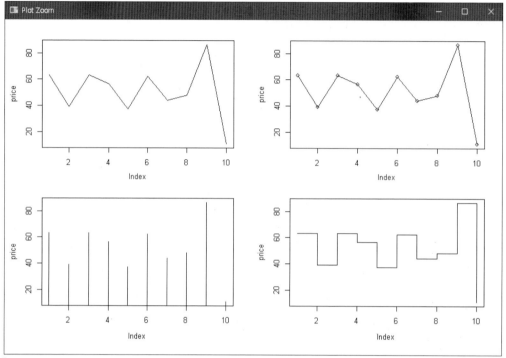

해설 서로 다른 type으로 2행 2열 구조의 4개 차트를 plot() 함수를 이용하여 산점도를 그린 결과이다.

◉ 실습 pch 속성으로 산점도 그리기

plot() 함수에서 제공하는 pch(plotting character) 속성을 이용하면 30가지의 다양한 형태의 연결점을 표현할 수 있다. 또한, col(color) 속성과 cex(character expansion) 속성으로 연결점과 선의 색상과 굵기를 지정할 수도 있다.

```
> # 단계 1: pch 속성과 col, cex 속성 사용
> par(mfrow = c(2, 2)                      # 2행 2열 그래프 그리기
> plot(price, type = "o", pch = 5)         # 빈 사각형
> plot(price, type = "o", pch = 15)        # 채워진 사각형
> plot(price, type = "o", pch = 20, col = "blue")
> plot(price, type = "o", pch = 20, col = "orange", cex = 1.5)
>
```

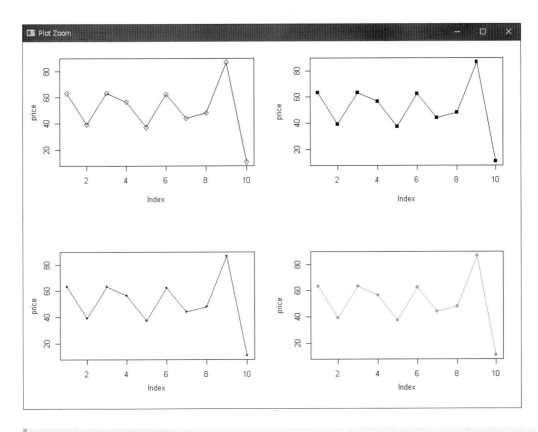

```
> # 단계 2: lwd 속성 추가 사용
> par(mfrow = c(1, 1))
> # lwd: line width(선 굵기)
> plot(price, type = "o", pch = 20,
+     col = "green", cex = 2.0, lwd = 3)
>
```

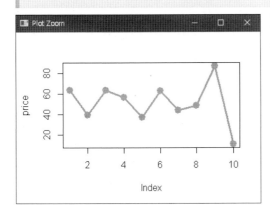

해설 pch 속성으로 점의 모양을 지정하고, col 속성으로 색상을 지정하며, cex 속성으로 점의 모양을 확대하고, 마지막으로 lwd 속성으로 선의 굵기를 지정하여 산점도를 그린 결과이다.

➕ 더 알아보기 **plot() 함수는 만능 시각화 도구**

graphics 패키지에서 제공되는 plot() 함수는 R의 객체를 인수로 해서 시각화해주는 만능 시각화 도구이다. 다음과 같이 methods() 함수에 'plot'를 넣어서 실행하면 plot() 함수에서 제공하는 시각화 기능을 확인할 수 있다. 제공하는 기능의 종류는 설치된 패키지에 따라 다를 수 있다.

```
> methods("plot")        # 목록에 표시되는 객체를 인수로 하여 시각화
  [1] plot.acf*              plot.ACF*              plot.augPred*
  [4] plot.compareFits*     plot.data.frame*       plot.decomposed.ts*
  [7] plot.default          plot.dendrogram*       plot.density*
 [10] plot.ecdf             plot.factor*           plot.formula*
 [13] plot.function         plot.gls*              plot.hclust*
 [16] plot.histogram*       plot.HoltWinters*      plot.intervals.lmList*
 [19] plot.irt              plot.isoreg*           plot.lm*
 [22] plot.lme*             plot.lmList*           plot.medpolish*
 [25] plot.mlm*             plot.nffGroupedData*   plot.nfnGroupedData*
 [28] plot.nls*             plot.nmGroupedData*    plot.pdMat*
 [31] plot.poly             plot.poly.parallel     plot.ppr*
 [34] plot.prcomp*          plot.princomp*         plot.profile.nls*
 [37] plot.psych            plot.ranef.lme*        plot.ranef.lmList*
 [40] plot.raster*          plot.residuals         plot.shingle*
 [43] plot.simulate.lme*    plot.spec*             plot.stepfun
 [46] plot.stl*             plot.table*            plot.trellis*
 [49] plot.ts               plot.tskernel*         plot.TukeyHSD*
 [52] plot.Variogram*
see '?methods' for accessing help and source code
>
```

plot() 함수에서 사용 가능한 객체 중, 'plot.ts'는 시계열 객체를 인수로 해서 시계열분석과 관련된 추세선을 시각화해준다. 참고로 위의 methods() 함수의 결과에서 보여지는 객체의 개수는 설치된 패키지에 따라 다르게 나타날 수 있다.

```
> data("WWWusage")    # 시계열 자료 가져오기
> str(WWWusage)       # WWWuage 자료 구조보기
 Time-Series [1:100] from 1 to 100: 88 84 85 85 84 85 83 85 88 89 ...
> plot(WWWusage)      # 시계열 자료를 이용한 추세선 시각화
>
```

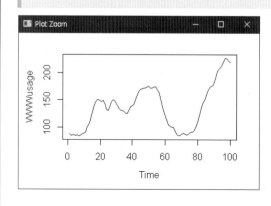

3.4 중첩 자료 시각화

2차원의 산점도 그래프는 x축과 y축의 교차점에 점(point)을 나타내는 원리로 그려진다. 만약 x축과 y축의 동일한 좌표값을 갖는 여러 개의 자료가 존재한다면 점이 중첩되어서 해당 좌표에는 하나의 점으로만 표시된다. 이렇게 중첩된 자료를 중첩된 자료의 수 만큼 점의 크기를 확대하여 시각화하는 방법에 대해서 알아본다.

🔵 실습 중복된 자료의 수 만큼 점의 크기 확대하기

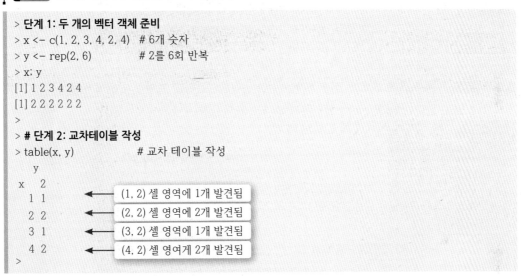

```
> 단계 1: 두 개의 벡터 객체 준비
> x <- c(1, 2, 3, 4, 2, 4)    # 6개 숫자
> y <- rep(2, 6)              # 2를 6회 반복
> x; y
[1] 1 2 3 4 2 4
[1] 2 2 2 2 2 2
>
> # 단계 2: 교차테이블 작성
> table(x, y)                 # 교차 테이블 작성
   y
 x   2
   1 1       ← (1, 2) 셀 영역에 1개 발견됨
   2 2       ← (2, 2) 셀 영역에 2개 발견됨
   3 1       ← (3, 2) 셀 영역에 1개 발견됨
   4 2       ← (4, 2) 셀 영여게 2개 발견됨
>
```

해설 두 개의 벡터 객체(x y)를 대상으로 교차테이블을 작성한다. 교차테이블은 x 원소를 행 방향으로 y 원소를 열 방향으로 나열하여 교차하는 부분에 중복된 수를 나타낸다. 따라서 (1, 2) 셀 영역에 1이 출력되고, (2, 2) 셀 영역에 2가 나타난다. 즉, x = 1, y = 2인 경우에는 빈도 1이지만, x = 2, y = 2인 경우에는 빈도가 2이므로 해당하는 교차 셀 영역에 2가 출력된다. (4, 2) 셀 영역에도 2가 된다.

```
> # 단계 3: 산점도 시각화
> plot(x, y)    # 점(point) 4개만 출력
>
```

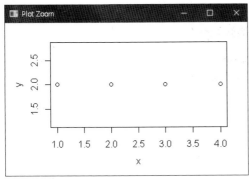

해설 각각 6개의 원소를 갖는 두 개의 벡터(x, y)를 대상으로 산점도를 그리면 4개의 점(point)만 나타난다. 이유는 (2, 2) 좌표와 (4, 2) 좌표에 2개의 점이 중복되었기 때문이다.

```
> # 단계 4: 교차테이블로 데이터프레임 생성
> xy.df <- as.data.frame(table(x, y))
> xy.df
  x y Freq
1 1 2    1
2 2 2    2
3 3 2    1
4 4 2    2
>
```

> **해설**   as.data.frame() 함수를 이용하여 교차테이블의 결과를 데이터프레임으로 변환하면 세 개의 칼럼이 생성된다. x 벡터 원소는 x 칼럼으로, y 벡터 원소는 y 칼럼으로, x와 y 벡터의 중복되는 수는 Freq 칼럼으로 만들어진다. 또한, 관측치는 전체 6개에서 중복된 2개를 제외한 나머지 4개만 나타난다.

2차원의 그래프에서 같은 좌표에 얼마나 많은 수가 중복되었는가를 보여주기 위해서 중복 수를 가중치로 적용할 수 있다. 사용할 plot() 함수의 주요 속성은 다음과 같다.

- **col**: 점 색상
- **pch**: 점 모양 지정
- **cex**: 점 크기 확대

```
> # 단계 5: 좌표에 중복된 수 만큼 점을 확대하기
> plot(x, y,
+     pch = "@", col = "blue", cex = 0.5 * xy.df$Freq,
+     xlab = "x 벡터 원소", ylab = "y 벡터 원소")
>
```

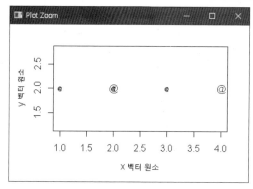

> **해설**   R 코드에서 pch = '@'은 점의 모양을 지정하는 속성이고, cex = 0.5 * xy.df$Freq는 중복된 수(xy.df$Freq)에 0.5를 곱하여 좌표평면상에서 나타나는 점의 크기를 확대하여 2차원 그래프에서 중첩된 자료를 시각화한다.

▶ **실습**   galton 데이터 셋을 대상으로 중복된 자료 시각화하기

galton의 데이터 셋의 child와 parent 칼럼을 단위로 중복 자료를 시각화는 방법에 대해서 알아본다.

```
> # 단계 1: galton 데이터 셋 가져오기
> library(UsingR)   # 패키지 로드
        … 생략 …
> data(galton)        # galton 데이터 셋 가져오기
>
```

galton 데이터셋의 child와 parent 칼럼을 대상으로 교차 테이블을 작성하고, 결과를 데이터프레임으로 생성하여 중복 수 칼럼(Freq) 칼럼을 생성한다.

```
> # 단계 2: 교차테이블을 작성하고, 데이터프레임으로 변환
> galtonData <- as.data.frame(table(galton$child, galton$parent))
> head(galtonData)
  Var1 Var2 Freq
1 61.7   64    1
2 62.2   64    0
3 63.2   64    2
4 64.2   64    4
5 65.2   64    1
6 66.2   64    2
>
```

해설 galton의 전체 관측치 928개 중에서 중복된 데이터를 제외한 나머지 154개 관측치만 생성된다. 결국, child
와 parent 칼럼을 교차테이블로 작성한 경우 774개가 중복되었다고 볼 수 있다.

```
> # 단계 3: 칼럼 단위 추출
> names(galtonData) = c("child", "parent", "freq")    # 칼럼명 변경
> head(galtonData)                                     # 칼럼명 확인
  child parent freq
1 61.7     64    1
2 62.2     64    0
3 63.2     64    2
4 64.2     64    4
5 65.2     64    1
6 66.2     64    2
> parent <- as.numeric(galtonData$parent)              # parent 칼럼 추출
> child <- as.numeric(galtonData$child)                # child 칼럼 추출
>
```

해설 데이터프레임을 산점도로 시각화하기 위해서는 데이터프레임에서 parent 칼럼과 child 칼럼 numeric() 함
수를 이용하여 연산이 가능한 숫자형으로 변환하여 추출해야 한다.

```
> # 단계 4: 점의 크기 확대
> plot(parent, child,
+      pch = 21, col = "blue", bg = "green",
+      cex = 0.2 * galtonData$freq,
+      xlab = "parent", ylab = "child")
>
```

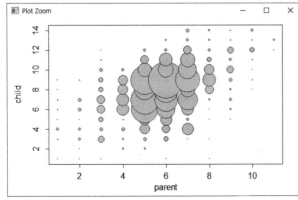

해설 plot() 함수의 cex 속성을 이용하여
중복 자료를 시각화한다. R 코드에서 "cex = 0.2
* galtonData$freq"는 중복수에 0.2를 곱하여
좌표 평면상에 가중치가 적용된 형태로 점을 확대
하여 나타낸다.

3.5 변수 간의 비교 시각화

R에서 제공되는 iris 데이터 셋을 이용하여 변수와 변수 사이의 관계를 시각화하는 방법에 대해서 알아본다.

⊙실습 iris 데이터 셋의 4개 변수를 상호 비교

iris 데이터 셋에서 제공하는 4개 변수(Sepal.Length, Sepal.Width, Petal.Length, Petal.Width) 를 대상으로 pairs() 함수를 이용하여 변수 간의 관계를 차트로 그릴 수 있다.

```
> attributes(iris)      # iris 데이터프레임의 5개 칼럼명 확인
$names
[1] "Sepal.Length" "Sepal.Width" "Petal.Length" "Petal.Width" "Species"

$class
[1] "data.frame"

$row.names
  [1]   1   2   3   4   5   6   7   8   9  10  11  12  13  14  15  16  17  18
 [19]  19  20  21  22  23  24  25  26  27  28  29  30  31  32  33  34  35  36
 [37]  37  38  39  40  41  42  43  44  45  46  47  48  49  50  51  52  53  54
 [55]  55  56  57  58  59  60  61  62  63  64  65  66  67  68  69  70  71  72
 [73]  73  74  75  76  77  78  79  80  81  82  83  84  85  86  87  88  89  90
 [91]  91  92  93  94  95  96  97  98  99 100 101 102 103 104 105 106 107 108
[109] 109 110 111 112 113 114 115 116 117 118 119 120 121 122 123 124 125 126
[127] 127 128 129 130 131 132 133 134 135 136 137 138 139 140 141 142 143 144
[145] 145 146 147 148 149 150

> pairs(iris[iris$Species == "virginica", 1:4])
>
```

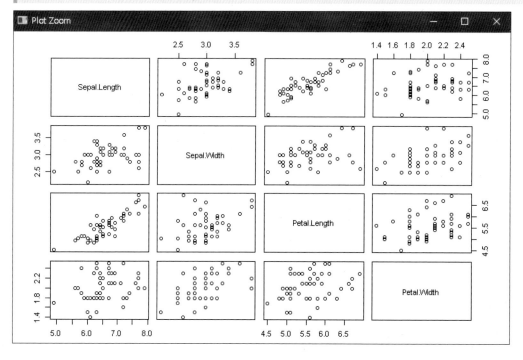

해설　graphics 패키지에서 제공되는 pairs() 함수는 matrix 또는 데이터프레임의 numeric 칼럼을 대상으로 변수들 사이의 비교 결과를 행렬구조의 분산된 그래프로 제공한다. 결과는 "virginica" 꽃을 대상으로 4개 변수를 비교하여 행렬 구조로 차트를 그린 결과이다.

```
> pairs(iris[iris$Species == "setosa", 1:4])
>
```

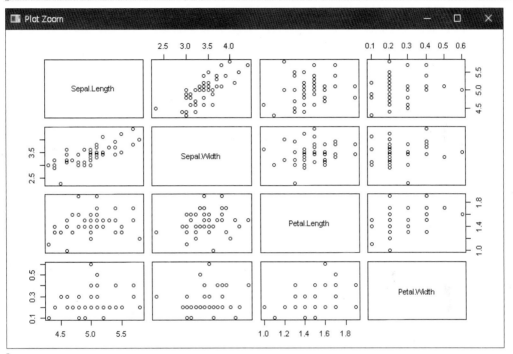

해설　결과는 "setosa" 꽃을 대상으로 4개 변수를 비교하여 변수 간의 비교 결과를 시각화한 결과이다.

⊙ 실습　3차원으로 산점도 시각화하기

iris에서 Species 칼럼인 꽃의 종("setosa", "versicolor", "virginica")을 대상으로 하여 3차원 산점도로 데이터를 시각화한다.

```
> # 단계 1: 3차원 산점도를 위한 scatterplot3d 패키지 설치 및 로딩
> install.packages("scatterplot3d")     # 패키지설치
Installing package into 'C:/Users/masster/Documents/R/win-library/4.0'
(as 'lib' is unspecified)
URL 'https://cran.rstudio.com/bin/windows/contrib/3.6/scatterplot3d_0.3-41.zip'을 시도합니다
        … 중간 생략 …
The downloaded binary packages are in
C:\Users\Public\Documents\ESTsoft\CreatorTemp\RtmpsB562n\downloaded_packages
> library(scatterplot3d)             # 패키지로딩
>
```

```
> # 단계 2: 꽃의 종류별 분류
> # Factor의 levels 보기
> iris_setosa = iris[iris$Species == 'setosa', ]
> iris_versicolor = iris[iris$Species == 'versicolor', ]
> iris_virginica = iris[iris$Species == 'virginica', ]
>
```

3차원 프레임을 생성하기 위해서 scatterplot3d() 함수를 사용한다. 함수의 형식은 다음과 같다.

형식 scatterplot3d(밑변, 오른쪽 변의 칼럼명, 왼쪽 변의 칼럼명, type)

```
> # 단계 3: 3차원 틀(Frame) 생성하기
> # type = 'n' 속성을 사용하면 기본 산점도를 표시하지 않음
> d3 <- scatterplot3d(iris$Petal.Length,
+                     iris$Sepal.Length,
+                     iris$Sepal.Width,
+                     type = 'n')
>
```

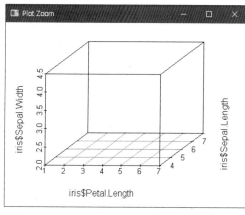

해설 3차원 산점도로 시각화하기 위해서 밑변은 Petal.Length(꽃잎의 길이) 칼럼, 오른쪽 변은 Sepal.Length(꽃받침의 길이) 칼럼, 왼쪽 변은 Sepal.Width(꽃받침의 너비) 칼럼으로 3차원의 틀(Frame)을 만든다.

```
> # 단계 4: 3차원 산점도 시각화
> d3$points3d(iris_setosa$Petal.Length,
+             iris_setosa$Sepal.Length,
+             iris_setosa$Sepal.Width,
+             bg = 'orange', pch = 21)
> d3$points3d(iris_versicolor$Petal.Length,
+             iris_versicolor$Sepal.Length,
+             iris_versicolor$Sepal.Width,
+             bg = 'blue', pch = 23)
> d3$points3d(iris_virginica$Petal.Length,
+             iris_virginica$Sepal.Length,
+             iris_virginica$Sepal.Width,
+             bg = 'green', pch = 25)
>
```

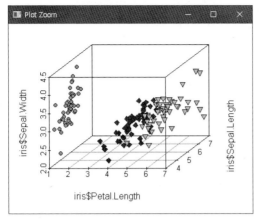

해설 첫 번째는 setosa 꽃의 종을 Petal.Length 칼럼과 Sepal.Length 칼럼으로 오렌지색 타원의 산점도를 시각화하고, 두 번째는 versicolor 꽃의 종으로 Petal.Length 칼럼과 Sepal.Length 칼럼으로 파란색 마름모꼴 산점도를 시각화한다. 세 번째는 virginica 꽃의 종으로 Petal.Length 칼럼과 Sepal.Length 칼럼으로 초록색 역삼각형 산점도를 시각화한다.

1. iris3 데이터 셋을 대상으로 다음 조건에 맞게 산점도를 그리시오.

> 조건 1 | iris3 데이터 셋의 칼럼명을 확인합니다.
>
> 조건 2 | iris3 데이터 셋의 구조를 확인합니다.
>
> 조건 3 | 꽃의 종별로 다음 4개의 그래프 이미지를 참고하여 산점도 그래프를 그립니다.

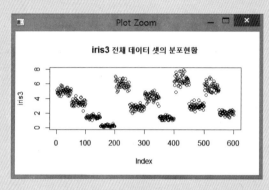

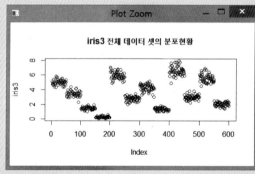

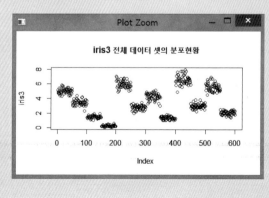

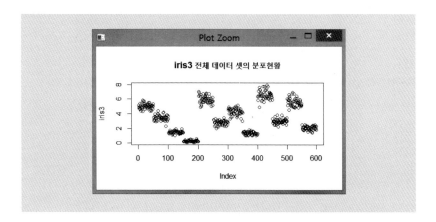

2. iris 데이터 셋을 대상으로 다음 조건에 맞게 시각화 하시오.

조건 1| 1번 칼럼을 x축으로하고 3번 칼럼을 y축으로 한다.

조건 2| 5번 칼럼으로 색상 지정한다.

조건 3| 차트 제목을 "iris 데이터 테이블 산포도 차트"로 추가한다.

조건 4| 다음 조건에 맞추어 작성한 차트를 파일에 저장한다.

- 작업 디렉터리: "C:/Rwork/output"
- 파일명: "iris.jpg"
- 크기: 폭(720픽셀), 높이(480 픽셀)

데이터 조작

학습 내용

실제 데이터 분석 업무에서는 데이터 모델링이나 시각화에 적합한 형태의 데이터를 얻기 위해서는 복잡한 과정을 거치게 된다. 이러한 측면에서 볼 때 데이터 분석 프로젝트에서 절반 이상의 시간이 데이터 변환과 조작 그리고 필터링과 전처리 작업에 소요된다.

이장에서는 수집한 원형 데이터를 분석의 목적에 맞게 가공·처리할 수 있는 데이터 변환과 조작 관련 패키지에 대해서 알아보고, 자료분석에 필요한 데이터를 대상으로 불필요한 데이터를 처리하는 필터링과 전처리 방법에 대해서는 Chapater 07에서 알아보기로 한다.

학습 목표

- key 항목을 이용하여 두 개의 데이터프레임 객체를 병합할 수 있다.
- 데이터프레임의 집단변수를 대상으로 두 개 이상의 기술통계량을 구할 수 있다.
- 긴 형식의 데이터를 넓은 형식으로 자료의 구조를 변경할 수 있다.
- 데이터프레임을 구성하는 칼럼을 데이터베이스의 칼럼처럼 처리할 수 있는 구조로 자료를 변경할 수 있다.

Chapter 06의 구성

1. dplyr 패키지 활용
2. reshape2 패키지 활용

1. dplyr 패키지 활용

dplyr 패키지는 데이터프레임 자료구조를 갖는 정형화된 데이터를 처리하는데 적합한 패키지이다. 이전 버전의 plyr 패키지와 비교해서 dplyr 패키지는 C++ 언어로 개발하여 처리속도가 개선되었다. [표 6.1]은 dplyr 패키지에서 제공되는 주요 함수이다.

[표 6.1] dplyr 패키지의 주요 함수

함수명	기능
tbl_df()	데이터 셋에서 콘솔 창의 크기만큼 데이터 셋을 추출하는 기능
filter()	데이터 셋에서 조건에 맞는 데이터 셋을 추출하는 기능
arrange()	데이터 셋의 특정 칼럼으로 정렬하는 기능
select()	데이터 셋을 대상으로 칼럼을 선택하는 기능
mutate()	데이터 셋에 새로운 칼럼을 추가하는 기능
summarise()	데이터 셋의 특정 칼럼으로 요약집계 기능
group_by()	데이터 셋의 집단변수을 이용하여 그룹화하는 기능
join()	데이터프레임과 데이터프레임을 결합하는 기능
bind()	행 또는 열 단위로 데이터프레임을 합치는 기능
names()	칼럼 이름을 변경하는 기능

1.1 파이프 연산자(%>%)를 이용한 함수 적용

데이터프레임을 조작하는데 필요한 함수를 순차적으로 적용할 경우 사용할 수 있는 연산자이다. 파이프 연산자(%>%)를 사용하는 형식은 다음과 같다.

형식 dataframe %>% 함수1() %>% 함수2() ...

실습 iris 데이터셋을 대상으로 '%>%' 연산자를 이용하여 함수 적용하기

```
> # dplyr 패키지 사용을 위해 해당 패키지를 설치하고 메모리에 로드
> install.packages("dplyr")
Installing package into 'C:/Users/master/Documents/R/win-library/4.0'
(as 'lib' is unspecified)
          … 중간 생략 …
> library(dplyr)

다음의 패키지를 부착합니다: 'dplyr'

The following objects are masked from 'package:stats':
          … 이하 생략 …
>
> # iris 전체 데이터 셋의 앞부분 6개 관측치 추출
> iris %>% head()
  Sepal.Length Sepal.Width Petal.Length Petal.Width Species
1          5.1         3.5          1.4         0.2  setosa
```

```
2          4.9          3.0          1.4          0.2     setosa
3          4.7          3.2          1.3          0.2     setosa
4          4.6          3.1          1.5          0.2     setosa
5          5.0          3.6          1.4          0.2     setosa
6          5.4          3.9          1.7          0.4     setosa
> # iris의 앞부분 6개 관측치(head( ) 함수의 결과)로부터
> # 첫 번째 칼럼의 값이 5.0 이상인 데이터를 추출
> iris %>% head( ) %>% subset(Sepal.Length >= 5.0)
  Sepal.Length  Sepal.Width  Petal.Length  Petal.Width  Species
1          5.1          3.5          1.4          0.2     setosa
5          5.0          3.6          1.4          0.2     setosa
6          5.4          3.9          1.7          0.4     setosa
>
```

해설 첫 번째 iris %>% head() 문은 iris 전체 데이터 셋을 대상으로 앞부분 6개의 관측치를 추출하는 역할을 한다. 두 번째 iris %>% head() %>% subset() 문은 head() 함수에 의해서 반환된 결과를 대상으로 첫 번째 칼럼(Sepal.Length)의 값이 5.0 이상인 관측치만 서브 셋으로 만든다.

1.2 콘솔 창의 크기에 맞게 데이터 추출

대용량의 관계형 데이터베이스나 데이터프레임에서 수집된 데이터 셋을 대상으로 콘솔 창의 크기에 맞게 데이터를 추출하고, 나머지는 축약형으로 제공한다면 데이터를 효과적 으로 처리할 수 있을 것이다.

실습 dplyr 패키지와 hflight 데이터 셋 설치

```
> install.packages(c("dplyr", "hflights"))   # 패키지 설치
Installing packages into 'C:/Users/master/Documents/R/win-library/4.0'
(as 'lib' is unspecified)
                         … 중간 생략 …

> library(dplyr)                             # 패키지를 메모리로 로드

다음의 패키지를 부착합니다: 'dplyr'
                         … 중간 생략 …
> library(hflights)                          # 데이터 셋을 메모리로 로드
>
```

해설 dplyr 패키지에서 제공하는 함수와 hfights 데이터 셋을 사용하기 위해서 dplyr과 hfights 패키지를 설치하고 메모리로 로딩한다.

➕ 더 알아보기   **hflights 데이터 셋**

hflights 데이터 셋은 2011년도 미국 휴스턴에서 출발하는 모든 비행기의 이륙과 착륙 정보가 기록된 것으로 227,496 건의 관측치와 21개의 칼럼으로 구성된 데이터 셋이다.

주요 변수

• Year(년)	• Month(월)	• DayofMonth(일)	• DayOfWeek(요일),
• AirTime(비행시간)	• DepTime(출발시각)	• ArrTime(도착시각)	• TailNum(항공기 일련번호)
• DepDelay(출발지연시간)		• ArrDelay(도착지연시간)	

⊙ 실습 hflights 데이터 셋 구조 보기

```
> str(hflights)
'data.frame': 227496 obs. of  21 variables:
$ Year            : int 2011 2011 2011 2011 2011 2011 2011 2011 2011 2011 ...
$ Month           : int 1 1 1 1 1 1 1 1 1 1 ...
$ DayofMonth      : int 1 2 3 4 5 6 7 8 9 10 ...
$ DayOfWeek       : int 6 7 1 2 3 4 5 6 7 1 ...
$ DepTime         : int 1400 1401 1352 1403 1405 1359 1359 1355 1443 1443 ...
$ ArrTime         : int 1500 1501 1502 1513 1507 1503 1509 1454 1554 1553 ...
$ UniqueCarrier   : chr "AA" "AA" "AA" "AA" ...
$ FlightNum       : int 428 428 428 428 428 428 428 428 428 428 ...
$ TailNum         : chr "N576AA" "N557AA" "N541AA" "N403AA" ...
$ ActualElapsedTime: int 60 60 70 70 62 64 70 59 71 70 ...
$ AirTime         : int 40 45 48 39 44 45 43 40 41 45 ...
$ ArrDelay        : int -10 -9 -8 3 -3 -7 -1 -16 44 43 ...
$ DepDelay        : int 0 1 -8 3 5 -1 -1 -5 43 43 ...
$ Origin          : chr "IAH" "IAH" "IAH" "IAH" ...
$ Dest            : chr "DFW" "DFW" "DFW" "DFW" ...
$ Distance        : int 224 224 224 224 224 224 224 224 224 224 ...
$ TaxiIn          : int 7 6 5 9 9 6 12 7 8 6 ...
$ TaxiOut         : int 13 9 17 22 9 13 15 12 22 19 ...
$ Cancelled       : int 0 0 0 0 0 0 0 0 0 0 ...
$ CancellationCode: chr "" "" "" "" ...
$ Diverted        : int 0 0 0 0 0 0 0 0 0 0 ...
>
```

해설 hflights 데이터 셋의 자료 구조는 data.frame 형식이고, 전체 관측치는 227,496 행이며, 변수는 21개로 구성되어있다.

⊙ 실습 tbl_df() 함수 사용하기

다음은 tbl_df() 함수에 의해서 생성된 데이터프레임의 실행화면이다. 현재 R의 콘솔 창 크기에서 볼 수 있는 만큼 10개 행과 8개의 칼럼으로 결과가 나타나며, 나머지는 아래에 생략된 행 수와 칼럼명으로 표시된다.

```
> hflights_df <- tbl_df(hflights)
> hflights_df
# A tibble: 227,496 x 21
   Year Month DayofMonth DayOfWeek DepTime ArrTime UniqueCarrier FlightNum
   <int> <int>    <int>     <int>   <int>   <int>        <chr>      <int>
1  2011    1        1         6     1400    1500          AA         428
2  2011    1        2         7     1401    1501          AA         428
3  2011    1        3         1     1352    1502          AA         428
4  2011    1        4         2     1403    1513          AA         428
5  2011    1        5         3     1405    1507          AA         428
6  2011    1        6         4     1359    1503          AA         428
7  2011    1        7         5     1359    1509          AA         428
8  2011    1        8         6     1355    1454          AA         428
```

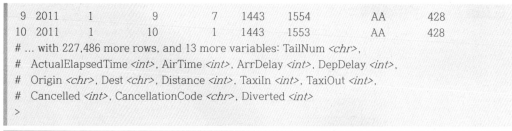

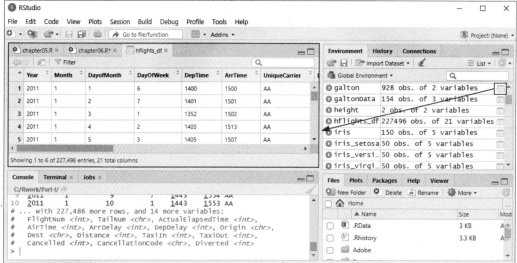

해설 hflights 데이터 셋을 대상으로 tbl_df() 함수를 적용하여 콘솔 창에서 한 눈으로 볼 수 있는 테이블 형식의 데이터프레임을 생성한다. hflights_df 데이터 셋이 가지고 있는 전체 관측치와 칼럼(227,496 x 21)을 줄 단위로 확인하기 위해서는 Environment 탭에서 제공되는 hflights_df 데이터 셋의 전체 내용을 볼 수 있는 시트 모양의 아이콘을 클릭하면 데이터 셋의 전체 내용을 표 형식으로 확인할 수 있다.

파이프 연산자(%)%)를 사용하여 hflights 데이터 셋에 tbl_df() 함수를 적용하려면 "hflights <- hflights %)% tbl_df()" 형식으로 R 스크립트 명령문을 사용할 수 있다.

1.3 조건에 맞는 데이터 필터링

대용량의 데이터 셋을 대상으로 필요한 데이터만 추출하는 필터링 관련 함수에 대해서 알아본다. 다음은 dplyr 패키지에서 제공하는 filter() 함수에 대한 사용 형식이다.

형식 filter(dataframe, 조건1, 조건2)

실습 hflights_df를 대상으로 특정일의 데이터 추출하기

```
> filter(hflights_df, Month == 1 & DayofMonth == 2) # 1월 2일 데이터 출출
# A tibble: 678 x 21
```

```
     Year Month DayofMonth DayOfWeek DepTime ArrTime UniqueCarrier FlightNum
     <int>  <int>     <int>       <int>    <int>    <int>        <chr>      <int>
  1  2011     1          2           7     1401     1501           AA        428
  2  2011     1          2           7      719      821           AA        460
  3  2011     1          2           7     1959     2106           AA        533
  4  2011     1          2           7     1636     1759           AA       1121
  5  2011     1          2           7     1823     2132           AA       1294
  6  2011     1          2           7     1008     1321           AA       1700
  7  2011     1          2           7     1200     1303           AA       1820
  8  2011     1          2           7      907     1018           AA       1824
  9  2011     1          2           7      554      912           AA       1994
 10  2011     1          2           7     1823     2103           AS        731
# ... with 668 more rows, and 13 more variables: TailNum <chr>,
#   ActualElapsedTime <int>, AirTime <int>, ArrDelay <int>, DepDelay <int>,
#   Origin <chr>, Dest <chr>, Distance <int>, TaxiIn <int>, TaxiOut <int>,
#   Cancelled <int>, CancellationCode <chr>, Diverted <int>
>
```

해설 hflights_df 데이터 셋을 대상으로 Month(월)가 1이고, DayofMonth(일)가 2인 필터링 조건을 지정하여 실행하면 678개의 관측치로 필터링된다. 여기서 &는 AND 논리연산자이다.

파이프 연산자(%)%)를 사용하여 hflights_df 데이터 셋에 filter() 함수를 적용하려면 "hflights_df %)% filter(Month == 1 & DayofMonth == 1)" 형식으로 R 스크립트 명령문을 사용할 수 있다.

⊙실습 hflights_df를 대상으로 지정된 월의 데이터 추출하기

```
> filter(hflights_df, Month == 1 | Month == 2)   # 1월 또는 2월 데이터 추출
# A tibble: 36,038 x 21
     Year Month DayofMonth DayOfWeek DepTime ArrTime UniqueCarrier FlightNum
     <int>  <int>     <int>       <int>    <int>    <int>        <chr>      <int>
  1  2011     1          1           6     1400      500           AA        428
  2  2011     1          2           7     1401     1501           AA        428
  3  2011     1          3           1     1352     1502           AA        428
  4  2011     1          4           2     1403     1513           AA        428
  5  2011     1          5           3     1405     1507           AA        428
  6  2011     1          6           4     1359     1503           AA        428
  7  2011     1          7           5     1359     1509           AA        428
  8  2011     1          8           6     1355     1454           AA        428
  9  2011     1          9           7     1443     1554           AA        428
 10  2011     1         10           1     1443     1553           AA        428
# ... with 36,028 more rows, and 13 more variables: TailNum <chr>,
#   ActualElapsedTime <int>, AirTime <int>, ArrDelay <int>, DepDelay <int>,
#   Origin <chr>, Dest <chr>, Distance <int>, TaxiIn <int>, TaxiOut <int>,
#   Cancelled <int>, CancellationCode <chr>, Diverted <int>
>
```

해설 두 개의 조건을 OR(|) 조건으로 지정하여 데이터 셋을 필터링하였다. 36,038개의 관측치로 필터링된다.

1.4 칼럼으로 데이터 정렬

대용량의 데이터 셋의 특정 칼럼을 기준으로 오름차순 또는 내림차순으로 정렬하는 함수에 대해서 알아본다.

데이터 셋의 데이터의 특정 칼럼을 기준으로 정렬하려면 dplyr 패키지에서 제공하는 arrange() 함수를 사용한다. 기본 정렬 순서는 지정된 칼럼을 기준으로 오름차순 정렬되며, desc() 함수를 사용하여 칼럼을 지정하면 내림차순으로 정렬된다. arrange() 함수의 형식은 다음과 같다.

> **형식** arrange(dataframe, 칼럼1, desc(칼럼2), ...)

> **실습** hflights_df를 대상으로 데이터 정렬하기

```
> # hflights_df의 데이터를 년, 월, 출발시간, 도착시간 기준으로 오름차순 정렬
> arrange(hflights_df, Year, Month, DepTime, ArrTime)
# A tibble: 227,496 x 21
   Year Month DayofMonth DayOfWeek DepTime ArrTime UniqueCarrier FlightNum
  <int> <int>      <int>     <int>   <int>   <int>         <chr>     <int>
 1 2011     1          1         6       1     621            CO      1542
 2 2011     1         21         5       4      46            XE      2956
 3 2011     1          4         2       5      59            OO      1118
 4 2011     1         27         4      11     216            CO       209
 5 2011     1         27         4      17     240            XE      2771
 6 2011     1          9         7      22     117            WN        55
 7 2011     1         28         5     226     310            XE      2956
 8 2011     1         18         2     537     829            DL      1248
 9 2011     1         25         2     538     824            DL      1248
10 2011     1          7         5     538     832            DL      1248
# ... with 227,486 more rows, and 13 more variables: TailNum <chr>,
#   ActualElapsedTime <int>, AirTime <int>, ArrDelay <int>, DepDelay <int>,
#   Origin <chr>, Dest <chr>, Distance <int>, TaxiIn <int>, TaxiOut <int>,
#   Cancelled <int>, CancellationCode <chr>, Diverted <int>
>
```

> **해설** hflights_df 데이터프레임을 대상으로 Year, Month, DepTime, ArrTime 순으로 오름차순 정렬된다. 정렬의 우선순위는 가장 왼쪽의 칼럼부터 시작하여 오른쪽 칼럼 순으로 정렬된다.

파이프 연산자(%)%)를 사용하여 hflights_df 데이터 셋에 arange() 함수를 적용하려면 "hflights_df %)% arrange(Year, Month, DepTime, ArrTime)" 형식으로 R 스크립트 명령문을 사용할 수 있다.

1.5 칼럼으로 데이터 검색

대용량의 데이터 셋의 특정 칼럼을 기준으로 데이터를 검색할 수 있다. 관계형 데이터베이스에서 데이터 검색을 위한 select 문과 비슷한 기능을 수행하는 select() 함수에 대해서 알아본다.

다음은 dplyr 패키지에서 제공하는 select() 함수의 형식은 다음과 같다.

> **형식**   select(dataframe, 칼럼1, 칼럼2, …)

> **⊕실습**   **hflights_df를 대상으로 지정된 칼럼 데이터 검색하기**

```
> select(hflights_df, Year, Month, DepTime, ArrTime)  # 지정하는 4개 칼럼을 검색
# A tibble: 227,496 x 4
   Year  Month  DepTime  ArrTime
   <int>  <int>    <int>    <int>
 1  2011      1     1400     1500
 2  2011      1     1401     1501
 3  2011      1     1352     1502
 4  2011      1     1403     1513
 5  2011      1     1405     1507
 6  2011      1     1359     1503
 7  2011      1     1359     1509
 8  2011      1     1355     1454
 9  2011      1     1443     1554
10  2011      1     1443     1553
# ... with 227,486 more rows
>
```

> **해설**   hflights_df 데이터 셋을 대상으로 전체 21개의 칼럼에서 4개의 칼럼만 검색된 것을 확인할 수 있다.

파이프 연산자(%)%)를 사용하여 hflights_df 데이터 셋에 select() 함수를 적용하려면 "hflights_df %)% select (hflights_df, Year, Month, DepTime, ArrTime)" 형식으로 R 스크립트 명령문을 사용할 수 있다.

> **⊕실습**   **hflights_df를 대상으로 칼럼의 범위로 검색하기**

```
> select(hflights_df, Year:ArrTime)  # 칼럼 순서로 Year부터 ArrTime까지 검색
# A tibble: 227,496 x 6
   Year  Month  DayofMonth  DayOfWeek  DepTime  ArrTime
   <int>  <int>       <int>      <int>    <int>    <int>
 1  2011      1           1          6     1400     1500
 2  2011      1           2          7     1401     1501
 3  2011      1           3          1     1352     1502
 4  2011      1           4          2     1403     1513
 5  2011      1           5          3     1405     1507
 6  2011      1           6          4     1359     1503
 7  2011      1           7          5     1359     1509
 8  2011      1           8          6     1355     1454
 9  2011      1           9          7     1443     1554
10  2011      1          10          1     1443     1553
# ... with 227,486 more rows
>
```

> **해설** select() 함수를 이용하 특정 칼럼만이 아닌 칼럼의 범위를 지정하여 데이터를 검색할 수 있다. 검색 조건으로 "시작칼럼:종료칼럼" 형식으로 칼럼 범위의 시작과 끝을 지정한다. 만약, 특정 칼럼 또는 칼럼의 범위를 검색에서 제외하려는 경우 제외하려는 칼럼 이름 또는 범위 앞에 "–" 속성을 지정한다. 예를 들어, Year부터 DepTime 칼럼까지를 제외한 나머지 칼럼만 선택하어 김색하려면 검색 조건으로 "select(hflights_df, –(Year:DepTime))"을 지정할 수 있다.

1.6 데이터 셋에 칼럼 추가

대용량의 데이터 셋을 대상으로 특정 칼럼을 추가하는 함수에 대해서 알아본다.

다음은 dplyr 패키지에서 제공하는 mutate() 함수에 대한 사용 형식이다.

> **형식** mutate(dataframe, 칼럼명1 = 수식1, 칼럼명2 = 수식2, ...)

> **⊙실습** **hflights_df에서 출발 지연시간과 도착 지연시간의 차이를 계산한 칼럼 추가하기**

```
> mutate(hflights_df, gain = ArrDelay – DepDelay,
+         gain_per_hour = gain / (AirTime / 60))
# A tibble: 227,496 x 23
   Year  Month DayofMonth DayOfWeek DepTime ArrTime UniqueCarrier FlightNum
   <int> <int>      <int>     <int>   <int>   <int> <chr>             <int>
 1 2011      1          1         6    1400    1500 AA                  428
 2 2011      1          2         7    1401    1501 AA                  428
 3 2011      1          3         1    1352    1502 AA                  428
 4 2011      1          4         2    1403    1513 AA                  428
 5 2011      1          5         3    1405    1507 AA                  428
 6 2011      1          6         4    1359    1503 AA                  428
 7 2011      1          7         5    1359    1509 AA                  428
 8 2011      1          8         6    1355    1454 AA                  428
 9 2011      1          9         7    1443    1554 AA                  428
10 2011      1         10         1    1443    1553 AA                  428
# ... with 227,486 more rows, and 15 more variables: TailNum <chr>,
#   ActualElapsedTime <int>, AirTime <int>, ArrDelay <int>, DepDelay <int>,
#   Origin <chr>, Dest <chr>, Distance <int>, TaxiIn <int>, TaxiOut <int>,
#   Cancelled <int>, CancellationCode <chr>, Diverted <int>, gain <int>,
#   gain_per_hour <dbl>
>
```

> **해설** 출발 지연시간(ArrDelay)과 도착 지연시간(depdelay)과의 차이를 계산하여 gain 변수에 저장하고, gain 변수를 이용하여 gain_per_hour 변수를 구하기 위한 수식으로 사용할 수 있다. 8개의 칼럼을 보여주고 15개의 칼럼이 더 있음을 보여주고 있다. 또한, 생략된 칼럼명의 마지막 부분에서 gain, gain_per_hour 칼럼을 확인할 수 있다.

파이프 연산자(%>%)를 사용하여 hflights_df 데이터 셋에 mutate() 함수를 적용하려면 "hflights_df %>% mutate (gain = ArrDelay – DepDelay, gain_per_hour = gain / (AirTime / 60))" 형식으로 R 스크립트 명령문을 사용할 수 있다.

┌─ (⊕)**실습** **mutate() 함수에 의해 추가된 칼럼 보기**

```
> select(mutate(hflights_df, gain = ArrDelay - DepDelay,
+                gain_per_hour = gain / (AirTime / 60)),
+        Year, Month, ArrDelay, DepDelay, gain, gain_per_hour)
# A tibble: 227,496 x 6
   Year Month ArrDelay DepDelay  gain gain_per_hour
  <int> <int>    <int>    <int> <int>         <dbl>
 1 2011     1      -10        0   -10           -15
 2 2011     1       -9        1   -10          -13.3
 3 2011     1       -8       -8     0            0
 4 2011     1        3        3     0            0
 5 2011     1       -3        5    -8          -10.9
 6 2011     1       -7       -1    -6           -8
 7 2011     1       -1       -1     0            0
 8 2011     1      -16       -5   -11          -16.5
 9 2011     1       44       43     1          1.46
10 2011     1       43       43     0            0
# ... with 227,486 more rows
>
```

└─ **해설**   hflights_df 데이터 셋은 전체 21개의 변수가 있으며, 새로 2개의 변수가 추가되어 모두 23개의 변수가 존재하기 때문에 콘솔 창 크기 이외의 칼럼명을 확인할 수 없다. 이러한 경우는 mutate() 함수의 결과를 select() 함수로 묶어서 처리하는 것이 효과적이다.

1.7 요약통계 구하기

대용량의 데이터 셋을 대상으로 특정 칼럼을 대상으로 기술통계량을 계산하는 관련 함수에 대해서 알아본다. 다음은 dplyr 패키지에서 제공하는 summarise() 함수의 형식이다.

형식 summarise(dataframe, 추가할 칼럼명 = 함수(칼럼명), ...)

┌─ (⊕)**실습** **hflights_df에서 비행시간의 평균 구하기**

```
> summarise(hflights_df, avgAirTime = mean(AirTime, na.rm = TRUE))
# A tibble: 1 x 1
  avgAirTime
       <dbl>
1        108.
>
```

└─ **해설**   AirTime 변수를 대상으로 mean() 함수를 사용하여 평균을 계산해 avgAirTime 변수에 저장한다.

파이프 연산자(%>%)를 사용하여 hflights_df 데이터 셋에 summarise() 함수를 적용하려면 "hflights_df %>% summarise(avgAirTime = mean(AirTime, na.rm = TRUE))" 형식으로 R 스크립트 명령문을 사용할 수 있다.

🔘**실습** hflights_df의 관측치 길이 구하기

```
> summarise(hflights_df, cnt = n(),
+            delay = mean(AirTime, na.rm = TRUE))
# A tibble: 1 x 2
      cnt   delay
    <int>   <dbl>
1  227496    108.
>
```

해설 hflights_df 데이터 셋의 관측치 길이를 구하기 위해서 dplyr 패키지에서 제공하는 n() 함수를 사용했으며, 결과는 cnt 변수에 추가된다.

🔘**실습** 도착시간(ArrTime)의 표준편차와 분산 계산하기

```
> summarise(hflights_df, arrTimeSd = sd(ArrTime, na.rm = TRUE),
+            arrTimeVar = var(ArrTime, na.rm = T))
# A tibble: 1 x 2
  arrTimeSd   arrTimeVar
      <dbl>        <dbl>
1      472.        3198.
>
```

해설 도착시간에 대한 표준편차는 arrTimeSd 변수에 저장되고, 분산은 arrTimeVar 변수에 저장된다.

1.8 집단변수 대상 그룹화

대용량의 데이터 셋을 대상으로 범주형 칼럼을 대상으로 그룹화하는 관련 함수에 대해서 알아본다.

다음은 dplyr 패키지에서 제공하는 group_by() 함수에 대한 사용 형식이다.

형식 group_by(dataframe, 집단변수)

🔘**실습** 집단변수를 이용하여 그룹화하기

```
> species <- group_by(iris, Species)
> str(species)
tibble [ 150 x 5]  (s3: grouped_df/tbl_df/tbl/data.frame)
 $ Sepal.Length: num [1:150] 5.1 4.9 4.7 4.6 5 5.4 4.6 5 4.4 4.9 ...
 $ Sepal.Width : num [1:150] 3.5 3 3.2 3.1 3.6 3.9 3.4 3.4 2.9 3.1 ...
 $ Petal.Length: num [1:150] 1.4 1.4 1.3 1.5 1.4 1.7 1.4 1.5 1.4 1.5 ...
 $ Petal.Width : num [1:150] 0.2 0.2 0.2 0.2 0.2 0.4 0.3 0.2 0.2 0.1 ...
 $ Species     : Factor w/ 3 levels "setosa","versicolor",..: 1 1 1 1 1 1 1 1 1 1 ...
 - attr(*, "groups")= tibble [3 x 2] (S3: tbl_df/tbl/data.frame)
  ..$ Species: Factor w/ 3 levels "setosa","versicolor",..: 1 2 3
  ..$ .rows  :List of 3
  .. ..$ : int [1:50] 1 2 3 4 5 6 7 8 9 10 ...
```

```
.. ..$ : int [1:50] 51 52 53 54 55 56 57 58 59 60 ...
.. ..$ : int [1:50] 101 102 103 104 105 106 107 108 109 110 ...
.. .- attr(*, ".drop")= logi TRUE
> species
# A tibble: 150 x 5
# Groups:   Species [3]
   Sepal.Length Sepal.Width Petal.Length Petal.Width Species
          <dbl>        <dbl>         <dbl>        <dbl>   <fct>
1           5.1          3.5           1.4          0.2   setosa
2           4.9          3             1.4          0.2   setosa
3           4.7          3.2           1.3          0.2   setosa
4           4.6          3.1           1.5          0.2   setosa
5           5            3.6           1.4          0.2   setosa
6           5.4          3.9           1.7          0.4   setosa
7           4.6          3.4           1.4          0.3   setosa
8           5            3.4           1.5          0.2   setosa
9           4.4          2.9           1.4          0.2   setosa
10          4.9          3.1           1.5          0.1   setosa
# ... with 140 more rows
>
```

해설 group_by() 함수를 이용하여 iris 데이터 셋의 집단변수인 Species 칼럼으로 그룹화한다. 결과 변수를 확인하면 꽃의 종류별로 그룹화되어 있는 것을 볼 수 있다.

hflights_df 데이터 셋을 대상으로 항공기별로 그룹화하기 위해서는 TailNum 변수를 이용하여 "group_ by(hflight_df, TailNum)" 형식으로 R 스크립트 명령문을 사용한다.

예에서 사용된 group_by() 함수를 파이프 연산자(%)%)를 이용하여 iris 데이터 셋에 적용하려면 "species <- iris %)% group_by(Species)" 형식으로 R 스크립트 명령문을 사용할 수 있다.

1.9 데이터프레임 병합

서로 다른 데이터프레임을 대상으로 공통 칼럼을 이용하여 하나의 데이터프레임으로 병합하는 함수에 대해서 알아본다. [표 6.2]는 dplyr 패키지에서 제공하는 join 관련 함수에 대한 설명이다.

[표 6.2] join 관련 함수

함수명	기능
inner_join(df1, df2, x)	df1과 df2 모두 x 칼럼이 존재하는 관측치만 병합한다.
left_join(df1, df2, x)	왼쪽 df1의 x 칼럼을 기준으로 병합한다.
right_join(df1, df2, x)	오른쪽 df2의 x 칼럼을 기준으로 병합한다.
full_join(df1, df2, x)	df1과 df2 중에서 x 칼럼이 있으면 모두 병합한다.

┌─◉ **실습** 공통변수를 이용하여 내부조인(innter_join)하기

inner_join() 함수의 형식은 다음과 같다.

> **형식** inner_join(dataframe1, dataframe2, 공통변수)

```
> # 단계 1: join 실습용 데이터프레임 생성
> df1 <- data.frame(x = 1:5, y = rnorm(5))
> df2 <- data.frame(x = 2:6, z = rnorm(5))
>
> df1
  x          y
1 1  1.078112851
2 2 -2.543145875
3 3  1.424486754
4 4 -1.006245768
5 5  0.004467001
>
> df2
  x          z
1 2 -0.6935850
2 3 -0.5438422
3 4 -1.5465269
4 5  1.0478158
5 6 -0.5493081
>
```

└─ **해설** 실습을 위한 데이터프레임 df1과 df2를 만들어 데이터를 확인한다.

```
> # 단계 2: inner_join 하기
> inner_join(df1, df2, by = 'x')
  x          y          z
1 2 -2.543145875 -0.6935850
2 3  1.424486754 -0.5438422
3 4 -1.006245768 -1.5465269
4 5  0.004467001  1.0478158
>
```

└─ **해설** df1과 df2에서 공통으로 사용된 x는 병합을 위해서 사용된다. df1의 x는 1 ~ 5 사이의 값을 가지며, df2는 2 ~ 6 사이의 값을 갖는다. inner_join() 함수는 df1과 df2를 대상으로 공통 칼럼인 x를 기준으로 병합한다. 병합의 결과는 양쪽 모두 x가 존재하는 2, 3, 4, 5 관측치를 대상으로 병합된다. 이때 y는 df1의 칼럼이고, z는 df2의 칼럼이다. inner_join은 내부조인 이라고 부른다.

┌─◉ **실습** 공통변수를 이용하여 왼쪽 조인(left_join)하기

left_join() 함수의 형식은 다음과 같다.

> **형식** left_join(dataframe1, dataframe2, 공통변수)

```
> left_join(df1, df2, by = 'x')
  x          y            z
1 1  1.078112851          NA
2 2 -2.543145875 -0.6935850
3 3  1.424486754 -0.5438422
4 4 -1.006245768 -1.5465269
5 5  0.004467001  1.0478158
>
```

해설 왼쪽에 위치한 df1의 x 칼럼을 기준으로 오른쪽 df2와 병합한다. 만약 오른쪽의 df2에서 해당하는 x의 값이 없는 경우에는 결측치(NA)로 나타난다. 왼쪽 데이터프레임을 기준으로 병합하기 때문에 왼쪽 조인이라고 부른다.

실습 공통변수를 이용하여 오른쪽 조인(right_join)하기

right_join() 함수의 형식은 다음과 같다.

형식 right_join(dataframe1, dataframe2, 공통변수)

```
> right_join(df1, df2, by = 'x')
  x          y            z
1 2 -1.3998326 -1.4029422
2 3 -0.8496292  0.5682982
3 4  0.3184496  1.0457561
4 5  0.9035913 -1.0083121
5 6         NA  0.3016890
>
```

해설 오른쪽에 위치한 df2의 x 칼럼을 기준으로 왼쪽 df1과 병합한다. 만약 왼쪽의 df1에서 해당하는 x의 값이 없는 경우에는 결측치(NA)로 나타난다. 오른쪽 데이터프레임을 기준으로 병합하기 때문에 오른쪽 조인이라고 부른다.

실습 공통변수를 이용하여 전체 조인(full_join)하기

full_join() 함수의 형식은 다음과 같다.

형식 full_join(dataframe1, dataframe2, 공통변수)

```
> full_join(df1, df2, by = 'x')
  x          y            z
1 1  1.078112851          NA
2 2 -2.543145875 -0.6935850
3 3  1.424486754 -0.5438422
4 4 -1.006245768 -1.5465269
5 5  0.004467001  1.0478158
6 6          NA -0.5493081
>
```

해설 df1과 df2 중에서 x 칼럼이 있으면 모두 병합한다. 만약 다른 한쪽의 데이터프레임에서 x의 값이 없는 경우에는 결측치(NA)로 나타난다.

1.10 데이터프레임 합치기

서로 다른 데이터프레임을 대상으로 행 단위 또는 열 단위로 합치는 함수에 대해서 알아본다. [표 6.3]
은 dplyr 패키지에서 제공하는 bind 관련 함수에 대한 설명이다.

[표 6.3] bind 관련 함수

함수명	기능
bind_rows(df1, df2)	df1과 df2를 행 단위로 합친다.
bind_cols(df1, df2, x)	df1과 df2를 열 단위로 합친다.

⊙실습 두 개의 데이터프레임을 행 단위로 합치기

다음은 dplyr 패키지에서 제공하는 bind_rows() 함수의 형식이다.

형식 bind_rows(데이터프레임1, 데이터프레임2)

```
> # 단계 1: 실습을 위한 데이터프레임 생성
> df1 <- data.frame(x = 1:5, y = rnorm(5))
> df2 <- data.frame(x = 6:10, y = rnorm(5))
>
> df1
 x        y
1 1   1.2643834
2 2   0.2804723
3 3   0.1772462
4 4   1.6853264
5 5   0.1265535
> df2
 x        y
1 6   0.41313973
2 7  -0.04222386
3 8   2.43790648
4 9   0.14192514
5 10  2.04484655
>
```

해설 데이터프레임 합치기 실습을 위해 데이터프레임 df과 df2를 만든다.

```
> # 단계 2: 데이터프레임 합치기
> df_rows <- bind_rows(df1, df2)
> df_rows
 x         y
1 1   1.26438337
2 2   0.28047235
```

```
 3  3   0.17724618
 4  4   1.68532641
 5  5   0.12655350
 6  6   0.41313973
 7  7  -0.04222386
 8  8   2.43790648
 9  9   0.14192514
10 10   2.04484655
>
```

해설 bind_rows() 함수를 사용해서 데이터프레임 df1의 5개 관측치 바로 다음에 데이터프레임 df2의 관측치 5개가 행 단위로 합쳐진다.

⊕실습 **두 개의 데이터프레임을 열 단위로 합치기**

다음은 dplyr 패키지에서 제공하는 bind_cols() 함수의 형식이다.

형식 bind_cols(데이터프레임1, 데이터프레임2)

```
> df_cols <- bind_cols(df1, df2)
> df_cols
   x         y x1          y1
1  1 1.2643834  6  0.41313973
2  2 0.2804723  7 -0.04222386
3  3 0.1772462  8  2.43790648
4  4 1.6853264  9  0.14192514
5  5 0.1265535 10  2.04484655
>
```

해설 bind_cols() 함수를 사용해서 데이터프레임 df1의 5개 관측치와 df2의 5개 관측치를 열 단위로 합친다.

1.11 칼럼명 수정하기

데이터프레임을 구성하는 칼럼명을 수정하는 함수에 대해서 알아본다.

⊕실습 **데이터프레임의 칼럼명 수정하기**

다음은 dplyr 패키지에서 제공하는 rename() 함수의 형식이다.

형식 rename(데이터프레임, 변경후칼럼명 = 변경전칼럼명)

```
> # 데이터플임의 칼럼명 수정
> df_rename <- rename(df_cols, x2 = x1)      # new = old
> df_rename <- rename(df_rename, y2 = y1) # new = old
> df_rename
```

```
     x        y  x2         y2
1  1 1.2643834   6  0.41313973
2  2 0.2804723   7 -0.04222386
3  3 0.1772462   8  2.43790648
4  4 1.6853264   9  0.14192514
5  5 0.1265535  10  2.04484655
>
```

해설 rename() 함수를 이용하여 df_cols의 칼럼 x1과 y1의 칼럼명을 x2와 y2로 변경한다.

2. reshape2 패키지 활용

reshape2 패키지는 reshape 패키지의 기본 골격만을 대상으로 개발된 패키지이다. 특히 melt()와 dcast/acast() 함수만을 적용하여 집단변수를 통해서 데이터의 구조를 유연하게 변경해주는 기능을 제공한다. reshape2 패키지 역시 Hadley Wickham에 의해서 2014월 12월에 CRAN에 공포되었다.

2.1 긴 형식을 넓은 형식으로 변경

reshape2 패키지에서 제공하는 dcast() 함수를 이용하여 긴 형식(Long format)의 데이터를 넓은 형식 (wide format)으로 변경한다.

⊙ 실습 reshape2 패키지 설치와 데이터 가져오기

```
> install.packages("reshape2")                    # reshape2 패키지 설치
Installing package into 'C:/Users/master/Documents/R/win-library/4.0'
(as 'lib' is unspecified)
                ... 중간 생략 ...
> data <- read.csv("C:/Rwork/Part-II/data.csv")   # 실습 데이터 가져오기
> data                                            # 데이터 확인
      Date Customer_ID  Buy
1  20150101           1    3
2  20150101           2    4
3  20150102           1    2
4  20150101           2    3
5  20150101           1    2
         ... 중간 생략 ...
20 20150106           3    6
21 20150107           1    9
22 20150107           5    7
> library(reshape2)                               # 사용할 패키지 로드
>
```

해설 "reshape2" 패키지를 설치하여 메모리에 설치된 패키지를 로드하고, "data.csv" 파일을 읽어 실습에서 사용할 데이터를 준비한다.

➕ 더 알아보기 "data.csv" 데이터 셋

data.csv 데이터 셋은 22개의 관측치와 3개의 변수로 구성되어있으며, 5명의 고객이 날짜별로 구매한 수량을 나타내고 있다. 날짜와 고객 ID는 2개 이상의 중복 자료가 존재한다.

- Date: 구매날짜
- Customer: 고객ID
- Buy: 구매수량

⬇ 실습 넓은 형식(wide format)으로 변경하기

데이터 셋을 넓은 형식으로 변경해주는 dcast() 함수의 형식은 다음과 같다.

형식 dcast(데이터 셋, 앞변수 ~ 뒷변수, 적용함수)

```
> wide <- dcast(data, Customer_ID ~ Date, sum)
Using Buy as value column: use value.var to override.
> wide
  Customer_ID 20150101 20150102 20150103 20150104 20150105 20150106 20150107
1           1        5        2        5        5        0        0        9
2           2        7        0        4        8        0        6        0
3           3        0        0        0        5        0        6        4
4           4        0        6        8        0        0        0        0
5           5        0        1        5        0        6        0       10
>
```

해설 dcast() 함수를 실행하면 데이터 셋(data)을 대상으로 앞 변수(Customer_ID)와 뒷 변수(Date)의 값이 같은 경우 측정변수(Buy)를 대상으로 sum() 함수가 적용된다. 이때 앞 변수는 각 행을 구성하며, 뒷 변수는 각 열을 구성한다. 실행 후 출력되는 결과 메시지는 Buy 변수가 측정변수로 사용되어 정리 대상 변수가 되었다는 의미이다.

⬇ 실습 파일 저장 및 읽기

```
> setwd("C:/Rwork/Part-II")
> write.csv(wide, "wide.csv", row.names = FALSE)  # 행 번호 없이 저장
>
> wide <- read.csv("wide.csv")
> colnames(wide) <- c('Customer_ID', 'day1', 'day2', 'day3',
+                     'day4', 'day5', 'day6', 'day7')
>
> wide
  Customer_ID day1 day2 day3 day4 day5 day6 day7
1           1    5    2    5    5    0    0    9
2           2    7    0    4    8    0    6    0
3           3    0    0    0    5    0    6    4
4           4    0    6    8    0    0    0    0
5           5    0    1    5    0    6    0   10
>
```

해설 넓은 형식으로 변환한 결과를 행 번호 없이 "wide.csv" 파일로 저장한 뒤에, 저장된 파일을 wide 변수로 읽어온다. 끝으로 wide의 칼럼명을 수정하여 데이터를 확인한다.

2.2 넓은 형식을 긴 형식으로 변경

reshape2 패키지에서 제공하는 melt() 함수를 이용하여 넓은 형식(wide format)의 데이터를 긴 형식 (long format)으로 변경할 수 있다.

┌─ (⊙)실습 넓은 형식의 데이터를 긴 형식으로 변경하기

긴 형식으로 변경하기 위한 melt() 함수의 기본 형식은 다음과 같다.

형식 melt(데이터 셋, id = '칼럼명')

```
> # 단계 1: 데이터를 긴 형식으로 변경하기
> long <- melt(wide, id = "Customer_ID")
> long                              # 변경된 데이터 확인
   Customer_ID variable value
1            1     day1     5
2            2     day1     7
3            3     day1     0
4            4     day1     0
5            5     day1     0
        … 중간 생략 …
33           3     day7     4
34           4     day7     0
35           5     day7    10
>
> # 단계 2: 칼럼명 변경하기
> name <- c("Customer_ID", "Date", "Buy")   # 칼럼명 준비
> colnames(long) <- name                    # 데이터프레임의 칼럼명 변경
> head(long)                                # 데이터프레임의 앞부분 보기
   Customer_ID Date Buy
1            1 day1   5
2            2 day1   7
3            3 day1   0
4            4 day1   0
5            5 day1   0
6            1 day2   2
>
```

└─ **해설** 넓은 형식의 데이터 셋 wide를 대상으로 Customer_ID로 지정된 칼럼명을 기준으로 데이터의 구조를 긴 형식 (long format)으로 변경하는 과정이다. 칼럼명을 변경하고 변경된 결과인 긴 형식의 데이터 셋 long의 앞부분을 확인한다.

┌─ (⊙)실습 smiths 데이터 셋 확인하기

```
> # 단계 1: smiths 데이터 셋 가져오기
> data("smiths")
> smiths
```

```
       subject  time  age  weight  height
1  John Smith      1   33      90    1.87
2  Mary Smith      1   NA      NA    1.54
>
> # 단계 2: 넓은 형식의 smiths 데이터 셋을 긴 형식으로 변경
> long <- melt(id = 1:2, smiths)  # id 칼럼 기준
> long
       subject  time  variable   value
1  John Smith      1       age   33.00
2  Mary Smith      1       age      NA
3  John Smith      1    weight   90.00
4  Mary Smith      1    weight      NA
5  John Smith      1    height    1.87
6  Mary Smith      1    height    1.54
>
```

해설 smiths 데이터 셋을 대상으로 첫 번째 칼럼과 두 번째 칼럼을 기준으로 긴 형식(long format)으로 구조가 변경되어 4개의 칼럼과 6개의 관측치를 갖는 데이터프레임이 생성된다.

```
> # 단계 3: 긴 형식을 넓은 형식으로 변경하기
> dcast(long, subject + time ~ ...)
       subject  time  age  weight  height
1  John Smith      1   33      90    1.87
2  Mary Smith      1   NA      NA    1.54
>
```

해설 긴 형식으로 변경된 데이터 셋을 대상으로 subject와 time 칼럼을 기준으로 다시 넓은 형식으로 구조를 변경하였다.

2.3 3차원 배열 형식으로 변경

dcast() 함수는 데이터프레임 형식으로 구조를 변경하지만, acast() 함수는 3차원 구조를 갖는 배열 형태로 변경해준다.

실습 airquality 데이터 셋의 구조 변경하기

```
> # 단계 1: airquality 데이터 셋 가져오기
> data('airquality')
> str(airquality)
'data.frame': 153 obs. of  6 variables:
 $ Ozone   : int   41 36 12 18 NA 28 23 19 8 NA ...
 $ Solar.R : int   190 118 149 313 NA NA 299 99 19 194 ...
 $ Wind    : num  7.4 8 12.6 11.5 14.3 14.9 8.6 13.8 20.1 8.6 ...
 $ Temp    : int   67 72 74 62 56 66 65 59 61 69 ...
 $ Month   : int   5 5 5 5 5 5 5 5 5 5 ...
 $ Day     : int   1 2 3 4 5 6 7 8 9 10 ...
> airquality
```

```
    Ozone  Solar.R  Wind  Temp  Month  Day
1      41      190   7.4    67      5    1
2      36      118   8.0    72      5    2
3      12      149  12.6    74      5    3
4      18      313  11.5    62      5    4
               … 중간 생략 …
152    18      131   8.0    76      9   29
153    20      223  11.5    68      9   30
>
```

➕ 더 알아보기　　**airquality 데이터 셋**

airquality 데이터 셋은 R에서 기본으로 제공되는 데이터 셋으로 New York의 대기질을 측정한 데이터 셋이다. 전체 153개의 관측치와 6개의 변수로 구성되어있다.

주요 변수:

- Ozone: 오존 수치
- Solar.R: 태양광
- Wind: 바람,
- Temp: 온도
- Month: 측정 월(5~9)
- Day: 측정 날짜(1~31일)

```
> # 단계 2: 칼럼 제목을 대문자로 일괄 변경하기
> names(airquality) <- toupper(names(airquality))   # 칼럼명을 대문자로 변경
> head(airquality)
   OZONE SOLAR.R WIND TEMP MONTH DAY
1     41     190  7.4   67     5   1
2     36     118  8.0   72     5   2
3     12     149 12.6   74     5   3
4     18     313 11.5   62     5   4
5     NA      NA 14.3   56     5   5
6     28      NA 14.9   66     5   6
>
```

```
> # 단계 3: melt() 함수를 이용하여 넓은 형식을 긴 형식으로 변경하기
> air_melt <- melt(airquality, id = c("MONTH", "DAY"), na.rm = TRUE)
> head(air_melt)
  MONTH DAY variable value
1     5   1    OZONE    41
2     5   2    OZONE    36
3     5   3    OZONE    12
4     5   4    OZONE    18
6     5   6    OZONE    28
7     5   7    OZONE    23
>
```

해설　전체 153개의 관측치를 대상으로 month(월)과 day(일)를 기준으로 관측치 568개와 4개 변수에 의해서 긴 형식으로 구조가 변경되는 과정이다. 기준변수에 의해서 분류되는 관측변수(ozone, solar.r, wind, temp)는 variable 칼럼에 추가되고, 값은 value 칼럼에 추가된다.

```
> # 단계 4: acast() 함수를 이용하여 3차원으로 구조 변경하기
> names(air_melt) <- tolower(names(air_melt))
> acast <- acast(air_melt, day ~ month ~ variable)   # 3차원 구조로 변경
> acast
, , OZONE

      5    6    7    8    9
1    41   NA  135   39   96
2    36   NA   49    9   78
      … 중간 생략 …
30  115   NA   64   84   20
31   37   NA   59   85   NA

, , SOLAR.R

      5    6    7    8    9
1   190  286  269   83  167
2   118  287  248   24  197
      … 중간 생략 …
30  223  138  253  237  223
31  279   NA  254  188   NA

, , WIND

      5    6    7    8    9
1   7.4  8.6  4.1  6.9  6.9
2   8.0  9.7  9.2 13.8  5.1
      … 중간 생략 …
30  5.7  8.0  7.4  6.3 11.5
31  7.4   NA  9.2  6.3   NA

, , TEMP

      5    6    7    8    9
1    67   78   84   81   91
2    72   74   85   81   92
      … 중간 생략 …
30   79   83   83   96   68
31   76   NA   81   94   NA

> class(acast)
[1] "array"
>
```

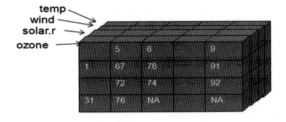

해설 air_melt 데이터 셋을 대상으로 행(day), 열(month), 면(variable)의 3차원 배열에 value 값 이 표시되는 형식으로 다음 그림과 같이 3차원 배열구조로 변경된다.

```
> # 단계 5: 집합함수 적용하기
> acast(air_melt, month ~ variable, sum, margins = TRUE)
     OZONE  SOLAR.R  WIND   TEMP    (all)
5      614     4895  360.3  2032   7901.3
6      265     5705  308.0  2373   8651.0
7     1537     6711  277.2  2601  11126.2
8     1559     4812  272.6  2603   9246.6
9      912     5023  305.4  2307   8547.4
(all)  4887    27146  523.5 11916  45472.5
>
```

해설 acast() 함수는 month 칼럼을 기준으로 측정변수들의 합계를 계산한다. 여기서 'margins = TRUE' 속성은 각 행과 열의 합계(all) 칼럼을 추가한다. 3차원 구조인 air_melt 데이터 셋에 dcast() 함수를 적용하면 데이터프레임 형태로 구조가 변경된다.

참고 연습문제 1~ 4는 dplyr 패키지와 iris 데이터 셋을 사용한다.

```
> library(dplyr)        # dplyr 패키지 로드
> data(iris)            # iris 데이터 셋 로드
```

1. iris의 꽃잎의 길이(Petal.Length) 칼럼을 대상으로 1.5 이상의 값만 필터링하시오.

   ● 힌트: 파이프 연산자(%>%)와 filter() 함수 이용

2. 1의 결과에서 1, 3, 5번 칼럼을 선택하시오.

   ● 힌트: 파이프 연산자(%>%)와 select() 함수 이용

3. 2의 결과에서 1~3번 칼럼의 값을 뺀 diff 파생변수를 만들고, 앞부분 6개만 출력하시오.

   ● 힌트: diff = 1번 칼럼 – 3번 칼럼
   ● 힌트: 파이프 연산자(%>%)와 mutate() 함수 이용

4. 3의 결과에서 꽃의 종(Species)별로 그룹화하여 Sepal.Length와 Petal.Length 변수의
   평균을 계산하시오.

   ● 힌트: 파이프 연산자(%>%)와 group_by() 함수 그리고 summarise() 함수 이용

참고 연습문제 5는 reshape 패키지와 iris 데이터 셋을 사용한다.

```
> library(reshape2)     # reshape2 패키지 로드
```

5. reshape2 패키지를 이용하여 단계별로 iris 데이터 셋을 처리하시오.

   [단계 1] 꽃의 종류(Species)를 기준으로 '넓은 형식'을 '긴 형식'으로 변경하기
   ● 힌트: melt() 함수 이용

   [단계 2] 꽃의 종별로 나머지 4가지 변수의 합계 구하기
   ● 힌트: dcast() 함수 이용

EDA와 Data 정제

학습 내용

자료분석을 목적으로 수집된 자료는 대부분 바로 활용할 수 없다. 왜냐하면, 분석에 적합한 형태로 자료가 수집된 경우가 거의 없기 때문이다. 따라서 수집된 자료가 분석에 필요한 조건을 갖는 자료인지를 먼저 분석하고, 불필요한 자료나 사용할 수 없는 자료를 대상으로 수정 또는 제거하는 데이터 전처리(data preprocessing) 과정이 필요하다. 잘못된 데이터는 부정확한 결과를 초래하기 때문에 데이터의 전처리를 통해서 자료를 정제해야 한다.

이장에서는 탐색적 데이터 분석(EDA)을 통해서 다양한 각도에서 수집한 자료를 관찰하고, 결측치나 이상치를 정제하는 방법에 대해서 알아본다.

학습 목표

• 함수를 이용하여 결측치를 확인하고, 조건식으로 결측치를 제거할 수 있다.
• 범주형 변수와 연속형 변수를 대상으로 극단치를 확인할 수 있다.
• 코딩 변경의 유형을 설명할 수 있다.
• 데이터 셋을 구성하고 있는 변수를 대상으로 파생변수를 만들 수 있다.
• 데이터 셋을 학습데이터와 검정데이터로 샘플링할 수 있다.

Chapter 07의 구성

1. EDA란?
2. 수집 자료 이해
3. 결측치 처리
4. 극단치 처리
5. 코딩 변경
6. 변수 간의 관계 분석
7. 파생변수
8. 표본추출

1. EDA란?

EDA는 탐색적 자료분석(Exploratory Data Analysis)으로 해석한다. 즉 수집한 자료를 다양한 각도에서 관찰하고 이해하는 과정으로 그래프나 통계적 방법을 이용해서 자료를 직관적으로 파악하는 과정을 말한다.

1.1 EDA 필요성

자료의 분포와 통계를 파악하여 자료가 갖고 있는 특성을 이해하고, 잠재적인 문제를 발견해서 분석 전에 발견이 어려운 다양한 문제점을 발견하고, 이를 바탕으로 기존의 가설을 수정하거나 새로운 방향의 가설을 세울 수 있다.

다음 [그림 7.1]은 수집된 자료를 분석모델에서 사용하기 위해서 단계별로 EDA가 적용되는 과정을 예시로 나타내고 있다. EDA는 분석에 필요한 자료를 이해하고 자료의 전처리 그리고 정제된 데이터 셋을 대상으로 변수 간의 특성을 분석하는 데 필요하다.

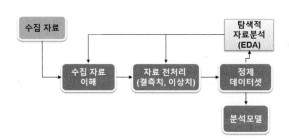

[그림 7.1] 단계별 EDA 필요성

1.2 EDA 과정

EDA의 과정은 다음과 같은 단계로 진행한다.

[단계 1] 분석의 목적과 변수의 특징 확인
　　수집된 자료를 대상으로 셀 수 없는 변수(Categorical)와 셀 수 있는 변수(Numerical)를 구분한다.

[단계 2] 자료 확인 및 전처리
　　수집된 자료를 확인하고 결측치와 이상치를 확인하고 정제한다.

[단계 3] 자료의 각 변수 관찰
　　대표값이나 산포도를 이용한 통계 조사 및 이산변수와 연속변수 시각화

[단계 4] 변수 간의 관계에 초점을 맞춰 패턴 발견
　　변수와 변수 간의 상관관계이나 고급 시각화 도구를 이용한 변수 간의 패턴 발견

2. 수집 자료 이해

분석 전에 수집 자료(명세서)를 면밀하게 살펴보고, 수집한 자료를 이해하는 단계이다. 예를 들면 자료 구조, 관측치의 길이, 변수 구성, 각 변수의 의미, 측정 방법, 척도 유형 그리고 명세서와 동일하게 코딩되었는지를 확인하는 단계이다. 수집 자료의 이해는 자료로부터 의미 있는 통찰(insight)을 얻는 출발점이다.

2.1 데이터 셋 보기

데이터의 분포 현황을 통해서 데이터의 유형과 결측치(NA) 그리고 극단치(outlier) 등의 데이터를 발견할 수 있다. 결측치는 응답자의 회피와 응답할 수 없는 상황(예를 들면 여성인 경우 군필 항목)에서 주로 발생하며, 극단치는 데이터의 수집과 입력과정에서 실수로 발생한다.

데이터 처리를 위해서 가져온 데이터 셋 전체를 볼 수 있는 함수는 print()와 View() 함수가 있다. print() 함수는 콘솔 창으로 데이터를 보여주고, View() 함수는 별도의 데이터 뷰어 창을 통해서 전체 데이터를 테이블 양식으로 출력해 준다.

⬇ 실습 실습용 데이터 가져오기

```
> getwd( )
[1] "C:/Rwork/Part-II"
> setwd("C:/Rwork/Part-II")
> dataset <- read.csv("dataset.csv", header = T)  # 헤더가 있는경우
> dataset   # 열 이름: resident, gender job, age, position, price, survey
   resident gender job age position price survey
1         1      1   1  26        2   5.1      1
2         2      1   2  54        5   4.2      2
3        NA      1   2  41        4   4.7      4
4         4      2  NA  45        4   3.5      2
5         5      1   3  62        5   5.0      1
                  … 중간 생략 …
141       2      1   2  38        3   5.2      3
142       1      2   1  57        5   4.7      4
[ reached 'max' / getOption("max.print") -- omitted 158 rows ]
>
```

⬇ 실습 전체 데이터 보기

```
> print(dataset)  # 콘솔 창으로 전체 데이터 출력
   resident gender job age position price survey
1         1      1   1  26        2   5.1      1
2         2      1   2  54        5   4.2      2
3        NA      1   2  41        4   4.7      4
4         4      2  NA  45        4   3.5      2
5         5      1   3  62        5   5.0      1
```

```
         … 중간 생략 …
141       2      1   2  38        3   5.2      3
142       1      2   1  57        5   4.7      4
[ reached 'max' / getOption("max.print") -- omitted 158 rows ]
> View(dataset)   # 별도의 뷰어 창으로 전체 데이터 출력
>
```

	resident	gender	job	age	position	price	survey	
1	1	1	1	26	2	5.1	1	
2	2	1	2	54	5	4.2	2	
3	NA	1	2	41	4	4.7	4	
4	4	2	NA	45	4	3.5	2	
5	5	1	3	62	5	5.0	1	
6	3	1	2	57	NA	5.4	2	
7	2	2	1	36	3	4.1	4	
8	5	1	2	NA	3	675.0	4	
9	NA	1	1	56	5	4.4	3	
10	2	1	2	37	3	4.9	3	
11	5	2	NA	29	2	2.3	5	

Showing 1 to 12 of 300 entries, 7 total columns

해설 print() 함수의 결과는 콘솔 창에서 확인할 수 있고, View() 함수의 결과는 별도의 창을 통해 테이블 형식으로 확인할 수 있다.

View() 함수의 실행결과에서 NA가 발견되는 것을 확인할 수 있다. View() 함수의 실행 결과에서는 Filter 기능을 제공하기 때문에 칼럼 단위로 필터를 적용하여 필요한 데이터만 볼 수 있다.

● 실습 데이터의 앞부분과 뒷부분 보기

```
> head(dataset)     # head( ) 함수는 앞부분 데이터 6개를 보여준다.
   resident gender job age position price survey
1         1      1   1  26        2   5.1      1
2         2      1   2  54        5   4.2      2
3        NA      1   2  41        4   4.7      4
4         4      2  NA  45        4   3.5      2
5         5      1   3  62        5   5.0      1
6         3      1   2  57       NA   5.4      2
> tail(dataset)     # tail( ) 함수는 뒷부분 데이터 6개를 보여준다.
    resident gender job age position price survey
295        2      1   1  20        1   3.5      5
296        1      5   2  26        1   7.1      2
297        3      1   3  24        1   6.1      2
298        4      1   3  59        5   5.5      2
299        3      0   1  45        4   5.1      2
300        1      1   3  27        2   4.4      2
>
```

해설 관측치가 많은 경우 데이터 셋의 앞부분 또는 뒷부분만 부분적으로 확인할 수 있다. "dataset.csv" 파일의 칼럼 구성은 [표 7.1]과 같다.

[표 7.1] "dataset.csv" 데이터 셋의 변수(칼럼) 구성

변수	resident	ggender	job	age	positionn	price	surveyy
척도	명목	명목	명목	비율	서열	비율	등간
범위	1~5	1, 2	1~3	20~69	1~5	2.1~7.9	1~5
설명	거주시	성별	직업	나이	직위	구매금액	만족도

척도(Scale)는 설문지와 같은 측정 도구에서 응답자가 변인의 값을 선택할 수 있도록 일련의 기호 또는 숫자로 나타내어 변수를 측정하게 하는 단위이다. 척도에 관한 내용은 '10장 분석 절차와 통계 지식'에서 살펴본다.

2.2 데이터 셋 구조 보기

분석에 필요한 데이터 셋의 구조를 확인하는 함수는 names(), attributes(), str() 함수 등이 있다. 이러한 함수들을 이용하여 데이터 셋의 세부정보를 조회할 수 있다. 특히 attributes() 함수는 열 이름과 행 이름 그리고 자료구조 정보를 제공하며, str() 함수는 자료구조 그리고 관측치와 변수의 개수를 제공한다.

⊙실습 데이터 셋 구조 보기

```
> names(dataset)          # 변수명(칼럼) 조회
[1] "resident" "gender" "job"    "age"    "position" "price"  "survey"
>
> attributes(dataset)          # names(열 이름), class, row.names(행 이름)
$names
[1] "resident" "gender" "job"    "age"    "position" "price"  "survey"

$class
[1] "data.frame"

$row.names
  [1]   1   2   3   4   5   6   7   8   9  10  11  12  13  14  15  16  17  18  19
 [20]  20  21  22  23  24  25  26  27  28  29  30  31  32  33  34  35  36  37  38
                      … 중간 생략 …
[267] 267 268 269 270 271 272 273 274 275 276 277 278 279 280 281 282 283 284 285
[286] 286 287 288 289 290 291 292 293 294 295 296 297 298 299 300

>
> str(dataset)
'data.frame': 300 obs. of  7 variables:
 $ resident: int   1 2 NA 4 5 3 2 5 NA 2 ...
 $ gender  : int   1 1 1 2 1 1 2 1 1 1 ...
 $ job     : int   1 2 2 NA 3 2 1 2 1 2 ...
 $ age     : int   26 54 41 45 62 57 36 NA 56 37 ...
 $ position: int   2 5 4 4 5 NA 3 3 5 3 ...
 $ price   : num   5.1 4.2 4.7 3.5 5 5.4 4.1 675 4.4 4.9 ...
 $ survey  : int   1 2 4 2 1 2 4 4 3 3 ...
>
```

└ **해설** names() 함수를 이용하여 데이터 셋의 칼럼명을 조회하고, attributes() 함수를 통해 열과 행 이름 등을 확인한다. str() 함수를 이용하면 해당 객체의 자료구조, 관측치 그리고 칼럼명과 자료형을 동시에 확인할 수 있다.

2.3 데이터 셋 조회

데이터 셋에 포함된 특정 변수의 내용을 조회하는 방법에 대해서 알아본다. R에서 가장 많이 사용되는 데이터프레임을 데이터 셋으로 구성한 경우 특정 변수에 접근하기 위해서는 '$' 기호를 사용하여 "객체$변수" 형식으로 이용한다.

┌ **◉실습** 다양한 방법으로 데이터 셋 조회하기

```
> # 단계 1: 데이터 셋에서 특정 변수 조회하기
> dataset$age          # 데이터 셋에서 age 변수값 출력
  [1] 26 54 41  45 62 57 36 NA 56 37 29  35 56 20 63  49 49 49 25 57 56 21 69
 [24] 63 30 34  26 59 38 57  60 49 65 NA 49 23 63 NA 45 29 28 65 60 32 25 NA
                          … 중간 생략 …
[277] 54 60 NA 63 43 21 23  24 63 41 27  47 48 22 48  21 55 43 20 26 24 59 45
[300] 27
> dataset$resident     # 데이터 셋에서 resident 변수값 출력
  [1]  1  2 NA 4 5 3 2 5 NA 2 5 3 1 2 NA 1 3 2 1 1 1 1 2
 [24]  1  1  2 1 1 2 1 1  2 1 3 2 5 1  3 2 4 2 5 3 5 5 3
                          … 중간 생략 …
[277]  2 NA 5 2 1 4 2 1  4 2 1 1 1 1  5 1 2 1 2 1 2 1 3 4 3
[300]  1
> length(dataset$age)  # age 데이터 수 확인
[1] 300
>
```

```
> # 단계 2: 특정 변수의 조회 결과를 변수에 저장하기
> x <- dataset$gender # 데이터 셋에서 gender 변수의 값을 변수에 저장
> y <- dataset$price   # 데이터 셋에서 price 변수의 값을 변수에 저장
>
> x
  [1] 1 1 1 2 1 1 2 1 1 1 2 1 1 2 1 1 2 1 1 1 1 2 1 1 1 1 1 1 2 1 1 1 2 1 1 1 2
 [36] 1 1 1 1 2 1 1 1 1 2 1 1 1 1 1 2 1 1 1 1 2 1 1 1 2 1 1 1 2 2 2 2 2 1 2
                          … 중간 생략 …
[281] 2 2 2 1 2 1 2 1 2 2 2 2 0 2 1 5 1 1 0 1
> y
  [1]  5.1   4.2   4.7   3.5   5.0   5.4   4.1 675.0   4.4   4.9
 [11]  2.3   4.2   6.7   4.3 257.8   5.7   4.6   5.1   2.1   5.1
                          … 중간 생략 …
[291]  7.7   6.3   5.5   4.5   3.5   7.1   6.1   5.5   5.1   4.4
>
```

```
> # 단계 3: 산점도 그래프로 변수 조회
> # price 변수의 값을 산점도 그래프로 조회
> plot(dataset$price)
>
```

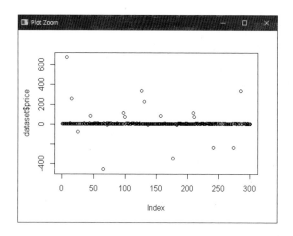

```
> # 단계 4: 칼럼명을 사용하여 특정 변수 조회
> dataset["gender"]
    gender
1       1
2       1
3       1
… 중간 생략 …
299     0
300     1
> dataset["price"]
    price
1     5.1
2     4.2
3     4.7
… 중간 생략 …
300   4.4
>
```

```
> # 단계 5: 색인을 사용하여 특정 변수 조회
> dataset[2]                    # 두 번째 칼럼(gender) 조회
    gender
1       1
2       1
… 중간 생략 …
299     0
300     1
> dataset[6]                    # 여섯 번째 칼럼(price) 조회
    price
1     5.1
2     4.2
… 중간 생략 …
300   4.4
>
```

```
> dataset[3, ]              # 세 번째 관측치(행) 전체, 열 공통
  resident gender job age position price survey
3       NA      1   2      41        4    4.7      4
>
> dataset[ , 3]             # 전체 행의 세 번째 변수(열), 행 공통
  [1] 1  2  2 NA 3  2  1  2  1  2 NA 3  1  3  2  1  2  3  2  1 NA 3  1
 [24] 2  1  3  1  1  2  1  1  2  1  3  1  3  1  3  1  2  2  1  3 NA 1  2  1  2
 [47] 3  3  1  2  2  2  1  3  2  2  1  3  2  2  1  3  2  2  1  2  2  1  3
              ⋯ 중간 생략 ⋯
[277] 3  1  3  2  3  3  3  3  3  2  3  3  2  3  1  3  1  2  1  2  3  3  1
[300] 3
>
```

```
> # 단계 6: 2개 이상의 칼럼 조회
> dataset[c("job", "price")]    # job과 price 열 조회
    job price
1     1   5.1
2     2   4.2
⋯ 중간 생략 ⋯
300   3   4.4
>
> dataset[c(2, 6)]              # 2번째와 6번째(gender, price) 열 조회
    gender price
1        1   5.1
2        1   4.2
   ⋯ 중간 생략 ⋯
300      1   4.4
>
> dataset[c(1, 2, 3)]           # 1 ~ 3열(resident, gender, age) 조회
    resident gender job
1          1      1   1
2          2      1   2
       ⋯ 중간 생략 ⋯
300        1      1   3
>
> dataset[c(2, 4:6, 3, 1)]      # gender, age, position, price, job, resident 열 조회
    gender age position price job resident
1        1  26        2   5.1   1        1
2        1  54        5   4.2   2        2
             ⋯ 중간 생략 ⋯
166      1  30        2   5.5   3        1
[ reached 'max' / getOption("max.print") -- omitted 134 rows ]
>
```

```
> # 단계 7: 특정 행/열을 조회
> dataset[ , c(2:4)]    # 모든 행의 2 ~ 4열 조회
```

```
      gender job age
1         1   1  26
2         1   2  54
   … 중간 생략 …
300       1   3  27
>
> dataset[c(2:4), ]      # 2 ~ 4행의 모든 열 조회
    resident gender job age position price survey
2          2      1   2  54        5   4.2      2
3         NA      1   2  41        4   4.7      4
4          4      2  NA  45        4   3.5      2
>
> dataset[-c(1:100), ] # 1 ~ 100행을 제외한 나머지 행의 모든 열 조회
    resident gender job age position price survey
101        1      2   3  NA        3   6.3      4
102        2      1   3  63        5    NA      2
            … 중간 생략 …
242        1      2   1  NA        1 -235.8     2
[ reached 'max' / getOption("max.print") -- omitted 58 rows ]
>
```

3. 결측치 처리

분석자가 데이터를 코딩하는 과정에서 실수로 입력하지 않았거나, 응답자가 고의로 응답을 회피한 경우 결측치(Missing Values, R에서는 NA로 표시)가 발생한다. 이 경우 결측치 항목의 최대 자리수 만큼 숫자 9를 채워 부호화하거나 하이픈(-)으로 해당 항목을 채워 넣는다.

R의 내장함수 중에는 결측치가 포함된 데이터를 대상으로 결측치를 제거한 후 유효한 자료만을 대상으로 연산하는 na.rm 속성과 na.omit() 함수를 제공한다. 하지만, 무조건 결측치를 제거한다면 그로 인하여 중요한 데이터가 손실될 수도 있다. 따라서 결측치를 처리하는 방법에는 결측치를 제거하는 방법도 있지만, 결측치를 제거하지 않고 다른 값으로 대체하는 방법도 고려해 볼 수 있다.

일반적으로 유클리디안 거리(Euclidean Distance) 식을 바탕으로 기계 학습에 의해 생성된 거리 측도 모델(kNN, h-clustering)은 결측치가 존재하는 경우 값이 왜곡되는 현상이 발생하기 때문에 결측치가 포함된 관측치를 제거하는 것이 좋다. 하지만 결측치를 포함한 관측치를 무조건 제거하면 해당 정보가 손실되므로 좋은 대안은 아니다. 따라서 결측치를 0이나 평균으로 대체하는 방법을 선택한다.

따라서 기계 학습이 적용된 알고리즘으로 모델을 생성하는 경우에는 해당 모델의 특성에 맞게 적절히 결측치를 처리해야 한다.

3.1 결측치 확인

summary() 함수를 이용하여 특정 변수의 결측치를 확인할 수 있으며, 결측치가 포함된 데이터를 대상으로 합계를 구하는 sum()를 실행하면 'NA'가 출력된다.

⊕실습 summary() 함수를 사용하여 결측치 확인하기

```
> summary(dataset$price)    # 결측치 확인(NA: 30개)
    Min.    1st Qu.  Median    Mean  3rd Qu.    Max.    NA's
 -457.200    4.425   5.400   8.752   6.300   675.000    30
> sum(dataset$price)         # 결측치 출력
[1] NA
>
```

해설 특정 데이터 셋의 칼럼을 summary() 함수의 인수로 적용하면 요약통계량과 결측치 정보를 제공해준다.

3.2 결측치 제거

결측치를 제거하여 데이터를 연산하는 방법에는 자체 함수에서 제공되는 속성을 이용하는 방법과 결측치 제거 함수를 이용하는 방법이 있다.

⊕실습 sum() 함수의 속성을 이용하여 결측치 제거하기

```
> sum(dataset$price, na.rm = T)    # "na.rm = T" 속성을 적용하여 결측치 제거
[1] 2362.9
>
```

해설 sum() 함수에서 na.rm 속성의 값을 TRUE로 지정하면 해당 칼럼의 결측치를 제거해 준다.

⊕실습 결측치 제거 함수를 이용하여 결측치 제거

```
> price2 <- na.omit(dataset$price)  # price 열에 있는 모든 NA 제거
> sum(price2)                        # 합계 구하기
[1] 2362.9
> length(price2)                     # 결측치 30개 제거
[1] 270
>
```

해설 na.omit() 함수는 특정 칼럼의 결측치를 제거해 주는 역할을 제공한다. data.frame을 대상으로 na.omit() 함수를 적용하면 결측치를 포함하는 해당 관측치가 제거된다.

3.3 결측치 대체

결측치를 제거하면 결측치를 포함하는 관측치가 제거된다. 따라서 관측치를 유지하기 위해서는 결측치를 0으로 대체하거나 평균으로 대체하는 방법을 선택한다.

┌ ⊙ 실습 결측치를 0으로 대체하기

```
> x <- dataset$price                 # price 열을 대상으로 벡터 생성
> x[1:30]                            # price 열의 벡터 확인
 [1]   5.1   4.2   4.7   3.5   5.0   5.4   4.1 675.0   4.4   4.9   2.3
[12]   4.2   6.7   4.3 257.8   5.7   4.6   5.1   2.1   5.1   6.2   5.1
[23]   4.1   4.1 -75.0   2.3   5.0   NA   5.2   4.7
> dataset$price2 = ifelse(!is.na(x), x, 0)  # NA 이면 0으로 대체
> dataset$price2[1:30]                       # 결측치를 0으로 대체한 price 열의 벡터 확인
 [1]   5.1   4.2   4.7   3.5   5.0   5.4   4.1 675.0   4.4   4.9   2.3
[12]   4.2   6.7   4.3 257.8   5.7   4.6   5.1   2.1   5.1   6.2   5.1
[23]   4.1   4.1 -75.0   2.3   5.0   0.0   5.2   4.7
>
```

└ 해설 price 열을 대상으로 벡터를 생성한 후 price의 결측치를 0으로 대체하여 결과를 확인한다.

┌ ⊙ 실습 결측치를 평균으로 대체하기

```
> x <- dataset$price    # price 열을 대상으로 벡터 생성
> x[1:30]               # price 열의 벡터 확인
 [1]   5.1   4.2   4.7   3.5   5.0   5.4   4.1 675.0   4.4   4.9   2.3
[12]   4.2   6.7   4.3 257.8   5.7   4.6   5.1   2.1   5.1   6.2   5.1
[23]   4.1   4.1 -75.0   2.3   5.0   NA   5.2   4.7
>
> # 결측치를 평균값으로 대체
> dataset$price3 = ifelse(!is.na(x), x, round(mean(x, na.rm = TRUE), 2))
> dataset$price3[1:30] # 결측치를 평균으로 대체한 price 열의 벡터 확인
 [1]   5.10   4.20   4.70   3.50   5.00   5.40   4.10 675.00   4.40   4.90
[11]   2.30   4.20   6.70   4.30 257.80   5.70   4.60   5.10   2.10   5.10
[21]   6.20   5.10   4.10   4.10 -75.00   2.30   5.00   8.75   5.20   4.70
>
> # 결측치, 결측치를 0으로 대체, 결측치를 평균값으로 대체한 3개 칼럼 확인
> dataset[c('price', 'price2', 'price3')]
    price price2 price3
1    5.1    5.1   5.10
2    4.2    4.2   4.20
     … 중간 생략 …
31    NA    0.0   8.75
     … 중간 생략 …
300  4.4    4.4   4.40
>
```

└ 해설 price 벡터를 생성한 후 price의 결측치를 평균으로 대체하여 결과를 확인한다.

4. 극단치 처리

극단치는 표본 중 다른 대상들과 확연히 구분되는 통계적 관측치를 의미한다. 즉, 변수의 분포에서 비정상적으로 분포를 벗어난 값을 극단치(outlier)라고 한다. 예를 들면 나이의 분포는 0세 이상 100세

사이의 분포를 보이는 것이 일반적이다. 하지만, -2 또는 250과 같은 비정상적인 수치가 보인다면 이는 극단치에 해당한다. 또한, 변수와의 상관관계에 있어서 높은 직급의 경력사원이 직급이나 낮은 일반사원보다 급여가 월등하게 적다면 이 또한 비정상적인 수치로 의심해볼 수 있다.

4.1 범주형 변수 극단치 처리

성별과 같은 변수를 컴퓨터로 처리하기 위해서는 남자(1), 여자(2)와 같이 수치 데이터로 표현해야 한다. 이렇게 명목상 수치로 표현된 변수들을 범주형(명목척도)이라고 한다. 다음은 범주형 변수를 대상으로 극단치를 확인하고, 이를 토대로 데이터를 정제하는 과정이다.

⬇️실습 **범주형 변수의 극단치 처리하기**

```
> table(dataset$gender)

  0   1   2   5
  2 173 124   1
> pie(table(dataset$gender))
>
```

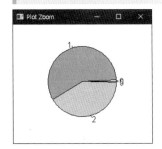

해설 범주형 변수 gender를 대상으로 극단치를 확인하는 방법이다. gender는 성별을 명목척도 1과 2로 표현한 변수이다.

⬇️실습 **subset() 함수를 사용하여 데이터 정제하기**

subset() 함수는 데이터 셋의 특정 변수를 대상으로 조건식에 해당하는 레코드(행)를 추출하여 별도의 변수에 저장하는 경우 유용한 함수이다. subset() 함수의 형식은 다음과 같다.

형식 변수 <- subset(데이터프레임, 조건식)

```
> # gender 변수 정제(1, 2)
> dataset <- subset(dataset, gender == 1 | gender == 2)
> dataset                        # gender 변수 데이터 정제
    resident gender job age position price survey price2 price3
1          1      1   1  26        2   5.1      1    5.1   5.10
2          2      1   2  54        5   4.2      2    4.2   4.20
3         NA      1   2  41        4   4.7      4    4.7   4.70
4          4      2  NA  45        4   3.5      2    3.5   3.50
5          5      1   3  62        5   5.0      1    5.0   5.00
```

```
                    … 중간 생략 …
110         3      1   3  69      5   7.2     5    7.2   7.20
111         4      2   2  20      1   6.5     3    6.5   6.50
 [ reached 'max' / getOption("max.print") -- omitted 186 rows ]
> length(dataset$gender)       # 297개 - 3개 정제됨
[1] 297
> pie(table(dataset$gender))   # 정제 결과 확인
>
> # 정제 결과에 색상 적용
> pie(table(dataset$gender), col = c("red", "blue"))
>
```

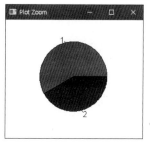

해설 범주형 변수 gender를 대상으로 subset() 함수를 이용하여 데이터를 정제하는 방법이다. 즉 gender가 1과 2인 경우만 별도의 부분 데이터프레임을 생성하여 dataset 변수에 저장하고 정제된 결과를 확인한다.

4.2 연속형 변수의 극단치 처리

연소득이나 구매금액 등 연속된 데이터를 갖는 변수들을 대상으로 극단치를 확인하고, 이를 토대로 데이터를 정제하는 방법에 대해서 알아본다.

⊙실습 연속형 변수의 극단치 보기

```
> dataset <- read.csv("dataset.csv", header = T) # 헤더가 있는 csv 파일 읽기
> dataset$price                                  # 세부 데이터 보기
  [1]   5.1   4.2   4.7   3.5   5.0   5.4   4.1 675.0   4.4   4.9
 [11]   2.3   4.2   6.7   4.3 257.8   5.7   4.6   5.1   2.1   5.1
 [21]   6.2   5.1   4.1   4.1 -75.0   2.3   5.0   NA   5.2   4.7
                    … 중간 생략 …
[281]   NA   6.0   6.9   NA 336.5   6.2   5.9   NA   6.9   NA
[291]   7.7   6.3   5.5   4.5   3.5   7.1   6.1   5.5   5.1   4.4
> length(dataset$price)                          # NA를 포함하여 300개 데이터
[1] 300
> plot(dataset$price)                            # 산점도를 이용하여 가격 분포 보기
> summary(dataset$price)                         # -457 ~ 675 범위 확인
    Min.  1st Qu.  Median   Mean  3rd Qu.    Max.   NA's
-457.200    4.425   5.400  8.752    6.300  675.000    30
>
```

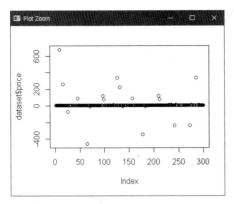

연속형 변수(price)는 산점도를 이용하여 전반적인 분포 형태를 보면서 극단치를 확인하는 것이 좋다. 또한, summary() 함수에서 제공되는 요약통계량(최소값, 최대값, 평균 등)을 통해서 극단치를 어떻게 처리할 것인가를 결정해야 한다.

⊙**실습** price 변수의 데이터 정제와 시각화

```
> # price 변수 정제(2에서 8 사이)
> dataset2 <- subset(dataset, price >= 2 & price <= 8)
> length(dataset2$price)
[1] 251
> stem(dataset2$price)      # 줄기와 잎 도표 보기

  The decimal point is at the |

  2 | 133
  2 |
  3 | 0000003344
  3 | 55555888999
  4 | 00000000000000001111111111222333334444
  4 | 566666777777889999
  5 | 00000000000000000001111111111122222222222333333344444
  5 | 5555555555666667777778888899
  6 | 00000000000000011111111122222222222222233333333333333333344444444444
  6 | 55557777777788889999
  7 | 000111122
  7 | 777799

>
```

해설 stem() 함수를 사용하여 price 열의 정보를 줄기와 잎 형태로 도표화 할 수 있다. 여기서 구매 가격대는 줄기에 해당하며, 세부 가격은 잎으로 표시된다.

⊙**실습** age 변수의 데이터 정제와 시각화

```
> # 단계 1: age 변수에서 NA 발견
> summary(dataset2$age)
   Min.  1st Qu.  Median   Mean  3rd Qu.   Max.   NA's
   20.0    28.5    43.0   42.6    54.5    69.0    16
```

```
> length(dataset2$age)
[1] 251
>
> # 단계 2: age 변수 정제(20 ~ 69)
> dataset2 <- subset(dataset2, age >= 20 & age <= 69)
> length(dataset2)
[1] 7
>
> # 단계 3: box 플로팅으로 평균연령 분석
> boxplot(dataset2$age)     # 40대 중반 평균연령
>
```

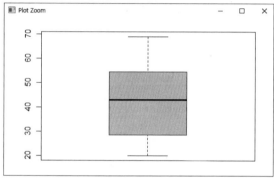

해설 연속형 변수도 subset() 함수를 이용하여 정제된 데이터를 별도의 변수에 저장하고, boxplot() 함수를 통해서 정제된 결과를 상자 그래프로 시각화하여 확인한다.

4.3 극단치를 찾기 어려운 경우

범주형 변수는 일정한 범주를 가지고 있기 때문에 극단치를 찾는 데 큰 어려움이 없다. 하지만 구매 가격과 같은 연속변수는 극단치를 찾기가 어려울 수 있다. 실제 VIP 고객은 일반 고객과 비교하여 평균 구매금액이 월등하게 많은 경우를 종종 볼 수 있다. 이런 경우 값의 범위에서 상하위 0.3%를 극단치로 보여주는 boxplot와 통계를 이용해 볼 수 있다.

⊕실습 boxplot와 통계를 이용한 극단치 처리하기

```
> # 단계 1: boxplot로 price의 극단치 시각화
> boxplot(dataset$price)     # 값의 범위에서 상하위 0.3%는 극단치
>
```

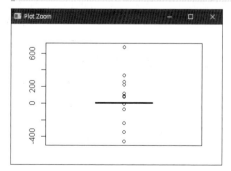

```
> # 단계 2: 극단치 통계 확인
> boxplot(dataset$price)$stats
       [,1]
[1,]  2.1
[2,]  4.4
[3,]  5.4
[4,]  6.3
[5,]  7.9
>
> # 단계 3: 극단치를 제거한 서브 셋 만들기
> dataset_sub <- subset(dataset, price >= 2.1 & price <= 7.9)
> summary(dataset_sub$price)
    Min.   1st Qu.   Median   Mean   3rd Qu.     Max.
   2.100    4.600    5.400   5.361    6.200    7.900
>
```

해설 boxplot() 함수를 이용하여 price 변수를 시각화하면 값의 범위에서 상·하위 0.3%를 극단치로 보여준다. 극단치에 해당하는 통계는 boxplot() 함수의 실행결과에서 stats 칼럼을 통해서 확인할 수 있다. 극단치의 통계를 참고하여 정상적인 자료만 서브셋으로 만들고, 요약통계량으로 정제된 자료를 확인한다.

5. 코딩 변경

코딩 변경이란 최초 코딩 내용을 용도에 맞게 변경하는 작업을 의미한다. 이러한 코딩 변경은 데이터의 가독성과 척도 변경 그리고 역 코딩 등의 목적으로 수행한다.

5.1 가독성을 위한 코딩 변경

일반적으로 데이터는 디지털화하기 위해서 숫자로 코딩한다. 예를 들면 거주지 관련 칼럼에서 서울은 1, 인천은 2로 코딩한다. 이러한 코딩 결과를 대상으로 기술통계분석을 수행하면 1과 2의 숫자를 실제 거주지명으로 표현해야 한다. 이를 위해서는 다음의 실습 예에서와 같은 코딩 변경 작업이 필요하다.

⊕실습 가독성을 위해 resident 칼럼을 대상으로 코딩 변경하기

dataset2의 resident 칼럼으로 조건식을 지정하여 거주지역별로 실제 거주지명을 resident2 칼럼에 추가한다.

```
> dataset2$resident2[dataset2$resident == 1] <- '1.서울특별시'
> dataset2$resident2[dataset2$resident == 2] <- '2.인천광역시'
> dataset2$resident2[dataset2$resident == 3] <- '3.대전광역시'
> dataset2$resident2[dataset2$resident == 4] <- '4.대구광역시'
> dataset2$resident2[dataset2$resident == 5] <- '5.시구군'
```

```
>
> # 코딩 변경 전과 변경 후의 칼럼 보기
> dataset2[c("resident", "resident2")]
    resident    resident2
1          1    1.서울특별시
2          2    2.인천광역시
3         NA         <NA>
4          4    4.대구광역시
5          5       5.시구군
6          3    3.대전광역시
7          2    2.인천광역시
9         NA         <NA>
10         2    2.인천광역시
    … 중간 생략 …
298        4    4.대구광역시
299        3    3.대전광역시
300        1    1.서울특별시
>
```

해설 거주지를 나타내는 resident 칼럼의 내용(1 ~ 5 사이의 숫자)을 대상으로 '1.서울특별시' ~ '5.시구군'으로 코딩 변경하여 resident2 칼럼에 추가한다.

⊙실습 가독성을 위해 job 칼럼을 대상으로 코딩 변경하기

```
> dataset2$job2[dataset2$job == 1] <- '공무원'
> dataset2$job2[dataset2$job == 2] <- '회사원'
> dataset2$job2[dataset2$job == 3] <- '개인사업'
> # 코딩 변경 전과 변경 후의 칼럼 보기
> dataset2[c("job", "job2")]
    job     job2
1     1    공무원
2     2    회사원
3     2    회사원
4    NA    <NA>
5     3  개인사업
    … 중간 생략 …
299   1    공무원
300   3  개인사업
>
```

해설 직업을 나타내는 job 칼럼의 내용(1~3 사이의 숫자)을 대상으로 '공무원', '회사원', '개인사업'으로 코딩 변경하여 job2 칼럼에 추가한다.

5.2 척도 변경을 위한 코딩 변경

나이 변수는 21세에서 69세 분포를 갖는다. 이러한 분포를 대상으로 30세 이하는 "청년층", 31세~ 55세는 "중년층", 56세 이상은 "장년층"으로 범주를 설정하는 방법에 대해서 알아본다.

추론통계학에서는 범주형 변수를 대상으로만 추론과 검정이 가능한 분석 방법이 있는데 이를 위해서는 불가피하게 연속형 변수를 범주형 변수로 코딩을 변경해야 하는 경우가 빈번하게 발생한다.

┌─ (⊙)실습 **나이를 나타내는 age 칼럼을 대상으로 코딩 변경하기**

```
> dataset2$age2[dataset2$age <= 30] <- "청년층"
> dataset2$age2[dataset2$age > 30 & dataset2$age <= 55] <- "중년층"
> dataset2$age2[dataset2$age > 55] <- "장년층"
> head(dataset2)
  resident gender job age position price survey   resident2    job2  age2
1        1      1   1   1       2    5.1      1  1.서울특별시  공무원 청년층
2        2      1   2  54       5    4.2      2  2.인천광역시  회사원 중년층
3       NA      1   2  41       4    4.7 ·     4        <NA>  회사원 중년층
4        4      2  NA  45       4    3.5      2  4.대구광역시    <NA> 중년층
5        5      1   3  62       5    5.0      1  5.시구군 개인사업 장년층
6        3      1   2  57      NA    5.4      2  3.대전광역시  회사원 장년층
>
```

└─ 해설 연속형 변수인 age를 대상으로 범주형 변수로 코딩을 변경하는 예이다. 상관관계 분석이나 회귀분석을 수행하는 경우에는 연속형 변수가 적합하지만, 빈도분석이나 교차분석을 수행하는 경우에는 범주형 변수가 적합하기 때문에 분석 방법에 따라서 age와 age2 변수를 적절하게 이용할 수 있다.

5.3 역 코딩을 위한 코딩 변경

만족도 평가를 위해서 설문지 문항을 5점 척도인 "① 매우만족, ② 만족, ③ 보통, ④ 불만족, ⑤ 매우 불만족" 형태로 작성된 경우 순서대로 코딩하면 "매우 만족"이 1, "매우 불만족"이 5로 코딩된다. 이러한 만족도 평가를 점수화하기 위해서는 "매우 만족"과 "매우 불만족"이 역순으로 변경되어야 하는데 이러한 작업을 역코딩(inverse coding)이라고 한다.

예를 들면 만족도(survey) 칼럼을 대상으로 1~5 순서로 코딩된 값을 5~1 순서로 역코딩하기 위해서는 '6 − 현재 값' 형식으로 수식을 적용하면 된다.

┌─ (⊙)실습 **만족도(survey)를 긍정순서로 역 코딩**

```
> survey <- dataset2$survey    # 만족도 변수 추출
> csurvey <- 6 - survey        # 역 코딩
> csurvey                      # 역 코딩 결과 확인
  [1] 5 4 2 4 5 4 2 3 3 1 3 4 4 4 5 4 4 4 4 5 3 3 3 3 3 4 4 5 4 3 3 1 4 4
 [37] 4 2 4 3 4 2 4 5 2 4 4 3 2 3 5 4 4 4 3 2 3 1 2 4 4 2 4 2 3 3 4 4 4
 [73] 2 4 5 3 3 3 3 4 4 4 3 3 3 1 3 4 4 4 5 4 4 4 3 3 3 3 3 3 3 3 5 2 4 4
[109] 3 3 2 3 2 3 2 3 3 3 4 4 3 3 3 4 5 4 4 1 4 4 3 2 3 3 3 3 2 4 4
[145] 4 4 4 5 4 4 4 3 2 3 2 3 3 3 3 3 3 4 4 4 4 5 4 4 4 3 3 3 3 3 3 3
[181] 2 3 3 4 2 4 4 4 4 5 4 4 4 3 3 2 3 3 3 4 4 4 3 3 3 3 3 2 3 2 4 4 3
[217] 2 3 3 3 2 4 5 4 2 3 3 3 4 1 4 4 4 4 4
```

```
> dataset2$survey <- csurvey  # dataset2의 survey 변수 수정
> head(dataset2)
  resident gender job age position price survey   resident2   job2  age2
1        1      1   1  26        2   5.1      5 1.서울특별시  공무원 청년층
2        2      1   2  54        5   4.2      4 2.인천광역시  회사원 중년층
3       NA      1   2  41        4   4.7      2        <NA>   회사원 중년층
4        4      2  NA  45        4   3.5      4 4.대구광역시    <NA> 중년층
5        5      1   3  62        5   5.0      5   5.시구군 개인사업 장년층
6        3      1   1  57       NA   5.4      4 3.대전광역시  회사원 장년층
>
```

> **해설** 기존의 survey 변수의 값이 1이면 5로 변경하고, 5이면 1로 변경하는 역 코딩 예이다.

6. 변수 간의 관계 분석

데이터 셋을 구성하는 칼럼은 다양한 형태의 척도로 구성된다. 따라서 이 절에서는 척도별로 시각화하여 데이터의 분포형태를 분석하는 방법에 대해서 알아본다. 특히 명목척도와 서열척도인 범주형 변수와 비율척도인 연속형 변수 간의 탐색적 분석을 위주로 알아보기로 한다.

6.1 범주형 vs 범주형

명목척도 또는 서열척도와 같은 범주형 변수(거주지역, 성별)를 대상으로 시각화하여 칼럼 간의 데이터 분포형태를 알아본다.

> **⊙실습** 범주형 vs 범주형 데이터 분포 시각화

```
> # 단계 1: 실습을 위한 데이터 가져오기
> setwd("C:/Rwork/Part-II")
> new_data <- read.csv("new_data.csv", header = TRUE)
> str(new_data)
'data.frame': 231 obs. of  15 variables:
 $ resident : int   1 2 4 5 3 2 2 5 3 1 ...
 $ gender   : int   1 1 2 1 1 2 1 2 1 1 ...
 $ job      : int   1 2 NA 3 2 1 2 NA 3 1 ...
 $ age      : int   26 54 45 62 57 36 37 29 35 56 ...
 $ position : int   4 1 2 1 NA 3 3 4 4 1 ...
 $ price    : num  5.1 4.2 3.5 5 5.4 4.1 4.9 2.3 4.2 6.7 ...
 $ survey   : int   5 4 4 5 4 2 3 1 3 4 ...
 $ price2   : num  5.1 4.2 3.5 5 5.4 4.1 4.9 2.3 4.2 6.7 ...
 $ price3   : num  5.1 4.2 3.5 5 5.4 4.1 4.9 2.3 4.2 6.7 ...
 $ resident2: chr  "1.서울특별시" "2.인천광역시" "4.대구광역시" "5.시구군" ...
 $ job2     : chr  "공무원" "회사원" NA "개인사업" ...
 $ age2     : chr  "청년층" "중년층" "중년층" "장년층" ...
```

```
$ position2: chr   "4급" "1급" "2급" "1급"
$ gender2 : chr   "남자" "남자" "여자" "남자" ...
$ age3     : int   1 2 2 3 3 2 2 1 2 3 ...
>
```

해설 "new_data.csv" 파일로부터 가져온 데이터 셋은 15개의 칼럼과 231개의 관측치로 구성된 데이터 셋으로 칼럼 뒤에 숫자 2로 끝나는 칼럼은 기존 칼럼을 대상으로 코딩 변경한 칼럼이다.

```
> # 단계 2: 코딩 변경된 거주지역(resident) 칼럼과 성별(gender) 칼럼을
> #        대상으로 빈도수 구하기
> resident_gender <- table(new_data$resident2, new_data$gender2)
> resident_gender

            남자 여자
  1.서울특별시   67   43
  2.인천광역시   26   20
  3.대전광역시   16   10
  4.대구광역시    6    9
  5.시구군       19   15
> gender_resident <- table(new_data$gender2, new_data$resident2)
> gender_resident

        1.서울특별시  2.인천광역시  3.대전광역시  4.대구광역시  5.시구군
  남자          67          26          16           6         19
  여자          43          20          10           9         15
>
```

```
> # 단계 3: 성별(gender)에 따른 거주지역(resident)의 분포 현황 시각화
> barplot(resident_gender, beside = T, horiz = T,
+         col = rainbow(5),
+         legend = row.names(resident_gender),   # 범례로 행이름 사용
+         main = '성별에 따른 거주지역 분포 현황')
>
```

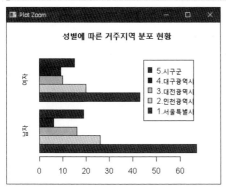

해설 성별에 따른 거주지역의 분포 현황을 보면 남/여 모두 '서울특별시' 거주자가 가장 많은 것을 확인할 수 있다.

```
> # 단계 4: 거주지역(resident)에 따른 성별(gender)의 분포 현황 시각화
> barplot(gender_resident, beside = T,
+         col = rep(c(2, 4), 5), horiz = T,
+         legend = c("남자", "여자"),
+         main = '거주지역별 성별 분포 현황')
>
```

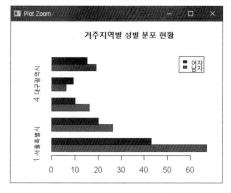

> **해설** 거주지역에 따른 성별의 분포 현황을 보면 '서울특별시' 거주자의 남/여 비율이 가장 높은 것을 확인할 수 있다.

6.2 연속형 vs 범주형

비율척도인 연속형 변수(나이)와 범주형 변수(직업 유형)를 대상으로 시각화하여 칼럼 간 의 데이터 분포 형태를 알아본다.

실습 연속형 vs 범주형 데이터의 시각화

```
> # 단계 1: lattice 패키지 설치와 메모리 로딩 및 데이터 준비
> install.packages("lattice")
Installing package into 'C:/Users/master/Documents/R/win-library/4.0'
(as 'lib' is unspecified)
    … 중간 생략 …
> library(lattice)
>
```

> **해설** 고급 시각화 분석을 위해 lattice 패키지를 설치하고, 메모리에 로드한다. lattice 패키지는 고급 시각화 분석에서 사용되는 패키지로 "8장 고급 시각화 분석"에서 해당 패키지의 특징과 관련 함수에 대해서 자세히 알아본다.

```
> # 단계 2: 직업 유형에 따른 나이 분포 현황
> densityplot(~ age, data = new_data,
+             groups = job2,
+             # plot.points = T: 밀도, auto.key = T: 범례
+             plot.points = T, auto.key = T)
>
```

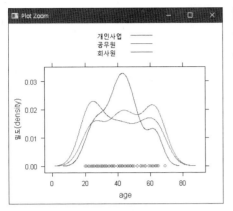

해설 직업의 유형에 따라서 나이의 분포를 시각화한 결과로 개인사업(파란색)은 20~30대, 공무원(분홍색)은 50~60대, 회사원(초록색)은 40대가 가장 많이 분포된 것으로 분석됨을 볼 수 있다.

6.3 연속형 vs 범주형 vs 범주형

비율척도인 연속형 변수(구매비용)와 범주형 변수(성별) 그리고 또 다른 범주형 변수(서열)를 대상으로 시각화하여 칼럼 간의 데이터 분포 형태를 알아본다.

실습 연속형 vs 범주형 vs 범주형 데이터 분포 시각화

```
> # 단계 1: 성별에 따른 직급별 구매비용 분석
> densityplot(~ price | factor(gender2),
+             data = new_data,
+             groups = position2,
+             plot.points = T, auto.key = T)
>
```

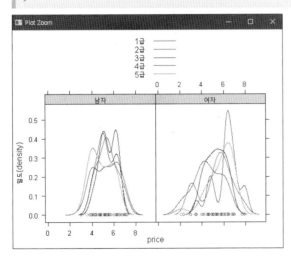

해설 남성은 비교적 직급이 높으면 구매비용이 낮고, 여성은 비교적 직급이 높으면 구매비용이 높은 것으로 분석됨을 볼 수 있다.

densityplot() 함수의 주요 속성의 의미는 다음과 같다.

- factor(gender2): 격자를 만들어주는 칼럼을 지정하는 속성(성별로 격자 생성)
- groups = position2: 하나의 격자에서 그룹을 지정하는 속성(직급으로 그룹 생성)

```
> # 단계 2: 직급에 따른 성별 구매비용 분석
> densityplot(~ price | factor(position2),
+             data = new_data,
+             groups = gender2,
+             plot.points = T, auto.key = T)
>
```

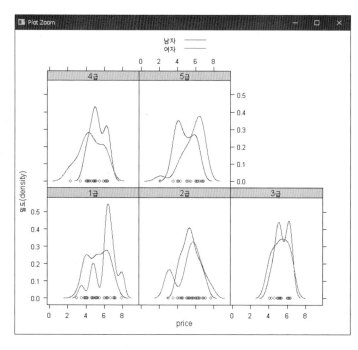

해설 직급이 3급과 4급인 남성은 구매금액이 높고, 나머지 직급은 여자가 높은 것으로 분석된다.

densityplot() 함수의 주요 속성의 의미는 다음과 같다.

- factor(position2): 격자를 만들어주는 칼럼 지정(직급으로 격자 생성)
- groups = gender2: 하나의 격자에서 그룹을 지정하는 속성(성별로 그룹 생성)

6.4 연속형(2개) vs 범주형(1개)

연속형 변수 2개(구매비용과 나이)와 범주형 변수 1개(성별)를 대상으로 시각화하여 칼럼 간의 데이터 분포형태를 알아본다.

실습 연속형(2개) vs 범주형(1개) 데이터 분포 시각화

```
> xyplot(price ~ age | factor(gender2),
+       data = new_data)
>
```

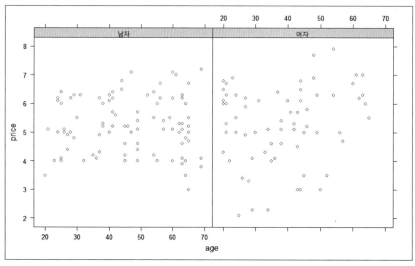

해설 남성은 나이와 상관없이 구매비용이 일정하고, 여성은 나이와 구매비용에 어느 정도 연관성이 있는 것으로 분석된다.

7. 파생변수

분석을 위해서는 코딩된 데이터를 대상으로 새로운 변수를 생성하여 분석에 이용할 수 있는데 이렇게 만들어진 변수를 파생변수라고 한다. 즉 기존 변수를 이용하여 새로 만들어진 변수를 의미한다.

파생변수를 생성하는 가장 기본적인 방법에는 사칙연산을 이용하는 방법과 1:1 관계로 나열하는 방법이 있다. 사칙연산 방식은 예로 성적 분포를 나타내는 데이터에서 국어, 영어, 수학 점수를 갖는 칼럼을 대상으로 덧셈(+) 연산이나 나눗셈(/) 연산을 이용하여 총점이나 평균 칼럼을 생성하는 방법이다. 이러한 사칙연산을 이용하는 방법은 비교적 쉬운 방법이기 때문에 여기서는 1:N 관계를 갖는 테이블 구조의 데이터를 대상으로 1:1 관계가 되도록 파생변수를 생성하는 방법에 대해서 알아본다.

[표 7.2]와 같은 3개의 칼럼을 갖는 테이블 구조의 데이터 셋이 있다고 가정하자.

[표 7.2] 3개의 칼럼을 갖는 테이블 구조의 데이터 셋

아이디	주거환경	거주지역
hong	주택	서울시
lee	빌라	수원시
kang	아파트	인천시
yoo	오피스텔	성남시

여기서 주거환경의 칼럼은 주택, 빌라, 아파트, 오피스텔의 4가지 범주를 갖는 칼럼이다. 이렇게 데이터를 수집하는 경우에는 주거환경의 빈도분석은 가능하지만, 추론통계분석이나 예측분석에서 설명변수(독립변수)로 사용하기는 어렵다. 따라서 고객의 주거환경을 독립변수로 사용하기 위해서 1:N 관계(개인 아이디에 4가지 범주를 갖는 주거환경)를 1:1 관계(개인 아이디에 4가지 범주를 모두 나열하는 방식)로 변수를 나열하여 [표 7.3]과 같이 파생변수를 생성해야 한다.

[표 7.3] 1:1 관계를 갖는 테이블 구조의 데이터 셋

변수	주택	빌라	아파트	오피스텔	거주지역
hong	1	0	0	0	서울시
lee	0	1	0	0	수원시
kang	0	0	1	0	인천시
yoo	0	0	0	1	성남시

위와 같이 주거환경을 고객의 아이디와 1:1 관계로 데이터 셋의 구조를 변경하면 칼럼 수는 늘어나지만 다양한 분석 방법에서 이용할 수 있다.

7.1 파생변수 생성을 위한 테이블 구조

파생변수 생성에 관련된 실습을 위해서 [그림 7.2]와 같이 3개의 테이블을 준비하였다. 고객정보 (user_data)와 지불정보(pay_data) 그리고 반품정보(return_data) 테이블은 모두 고객식별(user_id) 칼럼을 기준으로 1:N 관계를 갖는 데이터 셋이다.

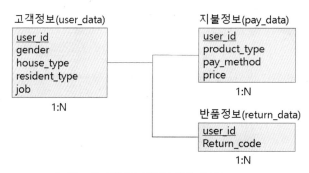

[그림 7.2] 파생변수 생성을 위한 테이블 구조

고객정보(user_data) 테이블은 고객식별(user_id) 칼럼을 기준으로 성별(gender), 나이(age), 주거 환경 (house_type), 거주지역(resident), 직업유형(job)과 같은 일반적인 개인정보를 담고 있다.

[표 7.4] 고객정보(user_data) 테이블직업유형

NO	영문 변수명	변수 타입	한글 변수명	변수 설명
1	user_id	Number	고객ID	고객 식별번호
2	gender	Number	성별	남성: 1, 여성: 2
3	age	Number	연령	고객 연령
4	house_type	Number	거주유형	고객 거주지 유형: 단독주택(1), 다가구주택(2), 아파트(3), 오피스텔(4)
5	resident	Character	거주지	고객 거주 지역(시/도)
6	job	Number	직업유형	직업 유형: 자영업(1), 사무직(2), 서비스(3), 전문직(4), 서비스(5), 기타(6)

지불정보(pay_data)는 고객정보 테이블의 고객식별(user_id) 칼럼과 동일한 칼럼을 기준으로 상품 유형(product_type), 지불방법(pay_method), 구매금액(price)과 같은 구매상품과 지불정보를 담고 있다.

[표 7.5] 지불정보(pay_data) 테이블

NO	영문 변수명	변수 타입	한글 변수명	변수 설명
1	user_id	Number	고객ID	고객 식별번호
2	product_type	Number	상품 유형	고객이 구매한 상품 유형: 식료품(1), 생필품(2), 의류(3), 잡화(4), 기타(5)

3	pay_method	Character	지불방법	상품 구매 지불 방법: 현금(1), 직불카드(2), 신용카드(3), 상품권(4)
4	price	Number	구매금액	고객이 구매한 상품 구매금액

반품정보(return_data)는 역시 고객정보 테이블의 고객식별(user_id) 칼럼과 동일한 칼럼을 기준으로 반품 사유 코드와 같은 구매상품에 대한 반품정보를 담고 있다.

[표 7.6] 반품정보(return_data) 테이블

NO	영문 변수명	변수 타입	한글 변수명	변수 설명
1	user_id	Number	고객 ID	고객 식별번호
2	return_code	Number	반품사유코드	구매상품의 반품 사유코드: 제품이상(1), 변심(2), 원인불명(3), 기타(4)

7.2 더미 형식으로 파생변수 생성

특정 칼럼을 명목상 두 가지 상태(0과 1)로 범주화하여 나타내는 형태를 더미(dummy)라고 표현한다. 여기서는 1:N 관계를 갖는 고객정보 테이블의 주거환경 칼럼을 대상으로 '주택유형'(단독주택과 다세대주택)과 '아파트유형'(아파트와 오피스텔)의 두 가지 상태로 더미(dummy)화 하여 파생변수를 생성하는 과정에 대해서 알아본다.

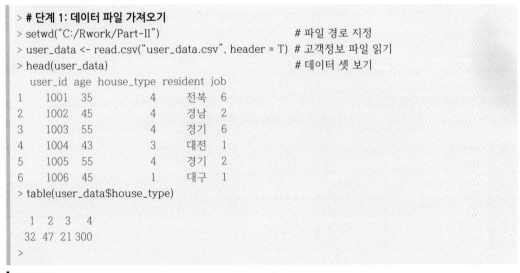

┌ ⊕실습 │ 파생변수 생성하기

```
> # 단계 1: 데이터 파일 가져오기
> setwd("C:/Rwork/Part-II")                        # 파일 경로 지정
> user_data <- read.csv("user_data.csv", header = T) # 고객정보 파일 읽기
> head(user_data)                                   # 데이터 셋 보기
  user_id age house_type resident job
1    1001  35          4      전북   6
2    1002  45          4      경남   2
3    1003  55          4      경기   6
4    1004  43          3      대전   1
5    1005  55          4      경기   2
6    1006  45          1      대구   1
> table(user_data$house_type)

  1   2   3   4
 32  47  21 300
>
```

└ 해설 │ 고객정보 테이블을 대상으로 주거환경의 빈도수를 나타낸다. 주거환경은 오피스텔(4)이 가장 많은 빈도수를 보인다.

```
> # 단계 2: 더미변수 생성
> house_type2 <- ifelse(user_data$house_type == 1 |
+                        user_data$house_type == 2, 0, 1)
> house_type2[1:10]        # 더미변수 생성 결과보기
 [1] 1 1 1 1 1 0 1 0 1 1
>
```

해설 주거환경이 단독주택이거나 다세대 주택이면 0, 아파트이거나 오피스텔이면 1로 더미화하여 house_type2의 변수에 저장하고, 결과를 확인한다.

```
> # 단계 3: 파생변수 추가
> user_data$house_type2 <- house_type2
> head(user_data)
  user_id age house_type resident job house_type2
1    1001  35          4      전북   6           1
2    1002  45          4      경남   2           1
3    1003  55          4      경기   6           1
4    1004  43          3      대전   1           1
5    1005  55          4      경기   2           1
6    1006  45          1      대구   1           0
>
```

해설 생성된 파생변수 house_type2를 user_data에 house_type2 칼럼으로 추가하고, 결과를 확인한다. 기존 house_type 칼럼의 내용과 비교하면 house_type2는 1과 0으로 나타난다.

7.3 1:1 관계로 파생변수 생성

지불정보(pay_data) 테이블의 고객식별번호(user_id)와 상품 유형(product_type) 테이블의 고객식별번호(user_id) 그리고 지불방식(pay_method) 간의 1:N 관계를 1:1 관계로 변수를 나열하여 파생변수를 생성하는 과정에 대해서 알아본다.

실습 1:N의 관계를 1:1 관계로 파생변수 생성하기

```
> # 단계 1: 데이터 파일 가져오기
> pay_data <- read.csv("pay_data.csv", header = T)  # 지불정보 파일 읽기
> head(pay_data, 10)                                # 데이터셋 보기
  user_id product_type pay_method    price
1    1001            1    1.현금    153000
2    1002            2    2.직불카드 120000
3    1003            3    3.신용카드 780000
4    1003            4    3.신용카드 123000
5    1003            5    3.신용카드  79000
6    1003            1    3.신용카드 125000
7    1007            2    2.직불카드 150000
```

```
8     1007                3     2.직불카드    78879
9     1007                4     2.직불카드    81980
10    1007                5     2.직불카드    71773
> table(pay_data$product_type)

 1   2   3   4   5
55  82  89 104  70
>
```

┗ **해설** 　지불정보(pay_data) 테이블을 대상으로 상품 유형의 빈도수를 나타낸다. 상품 유형은 잡화(4)가 가장 많은 빈도수를 보인다.

> **# 단계 2: 고객별 상품 유형에 따른 구매금액과 합계를 나타내는 파생변수 생성**
```
> library(reshape2)                          # 구조 변경을 위한 패키지 로딩
> product_price <- dcast(pay_data, user_id ~ product_type,
+                        sum, na.rm = T)    # 행 ~ 열
Using price as value column: use value.var to override.
> head(product_price, 3)            # 행(고객 id), 열(상품 타입)
  user_id       1        2        3        4       5
1    1001  153000        0        0        0       0
2    1002       0   120000        0        0       0
3    1003  125000        0   780000   123000   79000
>
```

┗ **해설** 　dcast() 함수를 사용하여 user_id를 행으로 지정하고 product_type을 열로 지정하여 고객별로 구매한 상품 유형에 따라서 구매금액의 합계를 계산하여 파생변수를 생성한다. dcast() 함수에서 sum은 구매금액의 합계를 계산하기 위해서 지정한 것이다. dcast() 함수의 실행결과에서 나타는 'Using price as value column: use value.var to override.' 메시지는 price 변수가 측정변수로 사용되어 정리 대상 변수가 되었다는 의미이다.

> **# 단계 3: 칼럼명 수정**
```
> names(product_price) <- c('user_id', '식료품(1)', '생필품(2)',
+                           '의류(3)', '잡화(4)', '기타(5)')
> head(product_price)        # 수정된 칼럼명 확인
  user_id 식료품(1) 생필품(2)  의류(3)  잡화(4)  기타(5)
1    1001   153000        0        0        0        0
2    1002        0   120000        0        0        0
3    1003   125000        0   780000   123000   79000
4    1007        0   150000    78879    81980   71773
5    1011        0    71774        0        0        0
6    1012        0        0    74968        0        0
>
```

┗ **해설** 　[단계 2]에서 생성된 결과를 대상으로 가독성을 위해서 칼럼명을 수정한다. 이렇게 생성된 파생변수는 어떤 고객이 어떤 상품을 얼마나 구매했는지 분석할 수 있도록 한다.

┌ **⊙ 실습** 고객식별번호(user_id)에 대한 지불유형(pay_method)의 파생변수 생성하기

```
> # 단계 1: 고객별 지불유형에 따른 구매상품 개수를 나타내는 파생변수 생성
> pay_price <- dcast(pay_data, user_id ~ pay_method, length)  # 행 ~ 열
Using price as value column: use value.var to override.
> head(pay_price, 3)                                          # 행(고객 id), 열(지불유형)
  user_id 1.현금 2.직불카드 3.신용카드 4.상품권
1    1001     1          0          0        0
2    1002     0          1          0        0
3    1003     0          0          4        0
>
```

└ **해설** dcast() 함수를 적용하여 행은 user_id, 열은 pay_method를 칼럼으로 지정하여 고객별로 지불유형에 따른 구매상품 개수를 파생변수로 생성하고 결과를 확인한다. dcast() 함수에서 length는 구매상품의 개수를 구하기 위해서 지정한 것이다.

```
> # 단계 2: 칼럼명 변경
> names(pay_price) <- c('user_id', '현금(1)', '직불카드(2)',
+                       '신용카드(3)', '상품권(4)')
> head(pay_price, 3)
  user_id 현금(1) 직불카드(2) 신용카드(3) 상품권(4)
1    1001      1           0           0         0
2    1002      0           1           0         0
3    1003      0           0           4         0
>
```

└ **해설** [단계 1]에서 생성된 결과를 대상으로 가독성을 위해서 칼럼의 이름을 수정한다. 이렇게 생성된 파생변수는 어떤 고객이 어떤 지불방식으로 상품을 얼마나 구매했는지를 분석할 수 있다.

7.4 파생변수 합치기

지금까지 생성된 파생변수를 대상으로 고객정보 테이블에 파생변수를 추가하여 새로운 형태의 데이터프레임을 생성하는 과정에 대해서 알아본다.

┌ **⊙ 실습** 고객정보(user_data) 테이블에 파생변수 추가하기

```
> # 단계 1: 고객정보 테이블과 고객별 상품 유형에 따른
> #         구매금액 합계 병합하기
> library(plyr)        # 데이터프레임 병합을 위한 패키지 로딩
> user_pay_data <- join(user_data, product_price, by = 'user_id')
> head(user_pay_data, 10)
  user_id age house_type resident job house_type2 식료품(1) 생필품(2) 의류(3) 잡화(4) 기타(5)
1    1001  35          4       전북   6            1    153000         0       0       0       0
2    1002  45          4       경남   2            1         0    120000       0       0       0
3    1003  55          4       경기   6            1    125000         0  780000  123000   79000
4    1004  43          3       대전   1            1        NA        NA      NA      NA      NA
5    1005  55          4       경기   2            1        NA        NA      NA      NA      NA
```

6	1006	45	1	대구	1	0	NA	NA	NA	NA	NA
7	1007	39	4	경남	1	1	0	150000	78879	81980	71773
8	1008	55	2	경기	6	0	NA	NA	NA	NA	NA
9	1009	33	4	인천	3	1	NA	NA	NA	NA	NA
10	1010	55	3	서울	6	1	NA	NA	NA	NA	NA
>											

해설 join() 함수를 이용하여 고객식별번호(user_id)를 기준으로 고객정보 테이블(user_data)과 고객별 상품 유형에 따른 구매금액 합계(product_price)를 하나의 데이터프레임으로 병합한 결과이다. 병합 결과에서 식료품(1), 생필품(2), 의류(3), 잡화(4), 기타(4) 칼럼에 NA로 표시된 고객은 상품구매 이력이 없는 경우이다.

```
> # 단계 2: [단계 1]의 병합 결과를 대상으로 고객별 지불유형에 따른
> #        구매상품 개수 병합하기
> user_pay_data <- join(user_pay_data, pay_price, by = 'user_id')
> user_pay_data[c(1:10), c(1, 7:15)]
```

	user_id	식료품(1)	생필품(2)	의류(3)	잡화(4)	기타(5)	현금(1)	직불카드(2)	신용카드(3)	상품권(4)
1	1001	153000	0	0	0	0	1	0	0	0
2	1002	0	20000	0	0	0	0	1	0	0
3	1003	125000	0	780000	123000	79000	0	0	4	0
4	1004	NA	NA	NA	NA	NA	NA	NA	NA	NA
5	1005	NA	NA	NA	NA	NA	NA	NA	NA	NA
6	1006	NA	NA	NA	NA	NA	NA	NA	NA	NA
7	1007	0	150000	78879	81980	71773	0	4	0	0
8	1008	NA	NA	NA	NA	NA	NA	NA	NA	NA
9	1009	NA	NA	NA	NA	NA	NA	NA	NA	NA
10	1010	NA	NA	NA	NA	NA	NA	NA	NA	NA
>										

해설 join() 함수를 이용하여 고객식별번호(user_id)를 기준으로 [단계 1]에서 병합된 데이터프레임 (user_pay_data)을 대상으로 고객별 지불유형에 따른 구매상품 개수(pay_price)를 하나의 데이터프레임으로 병합한 결과이다. 병합 결과는 기존의 고객정보 테이블에 고객별 구매상품에 따른 구매금액 합계 그리고 고객별 지불 방식에 따른 구매상품 개수가 병합된 결과이다.

⊙실습 사칙연산으로 총 구매금액 파생변수 생성하기

```
> # 단계 1: 고객별 구매금액의 합계(총 구매금액) 계산하기
> user_pay_data$총구매금액 <- user_pay_data$`식료품(1)` +
+                  user_pay_data$`생필품(2)` +
+                  user_pay_data$`의류(3)` +
+                  user_pay_data$`잡화(4)` +
+                  user_pay_data$`기타(5)`
>
> # 단계 2: 고객별 상품 구매 총금액 칼럼 확인하기
> user_pay_data[c(1:10), c(1, 7:11, 16)]
```

	user_id	식료품(1)	생필품(2)	의류(3)	잡화(4)	기타(5)	총구매금액
1	1001	153000	0	0	0	0	153000
2	1002	0	120000	0	0	0	120000
3	1003	125000	0	780000	123000	79000	1107000

```
4    1004    NA    NA    NA    NA    NA       NA
5    1005    NA    NA    NA    NA    NA       NA
6    1006    NA    NA    NA    NA    NA       NA
7    1007     0 150000 78879 81980 71773   382632
8    1008    NA    NA    NA    NA    NA       NA
9    1009    NA    NA    NA    NA    NA       NA
10   1010    NA    NA    NA    NA    NA       NA
>
```

해설 user_pay_data에서 고객별 구매상품에 따른 구매금액 합계를 갖는 칼럼을 모두 더하면 고객별 구매금액의 합계를 계산할 수 있다. 이러한 파생변수를 이용하여 전체 고객을 대상으로 우수고객을 파악할 수 있다.

8. 표본추출

지금까지 신뢰할 수 있는 분석 결과를 얻기 위해서 결측치와 극단치 처리 그리고 코딩 변경 등의 전처리 과정을 통해서 데이터를 정제(cleansing)하였다. 이 절에서는 정제된 데이터를 저장하고, 표본으로 사용할 데이터를 추출하는 샘플링(sampling)에 대해서 알아본다.

8.1 정제 데이터 저장

작업 디렉터리와 저장 형식을 지정하여 정제된 데이터를 파일에 저장한다.

실습 정제된 데이터 저장하기

```
> print(user_pay_data)       # 정제 데이터 확인
   user_id age house_type resident job house_type2 식료품(1) 생필품(2) 의류(3)
1     1001  35         4      전북   6           1   153000        0       0
2     1002  45         4      경남   2           1        0   120000       0
                          … 중간 생략 …
61    1061  58         1      경북   3           0       NA       NA      NA
62    1062  58         4      대구   6           1       NA       NA      NA
   잡화(4) 기타(5) 현금(1) 직불카드(2) 신용카드(3) 상품권(4) 총구매금액
1      0      0      1         0          0        0    153000
2      0      0      0         1          0        0    120000
                          … 중간 생략 …
61    NA     NA     NA        NA         NA       NA       NA
62    NA     NA     NA        NA         NA       NA       NA
[ reached 'max' / getOption("max.print") -- omitted 338 rows ]
> setwd("C:/Rwork/Part-II") # 저장 폴더 지정
> # 따옴표와 행 이름 제거하여 저장
> write.csv(user_pay_data, "cleanData.csv", quote = F, row.names = F)
>
> # 저장된 파일 불러오기/확인
> data <- read.csv("cleanData.csv", header = TRUE)
> data
```

```
   user_id age house_type resident job house_type2 식료품.1. 생필품.2. 의류.3.
1   1001  35         4      전북  6          1  153000       0      0
2   1002  45         4      경남  2          1       0  120000      0
                        ⋯ 중간 생략 ⋯
61  1061  58         1      경북  3          0     NA      NA     NA
62  1062  58         4      대구  6          1     NA      NA     NA
   잡화.4. 기타.5. 현금.1. 직불카드.2. 신용카드.3. 상품권.4. 총구매금액
1      0      0      1          0          0      0    153000
2      0      0      0          1          0      0    120000
                        ⋯ 중간 생략 ⋯
61    NA     NA     NA         NA         NA     NA       NA
62    NA     NA     NA         NA         NA     NA       NA
[ reached 'max' / getOption("max.print") -- omitted 338 rows ]
>
```

해설 정제된 데이터를 "C:/Rwork/Part-II" 폴더에 "cleanData.csv" 파일로 저장하고, 저장된 파일을 불러와 데이터를 확인해 본다.

8.2 표본 샘플링

정제된 데이터를 대상으로 원하는 행(레코드) 수 만큼 임의로 데이터를 추출하는 표본 샘플링에 대해서 알아본다.

⊙실습 표본 추출하기

```
> # 단계 1: 표본 추출하기
> nrow(data)                          # data의 행 수 구하기: Number of rows
[1] 400
> choice1 <- sample(nrow(data), 30)   # 30개 행을 무작위 추출
> choice1                             # 추출된 행 번호 출력
 [1] 263 280  14 303 128 311  99  75  15 361  35 201 231 162 395 293  43  48
[19]  55 369  51  70 273 133  38 363 185 246 242 314
>
> # 50 ~ (data 길이) 사이에서 30개 행을 무작위 추출
> choice2 <- sample(50:nrow(data), 30)
> choice2
 [1] 258 141 370 261 302 266 200  94 293 304 321 164 361 339 308 152  58 242
[19] 112 170 177 196 188 233 232  88 107 297 101 156
>
> # 50 ~ 100 사이에서 30개 행을 무작위 추출
> choice3 <- sample(c(50:100), 30)
> choice3
 [1] 87 58 79 93 81 98 71 95 70 88 74 91 90 59 72 50 65 68 94 85 92 62 89 55
[25] 51 53 57 76 73 66
>
> # 다양한 범위를 지정하여 무작위 샘플링
> choice4 <- sample(c(10:50, 80:150, 160:190), 30)
```

```
> choice4
 [1] 182 111  28  37  19 180  25 166 187  97 112 167 113 149 115  49  95 123
[19]  81  15 106 109  45 122  50 141  98 143 173  94
>
```

해설   sample() 함수를 이용하여 표본으로 추출할 행 번호를 먼저 추출한 후 실제 데이터 셋에 행 번호를 적용하여 행 번호에 해당하는 관측치를 추출한다.

```
> # 단계 2: 샘플링 데이터로 표본추출
> data[choice1, ]
     user_id age house_type resident job house_type2 식료품.1. 생필품.2.
263     1263  51          4        경기   1           1         0        0
280     1280  41          4        서울   1           1         0        0
                        … 중간 생략 …
242     1242  52          4        울산   2           1         0        0
314     1314  49          2        충북   6           0     73585    81364

     의류.3. 잡화.4. 기타.5. 현금.1. 직불카드.2. 신용카드.3. 상품권.4. 총구매금액
263     339      0      0       1          0          0         0        339
280   75017      0      0       0          0          1         0      75017
                        … 중간 생략 …
242   88805      0      0       0          0          1         0      88805
314       0   8977  16936       0          0          4         0     180862
>
```

해설   sample() 함수에 의해서 추출된 결과는 관측치가 아니고 관측치를 추출할 수 있는 행 번호가 무작위(random)로 추출된다는 점을 주목해야 한다.

실습   iris 데이터 셋을 대상으로 7:3 비율로 데이터 셋 생성하기

```
> # 단계 1: iris 데이터 셋의 관측치와 칼럼 수 확인
> data("iris")
> dim(iris)                 # 150 5
[1] 150   5
>
```

```
> # 단계 2: 학습 데이터(70%), 검정 데이터(30%) 비율로 데이터 셋 구성
> idx <- sample(1:nrow(iris), nrow(iris) * 0.7)
> training <- iris[idx, ]     # 학습 데이터 셋
> testing <- iris[-idx, ]     # 검정 데이터 셋
> dim(training)              # 105 5
[1] 105   5
>
```

해설   iris 데이터 셋을 대상으로 전체 70%를 학습데이터 셋으로하고, 나머지 30% 비율로 검정데이터 셋을 생성하는 과정이다. 이러한 데이터 셋은 예측분석에서 학습데이터를 이용하여 모델을 생성하고, 검정데이터를 이용하여 생성된 모델을 평가하는 용도로 사용된다.

8.3 교차 검정 샘플링

교차 검정은 학습데이터와 검정데이터를 7:3 비율로 구성하여 학습데이터로 모델을 생성하고, 검정데이터로 모델을 평가하는 전통적인 방식과 비교하여 평가의 신뢰도를 높이기 위해 동일한 데이터 셋을 N 등분하여 N-1개의 학습데이터로 모델을 생성하고, 나머지 1개를 검정데이터로 이용하여 모델을 평가하는 방식이다. 교차 검정을 위한 데이터 셋 생성 알고리즘으로는 "K겹 교차 검정 데이터 셋 생성 알고리즘"을 사용한다.

"K겹 교차 검정 데이터 셋 생성 알고리즘"은 데이터 셋을 일정한 크기로 분할 한다는 의미에서 '겹'(fold)이라는 용어를 사용하고, 'K겹 교차 검정'이란 K겹의 회수만큼 모델을 평가하고, 각 모델의 평가 결과를 다시 산술평균으로 최종 모델의 성능을 평가한다.

"K겹 교차 검정 데이터 셋 생성 알고리즘"은 다음과 같은 단계로 교차 검정 데이터를 생성한다.

[단계 1] K개로 데이터를 분할(D1, D2, ... Dk)하여 D1은 검정데이터, 나머지(D2 ~ Dk)는 학습데이터 생성
[단계 2] 검정데이터의 위치를 하나씩 변경하고, 나머지 데이터를 학습데이터로 생성
[단계 3] 위의 [단계 1]과 [단계 2]의 과정을 K만큼 반복

K = 3인 경우 교차 검정을 위한 데이터 셋 생성 알고리즘을 적용한 결과는 [표 7.7]과 같다.

[표 7.7] K = 3인 경우 교차 검정 데이터 셋 구성

K겹	검정데이터(test)	학습데이터(train data)
K = 1	D_1	D_2, D_3
K = 2	D_2	D_1, D_3
K = 3	D_3	D_1, D_2

실습 데이터 셋을 대상으로 K겹 교차 검정 데이터 셋 생성하기

```
> # 단계 1: 데이터프레임 생성
> name <- c('a', 'b', 'c', 'd', 'e', 'f')
> score <- c(90, 85, 99, 75, 65, 88)
> df <- data.frame(Name = name, Score = score)
>
```

```
> # 단계 2: 교차 검정을 위한 패키지 설치
> install.packages("cvTools")
Installing package into 'C:/Users/master/Documents/R/win-library/4.0'
(as 'lib' is unspecified)
```

```
also installing the dependencies 'DEoptimR', 'robustbase'
                    … 중간 생략 …
> library(cvTools)
필요한 패키지를 로딩중입니다: robustbase
>
```

K겹 교차 검정 데이터 셋을 생성하는 cvFolds() 함수의 형식은 다음과 같다.

> **형식** cvFolds(n, K = 5, R = 1, type = c("random", "consecutive", "interleaved"))

```
> # 단계 3: K겹 교차 검정 데이터 셋 생성
> cross <- cvFolds(n = 6, K = 3, R = 1, type = "random")
> cross

3-fold CV:
Fold   Index
  1      1
  2      5
  3      4
  1      6
  2      3
  3      2
>
```

해설 6개(n) 데이터를 무작위(random)로 3개(K)로 분할하여 1회(R) 교차 검정 데이터를 생성한 결과이다. 결과에서 Fold는 K겹 균등분할 횟수를 의미하고, Index는 샘플링된 관측치의 행 번호이다. 즉 6개의 관측치를 대상으로 무작위로 3개로 균등분할된 결과 K = 1인 경우 (1, 6), K = 2인 경우 (5, 3), K = 3 인 경우 (4, 2)로 샘플링되었다. 무작위로 분할하기 때문에 결과는 위의 실습과는 달라질 수 있다.

```
> # 단계 4: K겹 교차 검정 데이터 셋 구조 보기
> str(cross)
List of 5
 $ n      : num 6
 $ K      : num 3
 $ R      : num 1
 $ subsets: int [1:6, 1] 1 5 4 6 3 2
 $ which  : int [1:6] 1 2 3 1 2 3
 - attr(*, "class")= chr "cvFolds"
> cross$which
[1] 1 2 3 1 2 3
>
```

해설 K겹 교차 검정 데이터 셋의 구조를 살펴보면 5개의 key로 구성된 List 자료구조로 구성되어 있다. 결과에서 which는 Fold의 결과를 vector 형태로 보관하고 있고, subsets는 Index의 결과를 matrix 형태로 보관하고 있다. subsets 에서 칼럼의 값이 1이면 1회 교차 검정을 수행하고, 2회 교차 검정을 수행하는 경우에는 "R = 2" 속성을 지정하여 K겹 교차 검정 데이터 셋을 생성하면 된다.

```
> # 단계 5: subsets 데이터 참조하기
> cross$subsets[cross$which == 1, 1]    # K = 1인 경우: 1 6
[1] 1 6
> cross$subsets[cross$which == 2, 1]    # K = 2인 경우: 5 3
[1] 5 3
> cross$subsets[cross$which == 3, 1]    # K = 1인 경우: 4 2
[1] 4 2
>
```

해설 실제 관측치의 행 번호를 가지고 있는 subsets의 데이터는 which를 이용하여 접근할 수 있는데, K = 1인 경우의 subsets이 보관하고 있는 실제 관측치의 행 번호를 추출하기 위해서 행의 조건식 [cross$which == 1, 1]로 index를 지정한다. 무작위로 샘플링이 되기 때문에 위의 실습 결과는 항상 달라질 수 있다.

K겹 교차 검정의 데이터를 이용하여 실제 데이터프레임의 관측치를 대상으로 검정데이터와 훈련데이터를 생성하는 과정에 대해서 알아본다.

데이터프레임 관측치 적용 과정은 다음과 같다.

  K = 1: 검정데이터(1, 6), 훈련데이터(5, 4, 3, 2)
  K = 2: 검정데이터(5, 3), 훈련데이터(1, 4, 6, 2)
  K = 3: 검정데이터(4, 2), 훈련데이터(1, 5, 6, 3)

```
> # 단계 6: 데이터프레임의 관측치 적용하기
> r = 1                                           # 1회 반복
> K = 1:3                                         # K겹 교차 검정
> for(i in K) {                                   # 3회 반복
+    datas_idx <- cross$subsets[cross$which == i, r]   # K = 1, 2, 3
+    cat('K = ', i, '검정데이터 \n')
+    print(df[datas_idx, ])
+
+    cat('K = ', i, '훈련데이터 \n')
+    print(df[-datas_idx, ])                       # 검정데이터 제외
+ }
K =  1 검정데이터
  Name  Score
1    a      90
6    f      88
K =  1 훈련데이터
  Name  Score
2    b      85
3    c      99
4    d      75
5    e      65
K =  2 검정데이터
```

```
   Name  Score
5    e     65
3    c     99
K = 2 훈련데이터
   Name  Score
1    a     90
2    b     85
4    d     75
6    f     88
K = 3 검정데이터
   Name  Score
4    d     75
2    b     85
K = 3 훈련데이터
   Name Score
1    a     90
3    c     99
5    e     65
6    f     88
>
```

해설 r은 교차 검정 반복 횟수이고, K는 K겹 교차 검정의 균등분할 횟수를 의미한다. for() 함수는 K겹 횟수만큼 검정데이터를 생성하고, 'df[-datas_idx,]'는 검정데이터를 제외한 나머지 균등분할 데이터를 이용하여 학습데이터를 생성한다. 자세한 내용은 출력결과를 확인하기를 바란다.

1. 본문에서 생성된 dataset2의 직급(position) 칼럼을 대상으로 1급 →5급, 5급 →1급 형식으로 역코딩하여 position2 칼럼에 추가하시오.

2. 본문에서 생성된 dataset2의 resident 칼럼을 대상으로 NA 값을 제거한 후 resident2 변수에 저장하시오.

3. 본문에서 생성된 dataset2의 gender 칼럼을 대상으로 1→"남자", 2→"여자"로 코딩 변경하여 gender2 칼럼에 추가 하고, 파이 차트로 결과를 확인하시오.

4. 본문에서 생성된 dataset2의 age 칼럼을 대상으로 30세 이하 →1, 30 ~ 55세 →2, 55 이상 →3으로 리코딩 하여 age3 칼럼에 추가한 뒤에 age, age2, age3 칼럼만 확인하시오.

5. 정제된 data를 대상으로 작업 디렉터리("C:/Rwork/Part-II")에 파일 이름을 "cleanData.csv"로 하여 따옴표 와 행 이름을 제거하여 저장하고, 저장된 파일의 내용을 읽어new_data 변수에 저장하고 확인하시오.

6. "user_data.csv"와 "return_data.csv" 파일을 이용하여 고객별 반품사유코드 (return_code)를 대상으로 다음 과 같이 파생변수를 추가하시오.

> 조건 1| 반품사유코드에 대한 파생변수 칼럼명 설명.
>
> 제품이상(1) -> return_code1
> 변심(2)   -> return_code2
> 원인불명(3) -> return_code3
> 기타(4)   -> return_code4
>
> 조건 2| 다음의 결과 화면을 참고하여 고객별 반품사유코드를 고객정보user_data) 테이블에 추가

```
> head(user_return, 10)
   user_id age house_type resident job return_code1 return_code2 return_code3 return_code4
1   1001  35         4     전북  6          NA           NA           NA           NA
2   1002  45         4     경남  2          NA           NA           NA           NA
3   1003  55         4     경기  6          NA           NA           NA           NA
4   1004  43         3     대전  1          NA           NA           NA           NA
5   1005  55         4     경기  2          NA           NA           NA           NA
6   1006  45         1     대구  1          NA           NA           NA           NA
7   1007  39         4     경남  1          NA           NA           NA           NA
8   1008  55         2     경기  6           1            0            0            0
9   1009  33         4     인천  3           0            1            0            0
10  1010  55         3     서울  6          NA           NA           NA           NA
>
```

7. iris 데이터를 이용하여 5겹 2회 반복하는 교차 검정 데이터를 샘플링하시오.

고급 시각화 분석

학습 내용

데이터 시각화는 전반적인 데이터의 분포형태를 분석하거나 분석 결과를 도식화하여 고객(client)에게 직관성을 제공하는 역할을 한다. 또한, 점, 선, 막대 등의 기하학적 객체와 색상, 모양, 크기 등의 미적 특성을 반영하여 발견하기 어려운 미세한 데이터의 특성까지 시각화할 수 있다.

이 장에서는 R에서 제공되는 고급 시각화 관련 패키지를 활용하는 방법에 대해서 알아본다.

학습 목표

• 고급 시각화 관련 패키지를 특징별로 구분할 수 있다.
• 범주형 변수의 값을 격자형 기법으로 시각화할 수 있다.
• 기하학적 객체들에 미적 특성을 적용하여 시각화할 수 있다.
• 정적 지도를 배경으로 포인트와 텍스트를 추가하여 지도 공간 기법으로 시각화할 수 있다.

Chapter 08의 구성

1. R의 고급 시각화 도구
2. 격자형 기법 시각화
3. 기하학적 기법 시각화
4. 지도 공간 기법 시각화

1. R의 고급 시각화 도구

R에서 제공되는 고급 시각화 관련 주요 패키지는 graphics, lattice, ggplot2, ggmap 등이 있다.

graphics 패키지는 막대 차트, 파이 차트, 산점도, 히스토그램 등의 일반적인 시각화 도구를 제공한다. graphics 패키지에서 제공되는 시각화 관련 함수는 "5장 데이터 시각화"에서 알아본 바와 같이 이산변수의 시각화를 위해서 barplot(), dotchart(), pie() 함수를 사용하며, 연속 변수의 시각화를 위해서는 boxplot(), hist(), plot() 함수를 사용한다.

R의 고급 시각화를 위해는 lattice, ggplot2, ggmap 패키지를 사용한다. lattice 패키지는 서로 상관 있는 확률적 반응변수의 시각화에 사용할 수 있다. 특정 변수가 갖는 범주(domain)별로 독립된 패널을 격자(lattice)처럼 배치하여 여러 개의 변수에 대한 범주를 세부적으로 시각화해주는 훌륭한 도구이다. [그림 8.1]은 lattice 패키지를 사용하여 격자 배치로 시각화한 예이다.

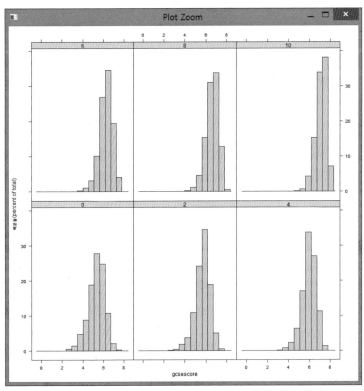

[그림 8.1] lattice 패키지를 사용한 시각화 예

ggplot2 패키지는 기하학적 객체들(점, 선, 막대 등)에 미적 특성(색상, 모양, 크기)을 적용하여 시각화하는 방법을 제공한다. 특히 그래프와 사용자 간에 상호작용(interaction) 기능을 제공하기 때문에 시각화 과정에서 코드의 재사용성이 뛰어나고, 데이터 분석을 위한 시각화에 적합하다. [그림 8.2]는 ggplot2 패키지에서 제공하는 막대 차트로 데이터를 시각화한 예이다.

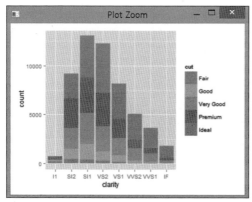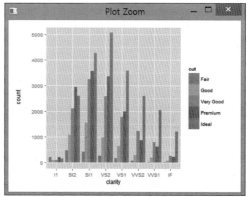

[그림 8.2] ggplot2 패키지를 사용한 시각화 예

ggmap 패키지는 지도를 기반으로 위치, 영역, 시간과 공간에 따른 차이와 변화에 대한 것을 다루는 공간시각화에 적합하다. 위도와 경도의 좌표상에 버블과 같은 특수 문자를 레이어 형태로 표현하여 시공간의 변화를 시각화하는 데 유용하다. 공간시각화는 대부분은 구글(google)의 지도 정보를 이용하여 시각화한다. [그림 8.3]은 google map을 이용한 공간시각화의 예이다.

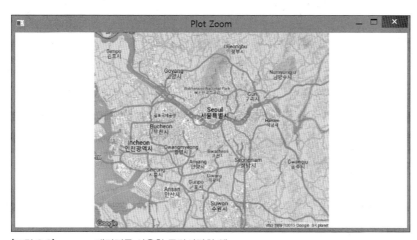

[그림 8.3] ggmap 패키지를 사용한 공간시각화 예

2. 격자형 기법 시각화

격자 형태의 그래픽(trellis graphic)을 생성하여 시각화하는 기법으로 다차원 데이터를 사용할 경우 한 번에 여러 개의 차트 생성이 가능하고, 높은 밀도의 차트를 효과적으로 그려주는 이점을 갖고 있다.

이 절에서는 격자형 시각화를 제공하는 lattice 패키지의 주요 함수를 이용하여 시각화하는 방법에 대해서 알아본다.

lattice 패키지는 2001년 3월에 인도의 대학교수인 Deepayan Sarkar에 의해서 버전 0.2-3이 CRAN에 공포된 이후 최근 2020년 4월에 버전 0.20-41 공포되었다. [표 8.1]은 lattice 패키지의 주요 함수에 대한 기능 설명과 graphics 패키지에서 제공되는 함수와 비교한 결과이다.

[표 8.1] lacctice 패키지의 주요 함수

함수	기능	graphics 함수 비교
histogram()	연속형 변수를 대상으로 히스토그램 그리기	hist() 함수 기능
densityplot()	연속형 변수를 대상으로 밀도 그래프 그리기	없음(분포곡선 제공)
barchart()	x축과 y축을 적용한 막대 그래프 그리기	barplot() 함수 기능
dotplot()	x축과 y축을 적용한 점 그래프 그리기	dotchart() 함수 기능
xyplot()	x축과 y축을 적용한 교차 그래프 그리기	plot() 함수 기능
equal.count()	데이터 셋을 지정한 영역만큼 범주화	없음(카운터 제공)
coplot()	조건 변수 조작으로 조건 그래프 그리기	없음(조건변수 조작)
cloud()	3차원 산점도 그래프 그리기	없음(3차원 제공)

⊙실습 lattice 패키지 사용 준비하기

```
> # 단계 1: lattice 패키지 설치하기
> install.packages("lattice")
Installing package into 'C:/Users/master/Documents/R/win-library/4.0'
(as 'lib' is unspecified)

            … 중간 생략 …
> library(lattice)
>
```

해설 고급 시각화를 위한 lattice 패키지를 설치하고 메모리에 로드 한다.

```
> # 단계 2: 실습용 데이터 가져오기
> install.packages("mlmRev")
Installing package into 'C:/Users/master/Documents/R/win-library/4.0'
(as 'lib' is unspecified)
also installing the dependencies 'minqa', 'nloptr', 'RcppEigen', 'lme4'

            … 중간 생략 …
> library(mlmRev)
필요한 패키지를 로딩중입니다: lme4
필요한 패키지를 로딩중입니다: Matrix
> data(Chem97)        # 데이터 셋 가져오기
> str(Chem97)         # 자료구조 보기
```

```
'data.frame': 31022 obs. of  8 variables:
$ lea      : Factor w/ 131 levels "1","2","3","4"...: 1 1 1 1 1 1 1 1 1 1 ...
$ school   : Factor w/ 2410 levels "1","2","3","4"...: 1 1 1 1 1 1 1 1 1 1 ...
$ student  : Factor w/ 31022 levels "1","2","3","4"...: 1 2 3 4 5 6 7 8 9 10 ...
$ score    : num  4 10 10 10 8 10 6 8 4 10 ...
$ gender   : Factor w/ 2 levels "M","F": 2 2 2 2 2 2 2 2 2 2 ...
$ age      : num  3 -3 -4 -2 -1 4 1 4 3 0 ...
$ gcsescore: num  6.62 7.62 7.25 7.5 6.44 ...
$ gcsecnt  : num  0.339 1.339 0.964 1.214 0.158 ...
> head(Chem97, 30)   # 앞부분 30개 행 보기
   lea school student score gender age gcsescore    gcsecnt
1    1      1       1      4      F   3     6.625 0.33931571
2    1      1       2     10      F  -3     7.625 1.33931571
3    1      1       3     10      F  -4     7.250 0.96431571
                    … 중간 생략 …
29   1      2      29     10      M  -2     7.700 1.41431571
30   1      2      30     10      M   3     7.300 1.01431571
> Chem97              # 전체 데이터 보기
    lea school student score gender age gcsescore      gcsecnt
1     1      1       1      4      F   3     6.625 0.3393157114
2     1      1       2     10      F  -3     7.625 1.3393157114
                    … 중간 생략 …
124   2     11     124     10      M  -3     6.875 0.5893157114
125   2     11     125     10      M  -3     6.888 0.6023157114
[ reached 'max' / getOption("max.print") -- omitted 30897 rows ]
>
```

해설 Chem97 데이터 셋을 제공하는 mlmRev 패키지를 설치하고 데이터 셋을 가져온다.

+ 더 알아보기 **Chem97 데이터 셋**

Chem97 데이터 셋은 mlmRev 패키지에서 제공되는 데이터 셋으로 1997년 영국 2,280개 학교 31,022명의 학생을 대상으로 A 레벨(대학시험) 화학 점수를 기록한 데이터 셋이다. 전체 31,022개의 관측치와 8개의 변수로 구성되어 있다.

주요 변수:
- lea(Local Education Authority): 지방교육청(범위: 1 ~ 15)
- school: 학교 id(범위: 1 ~ 132)
- student: 학생 id(범위: 1 ~ 1250)
- score: A 레벨의 화학 점수(범위: 0, 2, 4, 6, 8, 10)
- gender: 성별(범위: M, F)
- age: 18.5세 기준 월수(범위: -6 ~ +5)
- gcsescore: GCSE 개인 평균 성적(범위: 0 ~ 8 사이의 실수)

2.1 히스토그램

gcsescore 변수는 GCSE 개인 평균성적 자료가 기록되어 있으며, 값의 범위는 0 ~ 8 사이의 실수값으로 구성되어 있다. 이러한 연속형 변수를 시각화하는 방법으로 기존의 graphics 패키지에서 제공하는 hist() 함수를 이용한 것처럼 lattice 패키지에서도 유사한 histogram() 함수를 제공하고 있다. 히스토그램을 그려주는 histogram() 함수의 형식은 다음과 같다.

형식   histogram(~ x축 칼럼 | 조건, data ...)

실습 histogram() 함수를 이용하여 데이터 시각화하기

```
> # Chem97 데이터 셋의 gcsescore 변수를 x축으로 하여 히스토그램 그리기
> histogram(~gcsescore, data = Chem97)
>
```

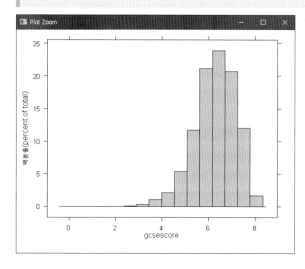

해설 x축은 gcsescore 변수의 값에 의해서 0, 2, 4, 6, 8의 구간(급)으로 나누어서 표현되고, y축은 x 변수값의 출현 도수가 백분율(percent of total)로 나타난다.

실습 score 변수를 조건변수로 지정하여 데이터 시각화하기

gcsescore 변수를 대상으로 score 변수를 조건으로 지정하면 score의 범주(0, 2, 4, 6, 8, 10)에 의해서 6개의 패널에 그려지고 각 패널에 gcsescore 값이 히스토그램으로 그려진다.

```
> histogram(~gcsescore | score, data = Chem97)          # 첫 번째 결과 그래프
> # score 변수를 factor 적용
> histogram(~gcsescore | factor(score), data = Chem97)  # 두 번째 결과 그래프
>
```

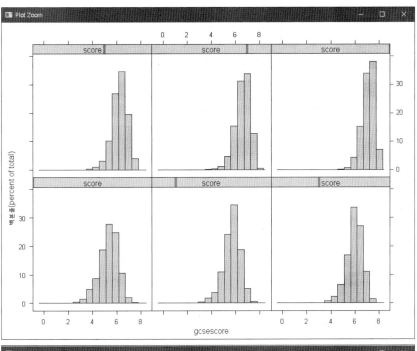

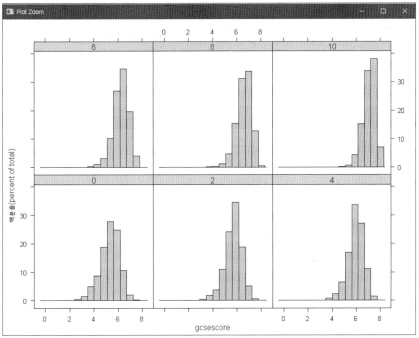

해설 변수를 factor로 적용한 예이다. 범위를 갖는 변수를 대상으로 factor 형으로 변환하면 그래픽 출력에 영향을 끼친다. 결과의 첫 번째 그래프는 score 변수를 x축에 대입할 경우 각 패널의 제목에 'score' 문자열이 표시되지만, 두 번째 그래프는 score 변수를 factor 형으로 변환한 후 score를 x축에 적용하면 score 값으로 패널의 제목이 변경된다. 즉 6개 패널의 제목은 score의 범주 값인 0, 2, 4, 6, 8, 10으로 표시된다. 따라서 각 패널에서 제공하는 범주를 분석하기 위해서는 factor 형으로 변환하여 시각화하는 것이 더욱 효과적이다.

2.2 밀도 그래프

그룹을 가진 범주형 변수를 적용하여 그룹별로 밀도 그래프를 그릴 수 있다. 특히 밀도 그래프는 히스토그램에서 나타난 구간의 도수 값을 곡선으로 연결한 분포곡선 형태로 시각화해준다.

밀도 그래프를 그리기 위한 densityplot() 함수의 형식은 다음과 같다.

형식 densityplot(~ x축 칼럼 | 조건, data, groups = 변수)

실습 densityplot() 함수를 사용하여 밀도 그래프 그리기

사용하는 densityplot() 함수의 주요 속성은 다음과 같다.

- **plot.points = T**: 밀도 점 표시 여부(밀도 점을 표시하지 않는 경우의 plotpoints = F)
- **auto.key = T**: 범례 표시 여부(범례는 그래프 상단에 표시됨)

```
> densityplot(~gcsescore | factor(score), data = Chem97,
+             groups = gender,
+             plot.points = T, auto.key = T)
>
```

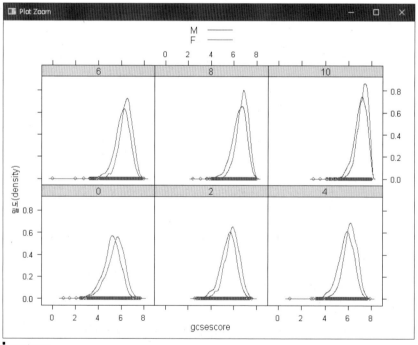

해설 gender 변수를 그룹으로 지정하여 gcsescore 변수를 score 단위로 밀도 그래프를 그려준다. gcsescore 변수에 score 변수를 조건으로 지정하면 score의 범주(0, 2, 4, 6, 8, 10)에 의해서 6개의 패널이 만들어진다. 각 패널에는 gender 변수의 값에 의해서 M(남자)과 F(여자)로 분류되어 gcsescore 변수의 값으로 그려진다. 즉 x축은 gcsescore 변수의 값에 의해

서 0, 2, 4, 6, 8의 구간(급)으로 나누어서 표현되고, y축은 x 변수값의 출현 도수가 밀도(density)로 표시되며, 그래프는 도수 값을 곡선으로 연결한 분포곡선 형태로 나타난다. score의 6개 범주에서 gcsescore 점수가 모두 여학생이 높은 것으로 나타난다.

2.3 막대 그래프

x축과 y축에 해당 변수를 지정하고, 그룹을 가진 범주형 변수를 이용하여 조건을 적용해서 막대 그래프를 그릴 수 있다. 특히 막대 그래프는 layout 속성을 적용하여 패널의 위치를 조정할 수 있다.

막대 그래프를 그려주는 barchart() 함수의 형식은 다음과 같다.

형식 barchart(y축 칼럼 ~x축 칼럼 | 조건, data, layout)

⬇실습 barchart() 함수를 사용하여 막대 그래프 그리기

```
> # 단계 1: 기본 데이터 셋 가져오기
> data(VADeaths)
> VADeaths
        Rural Male  Rural Female  Urban Male  Urban Female
50-54    11.7          8.7          15.4          8.4
55-59    18.1         11.7          24.3         13.6
60-64    26.9         20.3          37.0         19.3
65-69    41.0         30.9          54.6         35.1
70-74    66.0         54.3          71.1         50.0
>
```

```
> # 단계 2: VADeaths 데이터 셋 구조보기
> str(VADeaths)        # num[1:5, 1:4]
 num [1:5, 1:4] 11.7 18.1 26.9 41 66 8.7 11.7 20.3 30.9 54.3 ...
 - attr(*, "dimnames")=List of 2
 ..$ : chr [1:5] "50-54" "55-59" "60-64" "65-69" ...
 ..$ : chr [1:4] "Rural Male" "Rural Female" "Urban Male" "Urban Female"
> class(VADeaths)     # matrix  array
[1] "matrix"  "array"
> mode(VADeaths)     # numeric
[1] "numeric"
>
```

통계처리를 위해서 matrix 자료구조를 table 자료구조로 변환한다. table 구조로 변경하면 가장 왼쪽의 첫 번째 칼럼을 기준으로 '넓은 형식'의 자료가 '긴 형식'의 자료로 구조가 변경된다.

```
> # 단계 3: 데이터 형식 변경(matrix 형식을 table 형식을 변경)
> dft <- as.data.frame.table(VADeaths)
> str(dft)
'data.frame': 20 obs. of  3 variables:
```

```
$ Var1: Factor w/ 5 levels "50-54","55-59",..: 1 2 3 4 5 1 2 3 4 5 ...
$ Var2: Factor w/ 4 levels "Rural Male","Rural Female",..: 1 1 1 1 1 2 2 2 2 2 ...
$ Freq: num  11.7 18.1 26.9 41 66 8.7 11.7 20.3 30.9 54.3 ...
> dft
     Var1          Var2    Freq
1   50-54    Rural Male    11.7
2   55-59    Rural Male    18.1
3   60-64    Rural Male    26.9
4   65-69    Rural Male    41.0
5   70-74    Rural Male    66.0
           ··· 중간 생략 ···
19  65-69  Urban Female    35.1
20  70-74  Urban Female    50.0
>
```

해설 [단계 3]의 결과는 [단계 1]의 결과인 matrix 자료구조를 table 자료구조로 변경한 결과이다. 여기서 as.data.frame.table() 함수에 의해서 넓은 형식의 데이터가 긴 형식으로 변경되었다. 즉 '나이'의 범주를 가진 첫 번째 칼럼에 의해서 4개의 칼럼이 넓은 형식으로 구성된 matrix 구조가 20개의 관측치를 갖는 넓은 형식으로 변경되었다. 변경된 table의 구조는 3개의 칼럼으로 구성되는데, 첫 번째 칼럼(Var1)은 넓은 형식에서 '나이'의 범주를 갖는 칼럼이고, 두 번째 칼럼(Var2)은 넓은 형식에서 4개 칼럼으로 구성된 칼럼명이며, 마지막 세 번째 칼럼(Freq)은 빈도수의 값으로 나타난다. '긴 형식'과 '넓은 형식'의 개념은 "6장 데이터 조작"을 참고한다.

```
> # 단계 4: 막대 그래프 그리기
> barchart(Var1 ~ Freq | Var2, data = dft, layout = c(4, 1))
>
```

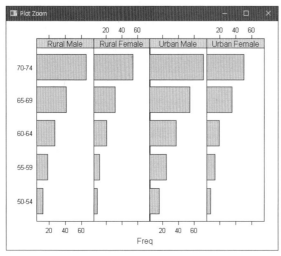

해설 x축에는 사망비율, y축에는 사망 연령대 그리고 조건은 시골과 도시 출신의 남녀가 기준이 되어 막대 그래프가 그려진다. "layout = c(4, 1)" 속성은 4개의 패널을 1행에 나타내주는 역할을 제공한다.

```
> # 단계 5: origin 속성을 사용하여 막대 그래프 그리기
> barchart(Var1 ~ Freq | Var2, data = dft, layout = c(4, 1), origin = 0)
>
```

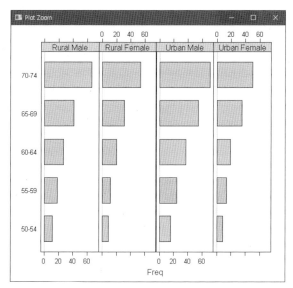

해설 barchart() 함수에 의해서 그려진 막대 그래프에서 조건이 시골과 도시 출신의 각각 남녀가 되기 때문에 4개의 패널이 생성된다. 또한, 각 패널에 그려지는 막대 그래프는 x축의 사망비율(Freq)의 값에 의해서 20, 40, 60으로 구간이 나누어지고, y축은 사망비율을 연령대별로 분류하여 막대 그래프로 그려준다. 따라서 첫 번째 패널은 Rural Male(시골 출신 남자)에 대한 연령대별 사망비율이고, 마지막 패널은 Urban Female(도시 출신 여자)에 대한 연령대별 사망비율이 그래프로 표시된 결과이다. 한편 barchart() 함수에서 사용되는 'origin = 0' 속성은 x축의 구간을 0부터 표시해주는 역할을 한다. 이전 실습의 결과와 비교해 보면 x축에 표시된 결과가 다른 것을 확인할 수 있다.

2.4 점 그래프

막대그래프와 마찬가지로 x축과 y축에 해당 변수를 지정하고, 그룹을 가진 범주형 변수로 조건을 적용하여 점(dot) 그래프를 그릴 수 있다. 점 그래프 역시 layout 속성을 적용하여 패널의 위치를 조정할 수 있다. 점 그래프를 그려주는 dotplot() 함수의 사용 형식 은 다음과 같다.

형식 dotplot(y축 칼럼 ~ x축 칼럼 | 조건, data, layout)

실습 dotplot( ) 함수를 사용하여 점 그래프 그리기

```
> # 단계 1: layout 속성이 없는 경우
> dotplot(Var1 ~ Freq | Var2, dft)   # 2행 2열
>
```

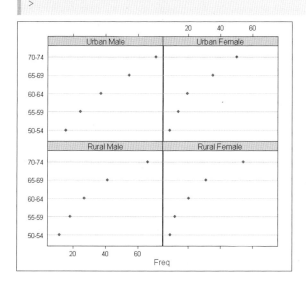

```
> # 단계 2: layout 속성을 적용한 경우
> dotplot(Var1 ~ Freq | Var2, dft, layout = c(4, 1))
>
```

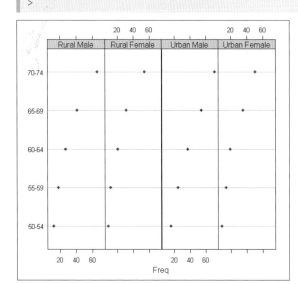

해설 [단계 1]의 결과는 dotplot( ) 함수에서 layout 속성을 생략했을 때 기본으로 2행 2열 구조의 패널에 의해서 그려진 그래프이고, [단계 2]의 결과는 layout 속성이 적용되어 1행에 4개의 패널이 그려진 그래프이다.

⬇ 실습   점을 선으로 연결하여 시각화하기

사용하는 dotplot() 함수의 주요 속성은 다음과 같다.

• type = "o" : 점(point) 타입으로 원형에 실선이 통과하는 유형으로 그래프의 타입을 지정한다.
• auto.key = list(space = "right", points = T, lines = T): 범례를 나타내는 속성으로 범례의 위 치를 그래프의 오른쪽으로 지정하고 그래프에 사용된 점과 선을 범례에 표시하도록 한다.

```
> dotplot(Var1 ~ Freq, data = dft,
+         groups = Var2, type = "o",
+         auto.key = list(space = "right", points = T, lines = T))  # 범례 추가
>
```

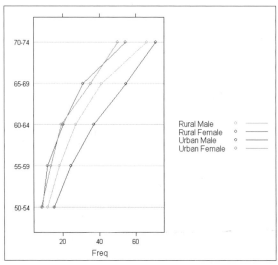

해설 Var2 변수를 그룹화하여 점을 선으로 연결하여 꺾은선 유형의 차트가 그려진다.

2.5 산점도 그래프

x축과 y축에 해당 변수를 지정하고, 그룹을 가진 범주형 변수로 조건을 적용하여 산점도 그래프를 그릴 수 있다. 산점도 그래프 역시 layout 속성을 적용하여 패널의 위치를 조정할 수 있다. 산점도 그래프를 그려주는 xyplot() 함수의 형식은 다음과 같다.

형식 xyplot(y축 칼럼 ~ x축 칼럼 | 조건변수, data = data.frame 또는 list, layout)

실습 airquality 데이터 셋으로 산점도 그래프 그리기

```
> # 단계 1: airquality 데이터 셋 가져오기
> library(datasets)
> str(airquality)
'data.frame': 153 obs. of  6 variables:
 $ Ozone  : int    41 36 12 18 NA 28 23 19 8 NA ...
 $ Solar.R: int    190 118 149 313 NA NA 299 99 19 194 ...
 $ Wind   : num   7.4 8 12.6 11.5 14.3 14.9 8.6 13.8 20.1 8.6 ...
 $ Temp   : int    67 72 74 62 56 66 65 59 61 69 ...
 $ Month  : int    5 5 5 5 5 5 5 5 5 5 ...
 $ Day    : int    1 2 3 4 5 6 7 8 9 10 ...
>
```

해설 datasets 패키지에서 제공하는 airquality 데이터 셋을 메모리에 로드한 뒤에 데이터 구조를 확인한다.

➕ 더 알아보기 airquality 데이터 셋

airquality 데이터 셋은 datasets 패키지에서 제공하는 데이터 셋으로 뉴욕시의 대기오염에 관한 자료가 기록되었으며 전체 153개의 관측치와 6개의 변수로 구성되어 있다.

주요 변수:
- Ozone(오존)
- Solar.R(태양열)
- Wind(바람)
- Temp(온도)
- Month(월:5~9)
- Day(일:1~31)

```
> # 단계 2: xyplot() 함수를 사용하여 산점도 그리기
> # airquality의 Ozone 변수를 y축, Wind 변수를 x 축으로
> xyplot(Ozone ~ Wind, data = airquality)
>
```

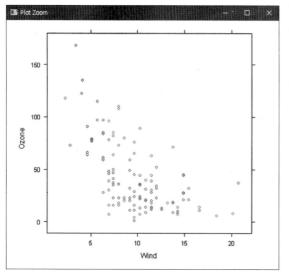

> **해설** airquality 데이터 셋을 대상으로 x축은 Wind 연속형 변수의 값(1.7 ~ 20.7)에 의해서 5, 10, 15, 20으로 구간이 나누어지고, y축은 Ozone 이산형 변수의 값(1~168)에 의해서 0, 50, 100,150으로 분류된 교차점에 산점도 그래프가 그려진다.

> # 단계 3: 조건변수를 사용하는 xyplot() 함수로 산점도 그리기
> xyplot(Ozone ~ Wind | Month, data = airquality)
>

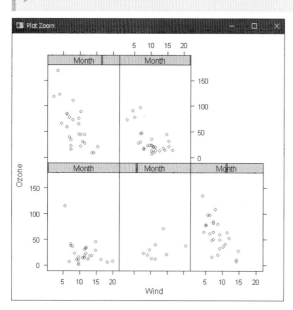

> **해설** xyplot() 함수에서 기본 layout 속성값인 'layout = c(3, 2)'의 2행 3열로 패널이 생성되어 산점도 그래프가 그려진다. airquality 데이터 셋의 Ozone 변수는 y축, Wind 변수는 x축으로 나타나고, Month 변수는 조건변수로 지정되어 산점도 그래프가 그려진다. 각 패널의 제목에는 조건으로 지정된 변수명(Month)이 문자열로 출력된다.

> # 단계 4: 조건변수와 layout 속성을 사용하는 xyplot() 함수로 산점도 그리기
> xyplot(Ozone ~ Wind | Month, data = airquality, layout = c(5, 1))
>

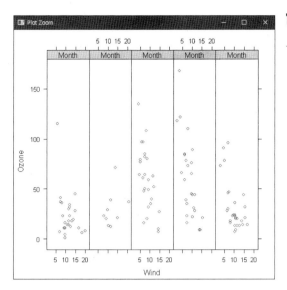

해설 "layout = c(5, 1)" 속성을 추가하여 1행 5열로 산점도 그래프가 그려진다.

```
> # 단계 5: Month 변수를 factor 타입으로 변환하여 산점도 그리기
> #          패널 제목에는 factor 값을 표시
> convert <- transform(airquality, Month = factor(Month))  # factor 형으로 변환
> str(convert)                                # Month 변수의 Factor 값 확인
'data.frame': 153 obs. of  6 variables:
 $ Ozone  : int    41 36 12 18 NA 28 23 19 8 NA ...
 $ Solar.R: int    190 118 149 313 NA NA 299 99 19 194 ...
 $ Wind   : num    7.4 8 12.6 11.5 14.3 14.9 8.6 13.8 20.1 8.6 ...
 $ Temp   : int    67 72 74 62 56 66 65 59 61 69 ...
 $ Month  : Factor w/ 5 levels "5","6","7","8",...: 1 1 1 1 1 1 1 1 1 1 ...
 $ Day    : int    1 2 3 4 5 6 7 8 9 10 ...
> xyplot(Ozone ~ Wind | Month, data = convert)
>
```

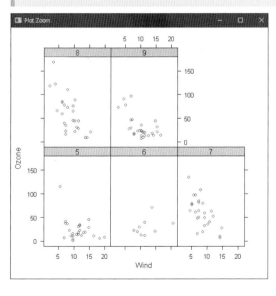

해설 [단계 3]의 결과에서 각 패널에 'Month' 문자열로 표시되는 것보다 [단계 5]의 결과에서처럼 Month 이산형 변수의 값(5 ~ 9)을 각 패널의 제목으로 표시하면 패널에 나타난 그래프의 정보에 대한 가독성이 높아진다. 따라서 Month 변수를 factor 형으로 변환하면 변수의 값이 순서대로 levels 값("5", "6", "7", "8", "9")으로 바뀌어 패널의 제목으로 나타난다·

⊕실습 quakes 데이터 셋으로 산점도 그래프 그리기

```
> # 단계 1: quakes 데이터 셋 보기
> head(quakes)
      lat    long  depth  mag  stations
1  -20.42  181.62    562  4.8        41
2  -20.62  181.03    650  4.2        15
3  -26.00  184.10     42  5.4        43
4  -17.97  181.66    626  4.1        19
5  -20.42  181.96    649  4.0        11
6  -19.68  184.31    195  4.0        12
> str(quakes)
'data.frame': 1000 obs. of  5 variables:
$ lat     : num  -20.4 -20.6 -26 -18 -20.4 ...
$ long    : num  182 181 184 182 182 ...
$ depth   : int  562 650 42 626 649 195 82 194 211 622 ...
$ mag     : num  4.8 4.2 5.4 4.1 4 4 4.8 4.4 4.7 4.3 ...
$ stations: int  41 15 43 19 11 12 43 15 35 19 ...
>
```

➕ 더 알아보기   quakes 데이터 셋

quakes 데이터 셋은 R에서 제공하는 기본 데이터 셋으로, 1964년 이후 피지(태평양) 섬 근처에서 발생한 지진 사건에 관한 기록으로 전체 1,000개의 관측치와 5개의 변수로 구성되어 있다.

주요 변수:

- lat(위도)
- long(경도)
- depth(수심, km)
- mag(리히터 규모)
- stations(.관측소)

```
> # 단계 2: 지진 발생 진앙지(위도와 경도) 산점도 그리기
> xyplot(lat ~ long, data = quakes, pch = ".")
>
```

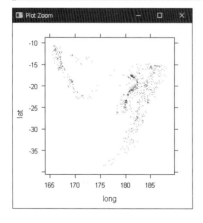

```
> # 단계 3: 산점도 그래프를 변수에 저장하고,
> #          제목 문자열 추가하기
> # xyplot( ) 함수의 결과인 산점도 그래프를 변수에 저장
> tplot <- xyplot(lat ~ long, data = quakes, pch = ".")
> # 변수의 내용 업데이트
> tplot <- update(tplot, main = "1964년 이후 태평양에서 발생한 지진 위치")
> print(tplot)    # 산점도 그래프를 저장하는 변수 출력
>
```

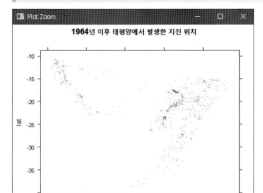

해설 [단계 2]의 그래프는 경도를 x축으로 지정하고 위도를 y축으로 지정하여 진앙지를 산점도를 표현하였으며, [단계 3]의 그래프는 산점도 그래프를 변수에 저장한 뒤에 변수에 저장된 산점도 그래프에 제목을 추가하여 print() 함수를 이용하여 출력한 결과이다.

⊙실습 **이산형 변수를 조건으로 지정하여 산점도 그리기**

앞선 실습 예에서는 위도와 경도를 이용하여 지진 발생지를 산점도 그래프로 표현하였다. 여기에 수심별로 진앙지를 파악하기 위해서 depth 변수(이산형 변수)를 조건으로 지정한다.

```
> # 단계 1: depth 변수의 범위 확인
> range(quakes$depth)
[1]  40 680
>
```

```
> # 단계 2: depth 변수 리코딩: 6개의 범주(100 단위)로 코딩 변경
> quakes$depth2[quakes$depth >= 40 & quakes$depth <= 150] <- 1
> quakes$depth2[quakes$depth >= 151 & quakes$depth <= 250] <- 2
> quakes$depth2[quakes$depth >= 251 & quakes$depth <= 350] <- 3
> quakes$depth2[quakes$depth >= 351 & quakes$depth <= 450] <- 4
> quakes$depth2[quakes$depth >= 451 & quakes$depth <= 550] <- 5
> quakes$depth2[quakes$depth >= 551 & quakes$depth <= 680] <- 6
>
```

```
> # 단계 3: 리코딩된 변수(depth2)를 조건으로 산점도 그리기
> convert <- transform(quakes, depth2 = factor(depth2))  # factor 형으로 변환
> xyplot(lat ~ long | depth2, data = convert)
>
```

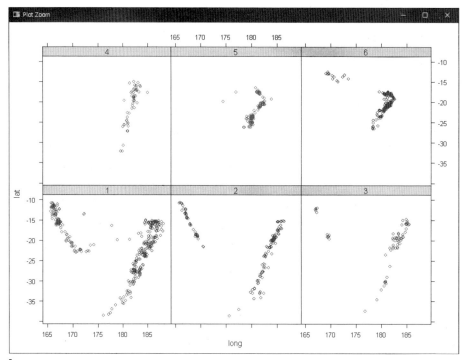

<hr/>

해설 ㅤ이산형 변수를 조건으로 그려진 산점도 그래프는 수심을 나타내는 depth 변수를 6개의 범주로 코딩을 변경하여 피지 섬 근처에서 발생한 지진의 발생지를 수심별로 위도와 경도의 지리적 위치를 이용하여 나타낸다. 동일한 수심대 별로 각 패널에 산점도 그래프가 그려지기 때문에 수심대 별로 진앙지의 위치를 분석하는데 용이하다. 즉 1행의 왼쪽 첫 번째 패널은 40~150km 수심에서 발생한 진앙지를 의미한다.

⊙ 실습 ㅤ**동일한 패널에 두 개의 변수값 표현하기**

y축에 두 개의 변수값을 적용하면 동일한 패널에 두 개의 변수값을 나타낼 수 있기 때문에 변수의 비교 및 분석이 용이하다. 두 개의 변수값을 표현하기 위한 xyplot() 함수의 형식은 다음과 같다.

형식 ㅤxyplot(y1축 + y2축 ~ x축 | 조건, data, type, layout)

```
> xyplot(Ozone + Solar.R ~ Wind | factor(Month),
+        data = airquality,
+        col = c("blue", "red"),
+        layout = c(5, 1))
>
```

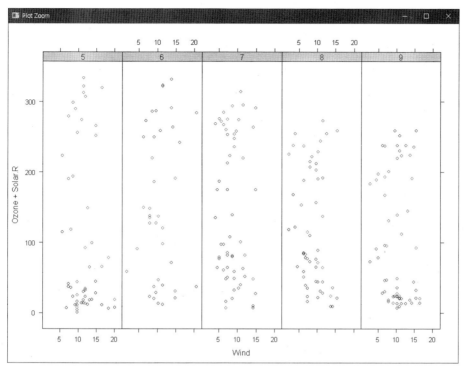

> **해설** 동일한 패널에 두 개의 변수값을 출력하는 산점도 그래프에서 Ozone(오존)과 Solar.R(태양열) 변수를 y축으로 지정하고, Wind(바람) 변수를 x축으로 지정하여 Month(월) 변수를 조건으로 지정하면 월별로 각 패널에 오존과 태양열의 변수값이 나타난다. 두 변수값을 구분하기 위해서 col 속성을 사용하여 오존은 파란색, 태양열은 빨간색으로 점의 색상을 지정하였다.

2.6 데이터 범주화

수심별로 지진의 발생지를 파악하기 위해서 이산형 변수 를 대상으로 6개의 범주로 코딩을 변경하여 조건을 적용하였다. 이처럼 각 패널에 수심대 별로 진앙지를 파악하기 위해서는 일정한 구간으로 범주화하는 작업이 필요한데, lattice 패키지에서 제공하는 equal.count() 함수를 이용하면 범주화 작업을 효과적으로 할 수 있다.

equal.count() 함수의 형식은 다음과 같다.

> **형식** equal.count(data, number = n, overlap = 0)

> **⊕ 실습** equal.count() 함수를 사용하여 이산형 변수 범주화하기

```
> # 단계 1: 1 ~ 150을 대상으로 겹치지 않게 4개 영역으로 범주화
> numgroup <- equal.count(1:150, number = 4, overlap = 0)
> numgroup
```

```
Data:
   [1]   1   2   3   4   5   6   7   8   9  10  11  12  13  14  15  16  17
  [18]  18  19  20  21  22  23  24  25  26  27  28  29  30  31  32  33  34
  [35]  35  36  37  38  39  40  41  42  43  44  45  46  47  48  49  50  51
  [52]  52  53  54  55  56  57  58  59  60  61  62  63  64  65  66  67  68
  [69]  69  70  71  72  73  74  75  76  77  78  79  80  81  82  83  84  85
  [86]  86  87  88  89  90  91  92  93  94  95  96  97  98  99 100 101 102
 [103] 103 104 105 106 107 108 109 110 111 112 113 114 115 116 117 118 119
 [120] 120 121 122 123 124 125 126 127 128 129 130 131 132 133 134 135 136
 [137] 137 138 139 140 141 142 143 144 145 146 147 148 149 150

Intervals:
     min   max  count
1    0.5  38.5    38
2   37.5  75.5    38
3   75.5 112.5    37
4  113.5 150.5    37

Overlap between adjacent intervals:
[1] 1 0 0
>
```

> **# 단계 2: 지진의 깊이를 5개 영역으로 범주화**
```
> depthgroup <- equal.count(quakes$depth, number = 5, overlap = 0)
> depthgroup

Data:
   [1] 562 650  42 626 649 195  82 194 211 622 583 249 554 600 139 306  50
  [18] 590 570 598 576 211 512 125 431 537 155 498 582 328 553  50 292 349
                          … 중간 생략 …
 [970]  43 172  54  68 217 102 178 251  42 575  43 577  42  75  71  60 291
 [987] 125  69 614 108 575 409 243 642  45 470 248 244  40 165

Intervals:
     min   max  count
1   39.5  80.5   203
2   79.5 186.5   203
3  185.5 397.5   203
4  396.5 562.5   202
5  562.5 680.5   200

Overlap between adjacent intervals:
[1] 4 3 4 0
>
```

해설 'number = 5' 속성에 의해서 quakes 데이터 셋의 depth 칼럼의 값을 5개 영역으로 범주화하는 과정이다.

```
> # 단계 3: 범주화된 변수(depthgroup)를 조건으로 산점도 그리기
> xyplot(lat ~ long | depthgroup, data = quakes,
+        main = "Fiji Earthquakes(depthgruop)",
+        ylab = "latitude", xlab = "longitude",
+        pch = "@", col = "red" )
>
```

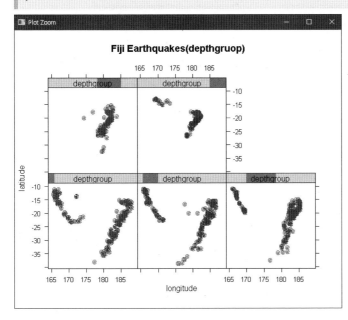

해설 [단계2]에서 equal.count() 함수를 이용하여 이산형 변수(depth)가 5개 영역으로 범주화된 변수 (depthgroup)를 조건으로 지정하여 산점도 그래프를 그린 결과이다. 5개의 각 패널은 5개 영역으로 범주화된 수심대 별 진앙을 나타내고 있다. 즉 1행의 왼쪽 첫 번째 패널은 39.5 ~ 80.5km 수심에서 발생한 진앙를 의미한다.

예에서 사용한 xyplot() 함수의 주요 속성은 다음과 같다

- **main**: 차트 제목
- **ylab**: y축 이름
- **xlab**: x축 이름
- **pch = "@"**: 점 표현 문자
- **col = 'red'**: 점 색상

⊙ 실습 수심과 리히터 규모 변수를 동시에 적용하여 산점도 그리기

```
> # 단계 1: 리히터 규모를 2개 영역으로 구분
> magnitudegroup <- equal.count(quakes$mag, number = 2, overlap = 0)
> magnitudegroup

Data:
  [1] 4.8 4.2 5.4 4.1 4.0 4.0 4.8 4.4 4.7 4.3 4.4 4.6 4.4 4.4 6.1 4.3 6.0
 [18] 4.5 4.4 4.4 4.5 4.2 4.4 4.7 5.4 4.0 4.6 5.2 4.5 4.4 4.6 4.7 4.8 4.0
 [35] 4.5 4.3 4.5 4.6 4.1 4.4 4.7 4.6 4.4 4.4 4.3 4.6 4.9 4.5 4.4 4.3 5.1 4.2
                        … 중간 생략 …
[970] 5.4 4.4 5.2 4.7 4.9 4.9 4.2 4.4 4.4 4.3 4.9 5.0 4.7 4.9 4.3 4.5 4.2
[987] 5.2 4.8 4.0 4.7 4.3 4.3 4.9 4.0 4.2 4.4 4.7 4.5 4.5 6.0

Intervals:
   min  max count
1 3.95 4.65   585
2 4.55 6.45   516

Overlap between adjacent intervals:
[1] 101
>
```

```
> # 단계 2: magnitudegroup 변수를 기준으로 산점도 그리기
> xyplot(lat ~ long | magnitudegroup, data = quakes,
+        main = "Fiji Earthquakes(magnitude)",
+        ylab = "latitude", xlab = "longitude",
+        pch = "@", col = "blue")
>
```

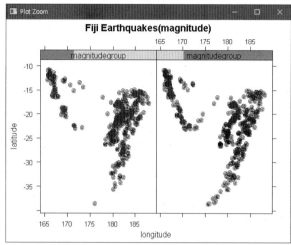

```
> # 단계 3: 수심과 리히터 규모를 동시에 표현(2행 5열 패널 구현)
> xyplot(lat ~ long | depthgroup * magnitudegroup, data = quakes,
+        main = "Fiji Earthquakes",
+        ylab = "latitude", xlab = "longitude",
+        pch = "@", col = c("red","blue"))  # 수심(빨강), 리히터 규모(파랑)
>
```

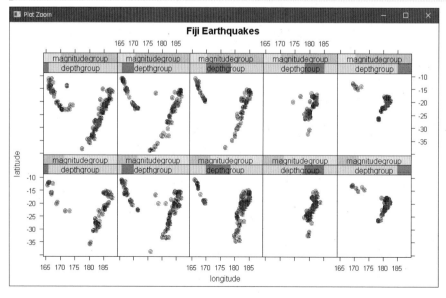

해설 수심과 리히터 규모를 같은 패널에 표현하여 산점도 그래프를 그린 결과이다. 같은 패널에 수심과 리히터 규모가 동시에 표현되기 때문에 두 값을 구분하기 위해서 col = c("red", "blue") 속성을 적용하여 수심은 빨간색으로 표시하고 리히터 규모는 파란색으로 표시하였다. 한편 산점도 그래프의 결과 측면에서 수심은 5개 영역으로 범주화되고, 리히터 규모는 2개 영역으로 범주화되어, 두 개의 범주형 변수에 의해서 2행 5열 구조의 패널이 만들어지고, 각 패널에는 동일한 수심과 리히터 규모에 의해서 진앙이 표시된다. 즉 1행 1열의 패널은 수심(범주: 39.5 ~ 80.5, 203개), 리히터 규모(범주: 3.95 ~ 4.65, 585 개)에 해당하는 진앙이며, 2행 1열의 패널은 수심(범주: 562.5 ~ 680.5, 200개), 리히터 규모(범주: 4.55 ~ 6.45, 585개)에 해당하는 진앙을 나타낸다. 각 패널의 수심과 리히터 규모의 상세한 범주 값은 [표 8.2]와 같다.

[표 8.2] 수심과 리히터 규모에 의해서 생성된 각 패널의 범주 값

	1열	2열	3열	4열	5열
1행	수심(39.5~139.5), 리히터(3.95~4.65)	수심(79.5~186.5), 리히터(3.95~4.65)	수심(185.5~397.5), 리히터(3.95~4.65)	수심(396.5~562.5), 리히터(3.95~4.65)	수심(562.5~680.5), 리히터(3.95~4.65)
2행	수심(39.5~139.5), 리히터(4.55~6.45)	수심(79.5~186.5), 리히터(4.55~6.45)	수심(185.5~397.5), 리히터(4.55~6.45)	수심(396.5~562.5), 리히터(4.55~6.45)	수심(562.5~680.5), 리히터(4.55~6.45)

각 패널에 수심(depth) 변수와 mag(리히터 규모) 변수의 범주 값을 factor 형으로 변환하여 산점도 그래프를 그리면 각 패널에 그려진 진앙의 수심과 리히터 규모의 범주 값을 쉽게 판단할 수 있지만, 현재 depth 변수와 mag 변수는 연속형 변수이기 때문에 factor 형으로 변환하여 산점도 그래프를 그리면 원하는 결과를 볼 수 없다. 따라서 연속형 변수를 대상으로 먼저 이산형 변수(depth3, mag3)로 코딩을 변경한 후 factor 형으로 변환하여 산점도 그래프를 그리면 된다.

⊙ 실습 **이산형 변수를 리코딩한 뒤에 factor 형으로 변환하여 산점도 그리기**

```
> # 단계 1: depth 변수 리코딩
> quakes$depth3[quakes$depth >= 39.5 & quakes$depth <= 80.5] <- 'd1'
> quakes$depth3[quakes$depth >= 79.5 & quakes$depth <= 186.5] <- 'd2'
> quakes$depth3[quakes$depth >= 185.5 & quakes$depth <= 397.5] <- 'd3'
> quakes$depth3[quakes$depth >= 396.5 & quakes$depth <= 562.5] <- 'd4'
> quakes$depth3[quakes$depth >= 562.5 & quakes$depth <= 680.5] <- 'd5'
>
> # 단계 2: mag 변수 리코딩
> quakes$mag3[quakes$mag >= 3.95 & quakes$mag <= 4.65] <- 'm1'
> quakes$mag3[quakes$mag >= 4.55 & quakes$mag <= 6.45] <- 'm2'
>
> # 단계 3: factor 형 변환
> convert <- transform(quakes,
+                      depth3 = factor(depth3),
+                      mag3 = factor(mag3))
>
> # 단계 4: 산점도 그래프 그리기
> xyplot(lat ~ long | depth3 * mag3, data = convert,
+        main = "Fiji Earthquakes",
+        ylab = "latitude", xlab = "longitude",
+        pch = "@", col = c("red", "blue"))
>
```

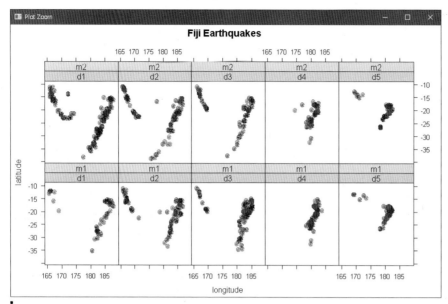

┗ **해설** quakes 데이터 셋에서 제공하는 depth와 mag 변수를 범주형으로 리코딩하여 depth3과 mag3 변수를 만들고, 이들 변수를 대상으로 factor 형으로 변환하여 산점도 그래프를 시각화한 결과이다. 각 패널의 제목에는 factor 형으로 변환된 변수의 levels 값("m숫자"와 "d숫자")이 나타난다. 각 패널에서 사용되는 수심과 리히터 규모의 값은 [표 8.2]를 참고한다.

2.7 조건 그래프

조건 그래프는 조건 a에 의해서 x에 대한 y 그래프를 그려준다. 조건 그래프는 조건으로 지정된 변수의 값을 일정한 구간으로 범주화하여 조건 그래프를 그린다. 또한, 조건에 대한 별도의 패널을 제공하여 구간의 크기와 구간의 겹침 정도를 시각화하여 조건에 의한 변화를 상세하게 제공해준다. 조건 그래프를 그려주는 coplot() 함수의 형식은 다음과 같다.

형식 coplot(y축 칼럼 ~ x축 칼럼 | 조건 칼럼, data)

실습 depth 조건에 의해서 위도와 경도의 조건 그래프 그리기

```
> coplot(lat ~ long | depth, data = quakes)
>
```

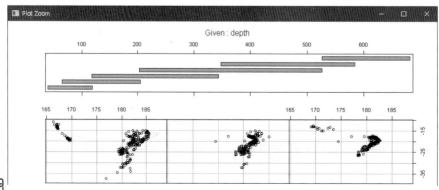

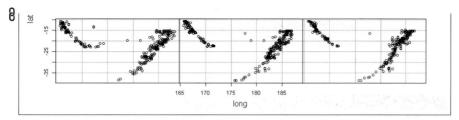

> **해설** coplot() 함수는 기본 속성값을 사용하면 조건변수를 대상으로 6개의 사이 간격으로 구간을 나누어주고, 각 구간은 0.5 단위로 겹쳐서 조건변수가 범주화되고, 이를 2행 3열의 패널로 조건 그래프를 그린다.

예에서 사용된 coplot() 함수의 주요 속성은 다음과 같다.

- **row = 2**: 패널의 행 수
- **number = 6**: 조건 사이 간격
- **overlap = 0.5**: 겹치는 구간(0.1 ~ 0.9: 작을수록 조건 사이의 간격이 적게 겹친다.)

⊙ **실습** **조건의 구간 크기와 겹침 간격 적용 후 조건 그래프 그리기**

> **# 단계 1: 조건의 구간 막대가 0.1 단위로 겹쳐 범주화**
> coplot(lat ~ long | depth, data = quakes,
> +   overlap = 0.1)   # 겹치는 구간: 0.1
>

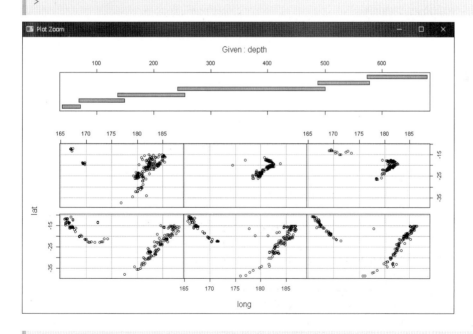

> **# 단계 2: 조건 구간을 5개로 지정하고, 1행 5열의 패널로 조건 그래프 작성**
> # 구간 5, 1행 5열
> coplot(lat ~ long | depth, data = quakes,
> +   number = 5, row = 1)
>

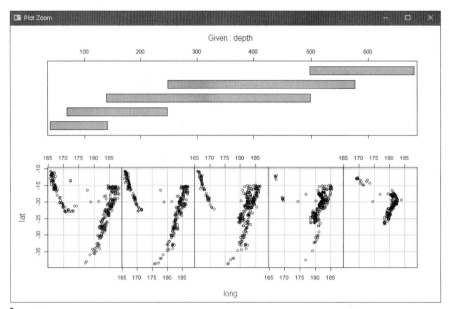

해설 [단계 1]의 결과 그래프는 조건의 구간 막대가 0.1 단위로 겹쳐서 범주화되고, [단계 2]의 결과 그래프는 조건 구간이 5개로 지정되어 범주화된다.

⊙실습 **패널과 조건 막대에 색을 적용하여 조건 그래프 그리기**

```
> # 단계 1: 패널 영역에 부드러운 곡선 추가
> coplot(lat ~ long | depth, data = quakes,
+         number = 5, row = 1,
+         panel = panel.smooth)
>
```

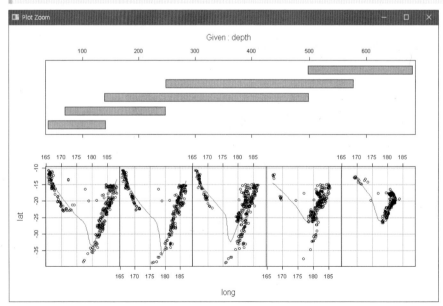

```
> # 단계 2: 패널 영역과 조건 막대에 색상 적용
> coplot(lat ~ long | depth, data = quakes,
+         number = 5, row = 1,
+         col = 'blue',                   # 패널에 색상 적용
+         bar.bg = c(num = 'green'))      # 조건 막대에 색상 적용
>
```

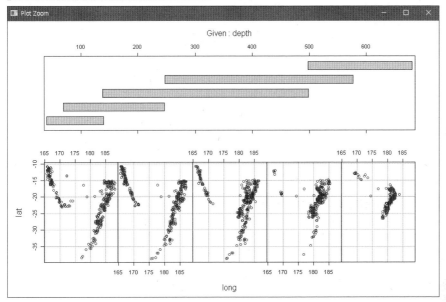

> **해설** [단계 1]의 결과 그래프는 패널 영역에 곡선을 추가한 결과이고, [단계 2]의 결과 그래프는 패널과 조건 막대에 색상을 적용한 결과이다.

2.8 3차원 산점도 그래프

x축, y축, z축을 적용하여 3차원 산점도 그래프를 그릴 수 있다. 3차원 산점도 그래프를 그려주는 cloud() 함수의 형식은 다음과 같다.

> **형식** cloud(z축변수 ~ y축변수 * x축변수, data)

> **실습** 위도, 경도, 깊이를 이용하여 3차원 산점도 그리기

```
> cloud(depth ~ lat * long , data = quakes,
+        zlim = rev(range(quakes$depth)),
+        xlab = "경도", ylab = "위도", zlab = "깊이")
>
```

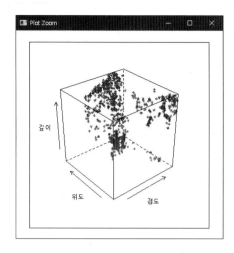

해설　예에서 사용한 cloud() 함수의 주요 속성은 다음과 같다.

- zlim: z축값 범위 지정
- xlab: x축 이름
- ylab: y축 이름
- zlab: z축 이름

⊙ 실습 테두리와 회전 속성을 추가하여 3차원 산점도 그래프 그리기

```
> cloud(depth ~ lat * long , data = quakes,
+       zlim = rev(range(quakes$depth)),
+       panel.aspect=0.9,
+       screen = list(z = 45, x = -25),
+       xlab = "경도", ylab = "위도", zlab = "깊이")
>
```

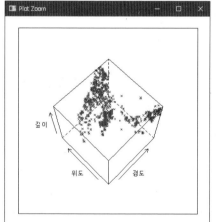

해설　x축은 경도(lat), y축은 위도(long), z축은 깊이(depth) 변수를 이용하여 3차원의 산점도 그래프를 그릴 수 있다. 변형된 3차원 그래프는 z축(깊이) 방향으로 45도 회전하고, x축(경도)의 반대 방향으로 25도 회전하여 변형된 결과이다.

예에서 사용한 cloud() 함수의 주요 속성은 다음과 같다.

- panel.aspect: 테두리 사이즈
- screen = list(z = 45, x = -25): z, x축 회전

3. 기하학적 기법 시각화

R에서 제공되는 일반 그래픽 관련 패키지는 이미지를 표현하는 데 중점을 두고 있지만, ggplot2는 기하학적 객체들(점, 선, 막대 등)에 미적 특성(색상, 모양, 크기)을 연결하여 플로팅하기 때문에 기본속성만으로 그래프를 생성해도 아주 실용적인 색상 조합과 더불어 미려한 그래픽으로 정보를 시각화해준다.

특히 ggplot2는 데이터 객체와 그래픽 객체를 서로 분리하고, 재사용할 수 있다는 장점을 제공하기 때문에 그래픽 내에서 데이터를 이해하는 데 효과적이다. 따라서 그래픽 생성 기능과 함께 통계변환을 포함할 수 있고, 같은 데이터를 대상으로 서로 다른 그래프를 표현할 경우 문법 내에서 간단한 코드를 추가하거나 삭제하여 다양한 형태의 그래프를 생성할 수 있다.

ggplot2 패키지는 2005부터 텍사스 휴스턴의 Rice 대학교 통계학과 교수인 Hadley Wickham에 의해서 개발이 시작되었으며, 2010년 7월에 버전 0.8.8을 공포한 이후, 최근 2020년 3월에 버전 3.3.0을 CRAN에 공포하였다.

ggplot2 패키지에서는 mpg, mtcars, diamonds 등의 데이터 셋과 [표 8.3]과 같은 주요 함수를 제공한다.

[표 8.3] ggplot2 패키지의 주요 함수

함수	기능	비고
qplot()	기하학적 객체와 미적 요소 매핑으로 스케일링	plot() 기능 확장
ggplot()	미적 요소 매핑에 레이어 관련 함수를 추가하여 플로팅, 미적 요소 재사용	+ 연산자 이용 미적 요소 상속
ggsave()	해상도를 적용하여 다양한 형식의 이미지 파일 저장	pdf, jpg. png 등 파일 지원

3.1 qplot() 함수

qplot() 함수는 점, 선, 다각형 등의 기하학적 객체(geometric object)를 크기, 모양, 색상 등의 미적 요소를 매핑(mapping)하여 그래프를 그려주는 ggplot2 패키지에서 제공하는 함수이다.

미적 요소 매핑이란 데이터의 각 속성을 그래프 속성에 연결하여 그래프를 그려주는 기법으로 만약 매핑 속성이 없는 경우에는 모두 같은 기본값을 사용하여 묵시적으로 생성된다. 또한, 축(axis), 레전드(legend), 레이블(lable), 그리드(grid) 라인 등은 사용자가 직접 설정하지 않으면 기본값으로 출력된다.

⊙실습 **ggplot2 패키지 설치와 실습 데이터 가져오기**

ggplot2 패키지를 설치하고 메모리로 가져온다. 또한, 실습 데이터 셋으로 사용될 mpg 데이터 셋의 구조와 특징을 확인한다.

```
> install.packages("ggplot2")    # 패키지 설치
Installing package into 'C:/Users/master/Documents/R/win-library/4.0'
(as 'lib' is unspecified)
               … 중간 생략 …
```

```
> library(ggplot2)              # 메모리 로딩
> data(mpg)                     # 데이터 셋 가져오기
> str(mpg)                      # 데이터 셋 구조 보기
tibble [234 x 11] (S3: tbl_df/tbl/data.frame)
 $ manufacturer: chr  [1:234] "audi" "audi" "audi" "audi" ...
 $ model       : chr  [1:234] "a4" "a4" "a4" "a4" ...
 $ displ       : num [1:234] 1.8 1.8 2 2 2.8 2.8 3.1 1.8 1.8 2 ...
              … 중간 생략 …
 $ fl          : chr  [1:234] "p" "p" "p" "p" ...
 $ class       : chr  [1:234] "compact" "compact" "compact" "compact" ...
>
> head(mpg)                     # 데이터 셋 앞부분 내용 보기
# A tibble: 6 x 11
  manufacturer model displ year  cyl trans drv    cty  hwy fl    class
  <chr>        <chr> <dbl> <int> <int> <chr> <chr> <int> <int> <chr> <chr>
1 audi         a4      1.8  1999    4 auto~ f       18   29 p     comp~
              … 중간 생략 …
5 audi         a4      2.8  1999    6 auto~ f       16   26 p     comp~
6 audi         a4      2.8  1999    6 manu~ f       18   26 p     comp~
> summary(mpg)                  # 데이터 셋의 요약통계량
 manufacturer         model              displ           year           cyl
 Length:234         Length:234        Min.   :1.600   Min.   :1999   Min.   :4.000
 Class :character   Class :character  1st Qu.:2.400   1st Qu.:1999   1st Qu.:4.000
 Mode  :character   Mode  :character  Median:3.300   Median:2004   Median:6.000
                                      Mean   :3.472   Mean   :2004   Mean   :5.889
                                      3rd Qu.:4.600   3rd Qu.:2008   3rd Qu.:8.000
                                      Max.   :7.000   Max.   :2008   Max.   :8.000
              … 중간 생략 …
    class
 Length:234
 Class :character
 Mode  :character
> table(mpg$drv)               # 구동 방식 빈도수

  4   f   r
103 106  25
>
```

➕ 더 알아보기 **mpg 데이터 셋**

mpg 데이터 셋은 ggplot2에서 제공하는 데이터 셋으로, 1999년부터 2008년 사이의 가장 대중적인 모델 38개 자동차에 대한 연비효율을 기록한 데이터 셋으로 전체 관측치 234개와 11개의 변수로 구성되어 있다.

주요 변수:

- manufacturer(제조사)
- model(모델)
- displ(엔진 크기),
- year(연식)
- cyl(실린더 수)
- trans(변속기)
- drv(구동방식 : 사륜(4), 전륜(f), 후(r))
- cty(gallon 당 도시 주행 마일 수)
- hwy(gallon 당 고속도로 주행 마일 수)

(1) 한 개 변수 대상으로 qplot() 함수 적용

변수 1개를 대상으로 qplot() 함수의 기본속성을 적용하여 플로팅하면 속이 꽉 찬 막대 모양의 세로 막대 그래프가 그려진다. qplot() 함수의 형식은 다음과 같다.

> **형식** qplot(x축 ~ y축, data, facets, geom, stat,
>   position, xlim, ylim, log, main, xlab, ylab, asp)

⊙ 실습 qplot() 함수의 fill과 binwidth 속성 적용하기

```
> # 단계 1: 도수분포를 세로 막대 그래프로 표현
> qplot(hwy, data = mpg)
`stat_bin()` using `bins = 30`. Pick better value with `binwidth`.
>
```

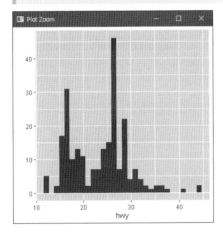

```
> # 단계 2: fill 속성 적용
> qplot(hwy, data = mpg, fill = drv)
`stat_bin()` using `bins = 30`. Pick better value with `binwidth`.
>
```

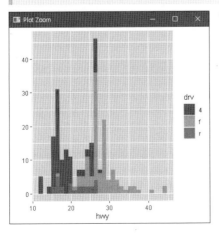

해설 fill 속성을 적용하여 해당 범주에 서로 다른 색을 채울 수 있다. 함수의 실행결과에서 볼 수 있는 'stat_bin()' using 'bins = 30'. Pick better value with 'binwidth'. 메시지는 현재 도수 분포도는 30개의 계급으로 구성되었다는 의미이고, binwidth 속성을 이용하면 더 효과적으로 시각화할 수 있다는 의미이다.

```
> # 단계 3: binwidth 속성 적용
> qplot(hwy, data = mpg, fill = drv,
        binwidth = 2)
>
```

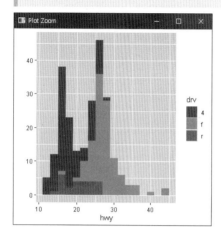

해설 한 개의 변수에 qplot() 함수를 적용하여 그래프를 그리면 도수분포가 세로 막대그래프로 그려진다. 또한, fill 속성을 적용하여 해당 범주에 서로 다른 색을 채울 수 있고, binwidth 속성을 적용하여 막대의 폭 크기를 지정할 수 있다. [단계 1]의 결과는 qplot() 함수를 적용한 기본 결과를 나타낸 것이고, [단계 2]의 결과는 fill 속성을 적용한 결과이며, [단계 3]의 결과는 binwidth 속성을 적용한 결과이다.

⊙실습 facets 속성을 사용하여 drv 변수값으로 행/열 단위로 패널 생성하기

```
> # 단계 1: 열 단위 패널 생성
> qplot(hwy, data = mpg, fill = drv,
        facets = . ~ drv,
        binwidth = 2)
>
```

```
> # 단계 2: 행 단위 패널 생성
> qplot(hwy, data = mpg, fill = drv,
        facets = drv ~ .,
        binwidth = 2)
>
```

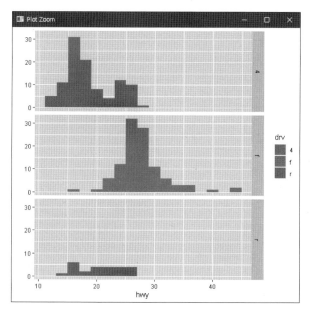

해설 qplot() 함수의 facets 속성에서 [단계 1]의 'facets = . ~ drv'는 drv 변수의 범주값에 의해서 칼럼 단위로 패널이 생성되어 그래프를 그리고, [단계 2]의 'facets = drv ~ .'은 행 단위로 패널이 생성되어 그래프를 그린다.

(2) 두 개 변수 대상으로 qplot() 함수 적용

변수 2개를 대상으로 qplot() 기본속성을 적용하여 플로팅하면 속이 꽉 찬 점 모양의 산점도 그래프가 그려진다. 점의 기본 크기는 1이다.

실습 qplot() 함수에서 color 속성을 사용하여 두 변수 구분하기

```
> # 단계 1: 두 변수로 displ과 hwy 변수 사용
> qplot(displ, hwy, data = mpg)
>
```

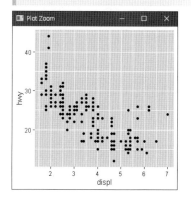

```
> # 단계 2: 두 변수로 displ과 hwy 변수 사용하며
> #         drv 변수에 색상 적용
> qplot(displ, hwy, data = mpg, color = drv)
>
```

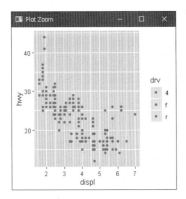

해설 엔진 크기(displ)와 고속도로 주행 마일 수(hwy)를 대상으로 x축과 y축이 교차하는 위치에 격자(grid)가 표시되어 속이 꽉 찬 점 모양의 산점도 그래프가 그려진다. [단계 1]의 결과와 [단계 2]의 결과에 차이점은 색상 지정("color = drv" 속성 추가)에 있다. 이 그래프에서 엔진 크기가 작고, 전륜구동(f) 방식인 경우 고속도로 주행 마일 수가 더 좋은 것으로 나타난다.

┌ 🔵 실습 displ과 hwy 변수의 관계를 drv 변수로 구분하기

```
> # 행 단위 패널 생성
> qplot(displ, hwy, data = mpg, color = drv, facets = . ~ drv)
>
```

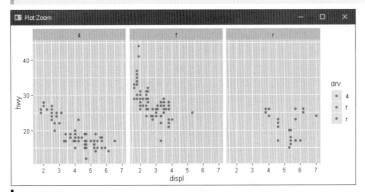

해설 엔진 크기(displ)와 고속도로 주행 마일 수(hwy)와의 관계를 구동 방식으로 구분하면 3개의 구동 방식으로 패널이 생성되어 각 패널에 산점도 그래프가 그려진다. 여기서 'color = drv' 속성에 의해서 각 패널은 구동 방식에 따라서 색상이 다르게 적용(색상은 묵시적으로 적용)되고, 'facets = . ~ drv' 속성에 의해서 행 방향으로 패널이 생성된다.

(3) 미적 요소 맵핑(mapping)

qplot() 함수에서 제공하는 색상, 크기, 모양 등의 미적 요소를 데이터에 연결(mapping)하여 그래프를 그린다.

┌ 🔵 실습 mtcars 데이터 셋에 색상, 크기, 모양 적용하기

```
> # 단계 1: 실습용 데이터 셋 확인하기
> head(mtcars)    # ggplot2 패키지에서 제공하는 데이터 셋
                   mpg cyl disp  hp drat    wt  qsec vs am gear carb
Mazda RX4         21.0   6  160 110 3.90 2.620 16.46  0  1    4    4
Mazda RX4 Wag     21.0   6  160 110 3.90 2.875 17.02  0  1    4    4
Datsun 710        22.8   4  108  93 3.85 2.320 18.61  1  1    4    1
Hornet 4 Drive    21.4   6  258 110 3.08 3.125 19.44  1  0    3    1
Hornet Sportabout 18.7   8  360 175 3.15 3.440 17.02  0  0    3    2
Valiant           18.1   6  225 105 2.76 3.460 20.22  1  0    3    1
>
```

➕ **더 알아보기**　　mtcars 데이터 셋

mtcars 데이터 셋은 ggplot2 패키지에서 제공하는 데이터 셋으로 자동차 모델에 관한 사양이 기록된 데이터프레임이다.
전체 관측치 32개와 11개의 변수로 구성되어 있다.

주요 변수:

- mpg(연비)
- cyl(실린더 수)
- displ(엔진 크기)
- hp(마력)
- wt(중량)
- qsec(1/4 마일 소요시간)
- am(변속기:0 = 오토, 1 = 수동)
- gear(앞쪽 기어 수)
- carb(카뷰레터 수)

```
> # 단계 2: 색상 적용
> qplot(wt, mpg, data = mtcars, color = factor(carb))
>
```

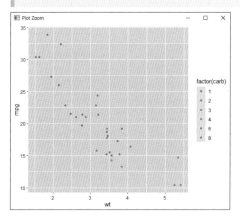

```
> # 단계 3: 크기 적용
> qplot(wt, mpg, data = mtcars, size = qsec, color = factor(carb))
>
```

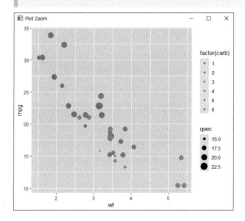

```
> # 단계 4: 모양 적용
> qplot(wt, mpg, data = mtcars, size = qsec, color = factor(carb), shape = factor(cyl))
>
```

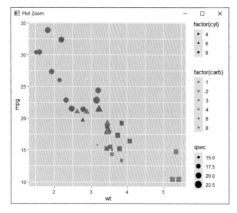

해설 3개의 그래프 중 [단계 2]의 결과 그래프는 자동차의 중량(wt)과 연비(mpg)를 대상으로 factor 형의 카뷰레터 수(carb)를 색상으로 지정하여 산점도 그래프를 그린 결과이다. [단계 3]의 결과 그래프는 카뷰레터 수를 색상으로 지정하고, 1/4 마일 소요시간(qsec)을 크기로 지정하여 산점도 그래프를 그린 결과이다. 채워진 점의 크기가 서로 다른 크기로 나타난다. 마지막으로 [단계 4]의 결과 그래프는 factor 형의 실린더 수(cyl)가 모양으로 적용되어 산점도 그래프를 그린 결과이다. 점의 색상과 크기 그리고 모양이 서로 다르게 나타나고, 모양, 색상, 크기 순서로 오른쪽에 범례가 표시된다.

(4) 기하학적 객체 적용

qplot() 함수에서 제공하는 geom 속성을 이용하여 막대, 점, 선 등의 기하학적 객체를 적용하여 그래프를 그린다.

⊙ 실습 diamonds 데이터 셋에 막대, 점, 선 레이아웃 적용하기

```
> # 단계 1: 실습용 데이터 셋 확인하기
> head(diamonds)      # ggplot2 패키지에서 제공하는 데이터 셋
# A tibble: 6 x 10
  carat cut        color clarity depth table price     x     y     z
  <dbl> <ord>      <ord> <ord>   <dbl> <dbl> <int> <dbl> <dbl> <dbl>
1  0.23 Ideal      E     SI2      61.5    55   326  3.95  3.98  2.43
2  0.21 Premium    E     SI1      59.8    61   326  3.89  3.84  2.31
3  0.23 Good       E     VS1      56.9    65   327  4.05  4.07  2.31
4  0.290 Premium   I     VS2      62.4    58   334  4.2   4.23  2.63
5  0.31 Good       J     SI2      63.3    58   335  4.34  4.35  2.75
6  0.24 Very Good  J     VVS2     62.8    57   336  3.94  3.96  2.48
>
```

➕ 더 알아보기 diamonds 데이터 셋

diamonds 데이터 셋은 ggplot2 패키지에서 제공되는 데이터 셋으로 약 5만 4천 개의 다이아몬드에 관한 속성을 기록한 데이터프레임이다. 전체 53,940개의 관측치와 10개의 변수로 구성되어 있다.

주요 변수:
- **price**: 다이아몬드 가격($326~$18,823)
- **carat**: 다이아몬드 무게(0.2 ~ 5.01),
- **cut**: 컷의 품질(Fair, Good, Very Good, Premium Ideal)
- **color**: 색상(J: 가장 나쁨 ~ D: 가장 좋음)
- **clarity**: 선명도(I1: 가장 나쁨, SI1, SI1, VS1, VS2, VVS1, VVS2, IF: 가장 좋음)
- **x**: 길이 (0 ~ 10.74mm)
- **y**: 폭(0 ~ 58.9mm)
- **z**: 깊이(0 ~ 31.8mm)

```
> # 단계 2: geom 속성과 fill 속성 사용하기
> #       geom = 'bar' 속성으로 막대그래프 그리기
> #       fill = cut 속성으로 cut 변수의 값을 색상으로 채우기
> qplot(clarity, data = diamonds, fill = cut, geom = "bar")
>
```

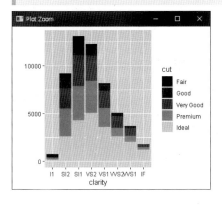

```
> # 단계 3: 테두리 색 적용
> qplot(clarity, data = diamonds, colour = cut, geom = "bar")
>
```

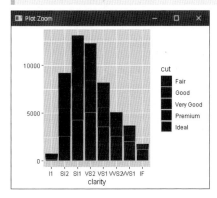

해설 다이아몬드의 선명도(clarity)에 컷의 품질(cut)별로 색이 채워진 누적 막대 그래프를 그린다. geom = "bar" 속성이 막대 그래프를 그려주는 역할을 제공한다. [단계 2]의 결과 그래프는 "fill = cut" 속성에 의해서 같은 좌표에 컷(cut)의 품질별로 서로 다른 색상이 레이아웃에 채워지지만, [단계 3]의 결과 그래프는 "colour = cut" 속성에 의해서 서로 다른 테두리 선으로 컷의 품질을 구분해준다.

```
> # 단계 4: geom = "point" 속성으로 산점도 그래프 그리기
> qplot(wt, mpg, data = mtcars, size = qsec, geom = "point")
>
```

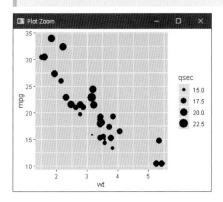

> # 단계 5: 산점도 그래프에 cyl 변수의 요인으로 포인트 크기 적용하고,
> #   carb 변수의 요인으로 포인트 색 적용하기
> qplot(wt, mpg, data = mtcars, size = factor(cyl),
+   color = factor(carb), geom="point")
경고메시지(들):
Using size for a discrete variable is not advised.
>

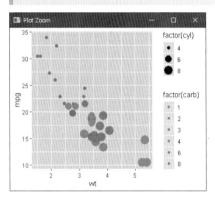

해설 산점도 그래프에 cyl 변수의 요인으로 포인트 크기 적용하고, carb 변수의 요인으로 포인트의 색상을 적용한 결과이다. 함수의 실행결과에서 볼 수 있는 경고메시지는 이산변수를 이용하여 size의 속성값으로 사용하지 않는 것이 좋다는 의미이지만, 여기서는 실린더 수(cyl)를 포인터의 크기로 나타내기 위해서 사용하므로 경고메시지는 무시한다.

> # 단계 6: 산점도 그래프에 qsec 변수의 요인으로 포인트 크기 적용하고,
> #   cyl 변수의 요인으로 포인트 모양 적용하기
> qplot(wt, mpg, data = mtcars, size = qsec,
+   color = factor(carb),
+   shape = factor(cyl), geom="point")
>

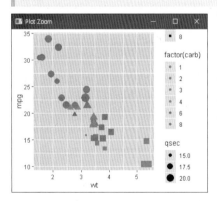

해설 geom = "point" 속성에 의해서 그려진 산점도 그래프에서 [단계 4]의 결과 그래프는 qsec 변수에 의해서 점의 크기가 지정되었고, [단계 5]의 결과 그래프는 점의 크기와 carb 변수의 요인으로 점의 색이 지정되었으며, 마지막으로 [단계 6]의 결과 그래프는 점의 크기와 색 그리고 cyl 변수의 요인으로 점의 모양이 적용되었다. qplot() 함수에서 geom 속성의 기본값은 "point"이기 때문에 geom = "point" 속성을 생략해도 동일한 결과가 나타난다.

> # 단계 7: geom = "smooth" 속성으로 산점도 그래프에 평활 그리기
> qplot(wt, mpg, data = mtcars,
+   geom = c("point", "smooth"))
`geom_smooth()` using method = 'loess' and formula 'y ~ x'
>

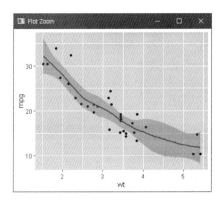

> # 단계 8: 산점도 그래프의 평활에 cyl 변수의 요인으로 색상 적용하기

> qplot(wt, mpg, data = mtcars, color = factor(cyl),
+   geom = c("point", "smooth"))
`geom_smooth( )` using method = 'loess' and formula 'y ~ x'
>

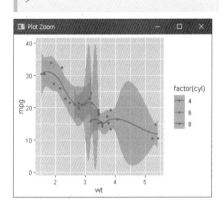

해설 geom = "smooth" 속성에 의해서 산점도 그래프 주변에 부드러운 곡선이 추가되었다. 특히 [단계 8]의 결과 그래프는 cyl 변수의 요인으로 색상이 적용된 부드러운 곡선이 추가되어 나타난다. 두 개 이상의 geom 속성을 추가하기 위해서는 c() 함수를 이용하여 표현한다.

> # 단계 9: geom = "line" 속성으로 그래프 그리기

> qplot(mpg, wt, data = mtcars,
+   color = factor(cyl), geom = "line")
>

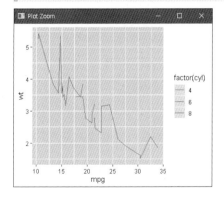

```
> # 단계 10: geom = c("point", "line") 속성으로 그래프 그리기
> qplot(mpg, wt, data = mtcars,
+        color = factor(cyl), geom = c("point", "line"))
>
```

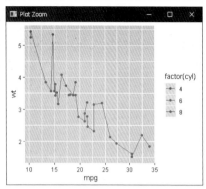

해설 [단계 9]의 결과 그래프에서는 geom = "line" 속성에 의해서 mpg 변수와 wt 변수가 교차되는 점들을 산점도 그래프로 표현하지 않고, 선으로 연결해서 그래프가 그려진다. [단계 10]의 결과 그래프는 geom = c("point", "line") 속성을 이용해서 각 점을 선으로 연결해서 그래프가 그려진다.

3.2 ggplot() 함수

ggplot() 함수는 데이터의 각 속성에 크기, 모양, 색상 등의 미적 요소(그래프 속성)를 맵핑(mapping)한 후 스케일링(scaling) 과정을 거쳐서 생성된 그래프 객체를 '+' 연산자를 사용하여 미적 요소 맵핑을 새로운 레이어(layer)에서 상속받아 재사용할 수 있도록 지원하는 ggplot2 패키지의 또 다른 함수이다.

ggplot() 함수에서 미적 요소 맵핑은 aes() 함수를 이용하여 지정할 수 있고, 레이어 생성은 geom_xxx()의 함수를 이용하여 생성할 수 있다.

(1) 미적 요소 맵핑

aes() 함수는 미학(aesthetics)이라는 용어를 축약해서 붙여진 이름으로 ggplot() 함수에서 데이터의 각 속성에 맵핑될 미적 요소만 별도로 지정할 수 있다.

┌─ ⊙실습 **aes() 함수 속성을 추가하여 미적 요소 맵핑하기**

```
> # 단계 1: diamonds 데이터 셋에 미적 요소 맵핑
> # aes(x축 변수, y축 변수, color = 변수) 형식으로 미적 요소 맵핑
> p <- ggplot(diamonds, aes(carat, price, color = cut))
> p + geom_point()        # point 차트 추가
>
```

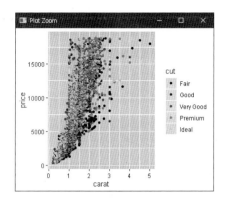

```
> # 단계 2: mtcars 데이터 셋에 미적 요소 맵핑
> # aes(x축 변수, y축 변수, color = 변수) 형식으로 미적 요소 맵핑
> p <- ggplot(mtcars, aes(mpg, wt, color = factor(cyl)))
> p + geom_point( )      # point 차트 추가
>
```

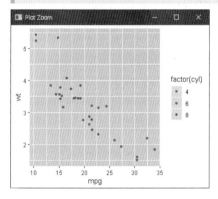

해설 [단계 1]의 결과 그래프는 diamonds 데이터 셋의 데이터를 이용하여 x축에 carat 변수, y축에 price 변수를 지정하고, cut 변수를 색 상으로 적용하여 미적 요소를 맵핑한 후 생성된 객체는 p 변수에 저장된다. 여기에 geom_point() 함수를 적용하면 산점도 그래프가 미적 요소 객체 에 적용되어 그래프가 그려진다. [단계 2]의 결과 그래프는 [단계 1]과 같은 방법을 mtcars 데이터 셋에 적용한 결과 그래프이다.

(2) 기하학적 객체 적용

geom() 함수는 기하학적 객체(geometric object)라는 용어를 축약해서 붙여진 이름으로 ggplot()에 서 정의된 미적 요소 맵핑 객체를 상속받아서 서로 다른 레이어에서 별도로 재사용할 수 있다. 상속은 '+' 연산자를 이용하기 때문에 코드의 직관성을 제공한다.

미적 요소 맵핑의 상속은 그래프 생성에 있어서 다음과 같은 이점을 제공한다.

• 기존 그래픽 결과에 기하학적 객체(그래프 모양)만 변경할 수 있다.
• 레이어(layer) 시스템이 적용되는 측면에서 그래프의 특정 좌표에 다양한 정보(포인트, 텍스트, 이미지 등)들을 추가 할 수 있다.

⊙ 실습 geom_line()과 geom_point() 함수를 적용하여 레이어 추가하기

```
> # 단계 1: geom_line( ) 레이어 추가
> p <- ggplot(mtcars, aes(mpg, wt, color = factor(cyl)))
```

```
> p + geom_line( )    # line 추가
>
```

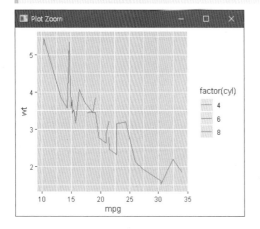

```
> # 단계 2: geom_point( ) 레이어 추가
> p <- ggplot(mtcars, aes(mpg, wt, color = factor(cyl)))
> p + geom_point( )   # point 추가
>
```

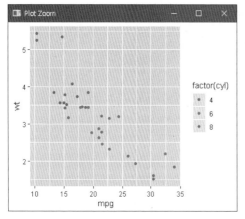

해설 aes(mpg,wt,color = factor(cyl)) 속성에 의해서 미적 요소 맵핑 객체가 생성된 후 [단계 1]의 결과 그래프는 geom_line() 함수에 의해서 선 그래프의 레이아웃이 추가되었고, [단계 2]의 결과 그래프는 geom_point() 함수에 의해서 산점도 그래프의 레이아웃이 추가되어 그래프가 그려진다.

(3) 미적 요소 맵핑과 기하학적 객체 적용

미적 요소 맵핑은 aes() 속성을 이용하고, 미적 요소 맵핑 객체를 상속받아서 기하학적 객체 적용은 geom() 함수를 이용하였는데, stat_bin() 함수는 이 두 함수의 기능을 동시에 제공하는 역할을 한다.

⊕실습 stat_bin() 함수를 사용하여 막대 그래프 그리기

```
> # 단계 1: 기본 미적 요소 맵핑 객체를 생성한 뒤에 stat_bin() 함수 사용
> p <- ggplot(diamonds, aes(price))
> # 미적 요소 맵핑과 기하학적 객체 적용
> p + stat_bin(aes(fill = cut), geom = "bar")
`stat_bin()` using `bins = 30`. Pick better value with `binwidth`.
>
```

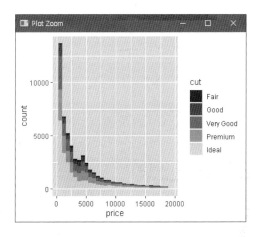

> # 단계 2: price 빈도를 밀도(전체의 합 = 1)로 스케일링하여 stat_bin( ) 함수 사용
> p + stat_bin(aes(fill = ..density..), geom = "bar") # density(통계적 변환)
`stat_bin( )` using `bins = 30`. Pick better value with `binwidth`.
>

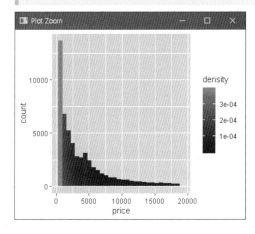

해설 ggplot() 함수에 의해서 다이아몬드의 가격(price) 변수를 사용하여 기본 미적 요소의 맵핑 객체를 생성하여 p 변수에 저장한다. [단계 1]의 결과 그래프는 미적 요소 맵핑(aes(fill = cut)) 추가 및 기하학적 객체(geom = "bar")가 적용되어 cut 변수에 의해서 누적 막대그래프가 그려진다. [단계 2]의 결과 그래프는 price 변수의 발생 빈도를 밀도(전체의 합 = 1)로 스케일링하여 막대 그래프가 그려진다. 특히 [단계 2]의 결과 그래프는 "fill =..density..".에서 density 는 통계계산 작업을 통해서 생성된 stat 값으로 전체의 합이 1인 밀도(density) 단위로 막대 그래프가 채워진다. stat는 geom에 필요한 데이터를 주어진 데이터에서 생성하는 역할을 하며, count(각 빈에 해당하는 관측값의 개수), density(각 빈의 밀도) 등의 데이터를 갖는다.

➕ 더 알아보기 **ggplot() 함수에 의해서 그래프가 그려지는 절차**

ggplot() 함수는 다음 순서에 따라서 그래프를 그리게 된다.

[단계 1] 미적 요소 맵핑(aes): x축, y축, color 속성

[단계 2] 통계적인 변환(stat): 통계계산 작업

[단계 3] 기하학적 객체 적용(geom): 차트 유형

[단계 4] 위치 조정(position adjustment): 채우기(fill), 스택(stack), 닷지(dodge) 유형

┌ **⊙실습** stat_bin() 함수 적용 영역과 산점도 그래프 그리기

> **# 단계 1: stat_bin() 함수 적용 영역 나타내기**
> p <- ggplot(diamonds, aes(price))
> p + stat_bin(aes(fill = cut), geom = "area")
`stat_bin()` using `bins = 30`. Pick better value with `binwidth`.
>

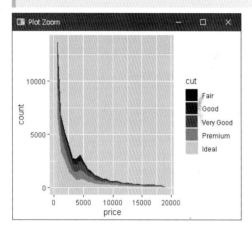

> **# 단계 2: stat_bin() 함수로 산점도 그래프 그리기**
> p + stat_bin(aes(color = cut,
+   size = ..density..), geom = "point")
`stat_bin()` using `bins = 30`. Pick better value with `binwidth`.
>

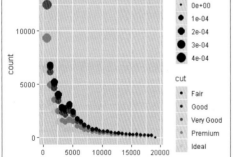

┌ **해설** 기본 미적 요소의 맵핑 객체가 저장된 p 변수에 stat_bin() 함수가 적용되어 그려진 결과로, [단계 1]의 결과 그래프는 미적 요소 맵핑(aes(fill = cut)) 추가 및 기하학적 객체(geom = "area")가 적용되어 cut 변수에 의해서 영역 그래프가 그려진다. [단계 2]의 결과 그래프는 price 변수의 발생 빈도가 cut 변수에 의해서 산점도 그래프가 그려진다. 여기서 점의 크기는 stat의 density에 의해서 스케일링 된다.

(4) 산점도와 회귀선 적용

독립변수 x가 종속변수 y에 영향을 미치는 회귀선을 시각화하기 위해서 geom_count()와 geom_smooth(method = "lm") 함수를 이용한다. geom_count() 함수는 숫자의 크기에 따라서 산점도를 시각화하고, geom_smooth() 함수는 속성으로 method = "lm"을 지정하면 회귀선과 보조선으로 시각화한다.

┌─🔵**실습** 산점도에 회귀선 적용하기

```
> library(UsingR)                                # 패키지 로드
                     ... 생략 ...
> data("galton")                                 # galton 데이터 로드
> p <- ggplot(data = galton, aes(x = parent, y = child))  # 미적 요소 객체
> p + geom_count() + geom_smooth(method = "lm")  # 회귀선 적용
```

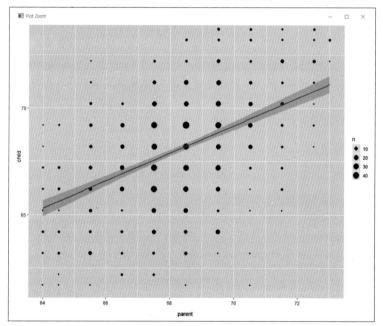

└─ **해설** geom_count() 함수에 의해서 x, y 좌표 평면에 산점도가 표시되고, geom_smooth() 함수에 의해서 회귀선이 시각화된다. method = "lm" 속성은 x 변수가 y 변수에 영향을 미치는 정도를 회귀선과 보조선으로 나타낸다. 여기서 보조선의 퍼진 정도는 회귀모델의 예측치에 대한 관측치 간의 오차이다. 따라서 퍼짐의 정도가 클수록 모델의 설명력은 낮다고 볼 수 있다.

(5) 테마(Theme) 적용

geom_xxx() 함수 또는 stat_xxx() 함수에 의해서 그래프를 그리는 경우 축(axis), 범례(legend), 레이블(lable), 격차(grid) 테두리 선 등 그래프의 외형을 사용자가 직접 설정하지 않으면 기본값으로 출력된다. 이러한 그래프의 외형을 지정할 수 있는 기능이 테마(theme)이다. 테마는 데이터와 관련이 없는 외형을 제어할 수 있기 때문에 테마를 사용하여 그래프의 외형적인 모양을 좀 더 돋보이게 할 수 있다.

┌─🔵**실습** 테마를 적용하여 그래프 외형 속성 설정하기

```
> # 단계 1: 제목을 설정한 산점도 그래프
> p <- ggplot(diamonds, aes(carat, price, color = cut))
> p <- p + geom_point() + ggtitle("다이아몬드 무게와 가격의 상관관계")
> print(p)      # 제목을 적용한 산점도 그래프 출력
>
```

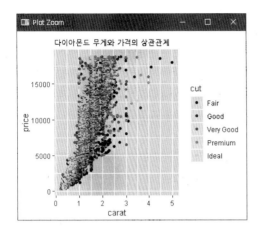

```
> # 단계 2: theme() 함수를 이용하여 그래프의 외형 속성 적용하기
> p + theme(
+       title = element_text(color = "blue", size = 25),       # 제목 텍스트 색상, 크기
+       axis.title = element_text(size = 14, face = "bold"),    # 축 제목
+       axis.title.x = element_text(color = "green"),           # x축 제목
+       axis.title.y = element_text(color = "green"),           # y축 제목
+       axis.text = element_text(size = 14),                    # 축 이름 크기
+       axis.text.y = element_text(color = "red"),              # y축 이름 색상
+       axis.text.x = element_text(color = "purple"),           # x축 이름 색상
+       legend.title = element_text(size = 20,                  # 범례 크기
+                                   face = "bold",              # 범례 굵은 글씨
+                                   color = "red"),             # 범례 색상
+       legend.position = "bottom",                             # 범례 위치
+       legend.direction = "horizontal"                         # 범례 방향
+     )
>
```

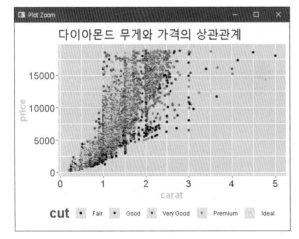

해설 [단계 1]의 결과 그래프는 제목만을 적용한 산점도 그래프이고, [단계 2]의 결과 그래프는 theme() 함수를 이용하여 그래프의 외형에 속성이 적용된 결과이다. theme() 함수는 그래프의 외형을 담당하는 축(axis), 범례(legend), 레이블(label) 등에 대해서 세부적인 속성을 적용할 수 있다. title 속성은 차트의 제목, 축 이름, 범례 이름 등의 크기, 색상 등을 지정할 수 있고 axis.title 속성은 축 제목에 대한 속성을 지정하고, axis.text 속성은 축 이름에 대한 속성을 지정하며 legend.title 속성은 범례에 대한 속성을 지정한다.

3.3 ggsave()함수

ggplot2 패키지에 의해서 그려진 그래프를 pdf 또는 이미지 형식(jpg, png 등)의 파일로 저장할 수 있는 함수이다. 이미지 파일로 저장하는 경우 dpi(dots per inch) 속성을 이용하여 이미지의 해상도를 설정할 수 있고, 이미지의 폭과 너비를 지정할 수도 있다.

실습 그래프를 이미지 파일로 저장하기

```
> # 단계 1: 저장할 그래프 그리기
> p <- ggplot(diamonds, aes(carat, price, color = cut))
> p + geom_point()
>
```

```
> # 단계 2: 가장 최근에 그려진 그래프 저장
> # pdf 형식으로 그래프 저장하기
> ggsave(file = "C:/Rwork/output/diamond_price.pdf")
Saving 10.4 x 6.76 in image
>
> # 이미지 해상도를 설정하여 jpg 형식으로 그래프 저장하기
> ggsave(file = "C:/Rwork/output/diamond_price.jpg", dpi = 72)
Saving 10.4 x 6.76 in image
>
```

해설 ggsave() 함수는 가장 최근에 작성된 그래프를 file 속성에 지정된 경로와 파일 이름을 사용하여 파일로 저장한다. 파일 탐색기를 이용하여 "C:\Rwork\output" 폴더에 저장된 pdf 파일과 jpg파일을 확인할 수 있다.

실습 변수에 저장된 그래프를 이미지 파일로 저장하기

```
> # 변수 p에 그래프 저장
> p <- ggplot(diamonds, aes(clarity))
> p <- p + geom_bar(aes(fill = cut), position = "fill")
> # 변수 p에 저장된 그래프를 파일로 저장
> ggsave(file = "C:/Rwork/output/bar.png",
+          plot = p, width = 10, height = 5)
>
```

해설 파일 탐색기를 이용하여 "C:\Rwork\output" 폴더에 저장된 png 파일을 확인할 수 있다.

4. 지도 공간 기법 시각화

지도 공간 기법으로 데이터를 시각화하는 ggmap 패키지는 Google Maps, Stamen Maps, Naver Map 등의 다양한 온라인(online) 소스로부터 가져온 정적인 지도 위에 특별한 데이터나 모형을 시각화하는 함수 들을 제공한다.

2011년 11월에 미국 텍사스 베일러대학의 교수인 David Kahle과 Hadley Wickham에 의해서 버전 0.7이 CRAN에 공포된 이후로 최근 2019년 5월에 버전 3.0.0이 공포되었다. 특히 지도 공간시각화를 위해서 유무선 망에 연결된 스마트 폰이나 컴퓨터 등 기기의 지리적 위치 정보(geolocation)와 탐색 경로(routing) 등을 처리할 수는 유용한 함수들을 제공한다. [표 8.4]는 ggmap 패키지에서 제공되는 주요 함수이다.

[표 8.4] ggmap 패키지의 주요 함수

함수	기능	비고
get_stamenmap()	Stamen(staman.com) 서버는 샌프란시스코에 디자인 및 개발 스튜디오 두고, 지도 서비스를 제공하고 있다. 현재 Toner, Terrain 및 Watercolor 등의 OpenStreetMap 스타일과 호스팅 타일 서버를 제공하고 있다.	Stamen Map API 지원
geocode()	거리주소 또는 장소 이름을 이용하여 이용 지도 정보(위도, 경도) 획득	Geolocation API 지원
get_googlemap()	구글 지도 서비스(Google Static Maps) API에 접근하여 정적 지도 다운로드 지원과 지도에 마커(maker) 등을 삽입하고 자신이 원하는 줌 레벨과 센터(center)를 지정하여 지도 정보 생성	Google Static Maps API 지원
get_map()	지도 서비스 관련 서버(GoogleMaps, OpenStreetMap, StamenMapsor, Naver Map)에 관련된 질의어를 지능형으로 인식하여 지도 정보 생성	GoogleMaps, Naver Map 등 API 지원
get_navermap()	네이버 지도 서비스(Naver Static Maps) API에 접근하여 정적 지도 다운로드 지원	Naver Static Maps API 지원
ggimage()	ggplot2 패키지의 이미지와 동등한 수준으로 지도 이미지 생성	ggplot2 지원
ggmap()	get_map() 함수에 의해서 생성된 픽셀 객체를 지도 이미지로 시각화	legend 속성
ggmapplot()		fullpage 속성
qmap()	ggmap() 함수와 get_map() 함수의 통합 기능	통합 지원
qmplot()	ggplot2패키지의 qplot()와 동등한 수준으로 빠르게 지도 이미지 시각화	ggplot2 지원

구글(Google)관련 패키지를 이용하여 지도 이미지를 서비스받기 위해서 관련 함수를 실행하면 다음과 같은 오류 메시지를 확인할 수 있다.

```
Error: Google now requires an API key. See ?register_google for details.
```

2019년부터 구글 지도 서비스를 받기 위해서는 구글 지도 API 인증키를 발급받아야 하기 때문에 이 책에서는 인증키 없이 사용할 수 있는 get_stamenmap() 함수만 이용하여 지도 이미지를 시각화한다.

4.1 Stamen Maps API 이용

지도 공간시각화는 지도를 기반으로 하기 때문에 위치, 영역, 시간과 공간에 따른 차이와 변화를 다룬다. 지도의 위치는 위도 및 경도를 이용하며, 영역은 데이터에 의해서 색상으로 표현하고, 지도 위에 특수 문자나 기호는 레이어 형태로 추가하여 시각화한다.

Stamen 서버의 지도 서비스 API를 이용하기 위해서는 get_stamenmp() 함수를 이용해야 하며, 함수의 형식은 다음과 같다.

> **형식**
>
> get_stamenmap(bbox = c(left, bottom, rigt, top),
>   zoom, maptype, crop, messaging = FALSE,
>   urlonly = FALSE, color = c("color", "bw"),
>   force = FALSE)

get_stamenmp() 함수의 주요 속성은 다음과 같다.

- **bbox**: 지도가 그려질 경계 상자(좌우에서 왼쪽, 상하에서 아래쪽, 좌우에서 오른쪽, 상하에서 위쪽)
- **zoom**: 확대비율(수치가 작을수록 중심지역을 기준으로 확대)
- **maptype**: 지도 유형("terrain", "terrain-background", "terrain-labels", "terrain-lines", "toner","toner-2010", "toner-2011", "toner-background", "toner-hybrid", "toner-labels", "toner-lines", "toner-lite", "watercolor")
- **crop**: 원시 맵 타일을 지정된 경계 상자로 자른다. FALSE이면 결과 맵이 지정된 경계 상자를 덮는다.
- **messaging**: 메시지 켜기/끄기
- **urlonly**: url 반환
- **color**: 컬러 또는 흑백 (이미지를 이미 다운로드하는 경우 force = TRUE 사용)
- **force**: 지도가 파일에 있으면 새 지도를 찾아야 할지 여부

> **⊕실습** **지도 관련 패키지 설치하기**

```
> library(ggplot2)              # ggplot2 패키지 로딩
> install.packages("ggmap")     # ggmap 패키지 설치
Installing package into 'C:/Users/master/Documents/R/win-library/4.0'
(as 'lib' is unspecified)
also installing the dependencies 'sys', 'askpass', 'sp', 'curl', 'jsonlite', 'mime', 'openssl',
'RgoogleMaps', 'png', 'rjson', 'jpeg', 'bitops', 'httr', 'tidyr'
                … 중간 생략 …
> library(ggmap)                # ggmap 패키지 로딩
Google's Terms of Service: https://cloud.google.com/maps-platform/terms/.
Please cite ggmap if you use it! See citation("ggmap") for details.
                … 생략 …
>
```

> **해설** ggmap 패키지를 설치하고 메모리로 로딩하기 전에 ggplot2 패키지를 먼저 설치하고 메모리로 로딩해야 한다.

4.2 위도와 경도 중심으로 지도 시각화

Stamen Maps API를 이용하여 지도를 시각화하기 위해서는 먼저 중심지역의 위도를 중심으로 왼쪽 (Left)과 오른쪽(Right), 경도를 중심으로 아래쪽(Bottom)과 위쪽(Top)의 좌표를 지정해야 한다. [그림 8.4]는 서울(Seoul)의 위도(126.697797)를 중심으로 왼쪽과 오른쪽(126.77 ~ 127.17)의 좌표를 지정하고, 경도(37.56654)를 중심으로 아래쪽과 위쪽(37.40 ~ 37.70)의 좌표를 지정해서 그려진 지도 이미지이다.

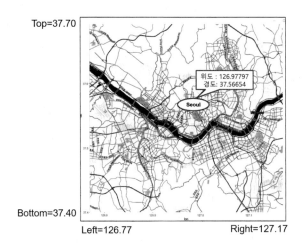

[그림 8.4] 서울 지역을 중심으로 상하좌우 좌표 지정

◉실습 서울을 중심으로 지도 시각화하기

```
> # 단계 1: 서울 지역의 중심 좌표 설정
> seoul <- c(left = 126.77, bottom = 37.40,
+            right = 127.17, top = 37.70)
>
> # 단계 2: zoom, maptype으로 정적 지도 이미지 가져오기
> map <- get_stamenmap(seoul, zoom = 12,  maptype = 'terrain')
Source : http://tile.stamen.com/terrain/12/3490/1584.png
Source : http://tile.stamen.com/terrain/12/3491/1584.png
Source : http://tile.stamen.com/terrain/12/3492/1584.png
              … 중간 생략 …
Source : http://tile.stamen.com/terrain/12/3494/1587.png
> ggmap(map)
>
```

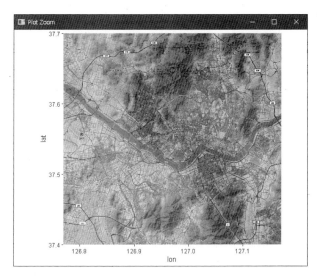

해설 서울의 중심 좌표(왼쪽, 오른쪽, 아래쪽, 위쪽)를 기준으로 get_stamenmap() 함수를 이용하여 정적 지도 이미지를 가져와서 ggmap() 함수를 이용하여 지도 이미지를 시각화한다. zoom은 지도의 확대와 축소를 지정하는 속성이고 maptype은 지도의 유형을 지정하는 속성이다. 지도의 유형은 3가지로 제한되어 있으며 자세한 내용은 앞서 설명된 get_stamenmap() 함수의 형식을 참고한다.

4.3 지도 이미지에 레이어 적용

지도 서비스 관련 서버에서 다운로드한 정적 지도 이미지 위에 포인트나 텍스트 등을 추가하여 지도 이미지를 제작하는 방법에 대해서 알아본다. 특히 ggmap 패키지의 함수는 ggplot2 패키지의 함수와 결합하여 미적 요소 맵핑과 기하학적 객체를 적용하여 계층적인 지도 이미지로 시각화할 수 있다.

⊙ 실습 2019년도 1월 대한민국 인구수를 기준으로 지역별 인구수 표시하기

```
> # 단계 1: 데이터 셋 가져오기
> #          2019년 01월 기준 대한민국 인수구
> pop <- read.csv(file.choose(), header = T)                    # "population201901.csv"
>
> library(stringr)
>
> region <- pop$'지역명'
> lon <- pop$LON                                                # 위도
> lat <- pop$LAT                                                # 경도
> tot_pop <- as.numeric(str_replace_all(pop$'총인구수', ',', '')) # 총 인구수
>
> # 위도, 경도, 세대수 이용 데이터프레임 생성
> df <- data.frame(region, lon, lat, tot_pop)
> df
            region      lon      lat   tot_pop
1       서울특별시  126.9895 37.56510  9766288
2       부산광역시  129.0447 35.16277  3438259
3       대구광역시  128.5667 35.87975  2460382
               ... 중간 생략 ...
16        경상남도  128.3910 35.22106  3373214
17 제주특별자치도  126.4983 33.48901   667337
18          전체       NA       NA 51826287
>
```

```
> df <- df[1:17, ]          # tot 제외
> df
            region      lon      lat    tot_pop
1        서울특별시   126.9895  37.56510   9766288
2        부산광역시   129.0447  35.16277   3438259
3        대구광역시   128.5667  35.87975   2460382
                  … 중간 생략 …
16        경상남도   128.3910  35.22106   3373214
17 제주특별자치도   126.4983  33.48901    667337
>
```

> **해설** 지역명, 위도, 경도, 총인구수 칼럼을 대상으로 데이터프레임을 생성하여 데이터 셋을 준비한다.

> **# 단계 2: 정적 지도 이미지 가져오기**
> # 대구 중심 남쪽 내륙 지도 좌표 : 35.829355, 128.570088
> # 대구의 위도와 경도를 기준으로 대한민국 내륙 지정
> daegu <- c(left = 123.4423013, bottom = 32.8528306,
+   right = 131.601445, top = 38.8714354)
> map <- get_stamenmap(daegu, zoom = 7, maptype = 'watercolor')
Source : http://tile.stamen.com/watercolor/7/107/48.jpg
Source : http://tile.stamen.com/watercolor/7/108/48.jpg
                  … 중간 생략 …
Source : http://tile.stamen.com/watercolor/7/110/51.jpg
>

> **해설** 서울과 제주도를 포함한 대한민국 내륙 전체를 지도 이미지로 나타내기 위해서 중심지역인 대구의 위도와 경도를 중심으로 좌표를 지정하고 zoom = 7과 maptype = 'watercolor' 속성으로 지정하여 정적 지도 이미지를 가져온다.

> **# 단계 3: 지도 시각화하기**
> layer1 <- ggmap(map)
> layer1
>

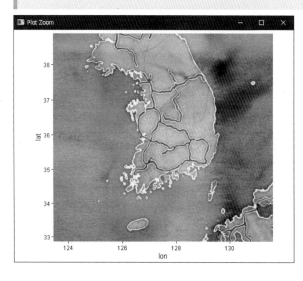

> **해설** 전국의 인구수를 지도위에 시각화하기 위해서 가장 밑바닥에 깔릴 대한민국 전체 지도 이미지를 layer1 변수로 저장하여 시각화한다. 지도의 유형은 watercolor이고, 중심지역은 대구를 기준으로 하였다.

```
> # 단계 4: 포인트 추가
> layer2 <- layer1 + geom_point(data = df,
+                               aes(x = lon,y = lat,
+                                   color = factor(tot_pop),
+                                   size = factor(tot_pop)))
> layer2
>
```

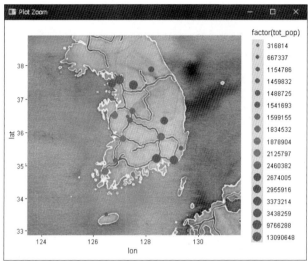

> **해설**   layer2는 layer1의 결과에 데이터 셋(df)을 이용하여 경도(lon)와 위도(lat)를 x축과 y축으로 하여 전체 인구수(tot_pop)를 포인터로 시각화한다. color와 size에서 factor() 함수는 전체 인구수를 숫자 크기 순서로 16개 level을 지정하는 역할을 한다.

```
> # 단계 5: 텍스트 추가
> layer3 <- layer2 + geom_text(data = df,
+                              aes(x = lon + 0.01, y = lat + 0.08,
+                                  label = region), size = 3)
> layer3
>
```

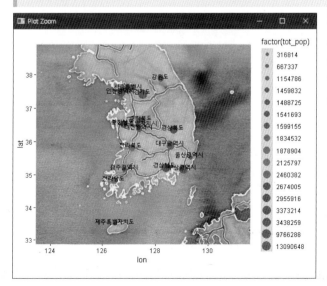

> **해설**   layer3는 layer2의 결과에 데이터 셋(df)을 이용하여 경도(lon)와 위도(lat)를 x축과 y축으로 하여 지역명(region)를 텍스트로 시각화 한다. 각 지역명은 포인터의 위쪽에 표시된다. size는 텍스트의 크기를 지정하는 속성이다.

> # 단계 6: 크기를 지정하여 파일로 저장하기
> ggsave("pop201901.png", scale = 1, width = 10.24, height = 7.68)
>

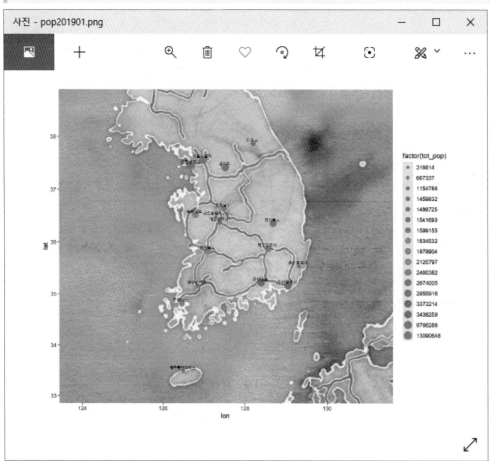

해설 RSstudio의 Plots 창에서 그려진 전국 인구수 지도 시각화 결과는 "pop201901.png" 파일명으로 저장된다. scale은 이미지의 크기, width와 height는 이미지의 가로와 세로 픽셀을 지정하는 속성이다.

1. 다음 조건에 맞게 quakes 데이터 셋의 수심(depth)과 리히터 규모(mag)가 동일한 패널에 지진의 발생지를 산점도로 시각화하시오.

> 조건 1| 수심(depth)을 3개 영역으로 범주화
>
> 조건 2| 리히터 규모(mag)를 2개 영역으로 범주화
>
> 조건 3| 수심과 리히터 규모를 3행 2열 구조의 패널로 산점도 그래프 그리기
> ◐ 힌트: lattice 패키지의 equal.count( )와 xyplot( ) 함수 이용

2. latticeExtra 패키지에서 제공되는 SeatacWeather 데이터 셋에서 월별로 최저기온과 최고기온을 선 그래프로 플로팅 하시오.

◐ 힌트: lattice 패키지의 xyplot( ) 함수 이용

◐ 힌트: 선 그래프 : type="l"

3. diamonds 데이터 셋을 대상으로 x축에 carat 변수, y축에 price 변수를 지정하고, clarity 변수를 선 색으로 지정하여 미적 요소 맵핑 객체를 생성한 후 산점도 그래프 주변에 부드러운 곡선이 추가되도록 레이아웃을 추가하시오.

4. 서울 지역에 있는 주요 대학교의 위치 정보를 이용하여 레이아웃 기법으로 다음과 같이 시각화하시오.

> 조건 1| 지도 중심지역 Seoul, zoom = 11, maptype = "watercolor"
>
> 조건 2| 데이터 셋("C:/Rwork/Part-II/university.csv")
>
> 조건 3| 지도 좌표 - 위도(LAT), 경도(LON)
>
> 조건 4| 학교명을 이용해서 포인터의 크기와 텍스트 표시
>
> 조건 5| 파일명을 "university.png"로하여 이미지 파일로 결과 저장
> 이미지의 가로/세로 픽셀 크기(width = 10.24, height = 7.68)

정형과 비정형 데이터 처리

학습 내용

R 프로그래밍을 이용하여 분석할 수 있는 데이터의 형태는 정형화 정도에 따라서 크게 세 가지로 분류된다. 정형 데이터는 고정된 필드에 저장된 데이터(예: Oracle과 MariaDB에 저장된 데이터)를 의미하고, 반정형 데이터는 태그를 포함하는 웹 문서(예: XML, HTML 문서) 형태를 의미한다. 비정형 데이터는 고정된 필드에 저장되어 있지 않은 데이터(예: SNS에서 제공되는 텍스트) 형태를 갖는다. 정형 데이터와 비정형 데이터의 처리 과정은 다음 그림과 같다.

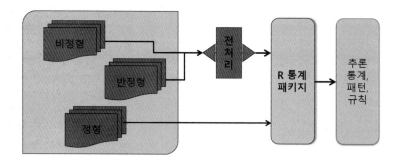

학습 목표

• 데이터베이스관리시스템(DBMS)을 이용하여 테이블을 생성할 수 있다.

• R에서 DBMS에 접속하여 테이블의 레코드를 조회할 수 있다.

• 비정형 텍스트 데이터를 대상으로 단어를 추출하고, 단어 구름으로 시각화할 수 있다.

• 텍스트마이닝 관련 패키지를 이용하여 연관 단어를 추출하고, 네트워크 형태로 시각화 할 수 있다.

• 특정 웹사이트에서 웹 문서를 수집하고 토픽을 분석할 수 있다.

Chapter 09의 구성

1. 정형 데이터 처리

2. 비정형 데이터 처리

3. 실시간 뉴스 수집과 분석

1. 정형 데이터 처리

관계형 데이터베이스는 데이터와 데이터 사이의 관계를 2차원의 테이블(table) 형태로 제공한다. 테이블의 각 행(Row)은 하나의 객체로 표현되고, 각 열(Column)은 객체의 속성으로 표현된다. [그림 9.1]은 재고관리를 위한 기본적인 데이터베이스의 테이블 구조를 나타낸 것이다.

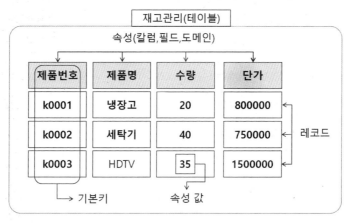

[그림 9.1] 기본적인 재고관리 테이블 구조

관계형 데이터베이스에 접근하기 위해서 제공되는 소프트웨어를 관계형 데이터베이스 시스템(DBMS)이라고 부른다. 대표적인 DBMS는 Oracle, MySQL(MariaDB), MS-SQL, Infomix, MongoDB 등이 있다.

1.1 Oracle 정형 데이터 처리

이 절에서는 다음과 같은 단계를 거쳐서 Oracle 데이터베이스에 테이블을 생성한 후 R 코드를 이용하여 레코드 단위로 데이터를 가져오는 작업을 수행한다.

[단계 1] Oracle 데이터베이스 다운로드 및 설치
[단계 2] 테이블 생성과 레코드 삽입
[단계 3] R 패키지 설치
[단계 4] R 코드를 이용하여 데이터 추출

(1) Oracle 데이터베이스 다운로드 및 설치

Oracle 데이터베이스를 다운로드하고 설치하는 과정은 출판사 웹사이트에서 제공하는 부록 파일을 참조한다.

Oracle 데이터베이스가 설치되어 있다고 가정하고 다음 단계를 진행하도록 한다.

(2) Oracle 테이블 생성과 레코드 삽입

Oracle18c에서 기본으로 제공되는 XE 데이터베이스에 테이블을 생성하고, 레코드를 삽입하는 방법에 대해서 알아본다.

SQL Plus를 실행하고, "scott" 사용자를 이용하여 오라클 데이터베이스에 연결한다. Oracle XE 18c의 다운로드와 설치 그리고 'scott' 사용자를 추가하는 내용은 출판사 웹 사이트의 소스 자료실에서 [데이터베이스 설치] 〉 [부록_A. 오라클XE18c설치.pdf] 파일을 참고한다.

```
SQL*Plus: Release 18.0.0.0.0 - Production on 수 3월 4 12:33:49 2020
Version 18.4.0.0.0
Copyright (c) 1982, 2018, Oracle.  All rights reserved.

사용자명 입력: scott as sysdba
비밀번호 입력: password 입력
다음에 접속됨:
Oracle Database 18c Express Edition Release 18.0.0.0.0 - Production
Version 18.4.0.0.0
SQL>
```

```
SQL> -- 실습용 테이블 생성
SQL> create table test_table (
  2     id varchar(50) primary key,
  3     pass varchar(30) not null,
  4     name varchar(25) not null,
  5     age number(2)
  6   );

테이블이 생성되었습니다.

SQL>
```

insert 명령을 이용하여 앞서 생성한 테이블에 레코드를 추가한다.

```
SQL> -- insert 명령으로 데이터 입력
SQL> insert into test_table values ('hong', '1234', '홍길동', 35);

1 개의 행이 만들어졌습니다.

SQL> insert into test_table values ('kim', '5678', '김길동', 45);

1 개의 행이 만들어졌습니다.

SQL>
```

select 명령을 이용하여 추가된 레코드를 조회해 본다.

```
SQL> /* select 명령으로 테이블의 레코드 조회 */
SQL> select * from test_table;

ID          PASS        NAME        AGE
---------   ---------   ---------   ---------
hong        1234        홍길동       35
kim         5678        김길동       45

SQL>
```

앞서 실행된 insert 명령의 결과를 데이터베이스에 반영한다.

```
SQL> -- insert 실행 결과를 데이터베이스에 반영
SQL> commit;

커밋이 완료되었습니다.

SQL>
```

해설 test_table 테이블에 insert 문을 이용하여 2개의 레코드를 추가한다. 추가된 레코드는 select 문을 이용하여 조회할 수 있다. 현재까지 작업한 내용을 데이터베이스에 반영하기 위해서 commit; 또는 commit work; 명령문을 수행해야 한다. 데이터베이스의 접속을 해제하기 위해서는 프롬프트에서 quit 명령어를 입력하면 된다.

(3) Oracle 연동을 위한 R 패키지 설치

R 스크립트에서 Oracle이나 MySQL(MariaDB)과 같은 관계형 데이터베이스에 연결하기 위해 R에서는 RJDBC, DBI 등의 패키지를 제공한다.

⬇실습 Oracle 데이터베이스에 연결하기 위한 패키지 설치

RJDBC 패키지를 사용하기 위해서는 Java 실행환경이 요구된다. Java 실행환경 이란 Java 응용프로그램을 실행할 수 있는 환경을 의미한다. R 스크립트에서 Java 실행환경을 설정하기 위해서는 먼저 Sys.setenv() 함수를 이용하여 Java의 실행환경인 JRE 설치 경로를 지정해야 하고, 두 번째로 rJava 패키지를 로드 한 뒤에 마지막으로 RJDBC 패키지를 로드해야 한다. RJDBC 패키지는 JDBC 연결방식을 지원한다. JDBC(Java DataBase Connectivity)란 JAVA 응용프로그램과 DBMS와의 연결을 제공하는 API이다.

```
> # 단계 1: 데이터베이스 연결을 위한 패키지 설치
> install.packages("rJava")
Installing package into 'C:/Users/master/Documents/R/win-library/4.0'
(as 'lib' is unspecified)
                         … 중간 생략 …
> install.packages("DBI")
Installing package into 'C:/Users/master/Documents/R/win-library/4.0'
```

```
(as 'lib' is unspecified)
                        … 중간 생략 …
> install.packages("RJDBC")
Installing package into 'C:/Users/master/Documents/R/win-library/4.0'
(as 'lib' is unspecified)
                        … 중간 생략 …
>
```

```
> # 단계 2: 데이터베이스 연결을 위한 패키지 로딩
> # DBI 패키지 로딩
> library(DBI)
> # JRE 설치 경로 설정
> Sys.setenv(JAVA_HOME = "C:\\Program Files\\Java\\jre1.8.0_241")
> library(rJava)
> # RJDBC는 rJava에 의존적이기 때문에 rJava 패키지가 먼저 로딩되어야 한다.
> library(RJDBC)
>
```

해설 RJDBC는 Java 언어로 만들어진 R 패키지 프로그램으로 DBMS에 연결하기 위해서 JDBC의 API를 지원한다. Java의 실행환경을 설정하는 패키지가 로드되어야 RJDBC를 사용할 수 있다. 독자의 시스템에서 JRE의 설치 경로를 확인할 필요가 있다.

(4) R 스크립트에서 Oracle 데이터 추출

R 스크립트를 이용하여 데이터베이스와 연동하기 위해서는 먼저 JDBC() 함수를 이용하여 해당 라이브러리를 가져와야 한다. 라이브러리를 가져오는 데 성공했으면, dbConnect() 함수를 이용하여 Oracle 데이터베이스와 연결한다. 이때 사용되는 dbConnect() 함수의 형식은 다음과 같으며, 4개의 인수가 필요하다.

형식	dbConnect(Driver, URL, 사용자 아이디, 사용자 비밀번호)
인수	Driver: 오라클 데이터베이스와 연결해 주는 프로그램 URL: 오라클 데이터베이스의 서버 주소 사용자 아이디: 데이터베이스 접속권한을 갖는 사용자 사용자 비밀번호: 데이터베이스 접속권한을 갖는 사용자의 비밀번호

실습 드라이버 로딩과 데이터베이스 연동

```
> # 단계 1: Driver 설정
> drv <- JDBC("oracle.jdbc.driver.OracleDriver",
+          "C:\\app\\USER\\product\\18.0.0\\dbhomeXE\\jdbc\\lib\\ojdbc8.jar")
>
```

해설 JDBC()함수의 첫 번째 인수는 오라클 데이터베이스를 연결하기 위한 논리적 드라이버 이름이다. 두 번째 인수는 오라클 설치 경로에 있는 실제 드라이버 파일을 지정한다.

```
> # 단계 2: 오라클 데이터베이스 연결
> conn <- dbConnect(drv,
+                       "jdbc:oracle:thin:@//127.0.0.1:1521/xe", "c##scott", "tiger")
>
```

해설　오라클 데이터베이스를 연결하기 위한, 드라이버 변수를 지정하고, 데이터베이스의 URL과 데이터베이스를 사용할 등록된 사용자 이름, 비밀번호를 지정한다. 오라클 18c에서는 사용자 이름을 전달할 때 "c##"을 사용자 이름에 붙여야 한다.

➕ 더 알아보기　　Oracle 18c 환경설정

```
# driver 설정
drv<-JDBC("oracle.jdbc.driver.OracleDriver",
       "C:\\app\\USER\\product\\18.0.0\\dbhomeXE\\jdbc\\lib\\ojdbc8.jar")
# DB 연동(driver, url, 사용자 아이디, 사용 비밀번호) 설정
conn <- dbConnect(drv,
         "jdbc:oracle:thin:@//127.0.0.1:1521/xe", "c##scott", "tiger")
```

⬇ 실습　데이터베이스로부터 레코드 검색, 추가, 수정, 삭제하기

```
> # 단계 1: 모든 레코드 검색
> query = "SELECT * FROM test_table"
> dbGetQuery(conn, query)
    ID  PASS  NAME   AGE
1 hong  1234  홍길동    35
2  kim  5678  김길동    45
>
```

```
> # 단계 2: 정렬 조회 - 나이 칼럼을 기준으로 내림차순 정렬
> query = "SELECT * FROM test_table order by age desc"
> dbGetQuery(conn, query)
    ID  PASS  NAME   AGE
1  kim  5678  김길동    45
2 hong  1234  홍길동    35
>
```

```
> # 단계 3: 레코드 삽입(insert)
> query = "insert into test_table values('kang', '1234', '강감찬', 45)"
> dbSendUpdate(conn, query)
>
```

```
> # 단계 4: 조건 검색 - 나이가 40세 이상인 레코드 조회
> query = "select * from test_table where age >= 40"
> result <- dbGetQuery(conn, query)
> result
    ID  PASS  NAME  AGE
1 kang  1234  강감찬    45
2 kim   5678  김길동    45
>
```

```
> # 단계 5: 레코드 수정 - name이 '강감찬'인 데이터의 age를 40으로 수정
> query = "update test_table set age = 40 where name = '강감찬'"
> dbSendUpdate(conn, query)
>
> # 수정된 데이터 조회
> query = "select * from test_table where name = '강감찬'"
> dbGetQuery(conn, query)
    ID  PASS  NAME  AGE
1 kang  1234  강감찬    45
>
```

```
> # 단계 6: 레코드 삭제: name이 '홍길동'인 레코드 삭제
> query = "delete from test_table where name = '홍길동'"
> dbSendUpdate(conn, query)
>
> # 전체 레코드 조회
> query = "SELECT * FROM test_table"
> dbGetQuery(conn, query)
    ID  PASS  NAME  AGE
1 kang  1234  강감찬    45
2 kim   5678  김길동    45
>
```

해설 현재 Oracle 접속 사용자인 scott은 관리자 모드에 의해서 설정된 권한으로 레코드 조회, 삽입, 수정, 삭제가 모두 가능하다.

1.2 MariaDB 정형 데이터 처리

이 절에서는 다음과 같은 단계를 거쳐서 MariaDB 데이터베이스에 테이블을 생성한 후 R 스크립트 코드를 이용하여 레코드 단위로 데이터를 가져오는 작업을 수행한다. MariaDB는 MySQL과 같은 소스 코드를 기반으로 만들어진 오픈소스(Open Source)의 관계형 데이터베이스 관리 시스템(RDBMS)으로 MySQL과 높은 호환성을 제공한다.

[단계 1] MariaDB 다운로드 및 설치

[단계 2] MariaDB 라이브러리 다운로드

[단계 3] 데이터베이스와 테이블 생성

[단계 4] R 패키지 설치

[단계 5] R 코드를 이용하여 데이터 추출

(1) MariaDB 데이터베이스 설치

MariaDB 데이터베이스를 다운로드하고 설치하는 과정은 출판사 웹 사이트에서 제공하는 부록 파일을 참조한다. MariaDB 데이터베이스가 설치되어 있다고 가정하고 다음 단계를 진행하도록 한다.

(2) 데이터베이스와 테이블 생성

MariaDB 서버에 자료를 저장하기 위해서는 먼저 데이터베이스를 생성하고, 생성된 데이터베이스 안에 테이블을 생성한다. 생성된 테이블에는 레코드 단위로 자료를 저장할 수 있고 조회, 수정, 삭제가 가능하다. 이렇게 만들어진 데이터베이스와 테이블에 일반 사용자가 접근하기 위해서는 관리자 권한으로 사용자 계정을 만들어야 해당 데이터베이스와 테이블에 접근할 수 있다.

오라클의 Sql*Plus와 같은 기능의 프로그램을 MariaDB에서도 제공한다. 윈도우즈의 ⊞ 버튼을 클릭하여 윈도우즈에 설치된 앱 목록에서 [MariaDB 10.4 (x640)-[Command Prompt (MariaDB 10.4 (x64))] 항목 클릭하여 실행한다. [그림 9.2]에서와 같이 프롬프트에서 "mysql -u root -p"를 입력하고 (Enter) 키를 누르면 패스워드 입력을 요구하다. 설치 과정에서 입력한 패스워드를 입력하면 "MariaDB [(none)]〉" 프롬프트를 볼 수 있다.

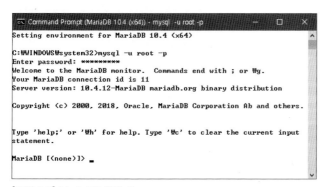

[그림 9.2] MariaDB 명령 창

MariaDB에 기본으로 생성된 데이터베이스를 확인해 본다.

```
MariaDB [(none)]> -- 기본 데이터베이스 보기
MariaDB [(none)]> show databases;
+--------------------+
| Database           |
+--------------------+
| information_schema |
| mysql              |
| performance_schema |
| test               |
+--------------------+
4 rows in set (0.008 sec)

MariaDB [(none)]>
```

MariaDB에서 기본으로 제공하는 데이터베이스 중 "test" 데이터베이스를 사용한다.

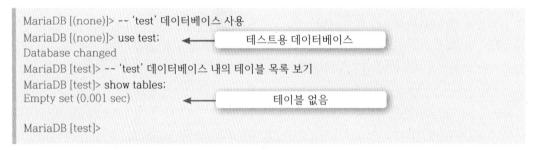

```
MariaDB [(none)]> -- 'test' 데이터베이스 사용
MariaDB [(none)]> use test;          ◀── 테스트용 데이터베이스
Database changed
MariaDB [test]> -- 'test' 데이터베이스 내의 테이블 목록 보기
MariaDB [test]> show tables;
Empty set (0.001 sec)                ◀── 테이블 없음

MariaDB [test]>
```

사용자가 사용할 데이터베이스를 만들어 보기로 한다. 데이터베이스 이름을 "work"로 한다.

```
MariaDB [test]> -- 데이터베이스 생성
MariaDB [test]> create database work;
Query OK, 1 row affected (0.043 sec)

MariaDB [test]> -- 데이터베이스 목록 보기
MariaDB [test]> show databases;
+--------------------+
| Database           |
+--------------------+
| information_schema |
| mysql              |
| performance_schema |
| test               |
| work               |
+--------------------+
5 rows in set (0.001 sec)

MariaDB [test]>
```

앞서 생성한 "work" 데이터베이스를 사용하도록 선택한다.

```
MariaDB [test]> -- 'work' 데이터베이스 사용
MariaDB [test]> use work;          테스트용 데이터베이스
Database changed
MariaDB [work]>
```

"work" 데이터베이스에 실습을 위한 테이블을 만들어 본다.

```
MariaDB [work]> -- 테이블 만들기
MariaDB [work]> create table goods (
    -> code int primary key,
    -> name varchar(20) not null,
    -> su int,
    -> dan int);
Query OK, 0 rows affected (0.052 sec)

MariaDB [work]> -- 테이블 목록 보기
MariaDB [work]> show tables;
+----------------+
| Tables_in_work |
+----------------+
| goods          |
+----------------+
1 row in set (0.001 sec)

MariaDB [work]>
```

insert 명령을 이용하여 'goods' 테이블에 레코드를 추가한다.

```
MariaDB [work]> -- 레코드 추가
MariaDB [work]> insert into goods values (1, '냉장고', 2, 850000);
Query OK, 1 row affected (0.065 sec)

MariaDB [work]> insert into goods values (2, '세탁기', 3, 550000);
Query OK, 1 row affected (0.014 sec)

MariaDB [work]> insert into goods values (3, '전자레인지', 2, 350000);
Query OK, 1 row affected (0.035 sec)

MariaDB [work]> insert into goods values (4, 'HDTV', 3, 1500000);
Query OK, 1 row affected (0.021 sec)

MariaDB [work]>
```

select 명령으로 추가된 레코드를 조회해 본다.

```
MariaDB [work]> -- 테이블에서 레코드 조회
MariaDB [work]> select * from goods;
+------+------------+------+---------+
| code | name       | su   | dan     |
+------+------------+------+---------+
|    1 | 냉장고      |    2 |  850000 |
|    2 | 세탁기      |    3 |  550000 |
|    3 | 전자레인지   |    2 |  350000 |
|    4 | HDTV       |    3 | 1500000 |
+------+------------+------+---------+
4 rows in set (0.000 sec)

MariaDB [work]>
```

MariaDB를 사용하면서 사용자 계정으로 MariaDB의 관리자인 "root" 계정을 이용하고 있다. 사용자 계정을 만들고, 등록된 사용자에게 권한을 설정한다.

```
MariaDB [work]> -- 사용자 계정 만들기
MariaDB [work]> create user 'scott'@'localhost' identified by 'tiger';
Query OK, 0 rows affected (0.039 sec)

MariaDB [work]> -- 사용자에게 권한 주기
MariaDB [work]> grant all privileges on work.* to 'scott'@'localhost';
Query OK, 0 rows affected (0.037 sec)

MariaDB [work]> flush privileges;
Query OK, 0 rows affected (0.001 sec)

MariaDB [work]>
```

MariaDB의 접속을 종료하고 명령 창을 닫는다. MariaDB 프롬프트에서 "quit" 명령을 입력하고 Enter 키를 누르면 MariaDB와의 연결을 종료하고, 시스템 프롬프트를 표시한다.

```
MariaDB [work]> quit
Bye

C:\WINDOWS\system32>
```

(3) MariaDB 연동을 위한 R 패키지 설치

Oracle을 사용할 때와 같이 MariaDB 연동을 위해 RJDB와 DBI 패키지를 설치하고 로딩한다. 패키지 설치와 패키지 로딩 과정은 오라클 관련 절을 참조한다.

(4) R 스크립트에서 MariaDB 데이터 조작

Oracle을 연동할 때와 같이 MariaDB 연동을 위해서는 RJDBC와 DBI 패키지가 필요하다.

R 코드를 이용하여 데이터베이스와 연동하기 위해서는 먼저 JDBC() 함수를 이용하여 해당 라이브러리를 가져와야 한다. 라이브러리를 가져오는 데 성공했으면, dbConnect() 함수를 이용하여 MariaDB 데이터베이스와 연결한다. 이때 dbConnect() 함수는 다음 형식과 같이 4개의 인수가 필요하다.

형식	dbConnect(Driver, URL, 사용자 아이디, 사용자 비밀번호)
인수	Driver: MariaDB와 연결해 주는 프로그램 URL: MariaDB의 서버 주소 사용자 아이디: 데이터베이스 접속 권한을 갖는 사용자 사용자 비밀번호: 데이터베이스 접속 권한을 갖는 사용자의 비밀번호

⊙실습 드라이버 로딩과 데이터베이스 연동

```
> # 단계 1: Driver 설정
> drv <- JDBC(driverClass = "com.mysql.cj.jdbc.Driver",
+     "C:\\Program Files (x86)\\MySQL\\Connector J 8.0\\mysql-connector-java-8.0.19.jar")
>
```

해설 JDBC() 함수의 첫 번째 인수는 데이터베이스를 연결하기 위한 논리적 드라이버 이름이다. 두 번째 인수인 classPath는 MySQL Connector/J의 설치 경로에 있는 실제 드라이버 파일을 지정한다.

```
> # 단계 2: MariaDB 데이터베이스 연결
> conn <- dbConnect(drv, "jdbc:mysql://127.0.0.1:3306/work", "scott", "tiger")
>
```

해설 포트 번호 등은 MariaDB 데이터베이스 설치 과정에서 설정한 포트 번호를 사용한다.

⊕ 더 알아보기 DB 연결과정에서 오류 발생 해결

dbConnect() 함수에서 4개의 인수 중 한 개라도 틀리면 다음과 같은 오류 메시지가 출력된다. 만약 틀린 부분이 없는데도 오류 메시지가 나타나면 시스템을 재부팅 후 다시 연결을 시도한다.

```
Error in .jcall(drv@jdrv, "Ljava/sql/Connection;", "connect", as.character(url)[1],  :
    java.lang.NoClassDefFoundError: Could not initialize class com.mysql.jdbc.Util
```

⊙실습 데이터베이스로부터 레코드 검색, 추가, 수정, 삭제하기

```
> # 단계 1: 모든 레코드 조회
> query = "select * from goods"
> goodsAll <- dbGetQuery(conn, query)
> goodsAll
  code    name  su     dan
1    1    냉장고   2  850000
```

```
2   2    세탁기   3  550000
3   3 전자레인지  2  350000
4   4    HDTV   3 1500000
>
```

> # 단계 2: 조건 검색 - 수량(su)이 3이상인 데이터
> query = "select * from goods where su >= 3"
> goodsOne <- dbGetQuery(conn, query)
> goodsOne
```
  code   name  su    dan
1   2    세탁기   3  550000
2   4    HDTV   3 1500000
>
```

> # 단계 3: 정렬 검색 - 단가(dan)를 내림차순으로 정렬
> query = "SELECT * FROM goods order by dan desc"
> dbGetQuery(conn, query)
```
  code    name  su    dan
1   4    HDTV   3 1500000
2   1    냉장고   2  850000
3   2    세탁기   3  550000
4   3 전자레인지  2  350000
>
```

해설 테이블의 레코드를 조회하기 위해서는 dbGetQuery()함수를 이용한다.

⊙실습 데이터프레임 자료를 테이블에 저장하기

데이터프레임을 테이블에 저장하기 위해서는 dbWriteTable() 함수를 사용한다. 함수의 형식은 다음과 같다.

형식 dbWriteTable(db연결객체, "테이블명", 데이터프레임)

> # 단계 1: 데이터프레임 자료를 테이블에 저장
> insert.df <- data.frame(code = 5, name = '식기세척기', su = 1, dan = 250000)
> dbWriteTable(conn, "goods", insert.df)   # 존재하는 테이블에 저장할 수 없음
Error in .local(conn, name, value, ...) : Table `goods` already exists
> dbWriteTable(conn, "goods1", insert.df)   # goods1 테이블에 데이터프레임 기록
>

> # 단계 2: 테이블 조회
> query = "select * from goods1"
> goodsAll <- dbGetQuery(conn, query)
> goodsAll

```
    code      name  su      dan
1     5 식기세척기   1  250000
>
```

└ **해설** dbWriteTable() 함수를 이용하여 데이터프레임 자료를 테이블에 저장할 수 있다. R 3.6에서는 dbWriteTable() 함수에서 지정하는 테이블의 기존 내용을 모두 덮어쓰게 되어 기존 데이터가 모두 없어지는 점에 주의해야 한다. 그러나 R 4.0 에서는 dbWriteTable() 함수에서 지정하는 테이블이 존재하는 경우 에러가 발생한다 즉 R 4.0에서 dbWriteTable() 함수는 새로운 테이블에 데이터를 저장해야 한다.

┌ **⊙실습** csv 파일의 자료를 테이블에 저장하기

```
> # 단계 1: 파일 자료를 테이블에 저장하기
> # 파일 자료 가져오기
> recode <- read.csv("C:/Rwork/Part-II/recode.csv")
> dbWriteTable(conn, "goods2", recode)     # 테이블에 기록
>
```

```
> # 단계 2: 테이블 조회
> query = "select * from goods2"
> goodsAll <- dbGetQuery(conn, query)
> goodsAll
    code      name  su      dan
1     1    냉장고   2  850000
2     2    세탁기   3  550000
3     3 전자레인지   2  350000
4     4    HDTV   2 1500000
5     5 식기세척기   1  250000
>
```

└ **해설** dbWriteTable() 함수를 이용하여 데이터프레임 자료가 저장된 파일 자료를 불러와서 테이블에 저장할 수 있다.

┌ **⊙실습** 테이블에 자료 추가, 수정, 삭제하기

```
> # 단계 1: 테이블에 레코드 추가
> query = "insert into goods2 values(6, 'test', 1, 1000)"
> dbSendUpdate(conn, query)
> # 테이블 조회
> query = "select * from goods2"
> goodsAll <- dbGetQuery(conn, query)
> goodsAll
    code      name  su      dan
1     1    냉장고   2  850000
2     2    세탁기   3  550000
3     3 전자레인지   2  350000
4     4    HDTV   2 1500000
```

```
5    5 식기세척기   1   250000
6    6       test   1    1000
>
```

> **# 단계 2: 테이블의 레코드 수정**
> query = "update goods2 set name = '테스트' where code = 6"
> dbSendUpdate(conn, query)
> # 테이블 조회
> query = "select * from goods2"
> goodsAll <- dbGetQuery(conn, query)
> goodsAll
```
   code      name   su      dan
1    1      냉장고   2    850000
2    2      세탁기   3    550000
3    3   전자레인지   2    350000
4    4      HDTV   2  1500000
5    5  식기세척기   1    250000
6    6      테스트   1     1000
>
```

> **# 단계 3: 테이블의 레코드 삭제**
> delquery = "delete from goods2 where code = 6"
> dbSendUpdate(conn, delquery)
> # 테이블 조회
> query = "select * from goods2"
> goodsAll <- dbGetQuery(conn, query)
> goodsAll
```
   code      name   su      dan
1    1      냉장고   2    850000
2    2      세탁기   3    550000
3    3   전자레인지   2    350000
4    4      HDTV   2  1500000
5    5  식기세척기   1    250000
>
```

해설 dbSendUpdate() 함수를 이용하여 레코드 삽입, 수정, 삭제할 수 있다.

실습 MariaDB 연결 종료

```
> dbDisconnect(conn)
[1] TRUE
>
```

해설 데이터베이스 연결이 종료되면 테이블 관련 모든 쿼리문은 수행되지 않는다. 수행을 위해서는 다시 DB 연결을 시도해야 한다.

2. 비정형 데이터 처리

일반적으로 비정형 데이터 처리는 SNS(Social Network Service)에서 제공하는 텍스트 자료나 기존에 준비된 디지털 자료를 대상으로 미리 만들어 놓은 사전과 비교하여 단어의 빈도를 분석하는 텍스트마이닝 방식을 주로 이용한다. 따라서 한글 단어를 처리할 수 있는 우수한 사전 기능이 무엇보다도 요구된다. 특히 비정형 데이터 처리를 위해서는 사전에 없는 단어를 추가하거나 불용어를 처리하는 별도의 함수를 정의해 놓을 필요가 있다.

이 절에서는 다음과 같은 단계를 거쳐서 준비된 텍스트 데이터를 대상으로 분석을 수행한다.

[단계 1] 토픽 분석(단어의 빈도수)
[단계 2] 연관어 분석(연관 단어 분석)

2.1 토픽 분석

토픽 분석이란 텍스트 데이터를 대상으로 단어를 추출하고, 이를 단어 사전과 비교하여 단어의 출현 빈도수를 분석하는 텍스트마이닝 분석과정을 의미한다. 또한, 단어 구름(word cloud) 패키지를 적용하여 분석 결과를 시각화하는 과정도 포함된다.

(1) 패키지 설치 및 준비

텍스트마이닝과 토픽 분석을 위해서 관련 패키지를 설치하고 준비한다.

> **⊙ 실습** 형태소 분석을 위한 KoNLP 패키지 설치

```
> install.packages("KoNLP")
Installing package into 'C:/Users/master/Documents/R/win-library/4.0'
(as 'lib' is unspecified)
Warning in install.packages :
  package 'KoNLP' is not available (for R version 4.0.0)
>
```

> **해설** KoNLP 패키지는 한글 사전(Sejong)을 이용하여 한글 텍스트로부터 형태소 분석을 통해서 품사(명사)를 추출하는 기능을 제공한다. 하지만, KoNLP 패키지를 설치하려 하면, 현재 사용되는 R version 4.0에서는 해당 패키지를 사용할 수 없다는 메시지를 확인할 수 있다. 이러한 문제는 다음의 [더 알아보기]를 참고하여 해결한다.

> **⊕ 더 알아보기** 현재 R 버전에서 제공되지 않는 패키지 설치하기

"KoNLP" 패키지는 R 버전 3.4까지 정상적으로 설치를 지원한다. R 버전 4.0에서는 사용할 수 없다. 하지만, R 버저 3.6까지는 다음과 같은 단계를 통해서 "KoNLP" 패키지를 설치하여 사용할 수 있다. 이 장에서는 R 버전 3.6을 추가로 설치한 뒤에, R Studio에서 메뉴 [Tools]-[Global Options]를 선택하여 표시되는 Options 창에서 왼쪽 메뉴 항목 중 [General]을 선택한다. "R version" 항목에서 [Change] 버튼을 클릭하여 표시되는 R 프로그램 목록 중 R 버전 3.6을 선택하고 R Studio를 다시 실행하여 실습을 진행해야 한다.

[단계 1] 이전 버전에서 설치 가능한 패키지 확인하기

웹 브라우저를 이용하여 "https://cran.rstudio.com/bin/windows/contrib/4.0/" 페이지에 연결한다. 웹 브라우저에서 단축키 Ctrl+F를 누르고 검색어로 "KoNLP"를 입력하면 찾을 수 없다는 결과를 얻게 된다. 이는 R 버전 4.0에서 KoNLP 패키지를 지원하지 않는다는 의미이다.

웹 브라우저를 이용하여 " https://cran.rstudio.com/bin/windows/contrib/3.4/" 페이지에 연결한다. 웹 브라우저에서 단축키 Ctrl+F를 누르고 검색어로 "KoNLP"를 입력하면 "KoNLP_0.80.1.zip"을 찾을 수 있다. 즉 R 버전 3.4에서는 KoNLP 패키지를 지원한다는 의미이다.

[단계 2] R 버전 3.6에서 이전 R 버전 패키지 설치하기: KoNLP

```
> install.packages(
+        "https://cran.rstudio.com/bin/windows/contrib/3.4/KoNLP_0.80.1.zip",
+        repos = NULL)
Installing package into 'C:/Users/master/Documents/R/win-library/3.6'
(as 'lib' is unspecified)
URL 'https://cran.rstudio.com/bin/windows/contrib/3.4/KoNLP_0.80.1.zip'을 시도합니다
Content type 'application/zip' length 5867237 bytes (5.6 MB)
downloaded 5.6 MB

package 'KoNLP' successfully unpacked and MD5 sums checked
>
```

위 예에서처럼 install.packages() 함수를 사용하며, 함수의 파라미터로 R 버전 번호와 패키지 이름을 포함하는 URL을 이용하여 필요한 패키지를 설치할 수 있다. "repos = NULL" 속성은 현재 버전의 패키지 설치 위치(~R\win-library\3.6)와 동일한 위치에 설치한다는 의미이다.

"KoNLP" 패키지를 이용한 토픽 분석은 꼭 알아 두어야 하는 기능이기에 R 버전 3.6에서 사용하는 불편함을 감수하고자 한다. 하루 빨리 R 버전 4.0에서도 "KoNLP" 패키지가 정상적으로 지원되기를 바랄 뿐이다.

⊙실습 한글 사전과 텍스트 마이닝 관련 패키지 설치

```
> # Sejong 설치: KoNLP와 의존성 있는 현재 버전의 한글 사전 Sejong 패키지 설치
> install.packages("Sejong")
Installing package into 'C:/Users/master/Documents/R/win-library/3.6'
(as 'lib' is unspecified)
                        … 중간 생략 …
>
> # wordcloud 설치: 단어 구름 시각화를 제공하는 패키지 설치
> install.packages("wordcloud")
Installing package into 'C:/Users/master/Documents/R/win-library/3.6'
```

```
(as 'lib' is unspecified)
                          ··· 중간 생략 ···
>
> # tm 설치: 텍스트마이닝을 제공하는 패키지 설치
> install.packages("tm")
Installing package into 'C:/Users/master/Documents/R/win-library/3.6'
(as 'lib' is unspecified)
                          ··· 중간 생략 ···
>
```

해설 KoNLP는 한글 사전(Sejong)을 이용하여 형태소 분석을 수행하기 때문에 의존성을 갖는 Sejong 패키지를 설치한다. 또한, 단어 구름을 만들어주는 wordcloud와 텍스트마이닝을 제공하는 tm 패키지를 이 장에서 사용하는 R 버전 3.6으로 설치한다.

◉실습 패키지 로딩

```
> # 단계 1: KoNLP 패키지 로딩
> library(KoNLP) # KoNLP 패키지 로딩
에러: package or namespace load failed for 'KoNLP' in loadNamespace(j <- i[[1L]], c(lib.loc,
.libPaths()), versionCheck = vl[[j]]):
 'RSQLite'이라고 불리는 패키지가 없습니다
>
```

해설 KoNLP 패키지를 로딩하기 위해서 의존 관계가 있는 "RSQLite" 패키지 설치가 필요하다. "RSQLite" 패키지 등 KoNLP 패키지에 의존 관계에 있는 "hash", "tau", "RSQLite" 패키지 등을 먼저 설치하고 KoNLP 패키지를 로딩해야 한다.

```
> # 단계 2: RSQLite 패키지 설치와 KoNLP 및 tm, wordcloud 패키지 로딩
> install.packages("RSQLite")   # 의존성 문제가 발생한 패키지 설치
Installing package into 'C:/Users/master/Documents/R/win-library/4.0'
(as 'lib' is unspecified)
                          ··· 중간 생략 ···
> library(KoNLP)            # Sejong 패키지를 호출하여 한글 사전 구축
Checking user defined dictionary!
> library(tm)              # 텍스트 전처리 제공
> library(wordcloud)       # 단어구름 시각화 제공
>
```

해설 KoNLP 패키지에 의존성이 있는 RSQLite 패키지를 설치하고, 토픽 분석을 위해 설치한 세 개의 패키지를 순서대로 메모리에 로딩한다. KoNLP는 Sejong 패키지를 호출하여 사전을 구축하기 때문에 별도의 Sejong 패키지는 로딩하지 않아도 된다.

(2) 텍스트 자료 가져오기

토픽 분석을 위해서 텍스트 자료를 파일로부터 가져와서 다시 줄 단위로 읽어온다.

┌─ (●)실습 텍스트 자료 가져오기

```
> facebook <- file("C:/Rwork/Part-II/facebook_bigdata.txt",
+                    encoding = "UTF-8")
> facebook_data <- readLines(facebook)      # 줄 단위 데이터 생성
> head(facebook_data)                        # 앞부분 6줄 보기 - 줄 단위 문장 확인
```

[1] "스마트 기기와 SNS 덕분에 과거 어느 때보다 많은 데이터가 흘러 다니고 빠르게 쌓입니다. 다음 그림은 2013년에 인터넷에서 60초 동안 얼마나 많은 일이 벌어지는지를 나타낸 그림이다. Facebook에서는 1초마다 글이 4만 천 건 포스팅되고, 좋아요 클릭이 180만 건 발생합니다. 데이터는 350GB씩 쌓입니다. 이런 데이터를 실시간으로 분석하면 사용자의 패턴을 파악하거나 의사를 결정하는 데 참고하는 등 다양하게 사용할 수 있을 것입니다."

··· 중간 생략 ···

[6] "클러스터를 구성하는 여러 노드가 있고, 노드는 각자 데이터를 일부분 가졌다고 하자. 여기서 데이터 구조는 여러 형태가 될 수 있지만 편의상 테이블이라 한다. 파티셔닝은 특정 키를 기준으로 이 테이블을 여러 노드로 분할해 저장하는 방식이다. 키를 범위로 나눠 저장하거나(범위 파티셔닝, range partitioning), 키 값을 해시 키로 사용해 수평적으로 데이터를 나눠 저장할 수 있다(해시 파티셔닝, hash partitioning). 파티셔닝은 노드 간의 키 중첩을 없애기 때문에 각 노드에서 파티션 키를 조인 키로 쓰는 경우 독립적인 조인 처리가 가능하다. 그림 2는 3개 노드로 데이터를 해시 파티셔닝한 후 조인하는 과정을 나타낸다."
>

└─ 해설 "facebook_bigdata.txt" 파일은 페이스북에서 '빅 데이터'를 키워드로 검색한 텍스트 문서이다.

■ **더 알아보기** **줄 단위로 자료를 읽는 경우 Error 발생 해결**

readLines() 함수에 의해서 자료를 줄 단위로 읽어오는 과정에서 다음과 같은 경고 메시지가 발생하는 경우 해당 파일을 열어서 마지막 줄에 빈 줄을 추가한 후 "UTF-8" 인코딩 방식으로 다시 저장한다.

```
Warning message:
In readLines(facebook) :
  incomplete final line found on 'C:/Rwork/Part-II/facebook_bigdata.txt'
```

(3) 세종 사전에 신규 단어 추가

KoNLP 패키지에서 제공되는 buildDictionary() 함수는 세종 사전을 실행하는 함수로 현재 사전에 등록된 단어 수를 확인할 수 있으며, 새로운 단어를 추가할 수도 있다.

┌─ (●)실습 세종 사전에 단어 추가하기

```
> # term = '추가단어', tag = ncn(명사지시코드)
> user_dic <- data.frame(term = c("R 프로그래밍", "페이스북", "김진성", "소셜네트워크"),
+                         tag = 'ncn')
>
> # KoNLP 제공 함수
> buildDictionary(ext_dic = 'sejong', user_dic = user_dic)
Downloading package from url: https://github.com/haven-jeon/NIADic/releases/
```

```
download/0.0.1/NIADic_0.0.1.tar.gz
These packages have more recent versions available.
It is recommended to update all of them.
Which would you like to update?

1: All
2: CRAN packages only
3: None
4: ggplot2   (3.2.1 -> 3.3.0) [CRAN]
5: lifecycle (0.1.0 -> 0.2.0) [CRAN]

Enter one or more numbers, or an empty line to skip updates:
[Enter]                  ◀──── 선택 생략
        … 중간 생략 …
The downloaded binary packages are in

C:\Users\user\AppData\Local\Temp\Rtmp4adms5\downloaded_packages
Building the package will delete...
 'C:/Users/user/AppData/Local/Temp/Rtmp4adms5/remotes7e455446d94/NIADic/inst/doc'
Are you sure?

1: Yes
2: No

1                  ◀──── 위의 두 가지 선택 항목 중 "1: Yes" 선택
        … 중간 생략 …
data.table (NA    -> 1.12.8) [CRAN]
ggplot2   (3.2.1 -> 3.3.0 ) [CRAN]
        … 중간 생략 …
** testing if installed package keeps a record of temporary installation path
* DONE (NIADic)
370961 words dictionary was built.
>
```

해설 KoNLP에서 제공하는 buildDictionary() 함수는 신규 단어를 사전에 추가하는 역할을 한다. 이 함수에서 사용된 ext_dic = 'sejong' 속성은 구축할 사전을 지정하고, user_dic은 사전에 추가될 단어의 모음이다. 그리고 tag = 'ncn' 속성은 추가하는 단어의 품사가 명사라는 의미이다.

buildDictionary() 함수를 실행하면 사전 구축과 관련된 의존성 패키지를 최신 버전으로 설치할 여부를 묻는다. 여기서는 업데이트는 생략하고 의존성 패키지만 설치하기 위해서 맨 마지막 메시지(Enter one or more numbers, or an empty line to skip updates:) 다음 줄에서 그냥 Enter 키를 누른다.

이어서 의존성 패키지를 설치하기 전에 "Building the package will delete... " 메시지가 나오고 [1: Yes] 또는 [2: No]를 선택하라는 질문이 나오면 1을 입력하고 Enter 키를 누른다. 구축된 패키지는 삭제한다는 의미이다.

의존성 패키지들이 성공적으로 설치되면 마지막에 세종 사전에 370,961개의 단어가 구축되었다는 메시지(370961 words dictionary was built.)를 확인할 수 있다.

(4) 단어 추출을 위한 사용자 함수 정의

세종 사전에 등록된 신규 단어를 테스트하고, 자료집에서 단어만 추출할 수 있는 사용자 정의 함수를 작성한다.

┌─ **⊙실습** R 제공 함수로 단어 추출하기

```
> # Sejong 사전에 등록된 신규 단어 테스트
> paste(extractNoun(
+                      '김진성은 많은 사람과 소통을 위해서 소셜네트워크에 가입하였습니다.'),
+         collapse = " ")
read_dic:tag error
[1] "김진성 사람 소통 소셜네트워크 가입"
>
```

└─ **해설** extractNoun() 함수를 이용하여 문장에서 신규 단어가 추출된 것을 확인할 수 있다. collapse 속성은 추출된 명사들을 공백으로 연결하는 역할을 한다.

⊕ 더 알아보기 ▶ **명사 추출과 공백 제거 예**

(1) extractNoun(): 명사 추출

```
> extractNoun("텍스트마이닝이란 텍스트에서 유용한 정보를 찾아내는 과정을 말한다.")
[1] "텍스트" "마이닝이란" "텍스트" "유용" "한" "정보" "과정" "말"
```

(2) paste(): 공백을 기준으로 분리된 단어를 하나의 스트링으로 합친다.

```
> paste(c("텍스트", "마이닝이란", "텍스트", "유용", "한",
+          "정보", "과정", "말"), collapse=" ")
[1] "텍스트 마이닝이란 텍스트 유용 한 정보 과정 말"
```

┌─ **⊙실습** 단어 추출을 위한 사용자 함수 정의하기

```
> # 단계 1: 사용자 정의 함수 작성
> exNouns <- function(x) { paste(extractNoun(as.character(x)), collapse = " ") }
>
```

└─ **해설** 사용자 정의 함수는 [문자변환]→[단어 추출]→[공백으로 합침] 순서로 실행되도록 예에서 처럼 정의한다.

sapply() 함수에서 사용자 정의 함수 exNouns()를 이용하여 단어집에서 단어를 추출한다. sapply() 함수의 형식은 다음과 같다.

형식 sapply(자료집, 사용자정의함수)

> # 단계 2: exNouns() 함수를 이용하여 단어 추출
> facebook_nouns <- sapply(facebook_data, exNouns)   # 단어 추출
> facebook_nouns[1]   # 단어가 추출된 첫 줄 보기

스마트 기기와 SNS 덕분에 과거 어느 때보다 많은 데이터가 흘러 다니고 빠르게 쌓입니다. 다음 그림은 2013년에 인터넷에서 60초 동안 얼마나 많은 일이 벌어지는지를 나타낸 그림이다. Facebook에서는 1초마다 글이 4만 천 건 포스팅되고, 좋아요 클릭이 180만 건 발생합니다. 데이터는 350GB씩 쌓입니다. 이런 데이터를 실시간으로 분석하면 사용자의 패턴을 파악하거나 의사를 결정하는 데 참고하는 등 다양하게 사용할 수 있을 것입니다.

"스마트 기 SNS 덕분 과거 때 데이터 다음 그림 2013 년 인터넷 60 초 동안 일 지 그림 Facebook 1 초 글 4 천 거 포스팅되고 클릭 180 거 발생 데이터 350GB씩 데이터 실시간 분석 사용자 패턴 파악 의사 결정 데 등 다양 하게 사용 수 것"
>

해설 사용자 정의 함수 exNouns()를 이용하여 단어집에서 단어를 추출하는 과정이다.

(5) 추출 단어 전처리

추출된 단어를 대상으로 문장부호, 숫자, 소문자 변경과 영문을 대상으로 불필요한 불용어를 제거하는 전처리를 수행한다.

실습 추출된 단어를 대상으로 전처리하기

> # 단계 1: 추출된 단어를 이용하여 말뭉치(Corpus) 생성
> myCorpus <- Corpus(VectorSource(facebook_nouns))
> myCorpus
<<SimpleCorpus>>
Metadata: corpus specific: 1, document level (indexed): 0
Content: documents: 76
>

추출된 단어를 대상으로 처리할 수 있도록 변경하거나 불필요한 단어를 제거하는 전처리 과정에서는 tm 패키지에서 제공되는 tm_map() 함수를 이용한다. tm_map() 함수의 형식은 다음과 같다.

형식 tm_map(자료집, 전처리 관련 함수)

> # 단계 2: 데이터 전처리
> # 단계 2-1: 문장부호 제거
> myCorpusPrepro <- tm_map(myCorpus, removePunctuation)
> # 단계 2-2: 수치 제거
> myCorpusPrepro <- tm_map(myCorpusPrepro, removeNumbers)
> # 단계 2-3: 소문자 변경
> myCorpusPrepro <- tm_map(myCorpusPrepro, tolower)
> # 단계 2-4: 불용어 제거
> myCorpusPrepro <-tm_map(myCorpusPrepro, removeWords, stopwords('english'))

```
>
> # 단계 2-5: 전처리 결과 확인
> inspect(myCorpusPrepro [1:5])
<<SimpleCorpus>>
Metadata:  corpus specific: 1, document level (indexed): 0
Content:  documents: 5

                              스마트 기기와 SNS 덕분에 과거 어느 때보다 많은 데이
터가 흘러 다니고 빠르게 쌓입니다. 다음 그림은 2013년에 인터넷에서 60초 동안 얼마나 많은 일이 벌어지는
지를 나타낸 그림이다. Facebook에서는 1초마다 글이 4만 천 건 포스팅되고, 좋아요 클릭이 180만 건 발생합
니다. 데이터는 350GB씩 쌓입니다. 이런 데이터를 실시간으로 분석하면 사용자의 패턴을 파악하거나 의사를
결정하는 데 참고하는 등 다양하게 사용할 수 있을 것입니다.

                              … 중간 생략 …

분산 환경 데이터 단 뷰로 제공 것 환경 기본적 분산 처리 방식 다음
>
```

해설　tm_map() 함수에서 단어의 전처리를 목적으로 사용되는 함수들을 살펴보면, removePunctuation()은 문장부호 제거, removeNumbers()는 숫자 제거, tolower()는 소문자로 변경, removeWords()는 특정 단어를 제거 역할을 한다.

그리고 stopwords('english') 함수는 영문에서 for, very, and, of, are 등 불용어 단어 목록을 가지고 있는 함수이다. 이러한 불용어(불필요한 용어)는 removeWords() 함수를 이용하여 제거한다.

이렇게 전처리된 말뭉치 객체는 inspect() 함수를 이용하여 내용을 확인할 수 있다. 실습결과에서는 첫 번째 문장의 원문과 tm 패키지에 의해서 전처리된 문장을 나타내고 있다. 원문과 비교해 보면 먼저 숫자는 모두 제거되었으며, 영문은 소문자로 모두 변경되었다. 또한, 문장에서 명사들만 추출되어 새로운 문장이 구성된 것을 확인할 수 있다.

(6) 단어 선별하기

Corpus 객체를 대상으로 TermDocumentMatrix() 함수를 이용하여 분석에 필요한 단어를 선별하고 단어/문서 행렬을 만든다.

실습 단어 선별(2 ~ 8 음절 사이 단어 선택)하기

```
> # 단계 1: 전처리된 단어집에서 2 ~ 8 음절 단어 대상 선정
> # 한글 1 음절은 2byte에 저장(2 음절 = 4byte)
> myCorpusPrepro_term <-
+      TermDocumentMatrix(myCorpusPrepro,
+                           control = list(wordLengths = c(4, 16))) # 2 ~ 8 음절
> myCorpusPrepro_term                                  # Corpus 객체 정보
<<TermDocumentMatrix (terms: 696, documents: 76)>>
Non-/sparse entries: 1256/51640
Sparsity        : 98%
Maximal term length: 12
Weighting       : term frequency (tf)
>
```

```
> # 단계 2: matrix 자료구조를 data.frame 자료구조로 변경
> myTerm_df <- as.data.frame(as.matrix(myCorpusPrepro_term))
> dim(myTerm_df)          # 차원 보기
[1] 696  76
>
```

해설　Corpus() 함수에 의해서 생성된 말뭉치(자료집)를 대상으로 TermDocumentMatrix() 함수를 이용하여 단어의 음절이 2 ~ 8개 사이의 단어들만 선별하여 단어/문서 행렬을 만든다.

한글 1 음절은 2byte에 저장되기 때문에 wordLengths 속성을 "wordLengths = c(4, 16)"으로 지정한다. 또한, 말뭉치 객체를 평서문으로 변환하기 위해서 as.matrix()와 as.data.frame() 함수를 연속으로 사용하여 데이터프레임으로 변환한다.

끝으로 데이터프레임 객체에 dim() 함수를 적용하여 선별된 단어 수와 문서의 수를 확인한다. Corpus 객체의 정보는 희소행렬을 구성하는 단어와 문서의 크기, 희소비율, 가장 큰 단어 길이, 가중치 방법 등을 제공한다.

(7) 단어 출현 빈도수 구하기

전체 단어를 대상으로 출현 빈도수가 높은 순서대로 내림차순 정렬한다.

⊙실습 단어 출현 빈도수 구하기

```
> wordResult <- sort(rowSums(myTerm_df), decreasing = TRUE)
> wordResult[1:10]    # 빈도수가 높은 상위 10개 단어 보기
  데이터   분석   빅데이터   처리   사용   수집   시스템   저장   결과   노드
    91     41      33      31    29    27     23     16    14    13
>
```

해설　선별된 단어집을 대상으로 rowSums() 함수에 의해서 동일한 단어의 빈도수를 계산하고, sort() 함수는 빈도수를 'decreasing = TRUE' 속성을 지정하여 내림차순 정렬을 수행한다. 저장된 결과에서 빈도수가 가장 높은 상위 10개 단어를 확인한다. 만약 주제와 의미 없는 단어(예: '사용')가 나타나는 경우 해당 단어를 제거한 후 다시 빈도분석을 시행할 수 있다.

(8) 불용어 제거

단어의 출현 빈도수에서 현재 토픽과 어울리지 않는 단어를 단어집에서 제거한다. 단어집에서 특정 단어를 제거하기 위해서는 이전 단계인 "(5) 추출 단어 전처리" ~ "(7) 단어 출현 빈도수 구하기" 단계를 다시 수행한다.

다음의 실습 예에서는 "사용", "하기" 단어를 단어집에서 제거해 보기로 한다.

⊙실습 불용어 제거하기

```
> # 단계 1: 데이터 전처리
> # 단계 1-1: 문장부호 제거
> myCorpusPrepro <- tm_map(myCorpus, removePunctuation)
> # 단계 1-2: 수치 제거
```

```
> myCorpusPrepro <- tm_map(myCorpusPrepro, removeNumbers)
> # 단계 1-3: 소문자 변경
> myCorpusPrepro <- tm_map(myCorpusPrepro, tolower)
> # 단계 1-4: 제거할 단어 지정
> myStopwords = c(stopwords('english'), "사용", "하기");
> # 단계 1-5: 불용어 제거
> myCorpusPrepro <- tm_map(myCorpusPrepro, removeWords, myStopwords)
>
```

```
> # 단계 2: 단어 선별과 평서문 변환
> myCorpusPrepro_term <-
+        TermDocumentMatrix(myCorpusPrepro,
+                         control = list(wordLengths = c(4,16)))   # 2 ~ 8음절
>
> # 말뭉치 객체를 평서문으로 변환
> myTerm_df <- as.data.frame(as.matrix(myCorpusPrepro_term))
>
```

```
> # 단계 3: 단어 출현 빈도수 구하기
> wordResult <- sort(rowSums(myTerm_df), decreasing = TRUE)
> wordResult[1:10]
   데이터    분석  빅데이터    처리    수집  시스템    저장    결과    노드    얘기
     91      41      33      31      27      23      16      14      13      13
>
```

> **해설** 단어의 출현 빈도수 구하기에서 현재 토픽과 어울리지 않는 단어("사용", "하기")를 제거하는 과정이다.

(9) 단어 구름 시각화

적용할 최소 단어 출현 빈도수, 색상, 위치, 회전 등의 디자인 요소를 적용한다.

> **⊕ 실습** 단어 구름에 디자인(빈도수, 색상, 위치, 회전 등) 적용하기

```
> # 단계 1: 단어 이름과 빈도수로 data.frame 생성
> myName <- names(wordResult)                              # 단어 이름 생성
> word.df <- data.frame(word = myName, freq = wordResult)  # 데이터프레임 생성
> str(word.df)                                             # word, freq 변수
'data.frame':    694 obs. of  2 variables:
 $ word: Factor w/ 694 levels "'똑똑한","'삶"...: 197 283 297 546 359 374 495 103 169 399 ...
 $ freq : num  91 41 33 31 27 23 16 14 13 13 ...
>
```

```
> # 단계 2: 단어 색상과 글꼴 지정
> pal <- brewer.pal(12, "Paired")                          # 12가지 색상 적용
>
```

단어 구름으로 시각화하기 위해서는 wordcloud() 함수를 사용한다 .함수의 형식은 다음과 같다.

> **형식** wordcloud(단어집, 빈도수, 크기, 최소빈도수, 랜덤순서, 회전비율, 색상, 글꼴)

wordclould() 함수의 주요 속성은 다음과 같다.

- scale = c(5,1): 비율 크기
- min.freq = 3: 최소 빈도수
- random.order = F: 랜덤 순서(단어 위치)
- rot.per = .1: 회전비율
- colors = pal: 색상(파렛트)
- family = "malgun": 글꼴

```
> # 단계 3: 단어 구름 시각화
> #       색상, 빈도수, 글꼴(맑은 고딕), 회전 등의 속성 적용
> wordcloud(word.df$word, word.df$freq, scale = c(5, 1),
+           min.freq = 3, random.order = F,
+           rot.per = .1, colors = pal, family = "malgun")
50건 이상의 경고들을 발견되었습니다 (이들 중 처음 50건을 확인하기 위해서는 warnings( )를 이용하시길
바랍니다).
>
```

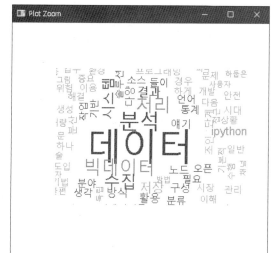

> **해설** wordcloud() 함수에 디자인 요소를 적용하면 빈도수에 따라서 글자의 크기와 색상 그리고 회전비율이 적용되어 시각적 효과가 나타난다.

2.2 연관어 분석

연관규칙(association rule)을 적용하여 특정 단어와 연관성이 있는 단어 들을 선별히여 네트워크 형태로 시각화하는 과정을 연관어 분석이라고 한다. 이 절에서는 연관규칙을 적용하여 연관성 있는 단어를 선별하는 수준으로 실습을 진행하고, 연관규칙에 관한 내용은 "16장 비지도학습"에서 자세히 살펴본다.

⊙ 실습 한글 연관어 분석을 위한 패키지 설치와 메모리 로딩

```
> KoNLP 패키지 설치
> install.packages(
+    "https://cran.rstudio.com/bin/windows/contrib/3.4/KoNLP_0.80.1.zip",
+    repos = NULL)
> # KoNLP 패키지 로딩
> library(KoNLP)
```

해설 한글 연관어 분석을 위해서 필요한 패키지를 설치하고 메모리로 로드한다. 앞서 KoNOP 패키지를 설치했다면, 설치는 생략할 수 있다. KoNLP 패키지를 설치하는 방법이 달라지는 점에 대해서는 이 장의 "2.1 토픽분석"을 참고한다.

⊙ 실습 텍스트 파일 가져오기와 단어 추출하기

```
> # 단계 1: 텍스트 파일 가져오기
> marketing <- file("C:/Rwork/Part-II/marketing.txt", encoding = "UTF-8")
> marketing2 <- readLines(marketing)    # 줄 단위 데이터 생성
> close(marketing)                       # marketing 객체를 메모리에서 제거
경고메시지(들):
In handlers :
  사용되지 않는 커넥션 4 (C:/Rwork-Part-II/marketing.txt)를 닫습니다
> head(marketing2)                       # 앞부분 6줄 문장 확인
[1] "근래에 이르러 시장의 세계화에 따라 브랜드화 중심의 마케팅관리가 마케팅의 핵심적 과제로 대두되었
으나 그것이 환경오염. 인권유린 및 경제적 불평등을 심화시킨다는 비난이 쏟아짐에 따라 마케팅학계와 실
무종사자들은 전통적인 마케팅상의 가정을 재고하지 않으면 안되게 되었다."
                         ... 중간 생략 ...
[6] "본 경영는 특히 MIM 서비스의 이용자 수의 효과에 주목하고 있다. 구체적으로는 이용자수에 입각한 네
트워크 효과인 네트워크 외부성과 재이용의사와의 관계를 살피면서,"
>
```

base 패키지에서 제공되는 Map() 함수 이용하여 줄 단위 데이터가 저장된 marketing2 데이터 셋을 대상으로 extractNoun() 함수를 이용하여 단어를 추출한다.

```
> # 단계 2: 줄 단위 단어 추출
> lword <- Map(extractNoun, marketing2)
> length(lword)
[1] 472
> lword <- unique(lword)                 # 중복 단어 제거(전체 대상)
> length(lword)
[1] 353
>
```

```
> # 단계 3: 중복 단어 제거와 추출 단어 확인
> lword <- sapply(lword, unique)          # 중복 단어 제거(줄 단위 대상)
> length(lword)                            # [1] 352(1개 제거)
> lword                                    # 추출 단어 확인
                        ··· 생략 ···
[73] "때문"      "한"        "번"        "방문"
[77] "수고"      "대신"      "미안"      "마음"
[81] "누군가"    "해소"      "관련"      "불공정성"
[85] "자신"      "전략"      "등"        "직접"
[89] "적"        "보상"      "간접적"    "함"
>
```

해설 연관어 분석에 사용될 텍스트 파일을 가져와서 줄 단위로 텍스트를 읽은 후 다시 줄 단위로 단어를 추출하고, 중복 단어를 제거하는 과정이다.

실습 연관어 분석을 위한 전처리하기

길이가 2개 이상 4개 이하 사이의 문자 길이로 구성된 단어만 필터링하는 사용자 정의 함수를 작성하고, 단어를 전처리한다.

```
> # 단계 1: 단어 필터링 함수 정의
> filter1 <- function(x) {
+          nchar(x) <= 4 && nchar(x) >= 2 && is.hangul(x)
+ }
>
> filter2 <- function(x) { Filter(filter1, x) }
>
```

해설 Filter() 함수를 이용하여 사용자 정의 함수 filter1()을 적용하기 위해 x 벡터 단위로 필터링하는 사용자 정의 함수 filter2()를 정의한다.

단어 필터링을 위해서 사용되는 함수에 대한 설명은 다음 [표 9.1]과 같다.

[표 9.1] 단어 필터링 관련 함수

함수명	소속 패키지	기능
is.hangul(x)	KoNLP	벡터(x)를 대상으로 한글 추출 기능
Filter(f, x)	base	함수(f)를 이용하여 벡터(x) 필터링 기능
nchar(x)	base	벡터(x)를 대상으로 문자 수 반환 기능

줄 단위로 추출된 lword를 대상으로 단어 필터링을 위해서 정의한 filter2() 함수를 적용하여 길이가 1개 이하 또는 5개 이상의 단어를 제거한다.

```
> # 단계 2: 줄 단위로 추출된 단어 전처리
> lword <- sapply(lword, filter2)
> lword        # 추출 단어 확인(길이 1개 이하 또는 5개 이상 단어 제거)
```

```
                  … 생략 …
[49] "매개"      "효과"      "유형"      "시도"      "소재"        "추천"
[55] "부분"      "때문"      "방문"      "수고"      "대신"        "미안"
[61] "마음"      "누군가"    "해소"      "관련"      "불공정성"   "자신"
[67] "전략"      "직접"      "보상"      "간접적"
>
```

해설 줄 단위로 추출된 단어의 결과를 확인하면 1개로 구성된 단어나 5개 이상의 문자 조합으로 구성된 단어가 보인다. 이러한 단어 길이를 조건으로 지정하여 분석에 필요한 단어를 선별하는 전처리 과정이다.

실습 필터링 간단 예문 살펴보기

단어 길이가 2 이상 4 이하인 단어만 추출하는 필터링 과정을 다음의 간단한 예제로 실습을 진행하면 필터링 결과를 정확히 이해할 수 있다.

```
> # 단계 1: vector 이용 list 객체 생성
> word <- list(c("홍길동", "이순", "만기", "김"),
+              c("대한민국", "우리나라대한민국", "한국", "resu"))    # 영문자 포함
> class(word)                                                    # list
[1] "list"
>
```

```
> # 단계 2: 단어 필터링 함수 정의(길이 2 ~ 4 사이 한글 단어 추출)
> filter1 <- function(x) {
+   nchar(x) <= 4 && nchar(x) >= 2 && is.hangul(x)
+ }
>
> filter2 <- function(x) {
+   Filter(filter1, x)
+ }
>
```

```
> # 단계 3: 함수 적용 list 객체 필터링
> filterword <- sapply(word, filter2)
> filterword
[[1]]
[1] "홍길동" "이순"   "만기"

[[2]]
[1] "대한민국" "한국"
>
```

해설 filter1()과 filter2() 함수에 의해서 추출된 단어는 단어 길이가 2 ~ 4인 한글 단어만 추출된다. 즉 영문 단어와 길이가 1개 또는 5개 이상의 단어는 제외된다.

연관분석을 위해서는 추출된 단어를 대상으로 트랜잭션(Transaction) 형식으로 자료구조를 변환해야 한다. 트랜잭션이란 연관분석에서 사용되는 자료 처리 단위를 말한다.

⊙실습 트랜잭션 생성하기

연관분석을 위해서는 arules 패키지를 설치해야 한다. arules 패키지는 Adult, Groceries 데이터 셋을 제공하며, as(), apriori(), inspect(), labels(), crossTable() 등의 연관분석에 필요한 함수를 제공한다.

```
> # 단계 1: 연관분석을 위한 패키지 설치와 로딩
> install.packages("arules")
Installing package into 'C:/Users/master/Documents/R/win-library/3.6'
(as 'lib' is unspecified)
          … 중간 생략 …
> library(arules)
필요한 패키지를 로딩중입니다: Matrix
          … 중간 생략 …
>
```

트랜잭션 생성은 as() 함수를 이용하여 생성한다. 만약 데이터(lword)에 중복 데이터가 있으면 error 가 발생한다. 트랜잭션 실행결과는 트랜잭션 수(행)와 아이템 수(칼럼)가 나타난다.

```
> # 단계 2: 트랜잭션 생성
> wordtran <- as(lword, "transactions")      # 형식: as(data, "type")
> wordtran
transactions in sparse format with
 353 transactions (rows) and
 2423 items (columns)
>
```

해설 트랜잭션은 연관분석에서 사용되는 자료 처리 단위를 말한다. as() 함수에 의해서 lword가 트랜잭션 객체로 변경 되고, 결과를 확인하면 transactions와 items 수를 확인할 수 있다. 연관분석에서 트랜잭션(transactions)은 상품거래정보를 의미하고 아이템(items)은 상품거래에서 발생하는 상품목록을 의미하지만, 여기서는 lword의 한 줄을 트랜잭션으로 보고, 한 줄에서 만들어진 단어를 아이템으로 처리하고 있다.

⊙실습 단어 간 연관규칙 발견하기

트랜잭션 데이터를 대상으로 arules 패키지의 apriori() 함수에 의해서 제공되는 연관규칙 알고리즘 을 이용하여 지지도(support)와 신뢰도(confidence)를 지정하여 연관규칙을 발견한다. apriori() 함수 에 의해서 만들어진 결과는 연관규칙에 의해서 발견된 결과이며, 사용 형식은 다음과 같다.

형식 apriori(data, parameter = NULL,
        appearance = NULL, control = NULL)

apriori() 함수에서 첫 번째 인수인 data는 트랜잭션 타입의 객체를 의미하고, 두 번째 parameter 인수는 지지도(support), 신뢰도(confidence), 연관단어 최대길이(maxlen) 등을 사용할 수 있다. 세 번째 appearance 인수는 연관규칙을 나타내는 속성을 지정하는 역할을 하며, 마지막 네 번째 control 인수는 연관규칙 결과(item)를 정렬(sort)하는 역할을 한다.

특히 두 번째 parameter 인수에서 support, confidence, maxlen 속성을 생략하면 기본 값(support = 0.1, confidence = 0.8, maxlen = 10)으로 지정된다. 또한, 지지도와 신뢰도의 적용 비율에 따라서 발견되는 규칙의 수가 늘어나거나 줄어들 수 있다. 즉 지지도와 신뢰도를 높이면 발견되는 규칙의 수가 줄어든다. 지지도와 신뢰도 등의 연관분석에 관련된 용어는 "16장 비지도학습"에서 자세히 살펴본다.

```
> # 단계 1: 연관규칙 발견
> #        (지지도 = 0.25, 신뢰도 = 0.05인 경우 59개 규칙 발견)
> tranrules <- apriori(wordtran,
+                       parameter = list(supp = 0.25, conf = 0.05))
Apriori

Parameter specification:
 confidence minval smax arem    aval originalSupport maxtime support minlen
       0.05    0.1    1 none  FALSE          TRUE       5    0.25      1
 maxlen target     ext
     10  rules  FALSE

Algorithmic control:
 filter  tree  heap memopt  load sort verbose
   0.1 TRUE TRUE   FALSE TRUE    2    TRUE

Absolute minimum support count: 88

set item appearances ...[0 item(s)] done [0.00s].
set transactions ...[2423 item(s), 353 transaction(s)] done [0.01s].
sorting and recoding items ... [11 item(s)] done [0.00s].
creating transaction tree ... done [0.00s].
checking subsets of size 1 2 3 done [0.00s].
writing ... [59 rule(s)] done [0.00s].
creating S4 object  ... done [0.00s].
>
```

```
> # 단계 2: 연관규칙 생성 결과보기
> inspect(tranrules)   # 연관규칙 생성 결과(59개) 보기
    lhs          rhs       support   confidence  lift      count
[1] {}       => {투자}   0.2861190  0.2861190  1.000000   101
[2] {}       => {관계}   0.2577904  0.2577904  1.000000    91
```

```
[3] {}           => {경우}    0.2917847  0.2917847   1.000000   103
[4] {}           => {제시}    0.3116147  0.3116147   1.000000   110
[5] {}           => {효과}    0.3286119  0.3286119   1.000000   116
                    … 중간 생략 …
[58] {경영,자금}  => {마케팅}  0.3909348  0.8571429   1.338812   138
[59] {경영,마케팅} => {자금}   0.3909348  0.6831683   1.317806   138
>
```

> **해설** 지지도와 신뢰도를 적용하여 연관규칙을 발견하고, 연관규칙 결과를 확인하는 과정이다.

⊙실습 연관규칙을 생성하는 간단한 예문 살펴보기

Adult 데이터 셋에 apriori() 함수를 적용하여 연관규칙을 생성하는 과정을 다음의 간단한 예제로 실습을 진행하면 연관규칙을 생성하는 과정을 정확히 이해할 수 있을 것이다.

```
> # 단계 1: Adult 데이터 셋 메모리 로딩
> data("Adult")       # Adult 데이터 셋 메모리 로딩
> Adult               # 48,842개의 트랜잭션 데이터 셋을 가지고 있음
> str(Adult)          # Formal class 'transactions' [package "arules"] with 4 slots
> dim(Adult)          # 차원보기:  48,842개 트랜잭션과 115개 아이템
> inspect(Adult)      # 트랜잭션 데이터 보기
            … 생략 …
[48842] {age=Middle-aged,
     workclass=Self-emp-inc,
     education=Bachelors,
     marital-status=Married-civ-spouse,
     occupation=Exec-managerial,
     relationship=Husband,
     race=White,
     sex=Male,
     capital-gain=None,
     capital-loss=None,
     hours-per-week=Over-time,
     native-country=United-States}              48842
>
```

```
> # 단계 2: 특정 항목의 내용을 제외한 itemsets 수 발견
> apr1 <- apriori(Adult,
+           parameter = list(support = 0.1, target = "frequent"),
+           appearance = list(none =
+                         c("income=small", "income=large"),
+                         default = "both"))
>
> apr1               # set of 2066 itemsets
set of 2066 itemsets
>
```

```
> inspect(apr1)      # 2,066 item set 보기
            … 생략 …
[2066] {age=Middle-aged,
    workclass=Private,
    marital-status=Married-civ-spouse,
    relationship=Husband,
    race=White,
    sex=Male,
    capital-gain=None,
    capital-loss=None,
    native-country=United-States}    0.1056673  5161
>
```

> **해설** appearance 인수에서 income 내용이 "small"이나 "large" 내용을 모두 포함하지 않도록 지정하고, parameter 인수에서 target = "frequent"로 지정하여 itemset 수를 발견한다. 발견된 아이템 셋은 2,066개이다.

> **# 단계 3: 특정 항목의 내용을 제외한 rules 수 발견**

```
> apr2 <- apriori(Adult,
+                 parameter = list(support = 0.1, target = "rules"),
+                 appearance = list(none =
+                             c("income=small", "income=large"),
+                             default="both"))
Apriori

Parameter specification:
 confidence minval smax arem    aval  originalSupport maxtime support minlen
        0.8    0.1    1 none FALSE           TRUE          5     0.1      1
 maxlen  target    ext
     10   rules  FALSE
Algorithmic control:
 filter tree heap memopt load sort verbose
   0.1 TRUE TRUE  FALSE TRUE   2    TRUE

Absolute minimum support count: 4884
            … 중간 생략 …
> apr2   # set of 4993 rules
set of 4993 rules
>
```

> **해설** appearance 인수에서 income 내용이 "small"이나 "large" 내용을 모두 포함하지 않도록 지정하고, parameter 인수에서 target = "rules"로 지정하여 rules 수를 발견한다. 발견된 규칙 4,993개이다.

> **# 단계 4: 지지도와 신뢰도 비율을 높일 경우**

```
> apr3 <- apriori(Adult,
+                 parameter = list(supp = 0.5, conf = 0.9, target = "rules"),
+                 appearance = list(none =
```

```
+                          c("income=small", "income=large"),
+                          default = "both"))
Apriori

Parameter specification:
 confidence minval smax arem   aval   originalSupport maxtime support minlen
        0.9    0.1    1 none FALSE            TRUE        5    0.5     1
 maxlen target     ext
     10   rules FALSE

Algorithmic control:
 filter   tree heap memopt  load sort verbose
  0.1 TRUE TRUE   FALSE TRUE    2    TRUE

Absolute minimum support count: 24421
                … 중간 생략 …
> apr3    # set of 52 rules
set of 52 rules
>
```

해설 Adult 데이터 셋에 apriori() 함수를 적용하여 연관규칙을 생성하는 과정이다. parameter 인수에서 지지도와 신뢰도를 각각 supp = 0.5, conf = 0.9로 높이는 경우 발견된 rules 수는 현저하게 낮아져서 52개 규칙이 발견된다.

실습 inspect() 함수를 사용하는 간단 예문 보기

연관규칙이 적용된 결과를 확인하기 위해서는 arules 패키지에서 제공되는 inspect() 함수를 이용해야 한다. 함수의 형식은 다음과 같다.

형식 inspect(x, ...)

inspect() 함수에서 첫 번째 인수인 x는 트랜잭션 또는 itemMatrix의 데이터 셋을 의미하고, ...은 추가되는 매개변수로 현재는 사용되지 않는다.

```
> data("Adult")          # 데이터 셋 가져오기
> rules <- apriori(Adult)  # 연관규칙 적용 결과 > 6,137 rule 생성
Apriori

Parameter specification:
 confidence minval smax arem    aval  originalSupport maxtime support minlen
        0.8    0.1    1 none FALSE            TRUE        5    0.1     1
 maxlen target     ext
     10   rules FALSE

                … 중간 생략 …
> inspect(rules[10])        # 10번째 연관규칙 결과보기
  lhs                rhs                             support confidence lift       count
```

```
[1] {occupation=
      Adm-clerical} => {native-country=United-States} 0.1052373  0.9160577   1.020763   5140
>
```

└ **해설** arules 패키지에서 제공되는 inspect() 함수를 이용하여 연관규칙이 적용된 결과를 확인하는 예이다.

┌ ⊙ **실습** 연관어 시각화하기

연관분석 알고리즘에 의해서 생성된 연관단어를 시각화를 위해서는 먼저 연관규칙의 결과를 행렬구
조(data.frame 또는 matrix)로 변경해야 한다.

```
> # 단계 1: 연관 단어 시각화를 위해서 자료구조 변경
> rules <- labels(tranrules, ruleSep = " ")    # 연관규칙 레이블을 " "로 분리
> rules      # 예: "=>" 대신에 공백으로 분리
 [1] "{} {투자}"             "{} {관계}"             "{} {경우}"
 [4] "{} {제시}"             "{} {효과}"             "{} {소비자}"
                          … 중간 생략 …
[55] "{경영,전략} {마케팅}"  "{경영,마케팅} {전략}"  "{마케팅,자금} {경영}"
[58] "{경영,자금} {마케팅}"  "{경영,마케팅} {자금}"
>
```

```
> # 단계 2: 문자열로 묶인 연관 단어를 행렬구조로 변경
> rules <- sapply(rules, strsplit, " ", USE.NAMES = F)
> rules
[[1]]
[1] "{}"    "{투자}"

[[2]]
[1] "{}"    "{관계}"
                        … 중간 생략 …
[[58]]
[1] "{경영,자금}" "{마케팅}"

[[59]]
[1] "{경영,마케팅}" "{자금}"

>
```

```
> # 단계 3: 행 단위로 묶어서 matrix로 반환
> rulemat <- do.call("rbind", rules)
>
> class(rulemat)
[1] "matrix"
>
```

└ **해설** 연관규칙 알고리즘에 의해서 생성된 연관규칙 결과는 'A단어 => B단어' 형태로 나타난다. 이러한 연관규칙 결과
를 시각화하기 위해서는 '=>' 문자를 제거해야 한다. labels() 함수를 이용하여 연관규칙 들을 공백으로 분리하고, 문자열로 묶
인 연관단어를 다시 행렬구조로 변경하기 위해서 do.call() 함수 이용한다.

```
> # 단계 4: 연관어 시각화를 위한 igraph 패키지 설치와 로딩
> install.packages(("igraph"))  # 패키지 설치
Installing package into 'C:/Users/master/Documents/R/win-library/3.6'
(as 'lib' is unspecified)
                    … 중간 생략 …
> library(igraph)                # 패키지 로딩

다음의 패키지를 부착합니다: 'igraph'
                    … 중간 생략 …
>
```

해설   igraph 패키지는 연관어 시각화를 위해서 이용하는 패키지로 graph.edgelist(), plot.igraph(), closeness() 함수 등을 제공한다.

```
> # 단계 5: edgelist 보기
> ruleg <- graph.edgelist(rulemat[c(12:59), ], directed = F)
> # directed = T는 {제시} -> {마케팅} 형식으로 나타남
> ruleg
IGRAPH 0bce0b1 UN-- 21 48 --
+ attr: name (v/c)
+ edges from 0bce0b1 (vertex names):
 [1] {제시} --{마케팅}    {제시} --{마케팅}    {제시} --{경영}
 [4] {제시} --{경영}     {마케팅}--{효과}     {마케팅}--{효과}
 [7] {경영} --{효과}     {경영} --{효과}     {소비자}--{자금}
[10] {소비자}--{자금}    {마케팅}--{소비자}   {마케팅}--{소비자}
[13] {경영} --{소비자}   {경영} --{소비자}    {마케팅}--{분석}
[16] {마케팅}--{분석}    {경영} --{분석}     {경영} --{분석}
[19] {자금} --{전략}    {자금} --{전략}     {마케팅}--{전략}
[22] {마케팅}--{전략}    {경영} --{전략}     {경영} --{전략}
+ ... omitted several edges
>
```

연관단어를 정점 형태의 목록으로 생성한 이후 정점을 대상으로 plot.igraph()함수에서 제공하는 vertex 관련 속성을 지정하여 연관어를 네트워크 형태로 시각화할 수 있다. 또한, plot.igraph() 함수에서 사용되는 정점(vertex) 관련 속성에 대한 설명은 [표 9.2]와 같다.

[표 9.2] 정점(vertex) 관련 속성

구분	기능
정점 레이블 속성	vertex.label = 레이블 이름
	vertex.label.cex = 레이블 크기
	vertex.label.color = 레이블 색
정점 속성	vertext.size = 정점 크기
	vertex.color = 정점 색
	vertex.frame.color = 정점 테두리 색

```
> # 단계 6: edgelist 시각화
> plot.igraph(ruleg, vertex.label = V(ruleg)$name,
+              vertex.label.cex = 1.2, vertex.label.color = 'black',
+              vertex.size = 20, vertex.color = 'green',
+              vertex.frame.color = 'blue')
>
```

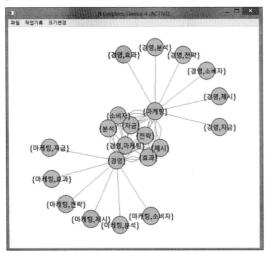

해설   연관어 네트워크 시각화 결과에서 "경영" 단어는 "마케팅" 단어와 연관성이 가장 높고, 기타 "전략", "자금", "소비자" 등의 단어와도 연관성이 있는 것으로 나타난다.

3. 실시간 뉴스 수집과 분석

웹 문서는 여러 개의 약속된 태그(tag)를 이용하여 자료를 만들고, 웹 브라우저를 통해서 볼 수 있는 문서들을 의미한다. 따라서 해당 웹 문서를 수집하기 위해서는 URL을 통해서 웹 문서를 소스(source) 형태로 수집하고, HTML 문서로 바꾸는 과정이 필요하다.

3.1 관련 용어

웹에서 제공하는 실시간 뉴스나 정보들을 모아서 자신의 컴퓨터로 가져오는 과정에서 자주 등장하는 용어들에 대해서 살펴본다.

(1) 웹 크롤링

웹 크롤링(web crawling)이란 웹을 탐색하는 컴퓨터 프로그램(크롤러)을 이용하여 여러 인터넷 사이트의 웹 페이지 자료를 수집해서 분류하는 과정을 말한다. 또한 크롤러(crawler)란 자동화된 방법으로 월드와이드 웹(www)을 탐색하는 컴퓨터 프로그램을 의미한다.

(2) 스크래핑

스크래핑(scraping)이란 웹사이트의 내용을 가져와 원하는 형태로 가공하는 기술을 의미한다. 즉 웹사이트의 데이터를 수집하는 모든 작업을 의미한다. 결국, 크롤링도 스크래핑 기술의 일종이라고 할 수 있다. 따라서 크롤링과 스크래핑을 구분하는 것은 큰 의미가 없다고 볼 수 있다.

(3) 파싱

파싱(parsing)이란 어떤 페이지(문서, HTML 등)에서 사용자가 원하는 데이터를 특정 패턴이나 순서로 추출하여 정보를 가공하는 것을 말한다. 예를 들면 HTML 소스를 문자열로 수집한 후 실제 HTML 태그로 인식할 수 있도록 문자열을 의미 있는 단위로 분해하고, 계층적인 트리 구조를 만드는 과정을 말한다.

3.2 실시간 뉴스 수집과 분석

이 절에서는 포털사이트 제공하는 실시간 뉴스를 수집하고, 전처리를 거쳐서 주요 단어의 출현빈도를 시각화하는 절차로 실습을 진행한다. 출현 빈도가 높은 단어들을 통해서 현재 국내·외 실시간 현황을 유추해서 분석해 볼 수 있다.

참고로 필자가 이 책의 개정판을 위해 실시간 뉴스를 수집하는 시기는 2020년 봄은 대한민국을 흔든 '코로나19(Covid19)'로 인한 심각한 상황이었다.

(1) 패키지 설치 및 준비

원격 서버에서 웹 문서를 요청할 패키지와 웹 문서를 파싱하는 데 필요한 패키지를 설치하고 준비한다.

⊙실습 웹 문서 요청과 파싱 관련 패키지 설치 및 로딩

```
> install.packages("httr")     # 원격 서버의 URL 요청
Installing package into 'C:/Users/master/Documents/R/win-library/3.6'
(as 'lib' is unspecified)
        … 중간 생략 …
> library(httr)

다음의 패키지를 부착합니다: 'httr'
        … 중간 생략 …
> install.packages("XML")     # HTML 문서 파싱
Installing package into 'C:/Users/master/Documents/R/win-library/3.6'
(as 'lib' is unspecified)
        … 중간 생략 …
> library(XML)
>
```

해설 httr 패키지는 원격 서버에서 URL을 요청하는 데 필요한 함수를 제공하고, XML 패키지는 수집한 웹 문서의 텍스트 자료를 HTML 문서로 파싱하는 데 필요한 함수를 제공한다.

(2) url 요청

웹 문서를 수집할 URL을 이용해서 웹 문서를 요청한다.

┌ 🔽 **실습** 웹 문서 요청

```
> url <- "http://media.daum.net"    # 포털 사이트의 뉴스 제공 URL
> web <- GET(url)                    # source loading
> web                                # 서버에서 응답한 결과
Response [https://media.daum.net/]
 Date: 2020-03-09 08:01
 Status: 200
 Content-Type: text/html;charset=UTF-8
 Size: 81.4 kB

<!doctype html>
<html lang="ko">
<head>
<meta charset="utf-8">
<meta http-equiv="X-UA-Compatible" content="IE=Edge">
<meta property="og:author" content="Daum 뉴스" />
…
>
```

└ **해설**   httr 패키지에서 제공하는 GET() 함수를 이용하여 포털사이트의 URL을 통해서 웹 문서의 소스(source)를 요청한다. 요청한 결과를 저장한 변수를 실행하면 요청에 대한 서버의 응답 상태와 응답한 문서의 메타(meta) 정보를 볼 수 있다. 메타 정보에는 문서의 타입, 인코딩 방식, 텍스트 크기 그리고 언어 정보 등을 제공한다.

(3) HTML 파싱

웹 문서 요청으로 해당 서버는 URL의 웹 문서를 소스 형식으로 제공한다. 하지만 소스는 태그를 인식할 수 없는 텍스트에 불과하기 때문에 특정 태그의 자료를 추출하기 위해서는 웹 문서 소스를 HTML로 파싱해야 한다.

XML 패키지에서 제공하는 htmlTreeParse() 함수는 웹 문서 소스를 HTML 문서로 파싱하는 함수이다. htmlTreeParse() 함수의 형식은 다음과 같다.

형식   htmlTreeParse(소스, userInteralNodes, trim, encoding)

htmlTreeParse() 함수의 주요 속성은 다음과 같다.

- **useInternalNodes**: 소스 내부의 노드로 변환 여부 지정
- **trim**: 텍스트의 맨 앞과 맨 뒤의 공백 제거 여부 지정
- **encoding**: 문자셋 인코딩 방식

⊙실습 HTML 파싱하기

```
> # htmlTreeParse( ): url 소스 -> html 태그 파싱
> html <- htmlTreeParse(web, useInternalNodes = T, trim = T, encoding = "utf-8")
> # htmlTreeParse( ) 함수에서 사용된 파라미터의 의미
> ### useInternalNodes = T: root node
> ### trim = T: 앞뒤 공백 제거
> ### encoding = 'utf-8': 문자셋 인코딩
>
> # html root node 찾기
> rootNode <- xmlRoot(html)   # 최상위 노드 찾기
>
```

해설 htmlTreeParse() 함수를 이용하여 웹 문서 소스를 HTML로 파싱한다. 사용되는 속성을 살펴보면, 소스 내부의 노드로 변환하고, 텍스트의 앞뒤 공백을 제거하고, 'utf-8' 인코딩 방식으로 파싱하고 있다. 특히 노드로 변환하면 특정 노드를 인식할 수 있기 때문에 root 노드(최상위 노드)를 찾을 수 있다. rootNode 변수의 값을 이해해 보면 HTML 문서를 확인할 수 있다.

(4) 태그(tag) 자료수집

HTML은 태그에 의해서 브라우저에 표시될 자료를 나타내는 웹 문서 언어이다. 따라서 수집할 자료가 어떤 태그로 작성되었는지를 확인한 후 해당 태그를 찾아서 자료를 수집해야 한다.

다음 그림은 뉴스를 제공하는 포털사이트에서 뉴스 기사를 링크하고 있는 태그를 확인하는 과정이다. 작업 순서는 다음과 같다.

[단계 1] 크롬 브라우저를 이용하여 https://media.daum.net/에 접속한다.

[단계 2] 단축키 F12를 누른다.

[단계 3] 오른쪽 [검사] 페이지의 Elements 탭에서 html 태그 위에 마우스 포인터를 올려서 왼쪽의 문서를 연결하고 있는
　　　　태그를 계층적으로 접근하여 찾는다.

[단계 4] 해당 문서를 감싸고 있는 태그(a)와 속성(class = 'link_txt')을 기록한다.

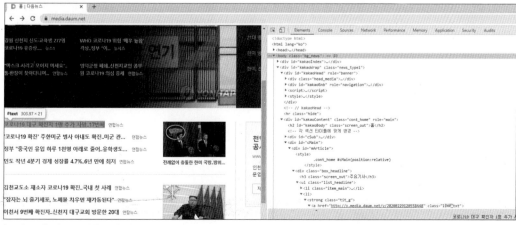

[그림 9.3] 태그 수집을 위한 웹 페이지 예

┌─ **⊙실습** 태그 자료 수집하기

```
> # <a href = "url" class = "link_text"> 내용 </a>
> news <- xpathSApply(rootNode, "//a[@class = 'link_txt']", xmlValue)
> # xmlValue : 해당 tag 내용
> news
[1] "어린이집·복지시설 휴원 2주 연장..이달 22일까지 문 닫는다"
[2] "\"재봉틀·쪽가위로 제작된 마스크에 필터 장착\" 수제마스..."
[3] "정부 \"당국 예측보다 신천지 내 코로나19 감염 빨라\""
[4] "정부 \"신천지 본부 행정조사..방역 만전 기하기 위한 ..."
                    ⋯ 중간 생략 ⋯
[74] "[바로잡습니다]3일 환율 종가는 1195.20원입니다"
[75] "한국당 \"KBS-한국리서치 고발\" 관련 정정보도문"
>
```

└─ **해설** xpathSApply()함수를 이용하여 최상위 노드를 기준으로 수집할 자료를 포함하고 있는 태그와 속성을 지정하여 태그의 자료(내용)를 수집한다. xpathSApply() 함수의 첫 번째 속성은 최상위 노드를 지정하고, 두 번째 속성은 "//태그명[@ 속성명 = '속성값']" 형식으로 태그와 속성을 지정하고, 세 번째 속성은 수집할 대상을 지정한다. xmlValue는 해당 태그의 값을 의미한다. 실습을 진행하는 시점에서 URL을 통해 가져오는 웹 문서가 다르기 때문에 결과는 항상 달라지는 점에 유의한다.

(5) 수집한 자료 전처리

웹 문서를 수집하면 문서의 끝부분에 오는 줄 바꿈, 공백 등의 이스케이프 문자와 특수문자, 문장부호 등의 불용어가 포함되어 있다. 따라서 이러한 사용하지 않는 불용어를 제거하는 전처리 과정이 필요하다. 자료 전처리는 기본 함수인 gsub() 함수를 이용한다. gsub() 함수의 형식은 다음과 같다.

형식 gsub("패턴", "교체문자", 자료)

┌─ **⊙실습** 자료 전처리하기

```
> # 단계 1: 자료 전처리 - 수집한 문서를 대상으로 불용어 제거
> news_pre <- gsub("[\r\n\t]", ' ', news)        # 이스케이프 제거
> news_pre <- gsub('[[:punct:]]', ' ', news_pre) # 문장부호 제거
> news_pre <- gsub('[[:cntrl:]]', ' ', news_pre) # 특수문자 제거
> #news_pre <- gsub('\\d+', ' ', news_pre)       # 숫자 제거 생략(코로나19 숫자 유지)
> news_pre <- gsub('[a-z]+', ' ', news_pre)      # 영문자 제거
> news_pre <- gsub('[A-Z]+', ' ', news_pre)      # 영문자 제거
> news_pre <- gsub('\\s+', ' ', news_pre)        # 2개 이상 공백 교체
>
> news_pre                              # 전처리 확인(이스케이프, 특수문자, 영문, 공백)
[1] "어린이집 복지시설 휴원 2주 연장 이달 22일까지 문 닫는다"
[2] "재봉틀 쪽가위로 제작된 마스크에 필터 장착 수제마스 "
[3] "정부 당국 예측보다 신천지 내 코로나19 감염 빨라 "
[4] "정부 신천지 본부 행정조사 방역 만전 기하기 위한 "
           ⋯중간 생략⋯
[74] " 바로잡습니다 3일 환율 종가는 1195 20원입니다"
[75] "한국당 한국리서치 고발 관련 정정보도문"
>
```

┗ **해설**　　gsub() 함수를 이용하여 수집한 문서를 전처리한다. 전처리 과정을 보면 먼저 줄 바꿈과 탭 키 등의 이스케이프 문자 제거하고, 이어서 문장부호와 특수문자 제거하고 영문자와 2칸 이상의 공백을 제거한다. 실습 예에서는 '코로나19'와 같은 중요 숫자를 유지하기 위해서 숫자 제거는 생략했다. 전처리한 결과를 전처리 이전과 비교해 보면 많은 불용어가 제거된 것을 확인할 수 있다.

포털사이트에서 매일매일 제공하는 "TODAY"나 검색어 순위 등은 뉴스와 관련이 없기 때문에 삭제한다.

```
> # 단계 2: 기사와 관계 없는 'TODAY', '검색어 순위' 등의 내용은 제거
> news_data <- news_pre[1:59]
> news_data
 [1] "어린이집 복지시설 휴원 2주 연장 이달 22일까지 문 닫는다"
 [2] " 재봉틀 쪽가위로 제작된 마스크에 필터 장착 수제마스 "
 [3] "정부 당국 예측보다 신천지 내 코로나19 감염 빨라 "
 [4] "정부 신천지 본부 행정조사 방역 만전 기하기 위한"
                    …중간 생략…
[58] "홍콩재벌 3세 서울에서 성형수술 중 사망 유족 병원 상대 소송"
[59] "검사 안받은 신천지 교인 격리해제 발표에 대구시 절대 불가 종합"
>
```

┗ **해설**　　전체 75개의 링크 자료 중에서 1 ~ 59번 링크 자료만 남기고, 뉴스와 관련이 없는 60 ~ 75번 링크 자료를 제거한다.

(6) 파일 저장과 읽기

수집한 자료를 파일로 저장하면 반영구적으로 수집한 자료를 보관할 수 있다.

실습 수집한 자료를 파일로 저장하고 읽기

```
> # 파일 저장(file save)
> setwd("C:/Rwork/output")                    # 파일 저장 위치 지정
> write.csv(news_data, "news_data.csv", quote = F)   # 행 이름 저장
>
> # 파일 읽기 : 문자열 형식으로 읽기
> news_data <- read.csv("news_data.csv", header = T, stringsAsFactors = F)
> str(news_data)
'data.frame': 59 obs. of  2 variables:
 $ X: int  1 2 3 4 5 6 7 8 9 10 ...
 $ x: chr  "어린이집 복지시설 휴원 2주 연장 이달 22일까지 문 닫는다" " 재봉틀 쪽가위로 제작된 마스크에
필터 장착 수제마스" "정부 당국 예측보다 신천지 내 코로나19 감염 빨라" "정부 신천지 본부 행정조사 방역
만전 기하기 위한" ...
>
> # 칼럼명 지정
> names(news_data) <- c("no", "news_text")
> head(news_data)
 no                  news_text
1  1    어린이집 복지시설 휴원 2주 연장 이달 22일까지 문 닫는다
```

```
2  2     재봉틀 쪽가위로 제작된 마스크에 필터 장착 수제마스
3  3     정부 당국 예측보다 신천지 내 코로나19 감염 빨라
4  4     정부 신천지 본부 행정조사 방역 만진 기하기 위한
5  5     중국 한국에 의료물품 지원할 것 합동 방역기제 논의
6  6          제주도 4번 확진자 추가 동선 진술 번복 아니다
>
> # news 텍스트 벡터 생성
> news_text <- news_data$news_text
> news_text                          # 뉴스 벡터 확인
 [1] "어린이집 복지시설 휴원 2주 연장 이달 22일까지 문 닫는다"
 [2] " 재봉틀 쪽가위로 제작된 마스크에 필터 장착 수제마스"
 [3] "정부 당국 예측보다 신천지 내 코로나19 감염 빨라"
 [4] "정부 신천지 본부 행정조사 방역 만진 기하기 위한"
                    …중간 생략…
[58] "홍콩재벌 3세 서울에서 성형수술 중 사망 유족 병원 상대 소송"
[59] "검사 안받은 신천지 교인 격리해제 발표에 대구시 절대 불가 종합"
>
```

해설 59개의 벡터 형식으로 된 문서를 행 이름을 포함해서 csv 파일로 저장한다. 즉 첫 번째 칼럼이 행 이름으로 저장되고, 두 번째 칼럼은 뉴스로 저장된다. 이렇게 저장된 csv 파일을 읽어 올 때 뉴스는 문자열이기 때문에 요인형(Factor)으로 변경하지 않고 문자열 그대로 읽어오기 위해서 "stringsAsFactors = F" 속성을 이용한다. 읽어온 파일의 결과는 칼럼 단위의 data.frame 자료구조로 생성된다. 두 개의 칼럼명에 이름을 지정하고, 뉴스를 담고 있는 news_text 칼럼을 벡터로 생성한다.

(7) 토픽 분석

뉴스에서 자주 등장하는 단어들의 출현 빈도수를 이용하여 실시간 현황을 유추할 수 있고 이슈(issue)를 분석할 수 있다.

텍스트마이닝과 토픽 분석을 위해서 관련 패키지를 준비한다. KoNLP 패키지와 tm, wordcloud 패키지를 설치하는 과정은 앞서 실행되었기 때문에 여기서는 생략하기로 한다.

KoNLP 패키지에서 제공되는 buildDictionary() 함수를 이용하여 세종 사전에 새로운 단어를 추가한다.

◉실습 세종 사전에 단어 추가

```
> # 추가단어 만들기: term = '추가단어', tag = ncn(명사지시코드)
> user_dic <- data.frame(term = c("펜데믹", "코로나19", "타다"), tag = 'ncn')
>
># 세종 사전에 단어 추가
> buildDictionary(ext_dic = 'sejong', user_dic = user_dic)
370972 words dictionary was built.
>
```

해설 세종 사전에 등록되지 않은 신규 단어 3개("펜데믹", "코로나19", "타다")를 추가한다.

수집한 뉴스에서 단어(명사)만 추출할 수 있는 사용자 정의 함수를 작성한다.

⊙ 실습 단어 추출 사용자 함수 정의하기

> **# 단계 1: 사용자 정의 함수 작성**
> exNouns <- function(x) { paste(extractNoun(x), collapse = " ") }
>

해설 사용자 정의 함수는 [문자열]→[단어 추출]→[공백으로 합침] 순서로 실행되도록 예에서처럼 정의한다.

> **# 단계 2: exNouns() 함수를 이용한 단어 추출**
> news_nouns <- sapply(news_text, exNouns) # news_text
> news_nouns　　　　　　　　　　# 문서에서 명사 추출 결과 확인
　　　　　　　평양발 특별기 탑승 외국인들 北코로나19 확진자 없어
　　　　　"평양발 특별 기 탑승 외국 北 코로나19 확진자 없 어"
　　　　　　분당서울대병원 통증센터 직원 1명 확진 신천지 신도
　　　"분당서울대병원 통증 센터 직원 1 명 확진 신천지 신 도"
　　　　　　학원가 휴원 손실 지원해 달라 교육부 다음주
　　　　　"학원 휴원 손실 지원 해 교육 부 다음 주"
　　　　　　　　… 중간 생략 …
　　　　　"학원 휴원 손실 지원 해 교육 부 다음 주"
　　　　　　　　… 중간 생략 …
　　코로나로 먹고살기 힘들어 의회 출입문 부순 前 복싱 세계챔피언
　　"코로나 먹고살기 의회 출입 문 前 복싱 세계챔피 언"
　　　　단독 사실 난 목사 아니오 신천지 아류 새천지 도 있다
　　　　"단독 사실 목사 신천지 아류 새천지 도 있"
>

해설 sapply() 함수에서 사용자 정의 함수 exNouns()를 이용하여 문서에서 단어를 추출한다. 사용자 정의 함수 exNouns()를 이용하여 뉴스에서 명사만 추출하여 다시 하나의 문자열로 구성하는 과정이다.

> **# 단계 3: 추출 결과 확인**
> str(news_nouns)
 Named chr [1:59] "평양발 특별 기 탑승 외국 北 코로나19 확진자 없 어" ...
 - attr(*, "names")= chr [1:59] "평양발 특별기 탑승 외국인들 北코로나19 확진자 없어" "분당서울대병원 통증센터 직원 1명 확진 신천지 신도" "학원가 휴원 손실 지원해 달라 교육부 다음주" "이태호 외교차관 통제 잘 하는데 한국발 입국제한 재" ...
>

해설 59개의 벡터 자료는 명사만 추출해서 다시 구성한 59개의 문장이 된다. 이때 Named chr [1:59]는 59개의 벡터 원소를 의미하고, - attr(*, "names")= chr [1:59]는 59개의 벡터 원소에 이름이 붙여진 원소의 이름이다. 따라서 앞부분의 벡터 원소가 실질적인 명사(단어)들을 구성해서 만들어진 문장이고, 뒷부분은 웹 문서에서 수집한 원래 문서가 벡터의 이름으로 나타난다.

말뭉치는 텍스트를 처리할 수 있는 자료의 집합을 의미한다. tm 패키지에서 제공하는 함수들을 이용하여 말뭉치를 생성하고, 단어 대 문서를 행렬 자료로 만들어서 각 단어의 출현 빈도수를 구한다.

┌─ **⊙ 실습** 말뭉치 생성과 집계 행렬 만들기

```
> # 단계 1: 추출된 단어를 이용한 말뭉치(corpus) 생성
> newsCorpus <- Corpus(VectorSource(news_nouns))    # 말뭉치(자료집) 생성
> newsCorpus                                         # 말뭉치 정보
<<SimpleCorpus>>
Metadata:  corpus specific: 1, document level (indexed): 0
Content:  documents: 59
>
> inspect(newsCorpus[1:5])                           # corpus 내용 보기
<<SimpleCorpus>>
Metadata:  corpus specific: 1, document level (indexed): 0
Content:  documents: 5
        평양발 특별기 탑승 외국인들 北코로나19 확진자 없어
        평양발 특별 기 탑승 외국 北 코로나19 확진자 없 어
        분당서울대병원 통증센터 직원 1명 확진 신천지 신도
        분당서울대병원 통증 센터 직원 1 명 확진 신천지 신 도
        학원가 휴원 손실 지원해 달라 교육부 다음주
        학원 휴원 손실 지원 해 교육 부 다음 주
                        … 중간 생략 …
>
```

┌─ **해설** tm 패키지에서 제공하는 VectorSource() 함수와 Corpus() 함수를 이용하여 말뭉치 객체를 생성한다. 생성된 말뭉치 객체를 통해서 객체 내에 59개의 문서가 포함된 것을 수를 확인할 수 있다. 이렇게 생성된 말뭉치 객체는 inspect() 함수를 이용하여 59개의 문서를 내용을 확인할 수 있다. 문서의 내용에서 같은 문서가 2줄씩 나타난다. 첫 번째 줄은 59개의 벡터 원소에 대한 이름이고, 두 번째 줄은 실제 벡터의 내용이다.

┌─
```
> # 단계 2: 단어 vs 문서 집계 행렬 만들기
> # 한글 2 ~ 8음절 단어 대상 단어/문서 집계 행렬
> TDM <- TermDocumentMatrix(newsCorpus, control = list(wordLengths = c(4, 16)))
> TDM
<<TermDocumentMatrix (terms: 252, documents: 59)>>
Non-/sparse entries: 333/14535
Sparsity        : 98%
Maximal term length: 6
Weighting       : term frequency (tf)
>
```

┌─ **해설** 말뭉치(자료집)를 대상으로 TermDocumentMatrix() 함수를 이용하여 단어 길이가 2 ~ 8개 사이의 단어들만 선별하여 단어/문서 집계 행렬을 만든다.

단어/문서 집계 행렬 객체에서 첫 번째 줄은 전체 59개 문서에서 244개의 단어가 집계된 것을 나타낸다. 그리고 두 번째 줄은 행렬의 전체 셀(14,535)에서 단어가 나타난 셀(333)의 수를 나타내고, 세 번째 줄은 전체 행렬의 셀에서 단어가 출현한 셀의 비율(희소비율), 네 번째 줄은 단어를 구성하는 음절의 최대 길이 그리고 마지막 줄은 집계 행렬의 셀에 표기된 가중치 방법으로 단어의 출현 빈도가 적용되었다는 의미이다.

```
> # 단계 3: matrix 자료구조를 data.frame 자료구조로 변경
> tdm.df <- as.data.frame(as.matrix(TDM))
> dim(tdm.df)       # 차원 보기
[1] 252  59
>
```

⌐ **해설** 　말뭉치 객체를 대상으로 as.matrix( ) 함수와 as.data.frame(0 함수를 이용하여 자료구조를 변경하면 말뭉치 객체가 포함된 평서문이 데이터프레임의 행렬구조로 변경된다. 차원보기 함수를 이용하여 단어 수와 문서 수를 확인할 수 있다.

단어 출현 빈도수를 구하기 위해 전체 단어를 대상으로 출현 빈도수가 높은 순서대로 내림차순 정렬한다.

⌐ ⊙**실습** 　단어 출현 빈도수 구하기

```
> # 행 단위 합계 > 내림차순 정렬
> wordResult <- sort(rowSums(tdm.df), decreasing = TRUE)
> # 빈도수가 높은 상위 10개 단어 보기
> wordResult[1:10]
코로나19 신천지 대구 확진 미국 한국 선거개입 증시 파월 공포
      19      7    5    4    3    3      3      3    3    3
>
```

⌐ **해설** 　단어집을 대상으로 rowSums( ) 함수에 의해서 동일한 단어의 빈도수를 계산하고, sort( ) 함수는 빈도수를 'decreasing = TRUE' 속성을 지정하여 내림차순 정렬을 수행한다. 저장된 결과에서 빈도수가 가장 높은 상위 10개 단어를 확인한다.

빈도수가 높은 단어를 확대하여 단어 구름을 생성할 수 있다. wordcloud 패키지에서 제공하는 wordcloud( ) 함수를 이용하여 단어 구름을 생성하면 Plots 창에서 결과를 확인할 수 있다.

⌐ ⊙**실습** 　단어 구름(wordcloud) 생성

```
> # 단계 1: 패키지 로딩과 단어 이름 추출
> library(wordcloud)                # 단어 구름 시각화 패키지 로딩
> myNames <- names(wordResult)  # 단어 이름 추출
> myNames
  [1] "데이터"      "분석"        "빅데이터"  "처리"
  [5] "수집"        "시스템"      "저장"       "결과"
  [9] "노드"        "얘기"        "다양"       "방식"
                  … 중간 생략 …
[689] "창조"        "척도'로"     "최고"       "출간"
[693] "통계학"      "현상"
>
```

⌐ **해설** 　단어 구름 시각화를 위해서 관련 패키지를 로딩하고, 각 단어의 출현 빈도수를 갖는 객체를 대상으로 벡터의 이름을 추출하여 전체 단어를 준비한다.

```
> # 단계 2: 단어와 단어 빈도수 구하기
> df <- data.frame(word = myNames, freq = wordResult)
> head(df)     # word freq
            word freq
코로나19 코로나19   19
신천지       신천지   7
대구           대구   5
확진           확진   4
미국           미국   3
한국           한국   3
>
```

해설 추출한 전체 단어와 단어의 출현 빈도수를 이용하여 데이터프레임을 생성한다.

```
> # 단계 3: 단어 구름(word cloud) 생성
> pal <- brewer.pal(12, "Paired")          # 12가지 색상 적용
> wordcloud(df$word, df$freq, min.freq = 2,
+           random.order = F, scale = c(4, 0.7),
+           rot.per = .1, colors = pal, family = "malgun")
>
```

해설 실습을 시작하기 전에 필자가 뉴스를 수집하는 시기에 대해서 언급하였다. 실시간 뉴스에서도 역시 현재 상황을 반영하듯이 '코로나19', '신천지', '대구', '확산' 등의 단어가 중심어로 나타나는 것을 확인할 수 있다.

1. 다음과 같은 단계를 통해서 테이블을 생성하고, SQL문을 이용하여 레코드를 조회하시오.

[단계 1] 상품정보(GoodsInfo) 테이블 생성

테이블명 : GoodsInfo				
칼럼명	영문명	타입	크기	제약조건
상품 코드	proCode	char	5	기본키
상 품 명	proName	varchar2	30	not null
가 격	price	number	8	not null
제 조 사	maker	varchar2	25	not null

[단계 2] 레코드 추가

상품코드	상품명	가격	제조사
1001	냉장고	1800,000	SM
1002	세탁기	500,000	LN
1003	HDTV	2500,000	HP

[단계 3] 전체 레코드 검색(R 소스 코드 이용)

실행 결과 예:

```
Console C:/NCS/Rwork/
> query <- "select * from goodsInfo"
> dbGetQuery(conn, query)
  proCode proName   price maker
1    1001  냉장고 1800000    SM
2    1002  세탁기  500000    LN
3    1003    HDTV 2500000    HP
>
```

2. 공공데이터를 제공하는 사이트에서 자신의 관심 분야 데이터 셋을 다운로드하여 빈도수가
   3회 이상 단어를 이용하여 단어 구름으로 시각화하시오.

   ◑ 참고: 공공데이터 제공 사이트 URL – www.data.go.kr

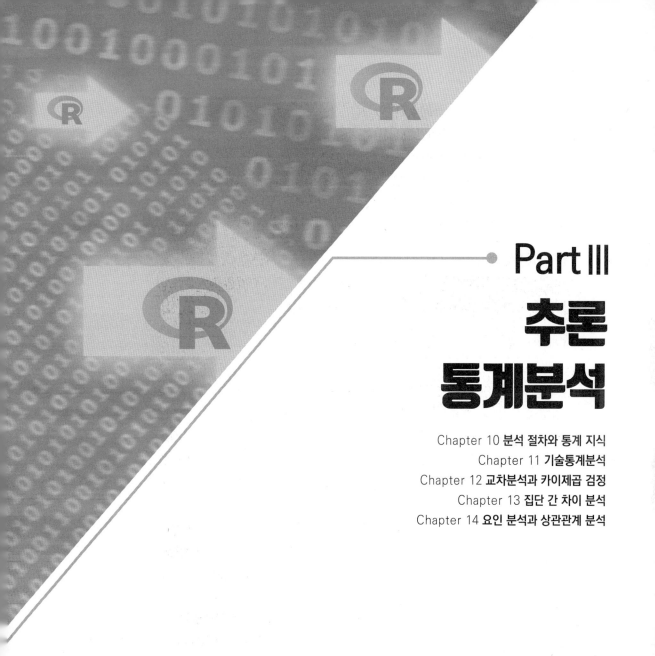

Part III

추론
통계분석

Chapter 10 **분석 절차와 통계 지식**
Chapter 11 **기술통계분석**
Chapter 12 **교차분석과 카이제곱 검정**
Chapter 13 **집단 간 차이 분석**
Chapter 14 **요인 분석과 상관관계 분석**

Part III의 학습내용

통계학은 수집된 자료를 정리하고 요약하는 기술통계학 영역과 모집단에서 추출한 표본의 정보를 이용하여 모집단의 특성을 추론하는 추론통계학 영역으로 분류된다.

특히 연구목적으로 R 프로그래밍을 공부하는 학습자는 Part III를 주목할 필요가 있다. **Chapter 10**에서는 분석에서 필요한 통계학의 이론적 배경과 기본 용어를 소개한다. **Chapter 11**에서는 수집된 자료의 특성을 쉽게 파악하기 위해서 자료를 정리하고 요약하는 기술통계학의 영역에 대해서 알아본다. **Chapter 12**에서는 서로 다른 집단별로 빈도수에 의한 교차 테이블을 작성하고, 교차분석과 검정을 수행할 수 있는 카이제곱 검정 방법에 대해서 알아본다. **Chapter 13**에서는 모집단에서 추출한 표본의 정보를 이용하여 모집단의 다양한 특성을 과학적으로 추론하는 방법에 대해서 알아본다. 끝으로 **Chapter 14**에서는 변수들의 상관성을 바탕으로 변수를 정제하는 요인 분석과 상관관계 분석에 대해서 알아본다.

분석 절차와 통계 지식

학습 내용

빅 데이터 분석은 궁극적으로 기존의 사실에 대한 객관적인 근거를 제시하고, 다변화된 현대 사회를 정확하게 예측 및 대응하여 우리 사회의 전 분야에 거쳐서 가치 있는 정보를 제공하는 신기술의 학문영역이다.

이러한 빅 데이터 분석에서 추론통계학은 중요한 영역을 차지한다. 이장에서는 추론통계학을 기반으로 논문 및 보고서 작성 방법과 통계학의 기본 용어에 대해서 살펴본다.

학습 목표

• 연구 환경에서 연구가설과 귀무가설을 진술할 수 있다.

• 연구 환경에서 변수 추출을 위한 측정 도구를 설계할 수 있다.

• 양측 검정과 단측 검정에서 임계값을 기준으로 기각역과 채택역을 설명할 수 있다.

• 신뢰수준과 Z값을 이용하여 신뢰구간을 추정할 수 있다.

Chapter 10의 구성

1. 분석 절차
2. 통계 관련 용어
3. 표준정규분포

1. 분석 절차

빅 데이터 분석이란 기존 데이터 규모에서 불가능했던 데이터 집합체를 대상으로 다양한 분석기법을 적용하여 새로운 통찰이나 새로운 가치를 발견하고 예측하는 일련의 과정을 말한다. 이러한 빅 데이터 분석은 궁극적으로 기존의 사실에 대한 객관적인 근거를 제시하고, 다변화된 현대 사회를 정확하게 예측 및 대응하며, 정치, 사회, 경제, 문화, 과학 기술 등 전 영역에 거쳐서 인류에게 가치 있는 정보를 제공한다는 측면에서 그 중요성이 점차 부각되고 있다.

특히 논문 및 보고서 작성을 목적으로 실세계의 현상을 관찰하여 수량화하고, 이를 통해서 추론통계를 바탕으로 예측하는 분석 절차는 데이터의 크기에 상관없이 [그림 10.1]과 같은 일반적인 절차에 의해서 분석을 수행한다.

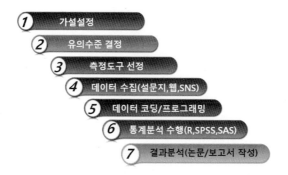

[그림 10.1] 추론통계를 바탕으로 하는 분석 절차

1.1 가설 설정 이전의 연구조사

추론통계 기반의 데이터 분석 절차 이전에 연구조사 과정이 선행되어야 한다. 연구조사 과정에서는 일반적으로 연구문제 선정 단계, 예비조사 단계, 연구모형 설계 단계 등이 포함될 수 있다. 연구문제 선정 단계에는 연구의 독창성, 검증 가능성, 결과의 실용성과 경제성을 고려해야 한다.

예비조사 단계에서는 연구문제에 대한 사전 지식을 수집하고, 중요 변수를 규명하며, 가설을 도출하기 위한 과정으로 문헌 조사나 전문가 조사 방법 등이 있다. 끝으로 연구모형 설계 단계에서는 연구 환경에서 변수와 개념을 식별하여 영향을 미치는 변수와 영향을 받는 변수를 식별하고, 이들 변수 간의 관계를 설계(design)하는 과정이다.

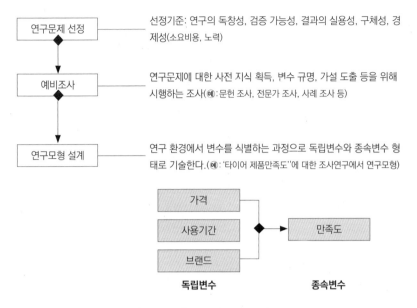

선정기준: 연구의 독창성, 검증 가능성, 결과의 실용성, 구체성, 경제성(소요비용, 노력)

연구문제에 대한 사전 지식 획득, 변수 규명, 가설 도출 등을 위해 시행하는 조사(예:문헌 조사, 전문가 조사, 사례 조사 등)

연구 환경에서 변수를 식별하는 과정으로 독립변수와 종속변수 형태로 기술한다.(예: '타이어 제품만족도''에 대한 조사연구에서 연구모형)

[그림 10.2] 독립변수와 종속변수

> **➕ 더 알아보기   예비조사 vs 사전조사**
>
> 예비조사는 연구 초기 단계에서 연구문제의 규명을 위해서 시행되지만, 사전조사는 측정 도구를 작성 후에 측정 도구의 타당성이나 신뢰성 검증을 위해서 시행된다.

1.2 가설 설정

가설(hypothesis)이란 실증적인 증명에 앞서 세우는 잠정적인 진술이며, 나중에 논리적으로 검정될 수 있는 명제로 통계분석을 통해서 채택 또는 기각될 수 있다.

모든 연구에서 가설을 설정할 필요는 없지만, 과학이나 의학적 연구 분야에서 가설의 설정은 매우 중요하다.

(1) 가설의 유형

귀무가설(영가설): '두 변수 간의 관계가 없다.' 또는 '차이가 없다.'라는 부정적 형태로 진술하는 가설로 'H_0'로 표시한다. (예 H_0: 교육수준이 높은 집단과 낮은 집단 간에는 국가 정책에 대한 비판적 태도에서 차이가 없다.)

연구가설(대립가설) : 검정할 가설의 내용에는 '차이가 있다.' 또는 '효과가 있다.'라고 진술하는 가설로 'H_1'로 표시한다. 연구가설은 검정하고자 하는 현상에 관한 예측이며 대립가설 혹은 '대체가설'이라고도 한다. (예 H_1: 신약A는 A암 치료에 효과가 있다.)

논문에서는 연구가설을 제시하고, 이 가설이 채택 또는 기각되는지는 귀무가설을 통해서 검정한다.

> ➕ **더 알아보기** **귀무가설은 기각하기 위해 설정한 가설**
>
> 연구자는 자신의 연구를 통해 연구가설을 입증하고자 한다. 이를 위해 연구자들은 귀무가설을 내세워서 자신이 내세운 귀무가설이 틀렸음을 통계적인 분석과정을 통해서 입증함으로써 귀무가설과 대립 관계에 있는 연구가설을 채택하고 궁극적으로 연구가설이 사실임을 주장하고자 한다. 귀무가설이 거짓임을 입증하기가 훨씬 쉽기 때문이다.

(2) 가설의 요건

통계분석을 통해서 채택 또는 기각될 수 있는 가설은 다음과 같은 몇 가지 요건을 갖추고 있어야 한다.

- **검증성**: 이론적으로 검증 가능해야 한다.
- **한정성**: 한정적, 특정적이어야 한다.
- **측성화**: 변수 관계를 경험적 사실에 입각하여 측정 가능해야 한다.
- **계량화**: 계량적 형태를 취하거나 계량화할 수 있어야 한다.
- **명백성**: 가설의 표현은 간단.명료해야 한다.
- **입증성**: 명백하게 입증 가능해야 한다.
- **연관성**: 동일 연구 분야, 다른 가설이나 이론과 연관이 있어야 한다.

1.3 유의수준 결정

연구가설의 채택 또는 기각은 유의수준(Signigicant level)에 기준하여 가설의 채택 여부가 결정된다. 즉 분석 결과가 유의수준 내에 들어가면 가설은 채택되고, 그렇지 않으면 기각된다. 유의수준은 α(alpha) 또는 P(probability: 확률)로 표시한다.

연구자는 이러한 유의수준의 임계값(기준값)을 정해야 하는데, 일반적으로 사회과학 분야에서는 $\alpha = 0.05$ 또는 $P < 0.05$을 기준으로 한다. $\alpha = 0.05$라는 의미는 통계치가 모수치를 대표하는 정도에 있어서 오차가 5%이며, 표본통계치의 신뢰도가 95%라는 것을 의미한다. 예를 들면, 100번 가운데 5번 이하로 나올 수 있는 확률이다. 일반적으로 유의수준은 0.1, 0.05, 0.01 등의 값을 적용하고 있으며 특히 의·생명을 다루는 분야는 오차범위를 최소화하기 위해서 $\alpha = 0.01$ 또는 $P < 0.01$을 기준으로 99% 신뢰도를 확보하고 1% 오차만 인정하는 임계치를 정하기도 한다.

【유의수준 와 값 관계】

> - $\alpha > P$: 연구가설 채택(귀무가설 기각)
> - $\alpha \leq P$: 연구가설 기각(귀무가설 채택)

예를 들어 귀무가설(H_0) '신약A는 A암 치료에 효과가 없다'에서 임계값을 $\alpha = 0.05$ 수준으로 정한 경우 가설을 검정한 결과 확률 수준(P값)이 0.04가 나왔다면 P값(0.04)이 α(0.05)보다 작기 때문에 귀무가설(영가설)을 기각한다는 의미이다. 다시 말해서 신약A는 A암 치료에 효과가 있을 확률이 높기 때문에 연구가설(H_1) '신약A는 A암 치료에 효과가 있다'를 채택한다. 이때 '통계적으로 유의하다.'라고 해석하고, 만일 $P < 0.01$이면 매우 유의하다(연구가설이 유의하다)라고 한다. 따라서 $P < 0.05$ 수준이면 통계적으로 유의적인 차이를 보인다. 즉 귀무가설이 의심스럽다는 의미이다. $P > 0.05$ 수준이면 통계적으로 유의적인 차이를 보이지 않았다. 즉 귀무가설이 유의하다고 말한다.

유의확률(P)는 귀무가설을 기각할 수 있는 최소의 유의수준을 의미한다. 정리하면 분석 결과가 유의확률이 유의수준보다 작은 경우($P < \alpha$) 귀무가설을 기각하고, 그렇지 않으면 귀무가설을 기각하지 못한다. 즉 유의확률이 유의수준보다 작다는 것은 관측치가 귀무가설의 기각역에 있다는 것을 의미한다.

> ⊕ **더 알아보기** '통계적으로 유의하다.'는 의미
>
> "통계적으로 유의하다."라고 하는 것은 확률적으로 볼 때 단순한 우연이라고 생각되지 않을 정도로 의미가 있다는 뜻이다. 반대로 "통계적으로 유의하지 않다."라고 하는 것은 실험 결과가 단순한 우연일 수도 있다는 뜻이다. 가설검정에서 검정 통계량(통계값)과 연구자가 설정한 수준(유의수준)을 비교 및 판단하여 귀무가설을 기각할 때, 연구가설 "통계적으로 유의하다"라고 표현한다.

1.4 측정 도구 설계

가설에 나오는 변수를 무엇으로 측정할 것인가를 결정하는 단계이다. 연구 환경에서 가설을 채택하거나 기각할 수 있는 변수를 정확하게 추출하기 위해서는 변수의 척도를 고려하여 측정 도구를 설계해야 한다. 변수의 척도를 무엇으로 결정하느냐에 따라서 통계분석 방법이 달라지기 때문이다.

연구를 설계할 때부터 통계분석 방법은 무엇으로 할 것인가를 미리 계획하고 있어야 체계적인 논문을 작성할 수 있다. 이 절에서는 측정 도구 선정 단계에서 고려해야 할 변수와 척도의 개념에 대해서 살펴본다.

(1) 객체(Object)

객체는 연구 대상의 단위로 여러 개의 속성으로 구성된다. 속성은 객체의 특징을 나타내는 역할을 한다. 예를 들면 자동차 객체는 엔진, 바퀴, 문짝 등이 속성에 해당한다. 데이터베이스에서 객체는 레코드에 해당하고, 속성은 칼럼에 해당한다. 따라서 칼럼은 변수로 표현되고, 이러한 변수들이 모여서 객체가 된다.

(2) 속성(Attribute)

속성은 변수 또는 변인이라고 불린다. 연구의 대상이 되는 일련의 객체(분석되는 단위)가 어떤 속성에

있어서 서로 구별될 수 있다. 한편 각 개인이 성장하면서 만들어지는 성별, 연령, 학력, 종교, 생활 수준 등의 변수는 개인을 구별해주는 속성으로 이를 인구통계학적 특성이라고 한다. [그림 10.3]은 객체와 속성의 관계를 나타낸다.

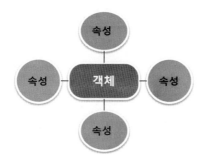

[그림 10.3] 객체와 속성

(3) 변수의 유형

객체를 구성하는 주요 변수의 유형은 다음과 같다.

- **독립변수(independent variable):** 종속변수에 영향을 주는 변수(설명변수)
- **종속변수(dependent variable):** 독립변수의 영향을 받아 변화될 것으로 예측되는 변수(반응변수)
- **매개변수(intervening):** 두 변수를 중간에서 연결해 주는 변수
- **조절변수(control variable):** 독립변수와 종속변수 사이의 관계 강도를 조절해주는 변수
- **외생변수(extraneous):** 독립변수가 아니면서 종속변수에 영향을 미치는 변수

변수 유형을 구분하기 위해 예를 들어보자. 바닷물 온도는 물고기 어획량에 영향을 끼친다. 따라서 바닷물 온도는 독립변수에 해당하고, 물고기 어획량은 종속변수에 해당한다. 여기서 플랑크톤은 물고기 어획량에 영향을 미치는 매개변수의 역할을 한다. 또한, 장소에 따라서 바닷물 온도와 플랑크톤의 강도에 영향을 주기 때문에 이러한 변수를 조절변수라고 한다. 끝으로 연구 환경에서 예기치 못한 우발적인 사건이나 사고의 발생으로 종속변수에 영향을 미치는 천재지변은 외생변수에 해당한다.

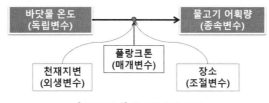

[그림 10.4] 변수의 유형 구분

> **➕ 더 알아보기** **억제변수와 왜곡변수**
>
> - **억제변수**: 독립변수와 종속변수 사이에 실제로 인과관계가 있지만 없는 것처럼 보이게 만드는 제3의 변수
> - **왜곡변수**: 독립변수와 종속변수의 관계를 정반대의 관계로 나타나게 하는 제3의 변수

(4) 척도(scale)

척도는 연구 대상을 측정하기 위한 측정 도구로 응답자가 변인의 값을 선택할 수 있도록 일련의 기호 또는 숫자로 나타내어 변수를 측정하게 하는 단위이다. 따라서 척도를 측정 수준이라고도 한다. 여기서 측정이란 추상적 개념이나 변수를 일정한 규칙에 따라 수치를 부여하여 구체적인 지표로 나타내는 것을 의미한다.

척도 구성의 기본 원칙은 다음과 같다.

- 분류된 범주는 다른 범주와의 관계에서 상호배타적이어야 한다.
- 응답 범주들이 응답 가능한 모든 상황을 포함해야 한다.
- 응답 범주들이 논리적인 일관성을 가지고 있어야 한다.
- 여러 개의 문항 간에는 상호 내적 일관성을 가져야 한다.

척도는 다음과 같이 분류한다.

- **명목척도**: 단지 구분을 목적으로 사용되는 척도로서 숫자의 양적인 의미는 없으며, 단지 자료가 지닌 속성을 상징적으로 차별한다.
- **서열척도**: 관찰 대상이 지닌 속성의 순서적(상하관계) 특성만을 나타내는 것으로 숫자적 차이가 정확한 양적 의미를 나타내는 것은 아니다.
- **등간척도**: 관찰치가 지닌 속성 차이를 의도적으로 측정하기 위해서 균일한 간격을 두고 분할하여 측정하는 척도를 말한다. 대표적인 등간척도의 종류에는 리커트 5점과 7점 척도가 있다.
- **비율척도**: 절대적 0점을 출발점으로 하여 측정 대상이 가지고 있는 속성을 양적 차이로 표현하고 있는 척도로서 비율 개념이 첨가된 척도이다.

[표 10.1] 정성적–질적 척도(범주형 변수)와 정량적–양적 척도(연속형 변수) 분류

정성적–질적 척도(범주형 변수)		정량적–양적 척도(연속형 변수)	
명목 척도	이름이나 범주를 대표하는 의미 없는 숫자 (예 ① 남자 ② 여자)	등간 척도	속성에 대한 각 수준 간의 간격이 동일한 경우 (가감산 연산) (예 연소득이 어디에 해당합니까?)
서열 척도	측정 대상 간의 높고 낮음(서열), 순서에 대한 값 부여 (예 좋아하는 순위를 표시하시오.)	비율 척도	등간척도의 특성에 절대 원점(0)이 존재하고, 비율계산이 가능한 경우(사칙연산) (예 나이가 몇 세입니까?)

- **명목척도(nominal scale):** 단순히 속성을 분류할 목적으로 명목상 숫자를 부여한 척도로 연산은 불가능한 변수이다. 연산은 가능하지만, 의미가 없다.

  예 성별(1=남자, 2=여자), 연령별, 학력, 종교, 취미 등

  > 예 | 본인의 최종학력을 표시하시오.
  >   ① 초졸 ② 중졸 ③ 고졸 ④ 대졸 ⑤ 대학원졸

- **서열척도(ordinal scale):** 측정 대상 간의 크고 작음, 양의 많고 적음, 선호도의 높고 낮음 등과 같이 순서 관계를 밝혀주는 척도로 연산은 불가능한 변수이다.

  > 예 | 가장 좋아하는 차를 순서대로 1,2,3,4의 숫자를 표시하시오.
  >   우롱차(   ) 커피(   ) 녹차(   ) 홍차(   )

- **등간척도(interval scale):** 측정 대상의 속성에 대한 각 수준 간의 간격이 동일한 척도로 간격이 일정하여 덧셈과 뺄셈 연산이 가능한 변수이다. 또한, 절대원점(0)을 가지고 있지 않기 때문에 0이 아무것도 없는 것을 의미하지 않아 몇 배 라고 이야기 할 수 없는 척도이다. 측정 도구 작성에서 가장 많이 이용되는 척도이다.

  예 시각(년도, 시각, 월), 섭씨온도, 화씨온도

  > 예 | 연수 교재는 학생상담에 유용한 자료가 되었습니까? (5점 척도)
  >   ① 전혀 그렇지 않다. ② 그렇지 않다. ③ 보통이다. ④ 그렇다. ⑤ 매우 그렇다.

- **비율척도(ratio scale):** 척도의 수가 등간이며, 절대원점(0)을 가지고 있는 척도를 말한다. 즉 속성이 0을 기준으로 한 수치로 되어있기 때문에 사칙연산이 모두 가능한 변수이다. 등간척도와 함께 많이 이용되는 척도이다.

  예 성적, 키, 무게, 인구수, 수량, 길이, 금액 등

  > 예 | 귀하의 몸무게는 얼마입니까? (   )kg

비율척도의 예로 키를 의미하는 '신장' 속성은 덧셈, 뺄셈이 가능하고 값 간의 배수 계산이 가능하다. 사람 A의 몸무게가 50kg이고 B의 몸무게가 100kg이라고 가정할 때 A와 B의 몸무게 차이가 50kg 차이가 있으면서 동시에 B가 A의 두 배라고 할 수 있다.

1.5 데이터 수집

선정된 측정 도구를 이용하여 설문 문항을 작성하고, 오프라인과 온라인(웹, SNS)을 통해서 데이터를

수집하는 단계이다. 설문 문항 작성이 완료되면 사실상 연구목적과 이론적 배경, 연구모형, 연구가설 까지는 끝난 상태이기 때문에 보고서 및 논문 작성의 50% 이상이 완성되었다고 볼 수 있다.

1.6 데이터 코딩

데이터의 수집을 통해서 획득한 데이터를 통계분석 프로그램(R, Python, SPSS, SAS, Excel 등)을 이용하여 데이터를 입력(코딩)하는 단계이다. 코딩(Coding)은 사용자의 응답 결과를 숫자나 기호 등을 이용하여 데이터를 입력하는 과정을 말한다.

데이터 코딩을 할 때는 다음과 같은 사항을 주의해야 한다.

- 응답이 부실한 설문지와 무성의하게 응답한 설문지를 선별하여 제거한다.
- 설문지 앞면에 일련번호를 순서대로 기입하여 데이터 입력 손실을 막는다.
- 가능하면 모든 항목을 숫자로 입력해야 분석이 용이하다.
- '무응답'과 같은 결측치(Missing Values) 항목에 대해서는 분석 도구에 맞게 NA(R), NaN(Python), 999(SPSS, SAS) 등으로 부호화한다.
- 숫자나 문자를 직접 입력하는 자유 형식은 입력될 수 있는 가장 큰 값을 고려하여 폭(Width)을 배정한다.
- 개방형보다 폐쇄형(고정형식)으로 코딩하는 것이 바람직하다. 예: 거주지를 기입하는 방식보다 선택 항목 중 하나를 선택하도록 한다.

1.7 통계분석 수행

전문 통계분석 프로그램(R, SPSS, SAS)을 이용하여 분석을 시행하는 단계이다. 통계분석 방법을 계획하지 않고 데이터를 수집하게 되면 분석 결과가 실패할 확률이 높다.

또한, 변수의 척도에 의해서 대부분 통계분석 방법이 결정되기 때문에 변수의 척도 선정과 모델링이 무엇보다도 중요하다. [표 10.2]는 통계분석 방법과 변수 척도 간의 관계를 나타내고 있다.

[표 10.2] 통계분석 방법과 변수 척도 관계

분석 방법	적용분야	변수 척도
빈도분석	가장 기초적이고, 간단한 분석 방법으로 변수의 분포를 제공하며 인구 통계적 특성을 제시하는데 용이하다.	모든 척도
교차분석 (카이제곱)	변수 간의 분포와 백분율을 나타내주는 교차표를 작성하고, 두 변수 간의 독립성과 관련성(카이제곱 검정)을 분석한다.	명목척도, 서열척도
요인 분석	측정하려는 변수들의 상관관계가 높은 것끼리 묶어서 변수를 단순화하는 데 이용한다. (타당성 검정) 잘못 적재된 변수나 설명력이 부족한 변수를 제거한다.	등간척도, 비율척도
신뢰도분석	요인 분석으로 추출된 요인들이 동질적인 변수들로 구성되어 있는가를 파악하는 분석 방법이다.	등간척도, 비율척도

상관관계 분석	설정한 가설을 검정하기에 전에 모든 연구가설에 사용되는 측정 변수 간의 관계 정도를 제시하여 변수 간의 관련성에 대한 윤곽을 제시한다.	피어슨 – 등간척도, 비율척도
		스피어만 – 서열척도
회귀분석	독립변수가 종속변수에 어떠한 영향을 미치는지 파악하기 위해 실시하는 분석 방법이다. (두 변수 인과관계 분석)	등간척도, 비율척도
t-검정	종속변수에 대한 독립 변수의 집단 간 평균의 차이를 검정한다. 독립 표본 t-test와 대응 표본 t-test 분류	독립변수 : 명목척도 종속변수 : 등간척도 또는 비율척도
분산분석 (ANOVA)	t-검정과 같이 집단 간 평균의 차이를 구하는 분석기법으로 다른 점은 3집단 이상의 평균을 검정할 때 이용된다.	독립변수 : 명목척도 종속변수 : 등간척도 또는 비율척도

[표 10.2]의 통계분석 방법과 변수 척도 관계를 통해서 등간척도와 비율척도는 다양한 통계분석 방법이 적용될 수 있음을 알 수 있다.

1.8 분석 결과 제시

연구목적과 연구가설에 대한 검증을 중심으로 분석하는 단계이다. 단순한 통계 결과 제시보다는 인구통계학적 특성을 시작으로 결과의 의미를 해석하고, 연구자의 개인적인 의견을 기술하여 분석 결과를 제시한다. 일반적으로 논문이나 보고서에 분석 결과를 제시하는 절차는 다음과 같다.

[단계 1] 연구목적과 연구가설에 대한 분석 및 검증 단계
[단계 2] 인구통계학적 특성 변수 제시 단계
[단계 3] 주요 변인에 대한 기술통계량 제시 단계
[단계 4] 연구가설에 대한 통계량 검정 및 해석 단계
[단계 5] 연구자 의견 기술 및 논문/보고서 마무리 단계

2. 통계 관련 용어

추론통계분석을 위해서는 먼저 기본적으로 사용되는 통계 관련 용어에 대해서 정확히 알아둘 필요성이 있다.

2.1 통계학 분류

통계학(Statistics)이란 논리적 사고와 객관적인 사실에 의거하며, 일반적이고 확률적 결정론에 의해 인과관계를 규명한다. 특히 연구목적에 의해 설정된 가설들에 대하여 분석 결과가 어떤 결과를 뒷받침

하고 있는지를 통계적 방법으로 검정할 수 있다.

현재 통계학은 사회학, 경제학, 경영학, 정치학, 교육학, 공학, 의·생명 등 대부분 모든 학문 분야에서 폭넓게 이용되고 있다. 통계학은 이용 분야에 따라서 [표 10.3]과 같이 크게 두 가지로 구분할 수 있다.

[표 10.3] 이용 분야에 따른 통계학의 구분

구분	기술(Descriptive) 통계학	추론(Inferential) 통계학
기능	수집된 자료의 특성을 쉽게 파악하기 위해서 자료를 정리 및 요약	모집단에서 추출한 표본의 정보를 이용하여 모집단의 다양한 특성을 과학적으로 추론
방법	표, 그래프, 대표값 등	회귀분석, T-검정, 분산분석 등

2.2 전수조사와 표본조사

· **전수조사**: 모집단 내에 있는 모든 대상을 조사하는 방법으로 전 국민을 대상으로 한 인구조사가 대표적인 예이다. 따라서 전체를 대상으로 조사를 시행하기 때문에 모집단의 특성을 정확히 반영할 수 있다. 하지만 시간과 비용이 많이 소요되는 단점을 가진다. 예로 인구조사가 있다.

· **표본조사**: 모집단으로부터 추출된 표본을 대상으로 분석을 시행하기 때문에 전수조사의 단점을 보완할 수 있다. 하지만 모집단의 특성을 반영하는 표본이 추출되지 못하면 수집된 자료가 무용지물이 될수 있다. 예로 선거 여론조사, 마케팅 조사, 산업현장의 안전성 검사, 의·생명 분야 임상실험 등이 있다.

2.3 모집단과 표본

모집단(population)은 통계적 관찰 대상이 되는 개체의 전체집합을 의미하며, 표본(sample)은 모집단에서 조사대상으로 추출된 부분집합을 뜻한다. 또한, 모집단으로부터 표본을 추출하는 과정을 표본추출(sampling)이라고 한다. [그림 10.5]는 모집단과 표본 그리고 표본추출 과정을 도식화한 예이다.

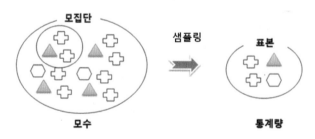

[그림 10.5] 모집단과 표본, 표본추출 과정

모집단의 특성을 나타내는 모수(Parameter)와 표본의 특성을 나타내는 통계량(Statistic)의 표기 방법은 [표 10.4]와 같다.

[표 10.4] 모수와 통계량 표기 방법

구분	모수(모집단)	통계량(표본)
의미	모집단의 특성을 나타내는 수치	표본의 특성을 나타내는 수치
표기	그리스, 로마자	영문 알파벳
평균	μ (모평균)	$\overline{x}$ (표본의 평균)
표준편차	N (모표준편차)	S (표본의 표준편차)
분산	σ^2 (모분산)	S^2 (표본의 분산)
대상 수	N (사례수)	n (표본수)

2.4 통계적 추정

일반적으로 모집단의 특성을 파악하기 위해서 모집단의 특성을 대표하는 표본을 추출하고, 이러한 표본을 이용하여 모집단의 특성을 나타내는 각종 모수(모평균, 모분산 등)를 예측하는 방법이 통계적 추정이다. 통계적 추정 방법에는 [표 10.5]와 같이 점 추정과 구간 추정으로 구분된다.

[표 10.5] 통계적 추정 방법

구분	점 추정	구간 추정
방식	모집단의 특성을 하나의 값으로 추정하는 방식	모집단의 특성을 적절한 구간을 이용하여 추정하는 방식
특징	모수와 동일할 가능성이 가장 큰 하나의 값을 선택하는 방법으로 가능성은 희박하다.	모수가 속하는 일정 구간(하한값, 상한값)으로 추정하기 때문에 일반적으로 많이 사용한다.

구간 추정에는 다음과 같은 주요 용어가 사용된다.

- **신뢰수준(Confidence Level)**: 계산된 구간이 모수를 포함할 확률을 의미하며, 통상 90%, 95%, 99% 등으로 표현한다.
- **신뢰구간(Confidence Interval)**: 신뢰수준 하에서 모수를 포함하는 구간으로 (하한값, 상한값)의 형식으로 표현한다.
- **표본오차(Sampling Error)**: 모집단에서 추출한 표본이 모집단의 특성과 정확히 일치하지 않아서 발생하는 확률의 차이를 의미한다.

예 | 대통령 후보의 지지율을 알아보기 위한 여론조사에서 모 후보의 지지율이 95% 신뢰수
준에서 표본오차 ±3% 범위에서 32.4%로 조사 되었다고 가정한다면, 실제 지지율은
29.4% ~ 35.4%(-3% ~ +3%) 사이에 나타날 수 있다는 의미이다. 여기서 95% 정도는 이
범위의 지지율을 신뢰할 수 있지만, 5% 수준에서는 틀릴 수도 있는 의미이다.
⇒ 신뢰수준 95%, 표본오차 ±3%, 신뢰구간 29.4% ~ 35.4%

표본조사는 전수조사가 아니기 때문에 이러한 표본오차는 발생할 수밖에 없다. 표본오차를 줄이기 위
해서는 정확한 표본추출 과정을 통해서 가능한 한 모집단의 가치를 최대한 반영해야 한다. 또한, 표본
의 수를 최대한 늘리는 방법도 고려해 볼 수 있다. 즉 표본오차와 표본 크기는 일반적으로 반비례 관
계를 갖는다.

2.5 기각역과 채택역

귀무가설이 타당하면 귀무가설을 채택(accept)하고, 반면에 연구가설이 타당하면 귀무가설을 기각
(reject)하게 된다. 이때 귀무가설을 채택하거나 기각하는 기준을 임계값(critical value)이라고 한다. 이
러한 임계값을 기준으로 채택되는 범위를 채택역(acceptance region)이라고 하며, 기각되는 범위를 기
각역(critical region)이라고 표현한다. 즉 검정 통계량의 값이 기각역에 속하면 귀무가설을 기각하게
된다는 의미이다. [그림 10.6]은 임계값에 의해서 기각역과 채택역이 구분되는 것을 보여주고 있다.

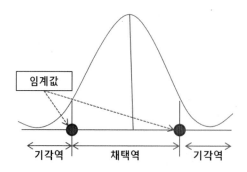

[그림 10.6] 임계값에 의한 채택역과 기각역

2.6 양측 검정과 단측 검정

검정 통계량의 분포에서 유의수준 α에 의하여 기각역의 크기가 결정되는데 기각역의 위치는 연구가
설(H_1)의 형태에 의하여 결정된다. 연구가설의 형태에 따라서 양측 검정과 단측 검정으로 나누어진다.

양측 검정(Sig.(2-sided))은 귀무가설(H_0)이 '성별에 따라 만족도에 차이가 없다.'와 같은 형식으로 방향

성(어느 한쪽이 많고 적음이 없는 경우 적용하는 검정방법이다. 따라서 연구가설(H_1)은 '성별에 따라 만족도에 차이가 있다.'와 같은 방향성이 없는 가설과 방향성(남성의 만족도가 더 크다, 여성의 만족도가 더 크다)을 갖는 형식으로 연구가설을 진술할 수 있다.

- H_0: 성별에 따라 만족도에 차이가 없다.(= 남여 만족도가 같다)
- H_1: 성별에 따라 만족도에 차이가 있다.(= 남여 만족도가 같지 않다)

[그림 10.7]은 검정 결과에 의해 나타나는 값(귀무가설이 기각될 수 있는 최소의 유의수준)이 두 기각역 중 어느 한 곳에 놓이면 귀무가설이 기각되는 예를 보여주고 있다.

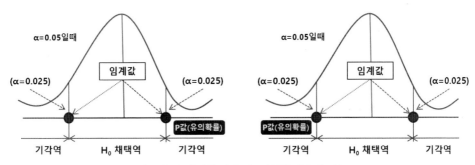

[그림 10.7] 값에 따라 귀무가설이 기각되는 예

반면에 단측 검정(Sig.(1-sided))은 어느 한쪽이 많거나 적은 가설인 경우에 해당된다. 다음과 같은 가설에서 연구가설(H_1)은 작다(<) 또는 크다(>)의 두 가지 형식으로 진술할 수 있다.

- H_0: 1일 생산되는 불량품의 개수는 평균 30개이다.($\mu = 30$)
- H_1: 1일 생산되는 불량품의 개수는 평균 30개 이하이다.($\mu < 30$)
  or 1일 생산되는 불량품의 개수는 평균 30개 이상이다.($\mu > 30$)

여기서 모집단의 특성을 나타내는 수치인 모수(μ)가 가설에 의해서 정해지는 특정값(30) 보다 작은 경우는 좌측검정(왼쪽 단측 검정)이라고 하고, 모수(μ)가 특정값(30) 보다 큰 경우에는 우측검정(오른쪽 단측 검정)이라고 한다. [그림 10.8]은 좌측검정과 우측검정을 나타내고 있다.

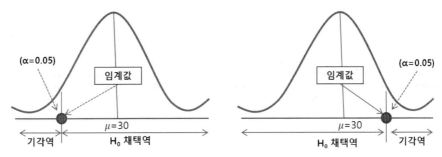

[그림 10.8] 좌측검정과 우측검정

2.7 가설검정 오류

가설을 검정하기 위해서는 귀무가설(H_0)과 연구가설(H_1)을 설정하여 통계분석을 통해서 둘 중 하나를 채택하게 된다. 이러한 검징 과정에서 발생할 수 있는 오류(error)는 제1종 오류와 제2종 오류가 있다. 제1종 오류는 귀무가설이 참인데도 불구하고 귀무가설을 기각하는 오류를 의미하고, 제2종 오류는 귀무가설이 거짓인데도 불구하고 귀무가설을 채택하는 오류를 말한다. [표 10.6]은 검정 결과에 따른 가설검정 오류의 상황을 보여주고 있다.

[표 10.6] 검정 결과에 따른 가설검정 오류

검정 결과 ＼ 가설현황	귀무가설(H_0) 참인 경우	연구가설(H_1) 참인 경우
귀무가설(H_0)채택	문제없음	제2종 오류
연구가설(H_1)채택	제1종 오류	문제없음

이러한 가설검정 오류를 표현하는 데 있어서 제1종 오류를 범할 확률은 α로 표현하고, 제2종 오류를 범할 확률은 β(베타)로 표현한다. 또한, 제1종 오류를 범할 확률 α는 유의수준(Signigicant level)이라고 하며, 제2종 오류를 범하지 않을 확률은 $1-\beta$로 이를 검정력(Power of the test)이라고 한다. 검정력이란 대립가설이 맞을 때 귀무가설을 기각할 확률을 의미한다. 한편 유의수준 α는 0.1(10%), 0.05(5%), 0.01(1%) 등의 값을 많이 사용하고 있다고 앞에서 설명하였다.

가설검정 오류와 기각역은 밀접한 관련이 있다. 만약 귀무가설의 채택역을 크게 하면(기각역의 크기를 작게 하면), 제1종 오류는 적어지지만 제2종 오류는 커지고, 귀무가설의 채택역을 작게 하면(기각역의 크기를 크게 하면), 제2종 오류는 작아지지만 제1종 오류가 커지는 특성을 보인다.

[그림 10.9]는 유의수준에 따른 채택역과 기각역의 변화를 보여주고 있다. 유의수준 $\alpha = 0.05$인 경우(임계값1)와 유의수준 $\alpha = 0.01$인 경우(임계값2)를 비교했을 때 유의수준 $\alpha = 0.01$인 경우가 귀무가설의 채택역이 더 확장되기 때문에 그만큼 연구가설의 채택 확률이 낮아진다는 의미이다.

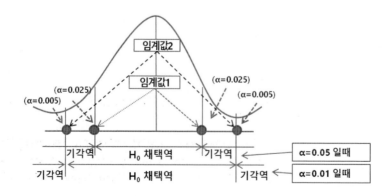

[그림 10.9] 유의수준에 따른 채택역과 기각역

가설검정에서는 이러한 두 가지 오류는 발생할 수밖에 없지만, 가능하면 모두 작은 경우가 바람직하다. 따라서 가설검정의 특성에 맞게 적절한 유의수준을 결정하여 가설검정의 오류가 최소화되도록 해야 한다.

2.8 검정 통계량

검정 통계량(Test statistic)은 가설을 검정하기 위해 수집된 데이터로부터 계산된 통계량을 말한다. 즉 가설검정에서 기각역을 결정하는 기준이 되는 통계량을 의미한다. 이러한 검정 통계량은 유의수준 α의 값과 비교하여 귀무가설 기각 혹은 채택 여부를 결정하게 된다. 검정 통계량은 분석 방법에 따라서 달라지는데, 예를 들면 상관분석은 r 값, 회귀분석은 F 값과 t 값, T-검정은 t 값, 분산분석은 F 값, 카이제곱은 x^2 값 등으로 나타난다.

> 예 | 연구가설(H_1)은 '학력 수준에 따라 제품만족도에 차이가 있다.'를 검정하기 위해서 독립
> 표본 T-검정을 수행하였다. 이때 유의수준은 α = 0.05로 결정 하였다. 검정 결과 검정
> 통계량 t 값이 10.652, 유의확률 P 값이 0.012가 나왔다고 가정한다면, 검정 통계량 t =
> 10.652 값은 유의확률 P = 0.012로 나타났기 때문에 유의수준 α = 0.05 수준에서 귀
> 무가설('학력 수준에 따라 제품만족도에 차이가 없다.')이 기각된다. $P < \alpha$에 따라서 학
> 력 수준에 따라 제품만족도에 유의미한 차이가 있는 라고 할 수 있다.

2.9 정규분포

정규분포(Normal Distribution)란 도수분포곡선이 평균값을 중앙으로 하여 좌우대칭인 종 모양(Bell-shape)을 이루고 있다. K.F.가우스가 측정오차의 분포에서 그 중요성을 강조하였기 때문에 이것을 '가우스분포'라고 하며, 그 곡선을 '가우스곡선'이라고 한다.

정규분포는 평균과 표준편차에 의해서 그래프의 모양과 위치가 결정된다. [그림 10.10]에서 왼쪽은 두 표준편차($\sigma 1$, $\sigma 2$)의 값에 따라서 평균을 기준으로 퍼지는 정도가 달라져서 그래프의 모양이 결정되는 예이다. 오른쪽 그림은 평균의 위치에 따라서 그래프의 위치가 결정되는 예를 보여주고 있다.

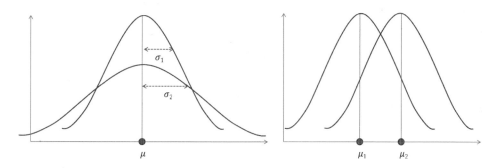

[그림 10.10] 표준편차에 따른 그래프 모양과 위치

정규분포는 일반적으로 데이터의 분포가 평균을 중심으로 많은 데이터가 모여 있는 특성을 보인다. 따라서 대부분 정규분포를 이룬다고 가정하고, 통계분석을 진행하는 경우가 많다. 또한 '중심 극한 정리'에 의해서 데이터의 수가 많아질수록 정규분포를 따른다고 할 수 있다. 하지만 모든 데이터의 분포가 정규분포를 따른다고 가정할 수는 없다. 따라서 정규성을 전제로 하는 분석기법을 적용하기 위해서는 정규성 검증을 수행해야 한다. [표 10.7]은 정규분포의 특징을 보여주고 있다.

[표 10.7] 정규분포의 특징

구분	특징
변수	연속 변수
분포	평균을 중심으로 좌우대칭인 종 모양
대표값	평균 = 중앙값 = 최빈값
왜도/첨도	왜도 = 0, 첨도 = 0 또는 3
모양	표준편차(σ)에 의해서 모양이 달라진다.
위치	평균(μ)에 의해서 위치가 달라진다.
넓이	정규분포의 전체 면적은 1이다.

참고로 정규분포의 확률을 구하기 위해서 평균을 0, 표준편차를 1로 고정하여 표준화한 결과를 표준정규분포라고 한다.

2.10 모수와 비모수 검정

모수(Parametric) 검정은 관측값이 어느 특정한 확률분포(정규분포, 이항분포 등)를 따른다고 전제한 후 그 분포의 모수에 대한 검정을 시행하는 방법이고, 비모수(Non-parametric) 검정은 관측값이 어느 특정한 확률분포를 따른다고 전제할 수 없는 경우에 실시하는 검정방법이다.

일반적으로 케이스의 수가 30개 이상이면 중심 극한 정리(The Central Limit Theorem)에 의해서 정규분포를 따른다는 전제하에 모수 검정을 적용하게 된다. 만약 케이스의 수가 적거나 정확한 정규분포를 검정하기 위해서는 정규성 검정을 수행한다. 이러한 정규성 검정을 통해서 정규분포이면 모수 검정을 수행하고, 그렇지 않으면 비모수 검정을 수행한다.

> **➕ 더 알아보기** **중심 극한 정리(The Central Limit Theorem)**
>
> 표본의 크기가 커질수록 근사적으로 표본의 평균이 모평균과 같고, 분산이 모분산과 같은 정규분포를 취한다는 이론이다. (일반적으로 n ≧ 30인 경우)

- **정규성 검정방법:** 정규성 검정방법에는 히스토그램과 Q-Q 플롯(Plots)을 이용한다. [그림 10.11]의 왼쪽은 히스토그램의 정규분포 그래프이며, 오른쪽은 Q-Q 플롯 정규분포 그래프를 나타낸 것이다.

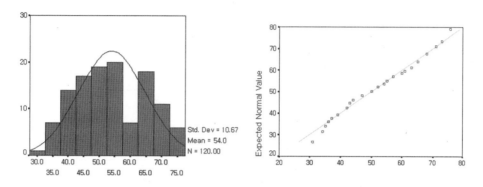

[그림 10.11] 정규분호와 Q-Q 플롯 정규분포

- **정규성 검정에 따른 모수와 비모수 검정:** 정규성 검정을 통해서 정규분포인 경우와 그렇지 않은 경우를 모수와 비모수 검정방법으로 구분하면 [표 10.8]과 같다.

[표 10.8] 정규성 검정에 따른 모수와 비모수 검정 방법

검정방법	모수(정규분포)	비모수(비정규분포)
t-검정	독립 표본 t-검정	윌콕슨(Wilcoxon) 검정
	대응 표본 t-검정	맨-휘트니(Mann-Whitney) 검정
분산분석	일원 배치 분산분석	크루스칼-월리스(Kruskal-Wallis) 검정
관계분석	상관분석	비모수적 상관분석

3. 표준정규분포

정규분포를 대상으로 표준화한 표준정규분포의 과정을 파악해보고, 이를 토대로 신뢰수준과 신뢰구간의 의미를 자세히 알아본다.

3.1 표준정규분포

평균과 분산이 다른 정규분포를 표준화한 것이 표준정규분포이다. 이러한 표준정규분포는 정규분포의 근간이 되는 평균과 표준편차를 0과 1로 고정하는 과정을 의미한다.

[그림 10.12]는 평균과 분산이 다른 두 정규분포를 표준화를 통해서 표준정규분포로 표현한 예를 나타내고 있다.

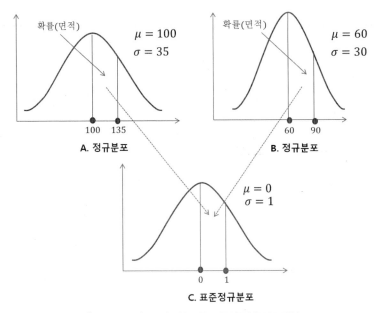

[그림 10.12] 두 정규분포를 표준정규분포로 표현

표준정규분포의 특징은 다음 [표 10.9]와 같다.

[표 10.9] 표준정규분포의 특징

구 분	특징
용 도	정규분포의 확률(신뢰구간)을 구할 때 이용한다.
전체면적	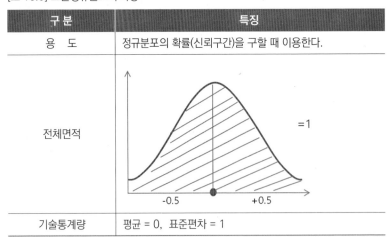
기술통계량	평균 = 0, 표준편차 = 1

3.2 표준화 변수 Z

정규분포의 확률변수 X를 구하기 위해서 표준정규분포로 바꾸는 변수를 표준화 변수 Z라고 한다. 정규분포를 표준정규분포로 바꾸는 Z의 공식은 다음과 같다.

$$Z = \frac{X - \mu}{\sigma} \ (X : \text{확률변수}, \mu : \text{평균}, \sigma : \text{표준편차})$$

예 | A고등학교의 B반 학생의 국어 점수가 평균 75점, 표준편차 5점인 정규분포로 나타났다.
이 경우에 어느 학생의 점수가 70점 ~ 80점 사이일 확률은?

여기서 정규분포의 평균은 75점, 표준편차는 5점, 확률변수 X는 70점과 80점이 된다. 이러한 정규분포를 도식화하면 [그림 10.13]과 같다.

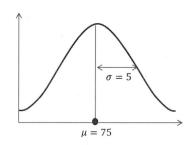

[그림 10.13] 평균 75, 표준편차 5의 정규분포

위의 예를 Z공식에 적용하면,

$Z = \dfrac{70 - 75}{5}$과 $Z = \dfrac{80 - 75}{5}$ 이 된다.

그러므로 통계학 표현식은 다음과 같다.

$$P(70 < 90) \Rightarrow P(Z = \frac{70 - 75}{5} < Z < Z = \frac{80 - 75}{5})$$

$$= P(-1 < Z < 1 \quad)$$

이를 표준정규분포로 도식화하면 [그림 10.14]와 같다.

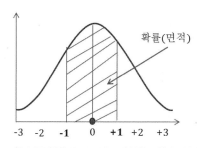

[그림 10.14] Z공식에 의한 정규분포 곡선

Z값에 의해서 평균 0을 기준으로 $\pm 1\sigma$(표준편차)의 표준정규분포로 나타낼 수 있다. 또한, 이러한 Z값

의 확률(면적)을 구하기 위해서는 표준정규분포 표를 이용하면 된다.

3.3 표준정규분포 표

표준정규분포에서 Z값에 해당하는 확률값을 나타내는 표를 의미한다. [그림 10.15]의 표준정규분포 표에서 행은 Z값의 소수점 첫째 자리 이상을 나타내고, 열은 소수점 둘째 자리를 나타낸다. 즉 Z값에 해당하는 행과 열의 교차점을 찾아서 해당 확률을 구하면 된다. 예를 들면 $Z = 1.65$일 때 행에서 1.6을 찾고, 열에서 0.05를 찾으면 해당하는 교차점의 값은 0.4505라는 확률값이 나온다.

Z	0.00	0.01	0.02	0.03	0.04	0.05	0.06	0.07	0.08	0.09
0.0	0.00000	0.00399	0.00798	0.01197	0.01595	0.01994	0.02392	0.02790	0.03188	0.03586
0.1	0.03983	0.04380	0.04776	0.05172	0.05567	0.05962	0.06356	0.06749	0.07142	0.07535
0.2	0.07926	0.08317	0.08706	0.09095	0.09483	0.09871	0.10257	0.10642	0.11026	0.11409
0.3	0.11791	0.12172	0.12552	0.12930	0.13307	0.13683	0.14058	0.14431	0.14803	0.15173
0.4	0.15542	0.15910	0.16276	0.16640	0.17003	0.17364	0.17724	0.18082	0.18439	0.18793
0.5	0.19146	0.19497	0.19847	0.20194	0.20540	0.20884	0.21226	0.21566	0.21904	0.22240
0.6	0.22575	0.22907	0.23237	0.23565	0.23891	0.24215	0.24537	0.24857	0.25175	0.25490
0.7	0.25804	0.26115	0.26424	0.26730	0.27035	0.27337	0.27637	0.27935	0.28230	0.28524
0.8	0.28814	0.29103	0.29389	0.29673	0.29955	0.30234	0.30511	0.30785	0.31057	0.31327
0.9	0.31594	0.31859	0.32121	0.32381	0.32639	0.32894	0.33147	0.33398	0.33646	0.33891
1.0	0.34134	0.34375	0.34614	0.34849	0.35083	0.35314	0.35543	0.35769	0.35993	0.36214
1.1	0.36433	0.36650	0.36864	0.37076	0.37286	0.37493	0.37698	0.37900	0.38100	0.38298
1.2	0.38493	0.38686	0.38877	0.39065	0.39251	0.39435	0.39617	0.39796	0.39973	0.40147
1.3	0.40320	0.40490	0.40658	0.40824	0.40988	0.41149	0.41309	0.41466	0.41621	0.41774
1.4	0.41924	0.42073	0.42220	0.42364	0.42507	0.42647	0.42785	0.42922	0.43056	0.43189
1.5	0.43319	0.43448	0.43574	0.43699	0.43822	0.43943	0.44062	0.44179	0.44295	0.44408
1.6	0.44520	0.44630	0.44738	0.44845	0.44950	0.45053	0.45154	0.45254	0.45352	0.45449
1.7	0.45543	0.45637	0.45728	0.45818	0.45907	0.45994	0.46080	0.46164	0.46246	0.46327
1.8	0.46407	0.46485	0.46562	0.46638	0.46712	0.46784	0.46856	0.46926	0.46995	0.47062
1.9	0.47128	0.47193	0.47257	0.47320	0.47381	0.47441	0.47500	0.47558	0.47615	0.47670
2.0	0.47725	0.47778	0.47831	0.47882	0.47932	0.47982	0.48030	0.48077	0.48124	0.48169
2.1	0.48214	0.48257	0.48300	0.48341	0.48382	0.48422	0.48461	0.48500	0.48537	0.48574
2.2	0.48610	0.48645	0.48679	0.48713	0.48745	0.48778	0.48809	0.48840	0.48870	0.48899
2.3	0.48928	0.48956	0.48983	0.49010	0.49036	0.49061	0.49086	0.49111	0.49134	0.49158
2.4	0.49180	0.49202	0.49224	0.49245	0.49266	0.49286	0.49305	0.49324	0.49343	0.49361
2.5	0.49379	0.49396	0.49413	0.49430	0.49446	0.49461	0.49477	0.49492	0.49506	0.49520
2.6	0.49534	0.49547	0.49560	0.49573	0.49585	0.49598	0.49609	0.49621	0.49632	0.49643
2.7	0.49653	0.49664	0.49674	0.49683	0.49693	0.49702	0.49711	0.49720	0.49728	0.49736
2.8	0.49744	0.49752	0.49760	0.49767	0.49774	0.49781	0.49788	0.49795	0.49801	0.49807
2.9	0.49813	0.49819	0.49825	0.49831	0.49836	0.49841	0.49846	0.49851	0.49856	0.49861
3.0	0.49865	0.49869	0.49874	0.49878	0.49882	0.49886	0.49889	0.49893	0.49896	0.49900
3.1	0.49903	0.49906	0.49910	0.49913	0.49916	0.49918	0.49921	0.49924	0.49926	0.49929
3.2	0.49931	0.49934	0.49936	0.49938	0.49940	0.49942	0.49944	0.49946	0.49948	0.49950
3.3	0.49952	0.49953	0.49955	0.49957	0.49958	0.49960	0.49961	0.49962	0.49964	0.49965
3.4	0.49966	0.49968	0.49969	0.49970	0.49971	0.49972	0.49973	0.49974	0.49975	0.49976
3.5	0.49977	0.49978	0.49978	0.49979	0.49980	0.49981	0.49981	0.49982	0.49983	0.49983

[그림 10.15] 표준정규분포 표

앞의 예문에서 Z값의 확률 구간은 $P(-1 < Z < 1)$이 된다. 이 구간에 해당하는 확률을 구하기 위해서 먼저 $Z = 1$에 해당하는 값을 위 표준정규분포표에서 찾으면 0.3413이 된다. 이 값은 0에서 1까지의 확률이 0.3413이라는 의미이다. 또한, 정규분포는 좌우대칭이기 때문에 0에서 -1까지도 확률은 0.3413과 같다. 따라서 $P(-1 < Z < 1)$인 경우 확률은 0.6826이 된다. 다시 말해서 평균이 75점, 표준편차가 5점일 때 어느 학생의 점수가 70 ~ 80점 사이일 확률은 약 68.3%가 된다는 의미이다. [그림 10.16]은 Z값의 확률 구간을 그래프로 나타낸 것이다.

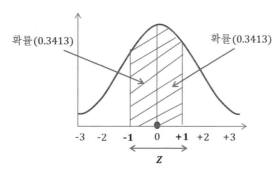

[그림 10.16] Z값의 확률 구간 그래프

3.4 Z값과 확률 구간

특정 자료가 정규분포를 다를 때 평균으로부터 $\pm 1\sigma$ 만큼의 구간 확률은 $P(-1 < Z < 1) = 68.3\%$ 이다. 만약 어느 학생이 65~85점 사이의 확률은 $P(\frac{65-75}{5} < Z < \frac{85-75}{5}) = P(-2 < Z < 2) =$ 95.4%가 되고, 60 ~ 90점 사이의 확률은 $P(\frac{60-75}{5} < Z < \frac{90-75}{5}) = P(-3 < Z < 3) = 99.7\%$가 된다. 즉, 확률 변수 X 값의 범위가 커질 수록 확률값은 커지는 당연한 결과를 볼 수 있다.

평균과 표준편차에 의해서 산출된 Z값과 여기에 해당하는 표준정규분포의 확률을 정리하면 [표 10.10]과 같다.

[표 10.10] Z값과 표준정규분포의 확률

Z값	확률	표준정규분포
평균$\pm 1\sigma$	68.26%	
평균$\pm 2\sigma$	95.44%	
평균$\pm 3\sigma$	99.74%	

3.5 신뢰수준

사회과학 분야에서 일반적으로 사용되는 신뢰수준은 90%, 95%, 99%이다. 이러한 신뢰수준에 해당하는 Z값을 표현하면 다음 [표 10.11]과 같다.

[표 10.11] 신뢰수준과 Z값

신뢰수준(확률)	Z 값	표준정규분포
90%	1.65	
95%	1.96	±1.65σ ±1.96σ ±2.58σ 0 90% 95% 99%
99%	2.58	

신뢰수준이 90%인 경우에 일반적으로 Z값은 평균±1.65σ 형식으로 표현하지만, 평균과 표준편차의 단위와 음수값은 무의미하기 때문에 1.65로 간략히 표현한다. 이러한 신뢰수준에 따른 Z값은 신뢰구간을 추정하는 데 유용하게 이용되기 때문에 반드시 알아두어야 한다.

3.6 신뢰구간

모집단이 정규분포를 이루고 있다면 다음과 같은 '모평균의 신뢰구간 추정 식'에 의해서 신뢰구간을 계산할 수 있다.

모평균의 신뢰구간 추정 식은 다음과 같다.

$$P(\overline{X} - Z\frac{\sigma}{\sqrt{n}} \leq \mu \leq \overline{X} + Z\frac{\sigma}{\sqrt{n}}) = 1 - \alpha$$

($\overline{X}$: 평균, Z: 표준화 변수, σ: 표준편차, n: 응답자 수, μ: 모평균, α: 유의수준)

표준화 변수 값

유의수준과 신뢰수준에 의해서 결정된 표준화 변수 값은 다음 [표 10.12]와 같다.

[표 10.12] 유의수준과 신뢰수준에 따른 Z값

유의수준(■)	신뢰수준(%)	Z 값
0.10	90%	1.64
0.05	95%	1.96
0.01	99%	2.58

Z값 적용

만약 신뢰수준이 95%인 경우 값을 신뢰구간 추정 식에 적용하면 다음과 같다.

$$P(\overline{X} - 1.96\frac{\sigma}{\sqrt{n}} \leq \mu \leq \overline{X} + 1.96\frac{\sigma}{\sqrt{n}}) = 0.95$$

신뢰구간

신뢰구간은 신뢰구간 추정 식을 토대로 [하한값, 상한값]의 형식으로 표현한다.

$$[\overline{X} - Z\frac{\sigma}{\sqrt{n}}, \quad \overline{X} + Z\frac{\sigma}{\sqrt{n}}]$$

신뢰구간 구하기

전체 응답자(관측치)의 수(N)는 290명이고, 통계량은 $\overline{X}$: 평균(Mean) = 45.11, σ : 표준편차(Std. Deviation) = 13.752, α : 0.05(신뢰수준:95%), Z : 표준화 변수: 1.96일 때

- 계산된 통계량을 신뢰구간 추정 식에 적용하면 다음과 같다.

$$P(45.11 - 1.96\frac{13.752}{\sqrt{290}} \leq \mu \leq 45.11 + 1.96\frac{13.752}{\sqrt{290}}) = 0.95$$

- 신뢰구간 추정 식을 토대로 신뢰구간을 나타내면 다음과 같다.

$$[45.11 - 1.96 \times \frac{13.752}{\sqrt{290}}, \quad 45.11 + 1.96 \times \frac{13.752}{\sqrt{290}}] = [43.528, 46.692]$$

따라서 평균 45.11은 95% 신뢰수준에서 신뢰구간은 하한값: 43.53, 상한값: 46.70으로 계산된다.

3.7 표본오차

표본오차는 표본에서 계산된 추측값과 모집단의 실제값과의 차이를 의미한다. 즉 허용 오차를 백분율 (%)로 나타낸 것이다. 이러한 표본오차는 신뢰수준이 결정되면 다음과 같은 '허용오차 계산식'에 의해서 계산할 수 있다.

허용오차 계산식

$$\pm Z\sqrt{\frac{p(1-p)}{n}} \quad (\text{단}, Z : 표준화 변수, n : 표본수, p : 확률)$$

표본오차 구하기

- 20세 이상 유권자 1,500명을 대상으로 A 후보의 대선 출마에 대한 찬성과 반대를 조사하는 설문 조사를 시행하였다. 설문 조사 결과 95% 신뢰수준에서 찬성 55%, 반대 45%가 나왔다. 이때 표본오차는 얼마인가를 알아보자.

- 신뢰수준: 95% ⇒ Z: 1.96
- 표본 수: n = 1,500
- 찬성률: P = 55%(0.55)
- 반대율: 1 − P = 45%(0.45 = 1 − 0.55)

$$\pm 1.96 \times \sqrt{\frac{0.55 \times (0.45)}{1500}} = \pm 1.96 \times \sqrt{\frac{0.2475}{1500}} = 1.96 \times 0.0128 = 0.025088$$

그러므로 계산 결과(0.025088)를 백분율로 적용하면 2.5088%가 되어, 반올림하면 ±2.5%의 표본오차가 나온다.

3.8 왜도와 첨도

왜도(skewness)는 평균을 중심으로 한 확률분포의 비대칭 정도를 나타내는 지표이다. 즉 분포의 기울어진 방향과 정도를 나타내는 양을 의미한다. 왜도의 값이 0보다 크면 분포의 오른쪽 방향으로 비대칭 꼬리가 치우치고, 왜도의 값이 0보다 작으면 왼쪽 방향으로 비대칭 꼬리가 치우친다. 또한, 왜도의 값이 0에 근사하면 평균을 중심으로 좌우대칭에 가깝다. 만약 왜도가 0.007로 나타나는 경우는 좌우대칭에 가깝다고 판단할 수 있다.

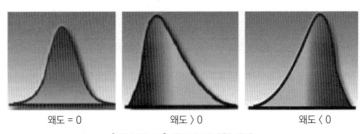

| 왜도 = 0 | 왜도 〉 0 | 왜도 〈 0 |

[그림 10.17] 왜도와 비대칭 관계

➕ **더 알아보기**　　**대표값에 따른 비대칭도(왜도)**

비대칭 분포는 평균, 중위수, 최빈수의 관계에 따라서 두 가지 형태로 비대칭도가 나타난다.

- 음의 비대칭도: 평균 〈 중위수 〈 최빈수
- 양의 비대칭도: 평균 〉 중위수 〉 최빈수

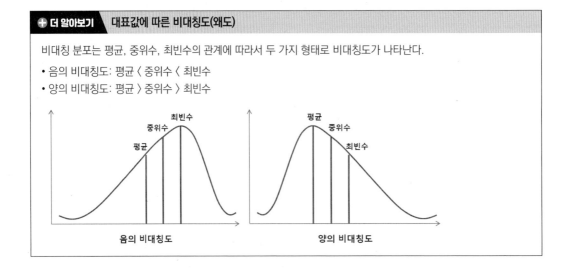

음의 비대칭도(좌측 비대칭)는 왼쪽으로 꼬리가 긴 분포이며, 값이 큰 쪽으로 몰려있는 형태로 이때 '왜도 〈 0' 이다. 또한, 양의 비대칭도(우측 비대칭)는 오른쪽으로 꼬리가 긴 분포이며, 값이 작은 쪽으로 몰려있는 형태로 이때 '왜도 〉 0' 이다.

만약 '평균(Mean) = 중위수(Median) = 최빈수(Maximum)'인 경우에는 좌우대칭인 분포로 나타나며, 이는 정규분포가 된다.

첨도(kurtosis)는 표준정규분포와 비교하여 얼마나 뾰족한가를 측정하는 지표이다. 첨도가 0(또는 3)이면 정규분포 곡선을 이루고, 첨도가 0(또는 3)보다 크면 정규분포보다 뾰족한 형태로 나타나며, 첨도가 0(또는 3)보다 작으면 정규분포보다 완만한 형태의 곡선을 그린다. 만약 첨도가 −0.828인 통계량으로 나타나는 경우는 정규분포보다 낮고 완만한 곡선을 그린다. [그림 10.18]은 정규분포와 첨도의 관계를 나타내고 있다.

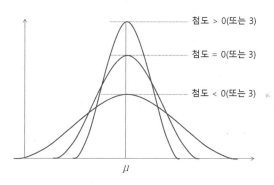

[그림 10.18] 정규분포와 첨도의 관계

1. 다음 중 가설이 갖추어야 할 요건이 아닌 것은?

   ① 가설은 경험적으로 검증할 수 있어야 한다.

   ② 가설은 계량적인 형태를 취하든가 계량화할 수 있어야 한다.

   ③ 가설의 표현은 간단명료해야 한다.

   ④ 가설은 동일 분야의 다른 가설과 연관을 가져서는 안 된다.

2. 다음 중 과학적 연구 절차에 기초한 올바른 이론 구축 과정은?

   ① 연구문제 – 개념화 – 가설설정 – 자료수집 – 자료분석

   ② 개념화 – 연구문제 – 가설설정 – 자료수집 – 자료분석

   ③ 연구문제 – 가설설정 – 개념화 – 자료수집 – 자료분석

   ④ 개념화 – 가설설정 – 연구문제 – 자료수집 – 자료분석

3. 가설검정에 관한 설명으로 옳은 것은?

   ① 검정 통계량은 확률변수이다.

   ② 대립가설은 사전에 알고 있는 값이다.

   ③ 유의수준 α를 작게 할수록 좋은 검정법이다.

   ④ 가설이 틀렸을 때 틀렸다고 판정할 확률을 유의수준이라 한다.

4. '남녀 월급 액수에는 차이가 있다' 라는 주장을 검증하기 위하여 사회조사를 시행하였다. 조사 결과 남자집단의 평균 액수는 μ_1, 여자집단의 평균 액수는 μ_2라고 한다면 귀무가설은?

   ① $\mu_1 > \mu_2$ ② $\mu_1 = \mu_2$ ③ $\mu_1 < \mu_2$ ④ $\mu_1 \neq \mu_2$

5. 가설구성 시 고려할 사항이 아닌 것은?

   ① 경험적 검증이 가능하여야 한다.

   ② 다른 가설 및 이론과의 연관성을 가져야 한다.

   ③ 두 개 이상의 변수 간의 관계로 서술되어야 한다.

   ④ 한 가설에 독립변수나 종속변수의 수가 많게 한다.

6. 가설의 특성이라고 할 수 없는 것은 ?

   ① 문제를 해결해 줄 수 있어야 한다.

   ② 변수로 구성되며, 그들 간의 관계를 나타내고 있어야 한다.

   ③ 검증될 수 있어야 한다.

   ④ 매개변수가 있어야 한다.

7. 유의확률(p-value)의 설명이 틀린 것은?

   ① 검정 통계량이 실제 관측된 값보다 대립가설을 지지하는 방향으로 더욱 치우칠 확률로서 귀무가설 H_0 하에서 계산된 값이다.

   ② 주어진 데이터와는 직접적으로 관계가 없다.

   ③ 유의확률이 낮을수록 H_0에 대한 반증이 강한 것을 뜻한다.

   ④ 귀무가설 H_0에 대한 반증의 강도에 대하여 기준값을 미리 정해놓고 p-값을 그 기준값과 비교한다.

8. 다음 내용에 대한 가설형태로 옳은 것은?

> 기존의 진통제는 진통 효과가 지속하는 시간이 평균 30분이고, 표준편차는 5분이라고 한다. 새로운 진통제를 개발하였는데, 개발팀은 이 진통제의 진통 효과가 30분 이상이라고 주장한다.

   ① $H_0 : \mu < 30, H_1 : \mu = 30$ ② $H_0 : \mu = 30, H_1 : \mu > 30$

   ③ $H_0 : \mu > 30, H_1 : \mu = 30$ ④ $H_0 : \mu = 30, H_1 : \mu \neq 30$

9. 모집단 회귀계수 β에 대한 표본 회귀계수가 0.23일 경우, 독립변수가 종속변수에 의미 있는 영향을 미치는지를 알기 위해 모집단 회귀계수에 대한 가설검정하려고 할 때 귀무가설과 대립가설은?

   ① $H_0 : \beta = 0, H_1 : \beta \neq 0$ ② $H_0 : \beta \neq 0, H_1 : \beta = 0$

   ③ $H_0 : \beta = 0.23, H_1 : \beta \neq 0.23$ ④ $H_0 : \beta \neq 0.23, H_1 : \beta = 0.23$

10. 예비조사와 사전조사의 목적을 설명하시오

11. 통계적 검정의 오류 중 제1종 오류에 해당하는 것은?

   ① 귀무가설이 참임에도 불구하고 이를 기각

   ② 귀무가설이 참이므로 이를 채택

   ③ 귀무가설이 거짓이므로 이를 채택

   ④ 귀무가설이 거짓임에도 이를 기각

12. 통계적 가설의 기각 여부를 판정하는 가설검정에 대한 설명으로 맞는 것은?

   ① 표본으로부터 확실한 근거에 의하여 입증하고자 하는 가설을 귀무가설이라 한다.

   ② 유의수준은 제2종 오류를 범할 확률의 최대 허용한계이다.

   ③ 대립가설을 채택하게 하는 검정 통계량의 영역을 채택역이라고 한다.

   ④ 대립가설이 옳은데도 귀무가설을 채택함으로써 범하게 되는 오류를 제2종 오류라 한다.

13. 통계적 가설검정을 위한 검정 통계값에 대한 유의확률(p-value)이 주어졌을 때, 귀무가설을 유의수준 α로 기각할 수 있는 경우는?

    ① p-value $> \alpha$ ② p-value $< \alpha$

    ③ p-value $= \alpha$ ④ p-value $> 2\alpha$

14. 정규분포의 특성에 대한 설명으로 틀린 것은?

    ① 평균, 중위수, 최빈수가 모두 일치한다.

    ② $x = \mu$에 관해 종 모양의 좌우대칭이고, 이 점에서 확률밀도함수가 최대값($1 / (\sigma \sqrt{2\pi})$)을 갖는다.

    ③ 분포의 기울어진 방향과 정도를 나타내는 왜도 $\alpha_3 = 0$이다.

    ④ 분포의 봉우리가 얼마나 뾰족한가를 관측하는 첨도 $\alpha_4 = 1$이다.

15. 보험 가입액의 모평균이 1억 원이라고 볼 수 있는가를 검정하고자 한다. 이에 대한 t-검정 통계량이 1. 201이고, 유의확률이 0. 239이었다. 유의수준 5%에서 올바르게 검정한 결과는?

    ① '유의확률 > 유의수준'이므로 모평균이 1억 원이라는 가설을 기각하지 못한다.

    ② '유의확률 > 유의수준'이므로 모평균이 1억 원이라는 가설을 기각한다.

    ③ '검정 통계량 1.201 > 유의수준'이므로 모평균이 1억 원이라는 가설을 기각하지 못한다.

    ④ '검정 통계량 1.201 > 유의수준'이므로 모평균이 1억 원이라는 가설을 기각한다.

16. '표본의 크기가 충분히 크면, 표본의 평균은 0에 가까워진다.'는 이론은?

17. 표준화 변환을 하면 변환된 자료의 평균과 표준편차의 값은?

    ① 평균 = 0, 표준편차 = 1   ② 평균 = 1, 표준편차 = 1

    ③ 평균 = 1, 표준편차 = 0   ④ 평균 = 0, 표준편차 = 0

18. 신뢰수준(confidence level)에 대한 설명으로 틀린 것은?

    ① 신뢰구간에 확신하는 정도를 의미한다.

    ② 신뢰수준은 연구자가 결정한다.

    ③ 신뢰수준이 95%라는 의미는 표본오차가 ±5%라는 의미이다.

    ④ 신뢰수준이 높이면 신뢰구간은 좁아진다.

19. A 회사에서 만든 제품의 수명의 표준편차는 50이라고 한다. 새로운 공정에 의해 시 제품 100개를 생산하여 실험한 결과 수명의 평균이 280이었다. 모평균에 대한 95% 오차 한계는?

   ◑ 힌트: 허용오차 계산식을 참조한다.

   ① 9.8   ② 12.9   ③ 98   ④ 129

20. 크기 n인 표본으로 신뢰수준 95%를 갖도록 모평균을 추정하였더니 신뢰구간의 길이가 10이었다. 동일한 조건하에서 표본의 크기만을 1/4로 줄이면 신뢰구간의 길이는?

   ① 1/4로 줄어든다.   ② 1/2로 줄어든다.   ③ 2배로 늘어난다.   ④ 4배로 늘어난다.

21. 어느 고등학교 1학년 학생 1,000명의 성적분포가 평균 80점, 표준편차 20점인 정규분포로 나타났다. 이 경우에 60점 이상 100점 이하의 점수를 얻은 학생은 대략 몇 명인가?

   ◑ 힌트: 표준화 변수 Z값과 확률 구간을 참조한다.

   ① 350   ② 680   ③ 790   ④ 850

22. "(주)K 물산"은 장난감을 생산하는 회사이다. 이 회사의 장난감 수명은 정규분포를 따르고, 모표준편차는 200시간으로 알려졌다. 단순 무작위로 100개의 장난감을 표본으로 추출하여 장난감의 수명을 측정하였더니 평균수명이 3,000시간으로 나타났다. 이때 "(주)K 물산"에서 생산되고 있는 장난감 평균수명에 대한 99% 신뢰구간을 구하시오.

   ◑ 힌트: 모평균의 신뢰구간 추정 식을 참조한다.

기술통계분석

학습 내용

데이터 분석 전에 기술통계분석을 통해서 전체적인 데이터의 분포를 이해하고, 통계적 수치를 파악하는 선행 작업이 필요하다. 기술통계분석으로 산출된 기초통계량은 모집단의 특성을 유추하는데 이용할 수 있다. 특히 설문 조사한 결과를 토대로 논문이나 보고서를 작성하는 경우에는 응답자의 인구통계학적 특성을 반드시 제시하여야 한다.

이장에서는 인구통계학적 특성을 제시하는 데 주로 이용되는 빈도분석과 기술통계량 분석 방법에 대해서 알아본다.

학습 목표

• 척도별로 의미 있는 통계량을 구분할 수 있다.
• 명목척도 변수를 대상으로 빈도분석을 수행할 수 있다.
• 비율척도 변수를 대상으로 기술통계량을 구할 수 있다.
• 기술통계량의 분석 결과를 토대로 보고서를 작성할 수 있다.

Chapter 11의 구성

1. 기술통계량 개요
2. 척도별 기술통계량 구하기
3. 패키지를 이용한 기술통계량 구하기
4. 기술통계량 보고서 작성

1. 기술통계량 개요

기술통계(Descriptive Statistics)란 자료를 요약하는 기초적인 통계량으로 데이터 분석 전에 전체적인 데이터 분포의 이해와 통계적 수치를 제공한다. 이러한 기술통계량은 모집단의 특성을 유추하는 데 이용할 수 있다. 특히 설문 조사를 시행한 논문에서는 응답자의 일반적인 특성을 반드시 제시하여야 한다. 보통 논문에서는 "표본의 일반적 특성" 또는 "표본의 인구 통계적 특성"으로 표현한다.

이 절에서는 인구통계학적 특성을 제시하는 데 주로 이용하는 빈도분석과 기초통계량을 구하는 기술 통계분석의 개념에 대해서 알아본다.

1.1 빈도분석

빈도분석(Frequency Analysis)은 설문 조사 결과에 대한 가장 기초적인 정보를 제공해 주는 분석 방법으로 광범위하게 이용된다. 특히 성별이나 직급을 수치화하는 명목척도나 서열척도 같은 범주형 데이터를 대상으로 비율을 측정하는 데 주로 이용한다. 또는 전체 응답자 중에서 특정 변수값의 범주에 속한 응답자가 차지하는 비율(%)을 알아보고자 할 때 주로 이용한다. 예를 들면 특정 선거 후보가 얼마만큼의 지지율(%)을 받고 있는가?, 응답자 중에서 남자의 비율(%)과 여자의 비율(%)은?, 연령대별로 차지하는 비율(%) 등을 알고자 할 때 이용한다. 분포의 특성은 빈도수나 비율 등으로 나타낸다.

1.2 기술통계분석

기술통계분석(Descriptive Statistics Analysis)은 빈도분석과 유사하지만 등간척도나 비율척도와 같은 연속적 데이터를 분석할 때 주로 이용한다. 명목척도나 서열척도 같은 범주형 데이터는 수치에 의미가 없기 때문이다. 분포의 특성은 표본의 평균값, 중앙값, 최빈값으로 나타내며, 빈도수, 비율, 표준편차, 분산 등으로 표본의 분포를 알 수 있다. 기술통계량의 유형과 의미는 다음과 같다.

기술통계량 유형
- 대표값: 평균(Mean), 합계(Sum), 중위수(Median), 최빈수(mode), 사분위수(quartile) 등
- 산포도: 분산(Variance), 표준편차(Standard deviation), 최소값(Minimum), 최대값(Maximum), 범위(Range), 평균의 표준오차(S. E. mean) 등
- 비대칭도: 첨도(Kurtosis), 왜도(Skewness)

[표 11.1] 기술통계량 유형

유형	의미
대표값	자료 전체를 대표하는 값으로 분포의 중심위치를 나타내는 측정치를 의미한다.
산포도	자료가 대표값으로부터 얼마나 흩어져 분포하고 있는가를 보여주는 값들을 의미한다.
비대칭도	분포가 기울어진 방향과 정도를 나타내는 왜도와 분포도가 얼마나 중심에 집중되어 있는가를 나타내는 첨도 등을 의미한다.

2. 척도별 기술통계량 구하기

전체 데이터 셋의 분포와 특성을 분석하여 결측치와 이상치를 발견하고, 데이터 정제를 통해서 척도별로 기술통계량을 구하는 방법에 대해서 알아본다.

> **⊙ 실습** 전체 데이터 셋의 특성 보기

```
> # 단계 1: 실습 데이터 셋 가져오기
> setwd("C:/Rwork/Part-III")      # 작업 폴더 설정
> data <- read.csv("descriptive.csv", header = TRUE)
> head(data)                      # 인구통계학 변수 확인
  resident gender age level cost type survey pass
1        1      1  50     1  5.1    1      1    2
2        2      1  54     2  4.2    1      2    2
3       NA      1  62     2  4.7    1      1    1
4        4      2  50    NA  3.5    1      4    1
5        5      1  51     1  5.0    1      3    1
6        3      1  55     2  5.4    1      3   NA
>
```

> **해설** "descriptive.csv" 데이터 셋은 8개의 칼럼으로 구성되며, 각 칼럼은 서로 다른 척도로 구성된다. 참고로 인구통계학 변수는 개인이 성장하면서 갖추어지는 변수를 의미한다.

> **✋ 데이터 셋** descriptive.csv 데이터 셋
>
> "descriptive.csv" 데이터 셋은 인구통계학적 특성을 나타내는 변수를 기준으로 부모의 학력 수준에 따라 자녀의 대학진학 합격 여부를 조사한 데이터 셋으로 300개의 관측치와 8개의 변수로 구성되어 있다. 8개 변수(칼럼)에 대한 척도와 값의 범위는 다음과 같다.
>
> | resident | gender | age | level | cost | type | survey | pass |
> |---|---|---|---|---|---|---|---|
> | 거주지역 | 성별 | 나이 | 학력수준 | 생활비 | 학교유형 | 만족도 | 합격여부 |
> | 명목(1,2,3) | 명목(1,2) | 비율 | 서열(1,2,3) | 비율 | 명목(1,2) | 등간(5점) | 명목(1,2) |

```
> # 단계 2: descriptive.csv 데이터 셋의 데이터 특성 보기
> dim(data)                # 차원 보기
[1] 300  8
> length(data)             # 변수(칼럼) 길이: 열(8)
[1] 8
> length(data$survey)   # survey 컬럼의 관찰치: 행(300)
[1] 300
> str(data)                # 데이터 구조보기
'data.frame':
300 obs. of  8 variables:
$ resident: int   1 2 NA 4 5 3 2 5 NA 2 ...
$ gender  : int   1 1 1 2 1 1 2 1 1 1 ...
$ age     : int   50 54 62 50 51 55 56 49 49 49 ...
$ level   : int   1 2 2 NA 1 2 1 2 1 2 ...
$ cost    : num  5.1 4.2 4.7 3.5 5 5.4 4.1 675 4.4 4.9 ...
$ type    : int   1 1 1 1 1 1 1 NA 1 1 ...
$ survey  : int   1 2 1 4 3 3 NA NA NA 1 ...
$ pass    : int   2 2 1 1 1 NA 2 2 2 1 ...
>
```

```
> # 단계 3: 데이터 특성(최소값, 최대값, 평균, 분위수, 결측치(NA) 등) 제공
> summary(data)        # 요약통계량 보기
    resident         gender          age            level           cost
 Min.   :1.000   Min.   :0.00   Min.   :40.00   Min.   :1.000   Min.    :-457.200
 1st Qu.:1.000   1st Qu.:1.00   1st Qu.:48.00   1st Qu.:1.000   1st Qu. :   4.425
 Median :2.000   Median :1.00   Median :53.00   Median :2.000   Median  :   5.400
 Mean   :2.233   Mean   :1.42   Mean   :53.88   Mean   :1.836   Mean    :   8.752
 3rd Qu.:3.000   3rd Qu.:2.00   3rd Qu.:60.00   3rd Qu.:2.000   3rd Qu. :   6.300
 Max.   :5.000   Max.   :5.00   Max.   :69.00   Max.   :3.000   Max.    : 675.000
 NA's   :21                     NA's   :13      NA's   :30
     type           survey          pass
 Min.   :1.00   Min.   :1.00   Min.   :1.000
 1st Qu.:1.00   1st Qu.:2.00   1st Qu.:1.000
 Median :1.00   Median :3.00   Median :1.000
 Mean   :1.27   Mean   :2.61   Mean   :1.432
 3rd Qu.:2.00   3rd Qu.:3.00   3rd Qu.:2.000
 Max.   :2.00   Max.   :5.00   Max.   :2.000
 NA's   :26     NA's   :113    NA's   :20
>
```

해설 데이터 셋을 구성하는 칼럼을 단위로 기술통계량을 통해서 데이터의 특성을 살펴보기 위한 과정이다.

2.1 명목척도 기술통계량

명목상 의미 없는 수치로 표현된 거주지역이나 성별과 같은 명목척도 변수를 대상으로 기초통계량을 구한다. 명목척도를 대상으로 summary() 함수에 의해서 계산된 최대값, 최소값, 평균 등의 요약통계량은 의미가 없다. 하지만 성별의 구성 비율은 표본의 통계량으로 의미가 있다.

┌ **◆실습** 성별(gender) 변수의 기술통계량과 빈도수 구하기

```
> length(data$gender)        # 성별 관측치 확인
[1] 300
> summary(data$gender)       # 최대값, 최소값, 중위수, 평균은 의미 없음
  Min.  1st Qu. Median  Mean 3rd Qu.  Max.
  0.00    1.00   1.00   1.42   2.00   5.00
> table(data$gender)         # 성별 빈도수 -> 0과 5 이상치 발견

  0   1   2   5
  2 173 124   1
>
```

└ **해설** 성별(gender) 변수와 같은 명목척도는 명목상 부여된 수치를 대상으로 요약통계량이 구해지기 때문에 summary() 함수의 결과는 의미가 없지만, table() 함수에 의해서 구해진 빈도수는 의미가 있다.

┌ **◆실습** 이상치(outlier) 제거

```
> data <- subset(data, gender == 1 | gender == 2)   # 이상치 제거
> x <- table(data$gender)                           # 성별에 대한 빈도수 저장
> x                                                 # outlier 제거 확인

  1   2
173 124
> barplot(x)                                        # 범주형 데이터 시각화 -> 막대차트
>
```

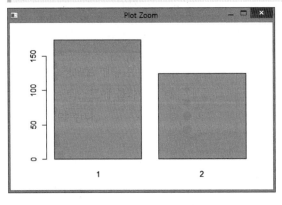

└ **해설** 원본 데이터 셋의 성별(gender) 칼럼을 대상으로 값이 1 또는 2인 데이터만을 대상으로 서브 셋을 생성하여 이상치를 제거한 후 빈도수를 구하여 이상치가 제거되었는지 막대 차트를 통해서 확인하는 예이다.

┌ **◆실습** 구성 비율 계산

```
> prop.table(x)             # 비율 계산 : 0< x <1 사이의 값

        1         2
0.5824916 0.4175084
> y <- prop.table(x)
> round(y * 100, 2)         #백분율 적용(소수점 2자리)
```

```
     1     2
58.25  41.75
>
```

┗ **해설** 빈도수에 백분율을 적용하여 비율을 계산하는 예이다.

2.2 서열척도 기술통계량

계급 순위를 수치로 표현한 직급이나 학력 수준 등과 같은 서열척도 변수를 대상으로 기초통계량을
구한다. 서열척도 역시 summary() 함수에 의해서 계산된 최대값, 최소값, 평균 등의 요약통계량은
큰 의미는 없다. 따라서 table() 함수에 의해서 구해진 빈도수를 통해서 표본의 통계량을 산출한다.

⊙실습 학력 수준(level) 변수를 대상으로 구성 비율 구하기

```
> length(data$level)        # 학력 수준(leve): 서열척도
[1] 297
> summary(data$level)       # 명목척도와 함께 의미 없음
 Min. 1st Qu. Median Mean 3rd Qu. Max. NA's
1.000   1.000   2.000 1.842   2.000 3.000   13
>
> table(data$level)         # 빈도분석: 의미 있음

  1  2  3
115 99 70
>
```

┗ **해설** 빈도분석의 결과, 부모의 학력 수준이 고졸(1)인 경우 115명, 대졸(2)인 경우 99명, 대학원졸(3)인 경우 70명으로
나타났다. 변수 리코딩을 통해서 숫자를 '고졸', '대졸', '대학원졸' 형태의 문자열로 표현하면 분석 결과에 가독성을 높일 수 있다.

⊙실습 학력 수준(level) 변수의 빈도수 시각화하기

```
> x1 <- table(data$level)    # 각 학력 수준에 빈도수 저장
> barplot(x1)                # 명목/서열척도 -> 막대차트
>
```

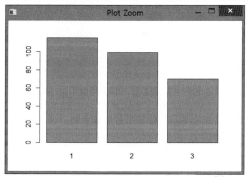

┗ **해설** 명목척도나 서열척도는 빈도분석을 통해서 구해진
빈도수가 통계량으로 의미가 있기 때문에 시각화하는데 막대 차
트 또는 파이 차트 등을 많이 이용한다.

2.3 등간척도 기술통계량

등간척도는 속성의 간격이 일정한 값을 갖는 변수를 의미한다. 예를 들면 '귀하는 교육 시설에 만족하십니까?'라는 질문에서 "① 매우 만족 ② 만족 ③ 보통 ④ 불만족 ⑤ 매우 불만족"의 범주에서 응답을 얻은 다음 가중치를 적용하여 가감산하거나 역코딩 하여 총득점으로 응답자의 생각을 측정하는 방법이다. 문항은 "긍정-부정" 또는 "찬성-반대" 등과 같은 반응을 느낌의 강약에 따라서 3점, 5점, 7점 척도로 나타낸다.

◉ 실습 만족도(survey) 변수를 대상으로 요약통계량 구하기

```
> # 단계 1: 등간척도 변수 추출
> survey <- data$survey
> surve

  [1]  1  2  1  4  3  3 NA NA NA  1  2  2  2  2 NA NA NA NA NA NA NA
 [22]  2  2  1  2  3  3  5  2 NA NA NA NA NA NA NA NA NA  2  2  3  4
 [43]  3  2  2  3  4  5  4  2 NA  2  3  4  3 NA NA NA NA NA NA NA NA  3
 [64]  3  3  3  2  2  3  3 NA NA NA  2  2  2 NA  2  2  3 NA NA  3  3
 [85]  3  3  3  3  3  1  4 NA NA NA NA  4  3  3  4 NA NA NA NA NA  3  3
[106]  2 NA NA  3 NA  2 NA  2  2  5  2 NA  3 NA NA NA NA NA NA NA NA
[127] NA NA  2  2  4  4  3  3  3 NA NA NA  2  2  2  2  2  1  2 NA
[148] NA NA NA NA  3  3  3  3  4  3 NA  4  2  2  2  2 NA NA NA NA
[169]  3  3  2 NA  2  3  3  3 NA NA  3  4  3  4 NA NA  3  3  4  2  1
[190]  2  4  3  3  2  5  2  2  2  2  1  2  4 NA  2  2  1  1  1  2  2
[211] NA NA NA NA NA NA NA NA NA NA  2  3  4  5  3  3  4 NA  2  1  2
[232] NA  1  2  2  1  2  2 NA NA  3  4  5  3 NA  3  4  4  5  2  2  3
[253] NA NA  2  1  2  1 NA NA  2  3 NA  3  4  3  4  3  4 NA NA NA  2
[274]  1  2 NA NA NA NA NA  1  1  2  2 NA NA NA NA NA  2  1  2  3 NA
[295] NA NA NA
>
```

```
> # 단계 2: 등간척도 요약통계량
> summary(survey)   # 만족도(5점 척도)인 경우 의미 있음 -> 2.6(평균 이상)

  Min.  1st Qu.  Median  Mean  3rd Qu.  Max.  NA's
 1.000   2.000   3.000  2.605   3.000  5.000   112
>
```

해설 만족도 점수가 5점 만점인 경우 평균(Mean)이 2.605으로 나타났다는 의미는 평균 점수보다 조금 높다는 의미로 해석되기 때문에 등간척도에서 평균 통계량은 어느 정도가 의미가 있다고 볼 수 있다.

◉ 실습 등간척도 빈도분석

```
> x1 <-table(survey)   # 빈도수 -> 의미 있음
> x1
```

```
survey
 1  2  3  4  5
20 72 61 25  7
> #
```

┗ **해설** 만족도 별로 빈도수를 나타낸 결과 역시 의미가 있다고 볼 수 있다. 분석 결과 응답자는 두 번째와 세 번째 속성의 만족도 비중이 높은 것으로 나타났다. 만약 5점 척도를 기준으로 다음과 같이 측정 도구가 만들어지는 경우 순번 자체를 점수화하기 위해서는 역코딩을 해야 한다. 역코딩에 대한 자세한 내용은 "7장 EDA와 Data 정제"를 참고한다.

예 | ① 매우 만족 ② 만족 ③ 보통 ④ 불만족 ⑤ 매우 불만족

┌ **⊙실습** 등간척도 시각화하기

```
> hist(survey)     # 등간척도 시각화(히스토그램)
>
> pie(x1)          # 빈도수를 이용하여 시각화(파이차트)
>
```

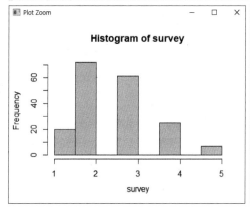

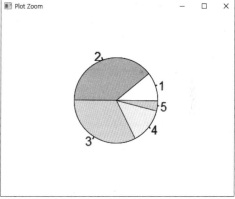

┗ **해설** 등간척도를 히스토그램이나 파이 차트를 통해서 시각화하는 예이다.

2.4 비율척도 기술통계량

비율척도는 등간척도의 특성에 절대 원점(0)이 존재하는 척도를 의미한다. 비율척도 변수는 응답자가 직접 수치로 입력한 변수로 속성이 0을 기준으로 한 수치로 되어있기 때문에 사칙연산이 모두 가능한 변수이다. 따라서 빈도분석과 기술통계량 등 가장 많은 표본의 통계량을 얻을 수 있는 척도이다. 비율척도를 적용한 변수의 예는 다음과 같다.

예 | 성적, 키, 나이, 무게, 인구수, 수량, 길이, 금액 등

┌─ ⊙**실습** **생활비(cost) 변수 대상 요약통계량 구하기**

```
> length(data$cost)
[1] 297
> summary(data$cost)      # 요약통계량 - 의미 있음(mean)
    Min.  1st Qu.  Median  Mean  3rd Qu.    Max.  NA's
-457.200    4.400   5.400  8.784   6.300  675.000    30
>
```

└─ **해설**   연속형 변수를 대상으로 구해진 요약통계량은 의미 있는 결과를 제공한다. 즉 생활비의 평균은 얼마이고, 최저 생활비와 최대 생활비가 얼마인지 등의 유용한 통계량을 얻을 수 있다.

┌─ ⊙**실습** **데이터 정제(결측치 제거)**

```
> plot(data$cost)              # 결측치 발견
> data <- subset(data, data$cost >= 2 & data$cost <= 10)  # 생활비 기준
> x <- data$cost
> mean(x)                      # 평균 계산
[1] 5.354032
>
```

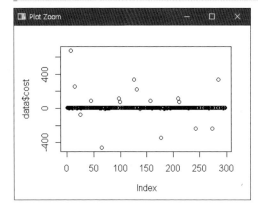

└─ **해설**   subset() 함수를 이용하여 연속형 변수의 이상치를 제거하는 예문이다.

(1) 대표값 구하기

대표값은 자료 전체를 대표하는 값으로 분포의 중심위치를 나타내는 평균, 중위수, 사분위수, 최빈수 등의 통계량을 의미한다.

┌─ ⊙**실습** **생활비(cost) 변수를 대상으로 대표값 구하기**

```
> # 단계 1: 평균과 중위수 구하기
> mean(x)                   # 평균: 5.340
[1] 5.354032
> median(x)                 # 중위수: 5.4
[1] 5.4
```

```
> sort(x)                    # 오른차순 정렬
  [1] 2.1 2.3 2.3 3.0 3.0 3.0 3.0 3.0 3.0 3.3 3.3 3.4 3.4 3.5 3.5 3.5
 [17] 3.5 3.5 3.8 3.8 3.8 3.9 3.9 3.9 4.0 4.0 4.0 4.0 4.0 4.0 4.0 4.0
 [33] 4.0 4.0 4.0 4.0 4.0 4.0 4.0 4.1 4.1 4.1 4.1 4.1 4.1 4.1 4.1 4.1
 [49] 4.2 4.2 4.2 4.3 4.3 4.3 4.3 4.3 4.4 4.4 4.4 4.4 4.5 4.6 4.6 4.6
                      … 중간 생략 …
[209] 6.4 6.4 6.4 6.4 6.4 6.4 6.5 6.5 6.5 6.5 6.7 6.7 6.7 6.7 6.7 6.7
[225] 6.7 6.7 6.8 6.8 6.8 6.8 6.9 6.9 6.9 6.9 7.0 7.0 7.0 7.1 7.1 7.1
[241] 7.2 7.2 7.7 7.7 7.7 7.7 7.7 7.9 7.9
> sort(x, decreasing = T)   # 내림차순 정렬
  [1] 7.9 7.9 7.7 7.7 7.7 7.7 7.7 7.2 7.2 7.1 7.1 7.1 7.0 7.0 7.0 6.9 6.9
 [17] 6.9 6.9 6.8 6.8 6.8 6.8 6.7 6.7 6.7 6.7 6.7 6.7 6.7 6.7 6.5 6.5
 [33] 6.5 6.5 6.4 6.4 6.4 6.4 6.4 6.4 6.4 6.4 6.4 6.4 6.4 6.3 6.3 6.3
 [49] 6.3 6.3 6.3 6.3 6.3 6.3 6.3 6.3 6.3 6.3 6.3 6.3 6.2 6.2 6.2
                      … 중간 생략 …
[209] 4.1 4.0 4.0 4.0 4.0 4.0 4.0 4.0 4.0 4.0 4.0 4.0 4.0 4.0 4.0 4.0
[225] 3.9 3.9 3.9 3.8 3.8 3.8 3.5 3.5 3.5 3.5 3.5 3.4 3.4 3.3 3.3 3.0
[241] 3.0 3.0 3.0 3.0 3.0 2.3 2.3 2.1
>
```

해설 평균, 중위수의 대표값을 구하는 예이다.

사분위수는 전체 데이터의 크기를 네 등분하여 나타낸 통계량을 의미한다. 제1사분위수는 누적 백분율이 25%에 해당하고, 제2사분위수는 누적 백분율이 50%, 제3사분위수는 75%, 제4사분위수는 100%에 해당한다. 특히 제2사분위수는 중앙값과 동일하다.

```
> 단계 2: 사분위수 구하기
> quantile(x, 1/4)    # 제1사분위수
25%
4.6
> quantile(x, 2/4)    # 제2사분위수
50%
5.4
> quantile(x, 3/4)    # 제3사분위수
75%
6.2
> quantile(x, 4/4)    # 제4사분위수
100%
 7.9
>
```

해설 생활비(cost) 변수를 대상으로 사분위수를 구하는 예이다.

⊙ **실습** 생활비(cost) 변수의 최빈수 구하기

```
> # 단계 1: 최빈수는 빈도수가 가장 많은 변량을 의미
> length(x)          # x의 변량은 전체 248개
[1] 248
> x.t <- table(x)    # 변량에 대한 빈도수 구하기
> max(x.t)           # 최빈수(18)
[1] 18
>
```

해설 table() 함수를 이용하여 빈도수를 구한 후 max() 함수를 적용하여 최대 빈도수를 구하면 18이 나온다.

```
> # 단계 2: 두 개의 행을 묶어서 matrix 생성
> x.m <- rbind(x.t)      # 1행은 x의 변량, 2행은 빈도수
> class(x.m)             # 자료구조 확인 -> [1] "matrix"
[1] "matrix"  "array"
> str(x.m)               # 1행 42열
 int [1, 1:42] 1 2 6 2 2 5 3 3 15 9 ...
 - attr(*, "dimnames")=List of 2
 ..$ : chr "x.t"
 ..$ : chr [1:42] "2.1" "2.3" "3" "3.3" ...
> which(x.m[1, ] == 18)
 5
19
>
```

해설 빈도수가 구해진 x.t 객체를 대상으로 rbind() 함수를 적용하여 행 단위로 matrix 객체를 생성한다. 자료구조를 확인하면 1행 42열의 행렬 객체가 생성된다. 행은 x의 변량이고, 열은 각 변량에 대한 빈도수이다. 행렬 객체를 대상으로 최빈수 18의 위치(index)를 검색하면 5와 19가 나오는데 19가 최빈수 18이 있는 위치가 된다.

```
> # 단계 3: 데이터프레임으로 변경
> x.df <- as.data.frame(x.m)
> which(x.df[1, ] == 18)
[1] 19
>
```

해설 matrix 객체를 대상으로 색인을 찾을 수 있지만, data.frame 객체로 자료구조를 변경하여 최빈수 18의 색인을 찾으면 19가 나오는 것을 확인할 수 있다. matrix 객체보다 결과가 명료하게 나타난다.

```
> # 단계 4: 최빈수와 변량 확인
> x.df[1, 19]
[1] 18
> attributes(x.df)  # 속성보기: $name, $row.nams, $class
$names
 [1] "2.1" "2.3" "3"   "3.3" "3.4" "3.5" "3.8" "3.9" "4"   "4.1" "4.2"
[12] "4.3" "4.4" "4.5" "4.6" "4.7" "4.8" "4.9" "5"   "5.1" "5.2" "5.3"
[23] "5.4" "5.5" "5.6" "5.7" "5.8" "5.9" "6"   "6.1" "6.2" "6.3" "6.4"
```

```
[34] "6.5" "6.7" "6.8" "6.9" "7"   "7.1" "7.2" "7.7" "7.9"

$class
 [1] "data.frame"

$row.names
 [1] "x.t"

> names(x.df[19])
 [1] "5"
>
```

> **해설**   최빈수가 저장된 색인을 이용하여 행렬 첨자([1, 19])로 최빈수 18을 다시 확인할 수 있고, 실제 18에 해당하는 x 의 변량을 찾기 위해서 names() 함수를 이용하여 19번째 원소의 이름을 확인하면 "5"가 출력된다. 따라서 생활비(cost) 변량 에서 5가 18번으로 최빈수가 된다. attributes() 함수는 특정 객체의 속성 정보를 확인할 수 있는 기능을 제공한다.

(2) 산포도 구하기

산포도는 자료가 대표값으로부터 얼마나 흩어져 분포하고 있는가의 정도를 나타내는 척도를 의미하 며, 분산(Variance)과 표준편차(Standard Deviation)를 통계량으로 사용된다.

분산은 데이터가 평균으로부터 떨어진 거리들의 평균으로 수식은 다음과 같으며,

$$\sigma^2 = \frac{1}{N}\sum_{i=1}^{N}(x_i - \mu)^2 \ (\mu \text{는 모평균}, N \text{은 모집단의 크기})$$

표준편차는 분산의 양의 제곱근으로 수식은 다음과 같다.

$$\sigma = \sqrt{\frac{1}{N}\sum_{i=1}^{N}(x_i - \mu)^2}$$

> **실습**   생활비(cost) 변수를 대상으로 산포도 구하기

```
> var(x)                       # x의 분산
[1] 1.296826
> sd(x)                        # x의 표준편차
[1] 1.138783
> sqrt(var(data$cost, na.rm = T))  # x의 표준편차
[1] 1.138783
>
```

> **해설**   분산의 값이 0에 가까울수록 x의 모든 변량이 평균에 집중되어 흩어짐이 없다는 의미이다.

(3) 표본분산과 표본표준편차

모집단의 분산과 표준편차를 추정하는데 표본분산(S^2)과 표본표준편차(S)를 이용한다. 모집단과 구분하기 위해서 ^{2}=와 $^{\prime\prime}$를 사용한다. [표 10.4]의 '모수와 통계량 표기 방법'을 참고한다.

$$표본분산 = S^2 = \frac{1}{n-1}\sum_{i=1}^{n}(x_i - \overline{x})^2 \ (\overline{x}\,는\,표본평균, n은\,표본의\,크기)$$

$$표본\,표준편차 = S = \sqrt{\frac{1}{n-1}\sum_{i=1}^{n}(x_i - \overline{x})^2}$$

산포도의 통계량에서 특히 표준편차는 다음과 같은 표준오차를 구하는 데 이용된다.

$$표준오차 = \frac{S}{\sqrt{N}} \ (S : 표준편차, N : 관측치\,수)$$

위와 같은 식에 의해서 계산된 표준오차는 표본과 실제 모집단 간의 차이를 나타내는 값으로 표본의 수가 커지면 표준오차는 작아지는 특성을 나타내고 있다. 여기서 분산은 평균으로부터 얼마나 흩어져 있는가의 정도를 나타내는 척도를 의미하고, 표준편차는 분산의 양의 제곱근(표준편차 = $\sqrt{분산}$)으로 대부분 표준편차를 이용하여 산포도를 해석하며, 일반 통계학에서도 분산보다 표준편차를 주로 이용한다.

➕ 더 알아보기 **변동계수(Coefficient of variation)**

데이터의 분산 정도를 측정하는데 분산이나 표준편차의 산포도를 이용한다. 이러한 산포도는 흩어져 있는 정도가 동일하지만, 서로 다른 분산과 표준편차를 나타내는 약점을 가지고 있다. 이러한 산포도의 약점을 보완하기 위해서 변동계수의 개념을 도입하였다. 다음 변동계수의 결과는 모두 0.417로 정확한 산포도를 나타낸다.

> 자료(A) = 10,20,30,40,50 → 분산 = 200, 표준편차 = 14.14
> 자료(B) = 1, 2, 3, 4, 5   → 분산 = 2,   표준편차 = 1.414

$$변동계수 = \frac{표준편차}{평균}, \ 자료(A) = \frac{14.14}{30} = 0.471, \ 자료(B) = \frac{1.414}{3} = 0.471$$

자료(B)의 평균과 분산를 계산하는 수식은 다음과 같다.

평균 = (1 + 2 + 3 + 4 + 5) / 5 = 3
분산 = {$(1-3)^2 + (2-3)^2 + (3-3)^2 + (4-3)^2 + (5-3)^2$} / 5 = 2

---

(4) 빈도분석

비율척도를 대상으로 직접 빈도분석을 수행한 결과는 큰 의미는 없다. 왜냐하면, 비율척도 변수의 값은 응답자가 직접 입력하는 수치이기 때문에 동일한 수치의 빈도수를 나타내는 table() 함수의 수행 결과는 의미가 없다고 볼 수 있기 때문이다. 만약 빈도분석에 의미를 두기 위해서는 일정한 간격으로 범주화하는 리코딩 과정이 필요하다.

실습 생활비(cost) 변수의 빈도분석과 시각화하기

```
> # 단계 1: 연속형 변수의 빈도분석
> table(data$cost)

2.1 2.3   3 3.3 3.4 3.5 3.8 3.9   4 4.1 4.2 4.3 4.4 4.5 4.6 4.7 4.8
  1   2   6   2   2   5   3   3  15   9   3   5   4   1   5   6   2
4.9   5 5.1 5.2 5.3 5.4 5.5 5.6 5.7 5.8 5.9   6 6.1 6.2 6.3 6.4 6.5
  4  18  10   9   7   5   8   4   6   5   2  14   8  13  16  11   4
6.7 6.8 6.9   7 7.1 7.2 7.7 7.9
  8   4   4   3   3   2   4   2
>
```

연속형 변수는 히스토그램이나 산점도 등으로 시각화하는 것이 효과적이다.

```
> # 단계 2: 연속형 변수의 히스토그램 시각화
> hist(data$cost)
>
```

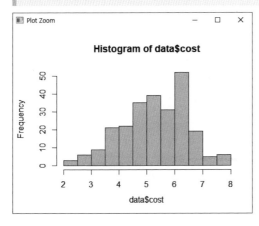

```
> # 단계 3: 연속형 변수의 산점도 시각화
> plot(data$cost)
>
```

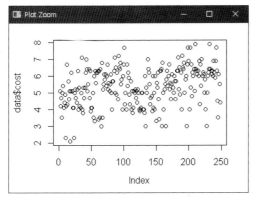

 해설 연속형 변수를 대상으로 빈도분석을 수행하고 히스토그램과 산점도로 시각화하는 과정이다.

```
> # 단계 4: 연속형 변수 범주화
> data$cost2[data$cost >= 1 & data$cost <= 3] <- 1
> data$cost2[data$cost >= 4 & data$cost <= 6] <- 2
> data$cost2[data$cost >= 7] <- 3
>
```

해설 생활비 수준은 응답자마다 서로 다른 값으로 입력되기 때문에 1만 원에서 3만 원 사이는 숫자 1, 4만 원에서 6만 원 사이는 숫자 2, 7만 원 이상 숫자는 3으로 범주화하여 리코딩한다.

```
> # 단계 5: 범주형 데이터 시각화
> table(data$cost2)

 1   2   3
 9 142  14
> par(mfrow = c(1, 2))
> barplot(table(data$cost2))   # 막대차트 시각화
> pie(table(data$cost2))        # 파이차트 시각화
>
```

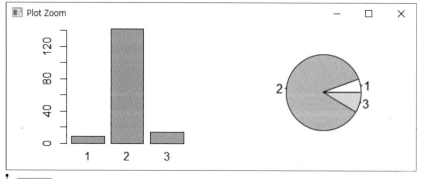

해설 연속형 변수를 범주화한 리코딩 변수를 대상으로 빈도분석과 막대 차트 그리고 파이 차트로 시각화한 예이다.

2.5 비대칭도 구하기

비대칭도는 데이터의 분포가 정규분포를 갖는지를 알기 위해 이용하며, 왜도와 첨도의 통계량을 사용한다.

왜도는 평균을 중심으로 하는 확률분포의 비대칭 정도를 나타내는 지표로 분포의 기울어진 방향과 정도를 나타내는 양을 의미한다. 왜도의 값이 0보다 크면 분포의 오른쪽 방향으로 비대칭 꼬리가 치우치고, 왜도의 값이 0보다 작으면 왼쪽 방향으로 비대칭 꼬리가 치우친다. 또한, 왜도의 값이 0에 근사하면 평균을 중심으로 좌우대칭에 가깝다.

첨도는 표준정규분포와 비교하여 얼마나 뾰족한가를 측정하는 지표이다. 첨도가 0(또는 3)이면 정규분포 곡선을 이루고, 첨도가 0보다 크면 정규분포보다 뾰족한 형태로 나타나며, 첨도가 0보다 작으면 정

규분포보다 완만한 형태의 곡선을 그린다. 만약 첨도 식에서 –3을 적용하지 않으면 정규분포 첨도는
3이 된다.

┌─ ⬇ **실습** 패키지를 이용한 비대칭도 구하기

> \# 단계 1: 왜도와 첨도 사용을 위한 패키지 설치
> install.packages("moments")
Installing package into 'C:/Users/master/Documents/R/win-library/4.0'
(as 'lib' is unspecified)
　　　　… 중간 생략 …
> library(moments)
> cost <- data$cost   \# 생활비 – 비율척도
>

> \# 단계 2: 왜도 구하기
> skewness(cost)
[1] –0.297234
>

kurtosis() 함수에서는 첨도 식에서 –3을 적용하지 않았으므로, 정규분포 첨도는 3이 된다. 따라서 표
준정규분포와 비교하여 첨도가 3이면 정규분포 곡선을 이루고, 첨도가 3보다 크면 정규분포보다 뾰
쪽한 형태, 3보다 작으면 정규분포보다 완만한 형태의 분포를 갖는다.

> \# 단계 3: 첨도 구하기
> kurtosis(cost)
[1] 2.674163
>

└─ **해설** 예의 결과에서 첨도의 통계량이 3보다 작으므로 정규분포보다 완만한 형태를 갖는다.

> \# 단계 4: 히스토그램으로 왜도와 첨도 확인
> hist(cost)
>

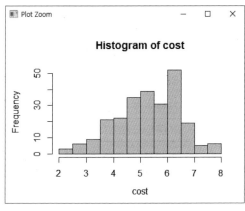

해설 패키지에서 제공되는 왜도와 첨도 관련 함수를 이용
하여 변량의 비대칭도 관련 통계량을 계산하고, 히스토그램을 통
해서 왜도와 첨도를 확인한다. 예의 결과는 왼쪽 방향 비대칭 꼬
리 모양으로 정규분포의 첨도보다 완만한 형태의 분포를 갖는다.

┌ **◉실습** 히스토그램과 정규분포 곡선 그리기

히스토그램에 정규분포 곡선을 추가하여 왜도와 첨도의 통계량을 확인할 수 있다.

```
> hist(cost, freq = F)              # 히스토그램의 계급을 확률 밀도로 표현
> lines(density(cost), col = 'blue')   # cost의 밀도분포 곡선 추가
> x <- seq(0, 8, 0.1)               # 0 ~ 8 범위에서 0.1씩 증가하는 벡터 생성
> # 정규분포 확률 밀도 함수를 이용하여 정규분포 곡선 추가
> curve(dnorm(x, mean(cost), sd(cost)), col = 'red', add = T)
>
```

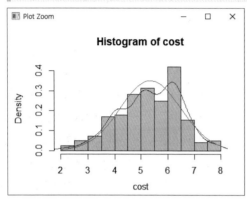

Histogram of cost

┌ **해설** y축에 밀도(density)를 적용하여 히스토그램이 그려진 결과에 lines() 함수를 이용하여 밀도를 기준으로 분포곡선이 파란색으로 추가된다. 이후 dnorm() 함수를 이용하여 정규분포 확률 밀도를 구하고, curve() 함수에서 의해서 정규분포 확률 밀도가 적용된 정규분포 곡선을 빨간색으로 추가한다. 정규분포 곡선과 밀도분포 곡선을 비교한 결과 cost의 첨도는 정규분포 곡선보다 다소 낮고, 왜도는 음의 비대칭도(왼쪽으로 꼬리)를 나타내고 있다.

┌ **◉실습** attach()/detach() 함수로 기술통계량 구하기

```
> attach(data)      # 'data$'를 생략하기 위함.
The following objects are masked _by_ .GlobalEnv:

    cost, survey

> length(cost)
[1] 248
> summary(cost)  # 요약통계량 - 의미있음(mean)
  Min. 1st Qu. Median  Mean  3rd Qu.  Max.
 2.100   4.600  5.400  5.354    6.200  7.900
> mean(cost)        # 가장 의미있음
[1] 5.354032
> min(cost)
[1] 2.1
> max(cost)
[1] 7.9
> range(cost)        # min ~ max
[1] 2.1 7.9
>
> sqrt(var(cost, na.rm = T))
[1] 1.138783
> sd(cost, na.rm = T)
[1] 1.138783
```

```
> detach(data)      # attach(data)를 해제
>
```

┗ **해설** 특정 데이터 셋의 변수를 참조하기 위해서 '데이터셋$변수' 형태로 변수를 참조하는데, attach() 함수를 이용하여
데이터 셋을 붙이면, 이후부터는 '데이터셋$' 부분은 생략할 수 있다. 데이터셋 붙이기의 해제는 detach() 함수를 이용하면 된다.

┌ **⊙실습 NA가 있는 경우 제거한 뒤에 기술통계량 구하기**

```
> # 단계 1: NA가 있으면 error가 발생하는 함수
> test <- c(1:5, NA, 10:20)
> min(test)          # NA 출력
[1] NA
> max(test)          # NA 출력
[1] NA
> range(test)        # NA 출력
[1] NA NA
> mean(test)         # NA 출력
[1] NA
>
```

┗ **해설** min(), max(), range(), mean() 함수 등은 데이터에 NA를 포함하고 있을 때, 함수의 결과로 NA를 출력한다.

```
> # 단계 2: NA 제거 후 통계량 구하기
> min(test, na.rm = T)      # na.rm = T 속성은 결측치 데이터 제거
[1] 1
> max(test, na.rm = T)
[1] 20
> range(test, na.rm = T)
[1] 1 20
> mean(test, na.rm = T)
[1] 11.25
>
```

┗ **해설** 데이터 셋에 NA가 포함된 경우 정확한 결과를 계산하지 못하는 함수가 있다. 이러한 함수에는 먼저 "na.rm = T"
속성을 지정하여 NA를 제거한 후 함수를 사용하여 연산해야 한다.

3. 기술통계량 보고서 작성

설문 조사한 결과를 토대로 논문이나 보고서를 작성하는 경우에는 응답자의 인구통계학적 특성을 반
드시 제시해야 한다.

이 절에서는 빈도분석과 기술통계량의 분석 결과를 토대로 표본의 인구통계학적 특성을 제시하는 방
법에 대해서 알아본다.

3.1 기술통계량 구하기

표본의 인구통계학적 특성을 제시하는데 필요한 기술통계량을 준비한다. 인구통계학적 특성에 해당하는 변수 들을 대상으로 먼저 보고서의 가독성을 높이기 위해서 리코딩 한다. 다음의 실습 예에서는 빈도분석과 기술통계분석을 통해서 기술통계량을 구한다.

⊕실습 변수 리코딩과 빈도분석 하기

```
> # 단계 1: 거주지역(resident) 변수의 리코딩과 비율계산
> data$resident2[data$resident == 1] <- "특별시"
> data$resident2[data$resident >= 2 & data$resident <= 4] <- "광역시"
> data$resident2[data$resident == 5] <- "시구군"
>
> x <- table(data$resident2)
> x

광역시 시구군 특별시
  87    34   110
>
> prop.table(x)            # 비율계산: 0 < x < 1 사이의 값

    광역시      시구군      특별시
0.3766234  0.1471861  0.4761905
> y <- prop.table(x)
> round(y * 100, 2)       # 백분율 적용(소수점 2자리)

광역시  시구군  특별시
 37.66   14.72   47.62
>
```

```
> # 단계 2: 성별(gender) 변수의 리코딩과 비율계산
> data$gender2[data$gender == 1] <- "남자"
> data$gender2[data$gender == 2] <- "여자"
> x <- table(data$gender2)
> prop.table(x)            # 비율계산

     남자       여자
0.5887097  0.4112903
> y <- prop.table(x)
> round(y * 100, 2)       # 백분율 적용(소수점 2자리)

  남자   여자
 58.87  41.13
>
```

```
> # 단계 3: 나이(age) 변수의 리코딩과 비율계산
> data$age2[data$age <= 45] <- "중년층"
> data$age2[data$age >= 46 & data$age <= 59] <- "장년층"
> data$age2[data$age >= 60] <- "노년층"
```

```
> x <- table(data$age2)
> x

노년층 장년층 중년층
   61   169    18
>
> prop.table(x)              # 비율계산

     노년층      장년층      중년층
0.24596774 0.68145161 0.07258065
> y <- prop.table(x)
> round(y * 100, 2)          # 백분율 적용(소수점 2자리)

노년층 장년층 중년층
 24.60  68.15   7.26
>
```

```
> # 단계 4: 학력 수준(level) 변수의 리코딩과 비율계산
> data$level2[data$level == 1] <- "고졸"
> data$level2[data$level == 2] <- "대졸"
> data$level2[data$level == 3] <- "대학원졸"
> x <- table(data$level2)
> x

  고졸  대졸  대학원졸
   93    86      57
>
> prop.table(x)              # 비율계산

     고졸      대졸    대학원졸
0.3940678  0.3644068  0.2415254
> y <- prop.table(x)
> round(y * 100, 2)          # 백분율 적용(소수점 2자리)

  고졸    대졸    대학원졸
 39.41   36.44     24.15
>
```

```
> # 단계 5: 합격여부(pass) 변수의 리코딩과 비율계산
> data$pass2[data$pass == 1] <- "합격"
> data$pass2[data$pass == 2] <- "실패"
> x <- table(data$pass2)
> x

실패 합격
 96  139
>
> prop.table(x)              # 비율계산

     실패       합격
0.4085106  0.5914894
```

```
> y <-  prop.table(x)
> round(y * 100, 2)          # 백분율 적용(소수점 2자리)

 실패   합격
40.85  59.15
>
> head(data)               # 리코딩 변수 보기
  resident gender age level cost type survey pass cost2 resident2 gender2  age2  level2  pass2
1     1      1    50    1   5.1   1      1     2     2     특별시    남자  장년층   고졸   실패
2     2      1    54    2   4.2   1      2     2     2     광역시    남자  장년층   대졸   실패
3    NA      1    62    2   4.7   1      1     1     2     <NA>     남자  노년층   대졸   합격
4     4      2    50   NA   3.5   1      4     1    NA     광역시    여자  장년층  <NA>   합격
5     5      1    51    1   5.0   1      3     1     2     시구군    남자  장년층   고졸   합격
6     3      1    55    2   5.4   1      3    NA     2     광역시    남자  장년층   대졸  <NA>
>
```

해설 논문이나 보고서에서 연구 환경을 제시하기 위해서 인구통계학적 변수들을 대상으로 가독성을 높이기 위해서 리코딩하고, 빈도분석과 기술통계분석을 통해서 기술통계량을 구하는 과정이다. 리코딩된 변수는 변수명 뒤에 '2'로 끝나는 변수들이다.

3.2 기술통계량 보고서 작성

빈도분석과 기술통계분석을 통해서 구해진 기초통계량을 표본의 인구통계적 특성으로 제시하기 위해서 [표 11.2]와 같이 표본의 인구통계적 특성 결과표를 작성한다.

[표 11.2] 표본의 인구통계적 특성 결과

변수 (Variable)		빈도수 (Frequency)	구성 비율(%) (Percent)
거주지	특별시	87	37.66
	광역시	34	14.72
	시구군	110	47.62
성별	남자	146	58.87
	여자	102	41.13
나이	장년층	169	68.15
	중년층	18	7.26
	노년층	61	24.60
학력수준	고졸	93	39.41
	대졸	86	36.44
	대학원졸	57	24.15
합격여부	실패	96	40.85
	합격	139	59.15

연구자는 표본의 인구통계적 특성에 관한 빈도분석 결과를 토대로 다음과 같이 연구 대상자의 인구통계적 특성을 전반적으로 진술하여 연구 환경을 제시할 필요가 있다.

논문/보고서에서 인구통계적 특성 해석

'부모의 생활 수준과 자녀의 대학 진학여부와 관련성이 있다.'를 분석하기 위해서 자녀를 둔 A회사 225명의 부모를 대상으로 거주지, 성별, 나이, 학력수준, 진학여부 등의 항목을 설문으로 조사하고, 정제된 데이터를 토대로 빈도분석을 시행하였다.

분석 결과 전체 응답자 중에서 부모의 학력 수준은 고졸이 93명으로 39.41%를 차지하여 가장 높은 빈도수를 나타냈고, 자녀의 성별 비율은 남자가 146명으로 58.87%를 차지하고, 여학생은 102명으로 41.13%을 차지하였다. 또한, 자녀의 대학 진학여부에서 합격은 139명으로 59.15%를 차지하고, 실패는 96명으로 40.85%를 차지한 것으로 나타났다.

1. MASS 패키지에 있는 Animals 데이터 셋을 이용하여 각 단계에 맞게 기술통계량을 구하시오.

> [단계 1] MASS 패키지 설치와 메모리 로딩
>
> ```
> > library(MASS)      # MASS 패키지 불러오기
> > data(Animals)      # Animals 데이터셋 로딩
> > head(Animals)      # Animals 데이터셋 보기
> ```
>
> [단계 2] R의 기본 함수를 이용하여 brain 칼럼을 대상으로 다음의 제시된 기술통계량 구하기
>
> Animals 데이터 셋 차원보기:
>
> 요약통계량:
>
> 평균:
>
> 중위수:
>
> 표준편차:
>
> 분산:
>
> 최대값:
>
> 최소값:

2. descriptive.csv 데이터 셋을 대상으로 다음 조건에 맞게 빈도분석 및 기술통계량 분석을 수행하시오.

> 조건 1 | 명목척도 변수인 학교유형(type), 합격여부(pass) 변수에 대해 빈도분석을 수행하고 결과를
> 막대 그래프와 파이 차트로 시각화
>
> 조건 2 | 비율척도 변수인 나이 변수에 대해 요약치(평균, 표준편차)와 비대칭도(왜도와 첨도) 통계량을
> 구하고, 히스토그램 작성하여 비대칭도 통계량 설명
>
> 조건 3 | 나이 변수에 대한 밀도분포 곡선과 정규분포 곡선으로 정규분포 검정

## Chapter 12

교차분석과 카이제곱 검정

학습 내용

교차분석은 두 개 이상의 범주형 변수를 대상으로 교차 분할표를 작성하고, 이를 통해서 변수 상호 간의 관련성 여부를 분석한다. 교차분석은 특히 빈도분석 결과에 대한 보충자료를 제시하는 데 효과적으로 이용할 수 있다. 또한, 카이제곱 검정은 교차분석으로 얻어진 교차 분할표를 대상으로 유의확률을 적용하여 변수 간의 독립성 및 관련성 여부 등을 검정하는 분석 방법이다.

학습 목표

- 두 개 이상의 범주형 변수를 대상으로 교차 분할표를 작성할 수 있다.
- 연구 환경에서 연구가설과 귀무가설을 진술할 수 있다.
- 연구 환경에서 일원 카이제곱의 적합도 검정을 수행할 수 있다.
- 연구 환경에서 이원 카이제곱의 독립성 검정을 수행할 수 있다.

Chapter 12의 구성

1. 교차분석
2. 카이제곱 검정
3. 교차분석과 검정보고서 작성

1. 교차분석

교차분석(Cross Table Analyze)은 범주형 자료(명목척도 또는 서열척도)를 대상으로 두 개 이상의 변수들에 대한 관련성을 알아보기 위해서 결합분포를 나타내는 교차 분할표를 작성하고 이를 통해서 변수 상호 간의 관련성 여부를 분석하는 방법이다. 또한, 교차분석은 빈도분석의 특성별 차이를 분석하기 위해 수행하는 분석 방법으로 빈도분석 결과에 대한 보충자료를 제시하는 데 효과적이다. 따라서 교차분석은 빈도분석과 함께 고급통계분석의 기초정보를 제공한다.

교차분석을 시행할 때는 고려할 사항이 있다. 교차분석에 사용되는 변수는 값이 10 미만인 범주형 변수(명목척도, 서열척도)이어야 한다. 비율척도인 경우는 코딩 변경(리코딩)을 통해서 범주형 자료로 변화해야 한다. 예를 들면 나이의 경우 10 ~ 19세는 1, 20 ~ 29세는 2, 30 ~ 39세는 3 등으로 코딩 변경을 통해 범주화하여 사용해야 한다.

1.1 데이터프레임 생성

교차 분할표를 작성하기 위해서는 연구 환경에서 해당 변수를 확인(독립변수와 종속변수)하여 모델링한 후 범주형 데이터로 변환하는 변수 리코딩 과정을 거친다. 끝으로 대상 변수를 분할표로 작성하기 위해서는 데이터프레임을 생성해야 한다.

변수 모델링이란 특정 객체를 대상으로 분석할 속성(변수)을 선택하여 속성 간의 관계를 설정하는 일련의 과정을 의미한다. 여기서는 속성은 변수 또는 변인이라고도 한다. 변수 모델링에 관한 예를 들면 smoke 객체에서 education과 smoking 속성을 분석대상으로 하여 교육수준(education)이 흡연율(smoking)과 관련성이 있는가를 모델링하는 경우 'education → smoking' 형태로 기술한다. 이때 education은 영향을 미치는 변수로 독립변수에 해당하고, 영향을 받는 smoking은 종속변수에 해당한다.

> **⊙ 실습** 변수 리코딩과 데이터프레임 생성하기

```
> # 단계 1: 실습 파일 가져오기
> setwd("C:/Rwork/Part-III")
> data <- read.csv("cleanDescriptive.csv", header = TRUE)
>
> head(data)          # 변수 확인
  resident gender age level cost type survey pass cost2 resident2 gender2  age2 level2  pass2
1        1      1  50     1  5.1    1      1    2     2      특별시    남자 장년층   고졸   실패
2        2      1  54     2  4.2    1      2    2     2      광역시    남자 장년층   대졸   실패
3       NA      1  62     2  4.7    1      1    1     2       <NA>    남자 노년층   대졸   합격
4        4      2  50    NA  3.5    1      4    1    NA      광역시    여자 장년층   <NA>   합격
5        5      1  51     1  5.0    1      3    1     2      시구군    남자 장년층   고졸   합격
6        3      1  55     2  5.4    1      3   NA     2      광역시    남자 장년층   대졸   <NA>
>
```

```
> # 단계 2: 변수 리코딩
> x <- data$level2     # 리코딩된 변수 이용
> y <- data$pass2     # 리코딩된 변수 이용
```

> **해설** 코딩 변경(리코딩)된 학력수준(level2)과 진학여부(passw) 변수를 사용한다.

교차 분할표 작성을 위해 데이터프레임을 생성하는 방법은 다음과 같다.

> **형식** data.frame(칼럼명 = x, 칼럼명 = y)
> (단, x, y는 명목척도 변수)

```
> # 단계 3: 데이터프레임 생성
> result <- data.frame(Level = x, Pass = y )  # 데이터프레임 생성
> dim(result)                              # 차원보기
[1] 248   2
>
```

> **해설** 부모의 학력 수준이 자녀의 대학 진학여부와 관련이 있는지를 분석하기 위해서 학력수준(독립변수)과 진학여부(종속변수) 변수를 대상으로 데이터프레임을 생성하는 과정이다.

1.2 교차분석

교차 분할표를 통해서 범주형 변수의 관계를 분석하는 방법으로 이전에 작성한 데이터프레임을 이용하여 교차분석을 수행한다.

> **⊙실습** 교차 분할표 작성

```
> # 단계 1: 기본 함수를 이용한 교차 분할표 작성
> table(result)    # 교차 빈도수
        Pass
  Level    실패  합격
    고졸    40    49
    대졸    27    55
  대학원졸    23    31
>
```

> **해설** result 데이터프레임 객체를 대상으로 기본 함수인 table() 함수를 이용하여 두 개 이상 변수의 결합분포를 나타내는 교차 분할표를 작성한다.

```
> # 단계 2: 교차 분할표 작성을 위한 패키지 설치
> install.packages("gmodels")    # gmodels 패키지 설치
Installing package into 'C:/Users/master/Documents/R/win-library/4.0'
(as 'lib' is unspecified)
            ... 중간 생략 ...
> library(gmodels)               # CrossTable() 함수 사용
```

```
> install.packages("ggplot2")    # diamonds 데이터 셋 사용을 위한 패키지 설치
Installing package into 'C:/Users/master/Documents/R/win-library/4.0'
(as 'lib' is unspecified)
            … 중간 생략 …
> library(ggplot2)
>
```

🖐 데이터 셋   descriptive.csv 데이터 셋

dismonds 데이터 셋은 다이아몬드에 관한 속성을 기록한 데이터 셋으로 53,940개의 관측치와 10개의 변수로 구성되어 있다.

주요 변수:

- price: 다이아몬드 가격($326 ~ $18,823)   • carat: 다이아몬드 무게(0.2 ~ 5.01)
- cut: 컷의 품질(Fair, Good, Very Good, Premium Ideal)
- color: 색상(J: 가장 나쁨 ~ D: 가장 좋음)
- clarity: 선명도(I1: 가장 나쁨, SI1, SI1, VS1, VS2, VVS1, VVS2, IF: 가장 좋음)
- x: 길이 (0 ~ 10.74mm)   • y: 폭(0 ~ 58.9mm)
- z: 깊이(0–31.8mm)   • depth: 깊이 비율 = z / mean(x, y)

```
> # 단계 3: 패키지를 이용한 교차 분할표 작성
> # diamonds의 cut과 color에 대한 교차 분할표 생성
> CrossTable(x = diamonds$color, y = diamonds$cut)

          Cell Contents
|-----------------------|
|                     N |
| Chi-square contribution |
|           N / Row Total |
|           N / Col Total |
|         N / Table Total |
|-----------------------|

Total Observations in Table:  53940

              | diamonds$cut
diamonds$color |    Fair |    Good |Very Good|Premium |   Ideal | Row Total |
---------------|---------|---------|---------|---------|---------|-----------|
           D |     163 |     662 |    1513 |    1603 |    2834 |      6775 |
             |   7.607 |   3.403 |   0.014 |   9.634 |   5.972 |           |
             |   0.024 |   0.098 |   0.223 |   0.237 |   0.418 |     0.126 |
             |   0.101 |   0.135 |   0.125 |   0.116 |   0.132 |           |
             |   0.003 |   0.012 |   0.028 |   0.030 |   0.053 |           |
---------------|---------|---------|---------|---------|---------|-----------|
              … 중간 생략 …
```

```
--------------|--------|--------|--------|--------|--------|----------|
          J |    119 |    307 |    678 |    808 |    896 |    2808 |
            | 14.772 | 10.427 |  3.823 | 11.300 | 45.486 |         |
            |  0.042 |  0.109 |  0.241 |  0.288 |  0.319 |   0.052 |
            |  0.074 |  0.063 |  0.056 |  0.059 |  0.042 |         |
            |  0.002 |  0.006 |  0.013 |  0.015 |  0.017 |         |
--------------|--------|--------|--------|--------|--------|----------|
Column Total |   1610 |   4906 |  12082 |  13791 |  21551 |   53940 |
            |  0.030 |  0.091 |  0.224 |  0.256 |  0.400 |         |
--------------|--------|--------|--------|--------|--------|----------|
>
```

해설 다이아몬드의 컷(cut) 품질과 색상(color)의 속성을 갖는 두 변수는 모두 명목척도로 구성되어 있다. 두 변수에 대한 교차 분할표는 gmodels 패키지에서 제공되는 CrossTable() 함수를 이용하여 생성할 수 있다. CrossTable() 함수를 실행하면 교차 분할표를 이루고 있는 각 셀에 대한 데이터의 설명이 표시된다. 가장 첫 번째 줄은 관측치를 의미하고, 두 번째 줄은 카이제곱의 결과(기대치 비율), 세 번째 줄은 현재 행의 비율, 네 번째는 현재 열의 비율, 마지막 줄은 전체비율에서 현재 셀의 값이 차지하는 비율을 의미한다.

⊙실습 패키지를 이용한 교차 분할표 작성: 부모의 학력수준과 자녀 대학 진학여부

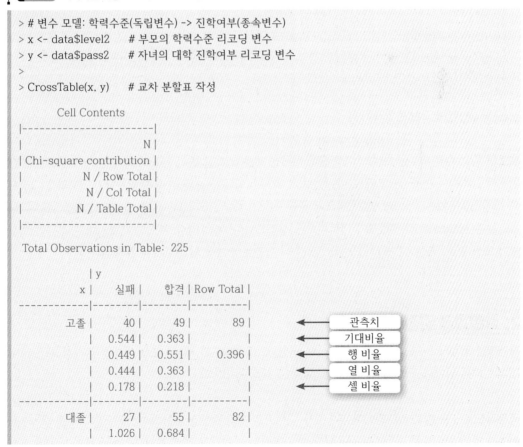

```
> # 변수 모델: 학력수준(독립변수) -> 진학여부(종속변수)
> x <- data$level2     # 부모의 학력수준 리코딩 변수
> y <- data$pass2      # 자녀의 대학 진학여부 리코딩 변수
>
> CrossTable(x, y)     # 교차 분할표 작성

      Cell Contents
|-----------------------|
|                    N |
| Chi-square contribution |
|          N / Row Total |
|          N / Col Total |
|        N / Table Total |
|-----------------------|

Total Observations in Table:  225

            | y
          x |    실패 |   합격 | Row Total |
------------|--------|--------|----------|
       고졸 |     40 |     49 |       89 |
            |  0.544 |  0.363 |          |
            |  0.449 |  0.551 |    0.396 |
            |  0.444 |  0.363 |          |
            |  0.178 |  0.218 |          |
------------|--------|--------|----------|
       대졸 |     27 |     55 |       82 |
            |  1.026 |  0.684 |          |
```

```
            |  1.026 |  0.684 |        |
            |  0.329 |  0.671 |  0.364 |
            |  0.300 |  0.407 |        |
            |  0.120 |  0.244 |        |
 -----------|--------|--------|--------|
   대학원졸 |     23 |     31 |     54 |
            |  0.091 |  0.060 |        |
            |  0.426 |  0.574 |  0.240 |
            |  0.256 |  0.230 |        |
            |  0.102 |  0.138 |        |
 -----------|--------|--------|--------|
 Column Total|    90 |    135 |    225 |   ◀──  전체 관측치
            |  0.400 |  0.600 |        |   ◀──  열 비율
 -----------|--------|--------|--------|
 >
```

해설　교차 분할표에서 기대비율은 카이제곱 식($x^2 = \Sigma$(관측값 − 기대값)^2 / 기대값)에 의해서 구해진 결과이다. 카이제곱 식에서 기대값은 「(현재 셀의 행 합 × 현재 셀의 열 합) / 전체합」수식으로 구한다. 예를 들면 실습 결과의 교차 분할표에서 부모의 학력수준이 고졸이면서 자녀가 대학에 합격할 경우의 기대값은 53.4 = (89 × 135) / 225이고, 카이제곱 식에 의해서 기대비율은 0.3625 = (49 − 53.4)^2 / 53.4가 된다.

이렇게 계산된 기대비율 6개(교차 분할표 6개 셀)의 총합과 자유도(df)라는 검정 통계량을 이용하여 두 변인 간의 관련성 여부를 검정하는 방법이 카이제곱 검정이다. 연구자는 변수들에 대한 결합분포를 나타내는 교차 분할표의 결과를 토대로 변수 간의 관련성을 다음과 같이 전반적으로 진술할 필요가 있다.

논문/보고서에서 교차 분할표 해석

부모의 학력 수준에 따른 자녀의 대학진학 여부를 설문 조사한 결과 부모의 학력 수준에 상관없이 대학진학 합격률이 평균 60.0%로 학력 수준별로 유사한 결과가 나타났다. 전체 응답자 225명을 대상으로 고졸 39.6%(89명) 중 55.1%가 진학에 성공하였고, 대졸 36.4%(82명) 중 68.4%가 성공했으며, 대학원졸은 24%(54명) 중 57.4%가 대학진학에 성공하였다. 특히 대졸 부모의 대학진학 합격율이 평균보다 조금 높고, 고졸 부모의 대학진학 합격율이 평균보다 조금 낮은 것으로 분석된다.

2. 카이제곱 검정

카이제곱 검정(chi-square test)은 범주(category)별로 관측빈도와 기대빈도의 차이를 통해서 확률 모형이 데이터를 얼마나 잘 설명하는지를 검정하는 통계적 방법이다.

일반적으로 교차분석으로 얻어진 분할표를 대상으로 유의확률을 적용하여 변수 간의 독립성(관련성) 여부를 검정하는 분석 방법으로 사용된다. 교차분석은 카이제곱 검정 통계량을 사용하기 때문에 교차

분석을 카이제곱 검정이라고도 한다. 카이제곱 검정의 유형에는 적합도 검정, 독립성 검정, 동질성 검정으로 분류한다.

카이제곱 검정은 다음과 같은 사항에 주의해야 한다.

- 카이제곱 검정은 교차분석과 동일하게 범주형 변수를 대상으로 한다.
- 집단별로 비율이 같은지를 검정(비율에 대한 검정)하여 독립성 여부를 검정한다.
- 유의확률에 의해서 집단 간의 '차이가 있는가?' 또는 '차이가 없는가?'로 가설을 검정한다.

⊙ 실습 CrossTable() 함수를 이용한 카이제곱 검정

CrossTable() 함수에 'chisq = TRUE' 속성을 적용하면 카이제곱 검정의 결과를 볼 수 있다. 실습 예는 앞서 교차 분할표 작성에서 이용된 diamonds 데이터 셋의 cut과 color 변수에 대하여 카이제곱 검정을 수행하는 R 코드이다.

```
> CrossTable(x = diamonds$cut,
+             y = diamonds$color, chisq = TRUE)

       Cell Contents
|---------------------|
|                   N |
| Chi-square contribution |
|          N / Row Total |
|          N / Col Total |
|         N / Table Total |
|---------------------|

Total Observations in Table:  53940

             | diamonds$color
diamonds$cut |     D |     E |     F |     G |     H |     I |     J | Row Total |
-------------|-------|-------|-------|-------|-------|-------|-------|-----------|
        Fair |   163 |   224 |   312 |   314 |   303 |   175 |   119 |      1610 |
             | 7.607 | 16.009| 2.596 | 1.575 | 12.268| 1.071 | 14.772|           |
             | 0.101 | 0.139 | 0.194 | 0.195 | 0.188 | 0.109 | 0.074 |     0.030 |
             | 0.024 | 0.023 | 0.033 | 0.028 | 0.036 | 0.032 | 0.042 |           |
             | 0.003 | 0.004 | 0.006 | 0.006 | 0.006 | 0.003 | 0.002 |           |
-------------|-------|-------|-------|-------|-------|-------|-------|-----------|
                            … 중간 생략 …
-------------|-------|-------|-------|-------|-------|-------|-------|-----------|
       Ideal |  2834 |  3903 |  3826 |  4884 |  3115 |  2093 |   896 |     21551 |
             | 5.972 | 0.032 | 0.049 | 30.745| 12.390| 2.479 | 45.486|           |
             | 0.132 | 0.181 | 0.178 | 0.227 | 0.145 | 0.097 | 0.042 |     0.400 |
             | 0.418 | 0.398 | 0.401 | 0.433 | 0.375 | 0.386 | 0.319 |           |
             | 0.053 | 0.072 | 0.071 | 0.091 | 0.058 | 0.039 | 0.017 |           |
```

```
------------|-------|-------|-------|-------|-------|-------|-------|---------|
Column Total |   6775 |  9797 |  9542 | 11292 |  8304 |  5422 |  2808 |   53940 |
             |  0.126 | 0.182 | 0.177 | 0.209 | 0.154 | 0.101 | 0.052 |         |
------------|-------|-------|-------|-------|-------|-------|-------|---------|

Statistics for All Table Factors

Pearson's Chi-squared test
-------------------------------------------------------------
Chi^2 = 310.3179   d.f. = 24   p = 1.394512e-51

>
```

> **해설** diamonds 데이터 셋의 cut과 color 변수를 대상으로 카이제곱 검정을 수행한 결과 p(유의확률) 값이 0.05보다 현저하게 적은 값으로 나타났다. 이는 유의확률(p)이 유의수준(0.05)보다 적다는 의미로 '두 변인은 서로 독립적이다.'라는 귀무가설을 기각할 수 있다. 따라서 '두 변인은 서로 독립적이지 않다.'라는 대립가설을 채택할 수 있다. 여기서 '독립적이다' 라는 의미는 '두 변인은 서로 관련성이 없다.'라는 의미로 해석할 수 있다.

2.1 카이제곱 검정 절차와 기본가정

카이제곱 검정은 유의수준과 유의확률 값에 의해서 가설을 검정해야 한다. 카이제곱 검정 절차는 다음과 같다.

[단계 1] 가설을 설정한다.
　　　　　귀무가설(H_0): ~같다. ~다르지 않다. ~차이가 없다. ~효과가 없다.
　　　　　대립가설(H_1): ~같지 않다. ~다르다. ~차이가 있다. ~효과가 있다.

[단계 2] 유의수준(α)을 결정한다.
　　　　　일반 사회과학 분야: α = 0.05,
　　　　　의·생명과학 분야: α = 0.01

[단계 3] 자유도(df)와 유의수준(α)에 따른 x^2 분포표에 의해 기각값을 결정한다.

[단계 4] 관찰도수에 대한 기대도수를 구한다.

[단계 5] 검정 통계량 x^2의 값을 구한다.
　　　　　(x^2 = Σ (관측값 – 기댓값)^2 / 기댓값)

[단계 6] x^2검정 통계량과 기각값을 비교하여 귀무가설 채택 여부를 판정한다.

[단계 7] 카이제곱 검정 결과를 진술한다.

2.2 카이제곱 검정 유형

카이제곱 검정 유형은 교차 분할표 이용 여부에 따라서 크게 일원 카이제곱 검정과 이원 카이제곱 검정으로 분류된다.

(1) 일원 카이제곱 검정

일원 카이제곱 검정은 교차 분할표를 이용하지 않는 카이제곱 검정으로 한 개의 변인(집단 또는 범주)을 대상으로 검정을 수행한다. 관찰도수가 기대도수와 일치하는지를 검정하는 적합도 검정(test for goodness of fit)이 여기에 속한다.

(2) 이원 카이제곱

이원 카이제곱 검정은 교차 분할표를 이용하는 카이제곱 검정으로 한 개 이상의 변인(집단 또는 범주)을 대상으로 검정을 수행한다. 분석대상의 집단 수에 의해서 독립성 검정과 동질성 검정으로 나누어진다.

- **독립성 검정(test of independence)**: 한 집단 내에서 두 변인의 관계가 독립인지를 검정하는 방법이다. 독립성 검정을 위한 귀무가설의 예는 다음과 같다.

  귀무가설(H_0): '두 사건은 관련성이 없다.'

- **동질성 검정(test of homogeneity)**: 두 집단 이상에서 각 범주(집단) 간의 비율이 서로 동일한지를 검정하는 방법이다. 즉 두 개 이상의 범주형 자료가 동일한 분포를 가지는 모집단에서 추출된 것인지 검정하는 방법이다. 동질성 검정을 위한 귀무가설의 예는 다음과 같다.

  귀무가설(H_0): '모든 표본의 비율은 동일하다.'

2.3 일원 카이제곱 검정

한 개의 변인을 대상으로 검정을 수행하기 때문에 교차 분할표를 이용하지 않고 검정을 수행한다. 일원 카이제곱 검정은 적합도 검정과 선호도 분석에서 주로 이용한다.

(1) 적합도 검정

적합도 검정은 chisq.test() 함수를 이용하여 관찰빈도와 기대빈도의 일치 여부를 검정한다. 다음은 적합도 검정을 위한 가설의 예이다.

적합도 검정 가설 예:

- **귀무가설**: 기대치와 관찰치는 차이가 없다.

  예 주사위는 게임에 적합하다.

- **대립가설**: 기대치와 관찰치는 차이가 있다.

  예 주사위는 게임에 적합하지 않다.

┌─ **⊙실습** **주사위 적합도 검정**

60회 주사위를 던져서 나온 관측도수와 기대도수가 [표 12.1]과 같이 나오는 경우 이 주사위는 게임에 적합한 주사위인지를 일원 카이제곱 검정방법으로 분석한다.

[표 12.1] 주사위 눈금의 관측도수와 기대도수

주사위 눈금	1	2	3	4	5	6
관측도수	4	6	17	16	8	9
기대도구	10	10	10	10	10	10

```
> chisq.test(c(4, 6, 17, 16, 8, 9))

Chi-squared test for given probabilities

data:  c(4, 6, 17, 16, 8, 9)
X-squared = 14.2, df = 5, p-value = 0.01439
>
```

└─ **해설** 카이제곱 검정 결과를 해석하는 방법은 다음과 같이 유의확률(p-value)로 해석하는 방법과 검정 통계량(X-squared, df)으로 해석하는 방법이 있다.

유의확률 해석하는 방법:

유의확률(p-value: 0.01439)이 0.05 미만이기 때문에 유의미한 수준(α = 0.05)에서 귀무가설을 기각할 수 있다. 따라서 '주사위는 게임에 적합하다.'라는 귀무가설을 기각하고 '주사위는 게임에 적합하지 않다.'는 대립가설을 채택할 수 있다.

검정통계량 해석하는 방법:

검정 통계량: X-squared = 14.2, df = 5일 때 카이제곱(X-squared)은 관측값과 기대값을 이용하여 다음과 같은 수식으로 계산할 수 있다.

$$x^2 = \Sigma\,(\text{관측값} - \text{기대값})^2\,/\,\text{기대값}$$

자유도(df: degree of freedom)란 검정을 위해서 n개의 표본(관측치)을 선정한 경우 n번째 표본은 나머지 표본이 정해지면 자동으로 결정되는 변인의 수를 의미하기 때문에 자유도는 N-1로 표현된다. 교차 분할표에서 자유도(df) = (행수 - 1) * (열수 - 1)로 구해진다.

카이제곱 검정 절차의 [단계 3]에 의해서 자유도(df)와 유의수준(α)에 따른 x^2 분포표에 의해 기각값을 결정할 수 있다. 검정 통계량의 자유도(df)가 5이고, 유의수준이 0.05인 경우 chi-square 분포표에 의하면 임계값이 11.071에 해당한다.

그러므로 X-squared 기각값(역)은 x^2 >= 11.071이 된다. 즉 x^2 값이 11.071 이상이면 귀무가설을 기각할 수 있다는 의미이다. 따라서 X-squared 검정 통계량이 14.2 이기 때문에 기각역에 해당하여 귀무가설을 기각하고 대립가설을 채택할 수 있다.

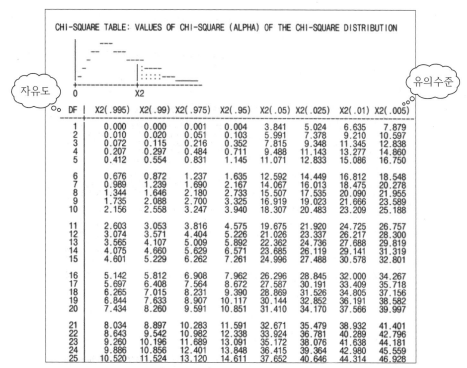

[그림 12.1] chi-square 분포표

(2) 선호도 분석

선호도 분석은 적합도 검정과 마찬가지로 관측빈도와 기대빈도의 차이를 통해서 확률 모형이 주어진 자료를 얼마나 잘 설명하는지를 검정하는 통계적 방법이다. 차이점은 분석에 필요한 연구 환경과 자료라고 볼 수 있다.

다음은 선호도 분석을 위한 가설의 예시이다.

선호도 분석 가설 예:

• **귀무가설:** 기대치와 관찰치는 차이가 없다.

> ㉠ 스포츠음료에 대한 선호도에 차이가 없다.

• **대립가설:** 기대치와 관찰치는 차이가 있다.

> ㉠ 스포츠음료에 대한 선호도에 차이가 있다.

┌ **⊙실습** 5개의 스포츠음료에 대한 선호도에 차이가 있는지 검정

```
> data <- textConnection(
+ "스포츠음료종류  관측도수
+ 1  41
+ 2  30
+ 3  51
+ 4  71
+ 5  61
+ ")
> x <- read.table(data, header = T)
> x
   스포츠음료종류  관측도수
1           1        41
2           2        30
3           3        51
4           4        71
5           5        61
>
> chisq.test(x$관측도수)     # 선호도 분석의 검정 통계량 확인

        Chi-squared test for given probabilities

data:  x$관측도수
X-squared = 20.488, df = 4, p-value = 0.0003999

>
```

┌ **해설** 유의확률을 이용하여 결과를 해석하면, 유의확률(p-value: 0.0003999)이 0.05 미만이기 때문에 유의미한 수준(α = 0.05)에서 귀무가설을 기각할 수 있다. 따라서 '스포츠음료에 대한 선호도에 차이가 없다.'라는 귀무가설을 기각하고, '스포츠음료에 대한 선호도에 차이가 있다.'는 대립가설을 채택할 수 있다. 검정 통계량으로 해석하는 방법은 적합도 검정과 동일하기 때문에 생략한다.

2.4 이원 카이제곱 검정

이원 카이제곱 검정은 두 개 이상의 변인(집단 또는 범주)을 대상으로 교차 분할표를 이용하는 카이제곱 검정방법으로 분석대상의 집단 수에 의해서 독립성 검정과 동질성 검정으로 나누어진다.

(1) 독립성 검정(관련성 검정)

동일 집단의 두 변인을 대상으로 관련성이 있는가? 또는 없는가?를 검정하는 방법이다.

독립성 검정 가설 예:
- **귀무가설(H_0):** 경제력과 대학진학 합격률과 독립성이 있다.(= 관련성이 없다.)
- **대립가설(H_1):** 경제력과 대학진학 합격률과 독립성이 없다.(= 관련성이 있다.)

독립성 검정을 위한 가설은 다음과 같다.

- **연구가설(H_1):** 부모의 학력수준과 자녀의 대학 진학여부는 독립적이지 않다.
- **귀무가설(H_0):** 부모의 학력수준과 자녀의 대학 진학여부는 독립적이다.

논문이나 보고서에서는 귀무가설을 기각하고, 연구가설을 채택하는 것이 목적이다. 또한, '대립가설' 용어를 '연구가설'로 표현한다.

⊙실습 부모의 학력수준과 자녀의 대학 진학여부의 독립성(관련성) 검정

```
> setwd("C:/Rwork/Part-III")
> data <- read.csv("cleanDescriptive.csv", header = TRUE)
> x <- data$level2
> y <- data$pass2
> CrossTable(x, y, chisq = TRUE)

   Cell Contents
|---------------------|
|                   N |
| Chi-square contribution |
|           N / Row Total |
|           N / Col Total |
|         N / Table Total |
|---------------------|

Total Observations in Table:  225

              | y
           x |    실패 |    합격 | Row Total |
------------|-------|-------|---------|
        고졸 |    40 |    49 |      89 |
            | 0.544 | 0.363 |         |
            | 0.449 | 0.551 |   0.396 |
            | 0.444 | 0.363 |         |
            | 0.178 | 0.218 |         |
------------|-------|-------|---------|
            … 중간 생략 …
------------|-------|-------|---------|
    대학원졸 |    23 |    31 |      54 |
            | 0.091 | 0.060 |         |
            | 0.426 | 0.574 |   0.240 |
            | 0.256 | 0.230 |         |
            | 0.102 | 0.138 |         |
------------|-------|-------|---------|
Column Total |    90 |   135 |     225 |
            | 0.400 | 0.600 |         |
------------|-------|-------|---------|
Statistics for All Table Factors
```

```
Statistics for All Table Factors

Pearson's Chi-squared test
------------------------ ------------------------------------
Chi^2 = 2.766951    d.f. = 2    p = 0.2507057

>
```

해설 예의 결과를 두 가지 방법으로 해석해 본다.

• 유의확률 해석 방법

유의확률(p-value: 0.2507)이 0.05 이상이기 때문에 유의미한 수준(α = 0.05)에서 귀무가설을 기각할 수 없다. 따라서 '부모의 학력수준과 자녀의 대학 진학여부는 독립적이다.'라는 귀무가설을 기각할 수 없기 때문에 두 변인 간에 관련성이 없는 것으로 해석할 수 있다.

• 검정 통계량 해석 방법

예의 결과에 의하면 검정 통계량 x^2 = 2.766951, d.f.= 2이다. 검정 통계량의 자유도(df)가 5이고, 유의수준이 0.05인 경우 chi-square 분포표에 의하면 임계값이 5.99에 해당한다. 그러므로 X-squared 기각값(역)은 x^2 >= 5.99가 된다. 즉 x^2값이 5.99 이상이면 귀무가설을 기각할 수 있다는 의미이다. 하지만, 검정 통계량의 x^2 = 2.766951이기 때문에 귀무가설을 기각할 수 없다.

참고로 카이제곱 검정 통계량의 자유도(df)가 클수록 정규분포에 가까워진다.

(2) 동질성 검정

두 집단의 분포가 동일한가? 또는 분포가 동일하지 않는가?를 검정하는 방법이다. 즉, 동일한 분포를 가지는 모집단에서 추출된 것인지를 검정하는 방법이다.

동질성 검정 가설 예:
- **귀무가설(H_0)**: 직업 유형에 따라 만족도에 차이가 없다.
- **대립가설(H_1)**: 직업 유형에 따라 만족도에 차이가 있다.

⊙ 실습 교육센터에서 교육방법에 따라 교육생들의 만족도에 차이가 있는지 검정

독립성 검정을 위한 가설은 다음과 같다.
- **연구가설(H_1)**: 교육방법에 따라 만족도에 차이가 있다.
- **귀무가설(H_0)**: 교육방법에 따라 만족도에 차이가 없다.

```
> # 단계 1: 데이터 가져오기
> setwd("C:/Rwork/Part-III")
> data <- read.csv("homogenity.csv")
> head(data)
  no method survey
1 1      1      1
2 2      2      2
```

```
3 3      3      3
4 4      1      4
5 5      2      5
6 6      3      2
>
> data <- subset(data, !is.na(survey), c(method, survey))
>
```

> # 단계 2: 코딩 변경(변수 리코딩)
> # method: 1: 방법1, 2: 방법2, 3: 방법3
> # survey: 1: 매우만족, 2: 만족, 3: 보통, 4: 불만족, 5: 매우불만족
> # method2 필드 추가
> data$method2[data$method == 1] <- "방법1"
> data$method2[data$method == 2] <- "방법2"
> data$method2[data$method == 3] <- "방법3"
>
> # survey2 필드 추가
> data$survey2[data$survey == 1] <- "1.매우만족"
> data$survey2[data$survey == 2] <- "2.만족"
> data$survey2[data$survey == 3] <- "3.보통"
> data$survey2[data$survey == 4] <- "4.불만족"
> data$survey2[data$survey == 5] <- "5.매우불만족"
>

> # 단계 3: 교차 분할표 작성
> table(data$method2, data$survey2) # 교차표 생성 -> table(행, 열)

	1.매우만족	2.만족	3.보통	4.불만족	5.매우불만족
방법1	5	8	15	16	6
방법2	8	14	11	11	6
방법3	8	7	11	15	9
>

해설 교차 분할표를 작성할 때는 반드시 각 집단의 길이(예에서는 50)가 같아야 함에 주의해야 한다.

> # 단계 4: 동질성 검정 - 모두 특성치에 대한 추론검정
> chisq.test(data$method2, data$survey2)

         Pearson's Chi-squared test

data: data$method2 and data$survey2
X-squared = 6.5447, df = 8, p-value = 0.5865

>

해설 예에 대한 동질성 검정을 해석해 보자. 예의 결과에서 유의수준 0.05에서 x^2값이 6.545, 자유도(df) 8 그리고 유의확률(p-value) 0.586을 보인다. 즉 6.545 이상의 카이제곱값이 얻어질 확률이 0.586이라는 것을 보여주고 있다. 이 값은 유의수준 0.05보다 크기 때문에 귀무가설을 기각할 수 없다. 따라서 '교육방법에 따른 만족도에 차이가 없다.'라고 말할 수 있다.

3. 교차분석과 검정보고서 작성

카이제곱 검정은 교차분석으로 얻어진 교차 분할표를 대상으로 유의확률을 적용하여 변수 간의 독립성(관련성) 여부를 검정하기 때문에 논문이나 보고서에서는 [표 12.2]와 같이 교차 분할표와 카이제곱 검정 통계량을 함께 제시한다.

[표 12.2] 교차분석과 카이제곱 검정 결과

학력 수준		실패	합격	X-squared	유의확률(p)
고졸	관찰빈도(%)	40(44.9%)	49(55.1%)		
	기대빈도	35	54		
대졸	관찰빈도(%)	27(32.9%)	55(67.1%)	2.766951	0.2507057
	기대빈도	30	52		
대학원졸	관찰빈도(%)	23(42.6%)	31(57.4%)		
	기대빈도	25	29		

[관찰빈도-기대빈도] 값이 작을수록 카이제곱의 값도 작아져서 귀무가설이 채택될 가능성이 커진다. 기대빈도는 [표 12.2]의 부모의 학력 수준과 자녀의 대학진학 여부 교차 분할표에서 설명한 내용을 참고하기 바란다.

연구자는 교차분석과 카이제곱 검정 결과를 토대로 가설검정의 연구 환경과 검정 결과를 다음과 같이 종합적으로 진술할 필요가 있다.

'부모의 학력수준과 자녀의 대학 진학여부와 관련성이 있다.'를 분석하기 위해서 자녀를 둔 A 회사 225명의 부모를 표본으로 추출한 후 설문 조사하여 교차분석과 카이제곱 검정을 시행하였다. 분석 결과를 살펴보면 부모의 학력 수준과 자녀의 대학진학 여부의 관련성은 유의미한 수준에서 차이가 없는 것으로 나타났다($x^2 = 2.766951$, $P > 0.05$). 따라서 귀무가설을 기각할 수 없기 때문에 부모의 학력 수준과 자녀의 대학진학 여부와는 관련성이 없는 것으로 분석된다.

1. 교육수준(education)과 흡연율(smoking) 간의 관련성을 분석하기 위한 연구가설을 수립하고, 단계별로 가설을 검정하시오. [독립성 검정]

   귀무가설(H_0) :

   연구가설(H_1) :

   > [단계 1] 파일 가져오기
   > ```
   > setwd("c:/Rwork/Part-III")
   > smoke <- read.csv("smoke.csv", header = TRUE)
   > head(smoke)
   > ```
   >
   > [단계 2] 코딩 변경
   > education 칼럼(독립변수) : 1:대졸, 2:고졸, 3:중졸
   > smoke 칼럼(종속변수): 1:과다흡연, 2:보통흡연, 3:비흡연
   >
   > [단계 3] 교차 분할표 작성
   >
   > [단계 4] 독립성 검정
   >
   > [단계 5] 검정 결과 해석

2. 나이(age3)와 직위(position) 간의 관련성을 단계별로 분석하시오. [독립성 검정]

   > [단계 1] 파일 가져오기
   > ```
   > setwd("c:/Rwork/Part-III")
   > data <- read.csv("cleanData.csv", header=TRUE)
   > head(data)
   > ```
   >
   > [단계 2] 코딩 변경(변수 리코딩)
   > ```
   > x <- data$position   # 행 - 직위 변수 이용
   > y <- data$age3       # 열 - 나이 리코딩 변수 이용
   > ```
   >
   > [단계 3] 산점도를 이용한 변수간의 관련성 보기 – plot(x,y) 함수 이용
   >
   > [단계 4] 독립성 검정
   >
   > [단계 5] 검정 결과 해석

3. 직업 유형에 따른 응답 정도에 차이가 있는가를 단계별로 검정하시오. [동질성 검정]

[단계 1] 파일 가져오기
```
setwd("c:/Rwork/Part-III")
response <- read.csv("response.csv", header = TRUE)
```

[단계 2] 코딩 변경 – 리코딩
```
job 칼럼 : 1:학생, 2:직장인. 3:주부
response 칼럼 : 1:무응답, 2:낮음, 3:높음
```

[단계 3] 교차 분할표 작성

[단계 4] 동일성 검정

[단계 5] 검정 결과 해석

집단 간 차이 분석

학습 내용

통계학이란 논리적 사고와 객관적인 사실을 바탕으로 일반적이고 확률론적 결정론에 의해서 인과관계를 규명한다. 특히 연구목적에 의해 설정된 가설들에 대하여 분석 결과가 어떤 결과를 뒷받침하고 있는지를 통계적 방법으로 검정할 수 있다.

Chapter11의 기술통계분석 방법은 수집된 자료의 특성을 쉽게 파악하기 위해서 자료를 정리 및 요약하는 통계학 영역이라면, 집단 간 차이 분석은 모집단에서 추출한 표본의 정보를 이용하여 모집단의 다양한 특성을 과학적으로 추론하는 학문영역이다.

이장에서는 추론통계학을 기반으로 집단 간 차이에 대한 분석 방법을 알아본다.

학습 목표

• 추정과 가설 검정에 대한 개념을 설명할 수 있다.
• 단일 집단 비율 검정과 단일 집단 평균 검정의 차이점을 설명할 수 있다.
• 두 집단 비율 검정과 두 집단 평균 검정에 관한 사례를 각각 설명할 수 있다.
• 분산분석의 검정 방법을 이용하여 두 집단 이상의 분산 차이 검정을 수행하고 결과를 해석할 수 있다.

Chapter 13의 구성

1. 추정과 검정
2. 단일 집단 검정
3. 두 집단 검정
4. 세 집단 검정

1. 추정과 검정

통계 조사에서 조사대상이 되는 전체 집단을 모집단이라 하고, 모집단에서 뽑은 일 부 자료를 표본이라고 한다. 모집단과 표본에 포함된 자료의 개수를 각각 모집단의 크기, 표본의 크기라고 한다.

모집단에서 추출된 표본으로부터 모수와 관련된 통계량(statistic)들의 값을 계산하고 이것을 이용하여 모집단의 특성(모수)을 알아내는 과정을 추론통계분석이라고 한다.

어떤 모집단에서 조사하고자 하는 특성을 나타내는 확률변수를 X라고 할 때, X의 평균, 분산, 표준편차를 각각 모평균(μ), 모분산(σ^2), 모표준편차(σ)라 한다. 또한, 어떤 모집단에서 크기가 n인 표본을 임의 추출하였을 때 이 표본에 대한 평균, 분산, 표준편차를 표본 평균($\overline{X}$), 표본분산(S^2), 표본표준편차(S)라고 한다.

1.1 점 추정과 구간 추정

추론통계분석 과정은 모집단에서 추출한 표본으로부터 얻은 정보를 이용하여 모집단의 특성을 나타내는 값을 확률적으로 추측하는 추정(estimation)과 유의수준과 표본의 검정 통계량을 비교하여 통계적 가설의 진위를 입증하는 가설 검정(hypotheses testing)으로 나눌 수 있다.

추정 방법에는 점 추정과 구간 추정으로 분류할 수 있는데, 점 추정은 하나의 값을 제시하여 모수의 참값을 추측하고, 구간 추정은 하한값과 상한값의 신뢰구간을 지정하여 모수의 참값을 추정하는 방식이다.

[표 13.1] 점 추정과 신뢰구간 추정

구분	점 추정	신뢰구간 추정
방법	하나의 값을 제시하여 모수의 참값을 추정하는 방법	하한값과 상한값의 구간을 지정하여 모수의 참값을 추정하는 방법
특징	추정값과 모수의 참값 사이의 오차범위 제공 안함	추정값과 모수의 참값 사이의 오차범위 제공

점 추정 방식을 적용하여 가설을 검정할 경우 제시된 하나의 값과 표본에 의한 검정 통계량을 직접 비교하여 일치하면 귀무가설이 기각되지만, 일치하지 않으면 귀무가설이 채택된다. 따라서 점 추정 방식에 의한 가설 검정은 귀무가설의 기각률이 낮다고 볼 수 있다. 또한, 검정 통계량과 모수의 참값 사이의 오차범위를 확인할 수 없다.

한편 구간 추정 방식으로 가설을 검정할 경우 오차범위에 의해서 결정된 하한값과 상한값의 신뢰구간과 검정 통계량을 비교하여 가설을 검정하게 된다. 일반적으로 추론통계분석에서는 구간 추정 방식을 더 많이 이용한다. 오차범위는 모표준편차(σ)가 알려지지 않는 경우 표본표준편차(S)를 이용하여 추정한다.

1.2 모평균의 구간 추정

다음과 같은 연구 환경을 예로 표본 평균($\overline{X}$)을 이용하여 모평균(μ)에 대한 신뢰도 95% 신뢰구간을 추정하는 방법에 대해서 알아본다.

「우리나라 전체 중학교 2학년 남학생의 평균 키를 알아보기 위해서 중학교 2학년 남학생 10,000명을 대상으로 키를 조사한 결과 표본 평균($\overline{X}$)은 165.1cm이고 표본표준편차(S)는 2cm였다.」

정규분포 $N(\mu, \sigma^2)$을 따르는 모집단에서 크기가 인 표본 X_1, X_2, ..., X_n을 임의추출할 때 표본 평균($\overline{X}$)은 정규분포 $N(\mu, \frac{\sigma^2}{n})$를 따르므로 $\overline{X}$를 표준화한 확률변수 Z는 표준정규분포 N(0, 1)을 따른다.

$$Z = \frac{\overline{X} - \mu}{\frac{\sigma}{\sqrt{n}}}$$

이때 표준정규분포에서 $P(-1.96 \leq Z \leq 1.96)$이므로 Z수식을 적용하면

$$P(-1.96 \leq \frac{\overline{X} - \mu}{\frac{\sigma}{\sqrt{n}}} \leq 1.96) =$$

$$P(\hat{p} - 1.96\frac{\hat{p}\hat{q}}{n} \leq p \leq \hat{p} + 1.96\frac{\hat{p}\hat{q}}{n})$$이다.

따라서 모평균 μ가 $\overline{X} - 1.96\frac{\sigma}{\sqrt{n}} \leq \mu \leq \overline{X} + 1.96\frac{\sigma}{\sqrt{n}}$에 포함될 확률은 95%이고, 이 범위를 모평균의 신뢰도 95%의 신뢰구간이라고 한다. 이러한 의미는 모집단으로부터 크기가 n인 표본을 임의 추출하는 일을 반복할 경우 이들 중 95%는 모평균 μ을 포함한다는 의미이다. 여기서 모표준편차 σ의 값이 알려지지 않는 경우 표본의 크기가 n이 충분히 클때($n \geq 30$)는 표본표준편차 S를 사용한다.

풀이: n = 10,000, $\overline{X}$ = 165.1, S = 2cm이므로 평균 키 μ의 신뢰도 95% 신뢰구간은 다음과 같다.

$$165.1 - 1.96\frac{2}{\sqrt{10000}} \leq \mu \leq 165.1 + 1.96\frac{2}{\sqrt{10000}}$$

따라서 모평균 p의 신뢰구간은 $165.0608 \leq \mu \leq 165.1392$가 된다. 신뢰도와 모평균 μ의 신뢰구간을 정리하면 [표 13.2]와 같다.

[표 13.2] 신뢰도와 모평균 신뢰구간

신뢰도	모평균(μ)의 신뢰구간
95%	$P(\overline{X} - 1.96\,\dfrac{\sigma}{\sqrt{n}} \leq \mu \leq \overline{X} + 1.96\,\dfrac{\sigma}{\sqrt{n}})$
99%	$P(\overline{X} - 2.58\,\dfrac{\sigma}{\sqrt{n}} \leq \mu \leq \overline{X} + 2.58\,\dfrac{\sigma}{\sqrt{n}})$

⊙ 실습 우리나라 중학교 2학년 남학생의 평균 신장 표본조사

우리나라 중학교 2학년 남학생의 평균 신장 표본조사를 위한 검정 통계량은 다음과 같다.

- 전체 표본 크기(N): 10,000명
- 표본 평균($\overline{X}$): 165.1cm
- 표본표준편차(S): 2cm

```
> # 신뢰수준 95%의 신뢰구간 구하기
> N = 10000                      # 표본 크기(N)
> X = 165.1                      # 표본 평균(X̄)
> S = 2                          # 표본표준편차(S)
> low <- X - 1.96 * S / sqrt(N)  # 신뢰구간 하한값
> high <- X + 1.96 * S / sqrt(N) # 신뢰구간 상한값
> low; high
[1] 165.0608
[1] 165.1392
>
```

해설 모평균(μ)에 대한 신뢰수준 95%의 신뢰구간 추정 수식을 적용하여 하한값과 상한값의 범위(165.0608 ~ 165.1392)를 계산한 결과 표본 평균의 신장(165.1cm)이 신뢰구간에 포함되는 것으로 나타난다. 즉 표본 평균의 신장은 95% 신뢰수준에서 우리나라 전체 중학교 2학년 남학생 평균 신장의 신뢰구간에 포함된다고 할 수 있다.

신뢰수준 95%의 모평균 신뢰구간: $165.0608 \leq \mu \leq 165.1392$

신뢰수준 95%는 신뢰구간이 모수를 포함할 확률을 의미하고, 신뢰구간은 오차범위에 의해서 결정된 하한값 ~ 상하값을 의미한다.

⊙ 실습 신뢰구간으로 표본오차 구하기

```
> high - X                       # 0.0392 = (신뢰구간 상한값 - 표본평균)
[1] 0.0392
> # 백분율 적용
> (low - X) * 100                # -3.92
[1] -3.92
```

```
> (high - X) * 100                    # + 3.92
[1] 3.92
>
```

└ **해설** 표본오차는 표본이 모집단의 특성과 정확히 일치하지 않아서 발생하는 확률의 차이를 의미한다. 신뢰구간의 하한 값에서 평균 신장을 빼고, 상한값에서 평균 신장을 뺀 값을 백분율로 적용하면 ±3.92의 표본오차가 나온다. 표본오차를 적용하여 검정 통계량을 다음과 같이 해석하면, 우리나라 중학교 2학년 남학생 평균 신장이 95% 신뢰수준에서 표본오차 ±3.92 범위에서 165.1cm로 조사되었다면 실제 평균 키는 165.0608cm ~ 165.1392cm 사이에 나타날 수 있다는 의미이다.

1.3 모비율의 구간 추정

제품의 불량률 또는 대선 후보 지지율 등과 같이 모집단에서 어떤 사건에 대한 비율을 모비율(p)이라고 한다. 이러한 모비율 추정은 모집단으로부터 임의추출한 표본에서 어떤 사건에 대한 비율을 표본비율($\hat{p}$)이라고 하는데 이러한 표본비율을 이용하여 모비율을 추정할 수 있다.

다음과 같은 연구 환경에서 표본비율을 이용하여 모비율의 신뢰도 95%의 신뢰구간을 추정하는 방법에 대해서 알아보자.

「A 반도체 회사의 사원을 대상으로 임의 추출한 150명을 조사한 결과 90명이 여자 사원이다.」

모비율이 p인 모집단에서 크기가 n인 표본을 임의추출한 경우, 이 충분히 크면 확률변수 $Z = \dfrac{\hat{p} - p}{\sqrt{\dfrac{pq}{n}}}$ $(q = 1 - p)$는 표준정규분포 N(0, 1)을 따른다. 또한, 표본의 크기 n이 충분히 클 때

$\hat{p}$의 분산 $\dfrac{pq}{n}$에서 p, q 대신에 표본비율 $\hat{p}, \hat{q}(\hat{q} = 1 - \hat{p})$을 사용한

$Z = \dfrac{\hat{p} - p}{\sqrt{\dfrac{pq}{n}}}$ $(q = 1 - p)$ 표준정규분포 N(0, 1)을 따른다.

이때 표준정규분포에서 $P(-1.96 \le p \le 1.96) = 0.95$이므로 Z수식을 적용하면

$$P(-1.96 \le \dfrac{\hat{p} - p}{\sqrt{\dfrac{\hat{p}\hat{q}}{n}}} \le 1.96) = P(\hat{p} - 1.96\dfrac{\hat{p}\hat{q}}{n} \le p \le \hat{p} + 1.96\dfrac{\hat{p}\hat{q}}{n}) = 0.95$$이다.

따라서 모비율 p가 $\hat{p} - 1.96\sqrt{\dfrac{\hat{p}\hat{q}}{n}} \le p \le \hat{p} + 1.96\sqrt{\dfrac{\hat{p}\hat{q}}{n}}$ 에 포함될 확률은 95%이고, 이 범위를 모비율 p의 신뢰도 95%의 신뢰구간이라고 한다. 신뢰도와 모비율 의 신뢰구간을 정리하면 [표 13.3]과 같다.

[표 13.3] 신뢰도와 모비율 신뢰구간

신뢰도	모비율(p)의 신뢰구간
95%	$\hat{p} - 1.96 \sqrt{\dfrac{\hat{p}\hat{q}}{n}} \leq p \leq \hat{p} + 1.96 \sqrt{\dfrac{\hat{p}\hat{q}}{n}}$
99%	$\hat{p} - 2.58 \sqrt{\dfrac{\hat{p}\hat{q}}{n}} \leq p \leq \hat{p} + 2.58 \sqrt{\dfrac{\hat{p}\hat{q}}{n}}$

풀이해 보면, $n = 150$, $\hat{p} = 90 / 150 = 0.6$이므로 전체 사원 중 여자 사원의 비율 p의 신뢰도 95%

신뢰구간은 $0.6 - 1.96 \sqrt{\dfrac{0.6 \times 0.4}{150}} \leq p \leq 0.6 + 1.96 \sqrt{\dfrac{0.6 \times 0.4}{150}}$ 이다. 따라서 0.596864

$\leq p \leq 0.603136$이다.

2. 단일 집단 검정

한 개의 집단과 기존 집단과의 비율 차이 검정과 평균 차이 검정에 대해서 알아본다. 비율 차이 검정은 기술통계량으로 빈도수에 대한 비율에 의미가 있으며, 평균 차이 검정은 표본 평균에 의미가 있다.

2.1 단일 집단 비율 검정

단일 집단의 비율이 어떤 특정한 값과 같은지를 검정하는 방법으로 검정 방법 중에서 가장 간단한 방법으로 분석 절차는 [그림 13.1]과 같다.

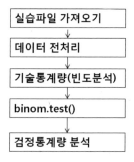

[그림 13.1] 단일 집단 비율 검정 분석 절차

분석할 데이터를 대상으로 결측치와 이상치를 제거하는 전처리 과정을 거친 후 기술통계량으로 빈도 분석을 계산하고, 이를 binom.test() 함수의 인수로 사용하여 비율 차이 검정을 수행한다. 비율 차이 검정 통계량을 바탕으로 귀무가설의 기각 여부를 결정한다.

> **연구가설**

연구가설(H_1): 기존 2019년도 고객 불만율과 2020년도 CS 교육 후 불만율에 차이가 있다.
귀무가설(H_0): 기존 2019년도 고객 불만율과 2020년도 CS 교육 후 불만율에 차이가 없다.

> **연구 환경**

2019년도 114 전화번호 안내고객을 대상으로 불만을 갖는 고객은 20%였다. 이를 개선하기 위해서 2020년도 CS 교육을 실시한 후 150명 고객을 대상으로 조사한 결과 14명이 불만이 있었다. 기존 20%보다 불만율이 낮아졌다고 할 수 있는가?

(1) 단일 표본 대상 기술통계량

분석대상의 단일 표본을 대상으로 빈도분석을 통해서 불만율에 대한 비율을 계산한다.

실습 단일 표본 빈도수와 비율계산

```
> # 단계 1: 실습 데이터 가져오기
> setwd("C:/Rwork/Part-III")
> data <- read.csv("one_sample.csv", header = TRUE)
> head(data)
  no gender survey time
1  1      2      1  5.1
2  2      2      0  5.2
3  3      2      1  4.7
4  4      2      1  4.8
5  5      2      1  5.0
6  6      2      1  5.4
>
> x <- data$survey
>
```

```
> # 단계 2: 빈도수와 비율계산
> summary(x)          # 결측치 없음
   Min.  1st Qu.  Median    Mean  3rd Qu.    Max.
 0.0000   1.0000  1.0000  0.9067   1.0000  1.0000
> length(x)           # 150개
[1] 150
> table(x)
 x
   0    1
  14  136        ◀── 0: 불만족(14), 1: 만족(136)
>
```

```
> # 단계 3: 패키지를 이용하여 빈도수와 비율계산
> install.packages("prettyR")
Installing package into 'C:/Users/master/Documents/R/win-library/4.0'
(as 'lib' is unspecified)
        …중간 생략…
> library(prettyR)
> freq(x)          # freq( ) 함수 사용

Frequencies for x
          1   0  NA
        136  14   0
%      90.7 9.3   0
%!NA 90.7 9.3

>
```

> **해설** table() 함수를 이용하거나 prettyR 패키지에서 제공되는 freq() 함수를 이용하여 단일 집단을 대상으로 기술통계량을 구한다.

(2) 이항분포 비율 검정

명목척도의 비율을 바탕으로 binom.test() 함수를 이용하여 이항분포의 양측 검정을 통해서 검정 통계량을 구한 후 이를 이용하여 가설을 검정한다.

➕ 더 알아보기 **정규분포 vs 이항분포**

모집단이 가지는 이상적인 분포 형태로 정규분포는 연속변량이지만, 이항분포는 이산변량이며 그래프는 좌우대칭인 종 모양의 곡선 형태를 나타낸다.

---

binom.test() 함수의 사용을 위한 형식은 다음과 같다.

형식
```
binom.test(x, n, p = 0.5,
           alternative = c("two.sided", "less", "greater"),
           conf.level = 0.95)
```

binom.test() 함수의 형식을 연구 환경에 적용하면 2020년도 CS 교육을 실시한 후 150명 고객을 대상으로 14명이 불만족으로 집계되므로 첫 번째 인수는 성공 횟수 14, 두 번째 인수는 시행 횟수 150(136 + 14)을 지정하고, 세 번째 인수 는 2019년도 기존 불만율 20%와 차이가 있는지를 검정하기 위해서 0.2를 지정하여 다음 예와 같이 binom.test() 함수를 작성하여 비율 검정을 시행한다.

예 | binom.test(14, 150, p = 0.2)

┌─ **⊙실습** **불만율 기준 비율검정**

기존 불만율 20%와 차이가 있는지를 알아보기 위해서 양측 검정을 시행한다. 실습 예의 binom. test() 함수에서 사용되는 주요 속성은 다음과 같다.

- alternative = "two.sided": 양측 검정을 의미한다.
- conf.level = 0.95: 95% 신뢰수준을 의미한다.

두 가지 속성은 기본값으로 지정되어 있어 생략할 수 있다. 만약 conf.level = 0.99로 지정하면 99% 신뢰수준으로 검정 통계량이 구해진다.

```
> # 단계 1: 양측 검정
> binom.test(14, 150, p = 0.2)  # 기존 20% 불만율을 기준으로 검정 실시

        Exact binomial test

data:  14 and 150
number of successes = 14, number of trials = 150, p-value = 0.0006735
alternative hypothesis: true probability of success is not equal to 0.2
95 percent confidence interval:
 0.05197017 0.15163853
sample estimates:
probability of success
            0.09333333

>
> binom.test(14, 150, p = 0.2, alternative = "two.sided", conf.level = 0.95)

        Exact binomial test

data:  14 and 150
number of successes = 14, number of trials = 150, p-value = 0.0006735
alternative hypothesis: true probability of success is not equal to 0.2
95 percent confidence interval:
 0.05197017 0.15163853
sample estimates:
probability of success
            0.09333333

>
```

└─ **해설** 불만족 고객 14명을 대상으로 95% 신뢰수준에서 양측 검정을 시행한 결과 검정 통계량 p-value 값은 0.0006735로 유의수준 0.05보다 작아 기존 불만율(20%)과 차이가 있다고 볼 수 있다. 즉 기존 2019년도 고객 불만율과 2020년도 CS 교육 후 불만율에 차이 있다고 볼 수 있다.

하지만, 양측 검정 결과에서는 기존 불만율보다 '크다' 혹은 '작다'는 방향성은 제시되지 않는다. 따라서 방향성을 갖는 단측 가설 검정을 통해서 기존 집단과 비교하여 신규 집단의 불만율이 개선되었는지를 확인해야 한다.

다음 실습 예의 binom.test() 함수에서 사용되는 주요 속성은 다음과 같다.

- alternative = "greater": 방향성을 갖는 연구가설을 검정할 경우 이용한다. 95% 신뢰수준에서 전체 150명 중에서 14명의 불만족 고객이 전체비율의 20%보다 더 큰 비율인가를 검정하기 위한 속성이다.

- alternative = "less": 방향성을 갖는 연구가설을 검정할 경우 이용한다. 95% 신뢰수준에서 전체 150명 중에서 14명의 불만족 고객이 전체비율의 20%보다 더 적은 비율인가를 검정하기 위한 속성이다.

```
> # 단계 2: 방향성을 갖는 단측 가설 검정
> ## 2020년 불만율 > 2019년 불만율
> binom.test(14, 150, p = 0.2,
+            alternative = "greater", conf.level = 0.95)

        Exact binomial test

data: c(14, 150)
number of successes = 14, number of trials = 164, p-value = 1
alternative hypothesis: true probability of success is greater than 0.2
95 percent confidence interval:
 0.05234697 1.00000000
sample estimates:
probability of success
             0.08536585


>
> ## 2020년 불만율 < 2019년 불만율
> binom.test(c(14, 150), p = 0.2,
+       alternative = "less", conf.level = 0.95)

        Exact binomial test

data: c(14, 150)
number of successes = 14, number of trials = 164, p-value = 4.881e-05
alternative hypothesis: true probability of success is less than 0.2
95 percent confidence interval:
 0.0000000 0.1302327
sample estimates:
probability of success
             0.08536585

>
```

해설 '기존 2019년도 고객 불만율에 비해서 2020년도 CS 교육 후 불만율이 더 낮다.'라는 방향성이 있는 연구가설을 검정한 결과 검정 통계량 p-value 값이 0.05보다 작은 경우의 가설을 채택한다. 따라서 alternative = "less" 속성을 지정한 단측 가설이 채택된다.

결론적으로 기존 2019년도 고객 불만율 20%에 비해서 2020년도 CS 교육 후 고객 불만율이 낮아졌다고 할 수 있다. 따라서 CS 교육에 효과가 있다고 볼 수 있다.

2.2 단일 집단 평균 검정(단일 표본 T-검정)

단일 집단의 평균이 어떤 특정한 집단의 평균과 차이가 있는지를 검정하는 방법으로 분석 절차는 [그림 13.2]와 같다.

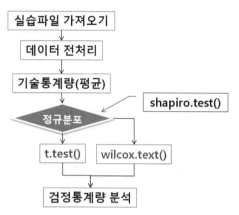

[그림 13.2] 단일 집단의 평균 검정 분석 절차

분석할 데이터를 대상으로 전처리 후 평균 차이 검정을 위해서 기술통계량으로 평균을 구한다. 평균 차이 검정은 정규분포 여부를 판정한 후 결과에 따라서 T-검정 또는 웰콕스(wilcox) 검정을 시행한다. 만약 정규분포이면 모수 검정인 T-검정을 수행하지만, 정규분포가 아닌 경우는 비모수 검정인 웰콕스 검정으로 평균 차이 검정을 시행하여 귀무가설의 기각 여부를 결정한다.

연구가설

연구가설(H_1): 국내에서 생산된 노트북과 A사에서 생산된 노트북의 평균 사용시간에 차이가 있다.
귀무가설(H_0): 국내에서 생산된 노트북과 A사에서 생산된 노트북의 평균 사용시간에 차이가 없다.

연구 환경

국내에서 생산된 노트북 평균 사용시간이 5.2시간으로 파악된 상황에서, A사에서 생산된 노트북 평균 사용시간과 차이가 있는지를 검정하기 위해서 A사의 노트북 150대를 랜덤으로 선정하여 검정을 시행한다.

---

(1) 단일 표본평균 계산

데이터의 전처리 과정을 통해서 outlier를 제거한 후 변수에 대한 대표값의 성격을 갖는 평균을 계산한다.

┌─ **⊙ 실습** 단일 표본 평균 계산하기

```
> # 단계 1: 실습 파일 가져오기
> setwd("C:/Rwork/Part-III")
> data <- read.csv("one_sample.csv", header = TRUE)
> str(data)          # 150
'data.frame': 150 obs. of  4 variables:
 $ no    : int   1 2 3 4 5 6 7 8 9 10 ...
 $ gender: int   2 2 2 2 2 2 2 2 2 1 ...
 $ survey: int   1 0 1 1 1 1 1 1 0 1 ...
 $ time  : num  5.1 5.2 4.7 4.8 5 5.4 NA 5 4.4 4.9 ...
> head(data)
   no gender  survey time
1  1      2       1   5.1
2  2      2       0   5.2
3  3      2       1   4.7
4  4      2       1   4.8
5  5      2       1   5.0
6  6      2       1   5.4
> x <- data$time
> head(x)
[1] 5.1 5.2 4.7 4.8 5.0 5.4
>
```

```
> # 단계 2: 데이터 분포/결측치 제거
> summary(x)  # NA 41개
  Min. 1st Qu.  Median   Mean 3rd Qu.   Max.   NA's
 3.000   5.000   5.500  5.557   6.200  7.900     41
> mean(x)         # 평균 NA
[1] NA
>
```

```
> # 단계 3: 데이터 정제
> mean(x, na.rm = T)    # NA 제외 평균(방법1)
[1] 5.556881
>
> x1 <- na.omit(x)         # NA 제외 평균(방법2)
> mean(x1)
[1] 5.556881
>
```

└─ **해설** 단일 집단 평균 차이 검정을 수행하기 전에 단일 집단을 대상으로 평균에 관한 통계량을 계산한다.

(2) 평균 검정 통계량의 특징

평균 검정 통계량은 비율척도와 같은 수치 기반 데이터에 의미가 있다. 특히 분포의 중심위치를 나타내는 대표값의 성격을 가지며, 정규분포에서 도수분포 곡선이 평균값을 중앙으로 하여 좌우대칭인 종모양을 형성한다. 또한, 집단 간의 평균에 차이가 있는지를 검정하는 용도로 사용한다.

(3) 정규분포 검정

단일 표본평균 차이 검정을 수행하기 전에 데이터의 분포 형태가 정규분포 인지를 먼저 검정해야 한다. 정규분포 검정은 stats 패키지에서 제공하는 shapiro.test() 함수를 이용할 수 있다. 검정 결과가 유의수준 0.05보다 큰 경우 정규분포로 본다.

⊙ 실습 정규분포 검정

귀무가설(H_0): x의 데이터 분포는 정규분포이다.

```
> shapiro.test(x1)      # x1 데이터에 대한 정규분포 검정

        Shapiro-Wilk normality test

data: x1
W = 0.99137, p-value = 0.7242

>
```

해설 검정 통계량 p-value 값은 0.7242로 유의수준 0.05보다 크기 때문에 x1 객체의 데이터 분포는 정규분포를 따른다고 할 수 있다. 따라서 모수 검정인 T-검정으로 평균 차이 검정을 수행해야 한다.

(4) 정규분포 시각화

정규분포 검정 결과를 시각화하여 x1 변량의 정규분포 형태를 확인할 수 있다.

⊙ 실습 정규분포 시각화

```
> # 정규분포 시각화
> par(mfrow = c( 1, 2))
> hist(x1)              # x1객체 데이터 분포보기
>
> qqnorm(x1)
> qqline(x1, lty = 1, col = 'blue')
>
```

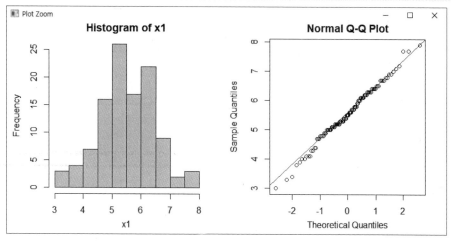

└ **해설** 히스토그램을 이용하여 x1 객체의 데이터 분포 형태를 확인하면 오른쪽으로 약간 편향된 분포를 보이지만, 대체로 평균을 중심으로 균등하게 종 모양 형태로 나타내고 있다. 또한, stats 패키지에서 정규성 검정을 위해서 제공되는 qqnorm() 함수와 qqline() 함수를 이용하여 정규분포를 시각화할 수도 있다.

(5) 평균 차이 검정

모집단에서 추출한 표본 데이터의 분포 형태가 정규분포 형태를 가지면, T-검정을 수행한다. T-검정은 모집단의 평균값을 검정하는 방법으로 stats 패키지에서 제공하는 t.test() 함수를 이용할 수 있다.

t.test() 함수의 형식은 다음과 같다.

> **형식** t.test(x, y = NULL,
>   alternative = c("two.sided", "less", "greater"),
>   mu = 0, paired = FALSE, var.equal = FALSE,
>   conf.level = 0.95, ...)

alternative 속성을 이용하여 양측 검정과 단측 검정을 수행할 수 있고, conf.level 속성으로 신뢰수준을 지정하여 평균 차이 검정을 수행할 수 있다. 또한 mu(그리스 알파벳의 열두째 글자로 μ를 의미) 속성은 비교할 기존 모집단의 평균값을 지정한다.

┌ **⊙실습** 단일 표본평균 차이 검정

```
> # 단계 1: 양측 검정 - x1 객체와 기존 모집단의 평균 5.2시간 비교
> t.test(x1, mu = 5.2)  # x1: 표본집단 평균, mu = 5.2, 기본 모집단의 평균값

        One Sample t-test

data: x1
t = 3.9461, df = 108, p-value = 0.0001417
alternative hypothesis: true mean is not equal to 5.2
95 percent confidence interval:
 5.377613 5.736148
sample estimates:
mean of x
 5.556881

> t.test(x1, mu = 5.2, alter = "two.side", conf.level = 0.95)

        One Sample t-test

data: x1
t = 3.9461, df = 108, p-value = 0.0001417
alternative hypothesis: true mean is not equal to 5.2
95 percent confidence interval:
```

```
   5.377613 5.736148
sample estimates:
mean of x
  5.556881

>
```

해설 기존 노트북 평균 사용시간 5.2시간과 x1 데이터의 평균을 기준으로 95% 신뢰수준에서 양측 검정을 시행한 결과 검정 통계량 p-value 값은 0.0001417로 유의수준 0.05보다 작기 때문에 국내에서 생산된 노트북과 A사에서 생산된 노트북의 평균 사용 시간에 차이가 있다고 볼 수 있다.

검정 통계량은 t = 3.9461, df = 108, p-value = 0.0001417이며, 95% 신뢰수준에서 신뢰구간은 5.377613~ 5.736148 (구간 추정)이고, x1 변수의 평균은 5.556881(점 추정)으로 나타났다. 따라서 mu = 5.2는 신뢰구간을 벗어났기 때문에 귀무가설이 기각된다. 여기서 신뢰구간은 귀무가설의 채택역을 의미한다.

```
> # 단계 2: 방향성을 갖는 단측 가설 검정
> t.test(x1, mu = 5.2, alter = "greater", conf.level = 0.95)

One Sample t-test

data: x1
t = 3.9461, df = 108, p-value = 7.083e-05
alternative hypothesis: true mean is greater than 5.2
95 percent confidence interval:
 5.406833     Inf
sample estimates:
mean of x
 5.556881

>
```

해설 기존 노트북 평균 사용시간 5.2시간과 x1 데이터의 평균을 기준으로 95% 신뢰수준에서 '국내에서 생산된 노트북 평균 사용시간보다 A사에서 생산된 노트북의 평균 사용시간이 더 길다.'는 방향성(greater) 갖는 연구가설을 검정한 결과 p-value 값은 7.083e-05(0.00007083)로 유의수준 0.05보다 매우 작기 때문에 A사에서 생산된 노트북의 평균 사용시간이 국내에서 생산된 노트북 평균 사용시간보다 길다고 할 수 있다.

stats 패키지에서 제공하는 qt() 함수를 이용하면, 귀무가설의 임계값을 확인할 수 있다. 즉 pt() 함수에서 p-value와 자유도(df)를 인수로 지정하여 함수를 실행하면 귀무가설을 기각할 수 있는 임계값을 얻을 수 있다. qt() 함수의 형식은 다음과 같다.

형식 qt(p-value, df)

```
> # 단계 3: 귀무가설의 임계값 계산
> qt(7.083e-05, 108)
[1] -3.946073
>
```

해설 검정 통계량의 p-value와 자유도(df)를 이용하여 귀무가설의 임계값을 계산한 결과 −3.946073으로 나타난다. 임계값은 절대값이므로 T-검정 통계량이 3.946 이상이면 귀무가설을 기각할 수 있다. 실제 t = 3.9460073이기 때문에 귀무가설을 기각할 수 있다.

(6) 단일 집단 T-검정 결과 작성

논문이나 보고서에서 단일 표본평균 검정 결과를 제시하기 위해서는 [표 13.4]와 같은 형식으로 일목요연하게 기술하는 것이 좋다.

[표 13.4] 단일 집답 T-검정 결과 정리 및 기술

가설 설정	연구가설(H_1): 국내에서 생산된 노트북과 A사에서 생산된 노트북의 평균 사용시간에 차이가 있다.
	귀무가설(H_0): 국내에서 생산된 노트북과 A사에서 생산된 노트북의 평균 사용시간에 차이가 없다.
연구 환경	국내에서 생산된 노트북 평균 사용시간이 5.2시간으로 파악된 상황에서 A사에서 생산된 노트북 평균 사용시간과 차이가 있는지를 검정하기 위해서 A사 노트북 150대를 랜덤으로 선정하여 검정을 시행한다.
유의 순준	α = 0.05
분석 방법	단일 표본 T-검정
검정 통계량	t= 3.9461, df = 108
유의확률	P = 0.00007083
결과해석	유의수준 0.05에서 귀무가설이 기각되었다. 따라서 국내에서 생산된 노트북과 A사에서 생산된 노트북의 평균 사용시간에 차이를 보인다고 할 수 있다. 즉 국내에서 생산된 노트북의 평균 사용시간은 5.2이며, A사에서 생산된 노트북의 평균 사용시간은 5.556으로 국내 평균 사용시간보다 길다고 할 수 있다.

3. 두 집단 검정

독립된 두 집단 간의 비율 차이 검정과 평균 차이 검정에 대해서 알아본다. 비율 차이 검정은 기술통계량으로 빈도수에 대한 비율에 의미가 있으며, 평균 차이 검정은 표본 평균에 의미가 있다.

3.1 두 집단 비율 검정

두 집단을 대상으로 비율 차이 검정을 통해서 두 집단의 비율이 같은지 또는 다른지를 검정하는 방법으로 분석 절차는 [그림 13.3]과 같다.

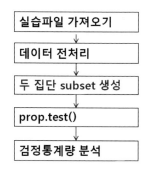

[그림 13.3] 두 집단 비율 검정 분석 절차

분석할 데이터를 대상으로 결측치와 이상치를 제거하는 전처리 과정을 거친 후 비교 대상의 두 집단을 분류하고, 이를 prop.test() 함수의 인수로 사용하여 비율 차이 검정을 수행한다. 단일 표본 이항 분포 비율 검정은 binom.test() 함수를 이용하지만 독립 표본 이항분포 비율 검정은 prop.test() 함수를 이용한다. 비율 차이 검정 통계량을 바탕으로 귀무가설의 기각 여부를 결정한다.

연구가설

연구가설(H_1): 두 가지 교육 방법에 따라 교육생의 만족율에 차이가 있다.
귀무가설(H_0): 두 가지 교육 방법에 따라 교육생의 만족율에 차이가 없다.

연구 환경

IT 교육센터에서 PT를 이용하는 프레젠테이션 교육 방법과 실시간 코딩 교육 방법을 적용하여 교육을 시행하였다. 두 가지 교육 방법 중 더 효과적인 교육 방법을 조사하기 위해서 교육생 300명을 대상으로 설문 조사를 시행하였다. 조사한 결과는 [표13.5]와 같다.

[표 13.5] 교육 방법과 만족도 교차 분할표

만족도 / 교육 방법	만족	불만족	참가자
PT 교육	110	40	150
코딩교육	135	15	150
합 계	245	55	150

(1) 집단별 subset 작성과 교차분석

교육 방법에 따라서 두 집단으로 subset을 작성한 후 전처리 과정을 통해서 데이터를 정제한다.

┌─(●실습) **두 집단의 subset 작성과 교차분석 수행**

```
> # 단계 1: 실습 파일 가져오기
> selwd("C:/Rwork/Part-III")
> data <- read.csv("two_sample.csv", header = TRUE)
> head(data)          # 변수명 확인
  no gender method survey score
1 1      1      1      1   5.1
2 2      1      1      0   5.2
3 3      1      1      1   4.7
4 4      2      1      0   4.8
5 5      1      1      1   5.0
6 6      1      1      1   5.4
>
```

```
> # 단계 2: 두 집단의 subset 작성 및 데이터 전처리
> x <- data$method    # 교육 방법(1, 2) -> NA 없음
> y <- data$survey    # 만족도(1: 만족, 0:불만족)
>
```

```
> # 단계 3: 집단별 빈도분석
> table(x)                # 교육 방법1과 교육 방법2 모두 150명 참여
x
  1   2
150 150
> table(y)                # 교육 방법 만족(1)/불만족(0)
y
  0   1
 55 245
>
```

```
> # 단계 4: 두 변수에 대한 교차분석
> table(x, y, useNA = "ifany")  # useNA = "ifany": 결측치까지 출력
   y
x   0   1
  1 40 110
  2 15 135
>
```

└─(해설) 집단 간의 비율 차이를 분석하기 전에 교육 방법과 만족도 칼럼을 추출하고, 빈도분석과 교차분석을 통해서 집단 간의 차이를 검정 통계량으로 알아본다.

(2) 두 집단 비율 차이 검정

명목척도의 비율을 바탕으로 prop.test() 함수를 이용하여 두 집단 간 이항분포의 양측 검정을 통해서 검정 통계량을 구한 후 이를 이용하여 가설을 검정한다. prop.test() 함수의 형식은 다음과 같다.

> **형식**   prop.test(x, n, p = NULL,
>   alternative = c("two.sided", "less", "greater"),
>   conf.level = 0.95, correct = TRUE)

prop.test() 함수의 형식을 적용한 예는 다음과 같다. 첫 번째 벡터는 PT 교육과 코딩 교육 방법에 대한 만족 수(성공 횟수)이고, 두 번째 벡터는 두 교육 방법에 대한 변량의 길이(시행 횟수)이다.

> 예 | prop.test(c(110,135), c(150,150))

◉실습 두 집단 비율 차이 검정

PT 교육 방법과 코딩 교육 방법에 따른 만족도에 차이가 있는지를 검정한다.

```
> # 단계 1: 양측 검정
> ## 교육 방법에 따른 만족도 차이 검정
> prop.test(c(110, 135), c(150, 150),
+        alternative = "two.sided", conf.level = 0.95)

        2-sample test for equality of proportions with continuity correction

data:  c(110, 135) out of c(150, 150)
X-squared = 12.824, df = 1, p-value = 0.0003422
alternative hypothesis: two.sided
95 percent confidence interval:
 -0.25884941  -0.07448392
sample estimates:
   prop 1     prop 2
0.7333333  0.9000000

>
```

해설   PT 교육 방법과 코딩 교육 방법에 따른 만족도에 차이가 있는지를 검정하기 위해서 95% 신뢰수준에서 양측 검정을 시행한 결과 검정 통계량 p-value 값은 0.0003422로 유의수준 0.05보다 작기 때문에 두 교육 방법 간의 만족도에 차이가 있다고 볼 수 있다. 즉 "두 가지 교육 방법에 따라 교육생의 만족율에 차이가 있다."는 연구가설이 채택된다.

검정 통계량은 X-squared = 12.8237, df = 1, p-value = 0.0003422이며, 95% 신뢰수준에서 신뢰구간은 -0.25884941 -0.074483920이고, 첫 번째 교육 방법의 비율은 0.7333333, 두 번째 교육 방법의 비율은 0.9000000으로 나타났다.

X-squared 검정 통계량으로 가설 검정을 수행하면 신뢰수준 95%에서 df(자유도)가 1이면 X-squared 기각값(3.841)보다 X-squared 검정 통계량(12.8237)이 더 크기 때문에 귀무가설을 기각할 수 있다.

첫 번째 교육 방법(PT 교육)과 두 번째 교육 방법(코딩 교육)을 대상으로 방향성을 갖는 연구가설을 검정한다.

```
> # 단계 2: 방향성을 갖는 단측 가설 검정
> prop.test(c(110, 135), c(150, 150),
+               alter = "greater", conf.level = 0.95)

        2-sample test for equality of proportions with  continuity correction

data:  c(110, 135) out of c(150, 150)
X-squared = 12.824, df = 1, p-value = 0.9998
alternative hypothesis: greater
95 percent confidence interval:
 -0.2451007  1.0000000
sample estimates:
    prop 1      prop 2
0.7333333  0.9000000

>
> prop.test(c(110, 135), c(150, 150),
+               alter = "less", conf.level = 0.95)

        2-sample test for equality of proportions with continuity correction

data:  c(110, 135) out of c(150, 150)
X-squared = 12.824, df = 1, p-value = 0.0001711
alternative hypothesis: less
95 percent confidence interval:
 -1.00000000  -0.08823265
sample estimates:
    prop 1      prop 2
0.7333333  0.9000000

>
```

해설 방향성을 갖는 단측 가설을 시행한 결과 greater는 p-value = 0.99980이고, less는 p-value = 0.00017110이므로, 두 번째 교육 방법인 코딩 교육 방법이 PT 교육 방법보다 만족도가 더 크다고 볼 수 있다. 즉, 코딩 교육 방법이 PT 교육 방법보다 교육생들에게 만족도가 더 높은 것으로 분석된다.

3.2 두 집단 평균 검정(독립 표본 T-검정)

두 집단을 대상으로 평균 차이 검정을 통해서 두 집단의 평균이 같은지 또는 다른지를 검정하는 방법으로 분석 절차는 [그림 13.4]와 같다.

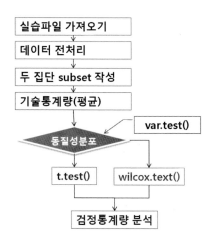

[그림 13.4] 두 집단 평균 검정 분석 절차

분석할 데이터를 대상으로 결측치와 이상치를 제거하는 전처리 과정을 거친 후 비교 대상의 두 집단을 분류하고, 평균 차이 검정을 위해서 기술통계량으로 평균을 구한다. 독립 표본평균 검정은 두 집단 간 분산의 동질성 검증(정규분포 검정) 여부를 판정한 후 결과에 따라서 T-검정 또는 웰콕스(wilcox) 검정을 수행한다.

두 검정 방법의 선택은 단일 표본평균 검정과 동일하다. 두 집단 평균 차이 검정 통계량을 바탕으로 귀무가설의 기각 여부를 결정한다.

연구가설

연구가설(H_1): 교육 방법에 따른 두 집단 간 실기시험의 평균에 차이가 있다.
귀무가설(H_0): 교육 방법에 따른 두 집단 간 실기시험의 평균에 차이가 없다.

연구 환경

IT 교육센터에서 PT를 이용한 프레젠테이션 교육 방법과 실시간 코딩 교육 방법을 적용하여 1개월 동안 교육받은 교육생 각 150명을 대상으로 실기시험을 시행하였다. 두 집단 간 실기시험의 평균에 차이가 있는가 검정한다.

(1) 독립 표본평균 계산

데이터의 전처리 과정을 통해서 outlier를 제거한 후 변수에 대한 대표값의 성격을 갖는 평균을 계산한다.

┌─ ⊙실습 독립 표본 평균 계산

```
> # 단계 1: 실습 파일 가져오기
> data <- read.csv("C:/Rwork/Part-III/two_sample.csv", header = TRUE)
> head(data)          # 4개 변수 확인
  no gender method survey score
1 1       1      1      1   5.1
2 2       1      1      0   5.2
3 3       1      1      1   4.7
4 4       2      1      0   4.8
5 5       1      1      1   5.0
6 6       1      1      1   5.4
> summary(data)       # score - NA's : 73개
      no             gender         method        survey         score
 Min.   :  1.00  Min.   :1.00  Min.   :1.0  Min.   :0.0000  Min.   :3.000
 1st Qu.: 75.75  1st Qu.:1.00  1st Qu.:1.0  1st Qu.:1.0000  1st Qu.:5.100
 Median :150.50  Median :1.00  Median :1.5  Median :1.0000  Median :5.600
 Mean   :150.50  Mean   :1.42  Mean   :1.5  Mean   :0.8167  Mean   :5.685
 3rd Qu.:225.25  3rd Qu.:2.00  3rd Qu.:2.0  3rd Qu.:1.0000  3rd Qu.:6.300
 Max.   :300.00  Max.   :2.00  Max.   :2.0  Max.   :1.0000  Max.   :8.000
                                                            NA's   :73
>
```

```
> # 단계 2: 두 집단의 subset 작성 및 데이터 전처리
> result <- subset(data, !is.na(score), c(method, score))
> # c(method, score)  # data의 전체 변수 중 두 변수만 추출
> # !is.na(score)     # na가 아닌 것만 추출
>
```

```
> # 단계 3: 데이터 분리
> a <- subset(result, method == 1)    # 교육 방법별로 분리
> b <- subset(result, method == 2)
> a1 <- a$score                       # 교육 방법에서 점수 추출
> b1 <- b$score
>
```

```
> # 단계 4: 기술통계량
> length(a1)     # 109
[1] 109
> length(b1)     # 118
[1] 118
> mean(a1)
[1] 5.556881
> mean(b1)
[1] 5.80339
>
```

└─ 해설 교육 방법별로 실기시험 점수를 추출하여 평균을 계산하면, 집단별 평균의 차이를 볼 수 있다.

(2) 동질성 검정

모집단에서 추출된 표본을 대상으로 분산의 동질성 검정은 stats 패키지에서 제공하는 var.test() 함수를 이용할 수 있다. 검정 결과가 유의수준 0.05보다 큰 경우 두 집단 간 분포의 모양이 동질하다고 할 수 있다.

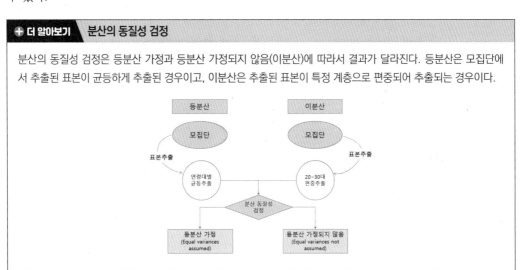

⊕ 더 알아보기   분산의 동질성 검정

분산의 동질성 검정은 등분산 가정과 등분산 가정되지 않음(이분산)에 따라서 결과가 달라진다. 등분산은 모집단에서 추출된 표본이 균등하게 추출된 경우이고, 이분산은 추출된 표본이 특정 계층으로 편중되어 추출되는 경우이다.

⊙ 실습   두 집단 간의 동질성 검정

동질성 검정의 귀무가설: 두 집단 간 분포의 모양이 동질적이다.

```
> var.test(a1, b1)   # a1과 b1 집단 간의 동질성 검정

          F test to compare two variances

data:  a1 and b1
F = 1.2158, num df = 108, denom df = 117, p-value = 0.3002
alternative hypothesis: true ratio of variances is not equal to 1
95 percent confidence interval:
 0.8394729  1.7656728
sample estimates:
ratio of variances
          1.215768

>
```

해설   검정 통계량 p-value 값은 0.3002로 유의수준 0.05보다 크기 때문에 두 집단 간의 분포 형태가 동질하다고 볼 수 있다.

(3) 두 집단 평균 차이 검정

두 집단 간의 동질성 검정에서 분포 형태가 동질하다고 분석되었기 때문에 t.test() 함수를 이용하여 두 집단 간 평균 차이 검정을 수행한다.

┌─ ⊙ 실습 두 집단 평균 차이 검정

```
> # 단계 1: 양측 검정
> t.test(a1, b1, alter = "two.sided",
+        conf.int = TRUE, conf.level = 0.95)

        Welch Two Sample t-test

data:  a1 and b1
t = -2.0547, df = 218.19, p-value = 0.0411
alternative hypothesis: true difference in means is not equal to 0
95 percent confidence interval:
 -0.48296687  -0.01005133
sample estimates:
mean of x mean of y
 5.556881  5.803390

>
```

```
> # 단계 2:방향성을 갖는 단측 가설 검정
> t.test(a1, b1, alter = "greater",
+        conf.int = TRUE, conf.level = 0.95)

        Welch Two Sample t-test

data:  a1 and b1
t = -2.0547, df = 218.19, p-value = 0.9794
alternative hypothesis: true difference in means is greater than 0
95 percent confidence interval:
 -0.4446915       Inf
sample estimates:
mean of x mean of y
 5.556881  5.803390

>
> t.test(a1, b1, alter = "less",
+        conf.int = TRUE, conf.level = 0.95)

        Welch Two Sample t-test

data:  a1 and b1
t = -2.0547, df = 218.19, p-value = 0.02055
alternative hypothesis: true difference in means is less than 0
95 percent confidence interval:
    -Inf  -0.04832672
sample estimates:
mean of x mean of y
 5.556881  5.803390

>
```

┗━ 해설 프레젠테이션 교육 방법과 실시간 코딩 교육 방법 간 실기점수의 평균에 차이가 있는지를 검정하기 위해서 95% 신뢰수준에서 양측 검정을 시행한 결과 검정 통계량 p-value 값은 0.0411로 유의수준 0.05보다 작기 때문에 두 집단 간의 평균에 차이가 있는 것으로 나타났다. 또한, 방향성을 갖는 연구가설을 수행한 결과 a1 집단의 평균이 b1 집단의 평균보다 더 작은 것으로 나타났다. 따라서 "교육 방법에 따른 두 집단 간 실기시험의 평균에 차이가 있다."는 연구가설이 채택된다.

(4) 두 집단 평균 차이 검정 결과 작성

논문이나 보고서에서 독립 표본평균 검정 결과를 제시하기 위해서는 [표 13.6]과 같은 형식으로 기술한다.

[표 13.6] 독립 표본 t-검정 결과 정리 및 기술

가설 설정	연구가설(H_1): 교육 방법에 따른 두 집단 간 실기시험의 평균에 차이가 있다.
	귀무가설(H_0): 교육 방법에 따른 두 집단 간 실기시험의 평균에 차이가 없다.
연구 환경	IT 교육센터에서 PT를 이용한 프레젠테이션 교육 방법과 실시간 코딩 교육 방법을 적용하여 1개월 동안 교육받은 교육생 각 150명을 대상으로 실기시험을 실시하였다. 집단간 실기시험의 평균에 차이가 있는가 검정한다.
유의 순준	α = 0.05
분석 방법	단일 표본 T검정
검정 통계량	t = −2.0547, df = 218.192
유의확률	P = 0.0411
결과해석	유의수준 0.05에서 귀무가설이 기각되었다. 따라서 "교육 방법에 따른 두 집단 간 실기시험의 평균에 차이가 있다."라고 말할 수 있다. 단측 검정을 실시한 결과 첫 번째 교육 방법이 두 번째 교육 방법보다 크지 않은 것으로 나타났다. 즉 실시간 코딩 교육 방법이 교육 효과가 더 높은 것으로 분석된다.

3.3 대응 두 집단 평균 검정(대응 표본 T-검정)

대응 표본평균 검정(Paired Samples t-test)은 동일한 표본을 대상으로 측정된 두 변수의 평균 차이를 검정하는 분석 방법이다. 일반적으로 사전검사와 사후검사의 평균 차이를 검증할 때 많이 이용한다 (예: 교수법 프로그램을 적용하기 전 학생들의 학습력과 교수법 프로그램을 적용한 후 학생들의 학습력에 차이가 있는지를 검정한다.). 분석절차는 [그림 13.5]와 같다.

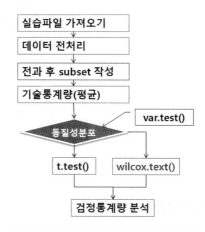

[그림 13.5] 대응 두 집단 평균 검정 분석 절차

분석할 데이터를 대상으로 전처리 과정을 거친 후 전과 후로 두 집단을 분류하고, 평균 차이 검정을 위해서 기술통계량으로 평균을 구한다.

대응 표본평균 검정은 독립 표본평균 검정 방법과 동일하다. 대응 표본 두 집단 평균 차이 검정 통계량을 바탕으로 귀무가설의 기각 여부를 결정한다.

연구가설

연구가설(H_1): 교수법 프로그램을 적용하기 전 학생들의 학습력과 교수법 프로그램을 적용한 후 학생들의 학습력에 차이가 있다.
귀무가설(H_0): 교수법 프로그램을 적용하기 전 학생들의 학습력과 교수법 프로그램을 적용한 후 학생들의 학습력에 차이가 없다.

연구 환경

A 교육센터에서 교육생 100명을 대상으로 교수법 프로그램 적용 전에 실기시험을 시행한 후 1개월 동안 동일한 교육생에게 교수법 프로그램을 적용한 후 실기시험을 시행한 점수와 평균에 차이가 있는지 검정한다.

---

(1) 대응 표본평균 계산

대응되는 두 집단의 subset을 생성한 후 두 집단 간의 평균 차이 검정을 위해서 집단 간 평균을 계산한다.

⊙ 실습 대응 표본평균 계산

```
> # 단계 1: 실습 파일 가져오기
> setwd("C:/Rwork/Part-III")
> data <- read.csv("paired_sample.csv", header = TRUE)
>
```

```
> # 단계 2: 대응 두 집단 subset 생성
> result <- subset(data, !is.na(after), c(before, after))   # subset 작성
> x <- result$before                                         # 교수법 적용 전 점수
> y <- result$after                                          # 교수법 적용 후 점수
> x; y
 [1] 5.1 5.2 4.7 4.8 5.0 5.4 5.0 5.0 4.4 4.9 6.0 5.2 6.0 4.3 5.8 5.7 5.0 5.1 5.3
[20] 6.0 5.4 5.1 4.8 4.1 4.8 5.0 5.0 5.2 4.7 6.0 4.4 5.2 5.3 5.5 4.0 6.1 5.0 6.3
[39] 4.1 5.0 5.0 5.3 4.0 5.1 3.8 4.9 5.6 5.3 6.0 7.0 6.4 5.0 5.5 4.2 4.7 4.7 3.9
[58] 3.9 4.1 5.0 5.0 6.0 3.3 5.6 5.6 5.6 5.6 6.2 5.0 5.9 3.4 4.3 5.0 5.4 6.0 5.0
[77] 5.0 5.2 5.5 4.0 5.8 4.8 5.4 6.7 5.2 5.6 5.0 5.5 6.1 5.0 7.0 5.7 5.7 5.0 5.1
[96] 5.7
 [1] 6.3 6.3 6.5 5.9 6.5 7.3 5.9 6.2 6.0 7.2 6.5 6.4 6.8 5.2 7.2 6.3 6.0 6.7 7.7
```

```
[20] 7.2 6.9 6.0 7.7 6.3 6.7 6.2 6.1 6.4 5.8 6.5 7.9 6.4 6.3 6.1 5.3 7.3 6.5 7.2
[39] 6.9 6.1 7.0 5.9 5.5 6.7 5.4 5.3 6.5 6.2 6.2 7.3 5.2 5.3 5.8 6.5 5.4 5.4 5.0
[58] 5.6 6.0 6.3 5.2 5.2 5.9 5.8 6.2 6.3 6.3 5.9 6.0 7.2 5.1 5.8 5.7 6.2 7.3 6.3
[77] 5.2 6.2 6.3 5.2 5.2 5.3 7.0 7.3 6.0 6.3 5.6 7.0 6.0 5.3 8.0 5.9 6.0 5.6 6.2
[96] 6.0
>
```

```
> # 단계 3: 기술통계량 계산
> length(x)
[1] 96          ◀——— 4개 결측치 제거
> length(y)
[1] 96
> mean(x)
[1] 5.16875
> mean(y)
[1] 6.220833    ◀——— 1.052 정도 증가
>
```

해설 기술통계량을 계산할 때, 대응 표본이면 서로 짝을 이루고 있기 때문에 서로 표본 수가 같아야 한다.

(2) 동질성 검정

독립 표본의 동질성 검정과 동일하게 stats 패키지에서 제공하는 var.test() 함수를 이용한다. 또한, 검정 결과가 유의수준 0.05보다 큰 경우 두 집단 간 분포의 모양이 동질하다고 할 수 있다.

실습 대응 표본의 동질성 검정

동질성 검정의 귀무가설: 두 집단 간 분포의 모양이 동질적이다.

```
> var.test(x, y, paired = TRUE)

        F test to compare two variances

data:  x and y
F = 1.0718, num df = 95, denom df = 95, p-value = 0.7361
alternative hypothesis: true ratio of variances is not equal to 1
95 percent confidence interval:
 0.7151477  1.6062992
sample estimates:
ratio of variances
        1.071793

>
```

해설 검정 통계량 p-value 값은 0.7361로 유의수준 0.05보다 크기 때문에 두 집단 간의 분포 형태가 동질하다고 볼 수 있다.

(3) 대응 두 집단 평균 차이 검정

대응되는 두 집단 간의 동질성 검정에서 분포 형태가 동질하다고 분석되었기 때문에 t.test() 함수를
이용하여 대응 두 집단 간 평균 차이 검정을 수행한다.

┌─(⊕ **실습**) **대응 두 집단 평균 차이 검정**

```
> # 단계 1: 양측 검정
> t.test(x, y, paired = TRUE,
+        alter = "two.sided",
+        conf.int = TRUE, conf.level = 0.95)

        Paired t-test

data:  x and y
t = -13.642, df = 95, p-value < 2.2e-16
alternative hypothesis: true difference in means is not equal to 0
95 percent confidence interval:
 -1.205184   -0.898983
sample estimates:
mean of the differences
          -1.052083

>
```

```
> # 단계 2: 방향성을 갖는 단측 가설 검정
> t.test(x, y, paired = TRUE,
+        alter = "greater",
+        conf.int = TRUE, conf.level = 0.95)

Paired t-test

data:  x and y
t = -13.642, df = 95, p-value = 1
alternative hypothesis: true difference in means is greater than 0
95 percent confidence interval:
 -1.180182        Inf
sample estimates:
mean of the differences
          -1.052083

>
> # p-value = 1 -> x를 기준으로 비교: x가 y보다 크지 않다.
> t.test(x, y, paired = TRUE,
+        alter = "less",
+        conf.int = TRUE, conf.level = 0.95)

        Paired t-test

data:  x and y
```

```
t = -13.642, df = 95, p-value < 2.2e-16
alternative hypothesis: true difference in means is less than 0
95 percent confidence interval:
     -Inf   -0.9239849
sample estimates:
mean of the differences
          -1.052083

>
```

해설 교수법 프로그램을 적용하기 전의 시험성적과 교수법 프로그램을 적용한 후 시험성적의 평균에 차이가 있는지를 검정하기 위해서 95% 신뢰수준에서 양측 검정을 시행한 결과 검정 통계량 p-value 값은 2.2e-16로 유의수준 0.05보다 매우 작기 때문에 두 집단 간의 평균에 차이가 있는 것으로 나타났다. 또한, 방향성을 갖는 연구가설을 검정한 결과 x 집단의 평균이 y 집단의 평균보다 더 작은 것으로 나타났다. 따라서 "교수법 프로그램을 적용하기 전 학생들의 학습력과 교수법 프로그램을 적용한 후 학생들의 학습력에 차이가 있다."는 연구가설이 채택된다.

기술통계량은 대표값의 성격을 갖는 평균 통계량에서 교수법 프로그램 적용 전 평균(5.16875)과 교수법 프로그램 적용 후 평균(6.220833)을 비교한 결과 교수법을 적용한 후 시험성적이 1.052점 향상된 것으로 나타났다.

(4) 대응 표본평균 검정 결과 작성

논문이나 보고서에서 대응 표본평균 검정 결과를 제시하기 위해서는 [표 13.7]과 같은 형식으로 기술한다.

[표 13.7] 대응 표본 t-검정 결과 정리 및 기술

가설 설정	연구가설(H_1): 교수법 프로그램을 적용하기 전 학생들의 학습력과 교수법 프로그램을 적용한 후 학생들의 학습력에 차이가 있다.
	귀무가설(H_0): 교수법 프로그램을 적용하기 전 학생들의 학습력과 교수법 프로그램을 적용한 후 학생들의 학습력에 차이가 없다.
연구 환경	A 교육센터에서 교육생 100명을 대상으로 교수법 프로그램 적용 전에 실기시험을 시행한 후 1개월 동안 동일한 교육생에게 교수법 프로그램을 적용한 후 실기시험을 시행한 점수와 평균에 차이가 있는가를 검정한다.
유의 순준	α = 0.05
분석 방법	단일 표본 T-검정
검정 통계량	t = -13.6424, df = 95
유의확률	P = 〈 2.2e-16
결과해석	유의수준 0.05에서 귀무가설이 기각되었다. 따라서 교수법 프로그램 적용 전과 적용 후의 두 집단 간 학습력의 평균에 차이가 있다. 라고 말할 수 있다. 또한, 단측 검정을 실시한 결과 교수법 프로그램 적용 전 학습력이 교수법 프로그램 적용 후 학습력보다 크지 않은 것으로 나타났다. 즉 교수법 프로그램 이 학습력에 효과가 있는 것으로 분석된다.

4. 세 집단 검정

독립된 세 집단 이상의 집단 간 비율 차이 검정과 평균 차이 검정에 대해서 알아본다.

비율 차이 검정은 기술통계량으로 빈도수에 대한 비율에 의미가 있으며, 세 집단 간의 평균 차이 검정은 집단 간 평균의 차이를 의미한다.

4.1 세 집단 비율 검정

세 집단을 대상으로 비율 차이 검정을 통해서 세 집단 간의 비율이 같은지 또는 다른지를 검정하는 방법으로 분석 절차는 [그림 13.6]과 같다.

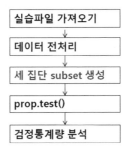

[그림 13.6] 세 집단 비율 검정 분석 절차

분석할 데이터를 대상으로 결측치와 이상치를 제거하는 전처리 과정을 거친 후 비교 대상의 세 집단을 분류하고, 이를 prop.test() 함수의 인수로 사용하여 비율 차이 검정을 수행한다. 두 집단과 세 집단 이상의 비율 검정은 prop.test() 함수를 이용한다. 비율 차이 검정 통계량을 바탕으로 귀무가설의 기각 여부를 결정한다.

연구가설

연구가설(H_1): 세 가지 교육 방법에 따른 집단 간 만족율에 차이가 있다.
귀무가설(H_0): 세 가지 교육 방법에 따른 집단 간 만족율에 차이가 없다.

연구 환경

IT 교육센터에서 세 가지 교육 방법을 적용하여 교육을 시행하였다. 세 가지 교육 방법 중 더 효과적인 교육 방법을 조사하기 위해서 교육생 150명을 대상으로 설문 조사를 시행하였다. 설문조사 결과는 [표 13.8]과 같다.

[표 13.8] 교육 방법과 만족도 교차 분할표

교육 방법 \ 만족도	만족	불만족	참가자
PT 교육	34	16	50
코딩교육	37	13	50
혼합교육	39	11	50
합 계	110	40	150

(1) 세 집단 subset 작성과 기술통계량 계산

비율 검정을 위한 데이터 셋을 대상으로 전처리 과정을 통해서 데이터를 정제한 후 비율 검정에 필요한 기술통계량을 계산한다.

┌─ ⊕실습 세 집단 subset 작성과 기술통계량 계산

```
> # 단계 1: 파일 가져오기
> setwd("C:/Rwork/Part-III")
> data <- read.csv("three_sample.csv", header = TRUE)
> head(data)

  no method survey score
1  1      1      1   3.2
2  2      2      0    NA
3  3      3      1   4.7
4  4      1      0    NA
5  5      2      1   7.8
6  6      3      1   5.4
>
```

```
> # 단계 2: 세 집단 subset 작성(데이터 전처리)
> method <- data$method
> survey <- data$survey
> method; survey
  [1] 1 2 3 1 2 3 1 2 3 1 2 3 1 2 3 1 2 3 1 2 3 1 2 3 1 2 3 1 2 3 1 2 3 1
 [35] 2 3 1 2 3 1 2 3 1 2 3 1 2 3 1 2 3 1 2 3 1 2 3 1 2 3 1 2 3 1 2 3 1 2
 [69] 3 1 2 3 1 2 3 1 2 3 1 2 3 1 2 3 1 2 3 1 2 3 1 2 3 1 2 3 1 2 3 1 2 3
[103] 1 2 3 1 2 3 1 2 3 1 2 3 1 2 3 1 2 3 1 2 3 1 2 3 1 2 3 1 2 3 1 2 3 1
[137] 2 3 1 2 3 1 2 3 1 2 3
  [1] 1 0 1 0 1 1 0 0 1 0 1 1 0 1 1 0 0 0 1 1 0 1 1 0 1 1 1 0 0 1 1 0 1 1
 [35] 1 1 0 1 1 0 1 1 1 0 1 1 0 1 0 1 1 0 1 1 1 0 1 1 0 1 1 1 0 1 1 1 1 0
 [69] 1 1 1 0 1 1 0 1 1 1 1 0 1 1 0 1 0 1 1 1 0 1 1 1 0 1 1 1 1 1 0 1 1 1
[103] 0 1 1 1 1 0 1 1 0 1 1 1 1 1 1 1 0 1 1 1 1 0 1 1 1 1 1 0 1 1 1 1 1 1
[137] 1 1 1 1 1 0 1 1 0 1 1 1 1 1
>
```

```
> # 단계 3: 기술통계량(빈도수)
> table(method, useNA = "ifany")        # 세 그룹 모두 관찰치 50개
method
 1  2  3
50 50 50
>
> table(method, survey, useNA = "ifany") # 교육 방법과 만족도 교차 분할표
    survey
method  0  1
     1 16 34
     2 13 37
     3 11 39
>
```

> **해설** 비율 검정을 위한 데이터 셋을 대상으로 세 집단으로 분류하여 비율 검정에 필요한 기술통계량을 계산한다.

(2) 세 집단 비율 차이 검정

명목척도의 비율을 바탕으로 prop.test() 함수를 이용하여 세 집단 간 이항분포의 양측 검정을 통해서 검정 통계량을 구한 후 이를 이용하여 가설을 검정한다. 세 집단 비율 차이 검정을 위한 prop.test() 함수의 형식을 적용한 예는 다음과 같다. 첫 번째 벡터는 방법1, 방법2, 방법3에 대한 만족 수(시행 횟수)이고, 두 번째 벡터는 세 교육 방법에 대한 변량의 길이(성공 횟수)이다.

> 예 | prop.test(c(34, 37, 39), c(50, 50, 50))

⊙실습 세 집단 비율 차이 검정

세 가지 교육 방법의 만족도에 차이가 있는지를 검정한다.

```
> prop.test(c(34, 37, 39),
+           c(50, 50, 50)) # p-value = 0.1165 -> 귀무가설 채택

        3-sample test for equality of proportions without continuity correction

data:  c(34, 37, 39) out of c(50, 50, 50)
X-squared = 1.2955, df = 2, p-value = 0.5232
alternative hypothesis: two.sided
sample estimates:
prop 1  prop 2  prop 3
  0.68    0.74    0.78

>
```

> **해설** 세 가지 교육 방법에 따른 만족도에 차이가 있는지를 검정하기 위해서 95% 신뢰수준에서 양측 검정을 시행한 결과 검정 통계량 p-value 값은 0.5232로 유의수준 0.05보다 크기 때문에 세 가지 교육 방법 간의 만족도에 차이가 있다고 볼

수 없다. 즉 "세 가지 교육 방법에 따른 집단 간 만족율에 차이가 없다."는 귀무가설을 기각할 수 없다.

X-squared 검정 통계량으로 가설 검정을 시행할 때 신뢰수준 95%에서 df(자유도)가 2이면 X-squared 기각값(5.991)보다 X-squared 검정 통계량(1.2955)이 더 작기 때문에 귀무가설을 기각할 수 없다. 또한, 각 교육 방법에 따른 만족도의 비율을 68%(prop 1), 74%(prop 2), 78%(prop 3)로 서로 다른 비율의 차이를 나타내고 있다.

4.2 분산분석(F-검정)

분산분석(ANOVA Analysis)은 T-검정과 동일하게 평균에 의한 차이 검정 방법이다. 차이점은 T-검정이 두 집단 간의 평균 차이를 검정했다면, 분산분석(F-검정)은 두 집단 이상의 평균 차이를 검정한다 (예: 의학연구 분야에서 개발된 세 가지 치료제가 있다고 가정할 때, 이 세 가지 치료제의 효과에 차이가 있는지를 검정한다). 분산분석은 가설 검정을 위해 F 분포를 따르는 F 통계량을 검정 통계량으로 사용하기 때문에 F-검정이라고 한다.

분산분석을 시행할 때는 다음과 같은 사항에 주의해야 한다.

- 1개의 범주형 독립변수와 종속변수 간의 관계를 분석하는 일원 분산분석과 두 개 이상의 독립변수가 종속변수에 미치는 효과를 분석하는 이원 분산분석으로 분류한다.
- 독립변수는 명목척도(성별), 종속변수는 등간척도나 비율척도로 구성되어야 한다.
- 마케팅전략의 효과, 소비자 집단의 반응 차이 등과 같이 기업의 의사결정에 도움을 주는 비계량적인 독립변수와 계량적인 종속변수 간의 관계를 파악할 때 이용한다.

두 집단 이상을 대상으로 집단 간의 평균 차이 검정을 수행하는 분산분석(F-검정)을 위한 분석 절차는 [그림 13.7]과 같다.

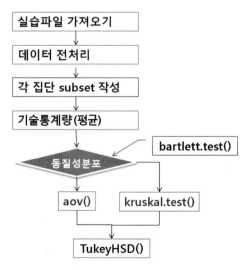

[그림 13.7] 분산분석을 위한 분석 절차

분석할 데이터를 대상으로 전처리 과정을 거친 후 집단 간 차이 검정을 위해서 각 집단을 분류하고, 평균 차이 검정을 위한 기술통계량으로 평균을 구한다.

분산분석에서 집단 간의 동질성 여부를 검정하기 위해서는 bartlett.test() 함수를 이용한다. 이때 두 집단은 var.test() 함수를 이용하고, 분산분석은 bartlett.test() 함수를 이용한다. 집단 간의 분포가 동질한 경우 분산분석을 수행하는 aov() 함수를 이용하며, 그렇지 않은 경우는 비모수 검정 방법인 kruskal.test() 함수를 이용하여 분석을 수행한다. 마지막으로 TukeyHSD() 함수를 이용하여 사후검정을 수행한다.

연구가설

연구가설(H_1): 교육 방법에 따른 세 집단 간 실기시험의 평균에 차이가 있다.
귀무가설(H_0): 교육 방법에 따른 세 집단 간 실기시험의 평균에 차이가 없다.

연구 환경

세 가지 교육 방법을 적용하여 1개월 동안 교육받은 교육생 각 50명씩을 대상으로 실기시험을 시행하였다. 세 집단 간 실기시험의 평균에 차이가 있는지를 검정한다.

(1) 데이터 전처리
분석할 데이터를 대상으로 NA와 outline을 제거하여 데이터를 정제한다.

⊙실습 데이터 전처리 수행

```
> # 단계 1:실습 파일 가져오기
> data <- read.csv("C:/Rwork/Part-III/three_sample.csv",
+            header = TRUE)
> head(data)
  no method survey score
1  1      1      1   3.2
2  2      2      0    NA
3  3      3      1   4.7
4  4      1      0    NA
5  5      2      1   7.8
6  6      3      1   5.4
>
```

```
> # 단계 2: 데이터 전처리 - NA, outline 제거
> data <- subset(data, !is.na(score), c(method, score))
> head(data)      # method, score
   method score
1       1   3.2
3       3   4.7
5       2   7.8
6       3   5.4
8       2   8.4
9       3   4.4
>
```

```
> # 단계 3: 차트이용 outlier 보기(데이터 분포 현황 분석)
> par(mfrow = c(1, 2))
> plot(data$score)        # 산점도 이용 outlier 확인(50이상 발견)
> barplot(data$score)     # 막대 차트 이용 outlier 확인
> mean(data$score)        # 평균 통계량 : 14.45
[1] 14.44725
>
```

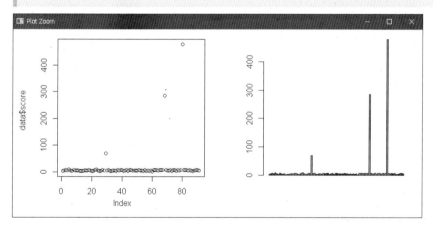

```
> # 단계 4: 데이터 정제(outlier 제거: 평균(14) 이상 제거)
> length(data$score)                 # outlier 제거 전 관측치 91개
[1] 91
> data2 <- subset(data, score <= 14)  # 14이상 제거
> length(data2$score)                # 88 (3개 제거)
[1] 88
```

```
> # 단계 5: 정제된 데이터 확인
> x <- data2$score
> par(mfrow = c(1, 1))
> boxplot(x)      # 박스 차트에서 정제 데이터 확인
>
```

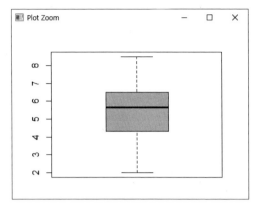

해설 subset() 함수를 이용하여 데이터를 전처리하는 과정에서 특정 데이터 셋의 칼럼만 추출할 수 있고, NA가 포함되지 않은 관측치만 선별하여 데이터를 정제할 수 있다. 정제된 데이터는 박스 차트를 이용하여 확인한다.

(2) 세 집단 subset 작성과 기술통계량

실습 세 집단 subset 작성과 기술통계량 구하기

```
> # 단계 1: 세 집단 subset 작성
> ## 코딩 변경 - 변수 리코딩(method: 1:방법1, 2:방법2, 3:방법3)
> data2$method2[data2$method == 1] <- "방법1"
> data2$method2[data2$method == 2] <- "방법2"
> data2$method2[data2$method == 3] <- "방법3"
>
```

```
> # 단계 2: 교육 방법별 빈도수
> table(data2$method2)   # 교육 방법별 빈도수

방법1 방법2 방법3
  31    27    30
>
```

```
> # 단계 3: 교육 방법을 x 변수에 저장
> x <- table(data2$method2)
> x

방법1 방법2 방법3
  31    27    30
>
```

```
> # 단계 4: 교육 방법에 따른 시험성적 평균 구하기
> y <- tapply(data2$score, data2$method2, mean)
> y
    방법1      방법2      방법3
4.187097 6.800000 5.610000
>
```

```
> # 단계 5: 교육 방법과 시험성적으로 데이터프레임 생성
> df <- data.frame(교육 방법 = x, 성적 = y)
> df      # 교육 방법에 따른 시험성적 평균 교차표
      교육 방법.Var1  교육 방법.Freq      성적
방법1         방법1           31  4.187097
방법2         방법2           27  6.800000
방법3         방법3           30  5.610000
>
```

해설 교육 방법에 따라서 세 집단으로 subset을 작성한 후 각 방법에 대한 빈도수를 구한다.

(3) 세 집단 간 동질성 검정

분산분석의 동질성 검정은 stats 패키지에서 제공하는 bartlett.test() 함수를 이용한다. 검정 결과가 유의수준 0.05보다 큰 경우 세 집단 간 분포의 모양이 동질하다고 할 수 있다.

동질성 검정의 귀무가설: 세 집단 간 분포의 모양이 동질적이다.

세 집단 간 동질성 검정을 수행하기 위한 bartlett.test() 함수의 형식은 다음과 같다.

형식 bartlett.test(종속변수 ~ 독립변수, data = dataset)

실습 세 집단 간 동질성 검정 수행

```
> bartlett.test(score ~ method, data = data2)

        Bartlett test of homogeneity of variances

data:  score by method
Bartlett's K-squared = 3.3157, df = 2, p-value = 0.1905

>
```

해설 틸드(~)를 이용하여 분석 식을 작성하면 집단별로 subset을 만들지 않고 사용할 수 있다. 검정 통계량 p-value 값은 0.1905로 유의수준 0.05보다 크기 때문에 세 집단 간의 분포 형태가 동질하다고 볼 수 있다.

(4) 분산분석(세 집단 간 평균 차이 검정)

세 집단 간의 동질성 검정에서 분포 형태가 동질하다고 분석되었기 때문에 aov() 함수를 이용하여 세 집단 간 평균 차이 검정을 수행한다. 만약 동질하지 않는 경우 kruskal.test() 함수를 이용하여 비모수 검정을 수행한다.

┌ **⊕실습** 분산분석 수행

```
> help(aov)              # 형식: aov(종속변수 ~ 독립변수, data = data set)
> result <- aov(score ~ method2, data = data2)
> names(result)
 [1] "coefficients"  "residuals"    "effects"      "rank"
 [5] "fitted.values" "assign"       "qr"           "df.residual"
 [9] "contrasts"     "xlevels"      "call"         "terms"
[13] "model"
> # aov( )의 결과값은 summary( ) 함수를 사용해야 p-value 확인 가능
> summary(result)    # Pr(>F) : 9.39e-14 -> 귀무가설 기각
          Df  Sum Sq  Mean Sq  F value    Pr(>F)
method2    2   99.37    49.68    43.58  9.39e-14 ***
Residuals 85   96.90     1.14
---
Signif. codes: 0 '***' 0.001 '**' 0.01 '*' 0.05 '.' 0.1 ' ' 1
>
```

└ **해설** 교육 방법에 따른 세 집단 간의 실기시험 평균에 차이가 있는지를 검정하기 위해서 95% 신뢰수준에서 양측 검정을 시행한 결과 검정 통계량 p-value 값은 9.39e-14로 유의수준 0.05보다 매우 작기 때문에 세 가지 교육 방법 간의 평균에 차이가 있다고 볼 수 있다. 즉 "교육 방법에 따른 세 집단 간 실기시험의 평균에 차이가 있다."는 연구가설을 채택한다.

F-검정 통계량으로 가설 검정을 수행하면 분산분석에서 신뢰수준 95%에서는 -1.96 ~ +1.96의 범위가 귀무가설의 채택역이다. 따라서 F-검정 통계량이 채택역에 해당하지 않으면 귀무가설을 기각할 수 있다. 현재 F-검정 통계량 43.58은 ±1.96보다 크기 때문에 귀무가설을 기각하고, 연구가설이 채택된다. 분산분석에서 F-검정 통계량과 유의수준 α의 관계는 [표 13.9]와 같다.

[표 13.9] 분산분석에서 F 검정통계량과 유의수준 α의 관계

F값(절대치)	유의수준 α (양측 검정 시)
F값(절대치) ≧ 2.58	α = 0.01(의·생명 분야)
F값(절대치) ≧ 1.96	α = 0.05(사회과학 분야)
F값(절대치) ≧ 1.645	α = 0.1(기타 일반 분야)

(5) 사후검정

분산분석의 결과를 대상으로 집단별로 평균의 차에 대한 비교를 통해서 사후검정을 수행할 수 있다.

┌ **⊕실습** 사후검정 수행

```
> # 단계 1: 분산분석 결과에 대한 사후검정
> TukeyHSD(result)
  Tukey multiple comparisons of means
    95% family-wise confidence level

Fit: aov(formula = score ~ method2, data = data2)
```

```
$method2
                 diff       lwr       upr     p adj
방법2-방법1  2.612903  1.9424342  3.2833723  0.0000000
방법3-방법1  1.422903  0.7705979  2.0752085  0.0000040
방법3-방법2 -1.190000 -1.8656509 -0.5143491  0.0001911
>
```

```
> # 단계 2: 사후검정 시각화
> plot(TukeyHSD(result))    # diff: 집단 간 평균 차이의 크기
>
```

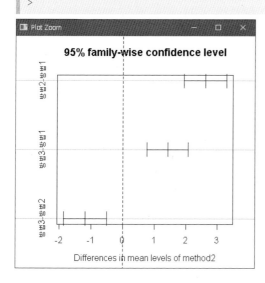

해설 분산분석에서 '3가지 교육 방법에 따른 실기시험의 평균에 차이가 있다.'라는 결론을 내렸다면, 분산분석의 사후검정(Post Hoc Tests)은 구체적으로 어떤 교육 방법 간에 차이가 있는지는 보여주는 부분이다. 여기서 방법2와 방법1의 집단 간 평균의 차(diff)가 가장 큰 것으로 나타났다.

lwr과 upr은 신뢰구간의 하한값과 상한값이다. 95% 신뢰수준에서 신뢰구간의 범위가 0을 포함하지 않으면 차이가 통계적으로 유의하다. 여기서 '통계적으로 유의하다'는 의미는 t 값이 -1.96~+1.96(채택역)을 벗어나거나, p adj 값이 0.05 미만인 경우를 말한다. 만약 신뢰구간에 0이 포함되면 차이가 통계적으로 유의하지 않다. 즉 집단 간의 평균 차이가 없다고 볼 수 있다. 따라서 유의미한 수준에서 세 집단 간 분산의 차이가 있다고 볼 수 있다(세 집단 모두 p adj 〈 0.05).

(6) 분산분석 검정 결과 작성

논문이나 보고서에서 분산분석 검정 결과를 제시하기 위해서는 [표 13.10]과 같은 형식으로 기술한다.

[표 13.10] 분산분석 검정 결과 정리 및 기술

가설 설정	연구가설(H_1): 교육 방법에 따른 세 집단 간 실기시험의 평균에 차이가 있다.
	귀무가설(H_0): 교육 방법에 따른 세 집단 간 실기시험의 평균에 차이가 없다.
연구 환경	세 가지 교육 방법을 적용하여 1개월 동안 교육받은 교육생 각 50명씩을 대상으로 실기시험을 시행하였다. 세 집단 간 실기시험의 평균에 차이가 있는가 검정한다.
유의 순준	α = 0.05
분석 방법	ANOVA 검정
검정 통계량	F = 43.58, Df = 2, Sum Sq = 99.37, Mean Sq = 49.68
유의확률	P = 9.39e-14 ***
결과해석	유의수준 0.05에서 귀무가설이 기각되었다. 따라서 교육 방법에 따른 세 집단 간 실기시험의 평균에 차이가 있는 것으로 나타났다. 또한, 사후검정을 위한 Tukey 분석을 시행한 결과 '방법2-방법1'의 평균 점수의 차이가 가장 높은 것으로 나타났다.

1. 중소기업에서 생산한 HDTV 판매율을 높이기 위해서 프로모션을 진행한 결과 기존 구매비율보다 15% 향상되었는지를 단계별로 분석을 수행하여 검정하시오.

    귀무가설(H_0):

    연구가설(H_1):

    조건 1 | 구매 여부 변수 : buy (1: 구매하지 않음, 2: 구매)

        (1) 데이터 셋 가져오기
    ```
    setwd("C:/Rwork/Part-III")
    hdtv <- read.csv("hdtv.csv", header = TRUE)
    ```
        (2) 빈도수와 비율계산

        (3) 가설 검정

    ---

2. 우리나라 전체 중학교 2학년 여학생 평균 키가 148.5cm로 알려진 상태에서 A 중학교 2학년 전체 500명을 대상으로 10%인 50명을 표본으로 선정하여 표본평균 신장을 계산하고 모집단의 평균과 차이가 있는지를 단계별로 분석을 수행하여 검정하시오.

    ---

        (1) 데이터셋 가져오기
    ```
    setwd("c:/Rwprk/Part-III")
    stheight<- read.csv("student_height", header=TRUE)
    height <- stheight$height
    ```
        (2) 기술통계량 평균 계산

        (3) 정규성 검정

        (4) 가설 검정

3. 대학에 진학한 남학생과 여학생을 대상으로 진학한 대학에 대해서 만족도에 차이가 있는가를 검정하시오.

◉ 힌트: 두 집단 비율 차이 검정

조건 1| 파일명: "two_sample.csv", 변수명
조건 2| 변수: gender(1, 2), survey(0, 1)

4. 교육 방법에 따라 시험성적에 차이가 있는지 검정하시오.

◉ 힌트: 두 집단 평균 차이 검정

조건 1| 파일: "twomethod.csv"
조건 2| 변수: method: 교육 방법, score: 시험성적
조건 3| 모델: 교육 방법(명목) -> 시험성적(비율)
조건 4| 전처리: 결측치 제거

요인 분석과 상관관계 분석

학습 내용

일반적인 통계분석 방법의 절차는 측정 도구의 정확성과 응답자의 일관성을 분석하기 위해서 요인 분석을 수행한다. 요인 분석은 변수들의 상관성을 바탕으로 변수를 정제하여 상관관계 분석이나 회귀분석에서 설명변수(독립변수)로 사용된다. 한편 상관분석은 요인 분석 과정에서 변수들의 상관관계를 분석하여 변수 간의 관련성을 분석하는 데 이용하며, 또한 회귀분석의 인과관계를 분석하는 데 중요한 자료를 제공한다.

이장에서는 회귀분석에서 사용될 설명변수의 타당성을 검정하여 설명력이 부족한 변수를 정제하는 과정과 변수 간의 상관관계를 분석하는 방법에 대해서 알아본다.

학습 목표

• 요인 분석의 목적에 대해서 정확히 설명할 수 있다.
• 주성분 분석을 수행하여 주요 성분을 확인할 수 있다.
• 베리멕스(varimax) 요인회전법을 적용하여 요인적재량을 얻을 수 있다.
• 요인점수를 이용하여 요인적재량을 시각화할 수 있다.
• 피어슨의 상관계수 R의 결과를 보고 상관관계 정도를 설명할 수 있다.
• 변수들의 상관관계 결과를 차트로 시각화하여 보고서를 작성할 수 있다.

Chapter 14의 구성

1. 요인 분석
2. 상관관계 분석

1. 요인 분석

요인 분석(Factor Analysis)은 다수의 변수를 대상으로 변수 간의 관계를 분석하여 공통 차원으로 축약하는 통계기법이다.

요인 분석에는 크게 탐색적 요인 분석과 확인적 요인 분석으로 구분된다. 탐색적 요인 분석은 요인 분석을 할 때 사전에 어떤 변수들끼리 묶어야 한다는 전제를 두지 않고 분석하는 방법이고, 확인적 요인 분석은 사전에 묶일 것으로 기대되는 항목끼리 묶였는지를 조사하는 방법이다.

타당성이란 측정 도구가 측정하고자 하는 것을 정확히 측정할 수 있는 정도를 의미한다. 일반적으로 논문 작성을 위한 통계분석 방법에서 인구통계학적 분석(빈도분석, 교차분석 등)을 시행한 이후 통계량 검정 이전에 구성 타당성(Construct validity) 검증을 위해서 요인 분석(Factor Analysis)을 시행한다.

탐색적 요인 분석과 확인적 요인 분석에서 요인 분석은 데이터를 축소하는 변수의 정제 과정이라고 볼 수 있다. 즉 여러 가지 항목들을 비슷한 항목으로 묶는 것으로 여러 변수 사이에 존재하는 상호관계를 분석하여 타당성을 검정하고, 공통으로 속해있는 차원이나 요인들을 밝혀냄으로써 변수를 축소하는 작업이다.

요인 분석을 위한 전제조건은 다음과 같다.

- 하위요인으로 구성되는 데이터 셋이 준비되어 있어야 한다.
- 분석에 사용되는 변수는 등간척도나 비율척도여야 하며, 표본의 크기는 최소 50개 이상이 바람직하다.
- 요인 분석은 상관관계가 높은 변수들끼리 그룹화하는 것이므로 변수 간의 상관관계가 매우 낮다면(보통 ±3 이하), 그 자료는 요인 분석에 적합하지 않다.

요인 분석을 수행하는 목적은 다음과 같다.

- **자료의 요약**: 변인을 몇 개의 공통된 변인으로 묶음
- **변인 구조 파악**: 변인들의 상호관계 파악(독립성 등)
- **불필요한 변인 제거**: 중요도가 떨어진 변수 제거
- **측정 도구의 타당성 검증**: 변인들이 동일한 요인으로 묶이는지를 확인

요인 분석 결과에 대한 활용 방안은 다음과 같다.

- 측정 도구가 정확히 측정했는지를 알아보기 위해서 측정변수들이 동일한 요인으로 묶이는지를 검정한다(타당성 검정).
- 변수들의 상관관계가 높은 것끼리 묶어서 변수를 정제한다(변수 축소).
- 변수의 중요도를 나타내는 요인적재량이 0.4 미만이면 설명력이 부족한 요인으로 판단하여 제거한다(변수 제거).
- 요인 분석에서 얻어지는 결과를 이용하여 상관분석이나 회귀분석의 설명변수로 활용한다.

1.1 공통요인으로 변수 정제

이 절에서는 사전에 묶일 것으로 기대되는 항목끼리 묶이는지를 조사하는 확인적 요인 분석 방법을
적용하여 6개 과목의 점수를 대상으로 유사한 과목끼리 묶이는지를 조사하여 과목 수를 줄여서 변수
를 정제하는 방법에 대해서 알아본다. 특히 실습 과정에서 특정 항목으로 묶이는데 사용되는 요인 수
결정은 주성분 분석 방법과 상관계수 행렬을 이용한 초기 고유값을 이용한다.

⊙실습 변수와 데이터프레임 생성

```
> # 단계 1: 과목 변수 생성
> ## 변수 설명: 6개 과목의 점수(5점 만점 = 5점 척도)
> ## s1: 자연과학, s2: 물리화학
> ## s3: 인문사회, s4: 신문방송
> ## s5: 응용수학, s6: 추론통계
> ## name: 각 과목의 문제에 대한 문항 이름
> s1 <- c(1, 2, 1, 2, 3, 4, 2, 3, 4, 5)
> s2 <- c(1, 3, 1, 2, 3, 4, 2, 4, 3, 4)
> s3 <- c(2, 3, 2, 3, 2, 3, 5, 3, 4, 2)
> s4 <- c(2, 4, 2, 3, 2, 3, 5, 3, 4, 1)
> s5 <- c(4, 5, 4, 5, 2, 1, 5, 2, 4, 3)
> s6 <- c(4, 3, 4, 4, 2, 1, 5, 2, 4, 2)
> name <- 1:10
>
```

해설 s1 ~ s6 변수는 과목 변수이고, name은 각 과목의 10개 문제에 대한 문항 이름이다.

```
> # 단계 2: 과목 데이터프레임 생성
> subject <- data.frame(s1, s2, s3, s4, s5, s6)
>str(subject)
'data.frame': 10 obs. of  6 variables:
 $ s1: num  1 2 1 2 3 4 2 3 4 5
 $ s2: num  1 3 1 2 3 4 2 4 3 4
 $ s3: num  2 3 2 3 2 3 5 3 4 2
 $ s4: num  2 4 2 3 2 3 5 3 4 1
 $ s5: num  4 5 4 5 2 1 5 2 4 3
 $ s6: num  4 3 4 4 2 1 5 2 4 2
>
```

해설 요인 분석에 사용될 6개의 과목 변수를 이용하여 subject 이름으로 데이터프레임을 생성한다. 만약 각 변수의 값
이 일정하지 않으면 표준화 작업이 필요하다. 여기서는 모든 변수가 5점 척도로 일정하기 때문에 표준화 작업은 생략한다.

⊙실습 변수의 주성분 분석

주성분 분석은 변동량(분산)에 영향을 주는 주요 성분을 분석하는 방법으로 요인 분석에서 사용될 요
인의 개수를 결정하는 데 주로 이용된다. 주성분 분석의 결과는 첫 차원이 대부분의 변동량을 담고 있
는 것으로 나타난다.

요인 분석에서 공통요인으로 묶일 요인 수를 알아본다.

```
> # 단계 1: 주성분 분석으로 요인 수 알아보기
> pc <- prcomp(subject)   # 주성분 분석 수행 함수
> summary(pc)             # 요약통계량
Importance of components:
                         PC1     PC2      PC3      PC4      PC5      PC6
Standard deviation      2.389  1.5532  0.87727  0.56907  0.19315  0.12434
Proportion of Variance  0.616  0.2603  0.08305  0.03495  0.00403  0.00167
Cumulative Proportion   0.616  0.8763  0.95936  0.99431  0.99833  1.00000
> plot(pc)                # 주성분 분석 결과 시각화
>
```

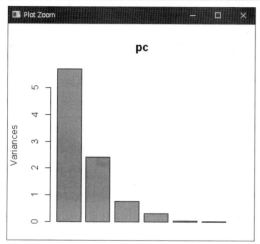

해설 첫 번째 성분이 변동량 62%(0.616), 두 번째 성분이 26%(0.2603)를 차지하여 전체 88%를 차지하고 있다. 따라서 전체 6개 성분(과목) 중에서 일단 주성분 변수를 2개로 가정할 수 있다. 주성분 분석에서 결정된 주성분의 수를 반드시 요인 분석에서 요인의 수로 사용되지는 않는다.

고유값이란 어떤 행렬로부터 유도되는 실수값을 의미한다. 일반적으로 변화량의 합(총분산)을 기준으로 요인의 수를 결정하는 데 이용된다.

상관계수 행렬을 대상으로 초기 고유값으로 요인 수를 알아본다.

```
> # 단계 2: 고유값으로 요인 수 분석
> en <- eigen(cor(subject))  # $values: 고유값, $vectors: 고유벡터
> names(en)                  # "values" "vectors"
[1] "values" "vectors"
>
> en$values
[1] 3.44393944 1.88761725 0.43123968 0.19932073 0.02624961 0.01163331
> en$vectors
```

```
              [,1]          [,2]         [,3]        [,4]         [,5]        [,6]
[1,] -0.4062499  -0.351093036   0.63460534   0.3149622   0.45699508   0.03041553
[2,] -0.4319311  -0.400526644   0.11564711  -0.4422216  -0.57042232   0.34452594
[3,]  0.2542077  -0.628807884  -0.06984072   0.3339036  -0.35389906  -0.54622817
[4,]  0.3017115  -0.566028650  -0.37734321  -0.2468016   0.50326085   0.36333366
[5,]  0.4763815   0.008436692   0.58035475  -0.6016209   0.05643527  -0.26654314
[6,]  0.5155637   0.021286661   0.31595023   0.4133867  -0.28995329   0.61559319
>
> # 고유값을 이용한 시각화
> plot(en$values, type = "o")
>
```

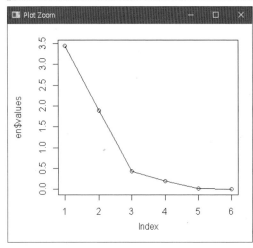

해설 eigen() 함수는 6개의 과목점수에 대한 상관계수 행렬을 대상으로 초기 고유값과 고유벡터를 계산하는 함수이다. 결과변수 en을 이용하여 고유값(en$values)과 고유벡터(en$vectors)를 확인할 수 있다. 끝으로 고유값을 이용한 시각화 결과에서 1 ~ 3까지의 고유값은 급격하게 감소하다가 4번째 고유값에서 완만하게 감소한다는 측면에서 주성분 변수를 3개로 가정할 수 있다.

⊙실습 변수 간의 상관관계 분석과 요인 분석

```
> # 단계 1: 상관관계 분석 - 변수 간의 상관성으로 공통요인 추출
> cor(subject)
            s1           s2           s3          s4          s5          s6
s1  1.00000000   0.86692145   0.05847768  -0.1595953  -0.5504588  -0.6262758
s2  0.86692145   1.00000000   0.06745441  -0.0240123  -0.6349581  -0.7968892
s3  0.05847768   0.06745441   1.00000000   0.9239433   0.3506967   0.4428759
s4 -0.15959528  -0.02401230   0.92394333   1.0000000   0.4207582   0.4399890
s5 -0.55045878  -0.63495808   0.35069667   0.4207582   1.0000000   0.8733514
s6 -0.62627585  -0.79688923   0.44287589   0.4399890   0.8733514   1.0000000
>
```

해설 동일계열(s1 = s2, s3 = s4, s5 = s6)의 과목점수에 대한 상관계수가 높은 것으로 나타난다. 요인 분석은 기본적으로 상관계수를 토대로 공통요인을 추출한다.

요인 분석에서 요인회전법은 요인 해석이 어려운 경우 요인축을 회전시켜서 요인 해석을 용이하게 하는 방법을 의미한다. 대표적인 요인회전법으로는 베리멕스 회전법을 주로 이용한다. 요인 분석에 이용되는 factanal() 함수의 형식은 다음과 같다.

형식 factanal(dataset, factors = 요인수, rotation = "요인회전법")
　　　　　　scores="요인점수 계산방법"

> # 단계 2: 요인 분석 - 요인회전법 적용(Varimax 회전법이 기본)
> # 단계 2-1: 주성분 분석의 가정에 의해서 2개 요인으로 분석
> result <- factanal(subject, factors = 2, rotation = "varimax")
> result　　# p-value is 0.0232 < 0.05

Call:
factanal(x = subject, factors = 2, rotation = "varimax")

Uniquenesses:
　s1　　s2　　s3　　s4　　s5　　s6
0.250 0.015 0.005 0.136 0.407 0.107

Loadings:
　Factor1 Factor2
s1　0.862
s2　0.988
s3　　　　　0.997
s4 -0.115　0.923
s5 -0.692　0.338
s6 -0.846　0.421

　　　　　　　　　Factor1　Factor2

SS loadings　　　2.928　　2.152
Proportion Var　0.488　　0.359
Cumulative Var 0.488　　0.847

Test of the hypothesis that 2 factors are sufficient.
The chi square statistic is 11.32 on 4 degrees of freedom.
The p-value is 0.0232
>

해설　요인 분석 결과에서 만약 p-value 값이 0.05 미만이면 요인수가 부족하다는 의미로 요인수를 늘려서 다시 분석을 수행해야 한다.

➕ **더 알아보기**　**베리멕스 요인회전법**

요인 분석을 시행하면 요인행렬이 구해지는데, 이 행렬은 어떤 변수들이 어떤 요인에 의해 높게 관계되어 있는지를 보여주지 않는다. 따라서 요인축의 회전을 통해서 특정 변수가 어떤 요인과 관계가 있는지를 나타내주어야 한다.

요인회전법은 직각회전과 사각회전 방식이 있다. 특히 직각회전 방식의 베리멕스(Varimax)는 요인행렬의 열(column)에 위치한 변수들의 분산 합계가 최대화되도록 요인적재량이 +1, -1, 0에 가깝도록 해주는 회전법으로 각 요인 간의 상관관계가 없다고 가정한 경우 사용되는 방법이다.

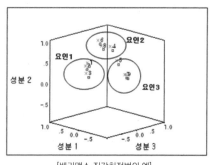

[베리맥스 직각회전법의 예]

```
> # 단계 2: 요인 분석 - 요인회전법 적용(varimax 회전법이 기본)
> # 단계 2-2: 고유값으로 가정한 3개 요인으로 분석
> result <- factanal(subject,
+               factors = 3,                # 요인 개수 지정
+               rotation = "varimax",       # 회전 방법 지정("varimax", "promax", "none")
+               scores = "regression")      # 요인점수 계산방법
> result

Call:
factanal(x = subject, factors = 3, scores = "regression", rotation = "varimax")

Uniquenesses:
    s1    s2    s3    s4    s5    s6
0.005 0.056 0.051 0.005 0.240 0.005

Loadings:
   Factor1 Factor2 Factor3
s1 -0.379           0.923
s2 -0.710   0.140   0.649
s3  0.236   0.931   0.166
s4  0.120   0.983  -0.118
s5  0.771   0.297  -0.278
s6  0.900   0.301  -0.307

                Factor1 Factor2 Factor3
SS loadings       2.122   2.031   1.486
Proportion Var    0.354   0.339   0.248
Cumulative Var    0.354   0.692   0.940

The degrees of freedom for the model is 0 and the fit was 0.7745
>
```

해설 Uniquenesses: 항목은 유효성을 판단하여 제시한 값으로 통상 0.5 이하이면 유효한 것으로 본다. 따라서 6개 변수 모두 유효하다고 볼 수 있다.

Loadings: 항목은 요인 적재값(Loadings)를 보여주는 항목으로 각 변수와 해당 요인 간의 상관관계 계수를 제시한다. 만약 요인 적재값(요인부하량)이 통상 +0.4 이상이면 유의하다고 볼 수 있다. 만약 +0.4 미만이면 설명력이 부족한 요인(중요도가 낮은 변수)으로 판단할 수 있다. 한편 각 요인(Factor1, Factor2, Factor3) 행렬에서 첫 번째 요인(Factor1)은 s5, s6 변수가 적재값이 가장 높고, 두 번째 요인(Factor2)은 s3, s4 변수, 세 번째 요인(Factor3)은 s1, s2 변수가 적재값이 가장 높은 것으로 나타난다. 여기서 적재값이 높게 나타났다는 의미는 해당 변수들이 해당 요인으로 잘 설명된다는 의미이다. 따라서 s5, s6 변수는 첫 번째 요인으로 s3, s4는 두 번째 요인으로 s1, s2는 세 번째 요인으로 묶여서 전체 6개 과목을 3개 과목으로 축소할 수 있는 근거를 제시한다.

SS loadings: 항목은 각 요인 적재값의 제곱의 합을 제시한 값이다. 이 수치는 각 요인의 설명력을 보여준다. Factor1은 2.122로 가장 높은 설명력을 보인다.

Proportion Var: 항목은 설명된 요인의 분산 비율로 각 요인이 차지하는 설명력의 비율이다.

Cumulative Var: 항목은 누적 분산 비율로 요인의 분산 비율을 누적하여 제시한 값이다. 현재 정보손실은 0.06(1 - 0.94)으로 적정한 상태이다. 만약 정보손실이 너무 크면 요인 분석의 의미가 없어진다.

```
> # 단계 3: 다양한 방법으로 요인적재량 보기
> attributes(result)     # 결과변수 속성 보기
$names
 [1] "converged"   "loadings"    "uniquenesses" "correlation" "criteria"
 [6] "factors"     "dof"         "method"       "rotmat"      "scores"
[11] "n.obs"       "call"

$class
[1] "factanal"

>
> result$loadings       # 기본 요인적재량 보기

Loadings:
 Loadings:
    Factor1 Factor2 Factor3
s1  -0.379          0.923
s2  -0.710   0.140  0.649
s3   0.236   0.931  0.166
s4   0.120   0.983 -0.118
s5   0.771   0.297 -0.278
s6   0.900   0.301 -0.307

               Factor1 Factor2 Factor3
SS loadings      2.122   2.031   1.486
Proportion Var   0.354   0.339   0.248
Cumulative Var   0.354   0.692   0.940
>
> # 요인부하량 0.5 이상, 소수점 2자리 표기
> print(result, digits = 2, cutoff = 0.5)

Call:
factanal(x = subject, factors = 3, scores = "regression", rotation = "varimax")

Uniquenesses:
  s1   s2   s3   s4   s5   s6
0.00 0.06 0.05 0.00 0.24 0.00


Loadings:
    Factor1 Factor2 Factor3
s1                   0.92
s2   -0.71           0.65
s3           0.93
s4           0.98
s5    0.77
s6    0.90

               Factor1 Factor2 Factor3
SS loadings      2.12    2.03    1.49
Proportion Var   0.35    0.34    0.25
Cumulative Var   0.35    0.69    0.94
```

The degrees of freedom for the model is 0 and the fit was 0.7745
> # 모든 요인적재량 보기: 감추어진 요인적재량 보기
> print(result$loadings, cutoff = 0) # display every loadings

Loadings:
```
   Factor1 Factor2 Factor3
s1 -0.379  -0.005   0.923
s2 -0.710   0.140   0.649
s3  0.236   0.931   0.166
s4  0.120   0.983  -0.118
s5  0.771   0.297  -0.278
s6  0.900   0.301  -0.307

                Factor1 Factor2 Factor3
SS loadings      2.122   2.031   1.486
Proportion Var   0.354   0.339   0.248
Cumulative Var   0.354   0.692   0.940
```
>

해설 요인적재량은 다양한 방법으로 확인할 수 있다. 특히 +0.5 이상의 요인적재량만 선정하여 요인으로 묶이는 변수들을 확인할 수 있다.

실습 요인점수를 이용한 요인적재량 시각화

요인 분석에서 요인점수(요인 분석에서 요인의 추정된 값)를 얻기 위해서는 scores 속성(scores = "regression": 회귀분석으로 요인점수 계산)을 지정해야 한다. 앞의 실습에서 만들어진 변수(result)를 대상으로 요인점수를 통해서 요인적재량을 시각화하는 방법에 대해서 알아본다.

```
> # 단계 1: Factor1과 Factor2 요인적재량 시각화
> plot(result$scores[ , c(1:2)],
+       main = "Factor1과 Factor2 요인점수 행렬")
> # 산점도에 레이블 표시(문항 이름: name)
> text(result$scores[ , 1], result$scores[ , 2],
+       labels = name, cex = 0.7, pos = 3, col = "blue")
>
```

해설 첫 번째 요인과 두 번째 요인점수를 대상으로 요인점수 행렬의 산점도를 그리고 각 점(pointer)에 문항 이름을 적용한다.

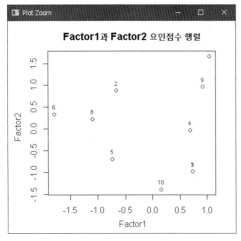

```
> # 단계 2: 요인적재량 추가
> points(result$loadings[ , c(1:2)], pch = 19, col = "red")
> # 요인적재량의 레이블 표시
> text(result$loadings[ , 1], result$loadings[ , 2],
+     labels = rownames(result$loadings),
+     cex = 0.8, pos = 3, col = "red")
>
```

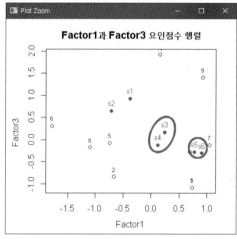

> **해설** x축을 구성하는 Factor1의 요인점수를 기준으로 1에 가까운 요인은 s5와 s6으로 나타나고, y축을 구성하는 Factor2의 요인점수를 기준으로 1에 가까운 요인은 s4와 s3으로 나타난다. 참고로 s2와 s1은 어떠한 요인으로도 분류되지 않는다.

```
> # 단계 3: Factor1과 Factor3 요인적재량 시각화
> plot(result$scores[ , c(1, 3)],
+     main = "Factor1과 Factor3 요인점수 행렬")
> # 산점도에 레이블 표시(문항 이름: name)
> text(result$scores[ , 1], result$scores[ , 3],
+     labels = name, cex = 0.7, pos = 3, col = "blue")
>
```

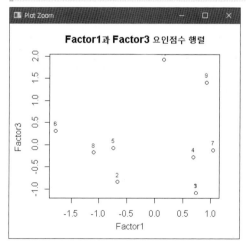

> **해설** 첫 번째 요인과 세 번째 요인점수를 대상으로 요인점수 행렬의 산점도를 그리고 각 점에 문항 이름을 적용한다.

```
> # 단계 4: 요인적재량 추가
> points(result$loadings[ , c(1,3)], pch = 19, col = "red")
> # 요인적재량의 레이블 표시
> text(result$loadings[ , 1], result$loadings[ , 3],
+       labels = rownames(result$loadings),
+       cex = 0.8, pos = 3, col = "red")
>
```

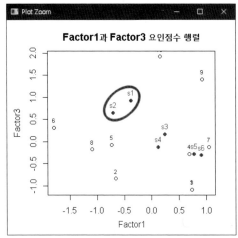

해설 x축을 구성하는 Factor3의 요인점수를 기준으로 1에 가까운 요인은 s2와 s1으로 나타난다.

🔽 실습 3차원 산점도로 요인적재량 시각화

Factor1, Factor2, Factor3의 요인적재량을 3차원 산점도를 이용하여 동시에 시각화한다.

```
> # 단계 1: 3차원 산점도 패키지 로딩
> library(scatterplot3d)
>
```

```
> # 단계 2: 요인점수별 분류 및 3차원 프레임 생성
> Factor1 <- result$scores[ , 1]
> Factor2 <- result$scores[ , 2]
> Factor3 <- result$scores[ , 3]
>
> # scatterplot3d(밑변, 오른쪽변, 왼쪽변, type)
> # type = 'p': 기본 산점도 표시
> d3 <- scatterplot3d(Factor1, Factor2, Factor3, type = 'p')
>
```

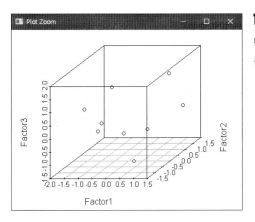

> **해설** 첫 번째 요인점수를 밑변, 두 번째 요인점수를 오른쪽 변, 세 번째 요인점수를 왼쪽 변 지정하여 3차원 산점도의 프레임을 생성한다.

```
> # 단계 3: 요인적재량 표시
> loadings1 <- result$loadings[ , 1]
> loadings2 <- result$loadings[ , 2]
> loadings3 <- result$loadings[ , 3]
> d3$points3d(loadings1, loadings2, loadings3,
+              bg = 'red', pch = 21, cex = 2, type = 'h')
>
```

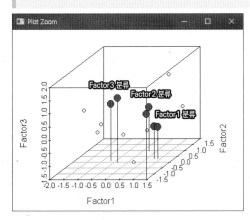

> **해설** 3차원 산점도에서 s1과 s2는 Factor3, s3과 s4는 Factor2, s5와 s6은 Factor3으로 분류된다. 따라서 2차원의 산점도 결과와 동일한 형태로 요인적재량이 시각화된다.

실습 요인별 변수 묶기

요인 분석을 통해서 각 요인에 속하는 입력변수들을 묶어서 파생변수를 생성할 수 있는데 이러한 파생변수는 상관분석이나 회귀분석에서 독립변수로 사용할 수 있다. 파생변수는 가독성과 설득력이 가장 높은 산술평균 방식을 적용하여 생성할 수 있다.

현재 입력변수 6개를 대상으로 묶여 지는 요인은 [그림 14.1]과 같다. Factor1은 응용과학, Factor2는 응용수학, Factor3은 자연과학이라는 과목명으로 산술평균 방식으로 파생변수를 생성하는 방법에 대해서 알아본다.

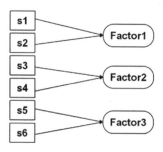

[그림 14.1] 요인별 변수 묶기

> # 단계 1: 요인별 과목 변수 이용 데이터프레임 생성
> app <- data.frame(subject$s5, subject$s6)   # 응용과학
> soc <- data.frame(subject$s3, subject$s4)   # 사회과학
> nat <- data.frame(subject$s1, subject$s2)   # 자연과학
>

┗━ **해설** 전체 6개 과목을 대상으로 요인 분석을 통해서 3개의 요인(Factor)을 '응용과학', '사회과학' 그리고 '자연과학'이라는 과목명으로 묶기 위해서 데이터프레임 객체를 생성한다.

> # 단계 2: 요인별 산술평균 계산
> app_science <- round((app$subject.s5 + app$subject.s6) / ncol(app), 2)
> soc_science <- round((soc$subject.s3 + soc$subject.s4) / ncol(soc), 2)
> nat_science <- round((nat$subject.s1 + nat$subject.s2) / ncol(net), 2)
>

┗━ **해설** 하나의 요인은 2개의 과목으로 구성되어 있기 때문에 2개 과목에 대한 산술평균을 계산하여 요인별로 3개의 파생변수를 생성한다.

> # 단계 3: 상관관계 분석
> subject_factor_df <- data.frame(app_science, soc_science, nat_science)
> cor(subject_factor_df)
              app_science soc_science nat_science
app_science   1.0000000 0.43572654 -0.68903024
soc_science   0.4357265 1.00000000 -0.02570212
nat_science   -0.6890302 -0.02570212 1.00000000
>

┗━ **해설** 요인 분석을 통해서 만들어진 파생변수는 상관분석이나 회귀분석에서 독립변수로 사용할 수 있다.

요인별로 산술평균을 계산하여 생성된 3개의 파생변수를 대상으로 데이터프레임 객체를 생성하여 상관관계 분석을 수행한 결과 '응용과학'을 기준으로 '사회과학'은 다소 높은 양의 상관성을 나타내고, '자연과학'은 비교적 높은 음의 상관성을 나타낸다. 또한 '사회과학'과 '자연과학'은 상관성이 없는 것으로 나타난다. 상관관계 분석에 대해서는 이 장의 "2. 상관관계 분석"에서 자세히 알아본다.

1.2 잘못 분류된 요인 제거로 변수 정제

이 절에서는 음료수 제품을 대상으로 3가지 영역(친밀도, 적절성, 만족도)으로 작성된 11개 변수를 대상으로 요인 분석을 실습한다. 특히 특정 변수가 묶여질 것으로 예상되는 요인으로 묶이지 않는 경우 해당 변수를 제거하여 변수를 정제하는 방법에 대해서 알아본다.

실습 요인 분석에 사용될 데이터 셋 가져오기

요인 분석에서 사용될 데이터 셋의 구성은 [표 14.1]과 같다. 전체 3개 요인으로 구성된 11개의 변수로 구성되어 있다.

[표 14.1] 3개 요인으로 구성된 파일 정보(drinking_water.sav)

요인 구분	변수명(Name)	변수설명(하위 요인)	변수값(Values)
제품친밀도	q1	브랜드	5점 척도
	q2	친근감	① 매우불만
	q3	익숙함	
	q4	편안함	
제품적절성	q5	가격의 적절성	② 불만
	q6	당도의 적절성	③ 보통
	q7	성분의 적절성	④ 만족
제품만족도	q8	음료의 목 넘김	⑤ 매우만족
	q9	음료의 맛	(무응답 없음)
	q10	음료의 향	
	q11	음료의 가격	

```
> # 단계 1: spss 데이터 셋 가져오기
> install.packages('memisc')       # spss 데이터를 가져오기 위해서 패키지 설치
Installing package into 'C:/Users/master/Documents/R/win-library/4.0'
(as 'lib' is unspecified)
          … 중간 생략 …
> library(memisc)                 # 패키지 로딩
필요한 패키지를 로딩중입니다: lattice
필요한 패키지를 로딩중입니다: MASS
          … 중간 생략 …
> setwd("C:\\Rwork\\Part-III")  # 경로 지정
> # 파일 가져오기
> data.spss <- as.data.set(spss.system.file('drinking_water.sav'))
> data.spss[1:11]                  # 데이터 셋 보기(첫 번째 칼럼부터 11개 칼럼만 보기)

Data set with 380 observations and 15 variables

  Q1 Q2 Q3 Q4 Q5 Q6 Q7 Q8 Q9 Q10 Q11
1 3  2  3  3  4  3  4  3  4   3   4
2 3  3  3  3  3  3  3  2  3   2   3
```

```
          … 중간 생략 …
24  2   2   2   2   2   3   1   4   4   4   2
25  2   2   2   2   2   2   3   4   3   3   3
..  ..  ..  ..  ..  ..  ..  ..  ..  ..  …   …
(25 of 380 observations shown)
>
```

> # 단계 2: 데이터프레임으로 변경
> drinking_water <- data.spss[1:11]   # 11개 변수 선택
> drinking_water_df <-
+   as.data.frame(data.spss[1:11])   # 데이터프레임 생성
> str(drinking_water_df)   # 데이터 셋 구조 보기
'data.frame': 380 obs. of 11 variables:
 $ Q1 : num 3 3 3 3 3 1 2 2 2 4 ...
 $ Q2 : num 2 3 3 3 3 1 2 2 2 3 ...
 $ Q3 : num 3 3 3 3 2 1 2 1 1 3 ...
 $ Q4 : num 3 3 4 1 2 1 3 2 2 3 ...
 $ Q5 : num 4 3 3 3 3 1 2 1 3 4 ...
 $ Q6 : num 3 3 4 2 3 1 3 2 3 3 ...
 $ Q7 : num 4 2 3 3 2 1 5 1 1 3 ...
 $ Q8 : num 3 3 4 2 2 3 4 2 3 4 ...
 $ Q9 : num 4 3 4 2 2 3 4 2 2 2 ...
 $ Q10: num 3 2 4 2 2 3 4 2 3 3 ...
 $ Q11: num 4 3 4 2 2 3 4 2 1 4 ...
>

해설   요인 분석을 위해서 spss에서 사용되는 데이터를 R로 가져오기 위해서 memisc 패키지를 설치하고, 패키지에서 제공되는 spss.system.file() 함수를 이용하여 데이터를 가져온 후 데이터프레임으로 변경하여 요인 분석을 위한 데이터를 준비한다.

요인과 변수의 관계는 다음과 같다.

· 제품친밀도(q1, q2, q3, q4)   · 제품적절성(q5, q6, q7)   · 제품만족도(q8, q9, q10, q11)

실습   요인 수를 3개로 지정하여 요인 분석 수행

> result2 <- factanal(drinking_water_df, factors = 3, rotation = "varimax")
> result2

Call:
factanal(x = drinking_water_df, factors = 3, rotation = "varimax")

Uniquenesses:
   Q1   Q2   Q3   Q4   Q5   Q6   Q7   Q8   Q9   Q10   Q11
0.321 0.238 0.284 0.447 0.425 0.373 0.403 0.375 0.199 0.227 0.409

```
Loadings:
     Factor1 Factor2 Factor3
Q1    0.201   0.762   0.240
Q2    0.172   0.813   0.266
Q3    0.141   0.762   0.340
Q4    0.250   0.281   0.641
Q5    0.162   0.488   0.557
Q6    0.224   0.312   0.693
Q7    0.235   0.219   0.703
Q8    0.695   0.225   0.304
Q9    0.873   0.122   0.155
Q10   0.852   0.144   0.161
Q11   0.719   0.152   0.225

                Factor1  Factor2  Factor3
SS loadings      2.772    2.394    2.133
Proportion Var   0.252    0.218    0.194
Cumulative Var   0.252    0.470    0.664

Test of the hypothesis that 3 factors are sufficient.
The chi square statistic is 40.57 on 25 degrees of freedom.
The p-value is 0.0255
>
```

해설 Uniquenesses: 항목에서 전체 11개 변수가 모두 0.5 이하의 값을 갖기 때문에 모두 유효하다고 볼 수 있다.

Loadings: 항목에서 Factor1은 q8, q9, q10, q11 변수의 적재값이 가장 높고, Factor2는 q1, q2, q3 변수, Factor3은 q4, q5, q6, q7 변수가 적재값이 가장 높게 나타난다. 따라서 전체 11개의 변수는 3개의 요인으로 묶여 지는 것을 요인적재량에서 확인할 수 있는데, 여기서 주목할 점은 데이터 셋에서 의도한 요인과 요인으로 묶여진 결과가 서로 다르게 나왔다는 점이다. 즉 Factor1은 만족도 요인, Factor2는 친밀도 요인, Factor3은 적절성 요인으로 볼 수 있는데, 친밀도 요인으로 보이는 Factor2에는 q4가 보이지 않고 Factor3에 묶이는 것으로 나타났다. 따라서 해당 변수(q4)의 타당성을 의심해 볼 수 있다.

또한, 요인 분석 결과의 마지막 문장(The p-value is 0.0255)에서 보이는 것처럼 p-value 값이 0.05 미만이기 때문에 요인 수 선택에 문제가 있다고 볼 수 있다. 여기서 p-value 값은 chi_square 검정으로 기대치와 관찰치에 차이 있음을 알려주는 확률값이다. 요인 수를 3개로 전제하기 때문에 p-value 값은 무시하고 실습을 진행한다.

실습 요인별 변수 묶기

요인 분석의 결과를 바탕으로 각 요인에 속하는 입력변수들을 묶어서 파생변수를 생성 한다. 현재 입력변수 11개를 대상으로 묶여지는 요인은 [그림 14.2]와 같이 제품친밀도(closeness), 제품적절성(pertinence), 제품만족도(satisfaction)로 파생변수를 생성할 수 있다.

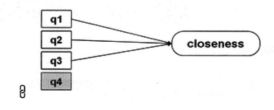

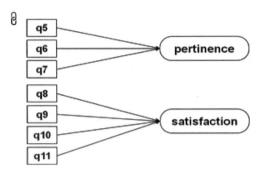

[그림 14.2] 파생변수 생성

```
> # 단계 1: q4를 제외하고 데이터프레임 생성
> dw_df <- drinking_water_df[-4]
> str(dw_df)
'data.frame': 380 obs. of  10 variables:
 $ Q1 : num  3 3 3 3 3 1 2 2 2 4 ...
 $ Q2 : num  2 3 3 3 3 1 2 2 2 3 ...
 $ Q3 : num  3 3 3 3 2 1 2 1 1 3 ...
 $ Q5 : num  4 3 3 3 3 1 2 1 3 4 ...
 $ Q6 : num  3 3 4 2 3 1 3 2 3 3 ...
 $ Q7 : num  4 2 3 3 2 1 5 1 1 3 ...
 $ Q8 : num  3 3 4 2 2 3 4 2 3 4 ...
 $ Q9 : num  4 3 4 2 2 3 4 2 2 2 ...
 $ Q10: num  3 2 4 2 2 3 4 2 3 3 ...
 $ Q11: num  4 3 4 2 2 3 4 2 1 4 ...
> dim(dw_df)
[1] 380  10
>
```

┗ **해설** 　타당성 문제가 발생하는 q4 칼럼을 제외하여 데이터프레임을 생성한다.

```
> # 단계 2: 요인에 속하는 입력 변수별 데이터프레임 구성
> ## 제품만족도 저장 데이터프레임
> s <- data.frame(dw_df$Q8, dw_df$Q9, dw_df$Q10, dw_df$Q11)
> ## 제품친밀도 저장 데이터프레임
> c <- data.frame(dw_df$Q1, dw_df$Q2, dw_df$Q3)
> ## 제품적절성 저장 데이터프레임
> p <- data.frame(dw_df$Q5, dw_df$Q6, dw_df$Q7)
>
```

┗ **해설** 　q8, q9, q10, q11 변수는 '제품만족', q1, q2, q3 변수는 '제품친밀도', q5, q6, q7 변수는 '제품적절성'으로
묶기 위해서 관련 변수로 데이터프레임을 생성한다.

```
> # 단계 3: 요인별 산술평균 계산
> satisfaction <- round(
+ (s$dw_df.Q8 + s$dw_df.Q9 + s$dw_df.Q10 + s$dw_df.Q11) / ncol(s), 2)
> closeness <- round(
+ (c$dw_df.Q1 + c$dw_df.Q2 + c$dw_df.Q3) / ncol(c), 2)
> pertinence <- round(
+ (p$dw_df.Q5 + p$dw_df.Q6 + p$dw_df.Q7) / ncol(p), 2)
>
```

해설 제품만족도(satisfaction)는 4개의 변수로 구성되어 있기 때문에 4개 변수에 대한 산술평균을 계산하고, 제품친밀도(closeness)와 제품만족도(pertinence)는 3개 변수에 대한 산술평균을 계산하여 파생변수를 생성한다.

```
> # 단계 4: 상관관계 분석
> drinking_water_factor_df <- data.frame(satisfaction, closeness, pertinence)
> colnames(drinking_water_factor_df) <- c("제품만족도","제품친밀도", "제품적절성")
> cor(drinking_water_factor_df)
            제품만족도 제품친밀도 제품적절성
제품만족도  1.0000000 0.4047543 0.4825335
제품친밀도  0.4047543 1.0000000 0.6344751
제품적절성  0.4825335 0.6344751 1.0000000
>
```

해설 요인 분석을 토대로 묶여진 3개의 변수를 대상으로 상관관계 분석을 수행한 결과 '제품만족도'는 '제품친밀도'보다 '제품적절성'과 상관성이 다소 높은 것으로 나타나고, 가장 높은 상관관계를 보이는 변수는 '제품친밀도'와 '제품적절성'으로 나타났다.

1.3 요인 분석 결과 제시

일반적으로 요인 분석 결과를 논문이나 보고서에 제시하는 경우에는 해당 요인과 변수 그리고 요인적재량, 요인의 설명력을 나타내는 고유값 등을 함께 제시하는 것이 좋다. [표 14.2]는 요인관계 분석을 통해서 얻어진 결과를 제시한 예이다.

[표 14.2] 요인 분석 결과 제시

요인 (Factor)	변수명 (Variable Name)	요인적재량 (Factor loading)	고유값 (Eigenvalue)	분산 설명력 (Variance Explained)
제품친밀도	q1	.762	2.133	19.4%
	q2	.813		
	q3	.762		
제품적절성	q5	.557	2.394	21.8%
	q6	.693		
	q7	.703		

	q8	.695		
제품만족도	q9	.873	2.772	25.2%
	q10	.852		
	q11	.719		

2. 상관관계 분석

상관관계 분석(Correlation Analysis)이란 변수들 간의 관련성을 분석하기 위해 사용하는 분석 방법으로, 하나의 변수가 다른 변수와 관련성이 있는지, 있다면 어느 정도의 관련성이 있는지를 개관할 수 있는 분석기법이다. 예를 들면 광고량과 브랜드 인지도의 관련성, 광고비와 매출액 사이의 관련성 등을 분석하는 데 이용한다.

상관관계 분석을 수행할 때는 다음과 같은 사항에 주의한다.

• 회귀분석에서 변수 간의 인과관계를 분석하기 전에 변수 간의 관련성을 분석하는 선행자료(가설검정 전 수행)로 이용한다.
• 변수 간의 관련성을 위해 상관계수인 피어슨(Pearson) r 계수를 이용해 관련성의 유무와 정도를 파악한다.
• 상관관계 분석의 척도인 피어슨 상관계수(Pearson correlation coefficient: r) R과 상관관계의 정도는 [표 14.3]과 같다.

[표 14.3] 피어슨 상관계수와 상관관계 정도

피어슨 상관계수 R	상관관계 정도
±0.9 이상	매우 높은 상관관계
±0.9 ~ ±0.7	높은 상관관계
±0.7 ~ ±0.4	다소 높은 상관관계
±0.4 ~ ±0.2	낮은 상관관계
±0.2 미만	상관관계 없음

※ 상관계수 r은 −1에서 +1까지의 값을 가진다. 또한, 가장 높은 완전 상관관계의 상관계수는 1이고, 두 변수 간에 전혀 상관관계가 없으면 상관계수는 0이다.

2.1 상관계수 r과 상관관계 정도

특정 변수가 다른 변수와 어느 정도 밀접한 관련성을 가지고 변화하는지를 알아보기 위한 상관관계 분석을 수행한다. [그림 14.3]은 상관계수 r과 상관관계 정도를 나타내고 있다.

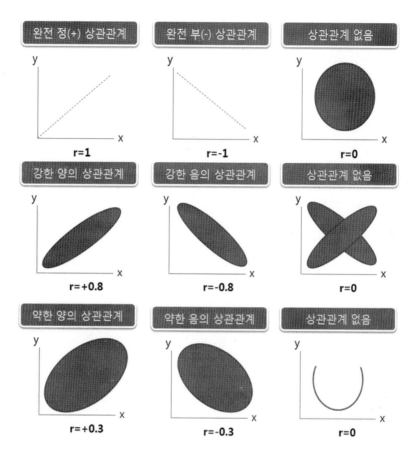

[그림 14.3] 상관계수 r과 상관관계 정도

- 완전 정(+) 상관관계는 X의 값이 증가하면 Y의 값도 증가하는 형태로 r = 1이며, 완전 부(−) 상관관계는 x의 값이 증가 하면 y의 값은 감소하는 형태로 r = −1이다.
- 강한 양의 상관관계는 r = +0.8이고, 약한 양의 상관관계는 r = +0.3이다.
- 강한 음의 상관관계는 r = −0.8이고, 약한 음의 상관관계는 r = −0.3이다.
- x와 y 변수 간의 상관관계가 없는 경우에는 r = 0이 된다.

2.2 상관관계 분석 수행

제품의 친밀도, 적절성, 만족도 변수를 대상으로 변수 간의 상관계수를 통해서 상관관계 분석을 수행 한다.

┌ **⊙실습** 기술통계량 구하기

> **# 단계 1: 데이터 가져오기**
> product <- read.csv("C:/Rwork/Part-III/product.csv", header = TRUE)
> head(product)   # 친밀도 적절성 만족도(등간척도 - 5점 척도)

```
    제품_친밀도 제품_적절성 제 품_만족도
1            3           4            3
2            3           3            2
3            4           4            4
4            2           2            2
5            2           2            2
6            3           3            3
>
```

```
> # 단계 2: 기술통계량
> summary(product) # 요약통계량
   제품_친밀도          제품_적절성          제품_만족도
Min.   :1.000     Min.   :1.000     Min.   :1.000
1st Qu.:2.000     1st Qu.:3.000     1st Qu.:3.000
Median :3.000     Median :3.000     Median :3.000
Mean   :2.928     Mean   :3.133     Mean   :3.095
3rd Qu.:4.000     3rd Qu.:4.000     3rd Qu.:4.000
Max.   :5.000     Max.   :5.000     Max.   :5.000
> sd(product$제품_친밀도); sd(product$제품_적절성); sd(product$제품_만족도)
[1] 0.9703446
[1] 0.8596574
[1] 0.8287436
>
```

해설 상관분석을 위해서 기술통계량을 구하는 과정이다.

실습 상관계수 보기

변수 간의 상관계수는 stats 패키지에서 제공되는 cor() 함수를 이용하며, 함수의 형식은 다음과 같다.

> **형식** cov(x, y = NULL, use = "everything",
>   method = c("pearson", "kendall", "spearman"))

method 속성을 생략하면 기본값으로 피어슨(pearson) 상관계수가 적용된다. 두 변수 간의 관련성을 구하기 위해 보편적으로 피어슨 상관계수를 이용한다.

```
> # 단계 1: 변수 간의 상관계수 보기
> cor(product$제품_친밀도, product$제품_적절성) # 다소 높은 양의 상관관계
[1] 0.4992086  ◀──── ±0.9 ~ ±0.7: 관련성 높음, 적어도 ±6 이상, 논문 ±0.4 이상
>
> cor(product$제품_친밀도, product$제품_만족도) # 0.467145: 다소 높은 양의 상관관계
[1] 0.467145
>
```

```
> # 단계 2: 제품_적절성과 제품_만족도의 상관계수 보기
> cor(product$제품_적절성, product$제품_만족도)     # 높은 양의 상관관계
[1] 0.7668527
>
```

```
> # 단계 3: (제품_적절성 + 제품_친밀도)와 제품_만족도의 상관계수 보기
> cor(product$제품_적절성 + product$제품_친밀도, product$제품_만족도)
[1] 0.7017394
>
```

해설 피어슨 상관계수를 이용하여 두 변수 간의 관련성을 나타내는 과정이다.

실습 전체 변수 간의 상관계수 보기

객체에 있는 모든 변수 간의 상관계수를 보기 위해서는 다음과 같은 형식을 통해서 확인할 수 있다.

```
> cor(product, method = "pearson")     # 피어슨 상관계수
            제품_친밀도  제품_적절성  제품_만족도
제품_친밀도  1.0000000   0.4992086   0.4671450
제품_적절성  0.4992086   1.0000000   0.7668527
제품_만족도  0.4671450   0.7668527   1.0000000
>
```

해설 product의 3개 칼럼에 대한 피어슨의 상관계수를 나타낸다. 특히 적절성과 만족도 칼럼 간의 상관계수 (0.7668527)가 가장 높은 것으로 나타난다. 대각선은 자기 상관계수를 의미한다.

실습 방향성 있는 색상으로 표현

동일한 색상으로 그룹을 표시하고 색의 농도로 상관계수를 나타낸다.

```
> install.packages("corrgram")                    # 패키지 설치
Installing package into 'C:/Users/master/Documents/R/win-library/4.0'
(as 'lib' is unspecified)
          … 중간 생략 …
> library(corrgram)                               # 패키지 로딩
Registered S3 method overwritten by 'seriation':
  method        from
  reorder.hclust gclus

다음의 패키지를 부착합니다: 'corrgram'
          … 중간 생략 …
> corrgram(product)                               # 색상 적용 - 동일 색상으로 그룹화 표시
> corrgram(product, upper.panel = panel.conf)    # 위쪽에 상관계수 추가
> corrgram(product, lower.panel = panel.conf)    # 아래쪽에 상관계수 추가
>
```

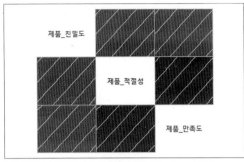

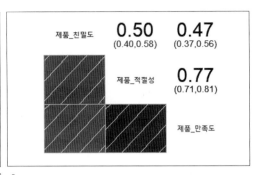

해설 corrgram() 함수를 이용하여 상관계수와 상관계수에 따라서 색의 농도로 시각화해 준다. 만족도에 가장 큰 영향을 미치는 변수는 제품_적절성으로 0.77이다.

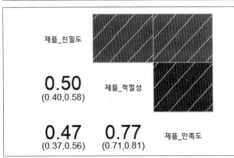

⬇실습 차트에 밀도곡선, 상관성, 유의확률(별표) 추가하기

```
> # 단계 1: 패키지 설치
> install.packages("PerformanceAnalytics")
Installing package into 'C:/Users/master/Documents/R/win-library/4.0'
(as 'lib' is unspecified)
        … 중간 생략 …
> library(PerformanceAnalytics)
        … 중간 생략 …
>
```

```
> # 단계 2: 상관성, p값(*), 정규분포(모수 검정 조건) 시각화
> chart.Correlation(product, histogram = , pch = "+")
>
```

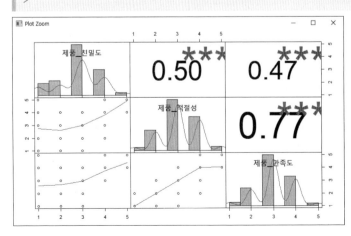

해설 세 변수(제품친밀도, 제품적절성, 제품만족도) 모두 대체로 정규분포 형태를 가지며, 유의수준 0.05에서 세 변수 모두 상관성이 있는 것으로 나타났다. 또한, 제품만족도 변수에 가장 큰 영향을 미치는 변수는 제품적절성(0.77)으로 나타난다.

┌─ **실습** 서열척도 대상 상관계수

```
> cor(product, method = "spearman")
             제품_친밀도   제품_적절성   제품_만족도
제품_친밀도   1.0000000    0.5110776    0.5012007
제품_적절성   0.5110776    1.0000000    0.7485096
제품_만족도   0.5012007    0.7485096    1.0000000
>
```

└─ **해설** 서열척도로 구성된 변수에 대해서 상관계수를 구하기 위해서는 "method = spearman" 속성을 적용할 수 있다. 즉 대상 변수가 등간척도 또는 비율척도일 때 피어슨(Pearson) 상관계수를 적용하고, 서열척도일 때는 스피어만(Spearman) 상관계수를 적용하여 분석한다.

2.3 상관관계 분석 결과 제시

일반적으로 상관관계 분석 결과를 논문이나 보고서에 제시하는 경우에는 해당 변수들의 기본적인 기술통계량(평균과 표준편차)과 피어슨 상관계수를 함께 제시하는 것이 좋다. [표 14.4]는 상관관계 분석을 통해서 얻은 결과를 제시한 예이다.

[표 14.4] 상관관계 분석 결과

분석 단위	평균 (Mean)	표준편차 (Std. Deviation)	분석 단위 간 상관관계 (Inter-Analysis Correlations)		
			1	2	3
1. 제품친밀도	2.928	.9703446	1		
2. 제품적절성	3.133	.8596574	.50***	1	
3. 제품만족도	3.095	.8287436	.47***	.77***	1

＊＊ 상관관계는 0.01 수준(양쪽)에서 유의하다.

⊕ **더 알아보기** | 상관관계 분석의 유형

상관관계의 종류에는 Y와 X 간의 상관관계를 나타내는 단순 상관관계, 둘 이상의 변수들이 어느 한 변수와 관계를 갖는 경우 그 정도를 파악하기 위한 다중(Multiple) 상관관계, 두 변수 관계의 정도를 파악하고자 할 때 제3의 변수가 두 변수 모두에 영향을 미치고 있는 경우 이를 통제한 다음 분석하는 편(Partial) 상관관계, 제3의 변수가 어느 한 변수에만 영향을 미치는 경우 이를 통제한 후 분석하는 부분(Semi partial) 상관관계가 있다. 일반적으로 단순 상관관계 분석과 다중 상관관계 분석을 많이 사용한다.

1. 다음은 drinkig_water_example.sav 파일의 데이터 셋이 구성된 테이블이다. 전체 2개의 요인에 의해서 7개의 변수로 구성되어 있다. 아래에서 제시된 각 단계에 맞게 요인 분석을 수행하시오.

요인 구분	변수명 (Name)	변수설명 (하위 요인)	변수값 (Values)
제품친밀도	q1	브랜드	
	q2	친근감	
	q3	익숙함	음료의 만족도
제품만족도	q4	음료의 목 넘김	
	q5	음료의 맛	
	q6	음료의 향	
	q7	음료의 가격	

[단계 1] 데이터 파일 가져오기
```
> library(memisc)
> setwd("C:\\Rwork\\Part-III")
> data.spss <- as.data.set(spss.system.file('drinking_water_example.sav'))
> drinkig_water_exam <- data.spss[1:7]
> drinkig_water_exam_df <- as.data.frame(drinkig_water_exam)
> str(drinkig_water_exam_df)
```

[단계 2] 베리맥스 회전법, 요인수 2, 요인점수 회귀분석 방법을 적용하여 요인 분석

[단계 3] 요인적재량 행렬의 칼럼명 변경

[단계 4] 요인점수를 이용한 요인적재량 시각화

[단계 5] 요인별 변수 묶기

2. [연습문제 1]에서 생성된 두 개의 요인을 데이터프레임으로 생성한 후 이를 이용하여 두 요인 간의 상관 관계 계수를 제시하시오.

Part IV
기계학습

Chapter15 **지도학습**
Chapter 16 **비지도학습**
Chapter 17 **시계열분석**

Part IV의 학습내용

인간과 로봇과의 의사소통이 가능한 이유는 기존에 수많은 알고리즘을 통해서 로봇에게 학습을 시킨 후 새로운 데이터가 들어오면 해석할 수 있는 능력을 가르치는 기계학습(Machine Learning) 과정이 있기 때문에 가능하다. Part-IV에서는 기계학습 방법과 추론통계 및 패턴(규칙)을 적용하여 미래의 데이터를 예측하는 분석 방법에 대해서 살펴본다.

Chapter 15에서는 인간 개입에 의한 기계학습을 토대로 추론통계학에 바탕을 둔 예측분석에 대해서 알아본다. **Chapter 16**에서는 인간의 개입을 최소화한 컴퓨터 기계학습을 토대로 데이터마이닝(data mining)에 바탕을 둔 예측분석에 대해서 알아본다. 끝으로 기계학습의 범주에는 포함되지 않지만 가까운 미래를 예측한다는 측면에서 **Chapter 17**에 시계열분석을 포함하였다.

지도학습

학습 내용

기계학습(Machine learning)은 빅 데이터와 사물인터넷(IoT) 시대에서 유용한 정보를 생성해주는 중요한 역할을 제공한다. 기계학습은 알고리즘을 통해서 데이터를 예측하는 인공지능의 일종으로 사람의 개입이 최소화된 환경에서 데이터에 의한 학습을 통해 최적의 판단이나 예측을 가능하게 해주는 것으로 크게 지도학습과 비지도학습으로 분류된다. 지도학습은 어떤 입력에 대해서 어떤 결과가 출력되는지의 사전지식을 갖고 있는 경우에 입력에 대해서 특정한 출력이 나타나게 해주는 규칙(rule)을 발견하고 이를 통해서 데이터를 추정 및 예측하는 데 이용된다. 지도학습의 일반적인 절차는 다음 그림과 같다.

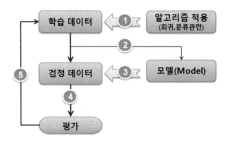

학습 목표

• 지도학습과 비지도학습 방법에 관한 사례를 들어서 설명할 수 있다.
• 다중 회귀분석을 통해서 특정 변수가 다른 변수에 영향을 미치는지를 예측할 수 있다.
• 분류분석의 사례를 통해서 가장 영향력이 있는 변수를 선정할 수 있다.
• 인공신경망 알고리즘을 설명하고 모형을 생성할 수 있다.

Chapter 15의 구성

1. 기계학습
2. 회귀분석
3. 로지스틱 회귀분석
4. 분류분석

1. 기계학습

인간이 태어나면서 능숙하게 언어를 구사하고, 사물을 정확히 인지하는 것은 불가능하다. 갓난아이가 태어나면서부터 부모와 지인 그리고 주변의 모든 사물에 의해서 직접 또는 간접적으로 학습되면서 점차 언어와 사물 등을 인지하게 된다.

기계학습(Machine Learning) 역시 알고리즘을 통해서 컴퓨터나 로봇 등의 기계에 학습을 시킨 후 새로운 데이터가 들어오는 경우 해당 데이터의 결과를 예측하는 학문 분야로 인간과 로봇과의 상호작용, 포털사이트의 검색어 자동 완성 기능, 악성코드 탐지, 문자인식, 기계 오작동으로 인한 사고 발생 가능성 등을 예측하는 분야에서 이용된다. 일반적으로 기계학습은 데이터를 통해서 반복 학습으로 만들어진 모델을 바탕으로 최적의 판단이나 예측을 가능하게 해주는 것을 목표로 한다.

1.1 기계학습 분류

기계학습은 크게 지도학습과 비지도학습으로 분류된다. 지도학습은 사전에 입력과 출력에 대한 정보를 가지고 있는 상태에서 입력이 들어오는 경우 해당 출력이 나타나는 규칙을 발견(알고리즘 이용)하고, 이를 통해서 만들어진 모델(model)을 통해서 새로운 데이터를 추정 및 예측한다.

비지도학습은 최종적인 정보가 없는 상태에서 컴퓨터 스스로 공통점과 차이점 등의 패턴을 이용해서 규칙을 생성하고, 이를 통해서 분석 결과를 도출해내는 방식이다. 따라서 유사한 데이터를 그룹화해주는 군집화와 군집 내의 특성을 나타내는 연관분석 방법에 주로 이용된다. [표 15.1]은 지도학습과 비지도학습의 차이점을 나타내고 있다.

[표 15.1] 지도학습과 비지도학습 차이 비교

분류	지도학습	비지도학습
주 관	사람의 개입에 의한 학습	컴퓨터에 의한 기계학습
기 법	확률과 통계기반 추론통계	패턴분석 기반 데이터 마이닝
유 형	회귀분석, 분류분석(y 변수 있음)	군집 분석, 연관분석(y 변수 없음)
분 야	인문, 사회 계열	공학, 자연 계열

지도학습은 영향을 미치는 독립변수와 영향을 받는 종속변수의 관계(x -> y)가 형성되지만, 비지도학습은 종속변수가 존재하지 않는다.

1.2 혼돈 매트릭스

일반적으로 혼돈 매트릭스(Confusion Matrix)는 기계학습에 의해서 생성된 분류분석 모델의 성능을 지표화할 수 있는 테이블로 모델에 의해서 예측한 값은 열(column)로 나타나고, 관측치의 값은 행(row)으로 표시된다. 혼돈 매트릭스는 [표 15.2]와 같다. 참 부정(TN)은 관측치가 NO일 때 모델 예측치도 NO를 나타내는 수치이고, 거짓 긍정(FP)은 관측치가 NO일 때 모델 예측치는 YES를 나타내는 수치이다. 또한, 거짓 부정(FN)은 관측치가 YES일 때 모델 예측치는 NO를 나타내는 수치이고, 참 긍정(TP)은 관측치가 YES일 때 모델 예측치도 YES를 나타내는 수치이다.

[표 15.2] 혼돈 매트릭스(Confusion Matrix)

		모델 예측치	
		YES	NO
관측치	YES	참 긍정(TP)	거짓 부정(FN)
	NO	거짓 긍정(FP)	참 부정(TN)

- 정분류율(Accuracy)   = (TP + TN) / 전체관측치(TN + FP + FN + TP)
- 오분류율(Inaccuracy) = (FN + FP) / 전체관측치(TN + FP + FN + TP)
- 정확률(Precision)   = TP / (TP + FP)
- 재현율(Recall)   = TP / (TP + FN)
- F1 점수(F1 score)   = 2 * ((Precision * Recall) / (Precision + Recall))

정분류율(accuracy)은 모델의 성능평가에서 가장 많이 사용한다. 오분류율(inaccuracy)은 모델의 오차 비율을 나타내는 척도로 수식은 "오분류율 = 1 − 정분류율"이다. 정확률은 모델이 Yes로 판단한 것 중에서 실제로 Yes인 비율이고, 재현율은 관측치가 Yes인 것 중에서 모델이 Yes로 판단한 비율이다. 또한, F1 점수는 정확률과 재현율의 조화평균으로 계산한다. 특히 기계학습에서 Y 변수가 갖는 1(Yes)과 0(No)의 비율이 불균형을 이루는 경우 모델의 평가결과로 F1 점수를 주로 이용한다.

1.3 지도학습 절차

지도학습은 학습데이터(training data)를 대상으로 알고리즘을 적용하여 학습한 후(모델 생성) 검정데이터(test data)를 이용하여 생성된 모델의 정확도를 평가한다. 정확도의 평가결과에 따라서 피드백을 통해 모델을 개선할 수 있다. [그림 15.1]은 지도학습 절차를 나타낸 것이다.

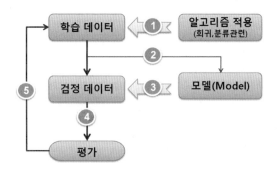

[그림 15.1] 지도학습 절차

2. 회귀분석

회귀분석(Regression Analysis)이란 특정 변수(독립변수)가 다른 변수(종속변수)에 어떠한 영향을 미치는 가를 분석하는 방법이다. 즉 인과관계가 있는지 등을 분석하는 방법으로 한 변수의 값을 가지고 다른 변수의 값을 예측해 주는 분석 방법이다. 참고로 인과관계란 변수 A가 변수 B의 값이 변하는 원인이 되는 관계로 이때 변수 A를 독립변수, 변수 B를 종속변수라고 지칭한다.

상관관계 분석과 회귀분석은 다음과 같은 차이점이 있다.

- **상관관계 분석**: 변수 간의 관련성 분석
- **회귀분석**: 변수 간의 인과관계 분석

회귀분석의 특징은 다음과 같다.

- '통계분석의 꽃'으로 불릴 만큼 가장 강력하고, 사용 범위가 넓은 분석 방법이다.
- 독립변수가 종속변수에 영향을 미치는 변수를 규명하고, 이들 변수에 의해서 회귀방정식($Y = a + \beta X$ → Y: 종속변수, a: 상수, β: 회귀계수, X: 독립변수)을 도출하여 회귀선을 추정한다. 회귀계수(β)는 단위시간에 따라 변하는 양(기울기)이며, 회귀선을 추정함에 있어 최소자승법을 이용한다.
- 독립변수와 종속변수가 모두 등간척도 또는 비율척도로 구성되어 있어야 한다.

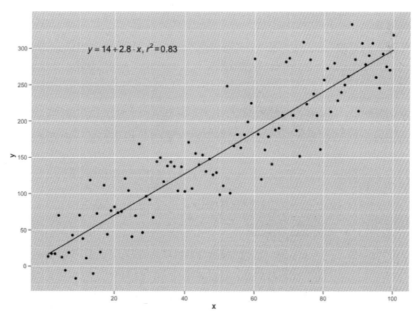

[그림 15.2] 독립변수(x)와 종속변수(y)의 산점도 및 회귀선(y = 회귀방정식, r^2 = 설명력)

➕ 더 알아보기 | **최소자승법**

관측치와 예측치의 차를 잔차(오차)라고 한다. 이러한 잔차들의 제곱의 합이 최소가 되도록 정하는 방법을 최소자승법 이라고 한다. x, y 좌표 평면에 위치한 각 점 들의 정중앙을 통과하는 회귀선을 추정하는 데 이용한다.

2.1 회귀방정식의 이해

독립변수(X)와 종속변수(Y)에 대한 분포를 나타내는 산점도를 대상으로 최소자승의 원리를 적용하여 가장 적합한 선을 그릴 수 있는데 이 선을 회귀선이라고 한다. 회귀선은 두 집단의 분포에서 잔차(각 값들과 편차)들의 제곱의 합을 최소화시키는(최소자승법) 회귀방정식에 의해서 만들어진다.

2.2 단순 회귀분석

독립변수와 종속변수가 각각 한 개일 경우 독립변수가 종속변수에 미치는 인과관계 등을 분석하고자 할 때 이용하는 분석 방법으로 회귀분석을 수행하기 위해서는 다음과 같은 기본적인 가정이 충족되어야 하며 이를 확인하는 방법은 다음과 같다.

회귀분석의 기본 가정 충족

- **선형성**: 독립변수와 종속변수가 선형적이어야 한다. **[회귀선 확인]**
- **잔차 정규성**: 잔차(오차)란 종속변수의 관측값과 회귀모델의 예측값 간의 차이를 말하며, 잔차의 기대값은 0이며, 정규분포를 이루어야 한다. **[정규성 검정 확인]**
- **잔차 독립성**: 잔차들은 서로 독립적이어야 한다. **[더빈-왓슨 값 확인]**
- **잔차 등분산성**: 잔차들의 분산이 일정해야 한다. **[표준잔차와 표준예측치 도표]**
- **다중 공선성**: 다중 회귀분석을 수행할 경우 3개 이상의 독립변수 간의 강한 상관관계로 인한 문제가 발생하지 않아야 한다. **[분산팽창요인(VIF) 확인]**

회귀분석을 수행하기 위해서는 위와 같은 기본적인 가정이 충족되어야 회귀분석을 수행할 수 있으며, 이러한 기본적인 가정을 토대로 일반적인 회귀분석을 위한 절차는 다음과 같다.

[단계 1] 회귀분석의 기본 가정이 충족되는지 확인한다. [회귀분석의 기본 가정 충족]
[단계 2] 분산분석의 F값으로 회귀모형의 유의성 여부를 판단한다.
[단계 3] 독립변수와 종속변수 간의 상관관계와 회귀모형의 설명력을 확인한다.
[단계 4] 검정 통계량 t-값에 대한 유의확률을 통해서 가설의 채택 여부를 결정한다.
[단계 5] 회귀방정식을 적용하여 회귀식을 수립하고 결과를 해석한다.

연구가설

연구가설(H_1): 음료수 제품의 당도와 가격수준을 결정하는 제품적절성(독립변수)은 제품만족도(종속변수)에 영향을 미친다고 볼 수 있다.

귀무가설(H_0): 음료수 제품의 당도와 가격수준을 결정하는 제품적절성(독립변수)은 제품만족도(종속변수)에 영향을 미친다고 볼 수 없다.

⊙실습 단순 선형 회귀분석 수행

```
> # 단계 1: 데이터 가져오기
> product <- read.csv("C:/Rwork/Part-IV/product.csv", header = TRUE)
> str(product)        # 'data.frame': 264 obs. of  3 variables:
```

```
'data.frame': 264 obs. of  3 variables:
$ 제품_친밀도: int  3 3 4 2 2 3 4 2 3 4 ...
$ 제품_적절성: int  4 3 4 2 2 3 4 2 2 2 ...
$ 제품_만족도: int  3 2 4 2 2 3 4 2 3 3 ...
>
```

```
> # 단계 2: 독립변수와 종속변수 생성
> y = product$제품_만족도    # 종속변수
> x = product$제품_적절성    # 독립변수
> df <- data.frame(x, y)
>
```

해설 제품의 친밀도가 제품의 만족도에 영향을 미치는가를 분석하기 위해서 '제품_친밀도'를 x 변수, '제품_만족도'를 y 변수로 만든다.

단순 선형회귀 분석은 stats 패키지에서 제공되는 lm() 함수를 이용하며, 함수의 형식은 다음과 같다.

형식 lm(formula= y ~ x, data)

```
> # 단계 3: 단순 선형회귀 모델 생성
> result.lm <- lm(formula = y ~ x, data = df)
>
```

해설 lm() 함수는 x 변수를 가지고 y 변수 값을 예측하는 역할을 제공하며, formula에서 y는 종속변수를 의미하고, x는 독립변수를 의미한다. 또한, data는 x, y를 포함하고 있는 데이터프레임이다.

```
> # 단계 4: 회귀분석의 절편과 기울기
> result.lm

Call:
lm(formula = y ~ x, data = df)

Coefficients:
(Intercept)            x
    0.7789       0.7393         ◀── 절편(0.7789) 과 기울기(0.7393)
>
```

해설 단순 선형회귀 분석의 결과를 저장한 result.lm 변수의 내용을 보면, 회계계수(절편과 기울기)가 나타난다. 일차함수 "y = ax + b"(a, b는 상수) 식에서 a는 기울기이며, b는 절편에 해당하는 데, 회귀분석에서는 이러한 일차함수를 이용하여 회귀방정식을 수립하여 회귀선을 추정한다.

회귀방정식은 $Y = \alpha + \beta X$ (Y: 종속변수, α: 상수, β: 회귀계수, X: 독립변수)으로 나타낸다. 회귀방정식에서 α는 절편을 의미하고, 베타(β)는 기울기를 의미한다. 절편(intercept)은 x가 0일 때 y 값을 의미하고, 기울기(gradient)는 x값의 변화에 따른 y값이 변화하는 정도를 의미한다.

회귀분석의 결과에서 절편은 0.7789, 기울기는 0.7393로 나타났따. 이를 회귀방정식에 적용하면 Y = 0.7789 + 0.7393 * X 와 같다. 따라서 X(독립변수) 벡터와 기울기(0.7393)가 곱해지고, 절편(0.7789)과 더해져서 Y(종속변수)의 벡터값이 구해진다. 즉 절편과 기울기를 이용하여 Y값을 예측할 수 있다.

회귀모델의 결과변수를 names() 함수의 인수로 사용하여 실행하면 모델 관련 정보를 확인할 수 있는 함수의 목록을 볼 수 있다. fitted.values는 모델이 예측한 적합값을 제공하고, residuals는 모델의 잔차를 제공한다.

```
> # 단계 5: 모델의 적합값과 잔차 보기
> names(result.lm)    # 회귀분석의 결과변수 목록보기
 [1] "coefficients" "residuals"   "effects"     "rank"    "fitted.values"
 [6] "assign"       "qr"          "df.residual" "xlevels" "call"
[11] "terms"        "model"
>
```

```
> # 단계 5-1: 적합값 보기
> fitted.values(result.lm)[1:2]    # 적합값 2개 원소 보기
       1        2
3.735963 2.996687
>
```

해설 회귀분석 모델의 적합값을 보려면 fitted.values() 함수를 이용하여 확인할 수 있다.

```
> # 단계 5-2: 관측값 보기
> head(df, 1)
  x y
1 4 3
>
```

해설 관측값으로 x, y 변수의 첫 번째 값을 확인한다.

```
> # 단계 5-3: 회귀방정식을 적용하여 모델의 적합값 계산
> # 회귀방정식 Y = 절편 + 기울기 * X: 3은 X 변수의 첫 번째 변량
> Y = 0.7789 + 0.7393 * 4
> Y
[1] 3.7361
>
```

해설 회귀방정식을 적용하여 계산한 모델의 적합값은 3.7361이다.

```
> # 단계 5-4: 잔차(오차) 계산
> 3 - 3.735963    # Y관측값 - Y적합값
[1] -0.735963
>
```

해설 잔차(오차)는 관측값에서 적합값을 뺀다.

```
> # 단계 5-5: 모델의 잔차 보기
> residuals(result.lm)[1:2]
          1          2
-0.7359630 -0.9966869
>
```

해설 모델의 잔차를 보려면 residuals() 함수를 이용한다.

```
> # 단계 5-6: 모델의 잔차와 회귀방정식에 의한 적합값으로부터 관측값 계산
> -0.7359630 + 3.735963
[1] 3
>
```

해설 모델의 잔차와 회귀방정식으로부터 계산된 적합값을 더하면 관측값을 계산할 수 있다.

실습 선형 회귀분석 모델 시각화

회귀방정식은 독립변수(X)와 종속변수(Y)에 대한 분포를 나타내는 산점도를 대상으로 최소자승의 원리를 적용하여 가장 적합한 회귀선을 만들어주는 역할을 제공한다.

```
> # 단계 1: x, y 산점도 그리기
> plot(formula = y ~ x, data = product)
>
> # 단계 2: 선형 회귀모델 생성
> result.lm <- lm(formula = y ~ x, data = product)
>
> # 단계 3: 회귀선
> abline(result.lm, col = 'red')
>
```

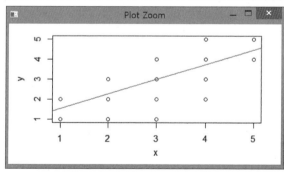

해설 독립변수와 종속변수의 변량을 산점도로 시각화하고, 최소자승의 원리를 적용하여 회귀선을 그린다. 회귀선이 오른쪽 대각선 형태로 나타나면 x와 y 변수 사이에는 인과관계가 있다고 볼 수 있다. 정확한 해석은 회귀모델의 검정 통계량으로 해석한다.

➕ 더 알아보기 회귀선(regression line)과 회귀(regressopm)

• **회귀선(regression line)**이란 두 변수 간의 예측 관계에 있어서 한 변수에 의해서 예측되는 다른 변수의 예측치들이 그 변수의 평균치로 회귀하는 경향이 있다고 하여 갈톤(Galton)에 의해서 명명되었다. 그러나 일반적으로 한 변수의 증감이 다른 변수의 단위증가에 대해 어느 정도인가를 나타내는 선을 의미한다.

• **회귀(Regression)**란 2개 이상의 변수 간의 관계식을 찾아내고 이 관계식의 정도 등을 검토하는 통계적 방법이다. 한편 "회귀" 용어는 생물학적 연구에서 부모의 특이한 형질이 자식에게서는 약해지고 "평균으로 돌아가려는 경향" 때문에 "회귀"라는 용어를 붙여졌다고 한다.

┌─●실습 선형 회귀분석 결과보기

회귀분석 결과는 요약통계량을 구할 때 사용되는 summary() 함수를 이용하여 확인할 수 있다.

```
> summary(result.lm)
Call:
lm(formula = y ~ x, data = product)

Residuals:
    Min      1Q Median     3Q    Max
-1.99669 -0.25741 0.00331 0.26404 1.26404

Coefficients:
            Estimate Std. Error t value Pr(>|t|)
(Intercept)  0.77886    0.12416   6.273 1.45e-09 ***
x            0.73928    0.03823  19.340  < 2e-16 ***
---
Signif. codes:  0 '***' 0.001 '**' 0.01 '*' 0.05 '.' 0.1 ' ' 1

Residual standard error: 0.5329 on 262 degrees of freedom
Multiple R-squared:  0.5881,	Adjusted R-squared:  0.5865
F-statistic:   374 on 1 and 262 DF,  p-value: < 2.2e-16

>
```

└─ 해설 회귀분석 결과에서 "Multiple R-squared: 0.5881" 검정계량은 독립변수에 의해서 종속변수가 얼마만큼 설명되었는가를 나타내는 회귀모형의 설명력을 나타내는 결정계수(독립변수와 종속변수 간의 상관관계를 나타내는 계수를 의미)이다. 예에서는 58.8% 설명력을 나타내고 있다. 1에 가까울수록 설명변수(독립변수)가 설명을 잘한다고 판단한다. 즉 변수의 모델링이 잘 되었다는 의미이다.

"Adjusted R-squared: 0.5865" 검정 통계량은 오차를 감안하여 조정된 R 값으로 실제 분석에서는 이 값을 이용한다. "F-statistic: 374"는 F-검정 통계량으로 회귀모형의 적합성(회귀선이 모형에 적합)을 나타내며, DF는 자유도를 의미하고, p-value: < 2.2e-16은 유의확률을 의미한다.

검정 결과 해석은 가장 먼저 F-statistic: 374, p-value: < 2.2e-16 검정 통계량을 이용하여 분산분석의 F값으로 회귀모형 자체를 신뢰할 수 있는지를 판단한다. F = 374 값의 유의확률(p =< 2.2e-16)이 유의수준 0.05보다 매우 작기 때문에 회귀선이 모델에 적합하다고 볼 수 있다. 만약 유의확률이 0.05 이상이면 회귀선이 모델에 부적합하다는 의미이다.

두 번째 단계는 독립변수의 t 값으로 가설의 채택 여부를 결정한다. x 변수의 t = 19.340 p-value값 < 2e-16 *** 으로 검정 통계량 t 값이 유의수준 0.05보다 매우 작기 때문에 "음료수 제품의 당도와 가격수준을 결정하는 제품적절성(독립변수)은 제품만족도(종속변수)에 영향을 미친다고 볼 수 있다."는 연구 가설을 채택한다.

단순 회귀분석의 결과를 제시하는 방법을 살펴본다.

"음료수 제품의 당도와 가격수준을 결정하는 제품적절성(독립변수)은 제품만족도(종속변수)에 영향을 미친다고 볼 수 있다."는 연구 가설을 검정한 결과 검정 통계량 t = 19.340 p =< 2e-16으로 통계적 유의수준에서 영향을 미치는 것으로 나타났기 때문에 연구 가설을 채택한다.

회귀모형은 상관계수 R = 0.588로 두 변수 간에 다소 높은 상관관계를 나타내며, R2 = .587로 제품 적절성 변수가 제품만족도를 58.7% 설명하고 있다. 또한, 회귀모형의 적합성은 F = 374 (p =〈 2.2e-16)으로 회귀선이 모형에 적합하다고 볼 수 있다. [표 15.3]은 단순 회귀분석 결과를 논문/보고서에 제시한 예이다.

[표 15.3] 제품적절성에 따른 제품만족도 영향 분석

종속변수 (Dependent Variable)	독립변수 (Independent Variable)	표준오차 (Std. Error)	베타 (β)	검정 통계량 (t)	유의확률 (p)
제품만족도	상수	.124	–	6.273	.000
	제품적절성	.038	.739	19.340	〈2e-16 ***
분석 통계량	Model Summary : R=.767, R^2=.588 ANOVA : F = 374, p=〈 2.2e-16 ***				
회 귀 식	Y(제품만족도) = 0.779 + 0.739 × X(제품 적절성)				

*** p 〈 0.01

2.3 다중 회귀분석

여러 개의 독립변수가 동시에 한 개의 종속변수에 미치는 영향을 분석할 때 이용하는 분석 방법으로 다수의 독립변수가 투입되기 때문에 한 독립변수가 다른 독립변수들에 의해서 설명되지 않은 부분을 의미하는 공차한계(Tolerance)와 공차한계의 역수로 표시되는 분산팽창요인(VIF)으로 다중 공선성에 문제가 없는지를 확인해야 한다.

⊕ 더 알아보기　**다중 공선성(Multicollinearity) 문제**

한 독립변수의 값이 증가할 때 다른 독립변수의 값이 이와 관련하여 증가하거나 감소하는 현상을 말한다. 대부분 다중 회귀분석에서 독립변수들은 어느 정도 상관관계를 보이고 있기 때문에 다중 공선성은 존재하지만, 독립변수들이 강한 상관관계를 보이는 경우는 회귀분석의 결과를 신뢰하기가 어렵다. 상관관계가 높은 독립변수 중 하나 혹은 일부를 제거하거나 변수를 변형시켜서 해결한다.

연구가설

연구가설(H_1): 음료수 제품의 적절성(독립변수1)과 친밀도(독립변수2)는 제품의 만족도(종속변수)에 영향을 미친다고 볼 수 있다.

귀무가설(H_0): 음료수 제품의 적절성(독립변수1)과 친밀도(독립변수2)는 제품의 만족도(종속변수)에 영향을 미친다고 볼 수 없다.

┌ **⊙실습** **다중 회귀분석**

```
> # 단계 1: 변수 모델링
> y = product$세품_만족도      # 종속변수
> x1 = product$제품_친밀도     # 독립변수2
> x2 = product$제품_적절성     # 독립변수1
> df <- data.frame(x1, x2, y)  # 데이터프레임 생성
>
```

```
> # 단계 2: 다중 회귀분석
> result.lm <- lm(formula = y ~ x1 + x2, data = df)
> result.lm                    # 절편과 기울기 확인

Call:
lm(formula = y ~ x1 + x2, data = df)

Coefficients:
(Intercept)        x1        x2
    0.66731   0.09593   0.68522   ◀——  절편, x1 기울기, x2 기울기

>
```

┕ **해설** 독립변수를 제품의 적절성과 친밀도로 지정하고 종속변수를 제품의 만족도로 지정하여 다중 회귀모델을 생성하고 절편과 기울기를 확인한다.

┌ **⊙실습** **다중 공선성(Multicolinearity) 문제 확인**

분산팽창요인 값을 확인하기 위해서 관련 패키지를 설치하고 vif() 함수를 이용하여 다중 공선성 문제를 확인한다.

```
> # 단계 1: 패키지 설치
> install.packages("car")       # vif( ) 함수 제공 패키지 설치
Installing package into 'C:/Users/master/Documents/R/win-library/4.0'
(as 'lib' is unspecified)
          …중간 생략…
> library(car)                   # 메모리 로딩
필요한 패키지를 로딩중입니다: carData
>
> # 단계 2: 분산팽창요인(VIF)
> vif(result.lm)
      x1        x2
1.331929 1.331929
>
```

┕ **해설** 분산팽창요인(VIF) 값이 10 이상이면 다중 공선성 문제를 의심해볼 수 있다. vif() 함수의 결과에 의하면 x1과 x2 간의 다중 공선성 문제는 없는 것으로 나타났다.

┌─ **⊙ 실습** 다중 회귀분석 결과보기

```
> summary(result.lm)

Call:
lm(formula = y ~ x1 + x2, data = df)

Residuals:
     Min       1Q    Median       3Q      Max
-2.01076  -0.22961  -0.01076  0.20809  1.20809

Coefficients:
             Estimate Std. Error t value   Pr(>|t|)
(Intercept)  0.66731    0.13094   5.096   6.65e-07 ***
x1           0.09593    0.03871   2.478     0.0138 *
x2           0.68522    0.04369  15.684    < 2e-16 ***
---
Signif. codes:  0 '***' 0.001 '**' 0.01 '*' 0.05 '.' 0.1 ' ' 1

Residual standard error: 0.5278 on 261 degrees of freedom
Multiple R-squared:  0.5975,  Adjusted R-squared:  0.5945
F-statistic: 193.8 on 2 and 261 DF,  p-value: < 2.2e-16

>
```

└─ **해설** 예의 결과를 통해 다중 회귀분석 결과를 제시하는 방법을 살펴본다.

"연구 가설(H1): 음료수 제품의 적절성(독립변수1)과 친밀도(독립변수2)는 제품의 만족도(종속변수)에 영향을 미친다고 볼 수 있다."는 가설을 분석하기 위해 다중 회귀분석을 실시하였다. 분석 결과를 살펴보면 제품적절성이 제품만족도에 미치는 영향은 t = 15.684, p =〈 2e-16이고, 제품친밀도가 제품만족도에 미치는 영향은 t = 2.478, p = .014로 나타났다. 따라서 제품의 적절성과 제품의 친밀도는 모두 유의수준에서 제품만족도에 정의 영향을 미친다고 볼 수 있다. 결과로 연구 가설을 채택한다.

회귀모형은 상관계수 R = .0.598로 독립변수와 종속변수 간에 다소 높은 상관관계를 나타내며, R2 = .594로 독립변수가 종속변수를 59.5% 설명하고 있다. 회귀모형의 적합성은 F = 193.8(p =〈 2.2e-16)로 나타나서 모형이 적합하다고 볼 수 있다.

또한, 표준화된 계수의 베타(Beta)값을 토대로 '제품적절성'이 0.685로 가장 높은 수치를 나타냈기 때문에 독립변수 중에서 제품적절성이 제품만족도에 가장 큰 영향력으로 미치고 있다고 볼 수 있다. [표 15.4]는 다중 회귀분석 결과를 논문/보고서에 제시한 예이다.

[표 15.4] 제품친밀도와 제품적절성이 제품만족도에 미치는 영향분석

종속변수 (Dependent Variable)	독립변수 (Independent Variable)	표준오차 (Std. Error)	베타 (β)	검정 통계량 (t)	유의확률 (p)	분산팽창요인 (VIF)
제품만족도	상수	.131	–	5.096	6.65e-07 ***	
제품만족도	제품적절성	.044	.711	15.684	〈2e-16 ***	1.332
	제품친밀도	.039	.112	2.478	0.0138 *	1.332

분석 통계량	Model Summary : R=.598, R2=.594, DW=2.174 ANOVA : F = 193.8, p =〈 2.2e-16 ***
회귀식	Y = 0.667 + 0.685 × 제품_적절성(X₁) + 0.096 × 제품_친밀도(X₂)

* p 〈 0.05, *** p 〈 0.01

2.4 다중 공선성 문제 해결과 모델 성능평가

이 절에서는 먼저 다중 회귀분석을 위한 데이터 셋을 대상으로 독립변수 간의 강한 상관관계로 인하여 발생하는 다중 공선성 문제를 해결하는 방법에 대해서 알아본다.

다음은 지도학습에서 적용되는 방식으로 학습데이터와 검정데이터를 7:3 비율로 샘플링하여 표본으로 추출한 후 학습데이터를 가지고 회귀모델을 생성하고, 검정 통계량을 분석하여 가설을 검정한다. 또한, 검정데이터를 이용하여 모델의 예측치를 생성하고, 회귀모델의 성능을 평가한다.

다음은 주요 실습 과정이다.

[다중 공선성 문제 해결] → [회귀모델 생성] → [예측치 생성] → [모델 성능평가]

(1) 다중 공선성 문제 해결

다중 공선성 문제는 독립변수 간의 강한 상관관계로 인해서 회귀분석의 결과를 신뢰할 수 없는 현상을 의미하는데, 이를 해결하기 위해서는 강한 상관관계를 갖는 독립변수를 제거하여 해결할 수 있다.

⊙실습 다중 공선성 문제 확인

```
> 단계 1: 패키지 설치 및 데이터 로딩
> install.packages("car")
Installing package into 'C:/Users/master/Documents/R/win-library/4.0'
(as 'lib' is unspecified)
        …중간 생략…
> library(car)              # 메모리 로딩
필요한 패키지를 로딩중입니다: carData
> data(iris)               # 데이터 로딩
>
```

```
> # 단계 2: iris 데이터 셋으로 다중 회귀분석
> model <- lm(formula = Sepal.Length ~ Sepal.Width +
+              Petal.Length + Petal.Width, data = iris)
> vif(model)
 Sepal.Width Petal.Length  Petal.Width
    1.270815    15.097572    14.234335
```

```
> sqrt(vif(model)) > 2    # root(VIF)가 2 이상인 것은 다중 공선성 문제 의심
Sepal.Width  Petal.Length  Petal.Width
    FALSE          TRUE         TRUE
>
```

└ **해설** iris의 Sepal.Length(꽃받침 길이)를 종속변수로 지정하고, Species(꽃의 종)를 제외한 나머지 3개는 독립변수로 지정하여 다중 회귀분석을 수행한다. Petal.Length 변수와 Petal.Width 변수는 강한 상관관계로 인하여 다중 공선성 문제가 의심된다.

```
> # 단계 3: iris 변수 간의 상관계수 구하기
> cor(iris[ , -5])    # 변수간의 상관계수 보기(Species 제외)
              Sepal.Length  Sepal.Width  Petal.Length  Petal.Width
Sepal.Length    1.0000000   -0.1175698     0.8717538    0.8179411
Sepal.Width    -0.1175698    1.0000000    -0.4284401   -0.3661259
Petal.Length    0.8717538   -0.4284401     1.0000000    0.9628654
Petal.Width     0.8179411   -0.3661259     0.9628654    1.0000000
>
```

└ **해설** 다중 공선성 문제가 의심되는 경우 해당 변수 간의 상관계수를 구하여 변수 간의 강한 상관관계를 명확히 분석하는 것이 좋다.

(2) 회귀모델 생성

동일한 데이터 셋을 대상으로 7:3 비율로 학습데이터와 검정데이터로 표본을 추출한 후 학습데이터를 이용하여 회귀모델을 생성한다.

┌ **⊙실습** 데이터 셋 생성과 회귀모델 생성

```
> # 단계 1: 학습데이터와 검정데이터 표본 추출
> x <- sample(1:nrow(iris), 0.7 * nrow(iris))  # 전체 중 70%만 추출
> train <- iris[x, ]                           # 학습데이터 선정
> test <- iris[-x, ]                           # 검정데이터 선정
>
```

└ **해설** 전체 데이터 셋을 대상으로 sample() 함수를 이용하여 70%에 해당한 행 번호(row number)를 추출한 다음 이를 이용하여 학습데이터와 검정데이터를 선정한다.

다중 공선성 문제가 발생하는 Petal.Width 변수를 제거한 후 학습데이터를 이용하여 회귀모델을 생성한다.

```
> # 단계 2: 변수 제거 및 다중 회귀분석
> model <- lm(formula = Sepal.Length ~ Sepal.Width + Petal.Length, data = train)
> model

Call
```

```
lm(formula = Sepal.Length ~ Sepal.Width + Petal.Length, data = train)

Coefficients:
 (Intercept)   Sepal.Width   Petal.Length
     1.9057        0.6762         0.4901

>
> summary(model)

Call:
lm(formula = Sepal.Length ~ Sepal.Width + Petal.Length, data = train)

Residuals:
     Min        1Q    Median        3Q       Max
 -0.90165  -0.23074  -0.00254   0.19240   0.77609

Coefficients:
              Estimate Std.  Error  t value    Pr(>|t|)
(Intercept)    1.90567      0.33179    5.744   9.64e-08 ***
Sepal.Width    0.67623      0.09148    7.392   4.13e-11 ***
Petal.Length   0.49009      0.02168   22.608   < 2e-16 ***
---
Signif. codes:  0 '***' 0.001 '**' 0.01 '*' 0.05 '.' 0.1 ' ' 1

Residual standard error: 0.3398 on 102 degrees of freedom
Multiple R-squared: 0.8402, Adjusted R-squared: 0.8371
F-statistic: 268.1 on 2 and 102 DF, p-value: < 2.2e-16

>
```

> **해설** 학습데이터를 이용하여 다중 회귀분석을 수행한 결과 회귀모형의 적합성은 F = 268.1 (p =〈 2.2e-16)로 나타나서 모형이 적합하다고 볼 수 있다. 또한, Sepal.Width(꽃받침 너비)는 Sepal.Length(꽃받침 길이)에 미치는 영향에 대한 검정 통계(t = 7.392, p = 4.13e-11)는 유의수준에서 영향을 미치는 것으로 분석되며, Petal.Length(꽃잎 길이)는 Sepal.Length(꽃받침 길이)에 미치는 영향에 대한 검정 통계량(t = 22.608 p =〈 2e-16)에 의해서 유의수준에서 영향을 미치는 것으로 분석된다.

(3) 회귀방정식 도출

절편과 기울기 그리고 독립변수(x)의 관측치를 이용하여 회귀방정식을 도출한다.

┌─ ⊕ **실습** 회귀방정식 도출

> # 단계 1: 회귀방정식을 위한 절편과 기울기 보기
> model

Call:
lm(formula = Sepal.Length ~ Sepal.Width + Petal.Length, data = train)

```
Coefficients:
 (Intercept)   Sepal.Width   Petal.Length
    1.9057        0.6762         0.4901

>
```

```
> # 단계 2: 회귀방정식 도출
> head(train, 1)
     Sepal.Length  Sepal.Width  Petal.Length  Petal.Width   Species
146          6.7            3           5.2           2.3  virginica
>
> # 다중 회귀방정식 적용
> Y = 1.9057 +  0.6762 * 3 + 0.4901 * 5.2
> Y
[1] 6.48282
> 6.7 - Y
[1] 0.21718
>
```

해설 다중 회귀방정식($Y = \alpha + \beta1.x1 + \beta2.x2$)에 절편과 기울기 그리고 X 변수(Sepal.Width, Petal.Length)의 첫 번째 관측치를 적용하면, Y 변수(Sepal.Length)의 첫 번째 예측치가 계산된다. 실제 Y 변수의 관측치는 6.7이므로 모델의 예측치와 관측치 사이의 잔차(오차)는 0.21718(6.7 – 6.48282)이 된다. 참고로 train은 랜덤(random)하게 선정되기 때문에 사용자마다 다르게 나타난다.

(4) 예측치 생성

검정데이터(test)를 이용하여 회귀모델의 예측치를 생성한다. 즉 학습데이터에 의해서 생성된 회귀모델을 검정데이터에 적용하여 모델의 예측치를 생성한다. 모델의 예측치는 stats 패키지에서 제공하는 predict() 함수를 이용하며, 함수의 형식은 다음과 같다.

형식 predict(model, data)

predict() 함수의 주요 속성은 다음과 같다.

- **model**: 회귀모델(회귀분석 결과가 저장된 객체)
- **data**: 독립변수(x)가 존재하는 검정데이터 셋

실습 검정데이터의 독립변수를 이용한 예측치 생성

```
> pred <- predict(model, test)  # x 변수만 test에서 찾아서 값 예측 생성
> pred # test 데이터 셋의 y 예측치(회귀방정식 적용)
        2        6       16       19       21       27       32       36
 4.620482 5.376113 5.616209 5.308491 5.038000 4.988991 4.939982 4.657709
```

```
        39        41        42        53        59        63        65        73
 4.571473 4.909587 4.098114 6.403421 6.121149 5.353736 5.631058 5.997685
        75        76        79        81        82        83        88        91
 5.974122 6.090754 6.072140 5.390963 5.341954 5.642840 5.617395 5.820263
        92        94        97        98        99       100       101       103
 6.188772 5.078295 5.925113 5.974122 5.066513 5.808481 7.077766 6.825889
       104       108       110       112       117       118       123       128
 6.611239 6.954303 7.329643 6.328967 6.629853 7.758943 7.082716 6.335799
       134       138       144       148       150
 6.298571 6.697476 6.961135 6.482826 6.433817
 >
```

> **해설** stats 패키지의 predict() 함수를 이용하여 검정데이터의 독립변수(x)에 회귀모델을 적용하여 종속변수(y)의 예측치를 생성한다. 참고로 test는 랜덤(random)하게 선정되기 때문에 예측치의 결과는 사용자마다 다르게 나타난다.

(5) 회귀모델 평가

검정데이터에 의해서 생성된 모델의 예측치를 이용하여 회귀모델을 평가한다. 회귀모델은 분류모델처럼 y 변수의 범주(YES, NO)로 예측하지 않고, 회귀방정식에 의해서 숫자로 예측하기 때문에 모델 평가는 일반적으로 상관계수를 이용한다.

> **실습** 상관계수를 이용한 회귀모델 평가

```
> cor(pred, test$Sepal.Length)
[1] 0.9220519
>
```

> **해설** 모델의 예측치(pred)와 검정데이터의 종속변수(y)를 이용하여 상관계수(r)를 구하여 모델의 분류정확도를 평가한다. 예측치와 실제 관측치는 0.922로 매우 높은 상관관계를 보인다. 따라서 분류정확도가 매우 높다고 볼 수 있다.

2.5 기본 가정 충족으로 회귀분석 수행

회귀분석은 선형성, 다중 공선성, 잔차의 정규성 등 몇 가지 기본 가정이 충족되어야 수행할 수 있는 모수 검정방법이다. 이 장의 "2.2 단순 회귀분석" 절에서 설명한 "회귀분석의 기본 가정 충족"을 참고한다.

이 절에서는 회귀모델의 결과변수를 대상으로 잔차(오차) 분석과 다중 공선성 검사를 통해서 회귀분석의 기본 가정을 충족하는지를 확인하는 방법에 대해서 알아본다.

> **실습** 회귀분석의 기본 가정 충족으로 회귀분석 수행

```
> # 단계 1: 회귀모델 생성
> # 단계 1-1: 변수 모델링
> formula = Sepal.Length ~ Sepal.Width + Petal.Length + Petal.Width
>
```

```
> # 단계 1-2: 회귀모델 생성
> model <- lm(formula = formula, data = iris)
> model

Call:
lm(formula = formula, data = iris)

Coefficients:
 (Intercept)   Sepal.Width  Petal.Length  Petal.Width
      1.8560        0.6508        0.7091       -0.5565
>
```

해설 iris의 4개 칼럼으로 formula를 작성하여 다중 선형 회귀모델을 생성하고, 기울기와 회귀계수를 확인한다.

```
> # 단계 2: 잔차(오차) 분석
> # 단계 2-1: 독립성 검정 - 더빈 왓슨 값으로 확인
> install.packages('lmtest')
        …생략…
> library(lmtest)
        …생략…
> dwtest(model)      # 더빈 왓슨 값: DW = 2.0604(1~3)

        Durbin-Watson test

data: model
DW = 2.0604, p-value = 0.6013
alternative hypothesis: true autocorrelation is greater than 0
>
```

해설 잔차의 독립성 검정을 위해서 lmtest 패키지를 설치하고, 회귀모델의 결과변수를 dwtest() 함수의 인수로 적용하여 더빈 왓슨 값을 확인할 수 있다. 더빈 왓슨 값의 p-value가 0.05 이상(DW 값 1 ~ 3 범위)이면 잔차에 유의미한 자기 상관이 없다고 볼 수 있다. 즉 '독립성과 차이가 없다'라고 볼 수 있다.

```
> # 단계 2: 잔차(오차) 분석
> # 단계 2-2: 등분산성 검정 - 잔차와 적합값의 분포
> plot(model, which = 1)
```

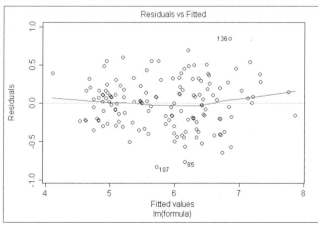

해설 등분산성이란 독립변수(X)의 값에 대응하는 종속변수(Y)의 분산이 독립변수의 모든 값에 대해서 같다는 의미이다. 등분산성 검정을 위해서 회귀모델의 결과 변수를 plot() 함수의 인수로 적용하여 시각화를 통해서 등분산성 여부를 확인할 수 있다. 잔차(residuals) 0을 기준으로 적합값(fitted values)의 분포가 좌우 균등하면 잔차들은 '등분산성과 차이가 없다.'라고 볼 수 있다. 한편 회귀모델의 시각화는 plot() 함수에서 호출할 수 있는 plot.lm* 기능으로 시각화한다.

```
> # 단계 2: 잔차(오차) 분석
> # 단계 2-3: 잔차의 정규성 검정
> attributes(model)          # model 결과변수의 속성 보기
$names
 [1] "coefficients"  "residuals"  "effects"    "rank"
 [5] "fitted.values" "assign"     "qr"         "df.residual"
 [9] "xlevels"       "call"       "terms"      "model"

$class
[1] "lm"

> res <- residuals(model)  # 회귀모델에서 잔차 추출
> shapiro.test(res)          # 정규성 검정

        Shapiro-Wilk normality test

data: res
W = 0.99559, p-value = 0.9349

>
> par(mfrow = c(1, 2))
> hist(res, freq = F)        # 히스토그램의 정규분포 시각화
> qqnorm(res)                # qq 플롯으로 정규분포 시각화
>
```

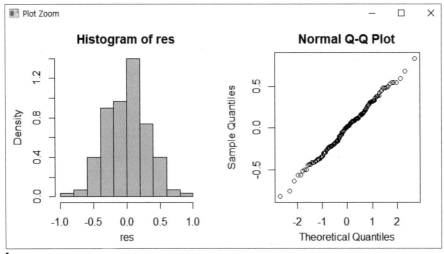

해설 잔차의 정규성 검정을 위해서 회귀모델의 결과 변수를 대상으로 잔차를 추출하고, shapiro.test() 함수를 이용하여 정규성을 검정한 결과 p-value(0.9349) 값이 유의수준(0.05)보다 크기 때문에 '귀무가설(H0): 정규성과 차이가 없다.'는 결과를 얻을 수 있다. 또한, 정규분포 시각화 hist()와, qqnorm() 함수를 통해서도 확인할 수 있다.

```
> # 단계 3: 다중 공선성 검사
> library(car)
> sqrt(vif(model)) > 2          # TRUE
 Sepal.Width  Petal.Length  Petal.Width
    FALSE         TRUE         TRUE
>
```

해설 분산팽창요인(VIF)의 루트값이 2 이하로 나타나서 독립변수 간에는 다중 공선성 문제가 없다고 볼 수 있다. 하지만, Petal.Length와 Petal.Width 변수 간에는 다중 공선성 문제가 의심스럽기 때문에 두 변수 중 하나를 제거하여 회귀모델을 다시 생성해야 한다.

```
> # 단계 4: 회귀모델 생성과 평가
> formula = Sepal.Length ~ Sepal.Width + Petal.Length   # 변수 모델링
> model <- lm(formula = formula, data = iris)           # 회귀모델 생성
> summary(model)                                        # 모델 평가

Call:
lm(formula = formula, data = iris)

Residuals:
    Min      1Q  Median      3Q     Max
-0.96159 -0.23489 0.00077 0.21453 0.78557

Coefficients:
              Estimate  Std. Error  t value   Pr(>|t|)
(Intercept)   2.24914    0.24797     9.07    7.04e-16 ***
Sepal.Width   0.59552    0.06933     8.59    1.16e-14 ***
Petal.Length  0.47192    0.01712    27.57    < 2e-16 ***
---
Signif. codes:  0 '***' 0.001 '**' 0.01 '*' 0.05 '.' 0.1 ' ' 1

Residual standard error: 0.3333 on 147 degrees of freedom
Multiple R-squared:  0.8402, Adjusted R-squared:  0.838
F-statistic: 386.4 on 2 and 147 DF,  p-value: < 2.2e-16

>
```

해설 독립변수 중에서 Petal.Width를 제거한 후 회귀모델을 생성한 결과 F-검정 통계량의 p-value($< 2.2e-16$) 값에 의해서 모델이 유의한 것으로 볼 수 있다. 또한, 모델의 설명력(Adjusted R-squared: 0.838)은 매우 높게 나타났으며, x 변수의 유의성 검정을 제공하는 t value와 p value(Pr(> |t|)를 통해서 독립변수(Sepal.Widt, Petal.Length) 모두 종속변수에 영향을 미치는 것으로 나타난다.

3. 로지스틱 회귀분석

로지스틱 회귀분석(Logistic Regression Analysis)은 종속변수와 독립변수 간의 관계를 나타내어 예측 모델을 생성한다는 점에서는 선형 회귀분석 방법과 동일하다. 하지만, 독립변수(x)에 의해서 종속변수(y)의 범주로 분류한다는 측면은 분류분석 방법으로 분류된다. 즉 분류결과만으로 본다면 이 장의 '4. 분류분석' 방법에 속한다.

로지스틱 회귀분석은 다음과 같은 특징이 있다.

- **분석 목적**: 종속변수와 독립변수 간의 관계를 통해서 예측 모델을 생성하는 데 있다.
- **회귀분석과 차이점**: 종속변수는 반드시 범주형 변수이어야 한다.
  (이항형: Yes/No 또는 다항형: iris의 Spices 칼럼)
- **정규성**: 정규분포 대신에 이항분포를 따른다.
- **로짓 변환**: 종속변수의 출력범위를 0과 1로 조정하는 과정을 의미한다.
  (⑩ 혈액형 A인 경우 -> [1, 0, 0, 0])
- **활용 분야**: 의료, 통신, 날씨 등 다양한 분야에서 활용한다.

◉실습   날씨 관련 요인 변수로 비(rain) 유무 예측

```
> # 단계 1: 데이터 가져오기
> weather = read.csv("C:/Rwork/Part-IV/weather.csv", stringsAsFactors = F)
> dim(weather)   # 366 15
[1] 366  15
> head(weather)
          Date MinTemp MaxTemp Rainfall Sunshine WindGustDir WindGustSpeed
1 2014-11-01     8.0    24.3      0.0      6.3          NW            30
2 2014-11-02    14.0    26.9      3.6      9.7         ENE            39
            ··· 중간 생략 ···
   WindDir WindSpeed Humidity Pressure Cloud Temp RainToday RainTomorrow
1       NW        20       29   1015.0      7 23.6        No          Yes
2        W        17       36   1008.4      3 25.7       Yes          Yes
       ···중간 생략···
> str(weather)
'data.frame'    : 366 obs. of  15 variables:
 $ Date        : chr  "2014-11-01" "2014-11-02" "2014-11-03" "2014-11-04" ...
 $ MinTemp     : num 8 14 13.7 13.3 7.6 6.2 6.1 8.3 8.8 8.4 ...
       ···중간 생략···
 $ RainToday   : chr  "No" "Yes" "Yes" "Yes" ...
 $ RainTomorrow : chr  "Yes" "Yes" "Yes" "Yes" ...
>
```

해설 날씨 데이터 파일(weather.csv)을 읽어 와서 파일을 구성하고 있는 칼럼들의 자료형을 확인한다.

```
> # 단계 2: 변수 선택과 더미 변수 생성
> # chr 칼럼, Date, RainToday 칼럼 제거
> weather_df <- weather[ , c(-1, -6, -8, -14)]
> str(weather_df)
'data.frame': 366 obs. of  11 variables:
 $ MinTemp      : num 8 14 13.7 13.3 7.6 6.2 6.1 8.3 8.8 8.4 ...
 $ MaxTemp      : num 24.3 26.9 23.4 15.5 16.1 16.9 18.2 17 19.5 22.8 ...
       ···중간 생략···
 $ Temp         : num 23.6 25.7 20.2 14.1 15.4 14.8 17.3 15.5 18.9 21.7 ...
 $ RainTomorrow : chr  "Yes" "Yes" "Yes" "Yes" ...
```

```
> # RainTomorrow 칼럼 -> 로지스틱 회귀분석 결과(0, 1)에 맞게 더미 변수 생성
> weather_df$RainTomorrow[weather_df$RainTomorrow == 'Yes'] <- 1
> weather_df$RainTomorrow[weather_df$RainTomorrow == 'No'] <- 0
> weather_df$RainTomorrow <- as.numeric(weather_df$RainTomorrow)
> head(weather_df)
  MinTemp MaxTemp Rainfall Sunshine WindGustSpeed WindSpeed Humidity
1    8.0    24.3     0.0      6.3            30        20       29
2   14.0    26.9     3.6      9.7            39        17       36
     …중간 생략…
  Pressure Cloud Temp RainTomorrow
1   1015.0     7 23.6            1
2   1008.4     3 25.7            1
     …중간 생략…
>
```

┗━ **해설** 　분석에 필요한 x, y 변수를 결정하고, y(독립변수) 변수를 대상으로 더미 변수를 생성하여 로지스틱 회귀분석을 위한 환경을 마련한다.

```
> # 단계 3: 학습데이터와 검정데이터 생성(7:3 비율)
> idx <- sample(1:nrow(weather_df), nrow(weather_df) * 0.7)
> train <- weather_df[idx, ]
> test <- weather_df[-idx, ]
>
```

```
> # 단계 4: 로지스틱 회귀모델 생성
> weather_model <- glm(RainTomorrow ~ ., data = train, family = 'binomial')
> weather_model

Call:  glm(formula = RainTomorrow ~ ., family = "binomial", data = train)

Coefficients:
  (Intercept)       MinTemp       MaxTemp      Rainfall      Sunshine   WindGustSpeed
   117.274246     -0.123386      0.179513     -0.001115     -0.211887       0.082239
    WindSpeed      Humidity      Pressure         Cloud          Temp
    -0.056912      0.068116     -0.125920      0.250193      0.042235

Degrees of Freedom: 251 Total (i.e. Null);  241 Residual
  (4 observations deleted due to missingness)
Null Deviance:     256.6
Residual Deviance: 137.8 AIC: 159.8
>
> summary(weather_model)

Call:
glm(formula = RainTomorrow ~ ., family = "binomial", data = train)

Deviance Residuals:
     Min       1Q   Median       3Q      Max
 -2.02194  -0.43403  -0.19201  -0.07438  2.84625
```

```
Coefficients:
              Estimate  Std. Error  z value  Pr(>|z|)
(Intercept)  117.274246   47.768283    2.455   0.01409 *
MinTemp       -0.123386    0.082586   -1.494   0.13517
MaxTemp        0.179513    0.230256    0.780   0.43561
Rainfall      -0.001115    0.045644   -0.024   0.98052
       …중간 생략…

    Null deviance: 256.58  on 251  degrees of freedom
Residual deviance: 137.81  on 241  degrees of freedom
  (4 observations deleted due to missingness)
AIC: 159.81

Number of Fisher Scoring iterations: 6

>
```

해설 glm(y ~ x, data, family) 함수를 이용하여 학습데이터(train)를 이용하여 로지스틱 회귀모델을 생성한다. family 의 'binomial' 은 y 변수가 이항형인 경우 지정하는 속성값이다. 로지스틱 회귀모델의 결과는 선형 회귀모델과 동일하게 x 변수의 유의성 검정을 제공하지만, F-검정 통계량과 모델의 설명력은 제공되지 않는다.

```
> # 단계 5: 로지스틱 회귀모델 예측치 생성
> pred <- predict(weather_model, newdata = test, type = "response")
> pred        # 1에 가까울 수록 비올 확률이 높다.
            1            2           12           13           19
0.0800288271 0.1059040760 0.0392572972 0.0127125004 0.0575211697
           21           26           37           38           40
0.5314335225 0.0949217131 0.7904299707 0.0966870594 0.1564350986
                   … 중간 생략 …
          357          360          364          365          366
0.0097509967 0.0369931877 0.0426583143 0.2293030877 0.1413659212
>
> # 시그모이드 함수 : 0.5 기준 -> 비 유무 판단
> result_pred <- ifelse(pred >= 0.5, 1, 0)
> result_pred
  1   2  12  13  19  21  26  37  38  40  47  55  58  63  66  69  74  81  84
  0   0   0   0   0   1   0   1   0   0   0   0   0   0   0   0   0   1   0
                   … 중간 생략 …
315 318 328 333 334 336 337 346 350 354 357 360 364 365 366
  0   0   0   0   0   0   0   0   0   0   0   0   0   0   0
>
> table(result_pred)
result_pred
  0   1
101   8
>
```

┗━ **해설** 　분류모델과 검정데이터(test)를 이용하여 모델의 예측치를 구한다. type = "response" 속성은 예측 결과를 0 ~ 1 사이의 확률값으로 예측치를 얻기 위해서 지정하였다. 한편 모델을 평가하기 위해서는 혼돈 매트릭스를 이용하는데, 예측치 가 확률값으로 제공되기 때문에 이를 이항형으로 변환하는 과정이 필요하다. 여기서는 ifelse() 함수를 이용하여 예측치의 벡터 변수(pred)를 입력으로 이항형의 벡터 변수(result_pred)를 생성한다.

```
> # 단계 6: 모델 평가 - 분류정확도 계산
> table(result_pred, test$RainTomorrow)

result_pred   0  1
          0  93  8
          1   3  5
>
```

┗━ **해설** 　모델의 예측치와 검정데이터의 y 변수를 이용하여 혼돈 매트릭스를 생성하고, 이를 토대로 모델의 분류정확도 (84%)를 계산할 수 있다. test는 랜덤하게 선정되기 때문에 분류정확도는 사용자마다 다르게 나타난다.

```
> # 단계 7: ROC Curve를 이용한 모델 평가
> install.packages("ROCR")   # Receiver Operating Characteristic 패키지 설치
Installing package into 'C:/Users/master/Documents/R/win-library/4.0'
(as 'lib' is unspecified)
            …중간 생략…
> library(ROCR)
필요한 패키지를 로딩중입니다: gplots

다음의 패키지를 부착합니다: 'gplots'
            …중간 생략…
>
> # ROCR 패키지 제공 함수: prediction() -> performance()
> pr <- prediction(pred, test$RainTomorrow)
> prf <- performance(pr, measure = "tpr", x.measure = "fpr")
> plot(prf)
```

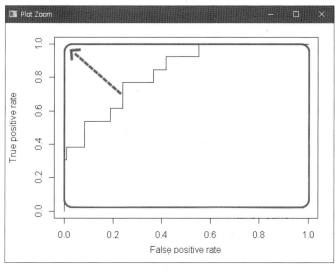

┗━ **해설** 　ROC Curve를 시각화하기 위해서 관련 패키지를 설치하고, 모델의 예측치를 이용하여 prediction과 performance() 함수로 데이터를 생성하여 기본 함수인 plot() 함수로 ROC 곡선을 시각화한다. ROC 곡선에서 왼쪽 상단의 계단 모양의 빈 공백만큼이 분류정확도에서 오분류(missing)를 나타낸다.

4. 분류분석

일반적으로 분류분석(Classification Analysis)은 다수의 변수를 갖는 데이터 셋을 대상으로 특정 변수값을 조건으로 지정하여 데이터를 분류하여 트리 형태의 모델을 생성하는 분석 방법이다. 현재 분류분석을 위해서 제공되는 R의 패키지는 매우 다양한 유형으로 제공되고 있다.

이 절에서는 의사결정 트리(Decision Tree) 방식과 랜덤 포레스트(Random Forest) 방식 그리고 인공신경망(Artificial Neural Network) 기법으로 데이터를 분류하는 방법에 대해서 알아본다. 인공신경망은 트리구조와 성격을 달리하지만, 입력값 x를 투입하여 출력값 y를 분류한다는 측면에서 분류분석에 포함한다.

분류분석의 과정을 살펴보면 학습데이터(training data)를 이용하여 분류모델을 찾은 후에 새로운 데이터에 모델을 적용하여 분류 값을 예측한다. 분류분석의 활용은 고객을 분류하는 변수, 규칙, 특성들을 찾아내고, 이를 토대로 미래 잠재 고객의 행동이나 반응을 예측하거나 유도하는 데 활용된다.

예를 들면 대출 은행에서 기존 고객들의 데이터를 활용하여 신용상태의 분류모델을 생성한 후 새로운 고객에 대하여 향후 신용상태를 예측하는 데 이용한다. 여기서 분류모델을 생성하는 조건(규칙)으로 기존 체납횟수, 대출금과 현재 고객의 수입 비율 그리고 대출 사유 등이 사용될 수 있다.

의·생명 분야에서 분류분석의 또 다른 예를 살펴보면 과거 환자들에 대한 종양 검사의 결과를 바탕으로 종양의 악성 또는 양성 여부를 분류하는 모델을 생성하고, 이를 통해서 새로운 환자에 대한 암을 진단하는데 이용하는 사례이다. 분류조건은 종양의 크기, 모양, 색깔 등이 사용될 수 있다.

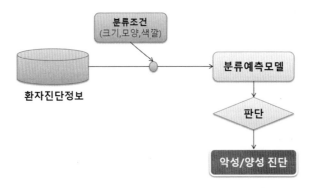

[그림 15.3] 의·생명 분야의 분류분석의 예

분류분석은 다음과 같은 특징을 나타낸다.

- **y 변수 존재**: 설명변수(x 변수)와 반응변수(y 변수)가 존재한다.
- **의사결정 트리**: 분류 예측 모델에 의해서 의사결정 트리 형태로 데이터가 분류된다.
- **비모수 검정**: 선형성, 정규성, 등분산성의 가정이 필요 없다.
- **추론 기능**: 유의수준 판단 기준이 없다(추론 기능 없음).
- **활용 분야**: 이탈고객과 지속고객의 분류, 신용 상태의 좋고 나쁨, 번호 이동고객과 지속고객 분류 등

분류분석의 절차는 다음과 같다.

[단계 1] 기존의 알려진 데이터를 수집하여 학습데이터(학습 표본)를 생성한다.

[단계 2] 수집된 학습데이터를 대상으로 분류 알고리즘을 통해 예측 모델을 생성한다.

[단계 3] 검정데이터를 통해 분류규칙이 제대로 되었는지 모델을 평가(모형평가)한다. 모형평가란 어떤 모형이 random하게 예측하는 모형보다 예측력이 우수한지, 그리고 고려된 모형들 중 어느 모형이 가장 좋은 예측력을 보유하고 있는지를 비교/분석하는 과정을 말한다.

[단계 4] 모델의 평가결과를 토대로 모델을 수정하거나 모델을 새로운 데이터에 적용하여 미래 결과를 예측한다.

4.1 의사결정 트리

의사결정 트리(Decision Tree) 방식은 [그림 15.4]처럼 나무(Tree) 구조 형태로 분류결과를 도출해내는 방식이다. 즉 입력 변수 중에서 가장 영향력이 있는 변수를 기준으로 이진 분류하여 분류결과를 나무 구조 형태로 시각화해 준다.

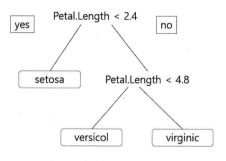

[그림 15.4] 의사결정 트리 예

의사결정 트리 방식은 비교적 모델 생성이 쉽고 단순하지만, 명료한 결과를 제공하기 때문에 현업에서 의사결정의 자료로 가장 많이 사용하는 지도학습 모델이다.

의사결정 트리 방식은 의사결정 규칙을 도 표화 하여 분류와 예측을 수행하는 분석 방법이며 분류 또는 예측의 과정이 트리구조에 의한 추론규칙에 따라서 표현되므로 이해와 설명이 쉬워진다는 장점이 있다.

이 절에서는 의사결정 트리와 관련된 party 패키지와 rpart 패키지에서 제공되는 함수를 이용하여 의사결정 트리 방식으로 분류모델을 생성하는 방법에 대해서 알아본다.

(1) party 패키지 이용 분류분석

party 패키지에서 제공되는 ctree() 함수를 이용하여 주어진 데이터 셋을 대상으로 특정 변수값을 기준으로 의사결정 트리(Decision Tree) 형태로 데이터를 분류하는 방법에 대해서 알아본다.

┌─ **⊙ 실습** 의사결정 트리 생성: ctree() 함수 이용

분류분석 결과를 의사결정 트리 형태로 제공하는 ctree() 함수의 형식은 다음과 같다.

형식 ctree(formula, data)

```
> # 단계 1: party 패키지 설치
> install.packages("party")
Installing package into 'C:/Users/master/Documents/R/win-library/4.0'
(as 'lib' is unspecified)
          … 중간 생략 …
> library(party)
필요한 패키지를 로딩중입니다: grid
          … 중간 생략 …
필요한 패키지를 로딩중입니다: sandwich
>
```

```
> # 단계 2: airquality 데이터 셋 로딩
> # install.packages("datasets")
> library(datasets)
> str(airquality)
'data.frame': 153 obs. of  6 variables:
 $ Ozone  : int   41 36 12 18 NA 28 23 19 8 NA ...
 $ Solar.R: int   190 118 149 313 NA NA 299 99 19 194 ...
 $ Wind   : num 7.4 8 12.6 11.5 14.3 14.9 8.6 13.8 20.1 8.6 ...
 $ Temp   : int   67 72 74 62 56 66 65 59 61 69 ...
 $ Month  : int   5 5 5 5 5 5 5 5 5 5 ...
 $ Day    : int   1 2 3 4 5 6 7 8 9 10 ...
>
```

└─ **해설** R에서 기본으로 제공되는 airquality 데이터 셋을 이용하기 위해서 datasets 패키지를 설치하고, 데이터를 메모리로 가져온다. airquality 데이터 셋은 153개의 관측치와 6개의 변수로 구성되어 있으며 New York의 대기에 관한 질을 측정한 데이터 셋이다. 주요 변수로는 Ozone(오존 수치), Solar.R(태양광), Wind(바람), Temp(온도) Month(측정 월), Day(측정 날짜) 등이 있다.

```
> # 단계 3: formula 생성
> formula <- Temp ~ Solar.R + Wind + Ozone
>
```

⌐ **해설** 온도에 영향을 미치는 변수를 알아보기 위해서 Temp(온도) 변수를 반응변수(종속변수)로 지정하고, Solar.R(태양광), Wind(바람), Ozone(오존 수치)을 설명변수(독립변수)로 지정하여 식을 생성한다.

```
> # 단계 4: 분류모델 생성 - formula를 이용하여 분류모델 생성
> air_ctree <- ctree(formula, data = airquality)
> air_ctree

            Conditional inference tree with 5 terminal nodes

Response: Temp
Inputs: Solar.R, Wind, Ozone
Number of observations: 153

1) Ozone <= 37; criterion = 1, statistic = 56.086
  2) Wind <= 15.5; criterion = 0.993, statistic = 9.387
    3) Ozone <= 19; criterion = 0.964, statistic = 6.299
      4)* weights = 29
    3) Ozone > 19
      5)* weights = 69
  2) Wind > 15.5
    6)* weights = 7
1) Ozone > 37
  7) Ozone <= 65; criterion = 0.971, statistic = 6.691
    8)* weights = 22
  7) Ozone > 65
    9)* weights = 26
>
```

해설 예문)	7)	Ozone <= 65;	criterion = 0.971,	statistic = 6.691
	첫 번째	두 번째	세 번째	네 번째

⌐ **해설** ctree() 함수에서 제공되는 알고리즘에 의해서 airquality 데이터 셋이 트리 형태로 분류된 결과에서 첫 번째 번호는 반응변수(종속변수)에 대해서 설명변수(독립변수)가 영향을 미치는 중요 변수의 척도를 나타내는 수치이다. 수치가 작을수록 영향을 미치는 정도가 높고, 순서는 분기되는 순서를 의미한다.

두 번째는 의사결정 트리의 노드명이다. 만약 노드 번호 뒤에 '*' 기호가 오면 해당 노드가 마지막 노드를 의미하고, 그렇지 않으면 노드명 뒤에 해당 변수의 임계값이 조건식으로 온다.

세 번째는 노드의 분기 기준(criterion)이 되는 수치이다. 만약 criterion = 0.971이면 유의확률 p = 0.029(1 - 0.971)로 나타난다. 유의확률 p는 의사결정 트리에서 확인할 수 있다. 이때 p 값은 유의수준 0.05 보다 작다.

마지막 네 번째는 반응변수(종속변수)의 통계량(statistic)이 표시된다. 마지막 노드이거나 또 다른 분기 기준이 있는 경우에는 세 번째와 네 번째 수치는 표시되지 않는다.

```
> # 단계 5: 분류분석 결과
> plot(air_ctree)
>
```

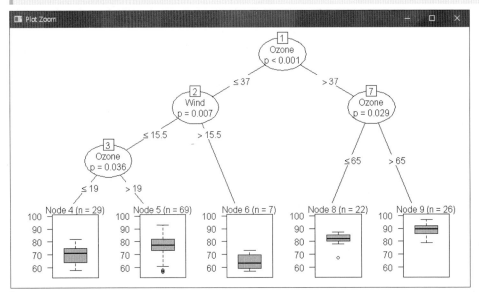

┗━ **해설** ━ 분류분석 결과가 저장된 변수를 대상으로 plot()을 이용하여 의사결정트리 모양으로 차트를 그릴 수 있다.

온도에 가장 큰 영향을 미치는 첫 번째 영향변수는 오존 수치(Ozone)이고, 두 번째 영향변수는 바람(Wind)으로 나타난다. 의사결정트리에서는 오존량이 감소하면 대체로 온도가 감소하는 경향을 보인다. 또한, 오존량이 37 이하이면 바람(Wind)의 양에 의해서 온도에 영향을 미치는 것으로 분석된다. 즉 오존량이 37 이하이면서 바람의 양이 15.5 이상이면 평균 온도가 63 정도에 해당하지만, 바람의 양이 15.5 이하이면 평균 온도가 70 이상으로 나타난다.

우리가 일반적으로 생각하고 있는 태양광은 다른 설명변수에 비해서 온도에 영향을 미치지 않는 것으로 분석되었다.

┏ **⊙실습** 학습데이터와 검정데이터 샘플링으로 분류분석 수행

iris 데이터 셋을 대상으로 학습데이터와 검정데이터를 7:3 비율로 각각 샘플링하여 분류분석을 수행한다.

하나의 데이터 셋을 학습데이터와 검정데이터의 두 그룹으로 분류하기 위해서 다음과 같은 형식으로 샘플링한다.

형식 sample(전체관측치수, 전체관측치수 * 비율)

```
> # 단계 1: 학습데이터와 검정데이터 샘플링
> #set.seed(1234)        # 시드값을 적용하면 랜덤 값이 동일하게 생성된다.
> idx <- sample(1:nrow(iris), nrow(iris) * 0.7)
> train <- iris[idx, ]      # 학습데이터
> test <- iris[-idx, ]      # 검정데이터
>
```

```
> # 단계 2: formula(공식) 생성:
> #      종속변수(꽃의 종) ~ 독립변수(나머지 4개 변수)
> formula <- Species ~ Sepal.Length + Sepal.Width + Petal.Length + Petal.Width
>
```

```
> # 단계 3: 학습데이터 이용 분류모델 생성
> iris_ctree <- ctree(formula, data = train)     # 분류모델 생성
> iris_ctree

              Conditional inference tree with 4 terminal nodes

Response:  Species
Inputs:  Sepal.Length, Sepal.Width, Petal.Length, Petal.Width
Number of observations:  105

1) Petal.Length <= 1.9; criterion = 1, statistic = 98.811
 2)*  weights = 39
1) Petal.Length > 1.9
 3) Petal.Width <= 1.7; criterion = 1, statistic = 43.127
   4) Petal.Length <= 4.6; criterion = 0.994, statistic = 10.169
     5)*  weights = 23
   4) Petal.Length > 4.6
     6)*  weights = 11
 3) Petal.Width > 1.7
   7)*  weights = 32
>
```

해설 분류모델의 결과에서 가장 중요한 변수는 Petal.Length와 Petal.Width로 나타난다. 표본에 의해서 추출된 데이터이기 때문에 실행결과는 다를 수 있다.

```
> # 단계 4: 분류모델 플로팅
> # 단계 4-1: 간단한 형식으로 시각화
> plot(iris_ctree, type = "simple")  # 간단한 형식으로 시각화
>
```

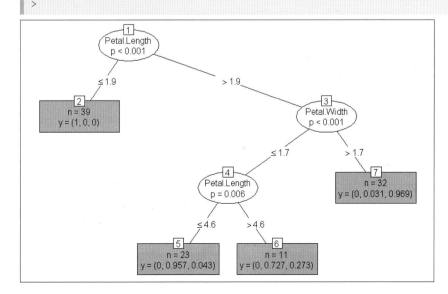

```
> # 단계 4: 분류모델 플로팅
> # 단계 4-2: 의사결정 트리로 결과 플로팅
> plot(iris_ctree)
>
```

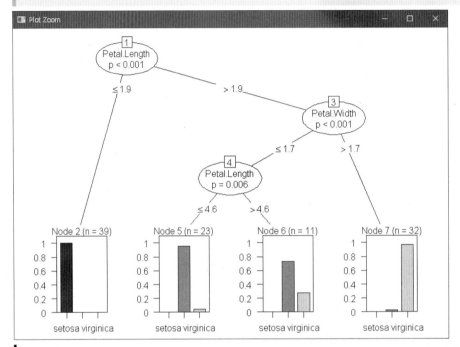

해설　plot() 함수를 이용하여 분류모델을 시각화하면 가장 중요한 변수는 Petal.Length(꽃잎의 길이)와 Petal.Width(꽃잎의 너비)로 나타났다. 위 결과는 표본에 의해서 추출된 데이터이기 때문에 실행결과는 다를 수 있다. 만약 매번 실행할 때마다 동일한 결과를 나타내기 위해서는 set.seed() 함수를 이용하면 된다.

```
> # 단계 5: 분류모델 평가
> # 단계 5-1: 모델의 예측치 생성과 혼돈 매트릭스 생성
> pred <- predict(iris_ctree, test)
>
> table(pred, test$Species)

pred          setosa  versicolor  virginica
  setosa         11           0          0
  versicolor      0          19          1
  virginica       0           0         14
>
```

해설　분류모델과 검정데이터를 대상으로 stats 패키지에서 제공되는 predict() 함수를 이용하여 예측치를 구한다.

```
> # 단계 5: 분류모델 평가
> # 단계 5-2: 분류 정확도 - 96%
> (14 + 16 + 13) / nrow(test)
```

```
[1] 0.9555556
>
```

ⓛ **해설**　예측치의 결과는 검정데이터의 y변수를 이용하여 혼돈 매트릭스를 생성한 후 분류의 정확도를 계산한다.

⊙**실습** **K겹 교차 검정 샘플링으로 분류 분석하기**

iris 데이터 셋을 대상으로 K겹 교차 검정방법으로 샘플링하여 분류분석을 수행한다. 샘플링에 대해서는 7장의 "7.3 교차 검정 샘플링" 절을 참고한다.

```
> # 단계 1: K겹 교차 검정을 위한 샘플링 - 3겹, 2회 반복
> library(cvTools)
필요한 패키지를 로딩중입니다: lattice
필요한 패키지를 로딩중입니다: robustbase
> cross <- cvFolds(nrow(iris), K = 3, R = 2)
>
```

```
> # 단계 2: K겹 교차 검정 데이터 보기
> str(cross)            # 구조 보기
List of 5
 $ n      : num 150
 $ K      : num 3
 $ R      : num 2
 $ subsets: int   [1:150, 1:2] 51 71 126 4 127 146 100 8 39 118 ...
 $ which  : int   [1:150] 1 2 3 1 2 3 1 2 3 1 ...
 - attr(*, "class")= chr "cvFolds"
>
> cross                # 3 겹 교차 검정 데이터 보기

Repeated 3-fold CV with 2 replications:
Fold    1    2
   1   51  135
   2   71  138
   3  126   76
 … 중간 생략 …
   1    6    7
   2  123   91
   3   18   27
>
> length(cross$which)  # 150
[1] 150
> dim(cross$subsets)   # 150  2
[1] 150  2
> table(cross$which)   # 3겹 빈도수

 1  2  3
50 50 50
>
```

```
> # 단계 3: K겹 교차 검정 수행
> R = 1:2              # 2회 반복
> K = 1:3              # 3겹
> CNT = 0             # 카운터 변수 -> 1차 테스트
> ACC <- numeric()   # 분류정확도 저장 -> 2차 모델 생성
>
> for(r in R){             # 2회
+  cat('\n R = ', r, '\n')
+  for(k in K) {           # 3회
+
+    # test 생성
+    datas_idx <- cross$subsets[cross$which == k, r]
+    test <- iris[datas_idx, ]
+    cat('test : ', nrow(test), '\n')
+
+    # train 생성
+    formula <- Species ~ .
+    train <- iris[-datas_idx, ]
+    cat('train : ', nrow(train), '\n')
+
+    # model 생성
+    model <- ctree(Species ~ ., data = train)
+    pred <- predict(model, test)
+    t <- table(pred, test$Species)
+    print(t)
+
+    # 분류정확도 추가
+    CNT <- CNT + 1
+    ACC[CNT] <- (t[1, 1] + t[2, 2] + t[3, 3]) / sum(t)
+  } # inntero for k
+
+  } # outer for r

 R =  1
test :  50
train :  100

pred       setosa versicolor virginica

 setosa       13        0         0
 versicolor    2       18         1
 virginica     0        0        16
test :  50
train :  100

pred       setosa versicolor virginica
 setosa       18        0         0
 versicolor    0       13         1
 virginica     0        1        17
```

```
test : 50
train : 100

pred        setosa versicolor virginica
  setosa       17        0         0
  versicolor    0       17         2
  virginica     0        1        13

R = 2
     …중간 생략…
pred        setosa versicolor virginica
  setosa       18        0         0
  versicolor    0       17         1
  virginica     0        1        13
>
> CNT
[1] 6
>
```

해설 2중 for() 함수에 의해서 6회전이 수행되었다. 이 과정에서 검정데이터와 학습데이터는 [표 15.5]와 같이 R(2회 반복), K(3겹 분할)에 의해서 6개의 학습데이터가 생성되고, 이러한 학습데이터를 이용하여 분류모델이 만들어진다.

[표 15.5] K겹 교차 검정 회전수와 데이터 셋 생성

R	K	검정(Test) 데이터	훈련(Train) 데이터	
1	K = 1	subsets[1, 1]	subsets[2, 1]	subsets[3, 1]
	K = 2	subsets[2, 1]	subsets[1, 1]	subsets[3, 1]
	K = 3	subsets[3, 1]	subsets[1, 1]	subsets[2, 1]
2	K = 1	subsets[1, 2]	subsets[2, 2]	subsets[3, 2]
	K = 2	subsets[2, 2]	subsets[1, 2]	subsets[3, 2]
	K = 3	subsets[3, 2]	subsets[1, 2]	subsets[2, 2]

```
> # 단계 4: 교차 검정 모델 평가
> ACC
[1] 0.94 0.96 0.94 0.90 0.98 0.96
> length(ACC)
[1] 6
>
> # 최종 K겹 교차 검정 모델 평가: 모델 평가결과 대상 산술평균
> result_acc <- mean(ACC, na.rm = T)
> result_acc
[1] 0.9466667
>
```

해설 ACC 변수는 6개의 학습데이터에 의해서 생성된 모델의 분류정확도(Accuracy) 6개를 저장한 vector 변수이다. K겹 교차 검정의 최종 모델 평가는 각 학습데이터에 의해서 생성된 모델 평가 결과를 대상으로 산술평균하여 결정한다. 따라서 ACC 변수를 대상으로 평균을 구하여 최종 모델의 평가 결과를 얻을 수 있다. K겹 교차 검정의 최종 모델 평가 결과는 약 92% 분류정확도를 보인다.

┌ **⊙실습** **고속도로 주행거리에 미치는 영향변수 보기**

ggplot2 패키지에서 제공되는 mpgs 데이터 셋을 대상으로 반응변수를 hwy(gallon 당 고속도로 주행거리)로 지정하고, 설명변수로 model(모델), displ(엔진 크기), cyl(실린더 수), drv(구동방식)를 지정하여 분류결과를 확인한다.

```
> # 단계 1: 패키지 설치 및 로딩
> install.packages("ggplot2")
Installing package into 'C:/Users/master/Documents/R/win-library/4.0'
(as 'lib' is unspecified)
                          … 중간 생략 …
> library(ggplot2)
> data(mpg)                          # ggplot2 패키지에서 제공
>
> # 단계 2: 학습데이터와 검정데이터 생성
> t <- sample(1:nrow(mpg), 120)      # 120개 표본 샘플링
> train <- mpg[-t, ]                 # 학습데이터
> test <- mpg[t, ]                   # 검정데이터
> dim(train)
[1] 114  11
>
> dim(test)
[1] 120  11
>
> # 단계 3: formula 작성과 분류모델 생성
> test$drv <- factor(test$drv)       # 구동 방식 요인형 변환
> formula <- hwy ~ displ + cyl + drv
> tree_model <- ctree(formula, data = test) # tree 모델 생성
> plot(tree_model)                   # tree 모델 시각화
>
```

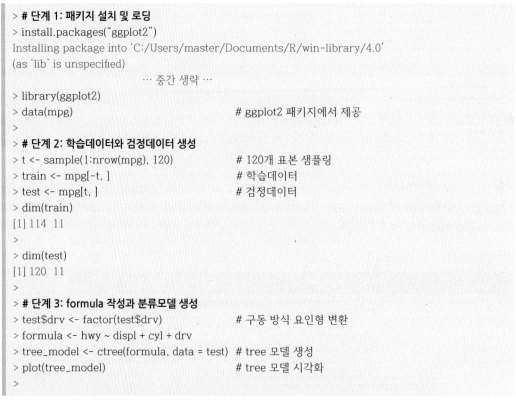

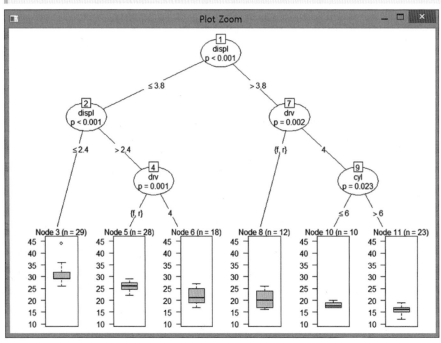

⌐ **해설** 반응변수는 고속도솔 주행거리를 지정하고, 설명변수는 실린더, 엔진 크기, 구동 방식을 지정한다.

[1] 엔진 크기가 3.8 이하에서 다시 [2] 2.4 이하인 경우는 29개가 분류(평균 주행거리 약 28)되고, [4] 2.4를 초과한 경우에는 구동 방식(f, r)에 의해서 28(평균 주행거리 약 26)개와 구동 방식(4)에 의해서 18개(평균 주행거리 약 22)로 분류된다. 또한, [1] 엔진 크기가 3.8을 초과한 경우에는 [7] 구동 방식(r, f)에 의해서 12개(평균 주행거리 약 20)로 분류되고, [9] 구동 방식(4)인 경우는 실린더 수가 6(평균 주행거리 약 17) 이하이면 10개, 초과하면 23개(평균 주행거리 약 16)로 분류된다.

결론적으로 엔진 크기가 작으면서 전륜(f)이나 후륜(r) 구동 방식인 경우 고속도로 주행거리가 가장 좋고, 반면에 엔진 크기가 크고 사륜구동 방식이면서 실린더 수가 많은 경우 고속도로 주행거리가 적은 것으로 분석된다.

⌐ **◉실습** AdultUCI 데이터 셋을 이용한 분류분석

```
> # 단계 1: 패키지 설치 및 데이터 셋 구조 보기
> install.packages("arules")    # AdultUCI 데이터 셋 이용을 위한 패키지 설치
Installing package into 'C:/Users/master/Documents/R/win-library/4.0'
(as 'lib' is unspecified)
            …중간 생략…
> library(arules)
필요한 패키지를 로딩중입니다: Matrix

다음의 패키지를 부착합니다: 'arules'
            …중간 생략…
> data("AdultUCI")
> str(AdultUCI)              # 'data.frame': 48842 obs. of  15 variables:
'data.frame': 48842 obs. of  15 variables:
 $ age            : int  39 50 38 53 28 37 49 52 31 42 ...
 $ workclass      : Factor w/ 8 levels "Federal-gov",..: 7 6 4 4 4 4 6 4 4 ...
                 … 중간 생략 …

 $ native-country: Factor w/ 41 levels "Cambodia","Canada",..: 39 39 39 39 5 39 23 39 39 39 ...
 $ income         : Ord.factor w/ 2 levels "small"<"large": 1 1 1 1 1 1 1 2 2 2 ...
> names(AdultUCI)
 [1] "age"            "workclass"      "fnlwgt"          "education"
 [5] "education-num"  "marital-status" "occupation"      "relationship"
 [9] "race"           "sex"            "capital-gain"    "capital-loss"
[13] "hours-per-week" "native-country" "income"
>
```

⌐ **✊ 데이터 셋** AdultUCI 데이터 셋

AdultUCI 데이터 셋은 arules 패키지에서 제공되는 데이터 셋으로 성인을 대상으로 인구 소득에 관한 설문 조사 데이터를 포함하고 있다. 전체 48,842개의 관측치와 15개 변수로 구성되어 있다.

주요 변수:

- age(나이)
- marital-status(결혼상태: 6개)
- race(인종: 아시아계, 백인)
- capital-loss(자본 손실)
- native-country(국가)

- workclass(직업: 4개)
- occupation(직업: 12개)
- sex(성별)
- fnlwgt(미지의변수)
- income(소득)

- education(교육수준: 16개)
- relationship(관계: 6개)
- capital-gain(자본 이득)
- hours-per-week(주당 근무시간)

```
> # 단계 2: 데이터 샘플링 - 10,000개 관측치 선택
> set.seed(1234)      # 메모리에 시드 값 적용
> choice <- sample(1:nrow(AdultUCI), 10000)
> choice
   [1] 40784 40854 41964 15241 33702 35716 17487 15220 19838  2622   3000 17380
  [13] 33247 16962 42363 40752 32899 31785 20296 33066 33026  2744    902 46301
                            …중간 생략…
[985]  4127 16401 11308 12758 19434  9680 41095 41686 42450  4915 18269 26968
[997]  5480 25946 29069  5991
[ reached getOption("max.print") -- omitted 9000 entries ]
> adult.df <- AdultUCI[choice, ]
> str(adult.df)      # ' # 'data.frame': 10000 obs. of  15 variables:
'data.frame':                  10000 obs. of  15 variables:
 $ age       : int  76 34 44 44 50 36 17 26 43 25 ...
 $ workclass : Factor w/ 8 levels "Federal-gov",...: 6 6 4 4 4 4 4 4 4 4 ...
                            …중간 생략…
 $ income    : Ord.factor w/ 2 levels "small"<"large": NA NA NA 1 NA NA 1 1 1 1 ...
>
```

```
> # 단계 3: 변수 추출 및 데이터프레임 생성
> # 단계 3-1: 변수 추출
> capital <- adult.df$`capital-gain`
> hours <- adult.df$`hours-per-week`
> education <- adult.df$`education-num`
> race <- adult.df$race
> age <- adult.df$age
> income <- adult.df$income
>
> # 단계 3-2: 데이터프레임 생성
> adult_df <- data.frame(capital = capital, age = age, race = race,
+                        hours = hours, education = education, income = income)
> str(adult_df)      # 'data.frame':        10000 obs. of  6 variables:
'data.frame': 10000 obs. of  6 variables:
 $ capital  : int  0 0 0 0 0 15024 0 0 0 0 ...
 $ age      : int  76 34 44 44 50 36 17 26 43 25 ...
 $ race     : Factor w/ 5 levels "Amer-Indian-Eskimo",...: 5 5 5 5 5 5 5 5 3 5 ...
 $ hours    : int  40 50 35 40 40 65 20 45 40 20 ...
 $ education: int  5 11 10 10 14 13 6 13 10 14 ...
 $ income   : Ord.factor w/ 2 levels "small"<"large": NA NA NA 1 NA NA 1 1 1 1 ...
>
> # 단계 4: formula 생성 - 자본이득(capital)에 영향을 미치는 변수
> formula <-  capital ~ income + education + hours + race + age
>
```

```
> # 단계 5: 분류모델 생성 및 예측
> adult_ctree <- ctree(formula, data = adult_df)
> adult_ctree    # 가장 큰 영향을 미치는 변수 - income, education

            Conditional inference tree with 10 terminal nodes

Response:  capital
Inputs:  income, education, hours, race, age
Number of observations:  10000

 1) income <= small; criterion = 1, statistic = 324.284
  2) education <= 14; criterion = 1, statistic = 96.537
   3) hours <= 49; criterion = 1, statistic = 54.964
    4) age <= 34; criterion = 1, statistic = 54.112
      5)*  weights = 3469
              …중간 생략…
 1) income > small
  17) education <= 14; criterion = 1, statistic = 16.826
   18)*  weights = 1434
  17) education > 14
   19)*  weights = 139
>
```

해설 랜덤(random)으로 실행되기 때문에 사용자마다 실행결과는 다르게 나타난다.

```
> # 단계 6: 분류모델 플로팅
> plot(adult_ctree)
>
```

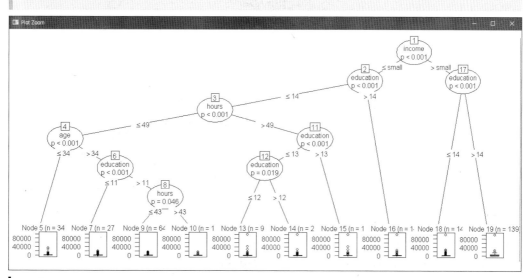

해설 자본이득(capital)에 가장 큰 영향을 미치는 변수는 income이고, 두 번째는 education 변수이다. 즉 수입(income)이 많고, 교육(education)수준이 높을수록 자본이득이 많은 것으로 분석된다.

```
> # 단계 7: 자본이득(capital) 요약통계량 보기
> # 분류모델의 조건에 맞게 subset을 작성한다.
> adultResult <- subset(adult_df,
+                          adult_df$income == 'large' &
+                          adult_df$education > 14)
> length(adultResult$education)
[1] 139
> summary(adultResult$capital)
   Min. 1st Qu.  Median   Mean 3rd Qu.    Max.
      0       0       0   9241    6042   99999
>
> # 상자 그래프 시각화
> boxplot(adultResult$capital)
>
```

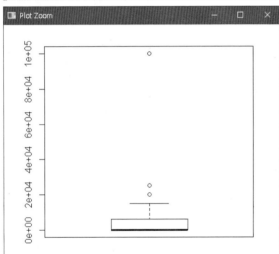

해설 분류모델 시각화에서 "income == 'large' & education 〉 14" 조건에 해당하는 146개의 관측치를 대상으로 자본이득의 평균을 계산할 수 있다. 요약통계량을 통해서 자본이득의 평균은 7,170이고, 상자 그래프의 시각화를 통해서 확인할 수 있다.

(2) rpart 패키지 이용 분류분석

rpart 패키지에서 제공되는 rpart() 함수는 재귀분할(recursive partitioning)의 의미가 있다. 기존 ctree() 함수에 비해서 2수준 요인으로 분산분석을 실행한 결과를 트리 형태로 제공하여 모형을 단순화해주기 때문에 전체적인 분류기준을 쉽게 분석할 수 있는 장점이 있다.

실습 rpart() 함수를 이용한 의사결정 트리 생성

분류분석 결과를 대상으로 모형 단순화를 토대로 의사결정트리 형태를 제공하는 rpart() 함수의 형식은 다음과 같다.

형식 rpart(반응변수 ~ 설명변수, data)

```
> # 단계 1: 패키지 설치 및 로딩
> install.packages("rpart")
Installing package into 'C:/Users/master/Documents/R/win-library/4.0'
(as 'lib' is unspecified)
            … 중간 생략 …
> library(rpart)
> install.packages("rpart.plot")      # rpart tree 모델 시각화 패키지
> library(rpart.plot)
> # 단계 2: 데이터 로딩
> data(iris)
>
> # 단계 3: rpart() 함수를 이용한 분류분석
> rpart_model <- rpart(Species ~ ., data = iris)
> rpart_model
n= 150

node), split, n, loss, yval, (yprob)
    * denotes terminal node

1) root 150 100 setosa (0.33333333 0.33333333 0.33333333)
  2) Petal.Length< 2.45 50   0 setosa (1.00000000 0.00000000 0.00000000) *
  3) Petal.Length>=2.45 100  50 versicolor (0.00000000 0.50000000 0.50000000)
    6) Petal.Width<  1.75 54   5 versicolor (0.00000000 0.90740741 0.09259259) *
    7) Petal.Width>=1.75 46   1 virginica (0.00000000 0.02173913 0.97826087) *
>
```

> **해설** formula(공식) 작성을 위해서 반응변수에 Species 변수를 지정하고, 설명변수에 나머지 4개의 변수를 지정하기 위해서 틸드(~) 뒤에 '.'을 표시하면 iris에서 Species 변수를 제외한 나머지 4개 변수가 설명변수로 지정된다. data 속성에는 iris 데이터 셋을 지정한다.

```
> # 단계 4: 분류분석 시각화
> rpart.plot(rpart_model)  # rpart tree model 시각화(rpart.plot 패키지 제공)
>
```

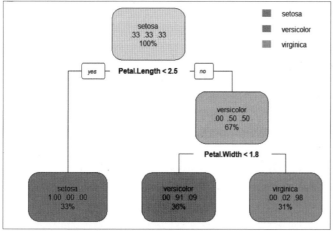

> **해설** rpart.plot() 함수는 의해서 tree model의 결과를 시각화해준다. root 노드(맨 위쪽에 있는 노드)를 기준으로 분기 조건에 의해서 왼쪽과 오른쪽으로 하위 노드가 만들어지고, 마지막 노드에는 반응변수의 결과값이 나타난다.

tree 구조를 세부적으로 살펴보면, Petal.Length(꽃잎 길이)가 2.5 미만이면 setosa 꽃의 종류가 50개로 분류되고, 2.5 이상이면서 Petal.Width(꽃잎 너비)가 1.8 미만이면 versicolor 종 91%, virginica 종 9%가 분류되며, Petal.Width(꽃잎 너비)가 1.8 이상이면 versicolor 종 2%, virginica 종 98%가 분류된다. rpart() 함수에 의해서 iris 데이터 셋의 Species(꽃의 종류)변수를 분류하는 가장 중요한 변수는 Petal.Length와 Petal.Width로 나타난다. 이와 같은 결과는 ctree() 함수에 의해서 분류된 결과와 동일한 것을 볼 수 있다.

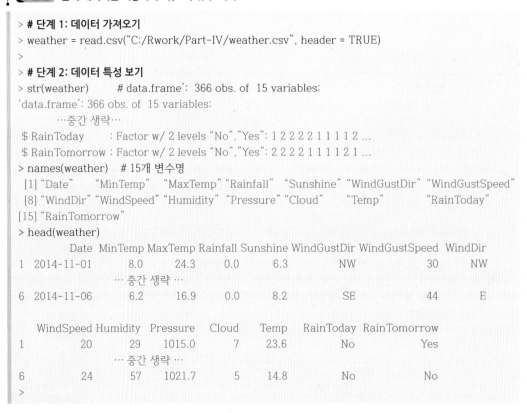

> **실습** 날씨 데이터를 이용하여 비(rain) 유무 예측

```
> # 단계 1: 데이터 가져오기
> weather = read.csv("C:/Rwork/Part-IV/weather.csv", header = TRUE)
>
> # 단계 2: 데이터 특성 보기
> str(weather)        # data.frame': 366 obs. of  15 variables:
'data.frame': 366 obs. of  15 variables:
        …중간 생략…
 $ RainToday    : Factor w/ 2 levels "No","Yes": 1 2 2 2 2 1 1 1 1 2 …
 $ RainTomorrow : Factor w/ 2 levels "No","Yes": 2 2 2 2 1 1 1 1 2 1 …
> names(weather)   # 15개 변수명
 [1] "Date"     "MinTemp"   "MaxTemp" "Rainfall"  "Sunshine" "WindGustDir"  "WindGustSpeed"
 [8] "WindDir" "WindSpeed" "Humidity"  "Pressure" "Cloud"     "Temp"         "RainToday"
[15] "RainTomorrow"
> head(weather)
        Date  MinTemp MaxTemp Rainfall Sunshine WindGustDir WindGustSpeed  WindDir
1 2014-11-01     8.0    24.3     0.0      6.3         NW             30        NW
               … 중간 생략 …
6 2014-11-06     6.2    16.9     0.0      8.2         SE             44         E

  WindSpeed Humidity Pressure Cloud  Temp  RainToday RainTomorrow
1        20       29   1015.0     7  23.6         No          Yes
               … 중간 생략 …
6        24       57   1021.7     5  14.8         No           No
>
```

> **데이터 셋** weather 데이터 셋

weather 데이터 셋은 날씨 관련 변수에 따라서 비가 내릴지를 기록한 데이터이다. 이 데이터를 분석하면 어떤 날씨 조건에 비가 내릴지 또는 내리지 않을지에 대한 판단 기준을 분석할 수 있다. 전체 관측치는 366개이고 15개의 변수로 구성되어 있다.

주요 변수:

- Date(측정 날짜)
- MinTemp(최저기온)
- MaxTemp(최대기온)
- Rainfall(강수량)
- Sunshine(햇빛)
- WindGustDir(돌풍 방향),
- WindGustSpeed(돌풍 속도)
- WindDir(바람 방향)
- Temp(온도)
- WindSpeed(바람 속도)
- Humidity(습도)
- Cloud(구름)
- Pressure(기압)
- RainToday(오늘 비 여부)
- RainTomorrow(내일 비 여부)

> # 단계 3: 분류분석 데이터 가져오기
> weather.df <- rpart(RainTomorrow ~ ., data = weather[, c(-1, -14)], cp = 0.01)
>

해설 RainTomorrow 칼럼을 y 변수로 지정하고, 날씨 요인과 관련이 없는 Data와 RainToday 칼럼을 제외한 나머지 변수를 x 변수로 지정하여 분류모델을 수행한다.

> # 단계 4: 분류분석 시각화
> rpart.plot(weather.df)   # rpart tree model 시각화(rpart.plot 패키지 제공)
>

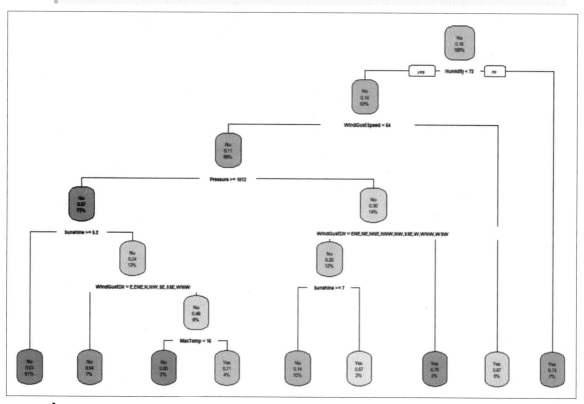

해설 Humidity >= 72이면 RainTomorrow는 (NO: 93%, YES: 7%)이며, Humidity < 72이고, WindGustSpeed >= 64이면 RainTomorrow는 (NO: 88%, YES: 5%)로 분류된다. 즉 분기 조건이 참이면 왼쪽으로 분류되고, 거짓이면 오른쪽으로 분류된다. 만약 rpart() 함수의 cp 속성값을 높이면 가지 수가 적어지고, 낮추면 가지 수가 많아진다. cp 기본값은 0.01이다.

> # 단계 5: 예측치 생성과 코딩 변경
> # 단계 5-1: 예측치 생성
> weather_pred <- predict(weather.df, weather)
> weather_pred
          No   Yes
 1 0.9684685 0.03153153
      … 중간 생략 …
366 0.3333333 0.66666667
>

```
> # 단계 5-2: y의 범주로 코딩 변환 - Yes(0.5이상), No(0.5 미만)
> weather_pred2 <- ifelse(weather_pred[ , 2] >= 0.5, 'Yes', 'No')
>
```

> 해설   rpart의 분류모델의 예측치는 비 유무를 0 ~ 1 사이의 확률값으로 예측한다. 따라서 0.5 이상이면 비가 오는 경우로, 0.5 미만이면 비가 오지 않은 경우로 범주화하여 코딩 변경해야 혼돈 매트릭스를 이용하여 분류정확도를 구할 수 있다.

```
> # 단계 6: 모델 평가
> table(weather_pred2, weather$RainTomorrow)

weather_pred2  No Yes
          No 278  13
          Yes 22  53
> (278 + 53) / nrow(weather)
[1] 0.9043716
>
```

> 해설   y 변수의 범주로 코딩 변경한 변수를 대상으로 원형 데이터의 y 변수와 혼돈 매트릭스를 작성하여 분류정확도를 계산한다.

4.2 랜덤 포레스트

랜덤 포레스트(Random Forest)는 의사결정 트리에서 파생된 모델로 앙상블 학습기법을 적용한 모델이다. 앙상블 학습기법이란 [그림 15.5]과 같이 새로운 데이터에 대해서 여러 개의 트리(Forest)로 학습을 수행한 후 학습 결과들을 종합해서 예측하는 모델이다.

특히 랜덤 포레스트 방식은 기존의 의사결정 트리 방식에 비해서 많은 데이터를 이용하여 학습을 수행하기 때문에 비교적 예측력이 뛰어나고, 과적합(overfitting) 문제를 해결할 수 있다. 과적합 문제란 학습 데이터 셋에서는 높은 정확도가 나타나지만 새로운 데이터에서는 정확도

[그림 15.5] 랜덤 포레스트
[출처 : https://www.stat.berkeley.edu/~breiman/RandomForests/]

가 떨어지는 현상을 의미한다. 과적합의 주요 원인은 학습 데이터 셋의 양이 부족하거나 데이터의 잡음(noise)까지 모델에 학습되기 때문이다. 랜덤 포레스트 모델은 기본적으로 원 데이터(raw data)를 대상으로 복원추출 방식으로 데이터의 양을 증가시킨 후 모델을 생성하기 때문에 데이터의 양이 부족해서 발생하는 과적합의 원인을 해결할 수 있다.

랜덤 포레스트는 다음과 같은 랜덤 포레스트 학습데이터 구성방법에 따라 랜덤(random)하게 학습데이터(forest)를 구성한다. 이렇게 구성된 학습데이터를 이용하여 학습한 결과를 종합하여 예측 모델을

생성한다. 즉 각각의 분류모델에서 예측된 결과를 토대로 투표방식(voting)으로 최적의 예측치를 선택하게 된다.

랜덤 포레스트 학습데이터 구성방법은 다음과 같다.

- 표본에서 일부분만 복원추출 방법으로 랜덤하게 샘플링하는 방식인 부트스트랩 표본(bootstrap sample) 방식으로 학습데이터를 추출하여 트리(forest)를 생성한다.
- 입력 변수 중에서 일부 변수만 적용하여 트리의 자식 노드(child node)를 분류한다.

⊙실습 랜덤 포레스트 기본 모델 생성

randomForest 패키지에서 제공하는 randomForest() 함수를 이용하여 랜덤 포레스트의 기본 모델을 생성하는 방법에 대해서 알아본다. randomForest() 함수의 형식은 다음과 같다.

> **형식** randomForest(formula, data, ntree, mtry, na.action, importance)

randomForest() 함수의 주요 속성은 다음과 같다.

- **formula**: y ~ x 형식으로 반응변수와 설명변수 식
- **data**: 모델 생성에 사용될 데이터 셋
- **ntree**: 복원 추출하여 생성할 트리 수 지정
- **mtry**: 자식 노드를 분류할 변수 수 지정
- **na.action**: 결측치(NA)를 제거할 함수 지정
- **importance**: 분류모델 생성과정에서 중요 변수 정보 제공 여부

```
> # 단계 1: 패키지 설치 및 데이터 셋 가져오기
> install.packages('randomForest')
Installing package into 'C:/Users/master/Documents/R/win-library/4.0'
(as 'lib' is unspecified)
                    …중간 생략…
> library(randomForest)                          # randomForest( ) 함수 제공
randomForest 4.6-14
Type rfNews( ) to see new features/changes/bug fixes.

다음의 패키지를 부착합니다: 'randomForest'
                    …중간 생략…
> data(iris)
>
> # 단계 2: 랜덤 포레스트 모델 생성
> model = randomForest(Species ~ ., data = iris)  # 모델 생성
> model

Call:
 randomForest(formula = Species ~ ., data = iris)
```

```
           Type of random forest: classification
                 Number of trees: 500
No. of variables tried at each split: 2

      OOB estimate of  error rate: 4%
Confusion matrix:
            setosa  versicolor  virginica  class.error
setosa        50          0          0         0.00
versicolor     0         47          3         0.06
virginica      0          3         47         0.06
>
```

┗ 해설 　iris의 Species 칼럼을 y 변수로 지정하고, 나머지 4개의 변수를 x 변수로 formula를 지정하여 랜덤 포레스트 모델을 생성한다. 모델의 결과변수를 실행하면 생성된 모델의 결과를 확인할 수 있는데, "Number of trees: 500"은 학습데이터 (Forest)로 500개의 포레스트(Forest)가 복원 추출방식으로 생성되었다는 의미이고, "No. of variables tried at each split: 2"는 두 개의 변수를 이용하여 트리의 자식 노드가 분류되었다는 의미이다.

랜덤 포레스트 모델 생성과정에서 ntree, mtry의 속성은 트리의 개수(mtry)와 변수의 개수(mtry)를 지정하는 속성이다. 생략하면 위 출력 결과처럼 ntree는 500개, mtry는 2개로 설정된다. 한편 모델의 분류정확도는 오차 비율(error rate: 4.67)과 혼돈 매트릭스(Confusion matrix:)로 제공된다. 혼돈 매트릭스에서 정 분류한 수치(50, 47, 46)의 합을 iris의 관측치 수로 나누면 분류정확도(약 95.3%)를 계산할 수 있다.

⬇실습 파라미터 조정 – 트리 개수 300개, 변수 개수 4개 지정

```
> model2 = randomForest(Species ~ ., data = iris,
+                       ntree = 300, mtry = 4, na.action = na.omit )
> model2

Call:
 randomForest(formula = Species ~ ., data = iris, ntree = 300,     mtry = 4, na.action = na.omit)
           Type of random forest: classification
                 Number of trees: 300
No. of variables tried at each split: 4

      OOB estimate of  error rate: 4.67%
Confusion matrix:
           setosa versicolor virginica class.error
setosa       50          0          0        0.00
versicolor    0         47          3        0.06
virginica     0          4         46        0.08
>
```

┗ 해설 　랜덤 포레스트의 수를 300개, 자식 노드를 분류하는 변수를 4개로 지정하여 모델을 생성한 결과 기본 모델의 결과와 약간의 차이가 있는 것으로 나타난다. na.action 속성은 결측치가 있는 경우 처리할 방법을 지정하는 속성이다. 여기서는 na.omit() 함수를 이용하여 결측치를 제거한다.

⊙실습 중요 변수를 생성하여 랜덤 포레스트 모델 생성

```
> # 단계 1: 중요 변수로 랜덤포레스트 모델 생성
> model3 = randomForest(Species ~ ., data = iris,
+                    importance = T, na.action = na.omit)
>
> # 단계 2: 중요 변수 보기
> importance(model3)
                 setosa  versicolor  virginica  MeanDecreaseAccuracy  MeanDecreaseGini
Sepal.Length  6.874458  7.9146678   8.082254             10.759135          11.25043
Sepal.Width   4.642982  0.6861241   4.485976              4.387813           2.33405
Petal.Length 21.917953 33.7671161  27.496945             34.135733          40.91030
Petal.Width  22.641889 32.2664764  30.870675             33.897678          44.77354
>
```

해설 importance 속성은 분류모델을 생성하는 과정에서 입력 변수 중 가장 중요한 변수가 어떤 변수인가를 알려주는 역할을 한다. importance() 함수의 실행결과에서 MeanDecreaseAccuracy는 분류정확도를 개선하는 데 기여한 변수를 수치로 제공하며, MeanDecreaseGini는 노드 불순도(불확실성)를 개선하는 데 기여한 변수를 수치로 제공한다. 따라서 iris의 꽃의 종류를 분류하는 데 있어 4개의 x 변수 중에서 가장 크게 기여하는 변수(중요 변수)는 Petal.Length로 나타난다.

```
> # 단계 3: 중요 변수 시각화
> varImpPlot(model3)
>
```

⊕ 더 알아보기   **엔트로피(Entropy): 불확실성 척도**

엔트로피가 작으면 불확실성이 낮아진다. 즉 불확실성이 낮아지면 그만큼 분류정확도가 향상된다고 볼 수 있다. 다음은 동전의 앞면(x1)과 뒷면(x2)이 나올 확률이 동일한 경우와 앞면이 나올 확률이 더 높은 경우의 2가지 조건으로 자연로그를 이용하여 엔트로피를 계산한 결과이다. 첫 번째 경우는 엔트로피가 1로 나타나지만, 두 번째 경우는 엔트로피가 0.881로 더 낮게 나타난다. 이유는 앞면이 나올 확률이 높기 때문에 그만큼 불확실성이 낮아진다.

```
> x1 <- 0.5; x2 <- 0.5              # 앞면과 뒷면이 나올 확률이 동일한 경우
> e1 <- -x1 * log2(x1) - x2 * log2(x2)   # 자연로그
> e1                               # 엔트로피 결과 : 1
[1] 1
> x1 <- 0.7; x2 <- 0.3              # 앞면이 나올 확률이 더 많은 경우
> e2 <- -x1 * log2(x1) - x2 * log2(x2)   # 자연로그
> e2                               # 엔트로피 결과 : 0.881
[1] 0.8812909
>
```

⌐**⊙ 실습**   **최적의 파라미터(ntree, mtry) 찾기**

랜덤포레스트의 모델을 생성하는 과정에서 트리의 수를 지정하는 ntree 속성과 변수를 지정하는 mtry 속성을 대상으로 최적의 속성값을 찾는 방법에 대해서 실습한다.

```
> # 단계 1: 속성값 생성
> ntree <- c(400, 500, 600)
> mtry <- c(2:4)
> param <- data.frame(n = ntree, m = mtry)
> param                     # n m
    n   m
1 400   2
2 500   3
3 600   4
>
> # 단계 2: 이중 for() 함수를 이용하여 모델 생성
> for(i in param$n) {      # ntree 칼럼 - 트리수 지정
+   cat('ntree =', i, '\n')
+   for(j in param$m) {    # mtry 칼럼 - 변수 수 지정
+     cat('mtry =', j, '\n')
+     model_iris <- randomForest(Species ~ ., data = iris,
+                         ntree = i, mtry = j, na.action = na.omit )
+     print(model_iris)
+   } # 내부 for, j의 끝
+ }   # 외부 for, I의 끝
ntree = 400
mtry = 2

Call:
 randomForest(formula = Species ~ ., data = iris, ntree = i, mtry = j,      na.action = na.omit)
```

```
           Type of random forest: classification
                  Number of trees: 400
No. of variables tried at each split: 2

      OOB estimate of  error rate: 4.67%
Confusion matrix:
           setosa versicolor virginica class.error
setosa        50         0         0       0.00
versicolor     0        47         3       0.06
virginica      0         4        46       0.08
mtry = 3
     …중간 생략…
>
```

해설 이중 for() 함수는 트리 3개와 변수 3가 곱해져서 전체 9회를 반복한다. 트리가 400인 경우 변수 2 ~ 4(3회전), 500인 경우 변수 2 ~ 4(3회전), 500인 경우 변수 2 ~ 4(3회전)이 수행된다. 따라서 9개의 모델이 생성된 결과에서 오차 비율(OOB estimate of error rate:)을 비교하여 최적의 트리와 변수를 결정한다.

4.3 xgboost

xgboost는 랜덤 포레스트와 같은 앙상블 학습기법으로 모델을 생성하는 분류모델이다. [표 15.6]은 대표적인 앙상블 학습기법인 배깅(Bagging)과 부스팅(Boosting) 알고리즘을 비교한 내용이다.

[표 15.6] 배깅과 부스팅 알고리즘 비교

분류	배깅(Bagging)	부스팅(Boosting)
공통점	전체 데이터 셋으로부터 복원추출 방식으로 n개의 학습데이터 셋을 생성하는 부트스트랩 방식을 사용한다.	
차이점	병렬학습 방식: n개의 학습 데이터셋 으로부터 n개의 트리 모델 생성	순차학습 방식: 첫 번째 학습 데이터 셋으로부터 트리모델 → 두 번째 학습 데이터 셋으로부터 트리 모델 생성
특 징	전체 데이터 셋을 균등하게 추출	분류하기 어려운 데이터 셋 생성
강 점	과적합에 강함	높은 정확도
약 점	특정 영역의 정확도 낮음	이상치(outlier)에 취약함
모 델	랜덤 포레스트	xgboost

xgboost는 부스팅 방식을 기반으로 만들어진 모델이기 때문에 분류하기 어려운 특정 영역에 초점을 두고 정확도를 높이는 알고리즘으로 구현되었다. 따라서 높은 정확도가 가장 큰 강점이다. 배깅 방식과 동일하게 복원 추출방식으로 첫 번째 학습 데이터 셋을 생성하는 방법은 동일하지만, 두 번째부터는 학습된 트리 모델의 결과를 바탕으로 정확도가 낮은 영역에 높은 가중치를 적용하여 해당 영역을

학습 데이터 셋로 구성되게 한다. 결론적으로 기계학습이 안 되는 데이터셋을 집중적으로 학습하여 트리 모델의 정확도를 높이는 방식이다.

┌ **⊕ 실습** 다항 분류 xgboost 모델 생성

xgboost 패키지에서 제공하는 xgboost() 함수를 이용하여 다항 분류 xgboost 모델을 생성하는 방법에 대해서 알아본다. xgboost() 함수의 형식은 다음과 같다.

형식
```
xgboost(data = NULL, label = NULL, missing = NA, weight = NULL,
        params = list( ), nrounds, verbose = 1, print_every_n = 1L,
        early_stopping_rounds = NULL, maximize = NULL, save_period = NULL,
        save_name = "xgboost.model", xgb_model = NULL, callbacks = list( ), ...)
```

xgboost() 함수에서 params 속성의 주요 속성은 다음과 같다.

- **objective**: y 변수가 이항("binary:logistic") 또는 다항("multi:softmax") 지정
- **max_depth**: tree의 깊이 지정(tree = 2인 경우 간단한 트리 생성)
- **nthread**: CPU 사용 수 지정
- **nrounds**: 반복 학습 수 지정
- **eta**: 학습률 지정(기본값 0.3: 숫자가 낮을수록 모델의 복잡도가 높아지고, 컴퓨팅 파워가 많아짐)
- **verbose**: 메시지 출력 여부(0: 메시지 출력 안함, 1: 메시지 출력)

```
> # 단계 1: 패키지 설치
> install.packages("xgboost") # xgboost 모델 생성 패키지 설치
Installing package into 'C:/Users/master/Documents/R/win-library/4.0'
(as 'lib' is unspecified)
        … 중간 생략 …
> library(xgboost)
>
> # 단계 2: y 변수 생성
> iris_label <- ifelse(iris$Species == 'setosa', 0,
                       ifelse(iris$Species == 'versicolor', 1, 2))
> table(iris_label)
iris_label
 0  1  2
50 50 50

# 칼럼 추가
> iris$label <- iris_label
>
```

└ **해설** xgboost에서 사용할 y 변수의 레이블은 숫자로 표기되어야 한다. [단계 2]에서는 Species를 대상으로 각 범주를 0에서 2로 변경한 후 iris에 label로 추가하는 과정이다.

```
> # 단계 3: data set 생성
> idx <- sample(nrow(iris), 0.7 * nrow(iris))
> train <- iris[idx, ]
> test <- iris[-idx, ]

> # 단계 4: maxtrix 객체 변환
> train_mat <- as.matrix(train[-c(5:6)])     # data : matrix(1 ~ 4)
> dim(train_mat)
105 4
>
> train_lab <- train$label                   # label : vector
> length(train_lab)
105
>
```

┗ **해설** [단계 3]에서 홀드 아웃 방식으로 훈련 셋과 검정 셋을 7:3 비율로 데이터 셋을 생성하고, [단계 4]에서는 xgboost 모델을 생성하기 위해서 x 변수는 matrix 객체로 변환하고, y 변수는 label을 이용하여 준비한다.

```
> # 단계 5: xgb.DMatrix 객체 변환
> dtrain <- xgb.DMatrix(data = train_mat, label = train_lab)

> # 단계 6: model 생성 - xgboost matrix 객체 이용
> xgb_model <- xgboost(data = dtrain, max_depth = 2, eta = 1,
                       nthread = 2, nrounds = 2,
                       objective = "multi:softmax",
                       num_class = 3,
                       verbose = 0)
> xgb_model
##### xgb.Booster
raw: 2.5 Kb
call:
  xgb.train(params = params, data = dtrain, nrounds = nrounds,
  watchlist = watchlist, verbose = verbose, print_every_n = print_every_n,
  early_stopping_rounds = early_stopping_rounds, maximize = maximize,
  save_period = save_period, save_name = save_name, xgb_model = xgb_model,
  callbacks = callbacks, max_depth = 2, eta = 1, nthread = 2,
  objective = "multi:softmax", num_class = 3)
params (as set within xgb.train):
  max_depth = "2", eta = "1", nthread = "2", objective = "multi:softmax", num_class = "3", silent = "1"
                            … 중간 생략 …
>
```

┗ **해설** [단계 5]에서는 이전 단계에서 준비한 x, y 변수를 이용하여 xgboost 전용 xg.DMatrix() 함수를 이용하여 학습 데이터 셋을 생성한다. [단계 6]에서는 xgboost 함수를 이용하여 트리 모델을 생성한다. 함수에 사용되는 params의 주요 속성은 xgboost() 함수의 형식을 참고한다.

```
> # 단계 7: testset 생성
> test_mat <- as.matrix(test[-c(5:6)])          # matrix
> dim(test_mat)
45  4
> test_lab <- test$label                        # vector
> length(test_lab)
45

> # 단계 8: model prediction
> pred_iris <- predict(xgb_model, test_mat)
> pred_iris
 [1] 0 0 0 0 0 0 0 0 0 0 0 0 0 0 0 0 0 0 0 1 1 1 1 1 1 1 1 1 1 1 1 1 1 2 2 2 2
[38] 2 2 2 2 2 2 2 2
>
```

해설 트리 모델을 평가하기 위해서 검정 데이터 셋을 생성하고, predict() 함수를 이용하여 트리 모델에 검정 데이터 셋을 적용하여 예측치를 생성한다.

```
> # 단계 9: confusion matrix
> table(pred_iris, test_lab)
         test_lab
pred_iris  0  1  2
        0 19  0  0
        1  0 13  1
        2  0  0 12
>
> # 단계 10: 모델 성능평가1 - Accuracy
> (19 + 13 + 12) / length(test_lab)        # 0.9777778
[1] 0.9777778
>
```

해설 [단계 8]에서 생성한 예측치와 적용하여 혼돈행렬을 작성하여 모델의 분류정확도를 계산할 수 있다. 다른 모델에 비해서 분류정확도가 매우 높게 나타난 것을 확인할 수 있다.

```
> # 단계 11: model의 중요 변수(feature)와 영향력 보기
> importance_matrix <- xgb.importance(colnames(train_mat),
                                        model = xgb_model)
> importance_matrix
        Feature        Gain       Cover  Frequency
1: Petal.Length 0.527095270 0.60275083 0.57142857
2:  Petal.Width 0.379925802 0.25039805 0.28571429
3:  Sepal.Width 0.090598058 0.12356257 0.07142857
4:Sepal.Length 0.002380871 0.02328855 0.07142857

> # 단계 12: 중요 변수 시각화
> xgb.plot.importance(importance_matrix)
>
```

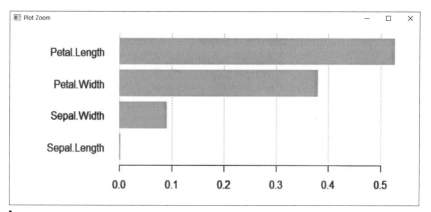

> **해설** 생성된 트리 모델을 통해서 y에 가장 영향을 미치는 중요 변수 x를 확인하는 과정이다. 랜덤 포레스트에서 제공되는 결과와 동일하게 Petal.Length와 Petal.Width 변수가 가장 중요한 변수로 나타난다.

4.4 인공신경망

인공신경망(Artificial Neural Network)은 인간의 두뇌 신경(뉴런)들이 상호작용하여 경험과 학습을 통해서 패턴을 발견하고, 이를 통해서 특정 사건을 일반화하거나 데이터를 분류하는데 이용되는 기계학습 방법이다.

특히 인간의 개입 없이 컴퓨터가 스스로 인지하고, 추론하고, 판단하여 사물을 구분하거나 특정 상황의 미래를 예측하는데 이용될 수 있는 기계학습 방법으로 적용 분야는 문자, 음성, 이미지 인식, 증권 시장 예측, 날씨 예보 등 다양한 분야에서 활용되고 있다. 바둑기사 이세돌과의 대결로 유명한 구글의 알파고(딥 러닝) 역시 인공신경망의 이론을 바탕으로 하고 있다.

(1) 생물학적 신경망 구조

인간의 생물학적인 신경망의 구조는 다음 그림과 같다. 먼저 수상돌기로부터 외부 신호를 입력받고, 시냅스에 의해서 신호의 세기를 결정한 후 이를 세포핵으로 전달하면 입력신호와 세기를 토대로 신경 자극을 판정하여 축색돌기를 통해서 다른 신경으로 전달해준다.

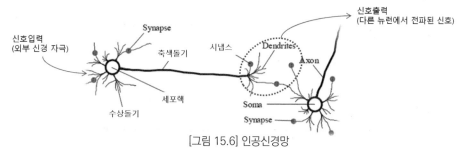

[그림 15.6] 인공신경망
[출처 : http://blog.naver.com/laonple/220489989951]

- **수상돌기(Dendrites)**: 외부로부터 신경 자극을 받아들이는 역할
- **시냅스(Synapse)**: 신경과 신경의 연결 고리(뉴런 간의 교신)로 신경과 신경 간의 신호 전달 기능으로
  전달할 신호의 세기(Weight) 결정
- **세포핵(Soma)**: 여러 신경으로부터 전달되는 신경 자극에 대한 판정과 다른 신경으로 신호 전달 여부 결정
- **축색돌기(Axon)**: 전류와 비슷한 형태로 다른 신경으로 신호 전달 기능

(2) 인공신경망과 생물학적 신경망의 비교

생물학적 신경망을 컴퓨터로 처리할 수 있는 인공신경망 구조와 비교하면 [그림 15.7]와 같다.

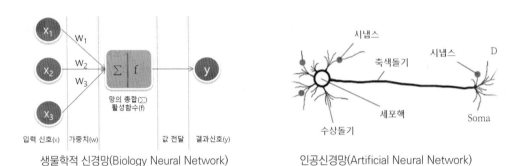

생물학적 신경망(Biology Neural Network)　　　　인공신경망(Artificial Neural Network)

[그림 15.7] 생물학적 신경망과 인공신경망

외부 신호를 받는 수상돌기는 컴퓨터에서 입력신호(x)에 해당하고, 시냅스는 입력신호에 가중치를 적용하는 역할을 한다. 세포핵은 입력신호와 가중치를 이용하여 망의 총합(Σ)을 계산하고, 활성 함수(f)를 이용하여 망의 총합을 출력신호(y)에 보내는 역할을 한다.

망의 총합을 계산하는 수식은 다음과 같이 입력신호(x)와 가중치(w) 곱의 합에 의해서 계산된다.

$$\text{망의 총합}(\textstyle\sum) = \sum_{i=1}^{n} W_i X_i$$

활성 함수(f)는 망의 총합을 받아서 축색돌기에 출력신호(y)를 전송하는 역할을 한다. 활성 함수와 출력신호의 관계는 다음과 같다.

$$\text{출력 신호}(y) = f(\sum_{i=1}^{n} W_i X_i)$$

(3) 가중치 적용

시냅스에서는 외부 신호 입력에 따라서 세기를 적용한다. [그림 15.8]은 시냅스의 역할을 인공신경망으로 나타낸 것이다. 여기서 입력 값(x_1, x_2, … x_n)은 수상돌기에 해당하는 외부 신경 자극에 해당하고, 가중치 (w_1, w_2, … w_n)는 시냅스에 의해서 신호의 세기가 결정되는 부분에 해당한다. 즉 입력신호(x)와 일대일로 가중치(w)가 적용된다. 끝으로 경계값(b:bias)은 활성 함수에 의해서 망의 총합을 다

음 계층으로 넘길 때 영향을 주는 값이다. 한편 입력신호의 가중치는 중요 변수에 따라서 가중치가 달라지는데, 초기 가중치는 무작위(Random)로 생성되지만 출력값의 예측 결과에 따라서 가중치는 수정 (중요 변수의 가중치는 높게 설정)된다.

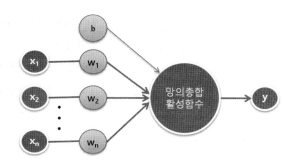

[그림 15.8] 외부 신호 입력에 대한 가중치 적용

(4) 활성 함수

활성 함수는 망의 총합과 경계값(bias)을 계산하여 출력신호(y)를 결정한다. 일반적으로 활성 함수는 0과 1 사이의 확률분포를 갖는 시그모이드 함수(Sigmoid function)를 이용한다.

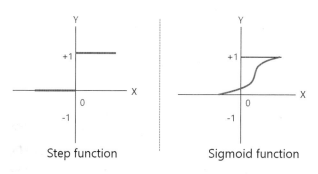

[그림 15.9] 스텝 함수와 시그모이드 함수

시그모이드 함수는 가중치나 경계값(bias)이 변경된 경우 출력신호에 변화를 준다. 이와 반면에 스텝 함수(Step function)는 0 또는 1의 이항값으로 출력신호(y)가 결정하므로 가중치와 경계값의 변화에 대해서 출력신호에 변화를 주지 못한다. 따라서 현재 인공신경망에서는 시그모이드 함수를 이용한다. [그림 15.9]는 스텝 함수와 시그모이드 함수의 데이터 분포를 시각화한 것이다.

스텝 함수는 x 변량이 0보다 큰 경우 1, 0보다 적으면 0으로 극단적인 상황만 제공하지만 시그모이드 함수는 다음과 같은 수식으로 0과 1 사이의 확률분포를 제공하여 가중치나 바이어스(bias) 변화 시 출력신호(y)에 변화를 준다.

$$\text{Step function:} \quad \text{if}(x >= 0)$$
$$y = 1$$
$$\text{else}$$
$$y = 0$$

$$\text{Sigmoid function:} \quad y = \frac{1}{1+e^{-x}}$$

(5) 퍼셉트론(Perceptron)

생물학적인 신경망처럼 신경과 신경이 하나의 망 형태로 나타내기 위해서 여러 개의 계층으로 다층화하여 만들어진 인공신경망을 퍼셉트론이라고 한다. [그림 15.10]은 입력층, 은닉층, 출력층으로 구성된 퍼셉트론의 모형이다.

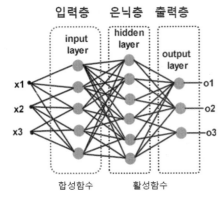

퍼셉트론의 계층(layer)별 구성요소는 다음과 같다.

- **입력(input)**: x1, x2, x3
- **입력층(input layer)**: 입력의 가중치(w)와 경계값(b)
- **은닉층(hidden layer)**: 입력층의 가중치(w)와 경계값(b)
- **출력층(output layer)**: 은닉층의 가중치(w)와 경계값(b)
- **출력(output)**: o1, o2, o3

[그림 15.10] 다층화한 퍼셉트론 모형

퍼셉트론 모형에서 입력과 출력은 분석자가 지정하기 때문에 이러한 측면에서는 지도학습의 범주에 해당한다. 다른 한편으로 인공신경망은 은닉층에서의 연산 과정이 공개되지 않기 때문에 이러한 측면에서는 블랙박스 모형으로 분류되기도 한다.

블랙박스 모형이란 데이터 분류나 예측 결과는 제공하지만, 어떠한 원인으로 결과가 도출되었는지에 대한 이유를 설명할 수 없는 모형을 의미한다.

(6) 인공신경망 기계학습과 역전파 알고리즘

인공신경망에서 기계학습은 출력값(o1)과 실제 관측값(y1)을 비교하여 오차(E)를 계산하고, 이러한 오차(E)를 줄이기 위해서 가중치(w)와 경계값(b)를 조절한다.

$$\therefore \text{오차(E) = 관측값(y1) - 출력값(o1)}$$

예를 들면 오차(E)가 0보다 큰 경우(E 〉 0) 관측값에 비해 출력값이 작다는 의미이다. 따라서 은닉층의 출력(hi)이 양수이면 가중치(wi)를 크게 하고, 은닉층의 출력(hi)이 음수이면 가중치(wi)를 더 작게 한다. 또한 오차(E)가 0보다 작은 경우(E 〈 0) 관측값에 비해 출력값이 크다는 의미이다. 따라서 은닉층의 출력(hi)이 양수이면 가중치(wi)를 더 작게 하고, 은닉층의 출력(hi)이 음수이면 가중치(wi)를 더 크게 한다. 이러한 알고리즘을 적용하여 최적의 예측치가 구해지도록 기계학습이 수행된다.

한편 인공신경망(퍼셉트론)은 기본적으로 단방향 망(Feed Forward Network)으로 구성된다. 다시 말해서 "입력층 → 은닉층 → 출력층"으로 한 방향으로만 전파된다. 이러한 전파 방식을 개선하여 "은닉층 ← 출력층"으로 역방향으로 오차(E)를 전파하여 은닉층의 가중치와 경계값을 조정하여 분류정확도를 높이는 역전파(Backpropagation) 알고리즘을 도입하고 있다.

역전파 알고리즘은 출력에서 생긴 오차를 신경망의 역방향(입력층)으로 전파하여 순차적으로 편미분을 수행하면서 가중치(w)와 경계값(b) 등을 수정한다. 즉 입력값(학습데이터)에 최적화된 가중치와 경계값이 적용되도록 구현된 인공신경망 관련된 알고리즘을 의미한다. 현재 R에서 제공되는 인공신경망 관련 함수에는 역전파 알고리즘을 적용할 수 있는 속성을 제공하고 있다.

◉ 실습 간단한 인공신경망 모델 생성

간단한 데이터 셋을 이용하여 인공신경망의 모델 생성 방법과 모델의 예측 결과를 알아본다. nnet 패키지에서 제공되는 nnet() 함수는 1개의 은닉층을 갖는 인공신경망 모델을 생성하는데 최적화된 함수로 함수의 형식은 다음과 같다.

형식 nnet(formula, data, weights, size)

nnet() 함수의 주요 속성은 다음과 같다.

- **formula** : y ~ x 형식으로 반응변수와 설명변수 식
- **data** : 모델 생성에 사용될 데이터 셋
- **weights** : 각 case에 적용할 가중치(기본값 : 1)
- **size** : 은닉층(hidden layer)의 수 지정

```
> # 단계 1: 패키지 설치
> install.packages("nnet")   # 인공신경망 모델 생성 패키지
Installing package into 'C:/Users/master/Documents/R/win-library/4.0'
(as 'lib' is unspecified)
        …중간 생략…
> library(nnet)
>
> # 단계 2: 데이터 셋 생성
```

```
> df = data.frame(              # 데이터프레임 생성 - 입력 변수(x)와 출력 변수(y)
+    x2 = c(1:6),
+    x1 = c(6:1),
+    y = factor(c('no', 'no', 'no', 'yes', 'yes', 'yes'))
+    )
>
> str(df)                       # 데이터 구조 보기
'data.frame': 6 obs. of  3 variables:
 $ x2: int  1 2 3 4 5 6
 $ x1: int  6 5 4 3 2 1
 $ y : Factor w/ 2 levels "no","yes": 1 1 1 2 2 2
>
```

> **해설** x1과 x2는 입력 변수, y는 출력 변수로 사용하기 위해서 데이터프레임을 생성한다.

```
> # 단계 3: 인공신경망 모델 생성
> model_net = nnet(y ~ ., df, size = 1)    # size는 은닉층 수
# weights: 5
initial  value 4.107470
iter  10 value 0.004990
iter  20 value 0.000530
iter  30 value 0.000356
iter  40 value 0.000166
iter  50 value 0.000112
final  value  0.000071
converged
>
```

> **해설** nnet() 함수를 이용하여 인공신경망의 모델을 생성한다. 첫 번째 인수는 formula, 두 번째 인수는 데이터 셋(df), 세 번째 인수는 은닉층의 수(1개)를 지정하는 size 속성이다. 모델이 생성되면서 나타나는 결과물은 5개의 가중치(weight)가 생성되고, 기계 학습으로 오차(E)가 점진적으로 줄어드는 결과를 보여주고 있다.

```
> # 단계 4: 모델 결과 변수 보기
> model_net
a 2-1-1 network with 5 weights
inputs: x2 x1
output(s): y
options were - entropy fitting
>
```

> **해설** [단계 3]에서 5개의 가중치가 생성되었다고 했는데, 모델의 결과 변수를 통해서 5개 가중치의 신경망 구조를 확인할 수 있다. 신경망(a 2-1-1)은 (경계값-입력 변수-은닉층-출력변수)의 망 형태로 5개의 가중치를 보여주고 있다.

```
> # 단계 5: 가중치(weights) 보기
> summary(model_net)
a 2-1-1 network with 5 weights
options were - entropy fitting
```

```
b->h1 i1->h1 i2->h1
-0.28 -7.36  7.38
 b->o  h1->o
11.38 -22.71
>
```

해설 첫 번째 줄은 입력층의 경계값(b) 1개와 입력 변수(i1, i2) 2개가 은닉층(h1)으로 연결되는 가중치이고, 두 번째 줄은 은닉층의 경계값(b) 1개와 은닉층의 결과값이 출력층으로 연결되는 가중치이다. 가중치 망(network)으로 시각화하면 [그림 15.11]과 같다.

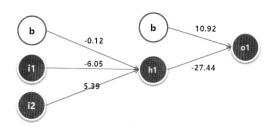

[그림 15.11] 가중치 망의 시각화

```
> # 단계 6: 분류모델의 적합값 보기
> model_net$fitted.values
        [,1]
1 1.205204e-05
2 1.205204e-05
3 1.226971e-05
4 9.999885e-01
5 9.999886e-01
6 9.999886e-01
>
```

해설 분류모델의 적합값은 모델의 결과변수에 fitted.values 속성을 적용하여 확인할 수 있다. 1 ~ 3번째 관측치는 0에 가까운 수(0.00001424571), 4 ~ 6번째 관측치는 1에 가까운 수(0.9999886)로 예측하고 있다.

```
> # 단계 7: 분류모델의 예측치 생성과 분류 정확도
> p <- predict(model_net, df, type = "class")   # 분류모델의 예측치 생성
> table(p, df$y)                                 # 혼돈 matrix 생성

p    no yes
no    3   0
yes   0   3
>
```

해설 분류모델을 이용하여 원본 데이터프레임으로 예측치를 생성한다. 이때 type 속성을 'class'로 지정하면 예측 결과를 출력변수(y)의 범주('no', 'yes')로 분류한다. 끝으로 table() 함수를 이용하여 예측치와 원본 데이터프레임의 y 변수를 대상으로 혼돈 matrix를 생성하면 no인 경우 3개와 yes 경우 3개가 정확히 분류된 것을 확인할 수 있다.

┌─◉ **실습** iris 데이터 셋을 이용한 인공신경망 모델 생성

iris 데이터 셋을 train(70%)과 test(30%)로 나누어서 train 데이터로 모델을 생성하고, test 데이터로 모델을 평가하는 실습을 진행한다.

```
> # 단계 1: 데이터 셋 생성
> data(iris)                                    # 데이터 셋 로드
> idx = sample(1:nrow(iris), 0.7 * nrow(iris))  # 7:3 비율로 나눌 색인 생성
> training = iris[idx, ]                        # 학습데이터(train data)
> testing = iris[-idx, ]                        # 검정데이터(test data)
> nrow(training)
[1] 105
> nrow(testing)
[1] 45
>
```

└─ **해설** 인공신경망 모델을 생성하기 위해서 학습데이터(training)를 70%, 검정데이터(testing)를 30% 비율로 나눈다.

```
> # 단계 2: 인공신경망 모델(은닉층 1개와 은닉층 3개) 생성
> model_net_iris1 = nnet(Species ~ ., training, size = 1)  # 은닉층 1개
# weights:  11
initial   value 118.243815
iter  10 value 47.337727
iter  20 value 47.105096
final  value 47.104624
converged
> model_net_iris1                                          # 11 weights
a 4-1-3 network with 11 weights
inputs: Sepal.Length Sepal.Width Petal.Length Petal.Width
output(s): Species
options were - softmax modelling
> model_net_iris3 = nnet(Species ~ ., training, size = 3)  # 은닉층 3개
# weights:  27
initial    value 114.642389
iter   10 value 32.950404
iter   20 value 8.789212
iter   30 value 4.883821
iter   40 value 2.401121
iter   50 value 1.633400
iter   60 value 0.364500
iter   70 value 0.006271
iter   80 value 0.002346
iter   90 value 0.002095
iter  100 value 0.001855
final  value    0.001855
stopped after 100 iterations
>
```

```
> model_net_iris3                                    # 27 weights
a 4-3-3 network with 27 weights
inputs: Sepal.Length Sepal.Width Petal.Length Petal.Width
output(s): Species
options were - softmax modelling
>
```

└─ **해설** iris의 꽃의 종(Species)을 출력변수(y), 나머지 4개 칼럼을 입력 변수(x)로 지정하여 분류모델을 생성한다. 첫 번째 모델(model_net_iris1)은 은닉층이 1개이고, 11개의 가중치를 갖는다. 두 번째 모델(model_net_iris3)은 은닉층이 3개이고, 27개의 가중치를 갖는다.

두 모델 모두 출력값이 3개로 나타나는 이유는 출력변수(Species)의 범주가 3개(setosa, versicolor, virginica)이므로 분류의 결과도 출력변수의 범주로 분류된다. 한편 입력 변수의 값들이 일정하지 않거나 값이 큰 경우에는 신경망 모델이 정상적으로 만들어지지 않기 때문에 입력 변수를 대상으로 정규화 과정이 필요하다.

```
> # 단계 3: 가중치 네트워크 보기 - 은닉층 1개 신경망 모델
> summary(model_net_iris1)        # 11개 가중치 확인
a 4-1-3 network with 11 weights
options were - softmax modelling
 b->h1 i1->h1 i2->h1 i3->h1 i4->h1
-16.66 -17.01 -72.34 148.72  72.32
 b->o1 h1->o1
26.54 -35.19
 b->o2 h1->o2
-25.05  30.32
 b->o3 h1->o3
 -0.40   5.61
>
```

└─ **해설** 은닉층의 노드가 1개인 첫 번째 모델은 11개의 가중치를 포함하고 있으며 가중치 망으로 표현하면 [그림 15.12]와 같다.

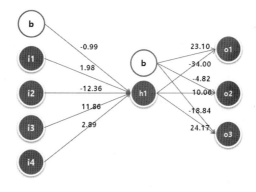

[그림 15.12] 은닉층 노드 1개와 11개 가중치의 신경망

```
> # 단계 4: 가중치 네트워크 보기 - 은닉층 3개 신경망 모델
> summary(model_net_iris3)        # 27개 가중치 확인
a 4-3-3 network with 27 weights
options were - softmax modelling
 b->h1  i1->h1  i2->h1  i3->h1  i4->h1
-60.68   -0.12  -10.54    5.37   37.67
 b->h2  i1->h2  i2->h2  i3->h2  i4->h2
 0.26    0.27    0.52   -1.47    1.59
 b->h3  i1->h3  i2->h3  i3->h3  i4->h3
 4.46   12.98   10.26   -8.86   -7.74
 b->o1  h1->o1  h2->o1  h3->o1
-46.64  -33.39  220.36  -53.27
 b->o2  h1->o2  h2->o2  h3->o2
 7.05   -19.58   -4.33   32.17
 b->o3  h1->o3  h2->o3  h3->o3
 38.16   51.89 -215.81   21.63
>
```

해설 은닉층의 노드가 3개를 갖는 두 번째 모델은 27개의 가중치를 포함하고 있으며 가중치 망으로 표현하면 [그림 15.13]과 같다. 은닉층의 노드 수가 1개씩 증가할 때마다 일정한 수만큼 가중치가 증가하기 때문에 컴퓨터는 더 많은 연산을 수행하게 된다.

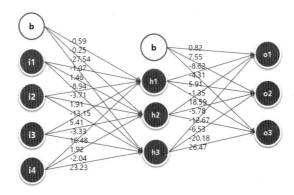

[그림 15.13] 은닉층 노드 3개와 27개 가중치의 신경망

```
> # 단계 5: 분류모델 평가
> table(predict(model_net_iris1, testing, type = "class"), testing$Species)

           setosa versicolor virginica
 setosa       12          0         0
 versicolor    0         15         2
 virginica     0          0        16
> (12 + 15 + 16) / nrow(testing)
[1] 0.9555556
>
> table(predict(model_net_iris3, testing, type = "class"), testing$Species)
```

```
        setosa versicolor virginica
setosa      13          0         0
versicolor   0         15         3
virginica    0          0        14
> (13 + 15 + 14) / nrow(testing)
[1] 0.9333333
>
```

해설 첫 번째 모델인 model_net_iris1에서 혼돈 matrix의 결과는 분류정확도가 약 96%로 나타나고, 두 번째 모델인 model_ent_iris3에서 혼돈 matrix의 결과는 분류정확도가 약 93%로 나타났다. 결론은 nnet 패키지에서 제공되는 인공신경망 모델은 1개의 은닉층으로 최적화되어 있기 때문에 은닉층 노드의 수를 3개로 늘려서 많은 연산이 수행되지만, 분류정확도는 크게 달라지지 않았다는 결과를 보여주고 있다.

⊕ 실습 neuralnet 패키지를 이용한 인공신경망 모델 생성

nnet 패키지보다 최근에 공개된 neuralnet 패키지는 역전파(Backpropagation) 알고리즘을 적용할 수 있고, 가중치 망을 시각화하는 기능도 제공한다. 또한, 출력변수(y)는 'yes', 'no' 형태의 문자열 아닌 1과 0의 수치형 이여야 한다. neuralnet() 함수의 형식은 다음과 같다.

형식
```
neuralnet(formula, data, hidden = 1, threshold = 0.01,
          stepmax = 1e+05, rep = 1, startweights = NULL
          learningrate=NULL, algorithm = "rprop+")
```

neuralnet() 함수의 주요 속성은 다음과 같다.

- **formula**: y ~ x 형식으로 반응변수와 설명변수 식
- **data**: 모델 생성에 사용될 데이터 셋
- **hidden**: 은닉층(hidden layer)의 수 지정
- **threshold**: 경계값 지정
- **stepmax**: 인공신경망 학습을 위한 최대 스텝 지정
- **rep**: 인공신경망의 학습을 위한 반복 수 지정
- **startweights**: 랜덤으로 초기화된 가중치를 직접 지정
- **learningrate**: backpropagation 알고리즘에서 사용될 학습비율을 지정
- **algorithm**: backpropagation과 같은 알고리즘 적용을 위한 속성

```
> # 단계 1: 패키지 설치
> install.packages("neuralnet")   # 인공신경망 모델 생성을 위한 패키지
Installing package into 'C:/Users/master/Documents/R/win-library/4.0'
(as 'lib' is unspecified)
        …중간 생략…
> library(neuralnet)
다음의 패키지를 부착합니다: 'neuralnet'
The following object is masked from 'package:ROCR':

    prediction
>
```

```
> # 단계 2: 데이터 셋 생성
> data("iris")
> idx = sample(1:nrow(iris), 0.7 * nrow(iris))
> training_iris = iris[idx, ]
> testing_iris = iris[-idx, ]
> dim(training_iris)
[1] 105  5
> dim(testing_iris)
[1] 45  5
>
```

해설 분류모델을 생성하기 위해서 학습데이터(training_iris)를 70%, 검정데이터(testing_iris)를 30% 비율로 나눈다.

```
> # 단계 3: 수치형으로 칼럼 생성
> training_iris$Species2[training_iris$Species == 'setosa'] <- 1
> training_iris$Species2[training_iris$Species == 'versicolor'] <- 2
> training_iris$Species2[training_iris$Species == 'virginica'] <- 3
> training_iris$Species <- NULL        # 기존 칼럼 제거
> head(training_iris)
    Sepal.Length  Sepal.Width  Petal.Length  Petal.Width  Species2
25      4.8          3.4          1.9           0.2           1
127     6.2          2.8          4.8           1.8           3
77      6.8          2.8          4.8           1.4           2
44      5.0          3.5          1.6           0.6           1
7       4.6          3.4          1.4           0.3           1
47      5.1          3.8          1.6           0.2           1
> testing_iris$Species2[testing_iris$Species == 'setosa'] <- 1
> testing_iris$Species2[testing_iris$Species == 'versicolor'] <- 2
> testing_iris$Species2[testing_iris$Species == 'virginica'] <- 3
> testing_iris$Species <- NULL          # 기존 칼럼 제거
> head(testing_iris)
  Sepal.Length Sepal.Width Petal.Length Petal.Width Species2
3      4.7          3.2          1.3           0.2           1
8      5.0          3.4          1.5           0.2           1
10     4.9          3.1          1.5           0.1           1
12     4.8          3.4          1.6           0.2           1
23     4.6          3.6          1.0           0.2           1
24     5.1          3.3          1.7           0.5           1
>
```

해설 neuralnet() 함수는 출력변수(y)가 수치형이어야 하기 때문에 기존의 Species 칼럼을 대상으로 꽃의 종(setosa, versicolor, virginica)에 따라서 1, 2, 3으로 코딩 변경하여 Species2 변수를 생성한다.

```
> # 단계 4: 데이터 정규화
> # 단계 4-1: 정규화 함수 정의
> normal <- function(x) {
+    return (( x - min(x)) / (max(x) - min(x)))
+ }
>
> # 단계 4-2: 정규화 함수를 이용하여 학습데이터/검정데이터 정규화
> training_nor <- as.data.frame(lapply(training_iris, normal))
> summary(training_nor)         # 0 ~ 1 확인
  Sepal.Length    Sepal.Width      Petal.Length      Petal.Width       Species2
 Min.   :0.0000  Min.   :0.0000  Min.   :0.00000  Min.   :0.00000  Min.   :0.000
 1st Qu.:0.2222  1st Qu.:0.3333  1st Qu.:0.08621  1st Qu.:0.08333  1st Qu.:0.000
                            … 중간 생략 …
 Max.   :1.0000  Max.   :1.0000  Max.   :1.00000  Max.   :1.00000  Max.   :1.000
> testing_nor <- as.data.frame(lapply(testing_iris, normal))
> summary(testing_nor)         # 0 ~ 1 확인
  Sepal.Length    Sepal.Width      Petal.Length      Petal.Width       Species2
 Min.   :0.0000  Min.   :0.0000  Min.   :0.00000  Min.   :0.00000  Min.   :0.0000
                            … 중간 생략 …
 Max.   :1.0000  Max.   :1.0000  Max.   :1.00000  Max.   :1.00000  Max.   :1.0000
>
```

> **해설** 0과 1 사이의 범위로 칼럼값을 정규화할 수 있는 사용자 함수(normal)를 정의하고, lapply() 함수를 이용하여 학습데이터와 검정데이터의 칼럼을 대상으로 0과 1 사이의 값으로 정규화한다.

➕ 더 알아보기　　**정규화 vs 표준화**

- **정규화(Normalization)**: 데이터의 분포가 특정 범위 안에 들어가도록 조정하는 방법이다. (예 | 모든 값을 0과 1 사이의 값으로 재표현한다.)
- **표준화(Standardization)**: 동일한 평균을 중심으로 관측값들이 얼마나 떨어져 있는지를 나타내는 방법이다. (예 | 표준화 변수 Z를 이용하여 모든 값을 평균 0과 표준편차 1을 기준으로 재표현한다.)

```
> # 단계 5: 인공신경망 모델 생성 - 은닉 노드 1개
> model_net = neuralnet(Species2 ~ Sepal.Length + Sepal.Width +
+                       Petal.Length + Petal.Width,
+                       data = training_nor, hidden = 1)
> model_net
$call
neuralnet(formula = Species2 ~ Sepal.Length + Sepal.Width + Petal.Length +
    Petal.Width, data = training_nor, hidden = 1)

$response
    Species2
1        0.0
2        1.0
3        0.5
   … 중간 생략 …
105      0.0
```

```
$covariate
        Sepal.Length Sepal.Width Petal.Length Petal.Width
  [1,]    0.13888889   0.58333333   0.13793103   0.04166667
  [2,]    0.52777778   0.33333333   0.63793103   0.70833333
                        … 중간 생략 …
[105,]    0.16666667   0.41666667   0.05172414   0.04166667

$model.list
$model.list$response
[1] "Species2"

$model.list$variables
[1] "Sepal.Length" "Sepal.Width"  "Petal.Length" "Petal.Width"
                        … 중간 생략 …
$data
    Sepal.Length Sepal.Width Petal.Length Petal.Width Species2
1    0.13888889   0.58333333   0.13793103   0.04166667     0.0
2    0.52777778   0.33333333   0.63793103   0.70833333     1.0
                        … 중간 생략 …
105  0.16666667   0.41666667   0.05172414   0.04166667     0.0
                        … 중간 생략 …
attr(,"class")
[1] "nn"
>
> plot(model_net)     # 인공신경망 시각화
>
```

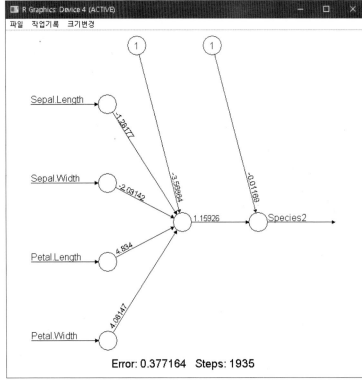

해설 은닉층의 노드가 1개를 갖는 모델을 생성하고, plot() 함수를 이용하여 결과를 시각화하면 인공신경망의 결과를 확인할 수 있다. 입력층에서 4개의 입력 변수에 대한 가중치와 경계값(bias) 가중치가 은닉층으로 전달되고, 은닉층의 결과에 대한 가중치와 경계값 가중치가 출력층으로 전달되는 과정을 볼 수 있다.

```
> # 단계 6: 분류모델 성능 평가
> # 단계 6-1: 모델의 예측치 생성 - compute() 함수 이용
> model_result <- compute(model_net, testing_nor[c(1:4)])
> model_result$net.result        # 분류 예측값 보기
                [,1]
 [1,]  4.441482e-03
 [2,]  2.221132e-03
 [3,]  4.568898e-03
    … 중간 생략 …
[44,]  1.044442e+00
[45,]  9.634745e-01
>
> # 단계 6-2: 상관관계 분석 - 상관계수로 두 변수 간 선형관계의 강도 측정
> cor(model_result$net.result, testing_nor$Species2)
            [,1]
[1,] 0.9591716
>
```

> **해설** 모델의 정확도를 평가하기 위해서 predict() 함수 대신 compute() 함수를 이용하여 모델의 예측치를 생성한다. 모델의 예측치(model_result$net.result)와 검정데이터의 y 변수를 이용하여 피어슨의 상관계수로 분류정확도를 구할 수 있다. 즉 예측된 꽃의 종과 실제 관측치(testing_nor) 사이의 상관관계를 측정한다.

```
> # 단계 7: 분류모델 성능 향상 - 은닉층 노드 2개 지정, backprop 속성 적용
> # 단계 7-1: 인공신경망 모델 생성
> model_net2 = neuralnet(Species2 ~ Sepal.Length + Sepal.Width +
+                        Petal.Length + Petal.Width,
+                        data = training_nor, hidden = 2,
+                        algorithm = "backprop", learningrate = 0.01)
>
> # 단계 7-2: 분류모델 예측치 생성과 평가
> model_result <- compute(model_net, testing_nor[c(1:4)])
> cor(model_result$net.result, testing_nor$Species2)
        [,1]
[1,] 0.9591716
>
```

> **해설** 분류모델의 성능을 향상하기 위해서 은닉층의 노드(hidden)를 증가시키거나 역전파 알고리즘 등을 적용하여 분류모델의 성능을 높일 수 있다. 하지만 무조건 은닉층의 노드 수를 증가시킨다고 분류의 정확도가 높아지는 것은 아니다. algorithm 속성에서 "backprop"는 역전파를 통해서 가중치와 경계값을 조정하여 오차(E)를 줄이기 위해서 사용되는 속성이다. 또한, learningrate은 역전파 알고리즘을 적용할 경우 학습비율을 지정하는 속성으로 여기서는 1%를 지정하고 있다.

1. product.csv 파일의 데이터를 이용하여 다음과 단계별로 다중 회귀분석을 수행하시오.

> [단계 1] 학습데이터(train), 검정데이터(test)를 7:3 비율로 샘플링
>   변수 모델링:
>   y 변수는 제품_만족도, x 변수는 제품_적절성과 제품_친밀도
>
> [단계 2] 학습데이터 이용 회귀모델 생성
>
> [단계 3] 검정데이터 이용 모델 예측치 생성
>
> [단계 4] 모델 평가: cor() 함수 이용

2. ggplot2 패키지에서 제공하는 diamonds 데이터 셋을 대상으로 carat, table, depth 변수 중에서 다이아몬드의 가격(price)에 영향을 미치는 관계를 다중회귀 분석을 이용하여 예측하시오.

> 조건1| 다이아몬드 가격 결정에 가장 큰 영향을 미치는 변수는?
>
> 조건2| 다중회귀 분석 결과를 정(+)과 부(−) 관계로 해설

3. mpg 데이터 셋을 대상으로 7:3 비율로 학습데이터와 검정데이터로 각각 샘플링한 후 단계별로 분류분석을 수행하시오.

> 조건1| 변수 모델링:
>   x 변수: displ, cyl, year
>   y 변수: cty
>
> [단계 1] 학습데이터와 검정데이터 샘플링
>
> [단계 2] formula(공식) 생성
>
> [단계 3] 학습데이터 이용 분류모델 생성
>
> [단계 4] 검정데이터 이용 예측치 생성 및 평가
>
> [단계 5] 분류분석 결과 시각화
>
> [단계 6] 분류분석 결과 해설

4. weather 데이터를 이용하여 다음과 같은 단계별로 분류분석을 수행하시오.

조건1| rpart() 함수 이용 분류모델 생성
조건2| 변수 모델링:
      x 변수: RainTomorrow
      y 변수: Date와 RainToday 변수를 제외한 나머지 변수

조건3| 비가 올 확률이 50% 이상이면 'Yes Rain', 50% 미만이면 'No Rain'으로 범주화

[단계 1] 데이터 가져오기

[단계 2] 데이터 샘플링

[단계 3] 분류모델 생성

[단계 4] 예측치 생성 : 검정데이터 이용

[단계 5] 예측 확률 범주화('Yes Rain', 'No Rain')

[단계 6] 혼돈 행렬(confusion matrix) 생성 및 분류정확도 구하기

비지도학습

학습 내용

비지도학습(Unsupervised Learning)은 데이터에 의한 학습을 통해 최적의 판단이나 예측을 가능하게 해주는 기계학습 방법의 하나로 어떤 입력에 대해서 어떤 결과가 출력되는지의 사전지식이 없는 상태에서 컴퓨터 스스로 공통점과 차이점 등의 패턴을 찾아서 규칙(rule)을 생성하고, 이를 통해서 분석 결과를 도출해내는 방식이다.

비지도학습의 일반적인 절차는 다음 그림과 같다. 지도 학습처럼 Y 변수(정답)가 없기 때문에 검성데이터를 이용하여 모델을 평가할 수 없다.

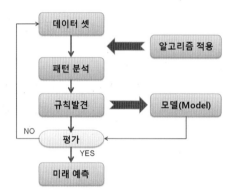

학습 목표

- 유클리디안 거래 계산법을 적용하여 계층형 군집 분석을 수행할 수 있다.
- 군집 수가 알려지지 않은 데이터를 대상으로 군집 수를 알아낸 후 비계층형 군집 분석을 수행하여 유사도가 높은 것끼리 군집화(clustering)할 수 있다.
- "single"과 "basket" 형식을 적용하여 트랜잭션 객체를 생성할 수 있다.
- 평가척도를 적용하여 연관규칙을 생성하고, 연관어를 기준으로 시각화할 수 있다.

Chapter 16의 구성

1. 군집 분석
2. 연관분석

1. 군집 분석

군집 분석(Cluster Analysis)은 데이터 간의 유사도를 정의하고, 그 유사도에 가까운 것부터 순서대로 합쳐 가는 방법으로 그룹(군집)을 형성한 후 각 그룹의 성격을 파악하거나 그룹 간의 비교분석을 통해서 데이터 전체의 구조에 대한 이해를 돕고자 하는 탐색적인 분석 방법이다.

여기서 유사도는 거리(distance)를 이용하는 데 거리의 종류는 다양하지만, 그중 가장 일반적으로 사용하는 것이 유클리디안(Euclidean) 거리로 측정한 거리정보를 이용해서 분석대상을 몇 개의 집단으로 분류한다. 또한, 군집 분석으로 그룹화된 군집은 변수의 특성이 그룹 내적으로는 동일하고, 외적으로는 이질적인 특성을 갖는다. 군집 분석의 용도는 고객의 충성도에 따라서 몇 개의 그룹으로 분류하고, 그룹별로 맞춤형 마케팅 및 프로모션 전략을 수립하는 데 활용된다.

군집 분석의 목적은 데이터 셋 전체를 대상으로 서로 유사한 개체 들을 몇 개의 군집으로 세분화하여 대상 집단을 정확하게 이해하고, 효율적으로 활용하기 위함이다. 해당 집단에 대해서 보다 정확하게 이해하기 위해서는 군집을 세분화할 필요가 있다.

군집 분석에서 중요한 사항은 다음과 같다.

- 군집화를 위해서 거리 측정에 사용되는 변인은 비율척도나 동간척도여야 하며, 인구 통계적 변인, 구매패턴 변인, 생활패턴 변인 등이 이용된다.
- 군집 분석에 사용되는 입력 자료는 변수의 측정단위와 관계없이 그 차이에 따라 일정하게 거리를 측정하기 때문에 변수를 표준화하여 사용하는 것이 필요하다.
- 군집화 방법에 따라 계층적 군집 분석과 비계층적 군집 분석으로 분류된다.

군집 분석에 이용되는 변인은 다음과 같다.

- **인구 통계적 변인**: 거주지, 성별, 나이, 교육수준, 직업, 소득수준 등
- **구매패턴 변인**: 구매상품, 1회 평균 거래액, 구매횟수, 구매주기 등
- **생활패턴 변인**: 생활습관, 가치관, 성격, 취미 등

군집 분석의 특징은 다음과 같다.

- 전체적인 데이터 구조를 파악하는 데 이용된다.
- 관측대상 간 유사성을 기초로 비슷한 것끼리 그룹화(Clustering)한다.
- 유사성은 유클리디안 거리를 이용한다.
- 분석 결과에 대한 가설검정이 없다.
- 반응변수(y변수)가 존재하지 않는 데이터마이닝 기법이다.
- 규칙(Rule)을 기반으로 계층적인 트리구조를 생성한다.
- **활용 분야**: 구매패턴에 따른 고객 분류, 충성도에 따른 고객 분류 등

참고로 데이터마이닝은 대규모 데이터에 포함된 유용한 정보를 발견하는 과정으로 데이터에 숨겨진 규칙과 패턴을 이용하여 광맥을 찾아내듯이 기존에 알려지지 않은 유용한 정보를 발견해 내는 기법이다.

군집 분석의 절차는 다음과 같다.

[단계 1] 분석대상의 데이터에서 군집 분석에 사용할 변수 추출
[단계 2] 계층적 군집 분석을 이용한 대략적인 군집의 수 결정
[단계 3] 계층적 군집 분석에 대한 타당성 검증(ANOVA 분석)
[단계 4] 비계층적 군집 분석을 이용한 군집 분류
[단계 5] 분류된 군집의 특성 파악 및 업무 적용

1.1 유클리디안 거리

유클리디안(Euclidean distance) 거리는 두 점 사이의 거리를 계산하는 방법으로 이 거리를 이용하여 유클리드 공간을 정의할 수 있다. 유클리디안 거리를 위한 계산식은 다음과 같다.

$$유클리디안\ 거리\ 계산식 = \sqrt{(p_1 - q_1)^2 + (p_1 - q_1)^2 + \cdots + (p_n - q_n)^2} = \sqrt{\sum_{i=1}^{n}(p_i - q_i)^2}$$

유클리디안 거리 계산식은 관측대상 p와 q의 대응하는 변량 값의 차가 작으면, 두 관측대상은 유사하다고 정의하는 식이다.

(● 실습) 유클리디안 거리 계산법

```
> # 단계 1: matrix 객체 생성
> x <- matrix(1:9, nrow = 3, by = T)
> x
     [,1] [,2] [,3]
[1,]   1    2    3
[2,]   4    5    6
[3,]   7    8    9
>
```

matrix 객체를 대상으로 dist() 함수를 이용하여 유클리디안 거리를 생성한다. dist() 함수의 형식은 다음과 같다.

형식 dist(x, method = "euclidean")

```
> # 단계 2: 유클리디안 거리 생성
> dist <- dist(x, method = "euclidean")    # method 속성은 생략 가능
```

```
> dist
            1          2
2  5.196152
3 10.392305  5.196152
>
```

> **해설** x는 matrix 또는 data.frame 객체를 사용하며, method는 euclidean을 지정하여 유클리디안 거리 계산식을 적용하여 거리를 생성한다. matrix 객체의 값이 서로 가까울수록 유클리디안 거리값이 적은 값으로 나타나고, 거리가 멀수록 큰 값으로 나타난다. 예를 들면 1과 2, 2와 3은 유클리디안 거리(5.196152)가 가장 가깝고, 1과 3은 유클리디안 거리(10.392305)가 가장 멀다.

matrix의 값에 대한 유클리디안 거리에 관한 수치는 다음 실습 예에서와 같이 유클리디안 거리 계산을 R 코드로 표현하여 계산하면 쉽게 이해할 수 있다.

유클리디안 거리 계산식은 관측대상 p와 q 의 대응하는 변량 값의 차의 제곱의 합에 제곱근을 적용한 결과이다.

> ⊙ **실습** 1행과 2행 변량의 유클리디안 거리 구하기

```
> s <- sum((x[1, ] - x[2, ]) ^ 2 )    # 1행과 2행 변량의 차의 제곱의 합
> sqrt(s)                             # 제곱근 적용
[1] 5.196152
>
```

> ⊙ **실습** 1행과 3행 변량의 유클리디안 거리 구하기

```
> s <- sum((x[1, ] - x[3, ]) ^ 2 )    # 1행과 3행 변량의 차의 제곱의 합
> sqrt(s)                             # 제곱근 적용
[1] 10.3923
>
```

> **해설** 유클리디안 거리 계산식의 결과와 dist() 함수를 이용해서 구해진 유클리디안 거리 계산 결과와 동일한 것을 확인할 수 있다.

1.2 계층적 군집 분석

계층적 군집 분석(Hierarchical Clustering)은 개별대상 간의 거리에 의하여 가장 가까운 대상부터 결합하여 나무 모양의 계층구조를 상향식(Bottom-up)으로 만들어가면서 군집을 형성하는 방법이다.

군집 대상 간의 거리를 산정하는 기준에 따라 단일결합기준(최소거리 이용), 완전결합기준(최대거리 이용), 평균결합 기준(평균 거리 이용), 중심결합 기준(중심 값의 거리 이용) 그리고 ward(유클리디안 제곱 거리) 방식으로 분류된다.

계층적 군집 분석은 군집이 형성되는 과정을 파악할 수 있다는 장점과 자료의 크기가 큰 경우 분석이 어렵다는 단점이 있다.

matrix 객체를 이용하여 유클리디안 거리를 계산하고, 거리를 이용하여 계층적 군집을 형성하는 방법에 대해서 알아본다.

⊙실습 유클리디안 거리를 이용한 군집화

```
> # 단계 1: 군집 분석(Clustering)을 위한 패키지 설치
> install.packages("cluster")                # hclust() - 계층적 클러스터 함수 제공
Installing package into 'C:/Users/master/Documents/R/win-library/4.0'
(as 'lib' is unspecified)
        …중간 생략…
> library(cluster)
>
> # 단계 2: 데이터 셋 생성
> x <- matrix(1:9, nrow = 3, by = T)
>
> # 단계 3: matrix 객체 대상 유클리디안 거리 생성
> dist <- dist(x, method = "euclidean")    # method 속성은 생략 가능
>
> # 단계 4: 유클리디안 거리 matrix를 이용한 군집화
> hc <- hclust(dist)                        # 클러스터링 적용
>
> # 단계 5: 클러스터 시각화
> plot(hc)                                  # 덴드로그램 출력
>
```

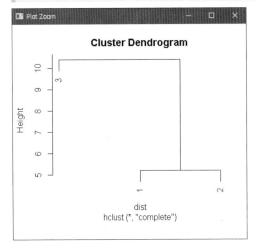

해설 군집화된 결과를 plot() 함수를 이용하여 시각화하면 덴드로그램(Dendrogram)에 의해 클러스터 형태로 시각화해 준다.

클러스터 결과를 시각화한 덴드로그램에서 나타난 것처럼 유클리디안 거리에 의해서 유사도가 가까운 1과 2가 하나의 군집(cluster)으로 형성되고, 3은 1과 2의 군집과 거리가 동떨어져 있는 것을 확인할 수 있다. 덴드로그램에서 Height는 해당 군집에 대한 유클리디안 거리를 의미한다.

┌─ **실습** 신입사원의 면접시험 결과를 군집 분석

> # 단계 1: 데이터 셋 가져오기
> interview <- read.csv("C:/Rwork/Part-IV/interview.csv", header = TRUE)
> names(interview)   # 칼럼명 확인
[1] "no" "가치관" "전문지식" "발표력" "인성" "창의력" "자격증" "종합점수" "합격여부"
> head(interview)
    no 가치관 전문지식 발표력 인성 창의력 자격증 종합점수 합격여부
1 101   20   15   15   15   12   1   77   합격
2 102   19   15   14   18   13   1   79   합격
3 103   12   16   20   11   7   1   66   불합격
4 104   18   15   15   14   13   1   75   합격
5 105   9   18   20   9   5   0   61   불합격
6 106   20   13   18   15   11   1   77   합격
>

> # 단계 2: 유클리디안 거리 계산
> interview_df <- interview[c(2:7)]
> idist <- dist(interview_df) # 유클리디안 거리 생성
> head(idist)
[1] 3.464102 11.445523 2.449490 15.524175 3.741657 14.142136
>

해설 군집 분석에 필요 없는 "번호", "종합점수", "합격여부" 칼럼은 생략하고 유클리디안 거리를 계산한다.

> # 단계 3: 계층적 군집 분석
> hc <- hclust(idist)
> hc   # 계층적 군집 분석 결과 보기

Call:
hclust(d = idist)

Cluster method   : complete
Distance   : euclidean
Number of objects: 15

>

> # 단계 4: 군집 분석 시각화
> plot(hc, hang = -1)   # 음수 값 제외
>

해설 plot() 함수의 hang 속성값을 -1로 지정하면 덴드로그램에서 음수값을 제거할 수 있다. 시각화 결과는 다음 단계인 [단계 5]의 결과를 참고한다. 빨간색 군집 테두리를 제거한 결과이다.

```
> # 단계 5: 군집 단위 테두리 생성
> rect.hclust(hc, k = 3, border = "red")
>
```

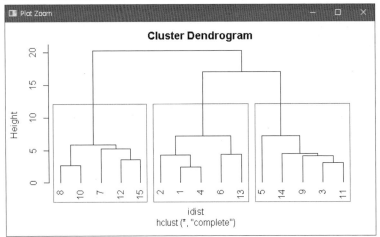

해설 면접대상자들의 가치관, 전문지식, 발표력, 인성, 창의력, 자격증 유무 변수를 대상으로 유사한 데이터끼리 그룹화한 결과, 3개 그룹((8, 10, 7, 12, 15), (2, 1, 4, 6, 13), (5, 14, 9, 3, 11))으로 군집이 형성된 것을 확인할 수 있다. 특히 rect.hclust() 함수에서 k = 3과 border = "red" 속성을 적용하면 빨간색 테두리 선에 의해서 3개의 그룹이 상자 모양으로 그려지기 때문에 군집의 영역을 명확히 확인할 수 있다.

⊙ 실습 군집별 특징 보기

각 군집의 특징을 살펴보기 위해서 군집별로 서브 셋을 작성하여 목록을 확인하고, 요약통계량을 통해서 군집별 특징을 살펴본다.

```
> # 단계 1: 군집별 서브 셋 만들기
> g1 <- subset(interview, no == 108 | no == 110 | no == 107 |
+             no == 112 | no == 115)
> g2 <- subset(interview, no == 102 | no == 101 | no == 104 |
+             no == 106 | no == 113)
> g3 <- subset(interview, no == 105 | no == 114 | no == 109 |
+             no == 103 | no == 111)
>
```

해설 군집 분석으로 분류된 3개 그룹(8, 10, 7, 12, 15), (2, 1, 4, 6, 13), (5, 14, 9, 3, 11)을 대상으로 서브 셋을 작성한다.

```
> # 단계 2: 각 서브 셋의 요약통계량 보기
> summary(g1)
      no            가치관          전문지식         발표력          인성
 Min.   :107.0  Min.   :13.0  Min.   :17.0  Min.   : 8.0  Min.   : 8.0
 1st Qu.:108.0  1st Qu.:14.0  1st Qu.:18.0  1st Qu.:10.0  1st Qu.: 9.0
 Median :110.0  Median :14.0  Median :19.0  Median :11.0  Median :10.0
 Mean   :110.4  Mean   :14.4  Mean   :18.8  Mean   :10.8  Mean   : 9.4
```

```
 3rd Qu. :112.0  3rd Qu. :15.0  3rd Qu. :20.0  3rd Qu.:12.0  3rd Qu.:10.0
 Max.    :115.0  Max.    :16.0  Max.    :20.0  Max.    :13.0  Max.    :10.0
    창의력          자격증          종합점수        합격여부
 Min.    :16.0  Min.    :0     Min.    :65.0   불합격:5
 1st Qu. :17.0  1st Qu. :0     1st Qu. :70.0   합격  :0
 Median  :18.0  Median  :0     Median  :72.0
 Mean    :18.2  Mean    :0     Mean    :71.6
 3rd Qu. :20.0  3rd Qu. :0     3rd Qu. :75.0
 Max.    :20.0  Max.    :0     Max.    :76.0
> summary(g2)
        …생략…
> summary(g3)
      no           가치관         전문지식        발표력          인성
 Min.    :103.0  Min.    : 9    Min.    :13.0   Min.    :18.0   Min.    : 9
 1st Qu. :105.0  1st Qu. :10    1st Qu. :14.0   1st Qu. :19.0   1st Qu. :10
 Median  :109.0  Median  :11    Median  :15.0   Median  :20.0   Median  :11
 Mean    :108.4  Mean    :11    Mean    :15.2   Mean    :19.4   Mean    :11
 3rd Qu. :111.0  3rd Qu. :12    3rd Qu. :16.0   3rd Qu. :20.0   3rd Qu. :12
 Max.    :114.0  Max.    :13    Max.    :18.0   Max.    :20.0   Max.    :13
    창의력          자격증          종합점수        합격여부
 Min.    :5.0   Min.    :0.0   Min.    :57.0   불합격:5
 1st Qu. :5.0   1st Qu. :0.0   1st Qu. :61.0   합격  :0
 Median  :6.0   Median  :0.0   Median  :64.0
 Mean    :6.2   Mean    :0.4   Mean    :62.8
 3rd Qu. :7.0   3rd Qu. :1.0   3rd Qu. :66.0
 Max.    :8.0   Max.    :1.0   Max.    :66.0
>
```

해설 군집 분석에 의해서 군집으로 형성된 각 그룹의 요약통계량과 자격증 유무 등을 바탕으로 군집 내 특징을 살펴보면, 가장 먼저 제1그룹과 제2그룹은 자격증 유무에 의해서 분류되는 것을 확인할 수 있고, 기타 세부적으로 요약통계량에 의해서 구해진 가치관, 전문지식, 발표력, 인성, 창의력의 평균값으로 군집 내의 유사점을 찾을 수 있다.

이처럼 군집 분석으로 그룹화된 군집은 다변량적 특성이 그룹 내적으로는 동일하고, 외적으로는 이질적인 특성을 갖는다. [표 16.1]은 군집별 특징을 요약한 것이다.

[표 16.1] 군집별 특징 요약

구분	제1그룹	제2그룹	3그룹
요약통계량	종합점수 평균: 71.6 인성 평균: 9.4	종합점수 평균: 75.6 인성 평균: 14.8	종합점수 평균: 62.8 인성 평균: 11
자격증 유무	자격증 없음	자격증 있음	자격증 없음, 있음
군집 특징	종합점수가 평균 71점 이하 이고, 인성 점수가 10점 미만으로 모두 불합격 대상자의 군집이다.	종합점수가 평균 75점 이상이고, 인성 점수가 10점 이상으로 모두 합격 대상자의 군집이다.	종합점수가 70점 미만이고, 인성 점수가 평균 11점으로 모두 불합격 대상자의 군집이다.

1.3 군집 수 자르기

계층형 군집 분석 결과에서 분석자가 원하는 군집 수만큼 잘라서 인위적으로 군집을 만들 수 있다. 그룹수를 자르는 함수는 stats 패키지에서 제공되는 cutree() 함수를 이용한다.

┌─ **⬇️실습** iris 데이터 셋을 대상으로 군집 수 자르기

```
> # 단계 1: 유클리디안 거리 계산
> idist<- dist(iris[1:4])                    # dist(iris[, -5])
> # 계층형 군집 분석(클러스터링)
> hc <- hclust(idist)
> plot(hc, hang = -1)
> rect.hclust(hc, k = 4, border = "red")    # 4개 군집 수 확인
>
```

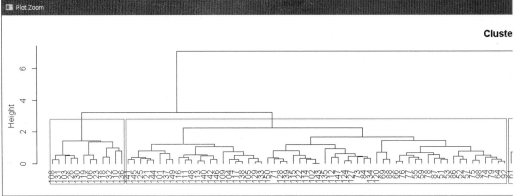

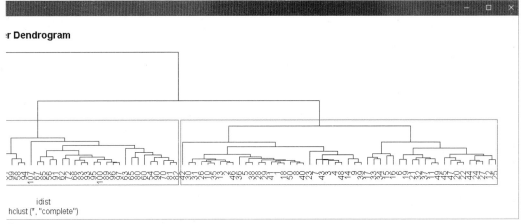

┌─ **해설** 군집을 표시하는 덴드로그램의 가로 크기가 커서 그림의 좌우를 나누어 표시하였다.

stats 패키지가 제공하는 cutree() 함수를 이용하여 지정된 군집 수로 자를 수 있다. cutree() 함수의
형식은 다음과 같다.

형식 cutree(계층적 군집 분석 결과, k = 군집 수)

```
> # 단계 2: 군집 수 자르기
> # 150개의 관측치를 대상으로 3개의 군집 수 지정
> ghc <- cutree(hc, k = 3)
> ghc        # 군집을 의미하는 숫자(1~3) 출력
  [1] 1 1 1 1 1 1 1 1 1 1 1 1 1 1 1 1 1 1 1 1 1 1 1 1 1 1 1 1 1 1 1 1 1 1 1 1 1 1 1
 [40] 1 1 1 1 1 1 1 1 1 1 1 2 2 2 3 2 3 2 3 2 3 3 3 3 2 3 2 3 3 2 3 2 3 2 3 2 2 2 2
 [79] 2 3 3 3 3 2 3 2 2 2 3 3 3 2 3 3 3 3 3 2 3 3 2 2 2 2 2 3 2 2 2 2 2 2 2 2
[118] 2 2 2 2 2 2 2 2 2 2 2 2 2 2 2 2 2 2 2 2 2 2 2 2 2 2 2 2 2 2 2 2 2
>
```

해설 군집 분석의 결과(hc)를 대상으로 3개의 군집 수를 지정하여 ghc 변수에 저장한다.

```
> # 단계 3: iris 데이터 셋에 ghc 칼럼 추가
> iris$ghc <- ghc
> table(iris$ghc)     # ghc 빈도수

 1  2  3
50 72 28
> head(iris)          # ghc 칼럼 확인
  Sepal.Length Sepal.Width Petal.Length Petal.Width Species ghc
1          5.1         3.5          1.4         0.2  setosa   1
2          4.9         3.0          1.4         0.2  setosa   1
3          4.7         3.2          1.3         0.2  setosa   1
4          4.6         3.1          1.5         0.2  setosa   1
5          5.0         3.6          1.4         0.2  setosa   1
6          5.4         3.9          1.7         0.4  setosa   1
>
```

```
> # 단계 4: 요약통계량 구하기
> g1 <- subset(iris, ghc == 1)   # 제1 군집 서브셋 작성
> summary(g1[1:4])               # 제1 군집 요약통계량
  Sepal.Length     Sepal.Width     Petal.Length    Petal.Width
 Min.   :4.300   Min.   :2.300   Min.   :1.000   Min.   :0.100
 1st Qu.:4.800   1st Qu.:3.200   1st Qu.:1.400   1st Qu.:0.200
 1st Qu.:4.800   1st Qu.:3.200   1st Qu.:1.400   1st Qu.:0.200
 Median :5.000   Median :3.400   Median :1.500   Median :0.200
 Mean   :5.006   Mean   :3.428   Mean   :1.462   Mean   :0.246
 3rd Qu.:5.200   3rd Qu.:3.675   3rd Qu.:1.575   3rd Qu.:0.300
 Max.   :5.800   Max.   :4.400   Max.   :1.900   Max.   :0.600
```

```
> g2 <- subset(iris, ghc == 2)   # 제2 군집 서브셋 작성
> summary(g2[1:4])               # 제2 군집 요약통계량
  Sepal.Length    Sepal.Width     Petal.Length    Petal.Width
 Min.   :5.600   Min.   :2.200   Min.   :4.300   Min.   :1.20
 1st Qu.:6.200   1st Qu.:2.800   1st Qu.:4.800   1st Qu.:1.50
 Median :6.400   Median :3.000   Median :5.100   Median :1.80
 Mean   :6.546   Mean   :2.964   Mean   :5.274   Mean   :1.85
 3rd Qu.:6.800   3rd Qu.:3.125   3rd Qu.:5.700   3rd Qu.:2.10
 Max.   :7.900   Max.   :3.800   Max.   :6.900   Max.   :2.50
> g3 <- subset(iris, ghc == 3)   # 제3 군집 서브셋 작성
> summary(g3[1:4])               # 제2 군집 요약통계량
  Sepal.Length    Sepal.Width     Petal.Length    Petal.Width
 Min.   :4.900   Min.   :2.000   Min.   :3.000   Min.   :1.000
 1st Qu.:5.475   1st Qu.:2.475   1st Qu.:3.775   1st Qu.:1.075
 Median :5.600   Median :2.650   Median :4.000   Median :1.250
 Mean   :5.532   Mean   :2.636   Mean   :3.961   Mean   :1.229
 3rd Qu.:5.700   3rd Qu.:2.825   3rd Qu.:4.200   3rd Qu.:1.300
 Max.   :6.100   Max.   :3.000   Max.   :4.500   Max.   :1.700
>
```

└ **해설** iris 데이터 셋을 대상으로 계층적 군집 분석으로 군집 수를 파악한 후 원하는 군집 수 만큼 인위적으로 잘라서 군집을 생성하고, 군집별로 요약통계량을 구하여 군집 내의 특징을 알아보는 과정이다.

1.4 비계층적 군집 분석

군집의 수가 정해진 상태에서 군집의 중심에서 가장 가까운 개체를 하나씩 포함해 나가는 방법이다. 비계층적 군집 분석의 대표적인 방법으로 K-means Clustering이 있다.

K-means Clustering 방법은 군집 수를 미리 알고 있는 경우 군집 대상의 분포에 따라 군집의 초기값을 설정해 주면, 초기값에서 가장 가까운 거리에 있는 대상을 하나씩 더해 가는 방식으로 군집화를 수행하게 된다. 따라서 계층적 군집 분석을 통해 대략적인 군집의 수를 파악하고 이를 초기 군집 수로 설정하여 비계층적 군집 분석을 수행하는 것이 효과적이다.

비계층적 군집 분석은 대량의 자료를 빠르고 쉽게 분류할 수 있다는 장점과 군집의 수를 미리 알고 있어야 한다는 단점이 있다.

┌ **◉실습** K-means 알고리즘에 군집 수를 적용하여 군집별로 시각화

ggplot2 패키지에서 제공되는 diamonds 데이터 셋을 대상으로 계층적 군집 분석으로 군집 수를 파악한 후 K-means 알고리즘에 군집 수를 적용하여 군집별로 시각화하는 방법을 알아본다.

```
> # 단계 1: 군집 분석에 사용할 변수 추출
> library(ggplot2)
> data(diamonds)
> t <- sample(1:nrow(diamonds),1000)          # 데이터 샘플링
> test <- diamonds[t, ]                        # 표본으로 검정데이터 생성
> dim(test)
[1] 1000   10
> head(test)                                   # 검정 데이터
# A tibble: 6 x 10
  carat cut        color clarity depth table price    x    y    z
  <dbl> <ord>      <ord> <ord>   <dbl> <dbl> <int> <dbl> <dbl> <dbl>
1 0.73  Ideal      D     SI2      62.4    56  2504  5.72  5.75  3.58
2 0.49  Very Good  G     VS2      60.1    56  1198  5.13  5.15  3.09
3 0.51  Good       E     SI1      57.4    62  1266  5.24  5.29  3.02
4 1.52  Good       E     I1       57.3    58  3105  7.53  7.42  4.28
5 0.53  Ideal      E     VS2      60.9    59  1607  5.17  5.21  3.16
6 0.44  Premium    D     SI1      61.9    59   849  4.86  4.9   3.02
>
> # 군집을 위해서 필요한 변수 추출
> mydia <- test[c("price","carat","depth","table")] # 4개 칼럼만 선정
> head(mydia)
# A tibble: 6 x 4
  price carat depth table
  <int> <dbl> <dbl> <dbl>
1  2504  0.73  62.4    56
2  1198  0.49  60.1    56
3  1266  0.51  57.4    62
4  3105  1.52  57.3    58
5  1607  0.53  60.9    59
6   849  0.44  61.9    59
>
```

```
> # 단계 2: 계층적 군집 분석(탐색적 분석)
> result <- hclust(dist(mydia), method = "average") # 평균 거리 이용
> result

Call:
hclust(d = dist(mydia), method = "average")

Cluster method   : average
Distance         : euclidean
Number of objects: 1000

> plot(result, hang = -1)                      # hang: -1 이하 값 제거
>
```

해설 계층적 군집 분석을 통해서 대략적인 군집 수를 확인한다. plot() 함수의 시각화 결과는 직접 확인해 보기 바란다.

```
> # 단계 3: 비계층적 군집 분석
> result2 <- kmeans(mydia, 3)    # 3개 군집 수 적용
> names(result2)
[1] "cluster"      "centers"    "totss"      "withinss"    "tot.withinss"
[6] "betweenss"    "size"       "iter"       "ifault"
> result2$cluster              # 각 케이스에 대한 소속 군집 수(1, 2, 3) 생성
  [1] 3 3 3 3 3 3 3 1 3 2 3 2 1 3 3 3 3 3 3 3 2 3 1 3 3 3 3 3 1 3 1 1 1 1 2 3
 [40] 3 2 3 3 3 2 3 3 3 1 3 3 3 3 3 3 3 3 3 1 3 1 3 3 1 1 3 1 3 1 3 3 2 3 1 1 3 1 3 3
    …중간 생략…
[976] 3 3 3 3 3 3 3 3 3 2 2 3 3 3 3 3 3 3 3 1 3 3 3 3 1
> # 원형 데이터에 군집 수 추가
> mydia$cluster <- result2$cluster
> head(mydia)
# A tibble: 6 x 5
   price carat depth table cluster
   <int> <dbl> <dbl> <dbl>   <int>
1   2504  0.73  62.4    56       3
2   1198  0.49  60.1    56       3
3   1266  0.51  57.4    62       3
4   3105  1.52  57.3    58       3
5   1607  0.53  60.9    59       3
6    849  0.44  61.9    59       3
>
```

해설 군집 수를 알고 있는 경우 군집 수를 지정하여 군집을 분류한다. 군집 분류를 위해서는 stats 패키지에서 제공하는 kmeans() 함수를 이용한다.

```
> # 단계 4: 변수 간의 상관계수 보기
> cor(mydia[ , -5], method = "pearson")    # 상관계수 보기
            price       carat        depth       table
price 1.000000000  0.9167309  0.006529569   0.1167809
carat 0.916730893  1.0000000  0.056528397   0.1722498
depth 0.006529569  0.0565284  1.000000000  -0.2654294
table 0.116780906  0.1722498 -0.265429424   1.0000000
> plot(mydia[ ,-5])                        # 변수 간 산점도 보기
>
```

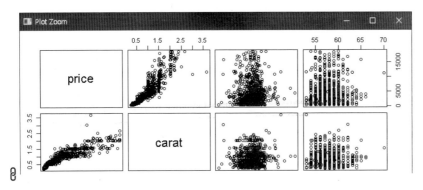

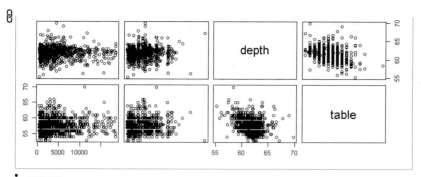

> **해설** price 변수에 가장 큰 영향을 미치는 변수는 carat이며, depth는 부(−)의 영향을 미친다.

```
> # 단계 5: 상관계수를 색상으로 시각화
> install.packages("mclust")
Installing package into 'C:/Users/masster/Documents/R/win-library/4.0'
(as 'lib' is unspecified)
        …중간 생략…
> library(mclust)

    __ _____  __  _____
   / \/ / ____/ /  / / / / ___/_  __/
  / /\_/ / /_  / / / / / /\__ \/ /
 / / / / /___/ /___/ /_/ /___/ / /
/_/ /_/\____/_____/\____//____//_/   version 5.4.5
Type 'citation("mclust")' for citing this R package in publications.
> install.packages("corrgram")
Installing package into 'C:/Users/master/Documents/R/win-library/4.0'
(as 'lib' is unspecified)
        …중간 생략…
> library(corrgram)
Registered S3 method overwritten by 'seriation':
  method        from
  reorder.hclust gclus
>
> # 수치(상관계수) 추가(위쪽)
> corrgram(mydia[ , -5], upper.panel = panel.conf)
> # 수치(상관계수) 추가(아래쪽)
> corrgram(mydia[ , -5], lower.panel = panel.conf)
>
```

> **해설** 첫 번째 그래프는 상관계수가 위쪽으로 나타나고, 두 번째 그래프는 상관계수가 아래쪽으로 나타난다.

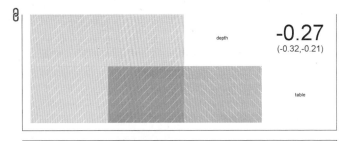

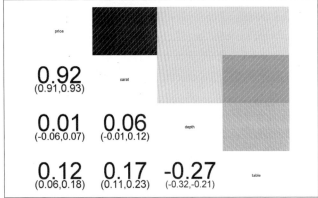

> # 단계 6: 비계층적 군집 시각화
> plot(mydia$carat, mydia$price, col = mydia$cluster)
> # 중심점 표시 추가
> # 속성 col: color, pch: 중심점 문자, cex: 중심점 문자 크기
> points(result2$centers[,c("carat", "price")],
+   col = c(3, 1, 2), pch = 8, cex = 5)
>

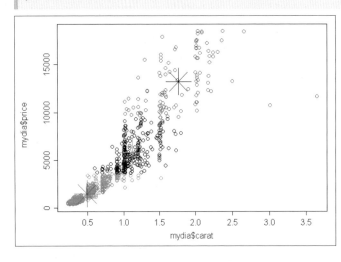

해설 diamonds 데이터 셋을 대상으로 1,000개의 표본을 추출하여 계층적 군집 분석을 통해서 군집 수를 파악한 다음 해당 군집 수를 비계층적 군집 분석에 적용하여 군집을 형성하고, 가격(price)과 크기(carat)에 의해서 생성된 군집을 시각화 결과이다. 군집으로 분류된 결과를 살펴보면 다이아몬드의 크기가 클수록 대체로 가격이 상승한다는 특징을 보여주고 있다. mydata$cluster 변수값을 이용하여 군집별로 색상을 지정하고, 군집의 중심점을 표시한다(군집 색상: 빨강, 검정, 녹색).

2. 연관분석

연관분석(Association Analysis)은 하나의 거래나 사건에 포함된 항목 간의 관련성을 파악하여 둘 이상의 항목들로 구성된 연관성 규칙을 도출하는 탐색적인 분석 방법이다.

다른 한편으로 연관분석은 군집 분석으로 생성된 군집(cluster)의 특성을 분석하는 장바구니 분석으로 잘 알려져 있다. 예를 들면 트랜잭션(상품 거래 정보)을 대상으로 트랜잭션 내의 연관성을 분석하여 상품 거래의 규칙이나 패턴을 통해서 상품 간의 연관성을 도출해내는 분석 방법이다. 특히 거래나 사건으로부터 연관성을 찾아내기 위해서는 각각의 연관성을 비교할 수 있는 규칙이 필요하다. 이러한 연관성 규칙은 기본적으로 지지도(support), 신뢰도(confidence), 향상도(lift)를 평가척도로 사용한다.

연관분석은 대형마트, 백화점, 쇼핑몰 등에서 고객의 장바구니에 들어있는 품목 간의 관계를 분석하여 마케팅에 활용한다. 예를 들면 '고객들은 어떤 상품들을 동시에 구매하는가?' 또는 '맥주를 구매한 고객은 주로 어떤 상품을 함께 구매하는가?' 등의 구매패턴을 분석하여 해당 고객을 대상으로 상품을 추천하거나 프로모션 및 마케팅 전략을 수립하는 데 이용될 수 있다.

　예1| 고객 대상 상품추천 및 상품정보 발송: A 고객에 대한 B 상품 쿠폰 발송
　예2| 텔레마케팅을 통해서 패키지 상품 판매 기획 및 홍보
　예3| 상품 진열 및 쇼윈도(show window) 상품 디스플레이

연관분석은 다음과 같은 특징을 가진다.

- 데이터베이스에서 사건의 연관규칙을 찾는 데이터마이닝 기법이다.
- y 변수가 없으며, 비지도학습에 의한 패턴 분석 방법이다.
- 거래 사실이 기록된 트랜잭션(Transaction)형식의 데이터 셋을 이용한다.
- 사건과 사건 간의 연관성을 찾는 방법(예) 기저귀와 맥주)이다.
- 지지도(제품의 동시 구매패턴), 신뢰도(A 제품 구매 시 B 제품 구매패턴), 향상도(A 제품과 B 제품 간의 상관성)를 연관규칙의 평가 도구로 사용한다.
- 활용 분야: 상품구매 규칙을 통한 구매패턴 예측(상품 연관성)

연관분석을 시행하는 절차는 다음과 같다.

[단계 1] 거래 내역 데이터를 대상으로 트랜잭션 객체 생성
[단계 2] 품목(item)과 트랜잭션 ID 관찰
[단계 3] 평가 척도(지지도, 신뢰도, 향상도)를 이용한 연관규칙(rule) 발견
[단계 4] 연관분석 결과에 대한 시각화
[단계 5] 연관분석 결과 해설 및 업무 적용

2.1 연관규칙 평가척도

연관규칙(Association Rule)이란 어떤 사건이 얼마나 자주 동시에 발생하는가를 표현하는 규칙(조건)으로 데이터 내에 포함된 특정 항목들의 연관성을 수치화시켜 나타내는 방법이다. 기본적으로 연관성 규칙은 지지도, 신뢰도, 향상도를 계산하여 연관성의 유무를 판단한다.

(1) 지지도(support)

전체에 대한 품목A와 품목B가 동시에 일어나는 확률을 의미하고 식으로 나타내면 다음과 같다.

$$Support = P(A \cap B) = \frac{\text{품목}A\text{와 품목}B\text{가 동시에 포함한 거래수}}{\text{전체 거래수}}$$

지지도는 전체 품목에서 관련 품목의 거래 확률을 나타낸다. 즉 A를 구매하고 B를 구매하는 거래 비율을 제공한다. 일반적으로 지지도가 낮다는 의미는 해당 규칙(A를 구매하고 B를 구매하는 거래)이 자주 발생하지 않음을 의미하며, 이러한 규칙을 제거하는 데 이용된다. 지지도는 Support(A→B)와 Support(B→A)가 상호 대칭적으로 서로 같은 값을 가진다.

(2) 신뢰도(confidence)

품목 A가 구매될 때 품목 B가 구매되는 경우의 조건부확률을 의미하며 식으로 나타내면 다음과 같다.

$$Confidence(A \rightarrow B) = P(B|A) = \frac{\text{품목}A\text{와 품목}B\text{를 동시에 포함한 거래수}}{\text{품목}A\text{를 포함한 거래수}}$$

$$= \frac{\text{지지도}}{\text{품목}A\text{를 포함한 거래수}}$$

지지도는 상호 대칭적(A↔B)으로 서로 같은 값을 가지기 때문에 포함 비중이 낮은 경우에는 연관성을 판단하는 데 어려움이 있다. 이러한 지지도의 단점을 보완하는 것이 신뢰도이며 품목 A가 포함된 거래 중에서 품목 B를 포함한 거래의 비율을 제공한다.

(3) 향상도(lift)

하위 항목들이 독립에서 얼마나 벗어나는지의 정도를 측정한 값으로 향상도의 식은 다음과 같다.

$$Lift(A \rightarrow B) = \frac{\text{신뢰도}}{\text{품목}B\text{를 포함한 거래율}}$$

지지도 또는 신뢰도가 높은 연관성 규칙 중에는 우연히 연관성이 높게 보이는 것들이 나타날 수도 있는데, 이 부분을 보완하기 위해서 향상도가 사용된다.

향상도는 두 상품의 독립성 여부를 수치로 제공하는데 독립성 여부에 따라서 상품 간의 상관관계를 예측할 수 있다. 다음은 향상도에 따른 상관성에 관한 예이다.

- 향상도(Lift) = 1인 경우에는 상품 A와 상품 B는 독립관계(상관성 없음)
- 향상도(Lift) ≠ 1인 경우에는 상품 A와 상품 B가 독립이 아닌 경우, 즉 종속관계(상관성 있음)

향상도가 1에 가까우면 두 상품은 서로 독립적이고, 1보다 작으면 두 상품은 음의 상관성을 1보다 크면 두 상품은 양의 상관성을 나타낸다. 또한, 연관규칙에 의미가 있으려면 향상도가 1보다 큰 값이어야 한다. 즉 향상도의 값이 클수록 상품 간의 연관성이 높다고 볼 수 있다.

상품 거래에 관련된 6개의 트랜잭션을 통해서 연관규칙의 평가 척도(지지도, 신뢰도, 향상도)에 대해서 알아본다.

상품거래 트랜잭션:
  t1: 라면, 맥주, 우유
  t2: 라면, 고기, 우유
  t3: 라면, 과일, 고기
  t4: 고기, 맥주, 우유
  t5: 라면, 고기, 우유
  t6: 과일, 우유

위의 상품 거래 트랜잭션에서 두 가지 거래에 대한 지지도, 신뢰도, 향상도를 구하면 [표 16.2]와 같다.

[표 16.2] 연관규칙의 평가척도 결과

상품A → 상품B	지지도	신뢰도	향상도
맥주 → 고기	1 / 6 = 0.166	1 / 2 = 0.5	0.5 / 0.66(4 / 6) = 0.75
라면, 맥주 → 우유	1 / 6 = 0.166	1 / 1 = 1	1 / 0.83(5 / 6) = 1.2

'맥주→고기' 트랜잭션에서 지지도(0.166)는 '맥주→고기' 또는 '고기→맥주'의 거래 수(1)를 전체 거래 수(6)로 나눈 값이며, 신뢰도(0.5)는 '맥주→고기' 또는 '고기→맥주'의 거래 수(1)를 맥주 거래 수(2)로 나눈 값이다. 그리고 향상도는 신뢰도(0.5)를 고기의 거래 비율(0.66)로 나눈 값이다.

연관규칙의 평가척도에서 지지율이 낮다는 의미는 해당 조합의 거래 수가 적다는 의미이고, 신뢰도가 낮다는 의미는 A 상품 구매 시 B 상품을 함께 구매하는 거래 수가 적다는 의미이다. 따라서 지지도와 신뢰도가 높을수록 발견되는 규칙(rule)은 적어진다.

또한, 향상도가 1이면 A 상품과 B 상품은 독립적인 관계(상품 간의 상관성 없음)이며, 1 이상이면 두 상품 간의 상관성이 높고(⑩ 맥주와 치킨), 1 미만이면 상반된 상관성(⑩ 성경책과 불경책)을 의미한다.

실습 트랜잭션 객체를 대상으로 연관규칙 생성

데이터를 가져와서 트랜잭션 객체를 생성하고, 지지도와 신뢰도를 적용하여 연관규칙을 발견한다.

```
> # 단계 1: 연관분석을 위한 패키지 설치
> install.packages("arules")    # 연관규칙 생성을 위한 패키지 설치
Installing package into 'C:/Users/master/Documents/R/win-library/4.0'
(as 'lib' is unspecified)
            … 중간 생략 …
> library(arules)               #read.transactions(), apriori() 함수 등 제공
필요한 패키지를 로딩중입니다: Matrix

다음의 패키지를 부착합니다: 'arules'
            …중간 생략…
>
```

해설 arules 패키지는 read.transactions(), apriori() 함수와 Adult, AdultUCI 데이터 셋을 제공한다.

```
> # 단계 2: 트랜잭션(transaction) 객체 생성
> setwd("C:/Rwork/Part-IV")
> tran<- read.transactions("tran.txt", format = "basket", sep = ",")
> tran              # 6개의 트랜잭션과 5개의 항목(상품) 생성
transactions in sparse format with
 6 transactions (rows) and
 5 items (columns)
>
```

해설 데이터 파일("tran.txt")을 대상으로 read.transactions() 함수를 이용하여 트랜잭션 객체를 생성한다.

```
> # 단계 3: 트랜잭션 데이터 보기
> inspect(tran)      # 6개 트랜잭션의 항목 출력
   items
[1] {라면,맥주,우유}
[2] {고기,라면,우유}
[3] {고기,과일,라면}
[4] {고기,맥주,우유}
[5] {고기,라면,우유}
[6] {과일,우유}
>
```

해설 arules 패키지에서 제공하는 inspect() 함수를 이용하여 트랜잭션 객체를 확인할 수 있다.

arules 패키지에서 제공하는 apriori() 함수를 이용하여 트랜잭션 객체를 대상으로 규칙을 발견할 수 있다. apriori() 함수의 형식은 다음과 같다.

형식 apriori(트랜잭션 data, parameter = list(supp, conf))

```
> # 단계 4: 규칙(rule) 발견 1
> rule <- apriori(tran, parameter = list(supp = 0.3, conf = 0.1))   # 16 rules
Apriori

Parameter specification:
confidence minval smax arem   aval  originalSupport maxtime support minlen maxlen
        0.1    0.1    1 none FALSE           TRUE       5     0.3      1     10
target   ext
 rules FALSE
           … 중간 생략 …
> inspect(rule)   # 규칙 보기
   lhs              rhs    support confidence   lift count
[1]  {}           => {과일} 0.3333333  0.3333333 1.000    2
[2]  {}           => {맥주} 0.3333333  0.3333333 1.000    2
                     …중간 생략…
[15] {고기,우유} => {라면} 0.3333333  0.6666667 1.000    2
[16] {라면,우유} => {고기} 0.3333333  0.6666667 1.000    2
>
```

해설 지지도가 0.30이고 신뢰도가 0.1인 경우에는 16개의 규칙(rule)이 발견된다. 지지도와 신뢰도가 높을수록 발견되는 규칙(rule)은 적어진다.

```
> # 단계 5: 규칙(rule) 발견 2
> rule <- apriori(tran, parameter = list(supp = 0.1, conf = 0.1))   # 35 rules
Apriori

Parameter specification:
 confidence minval smax arem  aval   originalSupport maxtime support minlen maxlen target
      0.1      0.1    1   none FALSE           TRUE       5     0.1     1     10   rules
  ext
 FALSE
            …중간 생략…
> inspect(rule)   # 규칙 보기
   lhs              rhs    support confidence   lift count
[1]  {}           => {과일} 0.3333333  0.3333333 1.000    2
[2]  {}           => {맥주} 0.3333333  0.3333333 1.000    2
                     …중간 생략…
[12] {맥주}       => {고기} 0.1666667  0.5000000 0.750    1
                     …중간 생략…
[30] {라면,맥주} => {우유} 0.1666667  1.0000000 1.200    1
[31] {맥주,우유} => {라면} 0.1666667  0.5000000 0.750    1
[32] {라면,우유} => {맥주} 0.1666667  0.3333333 1.000    1
[34] {고기,우유} => {라면} 0.3333333  0.6666667 1.000    2
[35] {라면,우유} => {고기} 0.3333333  0.6666667 1.000    2
>
```

해설 지지도가 0.1이고 신뢰도가 0.1인 경우에는 35개의 규칙(rule)이 발견된다.

연관규칙의 결과와 [표 16.2]에서 표현한 연관규칙의 평가척도 결과와 비교하여 살펴보면 '맥주→고기' 조합의 거래는 연관규칙 결과에서 12번째 행([12] {맥주} =) {고기} 0.1666667 0.5000000 0.750)에서 확인할 수 있고, '라면, 맥주→우유' 조합의 거래는 연관규칙 결과에서 30번째 행([30] {라면, 맥주} =) {우유} 0.1666667 1.0000000 1.200)에서 확인할 수 있다.

맥주와 고기의 조합은 다른 거래에 비해서 거래 수가 비교적 적다. 즉 지지율이 낮다는 의미는 해당 조합의 거래 수가 적다는 의미이다. 맥주와 우유 0.33, 고기와 라면 0.5의 지지율에 비해서 훨씬 약한 조합이다. 또한, 향상도가 0.75라는 것은 맥주와 고기가 서로 음의 상관관계라고 할 수 있다. 이를 통해서 맥주를 구매한 사람은 대체로 고기를 사지 않는다는 사실을 알게 되었다. 따라서 맥주와 고기는 구매의 관련성이 떨어지기 때문에 두 상품은 근거리에 두지 않아도 된다. 한편 {라면, 맥주} =) {우유} 조합은 향상도(1.2)가 1 이상으로 나타났기 때문에 두 상품 간의 상관성이 높다고 볼 수 있다.

2.2 트랜잭션 객체 생성

연관분석을 위해서 거래 데이터를 대상으로 트랜잭션 객체를 생성하기 위해서는 arules 패키지에서 제공되는 read.transaction() 함수를 이용하며, 함수의 형식은 다음과 같다.

> **형식**
> ```
> read.transactions(file, format = c("basket", "single"),
>                   sep = NULL, cols = NULL,
>                   rm.duplicates = FALSE,
>                   encoding = "unknown")
> ```

read.transactions() 함수의 주요 속성은 다음과 같다.

- **file**: 트랜잭션 객체를 생성할 대상의 데이터 파일명
- **format**: 트랜잭션 데이터 셋의 형식 지정(basket 또는 single)
  - ✔ **single**: 트랜잭션 구분자(Transaction ID)에 의해서 상품(item)이 대응된 경우
  - ✔ **basket**: 여러 개의 상품(item)으로 구성된 경우(transaction ID 없이 여러 상품으로만 구성된 경우)
- **sep**: 각 상품(item)을 구분하는 구분자 지정
- **cols**: single인 경우 읽을 칼럼 수 지정(basket은 생략)
- **rm.duplicates**: 중복 트랜잭션 상품(item) 제거
- **encoding**: 데이터 셋의 인코딩 방식 지정

> **⊙실습** single 트랜잭션 객체 생성
> ```
> > setwd("C:/Rwork/Part-IV")
> > stran <- read.transactions("demo_single", format = "single", cols = c(1, 2))
> > inspect(stran)          # transactionID에 의해서 item이 대응되어 있음
>     items           transactionID
> [1] {item1}         trans1
> [2] {item1, item2}  trans2
> >
> ```

> **해설** 한 개의 트랜잭션 구분자에 의해서 상품(item)이 연결된 경우 format = "single" 속성을 지정하고, sep 속성을 생략하면 item은 공백으로 구분되어 처리되며, "single" 속성을 지정하면 cols 속성으로 처리할 칼럼을 지정한다.

┌─ 🔽 **실습** 중복 트랜잭션 제거

상품이 컴마(,)로 구분되어 있으며, 중복된 트랜잭션이 존재하는 경우 해당 트랜잭션을 제거하기 위해서는 rm.duplicates = T 속성을 지정하면 된다.

```
> # 단계 1: 트랜잭션 데이터 가져오기
> setwd("C:/Rwork/Part-IV")
> stran2 <- read.transactions("single_format.csv", format = "single",
+                             sep = ",", cols = c(1, 2), rm.duplicates = T)
>
> # 단계 2: 트랜잭션과 상품수 확인
> stran2
 transactions in sparse format with
 248 transactions (rows) and
 68 items (columns)
>
```

```
> # 단계 3: 요약통계량 제공
> summary(stran2)    # 트랜잭션에 대한 기술통계 제공
transactions as itemMatrix in sparse format with
 248 rows (elements/itemsets/transactions) and
 68 columns (items) and a density of 0.06949715
          … 중간 생략 …
element (itemset/transaction) length distribution:
sizes
  1   2   3   4    5   6   7   8
 12  25  16  20  119  12  37   7
          … 중간 생략 …
>
```

┕ **해설** 트랜잭션이 몇 개의 item으로 구성되어 있는지를 요약통계량으로 제공한다. 결과에서 sizes의 첫 줄은 item 수이고, 두 번째 줄은 transaction 수이다. 예를 들면 item 수가 1개로 구성된 transaction 수가 12개라는 의미이다. 여기에 관한 확인은 다음 트랜잭션 보기를 통해서 확인할 수 있다.

┌─ 🔽 **실습** 규칙 발견(생성)

arules 패키지에서 제공되는 apriori() 함수는 연관규칙의 평가척도를 이용하여 규칙을 생성한다.

```
> # 단계 1: 규칙 생성하기
> astran2 <- apriori(stran2)    # supp = 0.1, conf = 0.8와 동일함
Apriori

Parameter specification:
 confidence minval smax arem   aval  originalSupport maxtime support minlen maxlen
        0.8    0.1    1 none FALSE            TRUE        5     0.1      1     10
 target    ext
  rules  FALSE
          … 중간 생략 …
>
```

```
> # 단계 2: 발견된 규칙 보기
> inspect(astran2)
      lhs                    rhs          support   confidence  lift       count
[1]   {10003349}      => {10003364} 0.1088710  0.8181818  1.108793  27
[2]   {10003349}      => {10001519} 0.1088710  0.8181818  1.090909  27
              … 중간 생략 …
[102] {10001519,
      10003332,
      10003364,
      10093119}      => {10003375} 0.1048387  1.0000000  4.509091  26
>
```

> 해설 stats 패키지에서 제공되는 inspect( ) 함수는 트랜잭션을 확인하거나 발견된 규칙을 확인할 때도 사용된디.

```
> # 단계 3: 상위 5개의 향상도를 내림차순으로 정렬하여 출력
> inspect(head(sort(astran2, by = "lift")))
  lhs                                                  rhs          support   confidence  lift       count
[1] {10003332,10003373}                       => {10003374} 0.1330645  0.9705882  4.912365  33
[2] {10003332,10003364,10003373}              => {10003374} 0.1330645  0.9705882  4.912365  33
[3] {10001519,10003332,10003373}              => {10003374} 0.1330645  0.9705882  4.912365  33
[4] {10001519,10003332,10003364,10003373} => {10003374} 0.1330645  0.9705882  4.912365  33
[5] {10003332,10093119}                       => {10003375} 0.1048387  1.0000000  4.509091  26
[6] {10003332,10003364,10093119}              => {10003375} 0.1048387  1.0000000  4.509091  26
>
```

> 해설 arules 패키지에서 제공되는 apriori( ) 함수는 연관규칙의 평가척도를 이용하여 규칙을 생성한다. parameter 속성을 생략하면 기본값으로 supp = 0.1, conf = 0.8과 같은 수준으로 규칙을 생성한다. 이렇게 생성된 규칙은 inspect( ) 함수를 이용하여 확인할 수 있다.

⊙실습 basket 형식으로 트랜잭션 객체 생성

```
> setwd("C:/Rwork/Part-IV")
> btran <- read.transactions("demo_basket", format = "basket", sep = ",")
> inspect(btran)          # 트랜잭션 데이터 보기
    items
[1] {item1, item2}
[2] {item1}
[3] {item2, item3}
>
```

> 해설 트랜잭션 구분자(transaction ID)없이 상품으로만 구성된 데이터 셋을 대상으로 트랜잭션 객체를 생성할 경우 format = "basket" 속성을 지정한다.

2.3 연관규칙 시각화

arules 패키지에서 제공되는 내장 데이터(Adult)를 대상으로 연관규칙을 생성하고 유사한 연관규칙끼리 네트워크 형태로 시각화한다.

┌─ **⊕실습** Adult 데이터 셋 가져오기

```
> data(Adult)     # arules에서 제공되는 내장 데이터 로딩
> str(Adult)       # Formal class 'transactions', 48842
Formal class 'transactions' [package "arules"] with 3 slots
  ..@ data     :Formal class 'ngCMatrix' [package "Matrix"] with 5 slots
  .. .. ..@ i     : int [1:612200] 1 10 25 32 35 50 59 61 63 65 ...
  .. .. ..@ p     : int [1:48843] 0 13 26 39 52 65 78 91 104 117 ...
  .. .. ..@ Dim  : int [1:2] 115 48842
        … 중간 생략 …
  ..@ itemsetInfo:'data.frame': 48842 obs. of  1 variable:
  .. ..$ transactionID: chr [1:48842] "1" "2" "3" "4" ...
> Adult
transactions in sparse format with
 48842 transactions (rows) and
 115 items (columns)
>
```

┌─ **⊕ 더 알아보기** Adult 데이터 셋에 관한 설명

arules 패키지에서 제공되는 Adult 데이터 셋은 성인을 대상으로 인구 소득에 관한 설문 조사 데이터를 포함하고 있는 AdultUCI 데이터 셋을 트랜잭션 객체로 변환하여 준비된 데이터 셋이다. AdultUCI 데이터 셋은 전체 48,842개의 관측치와 15개 변수로 구성된 데이터프레임이다.

Adult 데이터 셋은 종속변수(Class)에 의해서 연간 개인 수입이 5만 달러 이상인지를 예측하는 데이터 셋으로 transactions 데이터로 읽어 온 경우 48,842개의 transaction과 115개의 item으로 구성된다.

┌─ **⊕실습** AdultUCI 데이터 셋 보기

```
> data("AdultUCI")
> str(AdultUCI)
'data.frame': 48842 obs. of  15 variables:
 $ age          : int  39 50 38 53 28 37 49 52 31 42 ...
 $ workclass    : Factor w/ 8 levels "Federal-gov"...: 7 6 4 4 4 4 4 6 4 4 ...
 $ fnlwgt       : int  77516 83311 215646 234721 338409 284582 160187 209642 45781 159449 ...
                        … 중간 생략 …
 $ native-country: Factor w/ 41 levels "Cambodia","Canada",..: 39 39 39 39 5 39 23 39 39 39 ...
 $ income       : Ord.factor w/ 2 levels "small"<"large": 1 1 1 1 1 1 1 2 2 2 ...
>
```

└─ **해설** Adult 데이터 셋의 원본인 AdultUCI 데이터 셋의 자료구조와 칼럼명을 확인하면 Adult 데이터 셋의 변수와 범위를 이해하는 데 도움이 된다.

┌─ ◉ **실습** Adult 데이터 셋의 요약통계량 보기

```
> # 단계 1: data.frame 형식으로 보기
> adult <- as(Adult, "data.frame")    # data.frame형식으로 변경
> str(adult)                          # 'data.frame': 48842 obs. of  2 variables:
'data.frame': 48842 obs. of  2 variables:
 $ items        : chr  "{age=Middle-aged,workclass=State-gov,education=Bachelors,marital-
status=Never-married,occupation=Adm-clerical,r"| __truncated__ truncated__
                         … 중간 생략 …
 $ transactionID: chr  "1" "2" "3" "4" …
> head(adult)                         # 칼럼 내용 보기
                             items
1    {age=Middle-aged,workclass=State-gov,education=Bachelors,marital-status=Never-
married,occupation=Adm-clerical,relationship=Not-in-family,race=White,sex=Male,capital-
gain=Low,capital-loss=None,hours-per-week=Full-time,native-country=United-
States,income=small}
                         … 중간 생략 …
6    {age=Middle-aged,workclass=Private,education=Masters,marital-status=Married-civ-
spouse,occupation=Exec-managerial,relationship=Wife,race=White,sex=Female,capital-
gain=None,capital-loss=None,hours-per-week=Full-time,native-country=United-
States,income=small}
  transactionID
1             1
2             2
 … 중간 생략 …
6             6
>
```

```
> # 단계 2: 요약통계량
> summary(Adult)
transactions as itemMatrix in sparse format with
 48842 rows (elements/itemsets/transactions) and
 115 columns (items) and a density of 0.1089939

most frequent items:
     capital-loss=None         capital-gain=None      native-country=United-States
                 46560                     44807                             43832
             race=White          workclass=Private                           (Other)
                 41762                     33906                            401333
                         … 중간 생략 …
includes extended transaction information - examples:
  transactionID
1             1
2             2
3             3
>
```

└─ **해설** Adult 데이터 셋의 요약통계량을 통해서 아이템에 해당하는 트랜잭션 개수를 확인할 수 있다.

┌─ **⊙실습** 지지도 10%와 신뢰도 80%가 적용된 연관규칙 발견

```
> ar <- apriori(Adult, parameter = list(supp = 0.1, conf = 0.8))
Apriori

Parameter specification:
 confidence minval smax arem    aval   originalSupport maxtime support minlen maxlen
       0.8    0.1     1 none FALSE               TRUE       5     0.1      1     10
  target      ext
   rules    FALSE
                              … 중간 생략 …
writing … [6137 rule(s)] done [0.01s].
creating S4 object  … done [0.02s].
>
```

└─ **해설** apriori() 함수는 알고리즘을 적용하여 연관규칙을 발견하는 함수이다. 신뢰도 80%, 지지도 10%를 적용하여 연관규칙을 생성하면 6,137개의 규칙이 발견된다.

┌─ **⊙실습** 다양한 신뢰도와 지지도를 적용한 예

```
> # 단계 1: 지지도를 20%로 높인 경우 1,306개 규칙 발견
> ar1 <- apriori(Adult, parameter = list(supp = 0.2))
          …중간 생략…
writing … [1306 rule(s)] done [0.00s].
creating S4 object  … done [0.01s].
> # [1306 rule(s)]        # 발생확률 높임 -> 발견된 규칙 수가 줄어든다.
>
> # 단계 2: 지지도 20%, 신뢰도 95%로 높인 경우 348개 규칙 발견
> ar2 <- apriori(Adult, parameter = list(supp = 0.2, conf = 0.95))
          …중간 생략…
writing … [348 rule(s)] done [0.00s].
creating S4 object  … done [0.01s].
> # [348 rule(s)]         # 발생확률 높임 -> 발견된 규칙 수가 줄어든다.
>
> # 단계 3: 지지도 30%, 신뢰도 95%로 높인 경우 124개 규칙 발견
> ar3 <- apriori(Adult, parameter = list(supp = 0.3, conf = 0.95))
          …중간 생략…
writing … [124 rule(s)] done [0.00s].
creating S4 object  … done [0.01s].
> # [124 rule(s)]         # 발생확률 높임 -> 발견된 규칙 수가 줄어든다.
>
> # 단계 4: 지지도 35%, 신뢰도 95%로 높인 경우 67개 규칙 발견
> ar4 <- apriori(Adult, parameter = list(supp = 0.35, conf = 0.95))
          …중간 생략…
writing … [67 rule(s)] done [0.00s].
creating S4 object  … done [0.00s].
> # [67 rule(s)]          # 발생확률 높임 -> 발견된 규칙 수가 줄어든다.
>
```

```
> # 단계 5: 지지도 40%, 신뢰도 95% 높인 경우 36개 규칙 발견
> ar5 <- apriori(Adult, parameter = list(supp = 0.4, conf = 0.95))
        …중간 생략…
writing … [36 rule(s)] done [0.00s].
creating S4 object  … done [0.00s].
> # [36 rule(s)] # 발생확률 높임 -> 발견된 규칙 수가 줄어든다.
>
```

해설 지지도와 신뢰도에 따라서 생성되는 규칙의 수가 달라지는 것을 확인할 수 있다.

⊙실습 규칙 결과 보기

```
> # 단계 1: 상위 6개 규칙 보기
> inspect(head(ar5))   # head( )와 inspect( ) 함수 이용
    lhs                         rhs                                   support    confidence
[1] {}                      => {capital-loss=None}                    0.9532779  0.9532779
[2] {relationship=Husband} => {marital-status=Married-civ-spouse}    0.4034233  0.9993914
[3] {relationship=Husband} => {sex=Male}                             0.4036485  0.9999493
[4] {age=Middle-aged}      => {capital-loss=None}                     0.4800786  0.9504276
[5] {income=small}         => {capital-gain=None}                     0.4849310  0.9581311
[6] {income=small}         => {capital-loss=None}                     0.4908480  0.9698220
    lift       count
[1] 1.000000  46560
[2] 2.181164  19704
[3] 1.495851  19715
[4] 0.997010  23448
[5] 1.044414  23685
[6] 1.017355  23974
>
```

```
> # 단계 2: confidence(신뢰도) 기준 내림차순 정렬 상위 6개 출력
> inspect(head(sort(ar5, decreasing = T, by = "confidence")))
    lhs                              rhs                  support    confidence lift      count
[1] {relationship=Husband}  => {sex=Male}                0.4036485  0.9999493  1.495851  19715
[2] {marital-status=Married-civ-spouse,
     relationship=Husband}  => {sex=Male}                0.4034028  0.9999492  1.495851  19703
[3] {relationship=Husband}  =>
         {marital-status=Married-civ-spouse} 0.4034233  0.9993914  2.181164  19704
                        … 중간 생략 …
[6] {income=small}          => {capital-loss=None} 0.4908480  0.9698220  1.017355  23974
>
```

```
> # 단계 3: lift(향상도) 기준 내림차순 정렬 상위 6개 출력
> inspect(head(sort(ar5, by = "lift")))
    lhs                         rhs                  support    confidence lift      count
[1] {marital-status=Married-civ-spouse,
     sex=Male}               =>
         {relationship=Husband}       0.4034028  0.9901503  2.452877  19703
```

```
[2] {relationship=Husband} =>
        {marital-status=Married-civ-spouse}    0.4034233  0.9993914   2.181164  19704
[3] {relationship=Husband,
    sex=Male}                =>
        {marital-status=Married-civ-spouse}    0.4034028  0.9993913   2.181164  19703
[4] {relationship=Husband} => {sex=Male}       0.4036485  0.9999493   1.495851  19715
[5] {marital-status=Married-civ-spouse,
    relationship=Husband}  => {sex=Male}        0.4034028  0.9999492   1.495851  19703
[6] {income=small}           => {capital-gain=None}  0.4849310  0.9581311   1.044414  23685
>
```

해설 연관규칙 결과는 신뢰도 또는 향상도를 기준으로 내림차순 정렬하여 확인할 수 있다.

⊙ 실습 연관규칙 시각화

```
> # 단계 1: 패키지 설치
> install.packages("arulesViz")
Installing package into 'C:/Users/master/Documents/R/win-library/4.0'
(as 'lib' is unspecified)
         …중간 생략…
> library(arulesViz)      # 패키지 로딩
필요한 패키지를 로딩중입니다: grid
>

> # 단계 2: 연관규칙 시각화
> # control 속성 생략 가능
> plot(ar3, method = "graph", control = list(type = "items"))
경고: Unknown control parameters: type
Available control parameters (with default values):
main =  Graph for 100 rules
nodeColors= c("#66CC6680", "#9999CC80")
nodeCol = c("#EE0000FF", "#EE0303FF", "#EE0606FF", "#EE0909FF", "#EE0C0CFF",
                          … 중간 생략 …
edgeCol =  c("#474747FF", "#494949FF", "#4B4B4BFF", "#4D4D4DFF", "#4F4F4FFF", "#515151FF",
                          … 중간 생략 …
alpha =  0.5
cex =  1
itemLabels =  TRUE
labelCol =  #000000B3
measureLabels =  FALSE
                          … 중간 생략 …
plot =  TRUE
plot_options =  list()
max =  100
verbose =  FALSE
경고메시지(들):
plot: Too many rules supplied. Only plotting the best 100 rules using 'support' (change control
parameter max if needed)
>
```

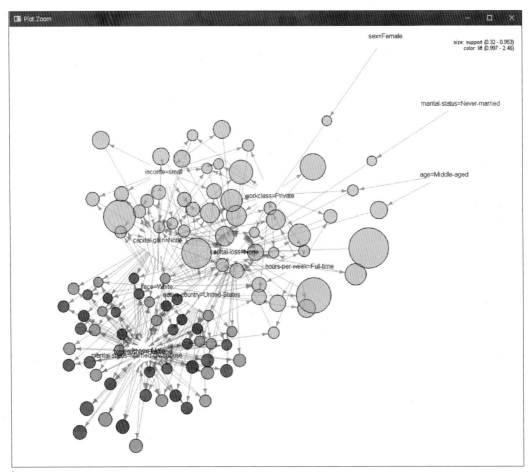

> **해설** 지지도 30%와 신뢰도 95%(supp = 0.3, conf = 0.95)에 의해서 생성된 124개의 연관규칙을 시각화하면 '지나치게 규칙이 많아서 가장 최적의 규칙 100개만 지원한다'는 경고메시지와 함께 100개의 규칙만 그래프에 적용된다. 시각화 결과는 5만 달러 이상의 연봉 수령자와 관련된 연관어는 주당 근무시간(hours-per-week), 형태는 정규직(Full-time), 인종(race)은 백인, 국가(native-country)는 미국, 자본 손실(capital-loss)은 없음(None), 직업(workclass)은 자영업(private), 나이(age)는 중년, 교육수준 (Education)은 고졸(HS-grad), 결혼 여부는 기혼(Married-civ-spouse) 등으로 나타났다.

🔽 실습 Groceries 데이터 셋으로 연관분석하기

Groceries 데이터 셋은 arules 패키지에서 제공되는 데이터 셋이다.

```
> # 단계 1: Groceries 데이터 셋 가져오기
> data("Groceries")     # 식료품점 데이터 로딩
> str(Groceries)
Formal class 'transactions' [package "arules"] with 3 slots
  ..@ data     :Formal class 'ngCMatrix' [package "Matrix"] with 5 slots
  .. .. ..@ i    : int [1:43367] 13 60 69 78 14 29 98 24 15 29 ...
  .. .. ..@ p    : int [1:9836] 0 4 7 8 12 16 21 22 27 28 ...
  .. .. ..@ Dim    : int [1:2] 169 9835
  .. .. ..@ Dimnames:List of 2
  .. .. .. ..$ : NULL
```

```
.. .. .. ..$ : NULL
.. .. ..@ factors : list( )
..@ itemInfo   :'data.frame': 169 obs. of  3 variables:
.. ..$ labels: chr [1:169] "frankfurter" "sausage" "liver loaf" "ham" ...
.. ..$ level2: Factor w/ 55 levels "baby food","bags",..: 44 44 44 44 44 44 44 42 42 41 ...
.. ..$ level1: Factor w/ 10 levels "canned food",..: 6 6 6 6 6 6 6 6 6 6 ...
..@ itemsetInfo:'data.frame': 0 obs. of  0 variables
> Groceries
transactions in sparse format with
 9835 transactions (rows) and
 169 items (columns)
>
```

➕ 더 알아보기   Groceries 데이터 셋

arules 패키지에서 제공되는 Groceries 데이터 셋은 1개월 동안 실제 지역 식료품매장에서 판매되는 트랜잭션 데이터를 포함하고 있다. 전체 9,835개의 트랜잭션(transaction)과 항목(item) 169 범주를 포함하고 있다.

```
> # 단계 2: data.frame으로 형 변환
> Groceries.df <- as(Groceries, "data.frame")
> head(Groceries.df)
                                                                         items
1                 {citrus fruit,semi-finished bread,margarine,ready soups}
2                                            {tropical fruit,yogurt,coffee}
3                                                              {whole milk}
4                      {pip fruit,yogurt,cream cheese ,meat spreads}
5 {other vegetables,whole milk,condensed milk,long life bakery product}
6                      {whole milk,butter,yogurt,rice,abrasive cleaner}
>
```

```
> # 단계 3: 지지도 0.001, 신뢰도 0.8 적용 규칙 발견
> rules <- apriori(Groceries, parameter = list(supp = 0.001, conf = 0.8))
Apriori

Parameter specification:
 confidence minval smax arem   aval  originalSupport maxtime support minlen maxlen
        0.8    0.1    1 none FALSE             TRUE       5   0.001      1     10
 target    ext
  rules  FALSE

Algorithmic control:
 filter tree heap memopt load sort verbose
   0.1 TRUE TRUE  FALSE TRUE   2   TRUE

Absolute minimum support count: 9

set item appearances ...[0 item(s)] done [0.00s].
set transactions ...[169 item(s), 9835 transaction(s)] done [0.00s].
```

```
sorting and recoding items ... [157 item(s)] done [0.00s].
creating transaction tree ... done [0.00s].
checking subsets of size 1 2 3 4 5 6 done [0.02s].
writing ... [410 rule(s)] done [0.00s].
creating S4 object  ... done [0.00s].
>
```

```
> # 단계 4: 규칙을 구성하는 왼쪽(LHS) -> 오른쪽(RHS)의 item 빈도수 보기
> plot(rules, method = "grouped")
>
```

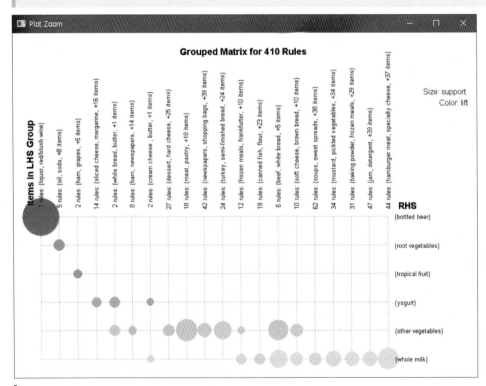

해설 하나의 규칙은 A 상품 -> B 상품 형태로 표현되는 데, 왼쪽에 있는 A 상품은 LHS 표현되며, 오른쪽에 있는 B 상품은 RHS로 표현된다. 이러한 관계를 시각화한 결과 B 상품의 빈도수가 가장 높은 것은 whole milk(전지유: 지방을 제거하지 않은 우유)로 나타나고, 다음은 other vegetables로 나타났다.

실습 최대 길이가 3 이하인 규칙 생성

```
> rules <- apriori(Groceries,
+                 parameter = list(supp = 0.001, conf = 0.80, maxlen = 3))
Apriori

Parameter specification:
 confidence minval smax arem   aval  originalSupport maxtime support minlen maxlen
        0.8    0.1    1 none FALSE             TRUE       5   0.001      1      3
```

```
    target      ext
    rules    FALSE
                ··· 중간 생략 ···
writing ... [29 rule(s)] done [0.00s].
creating S4 object  ... done [0.00s].
경고메시지(들):
In apriori(Groceries, parameter = list(supp = 0.001, conf = 0.8,  :
  Mining stopped (maxlen reached). Only patterns up to a length of 3 returned!
>
```

해설 규칙을 구성하는 LHS와 RHS 길이를 합쳐서 3 이하의 길이를 갖는 규칙만 생성하면 규칙의 수가 29개로 현저하게 줄어든다. 경고메시지는 규칙의 아이템 길이가 3개 이하인 규칙만 반환하고 멈췄다는 의미이다.

⬇실습 Confidence(신뢰도) 기준 내림차순으로 규칙 정렬

```
> rules <- sort(rules, decreasing = T, by = "confidence")
> inspect(rules)
      lhs                             rhs                   support        confidence
[1] {rice,sugar}                   => {whole milk}          0.001220132    1.0000000
[2] {canned fish,hygiene articles} => {whole milk}          0.001118454    1.0000000
              ··· 중간 생략 ···
[29] {onions,waffles}             => {other vegetables} 0.001220132  0.8000000
     lift        count
[1]  3.913649    12
[2]  3.913649    11
              ··· 중간 생략 ···
[29] 4.134524    12
>
```

해설 신뢰도가 높은 것을 우선순위로 출력하는 예문이다.

⬇실습 발견된 규칙 시각화

```
> library(arulesViz)      # 연관규칙 시각화를 위한 패키지 로딩
> plot(rules, method = "graph")
Available control parameters (with default values):
main =  Graph for 29 rules
nodeColors =  c("#66CC6680", "#9999CC80")
nodeCol
 = c("#EE0000FF", "#EE0303FF", "#EE0606FF", "#EE0909FF", "#EE0C0CFF", "#EE0F0FFF",
"#EE1212FF", "#EE1515FF", "#EE1818FF",
              ··· 중간 생략 ···
"#E2E2E2FF", "#E2E2E2FF", "#E2E2E2FF")
alpha =  0.5
cex =  1
itemLabels =  TRUE
alpha =  0.5
```

```
cex = 1
itemLabels = TRUE
labelCol = #000000B3
measureLabels = FALSE
precision = 3
layout = NULL
layoutParams = list( )
arrowSize = 0.5
engine = igraph
plot = TRUE
plot_options = list( )
max = 100
verbose = FALSE
>
```

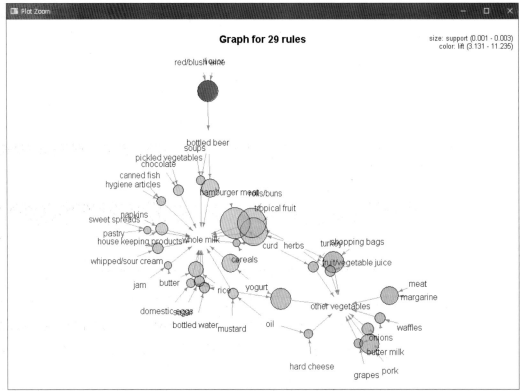

해설 Groceries 데이터 셋을 대상으로 지지도 1%와 신뢰도 80%를 적용하고, 규칙의 항목 수를 3 이하로 지정하여 규칙을 생성한 결과 29개의 규칙이 생성되었으며, 이를 시각화한 결과 whole milk(전지유)와 other vegetables 단어를 중심으로 연관어가 형성되어 있는 것을 확인할 수 있다.

⊙실습 특정 상품(item)으로 서브 셋 작성과 시각화

```
> # 단계 1: 오른쪽 item이 전지분유(whole milk)인 규칙만 서브 셋으로 작성
> wmilk <- subset(rules, rhs %in% 'whole milk') # lhs : 왼쪽 item
> wmilk                                          # set of 18 rules
set of 18 rules
>
> inspect(wmilk)                                 # 규칙 확인
     lhs                              rhs            support      confidence   lift
[1]  {rice,sugar}                  => {whole milk}  0.001220132  1.0000000    3.913649
[2]  {canned fish,hygiene articles} => {whole milk} 0.001118454  1.0000000    3.913649
           ··· 중간 생략 ···
[18] {herbs,rolls/buns}           => {whole milk}  0.002440264  0.8000000    3.130919
     count
[1]  12
[2]  11
           ··· 중간 생략 ···
[18] 24
> plot(wmilk, method = "graph")                  # 연관 네트워크 그래프
>
```

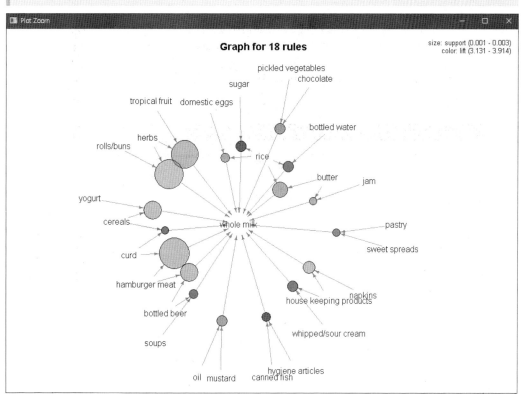

```
> # 단계 2: 오른쪽 item이 other vegetables인 규칙만 서브 셋으로 작성
> oveg <- subset(rules, rhs %in% 'other vegetables')  # lhs : 왼쪽 item
> oveg                                                # set of 10 rules
set of 10 rules
>
> inspect(oveg)                                       # 규칙 확인
      lhs                    rhs                 support     confidence  lift      count
[1]  {grapes,onions}     => {other vegetables}  0.001118454 0.9166667   4.737476  11
[2]  {hard cheese,oil}   => {other vegetables}  0.001118454 0.9166667   4.737476  11
            … 중간 생략 …
[10] {onions,waffles}    => {other vegetables}  0.001220132 0.8000000   4.134524  12
>
> plot(oveg, method = "graph")                        # 연관 네트워크 그래프
>
```

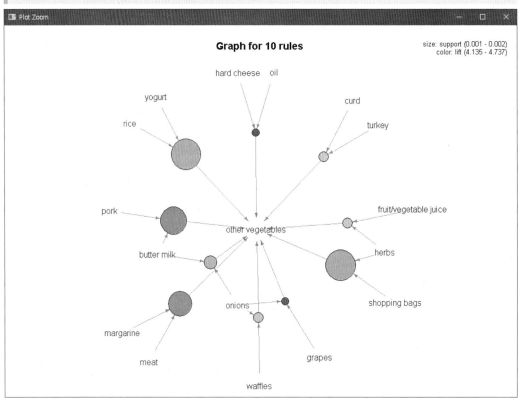

Graph for 10 rules

size: support (0.001 - 0.002)
color: lift (4.135 - 4.737)

```
> # 단계 3: 오른쪽 item이 vegetables 단어가 포함된 규칙만 서브 셋으로 작성
> oveg <- subset(rules, rhs %in% 'vegetables')        # lhs : 왼쪽 item
> oveg                                                # set of 10 rules
set of 10 rules
>
> inspect(oveg)                                       # 규칙 확인
      lhs                    rhs                 support     confidence  lift      count
[1]  {grapes,onions}     => {other vegetables}  0.001118454 0.9166667   4.737476  11
```

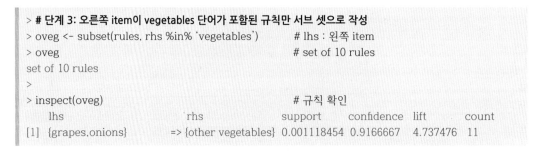

```
[2]  {hard cheese,oil}       => {other vegetables} 0.001118454 0.9166667   4.737476  11
       … 중간 생략 …
[10] {onions,waffles}        => {other vegetables} 0.001220132 0.8000000   4.134524  12
>
> plot(oveg, method = "graph")                    # 연관 네트워크 그래프
>
```

```
> # 단계 4: 왼쪽 item이 butter 또는 yogurt인 규칙만 서브 셋으로 작성
> butter_yogurt <- subset(rules, lhs %in% c('butter','yogurt')) # lhs : 왼쪽 item
> butter_yogurt                  # set of 4  rules
set of 4 rules
> inspect(butter_yogurt)          # 규칙 확인
    lhs                rhs               support     confidence lift      count
[1] {butter,jam}    => {whole milk}      0.001016777 0.8333333  3.261374  10
[2] {butter,rice}   => {whole milk}      0.001525165 0.8333333  3.261374  15
[3] {yogurt,rice}   => {other vegetables} 0.001931876 0.8260870 4.269346  19
[4] {yogurt,cereals} => {whole milk}      0.001728521 0.8095238 3.168192  17
> plot(butter_yogurt, method = "graph")  # 연관 네트워크 그래프
>
```

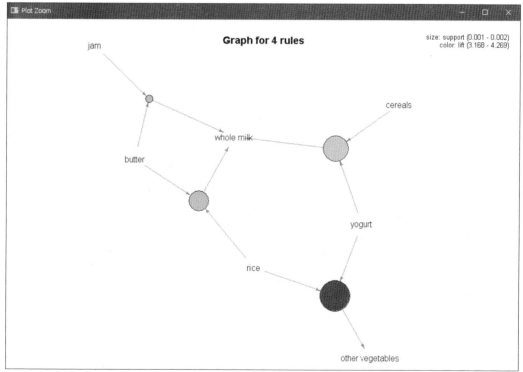

해설 연관 네트워크 그래프에서 타원의 크기는 지지도(조합), 색상은 향상도(관련성), 화살표는 상품(item) 간의 관계를 나타낸다. 따라서 yogurt, rice 상품과 other vegetables 상품과의 연관 관계를 보면 지지도와 향상도가 다른 상품에 비해서 가장 높은 것으로 나타난다. 또한, yogurt, cereals와 whole milk 상품은 비교적 지지도와 향상도가 높고, butter, jam과 whole milk 상품은 비교적 조합이 적다고 볼 수 있다.

1. iris 데이터 셋의 1~4번째 변수를 대상으로 유클리드 거리 매트릭스를 구하여 idist에 저장한 후 계층적 클러스터링을 적용하여 결과를 시각화하시오.

> [단계 1] 유클리드 거리 계산
> [단계 2] 계층형 군집 분석(클러스터링)
> [단계 3] 분류결과를 대상으로 음수값을 제거하여 덴드로그램 시각화
> [단계 4] 그룹 수를 4개로 지정하고 그룹별로 테두리 표시

2. 다음과 같은 조건을 이용하여 단계별로 비계층적 군집 분석을 수행하시오.
   작업 파일 경로: "C:/Rwork/Part-IV/product_sales.csv"

> [단계 1] 비계층적 군집 분석: 3개 군집으로 군집화
> [단계 2] 원형데이터에 군집 수 추가
> [단계 3] tot_price 변수와 가장 상관계수가 높은 변수와 군집 분석 시각화
> [단계 4] 군집의 중심점 표시

3. "tranExam.csv" 파일을 대상으로 중복된 트랜잭션 없이 1~2컬럼만 single 형식으로 트랜잭션 객체를 생성하시오.
   작업 파일 경로: "C:/Rwork/Part-IV/tranExam.csv"

> [단계 1] 트랜잭션 객체 생성 및 확인
> [단계 2] 각 item별로 빈도수 확인
> [단계 3] 파라미터(supp = 0.3, conf = 0.1)를 이용하여 규칙(rule) 생성
> [단계 4] 연관규칙 결과보기

4. Adult 데이터 셋을 대상으로 다음 조건에 맞게 연관분석을 수행하시오

> 조건 1| 최소 support = 0.5, 최소 confidence = 0.9를 지정하여 연관규칙을 생성한다.
> 조건 2| 수행한 결과를 lift 기준으로 정렬하여 상위 10개 규칙을 기록한다.
> 조건 3| 연관분석 결과를 LHS와 RHS의 빈도수로 시각화한다.
> 조건 4| 연관분석 결과를 연관어의 네트워크 형태로 시각화한다.
> 조건 5| 연관어 중심 단어를 해설한다.

시계열분석

## Chapter 17

학습 내용

시계열 자료는 시간의 변화에 따라 관측치 또는 통계량의 변화를 기록해 놓은 자료를 의미하는데, 이러한 자료의 특징은 이전에 기록된 자료에 의존적이다. 따라서 시계열 자료를 대상으로 분석을 수행하기 위해서는 기존에 관측된 자료들을 분석하여 시계열 모형을 추정하고, 이 모형을 통해서 미래의 관측치 또는 통계량을 예측하게 된다.

시계열분석은 현재의 현상 이해를 기초로 미래를 예측하는 분석 방법으로 경기예측, 판매예측, 주식시장분석, 예산 및 투자 분석 등의 분야에서 활용된다.

학습 목표

• 시계열 자료를 대상으로 추세선과 자기 상관 함수 그래프를 그려서 변동요인을 설명할 수 있다.

• 시계열 자료를 분해하여 시계열 자료에서 계절요인과 추세 요인를 제거하여 불규칙요인만 나타낼 수 있다.

• 시계열 자료형으로 객체를 생성하여 최적의 ARIMA 모형을 만들고, 이를 통해서 가까운 미래를 예측할 수 있다.

• 시계열 모형을 대상으로 모형 타당성을 검정할 수 있다.

Chapter 17의 구성

1. 시계열분석
2. 시계열 자료분석
3. 시계열 자료 시각화
4. 시계열분석 기법
5. ARIMA 모형 시계열 예측

1. 시계열분석

시계열분석(Time Series Analysis)은 어떤 현상에 대해서 시간의 변화량을 기록한 시계열 자료를 대상으로 미래의 변화에 대한 추세를 분석하는 방법이다. 특히 시계열 자료는 시간의 경과에 따라서 연속적으로 관측값을 기록하고 있기 때문에 이러한 특성을 이용하여 '시간 경과에 따른 관측값의 변화'를 패턴으로 인식해서 시계열 모형을 추정하고, 이 모형을 통해서 미래의 변화를 추정하는 분석 방법이다.

1.1 시계열분석의 특징

시계열분석은 회귀분석과 동일하게 설명변수와 반응변수를 토대로 유의수준에 의해서 판단하는 추론 통계방식이다.

다음은 시계열분석의 특징과 분석에 사용되는 데이터 셋의 전제조건이다.

- **y 변수 존재**: 시간 t를 설명변수(x)로 시계열 를 반응변수(y)로 사용한다.
- **미래 추정**: 과거와 현재의 현상을 파악하고 이를 통해서 미래를 추정한다.
- **계절성 자료**: 시간 축을 기준으로 계절성이 있는 자료를 데이터 셋으로 이용한다.
- **모수 검정**: 선형성, 정규성, 등분산성 가정이 만족해야 한다.
- **추론 기능**: 유의수준 판단 기준이 존재하는 추론통계 방식이다.
- **활용 분야**: 경기예측, 판매예측, 주식시장분석, 예산 및 투자 분석 등에서 활용된다.

1.2 시계열분석의 적용 범위

시계열분석은 일반적으로 회귀분석과 비유하여 설명된다. 회귀분석은 데이터의 분포나 두 데이터 간의 상관성을 토대로 분석하지만, 시계열분석은 어떤 시간의 변화에 따라 현재 시점(t)의 자료와 이전 시점(t-1)의 자료 간의 상관성을 토대로 분석한다.

따라서 기존의 예측분석과는 달리 시간을 축으로 변화하는 통계량의 현상을 파악하여 가까운 미래를 추정하는 도구로 적합하다. 반대로 먼 미래를 예측하는 도구로 사용될 경우 실패할 확률이 높다. 시간의 경과에 따라 오차가 중첩되기 때문에 분산이 증가하여 예측력이 떨어지는 것이다.

이러한 측면에서 시계열분석이 적용될 수 있는 몇 가지 사례를 살펴보면 다음과 같다.

- **기존 사실에 관한 결과 규명**: 주별, 월별, 분기별, 연도별 분석을 통해서 고객의 구매패턴을 분석한다.
- **시계열 자료 특성 규명**: 시계열에 영향을 주는 일반적인 요소(추세, 계절, 순환, 불규칙)를 분해해서 분석한다(시계열 요소 분해법).
- **가까운 미래에 대한 시나리오 규명**: 탄소배출 억제에 성공했을 때와 실패 했을 때 지구 온난화는 얼마나 심각해질 것인가를 분석한다.
- **변수와 변수의 관계 규명**: 경기선행지수와 종합주가지수의 관계를 분석한다. 일반적으로 국가 경제가 좋으면 주가가 오르고, 경제가 나빠지면 반대로 주가가 내려가는 현상을 볼 수 있다.
- **변수 제어 결과 규명**: 입력변수의 제어(조작)를 통해서 미래의 예측결과를 통제할 수 있다. 예를 들면 상품에 대한 판매예측 시스템에서 판매 촉진에 영향을 주는 변수값을 조작할 경우 판매에 어떠한 영향을 미치는지를 알아볼 수 있다.

2. 시계열 자료분석

시계열 자료를 정확하게 분석하기 위해서는 먼저 시계열 자료의 성격과 특징을 파악해야 한다. 시계열 자료는 크게 정상성 시계열과 비정상성 시계열로 구분할 수 있는데, 대부분의 시계열 자료는 비정상성 시계열 자료를 갖는다.

2.1 시계열 자료 구분

어떤 시계열 자료의 변화 패턴이 일정한 평균값을 중심으로 일정한 변동 폭을 갖는 시계열일 때 그 자료를 정상성(stationary) 시계열이라고 한다. [그림 17.1]에서 왼쪽은 시간의 추이와 관계없이 평균과 분산이 일정한 정상성 시계열이다.

한편 정상성 시계열이 아닌 나머지 시계열 자료들은 비정상성(non-stationary) 시계열이라고 부른다. 대부분의 시계열 자료들은 비정상성 시계열에 속한다. [그림 17.1]에서 오른쪽은 시간의 추이에 따라서 점진적으로 증가하는 추세를 보이는 경우와 분산이 일정하지 않은 경우의 비정상성 시계열이다.

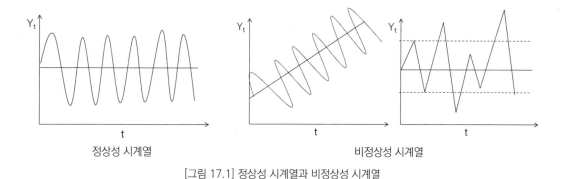

[그림 17.1] 정상성 시계열과 비정상성 시계열

2.2 시계열 자료 확인

정상성 시계열은 평균이 0이며 일정한 분산을 갖는 정규분포에서 추출된 임의의 값으로 불규칙성(독립적)을 갖는 데이터로 정의할 수 있다. 이러한 불규칙성을 갖는 패턴을 백색 잡음(white noise)이라고 부른다.

반면에 비정상성 시계열은 규칙성(비독립적)을 갖는 패턴으로 시간의 추이에 따라서 점진적으로 증가하거나 하강하는 추세(Trend)의 규칙, 일정한 주기(cycle) 단위로 동일한 규칙이 반복되는 계절성(Seasonality)의 규칙을 보인다. 이러한 비정상성 시계열은 시계열 자료의 추세선, 시계열 요소 분해 그리고 자기 상관 함수의 시각화 등을 통해서 확인할 수 있다.

한편 시계열 자료가 비정상성 시계열이면 정상성 시계열로 변화시켜야 시계열 모형을 생성할 수 있다. 정상성 시계열로 변경하는 대표적인 방법에는 차분과 로그변환 방법이 있는데, 차분(Differencing)은 현재 시점에서 이전 시점의 자료를 빼는 연산으로 평균을 정상화하는 데 이용되고, 로그변환은 log() 함수를 이용하여 분산을 정상화하는 데 이용된다.

┌─ ⊕ **실습** 비정상성 시계열을 정상성 시계열로 변경

평균과 분산이 일정하지 않은 비정상성 시계열을 정상성 시계열로 변경하는 과정을 실습한다.

```
> # 단계 1: AirPassengers 데이터 셋 가져오기
> data(AirPassengers)   # 12년간 항공기 탑승 승객 수
>
```

➕ **더 알아보기**　　AirPassengers 데이터 셋

AirPassengers 데이터 셋은 R에서 제공되는 기본 데이터 셋으로 12년(1949~1960년) 동안 매월 항공기 탑승의 승객 수를 기록한 시계열 자료이다.

```
> # 단계 2: 차분 적용 - 평균 정상화
> par(mfrow = c(1, 2))
> ts.plot(AirPassengers)        # 시계열 시각화
> diff <- diff(AirPassengers)   # 차분 수행
> plot(diff)                    # 평균 정상화
>
```

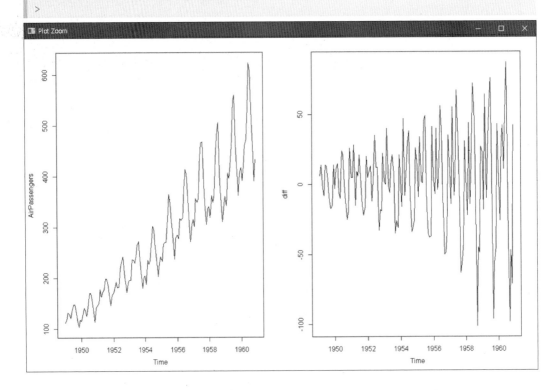

해설 차분을 수행한 결과가 대체로 일정한 값을 얻으면 선형의 추세를 갖는다는 판단을 할 수 있을 것이다. 만약, 시계열에 계절성이 있으면 계절 차분을 수행하여 정상성 시계열로 변경한다. 또한, 차분된 것을 다시 차분했을 때 일정한 값들을 보인다면 그 시계열 자료는 2차 식의 추세를 갖는다고 판단한다.

```
> # 단계 3: 로그 적용 - 분산 정상화
> par(mfrow = c(1, 2))
> plot(AirPassengers)              # 시계열 시각화
> log <- diff(log(AirPassengers))  # 로그+차분 수행
> plot(log)                        # 분산 정상화
>
```

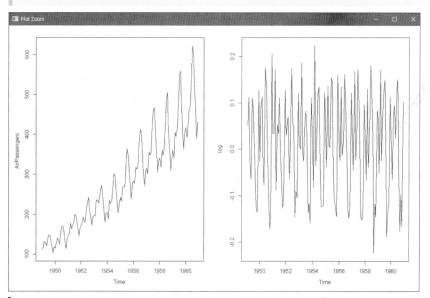

해설 시계열 자료를 대상으로 대수를 취한 값들($\log y_t$)의 1차 차분이 일정한 값을 갖는 경우 분산이 정상화되었다고 판단할 수 있다. 또한, 시계열의 추세를 찾아낸 후에는 원 시계열에서 추세를 제거함으로 추세가 없는 시계열의 형태로 나타나면 정상적 시계열(Stationary Time-series)로 볼 수 있다.

3. 시계열 자료 시각화

시계열분석에서 시계열 자료의 특징을 정확히 파악한다면 해당 자료에 대한 적합한 분석 방법을 선택하는 데 많은 도움이 된다. 따라서 시계열 자료를 이해하는 데 도움이 될 수 있는 시각화 방법에 대해서 알아본다.

3.1 시계열 추세선 시각화

'추세'란 어떤 현상이 일정한 방향으로 나아가는 경향을 말하는데, 주식시장 분석이나 판매예측 등에서 어느 기간 동안 같은 방향으로 움직이는 경향을 의미한다. 한편 이러한 추세를 직선이나 곡선 형태로 차트에서 나타내는 선을 추세선이라고 하는데 이러한 추세선을 통해서 어느 정도 평균과 분산을 확인할 수 있다.

---◉실습 단일 시계열 자료 시각화

R에서 시계열 자료를 제공하는 WWWusage 데이터 셋을 이용하여 시계열 추세선을 시각화한다.

```
> # 단계 1: WWWusage 데이터 셋 가져오기
> data(WWWusage)   # WWWusage : 인터넷 사용 시간
> str(WWWusage)       # 데이터 셋 구조보기
  Time-Series [1:100] from 1 to 100: 88 84 85 85 84 85 83 85 88 89 …
> WWWusage
Time Series:
Start = 1
End = 100 .
Frequency = 1
  [1]  88  84  85  85  84  85  83  85  88  89  91  99 104 112 126 138 146 151 150 148 147 149 143
              … 중간 생략 …
[93] 208 210 215 222 228 226 222 220
>
```

⊕ 더 알아보기   WWWusage 데이터 셋

WWWusage 데이터 셋은 R에서 제공되는 기본 데이터 셋으로 인터넷 사용 시간을 분 단위로 측정한 100개의 vector로 구성된 시계열 자료이다.

```
> # 단계 2: 시계열 자료 추세선 시각화
> X11()
> ts.plot(WWWusage, type = "l", col = "red")
>
```

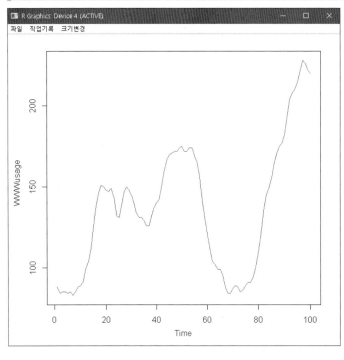

해설 기본 함수인 plot() 함수를 사용하여 시계열 자료의 추세선을 시각화한다. 시계열 추세선은 시간의 경과에 따라 시계열 자료의 값이 변하는 과정을 나타내는 그래프로 시간 t를 가로축으로, 시계열의 값 Y_t를 세로축으로 나타낸다. 추세선의 시각화는 추세나 순환 등의 요인을 어느 정도 확인할 수 있기 때문에 시계열 자료의 특징을 파악하는 데 도움이 된다.

⊕실습 다중 시계열 자료 시각화

1991~1998년 유럽의 주요 주식(DAX-독일, SMI-스위스, CAC-프랑스, FTSE-영국)에 대한 일일 마감 가격이 기록되어 있는 EuStockMarkets 데이터 셋을 대상으로 단일과 다중 시계열 자료 추세선을 그린다.

```
> # 단계 1: 데이터 가져오기
> data(EuStockMarkets)
> head(EuStockMarkets)
        DAX    SMI    CAC   FTSE
[1,] 1628.75 1678.1 1772.8 2443.6
[2,] 1613.63 1688.5 1750.5 2460.2
[3,] 1606.51 1678.6 1718.0 2448.2
[4,] 1621.04 1684.1 1708.1 2470.4
[5,] 1618.16 1686.6 1723.1 2484.7
[6,] 1610.61 1671.6 1714.3 2466.8
>
```

```
> # 단계 2: 데이터프레임으로 변환
> EuStock <- data.frame(EuStockMarkets)
> head(EuStock)

      DAX    SMI    CAC   FTSE
1 1628.75 1678.1 1772.8 2443.6
2 1613.63 1688.5 1750.5 2460.2
3 1606.51 1678.6 1718.0 2448.2
4 1621.04 1684.1 1708.1 2470.4
5 1618.16 1686.6 1723.1 2484.7
6 1610.61 1671.6 1714.3 2466.8
>
```

해설 데이터를 데이터프레임으로 변환했을 뿐, 데이터의 구조는 같다. 따라서 데이터프레임에 대한 head() 함수의 결과는 [단계 1]의 결과와 같다.

```
> # 단계 3: 단일 시계열 자료 추세선 시각화(1,000개 데이터 대상)
> # 선 그래프 시각화
> X11()
> plot(EuStock$DAX[1:1000], type = "l", col = 'red')
>
```

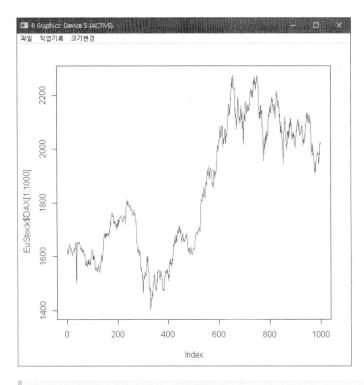

> # 단계 4: 다중 시계열 자료 추세선 시각화(1,000개 데이터 대상)
> plot.ts(cbind(EuStock$DAX[1:1000], EuStock$SMI[1:1000]),
> +   main = "주가지수 추세선")
>

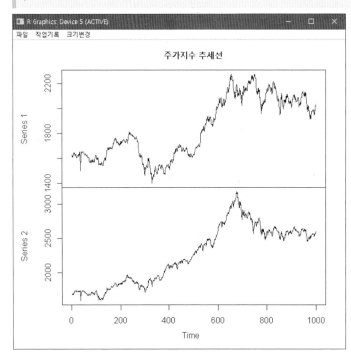

┗ **해설** [단계 3]의 그래프는 단일 시계열 자료를 대상으로 추세선을 시각화한 결과이고, [단계 4]의 그래프는 두 주식 (DAX와 SMI)에 대한 주가지수를 대상으로 다중 시계열 자료를 추세선으로 시각화한 결과이다. 특히 두 번째 그래프는 두 개 이상의 시계열 자료의 추세를 직관적으로 보여주기 때문에 비교·분석하는 경우 쉽게 사용할 수 있다.

3.2 시계열 요소 분해 시각화

시간의 변화에 따라 측정된 시계열 자료는 몇 가지 변동요인을 가지며, 이러한 변동요인을 적용하여 시계열 자료를 분석할 수 있다. 특히 시계열 요소 분해를 통해서 만들어진 그래프를 대상으로 분석하는 자체를 시계열분석 기법으로 포함한다. 따라서 시계열 요소 분해 시각화는 시계열 자료를 이해하는 데 도움을 제공할 뿐만 아니라 시계열 자료를 분석하는 데 중요한 역할을 제공한다.

시계열 자료의 변동요인은 다음과 같이 크게 4가지로 분류한다.

- **추세 변동(Trend variation: T)**: 인구 변동, 지각변동, 기술변화 등으로 인하여 상승과 하락의 영향을 받아 시계열 자료에 영향을 주는 장기 변동요인
- **순환 변동(Cyclical variation: C)**: 2~10년의 주기에서 일정한 기간 없이 반복적인 요소를 가지는 중·장기 변동요인
- **계절 변동(Seasonal variation: S)**: 일정한 기간(월, 요일, 분기 등)에 의해서 1년을 단위로 반복적인 요소를 가지는 단기 변동요인
- **불규칙변동(Irregular variation: I)**: 어떤 규칙 없이 예측 불가능한 변동요인으로 추세, 순환, 계절요인으로 설명할 수 없는 요인이다. 즉 실제 시계열 자료에서 추세, 순환, 계절요인을 뺀 결과로 나타난다. 이는 회귀분석에서 오차에 해당한다.

┌ **⊙실습** **시계열 요소 분해 시각화**

```
> # 단계 1: 시계열 자료 준비
> data <- c(45, 56, 45, 43, 69, 75, 58, 59, 66, 64, 62, 65,
+           55, 49, 67, 55, 71, 78, 71, 65, 69, 43, 70, 75,
+           56, 56, 65, 55, 82, 85, 75, 77, 77, 69, 79, 89)
> length(data)      # 36
[1] 36
>
> # 단계 2: 시계열 자료 생성 - 시계열 자료 형식으로 객체 생성
> tsdata <- ts(data, start = c(2016, 1), frequency = 12)
> tsdata            # 2016 ~ 2018
     Jan Feb Mar Apr May Jun Jul Aug Sep Oct Nov Dec
2016  45  56  45  43  69  75  58  59  66  64  62  65
2017  55  49  67  55  71  78  71  65  69  43  70  75
2018  56  56  65  55  82  85  75  77  77  69  79  89
>
```

```
> # 단계 3: 추세선 확인 - 각 요인(추세, 순환, 계절, 불규칙)을 시각적으로 확인
> ts.plot(tsdata)      # plot(tsdata)와 동일
>
```

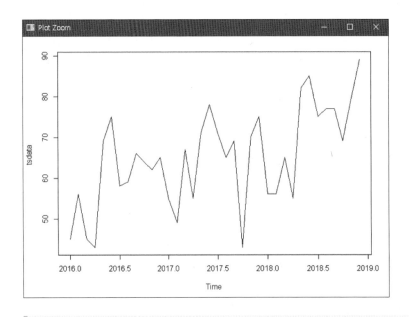

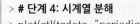

```
> # 단계 4: 시계열 분해
> plot(stl(tsdata, "periodic"))    # periodic : 주기적인
>
```

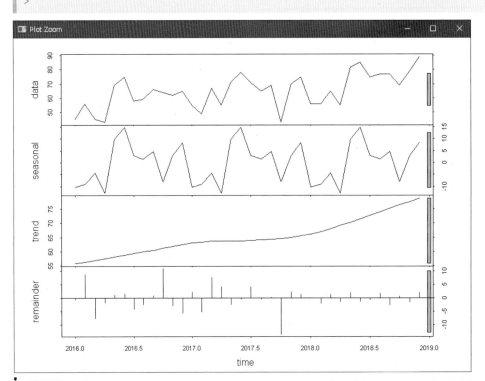

해설 stl() 함수는 하나의 시계열 자료를 대상으로 시계열 변동요인인 계절 요소(seasonal), 추세 (trend), 잔차 (remainder)를 모두 제공해준다. 잔차는 회귀식에 의해서 추정된 값과 실제값의 차이를 의미하는데 여기서는 계절과 추세 적 합 결과에 의해서 나타난다. 시계열 분해는 시계열의 변동요인을 분석하여 시계열 모형을 선정하는데 유용한 역할을 제공한다.

```
> # 단계 5: 시계열 분해와 변동요인 제거
> m <- decompose(tsdata)        # decompose( )함수 이용 시계열 분해
> attributes(m)                 # 변수 보기
$names
[1] "x"      "seasonal" "trend"  "random"  "figure"  "type"

$class
[1] "decomposed.ts"
>
> plot(m)                       # 추세요인, 계절요인, 불규칙요인이 포함된 그래프
>
> par(mfrow = c(1, 1))
> plot(tsdata - m$seasonal)     # 계절요인을 제거한 그래프
>
```

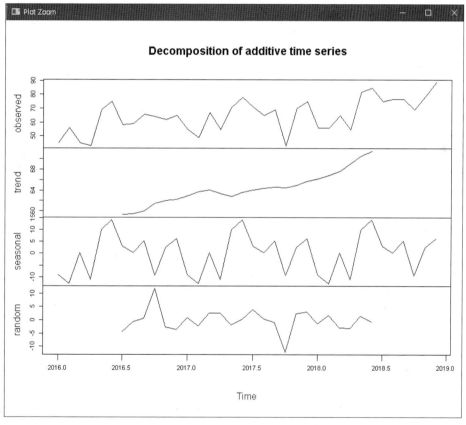

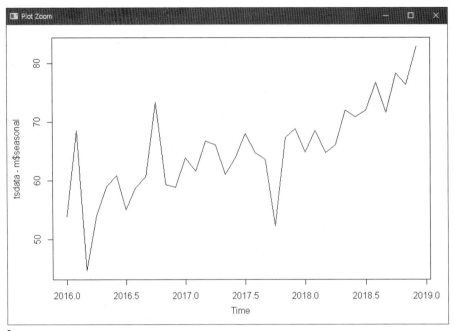

해설   첫 번째 그래프는 추세요인, 계절요인, 불규칙요인이 모두 포함된 결과이고, 두 번째 그래프는 시계열 자료 (observed)에서 계절요인(seasonal)을 제거한 결과이다.

```
> # 단계 6: 추세요인과 불규칙요인 제거
> plot(tsdata - m$trend)              # 추세요인 제거 그래프
> plot(tsdata - m$seasonal - m$trend)  # 불규칙요인만 출력
>
```

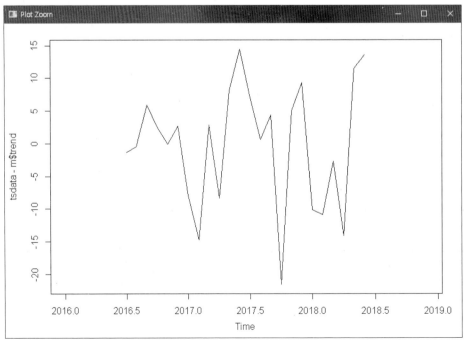

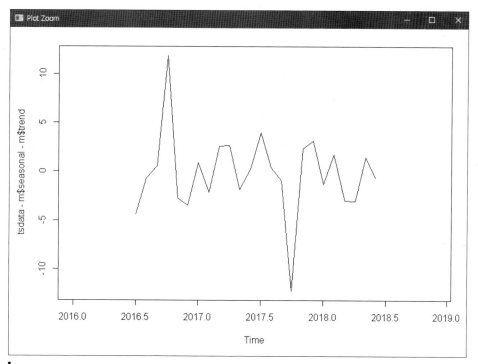

┗ **해설** 첫 번째 그래프는 시계열 자료(observed)에서 추세요인(trend)을 제거한 결과이고, 두 번째 그래프는 시계열 자료에 계절요인(seasonal)과 추세요인(trend)을 제거하여 불규칙요인(실제 시 계열 자료)만 나타낸 결과이다.

3.3 자기 상관 함수/부분 자기 상관 함수 시각화

자기 상관성은 자기 상관계수가 유의미한가를 나타내는 특성이다. 여기서 자기 상관계수는 시계열 자료(Y_t)에서 시차(lag)를 일정하게 주는 경우 얻어지는 상관계수이다.

예를 들면, 시차 1의 자기 상관계수는 Y_t와 Y_{t-1} 간의 상관계수를 의미한다. 궁극적으로 자기 상관계수는 서로 이웃한 시점 간의 상관계수를 찾는 데 이용된다. 또한, 부분 자기 상관계수는 다른 시차들의 시계열 자료가 미치는 영향을 제거한 후에 주어진 시차에 대한 시계열 간의 상관계수이다. 특히 자기 상관 함수와 부분 자기 상관 함수는 시계열의 모형을 식별하는 수단으로 이용된다.

┌ **⊕실습** 시계열 요소 분해 시각화

```
> # 단계 1: 시계열 자료 생성
> input <- c(3180, 3000, 3200, 3100, 3300, 3200,
+            3400, 3550, 3200, 3400, 3300, 3700)
> length(input)                                    # 12
[1] 12
> tsdata <- ts(input, start = c(2015, 2), frequency = 12)  # Time Series
>
```

> # 단계 2: 자기 상관 함수 시각화
> acf(na.omit(tsdata), main = "자기상관함수", col = "red")
>

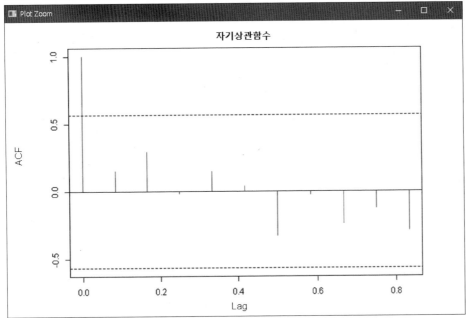

해설 결과 그래프로부터 자기 상관 함수에 의해서 시계열의 자기 상관성의 유의성을 확인할 수 있다. 여기서 파란 점선은 유의미한 자기 상관관계에 대한 임계값를 의미하는데 모든 시차(Lag)가 파란 점선 안쪽에 있기 때문에 서로 이웃한 시점 간의 자기 상관성은 없는 것으로 해석된다.

> # 단계 3: 부분 자기 상관 함수 시각화
> pacf(na.omit(tsdata), main = "부분 자기 상관함수", col = "red")
>

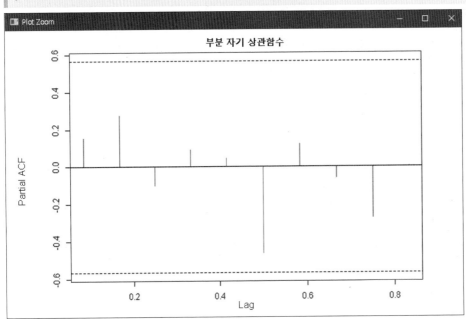

└ **해설** 결과 그래프로부터 자기 상관 함수에 의해서 주기 생성에는 어떤 종류의 시간 간격이 영향을 미치는가를 보여주고 있다. 특히 간격 0.5에서 가장 작은 값(-0.5)을 나타내고 있다. 부분 자기 상관 함수의 결과 역시 모든 시차가 파란 점선 안쪽에 있기 때문에 주어진 시점 간의 자기 상관성은 없는 것으로 해석된다.

3.4 추세 패턴 찾기 시각화

추세 패턴이란 시계열 자료가 증가 또는 감소하는 경향이 있는지 알아보고, 증가 또는 감소하는 경향이 선형(linear)인지 비선형(non-linear)인지를 찾는 과정이다. 추세 패턴의 객관적인 근거는 차분(Differencing)과 자기 상관성(Autocorrelation)을 통해서 얻을 수 있는데 여기서 차분은 현재 시점에서 이전 시점의 자료를 빼는 연산을 의미한다.

┌ **⊙실습** 시계열 자료의 추세 패턴 찾기 시각화

> \# 단계 1: 시계열 자료 생성
> input <- c(3180, 3000, 3200, 3100, 3300, 3200,
+   3400, 3550, 3200, 3400, 3300, 3700)
> tsdata <- ts(input, start = c(2015, 2), frequency = 12) # Time Series
>

> \# 단계 2: 추세선 시각화
> plot(tsdata, type = "l", col = 'red')
>

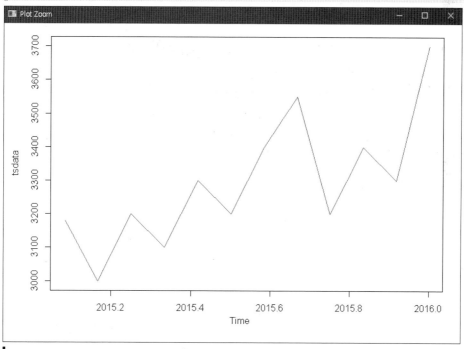

└ **해설** 결과 그래프는 시계열 자료가 점진적으로 증가하는 추세의 선형 형태를 나타낸다.

```
> # 단계 3: 자기 상관 함수 시각화
> acf(na.omit(tsdata), main = "자기 상관함수", col = "red")
>
```

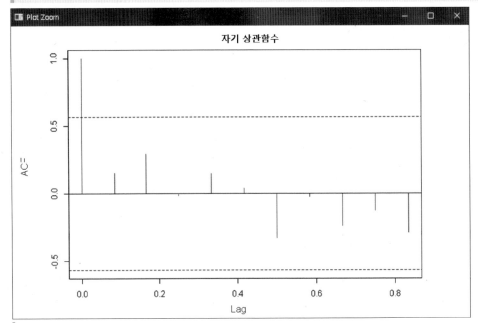

해설 결과 그래프는 자기 상관 함수의 시각화 결과로 자기 상관성이 없음을 알 수 있다.

```
> # 단계 4: 차분 시각화
> plot(diff(tsdata, differences = 1))
>
```

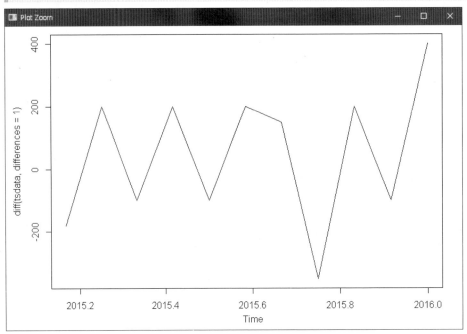

⌐ **해설** 결과 그래프는 차분을 수행한 결과가 평균을 중심으로 일정한 폭을 나타내고 있다. 위와 같은 자기 상관 함수와 차분의 시각화를 통해서 추세의 패턴을 선형으로 판단한다.

4. 시계열분석 기법

시계열 자료의 분석 기법에는 평활법, 시계열 요소 분해법, 회귀 분석법, ARIMA 모형법 등이 있다. [표 17.1]은 시계열의 직관성, 접근 방법 그리고 기간과 변수의 개수를 기준으로 시계열분석 기법을 분류한 결과이다.

[표 17.1] 시계열분석 기법의 분류

분석기법	직관적 방법	수학/통계적 방법	시계열 기간	변수 길이
시계열요소 분해법	○	×	단기 예측	1개(일변량)
평활법	○	×	단기 예측	1개(일변량)
ARIMA모형	×	○	단기 예측	1개 이상(다변량)
회귀모형(계량경제)	×	○	단기 예측	1개(일변량)
	×	○	장기 예측	1개 이상(다변량)

시계열 요소 분해법과 평활법은 시각적인 측면에서 직관성을 제공하고, ARIMA와 회귀모형은 수학적 이론을 배경으로 1개 이상의 다변량 시계열 데이터를 대상으로 분석하는 방법이다. 또한, 회귀모형은 일반 회귀모형과 계량경제모형으로 세분화할 수 있는데, 일반 회귀모형은 시계열 자료에서 시간 t를 설명변수로 하고, 시계열 자료를 반응변수로 지정한 회귀모형이고, 계량경제 모형은 Y_t와 Y_{t-1} 사이의 시계열 자료를 대상으로 회귀분석을 수행하는 모형이다. 계량경제모형은 인플레이션이 환율에 미치는 요인, 엔/달러환율이 물가에 미치는 영향 등을 분석하는 데 이용된다.

4.1 시계열 요소 분해법

시계열 요소 분해법은 시계열 자료의 4가지 변동요인을 찾아서 시각적으로 분석하는 기법을 의미하는데 대체로 '추세'와 '계절' 변동요인은 추세선에서 뚜렷하게 나타난다.

특히 추세 변동에 대한 분석은 시계열 자료가 증가하거나 감소하는 경향이 있는지를 파악하고, 증가나 감소의 경향이 선형(linear)인지, 비선형(non-linear)인지 또는 S 곡선과 같은 성장곡선인지를 찾는 과정이 필요하다. 이와 같은 추세의 패턴을 찾는 방법은 다음과 같이 세 가지 방법이 있다.

첫째, 차분 후 일정한 값을 나타내면 선형의 패턴(대각선)
둘째, 로그변환 후 일정한 값을 나타내면 비선형의 패턴(U자, 역U자)
셋째, 로그변환 후 1차 차분결과가 일정한 값으로 나타나면 성장곡선의 패턴(S자)

4.2 평활법(Smoothing Method)

시계열 자료의 체계적인 자료의 흐름을 파악하기 위해서 과거 자료의 불규칙한 변동을 제거하는 방법이다. 즉 시계열 자료의 뾰쪽한 작은 변동들을 제거하여 부드러운 곡선으로 시계열 자료를 조정하는 기법이다. 대표적인 평활법에는 이동평균과 지수평활법이 있다. 이 책에서는 이동평균에 대해서만 실습한다.

(1) 이동평균(Moving Average)

시계열 자료를 대상으로 일정한 기간의 자료를 평균으로 계산하고, 이동시킨 추세를 파악하여 다음 기간의 추세를 예측하는 방법이다. 이동평균법은 다음과 같은 특징을 갖는다.

- 시계열 자료에서 계절 변동과 불규칙변동을 제거하여 추세 변동과 순환 변동만 갖는 시계열로 변환한다(시계열에서 추세와 순환 예측).
- 자료의 수가 많고 비교적 안정적인 패턴을 보이는 경우 효과적이다.

(2) 지수평활법(Exponential Smoothing)

전체 시계열 자료를 이용하여 평균을 구하고, 최근 시계열에 더 큰 가중치를 적용하는 방법이다.

┌─ ⊕실습 이동평균법을 이용한 평활하기

```
> # 단계 1: 시계열 자료 생성
> data <- c(45, 56, 45, 43, 69, 75, 58, 59, 66, 64, 62, 65,
+            55, 49, 67, 55, 71, 78, 71, 65, 69, 43, 70, 75,
+            56, 56, 65, 55, 82, 85, 75, 77, 77, 69, 79, 89)
> length(data)      # 36
[1] 36
>
> tsdata <- ts(data, start = c(2016, 1), frequency = 12)
>
> tsdata             # 2016년 1월 ~ 2018년 12월(3년) 시계열 자료 생성
      Jan Feb Mar Apr May Jun Jul Aug Sep Oct Nov Dec
2016  45  56  45  43  69  75  58  59  66  64  62  65
2017  55  49  67  55  71  78  71  65  69  43  70  75
2018  56  56  65  55  82  85  75  77  77  69  79  89
>
```

```
> # 단계 2: 평활 관련 패키지 설치
> install.packages("TTR")
Installing package into 'C:/Users/master/Documents/R/win-library/4.0'
(as 'lib' is unspecified)
                  …중간 생략…
> library(TTR)      # 이동평균법으로 평활하는 SMA( ) 함수 제공
>
```

```
> # 단계 3: 이동평균법으로 평활 및 시각화
> par(mfrow = c(2, 2))
> plot(tsdata, main = "원 시계열 자료")    # 시계열자료 시각화
> plot(SMA(tsdata, n = 1), main = "1년 단위 이동평균법으로 평활")
> plot(SMA(tsdata, n = 2), main = "2년 단위 이동평균법으로 평활")
> plot(SMA(tsdata, n = 3), main = "3년 단위 이동평균법으로 평활")
> par(mfrow = c(1, 1))
>
```

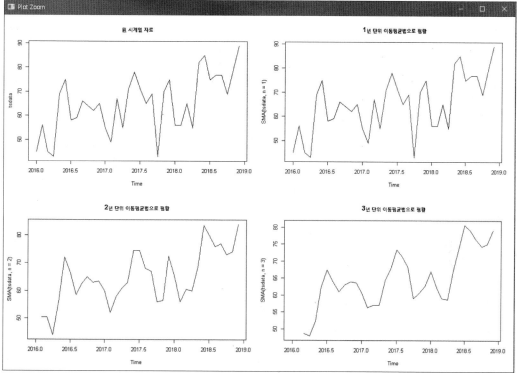

해설 원 시계열 자료와 1년 단위, 2년 단위, 3년 단위로 이동평균법으로 평활한 결과를 시각화한 결과이다. 연 단위의 3개 평활 결과에서 가장 평탄한 형태로 분포된 결과를 선정하여 추세를 예측하는 데 사용한다. 여기서는 3년마다 평균으로 평활한 결과가 가장 평탄한 값으로 판단된다.

4.3 회귀 분석법

시계열 자료는 시간이라는 설명변수(독립변수)에 의해서 어떤 반응변수(종속변수)를 나타내는 것을 말한다. 예를 들면 매분 매시간 단위로 주식 시세의 데이터가 기록되는 경우 매분, 매시간은 반응변수이고, 주식 시세의 값은 설명변수에 해당한다. 따라서 선형 회귀분석을 이용하여 시계열 자료의 선형성이나 정규성, 등분산성 등의 모수 검정을 위한 타당성을 검정해야 한다.

4.4 ARIMA 모형법

시계열 모형은 정상성(stationarity)의 조건 유무에 따라서 두 가지 형태로 분류된다.

- 정상성을 가진 시계열 모형: 자기 회귀모형(AR), 이동평균모형(MA), 자기 회귀 이동평균모형(ARMA)
- 비정상성을 가진 시계열 모형: 자기 회귀 누적 이동평균모형(ARIMA)

참고로 정상성(stationarity)은 시계열이 뚜렷한 추세가 없는 시계열을 의미한다. 즉 시계열의 평균이 시간 축에 평행하게 나타난다. 시계열의 이론은 정상성을 가정하고 전개되기 때문에 비정상 시계열은 정상 시계열로 변환해야 한다.

대부분의 시계열 자료는 비정상성 시계열의 형태를 가진다. 이러한 비성상성 시계열을 모형화하는데 현재 가장 활용도가 높은 Box-Jenkis의 ARIMA(AutoRegressive Integrated Moving Average) 모형을 이용한다. ARIMA 모형은 3개의 인수(p, d, q)를 갖는다. p는 자기 회귀(AR)모형 차수, d는 차분 차수, q는 이동평균(MA) 모형의 차수이다.

만약 시계열 자료를 d번 차분한 결과가 정상성 시계열의 ARIMA(p, q) 모형이라면 시계열은 차수 d를 갖는 ARIMA(p,d,q) 모형이 된다. 따라서 ARIMA는 차분(d)을 수행하여 비정상성 시계열을 정상성 시계열로 바꾸어 놓고 시계열 자료를 분석한다.

ARIMA 모형으로 시계열 자료를 처리하는 절차는 다음과 같이 모형의 식별, 추정 그리고 모형 진단의 과정을 거쳐 시계열 자료를 처리한다.

식별(identification) → 추정(Estimation) → 진단(Diagnosis)

(1) 식별

식별 단계에서는 ARIMA의 3개 차수 (p, d, q)를 결정하는 단계이다. 즉 현재 시계열 자료가 어떤 모형(AR, MA, ARMA)에 해당하는가를 판단하는 단계이다. 식별의 수단은 앞에서 살펴본 자기 상관 함수(acf)와 부분 자기 상관 함수(pacf)를 이용한다.

(2) 추정

식별된 모형의 파라미터를 추정하는 단계이다. 파라미터를 추정하는 수단은 최소제곱 법을 이용하는데, 통계 패키지(R, SPSS, SAS 등)에서 제공되는 함수를 이용하면 계산 과정 없이 추정치를 얻을 수 있다.

(3) 진단

모형 식별과 파라미터 추정으로 생성된 모형이 적합한지를 검증하는 단계이다. 적합성 검증의 수단으로 잔차가 백색 잡음(white noise)인지를 살펴보고, 백색 잡음과 차이가 없으면 적합하다고 할 수 있다. 여기서 백색 잡음이란 모형의 잔차가 불규칙적이고, 독립적으로 분포된 경우를 의미한다. 즉 특정 시차 간의 데이터가 서로 관련성이 없다는 의미이다.

5. ARIMA 모형 시계열 예측

ARIMA 모형을 이용하여 시계열 자료를 분석하는 방법에 대해서 알아본다. 이 절에서는 정상성 시계열의 비계절과 정상성 시계열의 계절성을 갖는 두 자료를 이용하여 분석하는 절차에 대해서 알아본다.

5.1 ARIMA 모형 분석 절차

시계열분석의 절차는 시계열 자료를 이용하여 일반화된 시계열 모형을 선정하고 이에 해당하는 모수 추정을 통해서 모형을 생성한다. 또한, 모형이 유의한지(적합한지)를 평가하여 미래 데이터를 예측한다. 일반적인 시계열의 분석 절차는 다음과 같다.

[단계1] 시계열 자료 특성분석(정상성/비정상성)

[단계2] 정상성 시계열 변환

[단계3] 모형 식별과 추정

[단계4] 모형 생성

[단계5] 모형 진단(모형 타당성 검정)

[단계6] 미래 예측(업무 적용)

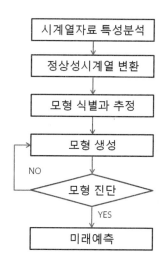

[그림 17.2] ARIMA 모형 분석 절차

5.2 정상성 시계열의 비계절형

계절성이 없는 정상성 시계열을 대상으로 ARIMA 모형의 분석 절차에 맞게 시계열 자료를 분석한다. 비정상성 시계열은 차분을 통해서 정상성 시계열로 바꾸는 과정을 확인하고, 모형 식별과 추정은 R에서 제공되는 auto.arima() 함수를 이용한다.

┌─●실습 **계절성이 없는 정상성 시계열분석**

시계열 자료의 추세선을 통해서 정상성 시계열인가 또는 비정상성 시계열인가를 확인한다. 정상성 시계열은 대체로 평균을 중심으로 진폭이 일정하게 나타난다. 만약 비정상성 시계열이면 차분을 통해서 정상성 시계열로 바꾸는 작업이 필요하다.

```
> # 단계 1: 시계열 자료 특성분석
> # 단계 1-1: 데이터 준비
> input <- c(3180, 3000, 3200, 3100, 3300, 3200,
+            3400, 3550, 3200, 3400, 3300, 3700)
>
> # 단계 1-2: 시계열 객체 생성(12개월: 2015년 2월 ~ 2016년 1월)
> tsdata <- ts(input, start = c(2015, 2), frequency = 12)
> tsdata
        Jan  Feb  Mar  Apr  May  Jun  Jul  Aug  Sep  Oct  Nov  Dec
2015         3180 3000 3200 3100 3300 3200 3400 3550 3200 3400 3300
2016 3700
>
```

└─ 해설 stats 패키지에서 제공하는 ts() 함수를 이용하여 벡터 자료(input)를 대상으로 시계열 객체 (tsdata)를 생성한다.

```
> # 단계 1-3: 추세선 시각화
> plot(tsdata, type = "l", col = 'red')
>
```

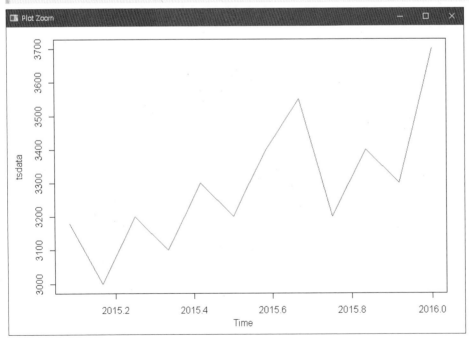

해설 시계열 자료의 추세선에서 진폭이 일정하지 않은 것으로 확인된다. 따라서 비정상성 시계열로 판단되어 차분을 통해서 정상성 시계열로 변경할 필요가 있다.

차분을 통해서 비정상성 시계열을 정상성 시계열로 변환한다. 차분은 일반 차분과 계절 차분으로 구분되는데, 계절성을 갖는 경우에는 계절 차분을 적용한다.

> # 단계 2: 정상성 시계열 변환
> par(mfrow = c(1, 2))
> ts.plot(tsdata)
> diff <- diff(tsdata)
> plot(diff)   # 차분: 현재 시점에서 이전 시점의 자료를 빼는 연산
>

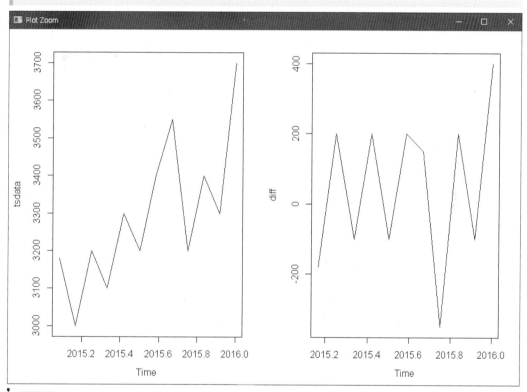

해설 평균 정상화를 위해서 차분을 이용하여 비정상성 시계열(왼쪽)이 정상성 시계열(오른쪽)로 변경된 것을 확인할 수 있다. 만약 1차 차분으로 정상화가 되지 않으면 2차 차분을 수행할 수 있다.

모형 식별과 추정을 위해서 R에서는 auto.arima() 함수를 이용한다. forecast 패키지에서 제공되는 auto.arima() 함수는 시계열 모형을 식별하는 알고리즘에 의해서 최적의 모형과 파라미터를 추정하여 제공한다.

```
> # 단계 3: 모형 식별과 추정
> install.packages("forecast")
Installing package into 'C:/Users/master/Documents/R/win-library/4.0'
(as 'lib' is unspecified)
        … 중간 생략 …
> library(forecast)
Registered S3 method overwritten by 'quantmod':
  method          from
  as.zoo.data.frame zoo
This is forecast 8.11
  Need help getting started? Try the online textbook FPP:
  http://OTexts.org/fpp2/
> arima <- auto.arima(tsdata)   # 시계열 데이터 이용
> arima
Series: tsdata
ARIMA(1,1,0)

Coefficients:
         ar1
      -0.6891
s.e.   0.2451

sigma^2 estimated as 31644:  log likelihood=-72.4
AIC=148.8  AICc=150.3  BIC=149.59
>
```

해설 auto.arima() 함수에 의해서 제공되는 모형과 파라미터는 ARIMA(1, 1, 0)로 확인된다. 자기 회귀(AR) 모형 차수는 1, 차분(I) 차수는 1로 나타난다. 즉 한 번 차분한 결과가 정상성 시계열의 ARMA(1, 0) 모형으로 식별된다. 한편 시계열 모형의 결과에서 마지막 줄의 AIC(Akaike's Information Criterion)/BIC(Bayesian Information Criterion)는 이론적 예측력을 나타내는 지표이다. 특히 AIC는 모형의 적합도와 간명성을 동시에 나타내는 지수로 값이 적은 모형을 채택한다.

ARIMA(p,d,q) 모형의 정상성 시계열 변환 방법

d = 0이면, ARMA(p, q) 모형이며, 정상성을 만족한다.

p = 0이면, IMA(d, q) 모형이며, d번 차분하면 MA(q) 모형을 따른다.

q = 0이면, IAR(p, d) 모형이며, d번 차분하면 AR(p) 모형을 따른다.

```
> # 단계 4: 모형 생성
> model <- arima(tsdata, order = c(1, 1, 0))
> model

Call:
arima(x = tsdata, order = c(1, 1, 0))

Coefficients:
         ar1
      -0.6891
s.e.   0.2451

sigma^2 estimated as 28767:  log likelihood = -72.4,  aic = 148.8
>
```

해설 이전 단계에서 생성된 모형과 파라미터를 이용한다. 모형의 파라미터는 order 속성으로 지정하여 ARIMA 모형을 생성한다. 생성된 모형의 결과에서 AR 모형의 계수값과 표준 오차(s.e)를 확인할 수 있다.

모형의 적합성 검증을 위해서 잔차가 백색 잡음(white noise)인가를 살펴본다. 백색 잡음이란 모형의 잔차가 불규칙적이고, 독립적으로 분포된 경우를 의미한다. 즉 특정 시차 간의 데이터가 서로 관련성이 없다(독립적인 관계)는 의미이다. 모형을 진단하는 기준은 다음과 같은 2가지 방법으로 판정한다.

첫째, 자기 상관 함수의 결과가 유의미한 시차가 없는 경우
둘째, 오차 간에 상관관계가 존재하는지를 검정하는 방법인 Box-Ljung 검정에서 p 값 이 0.05 이상
      인 경우

```
> # 단계 5: 모형 진단(모형의 타당성 검정)
> # 단계 5-1: 자기 상관 함수에 의한 모형 진단
> tsdiag(model)
>
```

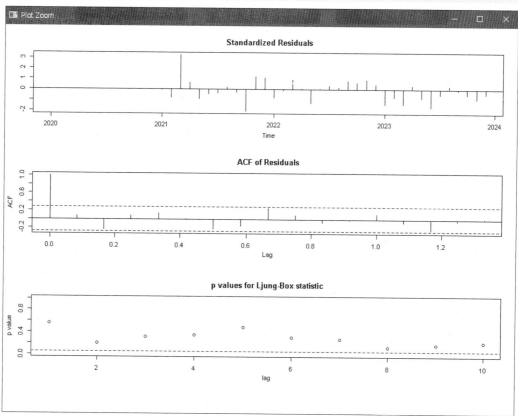

해설 좋은 시계열 모형은 잔차의 ACF에서 자가 상관이 발견되지 않고, p value 값이 0 이상으로 분포되어 있다. 따라서 현재 ARIMA 모형은 매우 양호한 시계열 모형이라고 볼 수 있다.

```
> # 단계 5: 모형 진단(모형의 타당성 검정)
> # 단계 5-2: Box-Ljung에 의한 잔차항 모형 진단
> Box.test(model$residuals, lag = 1, type = "Ljung")

        Box-Ljung test

data: model$residuals
X-squared = 0.12353, df = 1, p-value = 0.7252
>
```

해설　Box-Ljung 검정방법은 모형의 잔차를 이용하는 카이제곱 검정방법으로 시계열 모형이 통계적으로 적절한지를 검정하는 방법이다. p-value가 0.05 이상이면 모형이 통계적으로 적절하다고 볼 수 있다.

시계열 모형이 적합하다면 잔차항은 서로 독립이고 동일한 분포를 따른다면 백색잡음과정이라고 하며, 정상 시계열은 이러한 백색잡음과정으로부터 생성된다.

모형 진단을 통해서 적절한 모형으로 판단되면 이 모형으로 가까운 미래를 예측하는데 이용되며, 예측 결과는 의사결정의 중요한 정보로 활용할 수 있다. forecast 패키지에서 제공하는 forecast() 함수는 시계열의 예측치를 제공하는 함수로 기본 기간은 2년(24개월)이다.

```
> # 단계 6: 미래 예측(업무 적용)
> fore <- forecast(model)            # 향후 2년 예측
> fore
          Point Forecast    Lo 80      Hi 80      Lo 95      Hi 95
Feb 2016        3424.367  3207.007   3641.727   3091.944   3756.791
Mar 2016        3614.301  3386.677   3841.925   3266.180   3962.421
Apr 2016        3483.421  3198.847   3767.995   3048.203   3918.639
May 2016        3573.608  3272.084   3875.131   3112.467   4034.748
                     … 중간 생략 …
Nov 2017        3536.860  2910.124   4163.596   2578.350   4495.371
Dec 2017        3536.784  2896.968   4176.600   2558.270   4515.298
Jan 2018        3536.836  2884.211   4189.462   2538.732   4534.941
>
> par(mfrow = c(1, 2))
> plot(fore)                          # 향후 24개월 예측치 시각화
> model2 <- forecast(model, h = 6)    # 향후 6개월 예측치 시각화
> plot(model2)
>
```

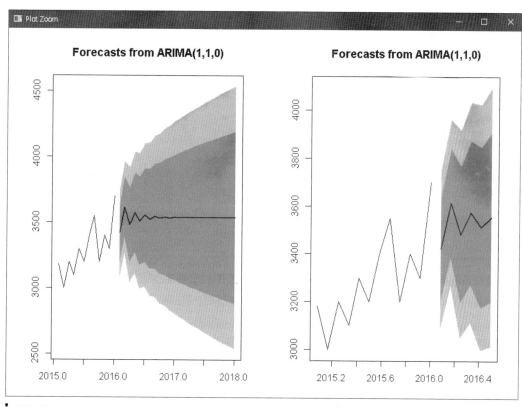

> **해설** 계절성이 없는 정상성 시계열의 ARIMA(1, 1, 0) 모형에 의해서 80% 신뢰구간(Lo 80 ~ Hi80), 95% 신뢰구간 (Lo 95 ~ Hi 95)으로 향후 2년을 예측한 결과와 향후 6개월을 예측한 결과이다.

5.3 정상성 시계열의 계절형

계절성을 갖는 정상성 시계열을 대상으로 ARIMA 모형의 분석 절차에 따라 시계열 자료를 분석한다. 비정상 시계열은 차분을 통해서 정상성 시계열로 바꾸는 과정을 확인하고, 모형 식별과 추정은 R에 서 제공되는 auto.arima() 함수를 이용한다.

> **⊕ 실습** 계절성을 갖는 정상성 시계열분석

```
> # 단계 1: 시계열 자료 특성분석
> # 단계 1-1: 데이터 준비
> data <- c(55, 56, 45, 43, 69, 75, 58, 59, 66, 64, 62, 65,
+           55, 49, 67, 55, 71, 78, 61, 65, 69, 53, 70, 75,
+           56, 56, 65, 55, 68, 80, 65, 67, 77, 69, 79, 82,
+           57, 55, 63, 60, 68, 70, 58, 65, 70, 55, 65, 70)
> length(data)    # 48
[1] 48
>
```

```
> # 단계 1-2: 시계열 자료 생성
> tsdata <- ts(data, start = c(2020, 1), frequency = 12)
> tsdata
      Jan Feb Mar Apr May Jun Jul Aug Sep Oct Nov Dec
2020  55  56  45  43  69  75 58  59  66  64  62  65
2021  55  49  67  55  71  78 61  65  69  53  70  75
2022  56  56  65  55  68  80 65  67  77  69  79  82
2023  57  55  63  60  68  70 58  65  70  55  65  70
>
> # 단계 1-3: 시계열 요소 분해 시각화
> ts_feature <- stl(tsdata, s.window = "periodic")
> plot(ts_feature)
>
```

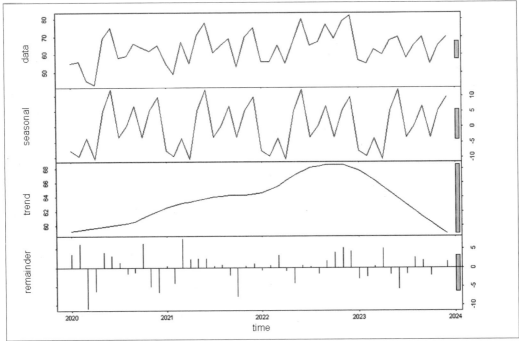

┗ **해설** seasonal, trend, random 요소 분해 시각화를 통해서 분석한 결과 계절성(seasonal)이 뚜렷하게 발견된다. 따라서 tsdata 시계열 자료는 계절성을 갖는 시계열 자료라고 볼 수 있다.

차분을 통해서 비정상성 시계열을 정상성 시계열로 변환한다. 차분은 일반 차분과 계절 차분으로 구분되는데, 계절성을 갖는 경우에는 계절 차분을 적용한다.

```
> # 단계 2: 정상성 시계열 변환
> par(mfrow = c(1, 2))
> ts.plot(tsdata)
> diff <- diff(tsdata)
> plot(diff)        # 차분 시각화
>
```

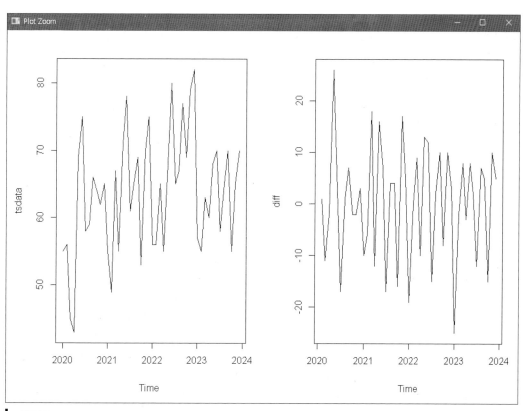

┗ **해설** 평균 정상화를 위해서 차분을 이용하여 비정상성 시계열(왼쪽)이 정상성 시계열(오른쪽)로 변경된 것을 확인할 수
있다.

```
> # 단계 3: 모형 식별과 추정
> library(forecast)
> ts_model2 <- auto.arima(tsdata)
> ts_model2
Series: tsdata
ARIMA(0,1,1)(1,1,0)[12]

Coefficients:
        ma1      sar1
     -0.6580  -0.5317
s.e.  0.1421   0.1754

sigma^2 estimated as 41.97:  log likelihood=-116.31
AIC=238.62   AICc=239.4   BIC=243.29
>
```

┗ **해설** 최적의 모형과 파라미터를 제공받기 위해서 auto.arima( ) 함수를 이용한다. auto.arima( ) 함수에 의해서 제공
되는 모형과 파라미터는 ARIMA(0, 1, 1)로 확인된다. 이동평균(MA) 모형 차수는 1, 차분(I) 차수는 1로 나타난다. 즉 한 번
차분한 결과가 정상성 시계열의 ARMA(0, 1) 모형으로 식별된다. 또한, 두 번째 파라미터(1, 1, 0)는 계절성을 갖는 자기 회귀
(AR) 모형 차수가 1로 나타난다. 즉 계절성을 갖는 시계열이라는 의미이다. 끝으로 [12]는 계절의 차수 12개월을 의미한다. 한
편 모형의 계수(Coefficients)는 이동평균모형의 차수 1(ma1)과 계절성의 자기 회귀 차수(sar1)에 대한 계수값이다.

```
> # 단계 4: 모형 생성
> model <- arima(tsdata, c(0, 1, 1), seasonal = list(order = c(1, 1, 0)))
> model

Call:
arima(x = tsdata, order = c(0, 1, 1), seasonal = list(order = c(1, 1, 0)))

Coefficients:
         ma1     sar1
      -0.6580  -0.5317
s.e.   0.1421   0.1754

sigma^2 estimated as 39.57:  log likelihood = -116.31,  aic = 238.62
>
```

> **해설** 이전 단계에서 식별된 모형과 파라미터를 이용하여 시계열 모형을 생성한다. 계절성이 있는 모형을 생성할 경우 seasonal 속성을 이용하여 계절성과 관련된 파라미터를 지정하여 ARIMA 모형을 생성한다. 생성된 모형의 결과에서 MA 모형과 계절성을 갖는 AR 모형의 계수값과 표준 오차(s.e)를 확인할 수 있다.

```
> # 단계 5: 모형 진단(모형 타당성 검정)
> # 단계 5-1: 자기 상관 함수에 의한 모형 진단
> tsdiag(model)
>
```

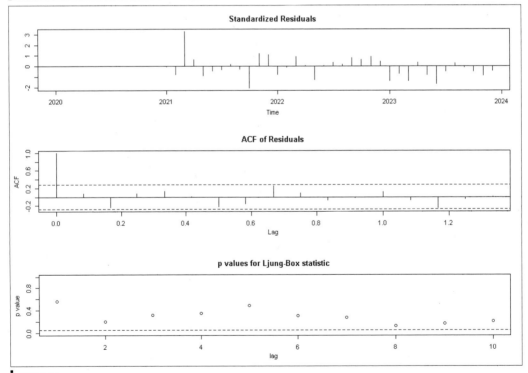

> **해설** 모형의 적합성 검증을 위해서 잔차 검정을 수행한다. 모형 잔차의 ACF에서 자가 상관이 발견되지 않고, p value 값이 0 이상으로 분포되어 있다. 따라서 현재 ARIMA 모형은 매우 양호한 시계열 모형이라고 볼 수 있다.

```
> # 단계 5: 모형 진단(모형 타당성 검정)
> # 단계 5-2: Box-Ljung에 의한 잔차항 모형 진단
> Box.test(model$residuals, lag = 1, type = "Ljung")

Box-Ljung test

data:  model$residuals
X-squared = 0.33656, df = 1, p-value = 0.5618

>
```

해설   Box-Ljung 검정방법에서 p-value가 0.05 이상이므로 모형이 통계적으로 적절하다고 볼 수 있다.

모형 진단을 통해서 적절한 모형으로 판단되면 이 모형으로 가까운 미래를 예측하는 데 이용되며, 예측결과는 의사결정의 중요한 정보로 활용할 수 있다.

```
> # 단계 6: 미래 예측(업무 적용)
> par(mfrow = c(1, 2))
> fore <- forecast(model, h = 24) ; plot(fore)        # 2년 예측
> fore2 <- forecast(model, h = 6); plot(fore2)        # 6개월 예측
> plot(fore2)
>
```

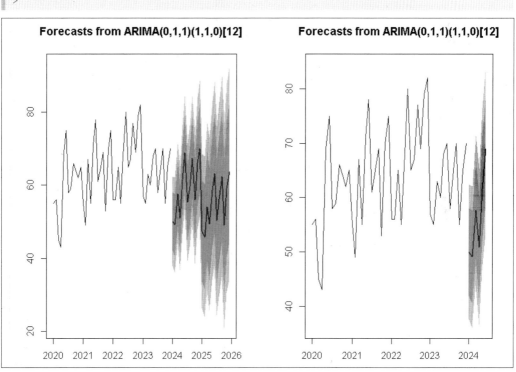

해설   계절성이 있는 정상성 시계열의 ARIMA(0, 1, 1)(1, 1, 0) [12] 모형에 의해서 향후 2년을 예측한 결과와 향후 6개월을 예측한 결과이다.

1. 시계열 자료를 대상으로 다음과 같은 단계별로 시계열 모형을 생성하고, 예측하시오.

```
data(EuStockMarkets)                          # 데이터 셋 준비
EuStock <- data.frame(EuStockMarkets) head(EuStock)
Second <- 1:500
DAX <- EuStock$DAX[1001:1500]
EuStock.df <- data.frame(Second, DAX)  # 데이터프레임 생성
```

[단계 1] 시계열 자료 생성: EuStock.df$DAX 칼럼 대상 2017년 1월 기준 12개월

[단계 2] 단위 시계열 자료 분해 :

      (1) stl() 함수 이용 시계열 분해요소 시각화

      (2) decompose() 함수 이용 분해 시각화와 불규칙요인 시각화

      (3) 계절요인, 추세요인 제거 그래프 – 불규칙요인만 출력

[단계 3] ARIMA 시계열 모형 생성

[단계 4] 시계열 예측: 향후 3년, 90%와 95% 신뢰수준으로 예측 및 시각화

2. :Sales.csv: 자료를 대상으로 시계열 자료를 생성하고, 단계별로 시계열 모형을 생성하여 예측하시오.

```
# 데이터 파일 가져오기
setwd("C:/Rwork/Part-IV")
goods <- read.csv("Sales.csv", header = TRUE)
```

[단계 1] 시계열 자료 생성: goods$Goods 칼럼으로 2015년 1월 기준 12개월 단위

[단계 2] 시계열 모형 추정과 모형 생성

[단계 3] 시계열 모형 진단

[단계 4] 향후 7개월 예측

[단계 5] 향후 7개월 예측결과 시각화